普通高等教育数学专业课程教材

# 概率论与数理统计教程

## （第3版）

### 韩 明 编著

同济大学 出版社
TONGJI UNIVERSITY PRESS
·上海·

## 内 容 提 要

本书是在第2版的基础上，结合当前应用型本科院校教学情况修订的．全书共分10章，第1—5章是概率论部分，包括：随机事件及其概率，随机变量及其分布，多维随机变量及其分布，随机变量的数字特征，特征函数与极限定理；第6—10章是数理统计部分，包括：数理统计的基本概念，参数估计，假设检验，方差分析，回归分析．每章各节均配有习题，并在书末附有参考答案和三个附录（数学建模及大学生数学建模竞赛简介、概率论与数理统计实验简介、概率论与数理统计附表）．

本书可供高等院校（特别是应用型本科院校）数学类、统计类等有关专业作为教材使用，还可供科技工作者和广大师生参考．

与本书配套的《概率论与数理统计教程习题解答》已经出版，它对学生学习、复习以及对教师备课、授课会有所帮助．

**图书在版编目（CIP）数据**

概率论与数理统计教程 / 韩明编著. -- 3版. -- 上海：同济大学出版社，2023.8
ISBN 978-7-5765-0731-7

Ⅰ.①概… Ⅱ.①韩… Ⅲ.①概率论-高等学校-教材 ②数理统计-高等学校-教材 Ⅳ.①O21

中国国家版本馆CIP数据核字（2023）第158670号

---

普通高等教育数学专业课程教材

## 概率论与数理统计教程（第3版）

韩 明 编著

| 责任编辑 | 陈佳蔚 | 责任校对 | 徐逢乔 | 封面设计 | 潘向蓁 |

| 出版发行 | 同济大学出版社　www.tongjipress.com.cn |
| --- | --- |
| | （地址：上海市四平路1239号　邮编：200092　电话：021-65985622） |
| 经　　销 | 全国各地新华书店 |
| 排　　版 | 南京月叶图文制作有限公司 |
| 印　　刷 | 常熟市大宏印刷有限公司 |
| 开　　本 | 787 mm×1092 mm　1/16 |
| 印　　张 | 23 |
| 印　　数 | 1—2100 |
| 字　　数 | 574 000 |
| 版　　次 | 2023年8月第3版 |
| 印　　次 | 2023年8月第1次印刷 |
| 书　　号 | ISBN 978-7-5765-0731-7 |
| 定　　价 | 69.00元 |

本书若有印装质量问题，请向本社发行部调换　　版权所有　侵权必究

# 前 言

本书是《概率论与数理统计教程》的第 3 版,第 1—2 版出版以来,受到了广大读者的关心和支持,在此表示衷心的感谢. 第 2 版出版以后,我们继续关注国内外概率论与数理统计课程教学改革的有关动态.

进入 21 世纪以来,随着我国经济建设和科学技术的迅速发展,我国高等教育蓬勃发展,教学观念不断更新,教学改革不断深入. 为适应新形势的发展要求,"概率论与数理统计"课程的教学理念要与时俱进,教学方法需要改良创新. 思考作为该课程的教材应该如何适应当前发展的需要,已经成为摆在我们面前的紧要任务.

本次修订工作继续遵循"科学性与通俗性相结合,在不违反科学性的前提下尽量通俗;在内容的处理上,由直观到抽象,由具体到一般,由浅到深,循序渐进"的原则,并继续尝试将本课程与数学实验(mathematical experiment)、数学建模(mathematical modelling)进行融合,这也是当前高等院校数学类课程教学改革的一个重要方向. 附录 A"数学建模及大学生数学建模竞赛简介"和附录 B"概率论与数理统计实验简介"及其在本书中的相关内容,已经从一个侧面展现了本课程教学改革的一些情况.

本次改版是在第 2 版的基础上进行的. 在 2018 年第 2 版出版后,经过 5 年来的实践,我们又积累了一些经验,并收集了广大师生的意见和建议. 本次改版保留了第 2 版的内容体系和大部分内容;修改了第 2 版中的不当和错误,提高了本书的质量;对少部分内容进行了修订、调整、补充了个别例题和习题;补充了 14 幅图,主要包括:似然函数、对数似然函数的极大值点,借助分位数给出参数估计中"置信区间"、假设检验中"拒绝域"等;并对附录 A 和附录 B 进行了调整和补充.

感谢读者对《概率论与数理统计教程》(第 1—3 版)及配套的《概率论与数理统计教程习题解答》的关心和厚爱. 让我们共同努力,把《概率论与数理统计教程》和《概率论与数理统计教程习题解答》建设好.

本次改版过程中,曾就有关问题与李春华副教授、朱莉副教授、许志强副教授进行讨论,在此表示感谢. 由于作者水平所限,书中如有不当之处,恳请专家和读者批评指正.

韩 明

2023 年 6 月

# 第 2 版前言

本书第 1 版出版以来,深受广大师生的关心和厚爱,在此作者表示衷心的感谢. 第 1 版出版以后,作者继续关注国内外"概率论与数理统计"课程教学改革的有关动态,并已将部分成果融入在本书中.

随着大数据在日常生活中的日益渗透,作为数学基础之一的"概率论与数理统计"面临着新的需求,因此,围绕该课程的教学改革一直受到关注. "概率论与数理统计"是研究随机现象统计规律性的一门数学课程,它主要培养学生分析随机现象的能力,这种能力在大数据时代对于大多数人来说都是必备的.

"概率论与数理统计"虽然是一门成熟的课程,但作者在编写中注重引入数学思想,努力写出新意境. 本书中对一些细节的处理,能具体地体现作者的这一初衷.

本书尝试与数学实验(mathematical experiment)、数学建模(mathematical modelling)进行融合. 把数学实验和数学建模的思想方法融入数学类课程,这是当前高等院校数学类课程教学改革的一个重要方向. 数学实验、数学建模对激发学生学习数学的兴趣、提高学生应用数学的能力有着重要的作用. 本书的"附录 A 数学建模及大学生数学建模竞赛简介"和"附录 B 概率论与数理统计实验简介"及其在教材中的相关内容,从一个侧面体现了本课程的教学改革情况. 本书中有一些计算和画图是用 MATLAB 和 R 软件来实现的,相关 MATLAB 代码见附录 B,相关 R 代码见第 9 章——方差分析、第 10 章——回归分析.

在本课程的教学中,如果能融入一些数学文化史料等,在强调知识性的同时增加一些趣味性,对于提高本课程的教学效果一定会有所帮助. 面对教学中存在的问题,如何有效地提高教学质量,激发学生的学习积极性、主动性,是本课程当前教学中迫切需要解决的问题.

本书再版是在第 1 版的基础上进行的. 在 2014 年第 1 版出版后,经过 4 年来的教学实践,我们又积累了一些经验,并收集了广大师生的意见和建议. 因此,本书再版基本保留了第 1 版的内容体系和大部分内容;修改了第 1 版中的不当和错误,努力提高本书的质量;对少部分内容进行了修订,调整、补充了个别例题和习题,并对附录 A 和附录 B 进行了补充.

另外,与本书配套的《概率论与数理统计教程习题解答》,将与本书同步出版.

在本书再版过程中,作者曾就相关问题与荆广珠教授、李春华副教授进行讨论,得益匪浅,在此表示感谢.

虽然作者努力使本书成为一本既有特色又便于教学的教材,但由于水平所限,书中难免还有一些疏漏甚至是错误,恳请专家和读者批评指正. 让我们共同努力,把这本教材建设好.

韩 明

2017 年 12 月

# 第 1 版前言

为贯彻落实《国家中长期教育改革和发展规划纲要(2010—2020 年)》,结合"高等学校本科教学质量与教学改革工程",在 2013 年 9 月,中国高等教育学会发出了《关于组织申报"普通高等学校应用型本科教育教材规划"选题立项的通知》.本书作者经过多年来的教学实践,也深感一部适合应用型本科院校数学类、统计类专业《概率论与数理统计》教材的重要性.

1989 年,著名科学家钱学森教授在"中国数学会教育与科研座谈会"上提出:"电子计算机的出现对数学科学的发展产生了深刻的影响,大学理工科的数学课程是不是需要改革一番?"本书作者也一直在关注"概率论与数理统计"课程的教学改革.

本书较为系统地介绍了概率论与数理统计的基本概念、理论和方法,并将作者多年来的教学实践经验、教学研究的心得和体会融入教材中.本书把数学软件(如 MATLAB)、统计软件(如 R 软件)与教材内容紧密结合,将第 1—8 章中的一些计算、画图的相关程序,写在了附录 B 中;将第 9 章(方差分析)、第 10 章(回归分析)中的一些计算、画图的程序,直接写在了正文中.

把数学实验与数学建模的思想方法融入教学中,这是当前数学类课程教学改革的一个重要方向.本书借助数学实验,把一些比较抽象的内容(如泊松定理、伯努利大数定律、独立同分布中心极限定理等)通过可视化形式展现出来,便于读者理解.把数学建模的思想方法融入教材中,有利于培养学生的应用能力、创新意识等.书后附录有"数学建模及大学生数学建模竞赛简介""概率论与数理统计实验简介"等.

本书在叙述中,注重可读性,力争图文并茂.全书共有图 108 幅,相信会对读者理解相关内容有所帮助.全书共精选例题 261 个,其中很多例题贴近日常生活、反映科技进步和社会发展,具有现代气息.习题按节设立,这样可以使习题具有针对性,全书共有习题 403 道,并在书后附有"习题参考答案".

本书的初稿完成后,李春华副教授审阅了前 5 章,许家清高级统计师审阅了后 5 章;受同济大学出版社的委托,作为主审的荆广珠教授审阅了本书初稿.以上各位专家对本书的初稿提出了许多宝贵的意见和建议,这对提高本书的质量起到了重要的作用,作者在此一并致谢.

虽然作者努力使本书成为一本既有新意又便于教学的教材,但由于水平所限,书中难免还有一些疏漏甚至是错误,恳请专家和读者批评指正.

韩 明

2014 年 3 月

# 目 录

前言
第 2 版前言
第 1 版前言

## 第 1 章 随机事件及其概率 ·········································································· 1
### 1.1 随机试验、随机事件 ············································································ 1
#### 1.1.1 随机现象与统计规律性 ···································································· 1
#### 1.1.2 随机试验与样本空间 ······································································· 2
#### 1.1.3 随机事件、事件间的关系与运算 ······················································· 3
习题 1.1 ································································································· 5
### 1.2 概率的直观意义及其计算 ······································································ 6
#### 1.2.1 频率与概率的统计定义 ···································································· 6
#### 1.2.2 古典概型 ······················································································ 8
#### 1.2.3 几何概率 ······················································································ 10
习题 1.2 ································································································· 12
### 1.3 概率的公理化定义和概率的性质 ····························································· 13
#### 1.3.1 概率的公理化定义 ·········································································· 14
#### 1.3.2 概率的性质 ··················································································· 14
习题 1.3 ································································································· 17
### 1.4 条件概率 ··························································································· 18
#### 1.4.1 条件概率与乘法公式 ······································································· 18
#### 1.4.2 全概率公式与贝叶斯公式 ································································· 22
习题 1.4 ································································································· 24
### 1.5 独立性 ······························································································ 25
#### 1.5.1 两个事件的独立性 ·········································································· 25
#### 1.5.2 多个事件的独立性 ·········································································· 26
#### 1.5.3 试验的独立性与伯努利概型 ····························································· 28
习题 1.5 ································································································· 29
本章附录 "概率论"发展简史 ······································································ 30

## 第 2 章 随机变量及其分布 ·········································································· 32
### 2.1 随机变量 ··························································································· 32
#### 2.1.1 随机变量的概念 ············································································· 32
#### 2.1.2 离散型随机变量及其分布律 ····························································· 33

习题 2.1 ·················································································· 34
## 2.2 常见的离散型随机变量 ·············································· 35
### 2.2.1 两点分布 ·························································· 35
### 2.2.2 二项分布 ·························································· 35
### 2.2.3 泊松分布 ·························································· 37
### 2.2.4 超几何分布 ······················································· 40
### 2.2.5 几何分布 ·························································· 42
### 2.2.6 负二项分布 ······················································· 43
习题 2.2 ·················································································· 44
## 2.3 随机变量的分布函数 ···················································· 45
### 2.3.1 分布函数的定义 ················································· 45
### 2.3.2 分布函数的性质 ················································· 46
习题 2.3 ·················································································· 48
## 2.4 连续型随机变量及其密度函数 ······································ 49
### 2.4.1 连续型随机变量 ················································· 49
### 2.4.2 密度函数的性质 ················································· 49
习题 2.4 ·················································································· 53
## 2.5 常见的连续型随机变量 ·············································· 55
### 2.5.1 均匀分布 ·························································· 55
### 2.5.2 指数分布 ·························································· 57
### 2.5.3 正态分布 ·························································· 58
### 2.5.4 伽玛分布 ·························································· 62
### 2.5.5 贝塔分布 ·························································· 63
习题 2.5 ·················································································· 64
## 2.6 随机变量函数的分布 ···················································· 65
### 2.6.1 离散型随机变量函数的分布 ································· 65
### 2.6.2 连续型随机变量函数的分布 ································· 66
习题 2.6 ·················································································· 70

# 第 3 章 多维随机变量及其分布 ·············································· 72
## 3.1 二维随机变量及其分布 ················································ 72
### 3.1.1 二维随机变量的定义、分布函数 ························· 72
### 3.1.2 二维离散型随机变量 ·········································· 74
### 3.1.3 二维连续型随机变量 ·········································· 75
习题 3.1 ·················································································· 77
## 3.2 边缘分布 ······································································ 78
### 3.2.1 边缘分布律 ······················································· 79
### 3.2.2 边缘密度函数 ···················································· 81
习题 3.2 ·················································································· 84

3.3　随机变量的独立性 ······················································· 85
　　习题 3.3 ································································· 88
　　3.4　条件分布 ····································································· 89
　　　　3.4.1　离散型随机变量的条件分布 ······································ 89
　　　　3.4.2　连续型随机变量的条件分布 ······································ 91
　　习题 3.4 ································································· 92
　　3.5　随机变量函数的分布 ······················································· 94
　　　　3.5.1　和的分布 ······················································· 94
　　　　3.5.2　最大值和最小值的分布 ·········································· 97
　　习题 3.5 ································································· 99

## 第 4 章　随机变量的数字特征 ························································· 101
　　4.1　数学期望 ····································································· 101
　　　　4.1.1　数学期望的定义 ················································ 102
　　　　4.1.2　随机变量函数的数学期望 ······································ 104
　　　　4.1.3　数学期望的性质 ················································ 107
　　　　4.1.4　条件数学期望 ··················································· 108
　　习题 4.1 ································································· 110
　　4.2　方差 ··········································································· 112
　　　　4.2.1　方差的定义 ······················································· 112
　　　　4.2.2　方差的性质 ······················································· 114
　　　　4.2.3　常见分布的方差 ················································ 114
　　　　4.2.4　数学期望、方差不存在的例子 ································ 119
　　　　4.2.5　条件方差 ························································· 119
　　习题 4.2 ································································· 120
　　4.3　协方差、相关系数与矩 ···················································· 121
　　　　4.3.1　协方差与相关系数 ·············································· 121
　　　　4.3.2　独立性与不相关性 ·············································· 125
　　　　4.3.3　矩、协方差矩阵 ················································ 126
　　习题 4.3 ································································· 127
　　4.4　变异系数、分位数 ·························································· 128
　　　　4.4.1　变异系数 ························································· 128
　　　　4.4.2　分位数 ···························································· 129
　　　　4.4.3　中位数 ···························································· 130
　　习题 4.4 ································································· 131

## 第 5 章　特征函数与极限定理 ······················································· 132
　　5.1　随机变量序列的两种收敛性 ·············································· 132
　　　　5.1.1　依概率收敛 ······················································· 132

5.1.2 按分布收敛、弱收敛 ·················································· 132
　习题 5.1 ························································································ 133
　5.2 特征函数 ···················································································· 133
　　5.2.1 特征函数的定义 ···························································· 133
　　5.2.2 特征函数的性质 ···························································· 135
　　5.2.3 反演公式和唯一性定理 ··················································· 137
　习题 5.2 ························································································ 139
　5.3 大数定律 ···················································································· 140
　　5.3.1 切比雪夫不等式 ···························································· 140
　　5.3.2 大数定律 ······································································ 141
　习题 5.3 ························································································ 145
　5.4 中心极限定理 ············································································· 146
　　5.4.1 独立同分布中心极限定理 ················································· 147
　　5.4.2 棣莫弗-拉普拉斯中心极限定理 ·········································· 150
　习题 5.4 ························································································ 152

## 第 6 章 数理统计的基本概念 ································································ 154
　6.1 几个基本概念 ············································································· 154
　　6.1.1 总体与样本 ··································································· 154
　　6.1.2 经验分布函数 ································································ 156
　　6.1.3 样本数据的频数频率分布表和直方图 ································· 157
　　6.1.4 样本数据的分位数与中位数 ·············································· 159
　　6.1.5 样本数据的五数概括与箱线图 ··········································· 159
　　6.1.6 统计量与样本矩 ···························································· 161
　　6.1.7 样本均值的抽样分布 ······················································· 163
　习题 6.1 ························································································ 165
　6.2 三个重要抽样分布与抽样定理 ······················································ 166
　　6.2.1 三个重要抽样分布 ·························································· 166
　　6.2.2 正态总体下的抽样定理 ···················································· 172
　习题 6.2 ························································································ 175
　6.3 充分统计量 ················································································· 177
　　6.3.1 充分统计量的概念 ·························································· 177
　　6.3.2 因子分解定理 ································································ 178
　习题 6.3 ························································································ 180
　本章附录 "数理统计"发展简史 ······················································ 180

## 第 7 章 参数估计 ···················································································· 184
　7.1 点估计 ························································································ 184
　　7.1.1 矩估计法 ······································································ 184

7.1.2 极大似然估计法 ·················································· 186
 习题 7.1 ······························································· 191
 7.2 估计量的评选标准 ················································ 193
  7.2.1 无偏性 ····················································· 193
  7.2.2 有效性与相合性 ············································ 194
  7.2.3 均方误差 ··················································· 196
  7.2.4 一致最小方差无偏估计 ······································ 197
  7.2.5 充分性原则与充分估计量 ···································· 197
 习题 7.2 ······························································· 199
 7.3 区间估计 ························································· 200
  7.3.1 区间估计的概念 ············································ 200
  7.3.2 枢轴量法 ··················································· 202
  7.3.3 单个正态总体均值与方差的置信区间 ··························· 203
  7.3.4 两个正态总体均值之差与方差之比的置信区间 ················· 205
  7.3.5 单侧置信限 ················································ 208
 习题 7.3 ······························································· 210
 7.4 贝叶斯估计 ························································ 212
  7.4.1 统计推断的基础 ············································ 212
  7.4.2 贝叶斯公式的密度函数形式 ·································· 213
  7.4.3 贝叶斯估计 ················································ 217
  7.4.4 贝叶斯估计的误差 ·········································· 218
 习题 7.4 ······························································· 219

# 第 8 章 假设检验 ························································ 221
 8.1 假设检验的基本思想与步骤 ······································· 221
  8.1.1 假设检验的基本思想 ········································ 221
  8.1.2 两类错误与假设检验的步骤 ·································· 224
  8.1.3 检验的 $p$ 值 ················································· 227
  8.1.4 如何确定原假设 $H_0$ 和备择假设 $H_1$ ··························· 228
 习题 8.1 ······························································· 229
 8.2 单个正态总体均值与方差的检验 ··································· 230
  8.2.1 单个总体均值的检验 ········································ 230
  8.2.2 置信区间、单侧置信限与假设检验的关系 ····················· 234
  8.2.3 单个总体方差的检验 ········································ 235
 习题 8.2 ······························································· 237
 8.3 两个正态总体均值与方差的检验 ··································· 239
  8.3.1 两个正态总体均值之差的检验 ································ 239
  8.3.2 两个正态总体方差之比的检验 ································ 241
 习题 8.3 ······························································· 242

8.4 分布拟合检验 ........................................... 243
习题 8.4 ........................................... 247

## 第9章 方差分析 ........................................... 249
### 9.1 单因素方差分析 ........................................... 249
9.1.1 数学模型 ........................................... 250
9.1.2 方差分析 ........................................... 250
9.1.3 用 R 软件作单因素方差分析 ........................................... 252
9.1.4 用 MATLAB 作单因素方差分析 ........................................... 254
9.1.5 均值的多重比较 ........................................... 256
习题 9.1 ........................................... 259
### 9.2 双因素方差分析 ........................................... 260
9.2.1 不考虑交互作用 ........................................... 261
9.2.2 考虑交互作用 ........................................... 263
习题 9.2 ........................................... 268

## 第10章 回归分析 ........................................... 270
### 10.1 一元线性回归 ........................................... 270
10.1.1 一个例子 ........................................... 271
10.1.2 数学模型 ........................................... 271
10.1.3 回归参数的估计 ........................................... 272
10.1.4 回归方程的显著性检验 ........................................... 272
10.1.5 预测 ........................................... 280
习题 10.1 ........................................... 281
### 10.2 一元非线性回归 ........................................... 283
10.2.1 一元非线性回归问题 ........................................... 283
10.2.2 优化模型的选择 ........................................... 285
习题 10.2 ........................................... 288
### 10.3 多元线性回归 ........................................... 289
10.3.1 多元线性回归模型 ........................................... 289
10.3.2 回归参数的估计 ........................................... 290
10.3.3 回归方程的显著性检验 ........................................... 290
10.3.4 预测 ........................................... 292
10.3.5 血压、年龄以及体质指数问题 ........................................... 293
习题 10.3 ........................................... 296
### 10.4 逐步回归 ........................................... 298
10.4.1 变量的选择 ........................................... 298
10.4.2 逐步回归的计算 ........................................... 298
习题 10.4 ........................................... 303

附录A　数学建模及大学生数学建模竞赛简介 ……………………………………… 306
附录B　概率论与数理统计实验简介 ………………………………………………… 312
附录C　概率论与数理统计附表 ……………………………………………………… 320
　附表1　正态分布表 ………………………………………………………………… 320
　附表2　泊松分布表 ………………………………………………………………… 321
　附表3　$t$ 分布表 …………………………………………………………………… 323
　附表4　$\chi^2$ 分布表 ………………………………………………………………… 325
　附表5　$F$ 分布表 …………………………………………………………………… 328
　附表6　相关系数临界值 $r_\alpha$ 表 …………………………………………………… 336

习题参考答案 …………………………………………………………………………… 337

参考文献 ………………………………………………………………………………… 351

# 第 1 章  随机事件及其概率

在考虑一个(未来)事件是否会发生的时候,人们常关心该事件发生的可能性的大小. 就像用尺子来测量物体的长度一样,我们用概率来测量一个未来事件发生的可能性的大小. 将概率作用于被测事件就得到该事件发生的可能性大小的测量值——该事件的概率.

1990 年诺贝尔经济学奖的三位得主之一是马科维茨(Markowitz),他获奖的主要原因是提出了投资组合选择(portfolio selection)理论,他把投资组合的价格视为**随机变量**,用它的**均值**来衡量收益,用它的**方差**来度量风险(被称为"均值-方差分析理论"),该理论后来被誉为"华尔街的第一次革命"(注:随机变量、均值、方差是本书后面将要介绍的内容).

《统计与真理——怎样运用偶然性》(C. R. Rao,美国宾夕法尼亚州立大学教授,2002年美国总统科学奖获得者)的扉页上写有这样一段话:

> 在终极的分析中,一切知识都是历史;
> 在抽象的意义下,一切科学都是数学;
> 在理性的基础上,所有的判断都是统计学.

## 1.1 随机试验、随机事件

### 1.1.1 随机现象与统计规律性

在自然界与人类社会活动中,人们观察到的现象是多种多样的,但归结起来它们大体上可以分为两类,一类是确定性现象,另一类是随机现象. 例如,向上抛一个石子必然下落;同性电荷必然相互排斥. 这类在一定条件下必然发生的现象,称为**确定性现象**(或**必然现象**).

在相同条件下抛一枚硬币,其结果可能是正面朝上,也可能是反面朝上,在抛掷之前无法预知抛掷的结果,结果呈现出不确定性;但多次重复抛同一枚硬币,得到正面朝上与反面朝上两个结果大致各占一半,结果呈现出规律性. 在大量重复试验中,其结果所呈现出的规律性,称为**统计规律性**.

人们还逐渐发现另一类现象,它是事前不可预言的,即在相同的条件下重复进行试验,每次结果未必相同;或是知道它过去的状况,在相同的条件下未来的发展却不能完全肯定. 这类在个别试验中其结果呈现出不确定性,在大量重复试验中其结果呈现出规律性的现象,称为**随机现象**(或**偶然现象**). 值得注意的是,确定性现象,在一定条件下其结果只有一个,而随机现象其结果不止一个.

开始时,人们把这种现象称为"偶然现象"是指它是"不正常的""出乎意料的"或者是"原因不明的". 是不是随机现象都没有规律可循呢? 事实上并非如此. 人们通过长期反复观察和实践,逐渐发现所谓不可预言,只是对一次或少数几次观察或实践而言,当在相同条件下大量重复观察时,随机现象都呈现出某种规律.

概率论与数理统计是研究随机现象统计规律性的一门数学学科.其理论与方法的应用非常广泛,几乎遍及所有科学技术领域、工农业生产、国民经济以及我们的日常生活.

### 1.1.2 随机试验与样本空间

我们遇到过各种试验,包括各种科学试验.在这里我们把试验作广义理解,对某一事物的某一特征的观察,也认为是一种试验.为了研究随机现象的统计规律性,需要进行各种试验.

如果一个试验同时满足下列条件:

(1) 可以在相同的条件下重复地进行(简称"可重复性");

(2) 每次试验的可能结果不止一个,并且能事先明确试验的所有可能结果(简称"不唯一性");

(3) 进行一次试验之前不能确定哪一个结果会出现(简称"不确定性").

称这样的试验为**随机试验**,有时把随机试验简称为**试验**(experiment),用 $E$ 来表示.我们是通过随机试验来研究随机现象的.

值得注意的是,随机试验要求试验在相同的条件下可以重复.当然也有很多随机现象是不能重复的,例如某场足球赛的输赢是不能重复的,某些经济现象(如经济增长率等)也是不能重复的.概率论与数理统计主要研究能大量重复的随机现象,但也十分注意研究不能重复的随机现象.

把随机试验 $E$ 的所有可能结果组成的集合称为 $E$ 的**样本空间**,用 $\Omega$ 来表示.样本空间 $\Omega$ 中的元素,即试验 $E$ 的每个结果,称为**样本点**,用 $\omega$ 来表示.

**例 1.1.1** 以下是七个随机试验,请写出它们的样本空间.

$E_1$:抛一枚硬币,用 $H$(head)表示正面,用 $T$(tail)表示反面,观察正面和反面出现的情况.

$E_2$:将一枚硬币抛掷三次,观察正面 $H$、反面 $T$ 出现的情况.

$E_3$:将一枚硬币抛掷三次,观察正面出现的次数.

$E_4$:抛一颗骰子,观察出现的点数.

$E_5$:记录某城市 114 电话号码查询台一昼夜接到的呼叫次数.

$E_6$:在一批灯泡中任意抽取一只,测试它的寿命.

$E_7$:向平面区域 $D=\{(x,y): x^2+y^2 \leqslant 1\}$ 内随机投掷一点,观察落点的坐标(假设该落点一定落在 $D$ 内).

**解** 以上七个随机试验 $E_1, E_2, \cdots, E_7$ 的样本空间分别是:

$\Omega_1=\{H, T\}$;

$\Omega_2=\{HHH, HHT, HTH, THH, HTT, THT, TTH, TTT\}$;

$\Omega_3=\{0, 1, 2, 3\}$;

$\Omega_4=\{1, 2, 3, 4, 5, 6\}$;

$\Omega_5=\{0, 1, 2, \cdots\}$;

$\Omega_6=\{t: t \geqslant 0\}$;

$\Omega_7=\{(x, y): x^2+y^2 \leqslant 1\}$.

只包含有限个样本点的样本空间,称为**有限样本空间**. 例如,在例 1.1.1 中,$\Omega_1$,$\Omega_2$,$\Omega_3$,$\Omega_4$ 为有限样本空间. 包含可列个样本点的样本空间,称为**可列样本空间**. 例如,在例 1.1.1 中,$\Omega_5$ 为可列样本空间. 有限样本空间和可列样本空间统称为**离散样本空间**. 全部样本点可以充满某个区间(或区域)的样本空间,称为**连续样本空间**. 例如,在例 1.1.1 中,$\Omega_6$,$\Omega_7$ 为连续样本空间.

应该注意的是,样本空间中的元素是由试验的目的所确定的. 例如,在例 1.1.1 中,$E_2$ 和 $E_3$ 同是将一枚硬币抛掷三次,由于试验的目的不同,样本空间中的元素也不同.

### 1.1.3 随机事件、事件间的关系与运算

在进行随机试验时,人们常常关心满足某种条件的那些样本点组成的集合,即"随机试验的某些样本点组成的集合"(亦即样本空间的子集). 例如,若规定某种灯泡的寿命小于 1 000 h 为次品,则我们在例 1.1.1 的 $E_6$ 中关心是否有 $t \geq 1000$ h,满足这个条件的样本点组成样本空间 $\Omega_6$ 的一个子集 $\{t : t \geq 1000\}$.

称试验 $E$ 的样本空间 $\Omega$ 的子集为 $E$ 的**随机事件**(或"随机试验的某些样本点组成的集合"),简称**事件**(event). 在一次试验中,当且仅当这一子集中的一个样本点出现时,称这一**事件发生**. 随机事件一般用大写字母 $A$,$B$,$C$ 等来表示.

**例 1.1.2** 在例 1.1.1 中,看几个事件的例子. 对于 $E_2$,事件"第一次出现 $H$",即 $A_1 = \{HHH, HHT, HTH, HTT\}$;事件"三次出现同一面",即 $A_2 = \{HHH, TTT\}$. 对于 $E_4$,事件"出现偶数点",即 $A_3 = \{2, 4, 6\}$.

特别,由一个样本点组成的单点集,称为**基本事件**. 例如,在例 1.1.1 的 $E_1$ 中,有两个基本事件 $\{H\}$ 和 $\{T\}$;在 $E_3$ 中,有 4 个基本事件 $\{0\}$,$\{1\}$,$\{2\}$,$\{3\}$.

样本空间 $\Omega$ 包含所有样本点,它是自身的子集,在每次试验中它总是发生的,称为**必然事件**.

空集 $\varnothing$ 不包含任何样本点,它也作为样本空间的子集,它在每次试验中都不发生,称为**不可能事件**.

事件是一个集合,所以事件间的关系与运算自然按照集合论中集合间的关系与运算来处理. 下面这些关系与运算的提法,是根据集合间的关系与运算以及"事件发生"的含义给出的.

设试验 $E$ 的样本空间为 $\Omega$,而 $A$,$B$,$A_i (i = 1, 2, \cdots)$ 是 $\Omega$ 的子集.

(1) 若 $A \subset B$,则称事件 $B$ **包含**事件 $A$,这指的是事件 $A$ 发生必然导致事件 $B$ 发生. 若 $A \subset B$ 且 $A \supset B$,则称事件 $A$ 与事件 $B$ **相等**,记为 $A = B$.

(2) 事件 $A \cup B = \{x \mid x \in A \text{ 或 } x \in B\}$ 称为事件 $A$ 与事件 $B$ 的**和事件**(或事件 $A$ 与事件 $B$ 的**并**). 当且仅当 $A$,$B$ 中至少有一个事件发生时,事件 $A \cup B$ 发生.

类似地,称 $\bigcup_{i=1}^{n} A_i$ 为 $n$ 个事件 $A_1$,$A_2$,$\cdots$,$A_n$ 的和事件,称 $\bigcup_{i=1}^{\infty} A_i$ 为可列个事件 $A_1$,$A_2$,$\cdots$ 的和事件.

(3) 事件 $A \cap B = \{x \mid x \in A \text{ 且 } x \in B\}$ 称为事件 $A$ 与事件 $B$ 的**积事件**(或事件 $A$ 与事件 $B$ 的**交**). 当且仅当 $A$,$B$ 同时发生时,事件 $A \cap B$ 发生. $A \cap B$ 简记为 $AB$.

类似地,称 $\bigcap_{i=1}^{n} A_i$ 为 $n$ 个事件 $A_1$,$A_2$,$\cdots$,$A_n$ 的积事件,称 $\bigcap_{i=1}^{\infty} A_i$ 为可列个事件 $A_1$,

$A_2$,… 的积事件.

(4) 事件 $A-B=\{x\mid x\in A$ 且 $x\notin B\}$ 称为事件 $A$ 与事件 $B$ 的**差事件**. 当且仅当 $A$ 发生,$B$ 不发生时,事件 $A-B$ 发生.

(5) 若 $A\cup B=\Omega$ 且 $A\cap B=\varnothing$,则称事件 $A$ 与事件 $B$ 互为**对立事件**(或逆事件). 记事件 $A$ 的对立事件为 $\bar{A}$,$\bar{A}=\Omega-A$.

(6) 若 $A\cap B=\varnothing$,则称事件 $A$ 与事件 $B$ **互不相容**(或互斥). 这指的是事件 $A$ 与事件 $B$ 不能同时发生. 显然,同一个试验中各个基本事件是两两互不相容的.

我们可以用维恩(Venn)图来表示上述事件间的关系与运算,如图 1-1—图 1-6 所示.

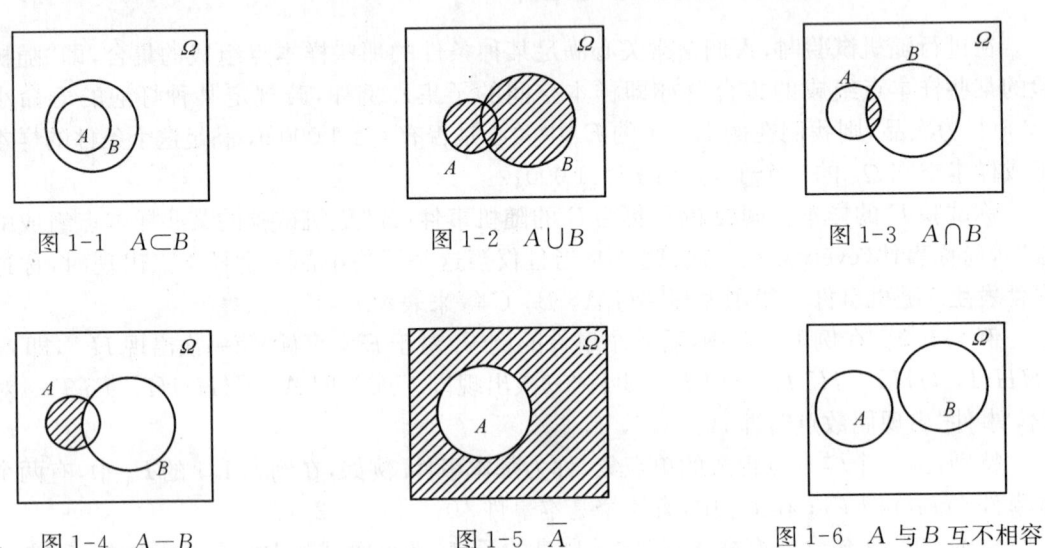

图 1-1 $A\subset B$     图 1-2 $A\cup B$     图 1-3 $A\cap B$

图 1-4 $A-B$     图 1-5 $\bar{A}$     图 1-6 $A$ 与 $B$ 互不相容

在进行事件的运算时,经常要用到下述定律.

设 $A$,$B$,$C$,$A_i(i=1,2,\cdots)$ 为事件,则有

**交换律**    $A\cup B=B\cup A,\quad A\cap B=B\cap A.$

**结合律**    $A\cup(B\cup C)=(A\cup B)\cup C,\quad A\cap(B\cap C)=(A\cap B)\cap C.$

**分配律**    $A\cup(B\cap C)=(A\cup B)\cap(A\cup C),$
$\qquad\qquad A\cap(B\cup C)=(A\cap B)\cup(A\cap C).$

**德·摩根(De Morgan)律**

$$\overline{A\cup B}=\bar{A}\cap\bar{B},\quad \overline{A\cap B}=\bar{A}\cup\bar{B}.$$

可以把以上两个事件的情形推广到有限个事件、可列个事件的情形,即

$$\overline{\bigcup_{i=1}^{n}A_i}=\bigcap_{i=1}^{n}\bar{A}_i,\quad \overline{\bigcap_{i=1}^{n}A_i}=\bigcup_{i=1}^{n}\bar{A}_i;$$

$$\overline{\bigcup_{i=1}^{\infty}A_i}=\bigcap_{i=1}^{\infty}\bar{A}_i,\quad \overline{\bigcap_{i=1}^{\infty}A_i}=\bigcup_{i=1}^{\infty}\bar{A}_i.$$

在集合论、概率论中符号与意义的对照,见表 1-1.

表 1-1　　　　　　　　在集合论、概率论中符号与意义的对照

| 符号 | 集合论 | 概率论 |
|---|---|---|
| $\Omega$ | 全集 | 样本空间,必然事件 |
| $\varnothing$ | 空集 | 不可能事件 |
| $\omega(\in \Omega)$ | 元素 | 样本点 |
| $\{\omega\}$ | 单点集 | 基本事件 |
| $A(\subset \Omega)$ | 子集 $A$ | 事件 $A$ |
| $A \subset B$ | 集合 $B$ 包含集合 $A$ | 事件 $B$ 包含事件 $A$ |
| $A = B$ | 集合 $A$ 与 $B$ 相等 | 事件 $A$ 与 $B$ 相等 |
| $A \cup B$ | 集合 $A$ 与 $B$ 的并集 | 事件 $A$ 与 $B$ 的和事件 |
| $A \cap B$ | 集合 $A$ 与 $B$ 的交集 | 事件 $A$ 与 $B$ 的积事件 |
| $\overline{A}$ | 集合 $A$ 的余集 | 事件 $A$ 的对立事件 |
| $A - B$ | 集合 $A$ 与 $B$ 的差集 | 事件 $A$ 与 $B$ 的差事件 |
| $A \cap B = \varnothing$ | 集合 $A$ 与 $B$ 没有公共元素 | 事件 $A$ 与 $B$ 互不相容 |

**例 1.1.3**　考查学生在一次数学考试中的成绩(括号中的区间表示成绩所处的范围),记 $A =$ "优秀($[90, 100]$)", $B =$ "良好($[80, 90)$)", $C =$ "中等($[70, 80)$)", $D =$ "及格($[60, 70)$)", $E =$ "未通过($[0, 60)$)", $F =$ "通过($[60, 100]$)",则 $A, B, C, D, E$ 为两两互不相容事件; $E$ 与 $F$ 互为对立事件,即 $\overline{E} = F$; $F = A \cup B \cup C \cup D$.

**例 1.1.4**　对于例 1.1.2 中的 $A_1 = \{HHH, HHT, HTH, HTT\}$, $A_2 = \{HHH, TTT\}$,求 $A_1 \cup A_2$, $A_1 \cap A_2$, $A_1 - A_2$, $\overline{A_1 \cup A_2}$.

**解**　根据例 1.1.1 知样本空间为 $\Omega_2 = \{HHH, HHT, HTH, THH, HTT, THT, TTH, TTT\}$,则 $A_1 \cup A_2 = \{HHH, HHT, HTH, HTT, TTT\}$, $A_1 \cap A_2 = \{HHH\}$, $A_1 - A_2 = \{HHT, HTH, HTT\}$, $\overline{A_1 \cup A_2} = \Omega_2 - A_1 \cup A_2 = \{THT, TTH, THH\}$.

## 习　题　1.1

1. 写出下列随机试验的样本空间.
(1) 抛一枚硬币,用 $H$ 表示正面,用 $T$ 表示反面,观察正面和反面出现的情况;
(2) 将一枚硬币抛掷两次,观察正面 $H$、反面 $T$ 出现的情况;
(3) 将一枚硬币抛掷两次,观察正面出现的次数;
(4) 在单位圆内任意取一点,记录它的(直角)坐标;
(5) 掷两颗骰子,观察其点数.

2. 袋中装有编号为 1, 2, 3, 4, 5 的五个相同的球.若从中任取三个球,请写出这个随机试验的样本空间,并计算基本事件总数.

3. 设 $A, B, C$ 表示三个随机事件,用 $A, B, C$ 的运算关系表示下列各事件:
(1) $A, B, C$ 都发生;
(2) $A, B, C$ 都不发生;
(3) $A, B, C$ 中至少有两个发生;

(4) $A$,$B$,$C$ 中恰好有两个发生.

4. 一名射手向某个目标射击三次,事件 $A_i$ 表示射手第 $i$ 次射击时击中目标($i=1,2,3$).试用文字叙述下列事件:

(1) $\overline{A_1} \cup A_2$;

(2) $A_1 \cup A_2 \cup A_3$;

(3) $\overline{A_1} A_2$;

(4) $A_2 \cup \overline{A_3}$.

5. 一名工人生产四个零件,以事件 $A_i$ 表示他生产的第 $i$ 个零件是不合格品,$i=1,2,3,4$.请用诸 $A_i$ 表示如下事件:

(1) 全是合格品;

(2) 全是不合格品;

(3) 至少有一个零件是不合格品;

(4) 恰好有一个零件是不合格品.

6. 叙述下列事件的对立事件:

(1) $A=$"抛掷两枚硬币,皆为正面";

(2) $B=$"射击三次,皆命中目标";

(3) $C=$"加工四个产品,至少有一个正品".

7. 下列说法是否正确,为什么?

(1) 若 $A \cup B = \Omega$,则 $A$,$B$ 互为对立事件;

(2) 若 $ABC = \emptyset$,则 $A$,$B$,$C$ 互不相容.

8. 在分别标有 1,2,3,4,5,6,7,8 的八张卡片中任取一张,设事件 $A$ 为"抽得一张标号不大于 4 的卡片";事件 $B$ 为"抽得一张标号为偶数的卡片";事件 $C$ 为"抽得一张标号为奇数的卡片".请用样本点表示如下事件:$A \cup B$,$AB$,$\overline{B}$,$A-B$,$B-A$,$BC$,$\overline{B \cup C}$,$(A \cup B)C$.

9. 设 $A$,$B$ 为两个事件,证明:

(1) $B = (AB) \cup (\overline{A}B)$;

(2) $AB$ 与 $\overline{A}B$ 互不相容;

(3) $A \cup B = A \cup (\overline{A}B)$.

# 1.2 概率的直观意义及其计算

观察一个随机试验的各种事件,一般来说,总会发生有些事件出现的可能性大些,有些事件出现的可能性小些.因此需要一个刻画事件发生可能性大小的数量指标,这个数量指标至少应该满足以下两个要求:

(1) 应该具备一定的客观性,不能随意改变,而且理论上可以通过在"相同条件下"大量重复试验予以识别和检验.

(2) 它必须符合一般的常理.例如,事件发生的可能性大的,它的值就大;事件发生的可能性小的,它的值就小;必然事件的值最大;不可能事件的值最小而等于零.

在实际问题中,经常需要对随机事件发生的可能性大小进行定量计算,而"概率"的概念正是源于这种需要而产生的.

## 1.2.1 频率与概率的统计定义

**定义 1.2.1** 在相同条件下,进行了 $n$ 次试验,在这 $n$ 次试验中,事件 $A$ 发生的次数

$n_A$,称为事件 $A$ 发生的**频数**,比值 $\dfrac{n_A}{n}$ 称为事件 $A$ 发生的**频率**(frequency),记作 $f_n(A)$.

根据定义 1.2.1,易知频率具有下述基本性质:

(1) 对于任意事件 $A$,有 $0 \leqslant f_n(A) \leqslant 1$;

(2) 对于必然事件 $\Omega$,$f_n(\Omega)=1$;

(3) 对于两两互不相容的事件 $A_1,A_2,\cdots,A_k$,有

$$f_n(\bigcup_{i=1}^{k} A_i) = \sum_{i=1}^{k} f_n(A_i).$$

即两两互不相容事件的和事件的频率等于每个事件频率的和.

由于事件 $A$ 的频率是它发生的次数与试验次数之比 $\left(\dfrac{n_A}{n}\right)$,其大小表示事件 $A$ 发生的频繁程度.因此,直观的想法是用事件 $A$ 的频率表示事件 $A$ 在一次试验中发生的可能性的大小,但是否可行呢? 先看下面的例子.

**例 1.2.1** 抛一枚质地均匀的硬币的试验,历史上有人做过.设 $n$ 表示抛硬币的次数,$n_H$ 表示出现正面的次数,$f_n(H)$ 表示出现正面的频率,得到表 1-2 所示的数据.

表 1-2　　　　　　　　　　　　抛硬币试验

| 试验者 | $n$ | $n_H$ | $f_n(H)$ | $\|f_n(H)-0.5\|$ |
|---|---|---|---|---|
| 德·摩根 | 2 048 | 1 061 | 0.518 1 | 0.018 1 |
| 蒲丰 | 4 040 | 2 048 | 0.506 9 | 0.006 9 |
| 费勒 | 10 000 | 4 979 | 0.497 9 | 0.002 1 |
| 皮尔逊 | 12 000 | 6 019 | 0.501 6 | 0.001 6 |
| 皮尔逊 | 24 000 | 12 012 | 0.500 5 | 0.000 5 |
| 维尼 | 30 000 | 14 994 | 0.499 8 | 0.000 2 |

从表 1-2 中的数据可以看出,抛硬币的次数 $n$ 较小时,出现正面的频率 $f_n(H)$ 在 0 与 1 之间波动相对较大.但随着 $n$ 的增大,$f_n(H)$ 呈现出稳定性,即当 $n$ 逐渐增大时,$f_n(H)$ 总在 0.5 附近徘徊,而逐渐稳定于 0.5.

例 1.2.1 说明,随机事件在大量重复试验中其结果呈现出某种规律性,而频率的稳定性正是这种规律性的表现.

在附录 B 中(例 B.2.12)给出了用 MATLAB 软件模拟抛硬币试验(及 MATLAB 程序).

**定义 1.2.2(概率的统计定义)**　在大量重复试验中,若事件 $A$ 发生的频率稳定地在某一个常数 $p$ 附近摆动,则称该常数 $p$ 为事件 $A$ 发生的**概率**(probability),记作 $P(A)$,即 $P(A)=p$.

应该指出,频率是变动的,而概率(频率的稳定值)则是常数.频率提供了概率的一个可供想象的具体值,并且在试验重复次数较大时,可用频率作为概率的近似值,这一点是频率最有价值的地方.在日常生活中,经常说的产品的合格率,彩票的中奖率等其实都是频率.

在足球比赛中,人们很关心罚点球命中的可能性大小.有人曾对 1930 年至 1988 年世界各地的 53 274 场重大足球比赛作了统计:在判罚的 15 382 个点球中有 11 172 个命中.由此

可得罚点球命中概率的近似值为 $\dfrac{11\,172}{15\,382}=0.726\,3$.

### 1.2.2 古典概型

在例 1.1.1 中的 $E_1$ 和 $E_4$，它们都具有如下两个共同特点：

(1) 试验的样本空间只包含有限个样本点；

(2) 试验中的每一个样本点发生的可能性相等.

具有以上两个特点的试验，称为**古典型试验**.

**定义 1.2.3**(概率的古典定义)　设随机试验 $E$ 为古典型试验，它的样本空间为 $\Omega=\{\omega_1,\omega_2,\cdots,\omega_n\}$，若事件 $A$ 包含 $k$ 个样本点，则事件 $A$ 的概率为

$$P(A)=\frac{k}{n}. \tag{1.2.1}$$

这里 $k$ 为事件 $A$ 所包含样本点的个数，$n$ 为样本空间 $\Omega$ 所有样本点的个数.

称满足定义 1.2.3 的概率模型为**古典概型**. 显然，在古典概型中基本事件发生的概率都相等，因此古典概型又称为**等可能概型**. 古典概型在概率论的产生和发展过程中是最早且最常用到的一种概率模型.

**例 1.2.2**　抛掷两枚硬币，求出现一个正面($H$)一个反面($T$)的概率.

**解**　本例的样本空间为 $\Omega=\{HH,HT,TH,TT\}$，设 $A=$"出现一个正面($H$)一个反面($T$)"，则有 $A=\{HT,TH\}$，根据式(1.2.1)，得 $P(A)=\dfrac{1}{2}$.

**例 1.2.3**　将一枚硬币抛掷三次.

(1) 设事件 $A_1$ 为"恰有一次出现正面"，求 $P(A_1)$；

(2) 设事件 $A_2$ 为"至少有一次出现正面"，求 $P(A_2)$.

**解**　(1) "将一枚硬币抛掷三次"这个试验的样本空间为 $\Omega=\{HHH,HHT,HTH,THH,HTT,THT,TTH,TTT\}$，而 $A_1=\{HTT,THT,TTH\}$. 根据式(1.2.1)，得 $P(A_1)=\dfrac{3}{8}$.

(2) 由于 $A_2=\{HHH,HHT,HTH,THH,HTT,THT,TTH\}$，所以根据式(1.2.1)，得 $P(A_2)=\dfrac{7}{8}$.

**例 1.2.4**　将 $n$ 只球随机地放入 $N(N\geqslant n)$ 个盒子中去，试求每个盒子至多有一只球的概率(设盒子的容量不限).

**解**　将 $n$ 只球随机地放入 $N(N\geqslant n)$ 个盒子中去，每种放法是一个基本事件. 易知，这是古典概型问题. 由于每一只球都可以放入 $N$ 个盒子中的任意一个，故共有 $N\times N\times\cdots\times N=N^n$ 种不同的放法. 而每个盒子至多放有一只球，共有 $N\times(N-1)\times\cdots\times[N-(n-1)]$ 种不同的放法. 根据式(1.2.1)，则所求的概率为

$$\frac{N\times(N-1)\times\cdots\times[N-(n-1)]}{N^n}.$$

许多问题和本例有相同的数学模型. 例如(生日问题), 假设每个人的生日在一年 365 天中的任意一天是等可能的, 即等于 $\frac{1}{365}$, 那么随机选取 $n$ ($n\leqslant 365$) 个人, 根据例 1.2.4 的结果(取 $N=365$), 则他(她)们的生日各不相同的概率为

$$p_n = \frac{365 \times 364 \times \cdots \times [365-(n-1)]}{365^n},$$

则 $n$ 个人中至少有两个人生日相同的概率为

$$1-p_n = 1 - \frac{365 \times 364 \times \cdots \times [365-(n-1)]}{365^n}.$$

对 $n=10,20,30,40,50,60,70,80$, 计算结果见下表(其 MATLAB 程序, 见本书附录 B 的例 B.2.1):

| $n$ | 10 | 20 | 30 | 40 | 50 | 60 | 70 | 80 |
|---|---|---|---|---|---|---|---|---|
| $p_n$ | 0.8831 | 0.5886 | 0.2937 | 0.1088 | 0.0296 | 0.0059 | 0.0008 | 0.0001 |
| $1-p_n$ | 0.1169 | 0.4114 | 0.7063 | 0.8912 | 0.9704 | 0.9941 | 0.9992 | 0.9999 |

$p_n$ 和 $1-p_n$ 的曲线图分别如图 1-7 和图 1-8 所示(其 MATLAB 程序, 见本书附录 B 的例 B.2.1).

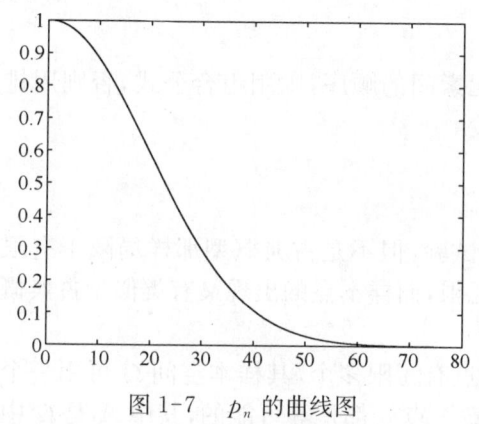
图 1-7  $p_n$ 的曲线图

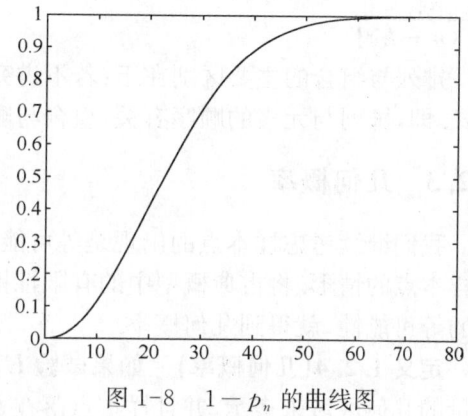
图 1-8  $1-p_n$ 的曲线图

从上面的表和图 1-7 可以看出, 一年有 365 天, 任意 30 个人在一起, 他(她)们的生日各不相同的概率只有 0.2937. 这个结果是令人吃惊的, 因为许多人认为任意 30 个人在一起, 他(她)们的生日各不相同的可能性是较大的, 至少会大于 $\frac{1}{2}$.

从上面的表和图 1-8 可以看出, 尽管一年有 365 天, 任意 30 个人在一起, 至少两个人同生日的概率就高达 0.7063, 这是我们意想不到的结果. 故只凭直观想象不一定能作出正确的判断.

**例 1.2.5**  设有 $N$ 件产品, 其中有 $M$ 件次品, 今从中任意取 $n$ 件(抽取一个后不再放回), 问其中恰有 $k$ ($k\leqslant M$) 件次品的概率是多少?

**解**  在 $N$ 件产品中抽取 $n$ 件, 所有可能的取法共有 $C_N^n$ 种(抽取一个后不再放回), 每一

种取法是一个基本事件,且由对称性知每一个基本事件发生的可能性相同. 在 $M$ 件次品中取 $k$ 件,所有可能的取法共有 $C_M^k$ 种. 在 $N-M$ 件正品中取 $n-k$ 件,所有可能的取法共有 $C_{N-M}^{n-k}$ 种. 根据乘法原理知, $N$ 件产品中取 $n$ 件,其中恰有 $k$ 件次品的取法共有 $C_M^k C_{N-M}^{n-k}$ 种. 根据式(1.2.1),则所求事件的概率为 $p = \dfrac{C_M^k C_{N-M}^{n-k}}{C_N^n}$.

如果取 $N=9$,$M=3$,$n=4$,当 $k=0,1,2,3$ 时,$p$ 的计算结果见下表.

| $k$ | 0 | 1 | 2 | 3 |
|---|---|---|---|---|
| $p$ | $\dfrac{5}{42}$ | $\dfrac{20}{42}$ | $\dfrac{15}{42}$ | $\dfrac{2}{42}$ |

**注1** 从 $n$ 个不同元素中任取 $k(k \leqslant n)$ 个元素(被取出的元素各不相同),按照一定的顺序排成一列,称为从 $n$ 个不同元素中取出 $k$ 个元素的一个**排列**(arrangement),此种排列的总数记为 $A_n^k$,其计算公式为 $A_n^k = n(n-1)\cdots(n-k+1) = \dfrac{n!}{(n-k)!}$. 当 $n=k$ 时,称为全排列,此时 $A_n^n = n!$.

**注2** 从 $n$ 个不同元素中任取 $k(k \leqslant n)$ 个元素组成一组(不考虑元素间的先后次序),称为一个**组合**(combination),此种组合的总数记为 $C_n^k$,其计算公式为 $C_n^k = \dfrac{A_n^k}{k!} = \dfrac{n!}{k!(n-k)!}$.

排列与组合的主要区别在于:若不讲究取出元素间的顺序,则用组合公式,否则用排列公式. 即,排列与元素的顺序有关,组合与顺序无关.

### 1.2.3 几何概率

我们继续考虑样本点的出现是等可能的随机试验,但不是古典概型那样局限于有限多的样本点的情形. 将古典概型中的有限性推广到无限,而样本点的出现又有类似于古典概型中的等可能性,就得到几何概率.

**定义1.2.4(几何概率)** 如果试验 $E$ 的样本点有无限多个,其样本空间 $\Omega$ 可用一个有度量的几何区域来表示,并且样本点落在 $\Omega$ 内任意一点处都是等可能的,其中 $A$ 是 $\Omega$ 中的一个区域,样本点落在区域 $A$ 的概率与 $A$ 的度量(长度、面积、体积等)成正比,而与 $A$ 的位置和形状无关,则样本点落在区域 $A$ 的概率为

$$P(A) = \frac{m(A)}{m(\Omega)}. \tag{1.2.2}$$

这里 $m(A)$ 为区域 $A$ 的度量,$m(\Omega)$ 为样本空间 $\Omega$ 的度量. 称上述的概率为**几何概率**.

**例1.2.6** 在线段 $[0,3]$ 上任意投一点,求此点的坐标小于1的概率.

**解** 当且仅当点落在 $[0,1)$ 内时,此点的坐标小于1. 根据几何概率的定义1.2.4,所求的概率为

$$p = \frac{m[0,1)}{m[0,3]} = \frac{1}{3}.$$

**例 1.2.7(会面问题)**　两人相约在早晨 8 点到 9 点之间在某地会面,并约定先到者等候另一个人 30 min 后就可以离开,求这两个人能见面的概率.

**解**　设 8 点 $x$(min),8 点 $y$(min)分别表示两个人到达某地的时刻,由于两个人在 8 点到 9 点之间到达是随机的,因此 $x,y$ 都等可能地在 $[0,60]$ 上取值,点 $(x,y)$ 就是平面区域 $\Omega=\{(x,y): 0\leqslant x\leqslant 60, 0\leqslant y\leqslant 60\}$ 上等可能的随机点. 设 $A=$ "两人能够会面",根据题意,事件 $A$ 发生的充分必要条件是 $|x-y|\leqslant 30$,即随机点落在区域 $A=\{(x,y):|x-y|\leqslant 30\}$ 内,如图 1-9 所示. 根据几何概率的定义 1.2.4,所求的概率为

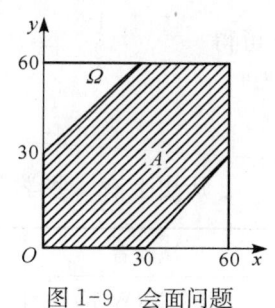

图 1-9　会面问题

$$P(A)=\frac{m(A)}{m(\Omega)}=\frac{60^2-(60-30)^2}{60^2}=\frac{3}{4}.$$

蒲丰投针问题(见例 1.2.8)是法国数学家蒲丰(Buffon)在 1777 年提出的,他开创了几何概率研究的先河.

**例 1.2.8(蒲丰投针问题)**　在平面上画有间隔为 $a(a>0)$ 的等距离平行线,向平面上任意投掷一条长为 $l(l<a)$ 的针,求针与任一条平行线相交的概率.

**解**　令 $M$ 表示针的中点,$x$ 表示针投在平面上时,$M$ 与最近一条平行线的距离;$\varphi$ 表示针与最近一条平行线的交角. 由图 1-10 容易看出,样本空间 $\Omega$ 满足:$0\leqslant x\leqslant\frac{a}{2}, 0\leqslant\varphi\leqslant\pi$.

如果取直角坐标系,则上式表示 $\varphi Ox$ 坐标系中的一个矩形,就是样本空间,其面积为 $m(\Omega)=\frac{a}{2}\pi$,如图 1-11 所示. 而 $x\leqslant\frac{l}{2}\sin\varphi$ 是使针与平行线(此线必为与 $M$ 点最近的平行线)相交的充分必要条件,上面的不等式表示图 1-11 中阴影部分(记作 $A$).

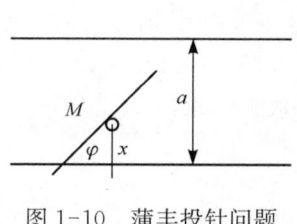

图 1-10　蒲丰投针问题

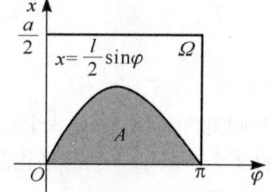

图 1-11　蒲丰投针问题中 $\Omega$ 与 $A$

我们把抛掷针到平面上这件事理解为具有"等可能性",因此,这个问题等价于向区域 $\Omega$ 中"等可能"地投掷点,求点落入区域 $A$ 的概率,根据式(1.2.2)得所求的概率为

$$P(A)=\frac{m(A)}{m(\Omega)}=\frac{\int_0^\pi \frac{l}{2}\sin\varphi\,d\varphi}{\frac{a}{2}\pi}=\frac{2l}{\pi a}.$$

如果 $l$ 和 $a$ 为已知,那么以 $\pi$ 的值代入上式即可计算得 $P(A)$;反之,如果已知 $P(A)$ 的值,那么也可以利用上式去求 $\pi$ 的值. 而关于 $P(A)$ 的值,可以从试验中获得的频率去近似它:即投针 $N$ 次,其中针与平行线相交 $n$ 次,则频率为 $n/N$ 可作为概率 $P(A)$ 的近似值,于是

$$\frac{n}{N} \approx P(A) = \frac{2l}{\pi a},$$

可得

$$\pi \approx \frac{2lN}{an}.$$

历史上有一些学者曾亲自做过这个试验,下表记录了他们的试验结果.

| 试验者 | 年份 | $l/a$ | 投针次数 $N$ | 相交次数 $n$ | 圆周率 $\pi$ 的近似值 |
| --- | --- | --- | --- | --- | --- |
| 沃尔夫(Wolf) | 1850 | 0.80 | 5 000 | 2 532 | 3.159 6 |
| 福克斯(Fox) | 1884 | 0.75 | 1 030 | 489 | 3.159 5 |
| 莱泽里尼(Lazzerini) | 1901 | 0.83 | 3 408 | 1 808 | 3.141 5 |
| 雷娜(Reina) | 1925 | 0.54 | 2 520 | 859 | 3.179 5 |

这是一个很奇妙的方法:只要设计一个随机试验,使一个事件的概率与某个未知数有关,然后通过重复试验,用频率近似概率,即可求得未知数的近似解.一般来说,试验的次数越多,则求得的近似解就越精确.随着计算机的出现,人们便可利用计算机大量重复地模拟所设计的随机试验.人们称这种方法为**随机模拟法**,也称为**蒙特卡罗(Monte Carlo)法**.这种方法源于美国的"曼哈顿计划",该计划的主持人之一——冯·诺依曼用驰名世界的赌城——摩纳哥的蒙特卡罗来命名这种方法,使它蒙上了一层神秘的色彩.

随着计算机的普及和应用,随机模拟法得到了迅速的发展和广泛的应用.关于用随机模拟法通过蒲丰投针计算圆周率 $\pi$ 以及此种方法的一些应用,见《数学实验(MATLAB版)》(韩明,王家宝,李林,2018).

## 习 题 1.2

1. 从 10 个同类产品(其中有 8 个正品、2 个次品)中任意抽取 3 个,求:
   (1) 抽出的 3 个产品中 3 个都是正品的概率;
   (2) 至少 1 个是次品的概率;
   (3) 仅有 1 个次品的概率.

2. 10 只球中有 3 只红球 7 只绿球,随机地分给 10 个小朋友,每人一球,求最后三个分到球的小朋友中恰有一个得到红球的概率.

3. 5 人在第一层进入八层楼的电梯,假设每人以相同的概率走出任一层(从第二层开始),求此 5 人在不同层走出的概率是多少?

4. 袋中有红、黄、白球各一只,每次任取一只,有放回地抽 3 次,求下列事件的概率:
   (1) 三只全是红色;
   (2) 三只颜色相同;
   (3) 三只颜色不相同;
   (4) 三只中无红色;
   (5) 三只中无黄色且无白色;
   (6) 三只全是红色或全是黄色.

5. 一袋中装有 6 只球,其中 4 只白球、2 只红球. 从袋中取球两次,每次随机取一只,取后不放回. 试求:

(1) 取到两只球都是白球的概率;

(2) 取到两只球颜色相同的概率;

(3) 取到两只球中至少有一只是白球的概率.

6. 在一标准英语字典中有 55 个由两个不相同的字母所组成的单词,若从 26 个英文字母中任取两个字母予以排列,求能排成上述单词的概率.

7. 某油漆公司发出 17 桶油漆,其中白漆 10 桶、黑漆 4 桶、红漆 3 桶,在搬运中所有的标签脱落,交货人随意将这些油漆发给顾客. 问一个订货 4 桶白漆、3 桶黑漆、2 桶红漆的顾客,能按所选定颜色如数得到订货的概率是多少?

8. 设甲、乙两人相约于下午 2 时到 3 时之间在某地会面,先到者等候另一人 20 min,过时就离去,试求这两人能会面的概率.

9. 已知在 10 只产品中有 2 只次品,在其中取两次,每次任取一只作不放回抽样. 求下列事件的概率:

(1) 两只都是正品;

(2) 两只都是次品;

(3) 一只是正品一只是次品.

10. 在 8 位电话号码中,求数码 6 恰好出现 4 次的概率.

11. 将 3 个球随机地放入 4 个杯子中去,求杯子中球的最大个数分别为 1, 2, 3 的概率.

12. 甲、乙两轮船驶向一个不能同时停泊两艘轮船的码头,它们在一昼夜内到达的时刻是等可能的. 如果甲船的停泊时间是 1 h,乙船的停泊时间是 2 h,求它们中任何一艘都不需要等候码头空出的概率是多少?

13. 从 $[0,1]$ 区间中随机取得两个数,求其积不小于 $\frac{3}{16}$,其和不大于 1 的概率.

14. 在 $(0,1)$ 区间中随机地取两个数,求这两个数之差的绝对值小于 $\frac{1}{2}$ 的概率.

## 1.3 概率的公理化定义和概率的性质

前面分别介绍了概率的统计定义、古典概型、几何概率,它们在解决各自相适应的问题中都起着很重要的作用. 但它们都有一定的局限性,概率的统计定义——统计概率,是用频率的稳定值,它建立在大量试验的基础上,有时难以实现. 即使能够进行大量试验,由于频率具有波动性,它在什么意义下趋近于概率等都没有确切说明. 古典概型要求试验的样本空间是有限集合,且每个样本点在一次试验中出现的可能性相等. 几何概率虽然把样本空间扩展到无限集合,但仍然保留样本点的等可能性的要求. 很多问题经常不能满足这些要求,这些不足妨碍了概率论自身的发展,也使概率论作为数学分支的科学性受到怀疑.

1900 年,著名数学家希尔伯特(Hilbert)在巴黎举行的第二届世界数学家大会上作了一个题为"未来的数学问题"的重要报告,他在报告中提出了 23 个重大问题作为下一个世纪的研究目标,实践证明这大大地推动了数学的发展. 这些问题中就包括了要建立概率的公理化定义,即从概率的少数几条特性来刻画概率的概念. 1933 年,著名的苏联数学家柯尔莫哥洛夫(Kolmogorov)在前人工作的基础上,提出了概率的公理化定义. 概率的公理化体系的建立,是概率论发展史上的一个里程碑,具有划时代的意义,从此概率论真正成为一门有着严格数学基础的数学分支.

以下首先介绍概率的公理化定义,然后在此基础上介绍概率的性质.

### 1.3.1 概率的公理化定义

**定义 1.3.1（概率的公理化定义）** 设 $E$ 为随机试验,$\Omega$ 为它的样本空间,若对于 $E$ 的任意一个事件 $A$,都有一个实值集函数 $P(A)$ 与之对应,并且满足下列三个公理:

(1) **非负性公理** 对于任意一个事件 $A$,有 $P(A) \geqslant 0$;

(2) **正则性公理** 对于必然事件 $\Omega$,有 $P(\Omega) = 1$;

(3) **可列可加性公理** 对于可列个两两互不相容的事件 $A_1, A_2, \cdots$,有

$$P\left(\bigcup_{i=1}^{\infty} A_i\right) = \sum_{i=1}^{\infty} P(A_i).$$

则称 $P(A)$ 为事件 $A$ 的**概率**.

**例 1.3.1** 设一个质点随机地落在 $I = [0, 1]$ 线段内,把 $I$ 分成

$$A_1 = \left(\frac{1}{2}, 1\right], \ A_2 = \left(\frac{1}{4}, \frac{1}{2}\right], \ \cdots, \ A_n = \left(\frac{1}{2^n}, \frac{1}{2^{n-1}}\right], \ \cdots.$$

规定质点落在这些区间的概率等于线段的长度,即

$$P(A_n) = \frac{1}{2^n}, \quad n = 1, 2, \cdots.$$

这时 $I = [0, 1] = \left(\bigcup_{i=1}^{\infty} A_i\right) \cup \{0\}$. 显然有(这里 $P(\{0\}) = 0$):

$$P\left(\bigcup_{i=1}^{\infty} A_i\right) = P(I) = 1 = \sum_{i=1}^{\infty} \frac{1}{2^i} = \sum_{i=1}^{\infty} P(A_i).$$

概率的公理化定义只规定概率应满足的性质,并不具体给出其计算公式或计算方法,而统计概率、古典概率、几何概率都满足概率的公理化定义的条件,因此都可以纳入概率的公理化体系之中,把它们看作是不同情况下确定概率的具体方法是适当的. 根据概率的公理化定义,所推出的任何规律,对所有情况的概率(包括统计概率、古典概率、几何概率等)都是适用的.

### 1.3.2 概率的性质

根据概率的公理化定义(非负性、正则性、可列可加性),可以推导出概率的一些重要性质. 以下给出概率的一些常用性质.

首先,在概率的正则性中说明了必然事件 $\Omega$ 的概率为 1. 那么不可能事件 $\varnothing$ 的概率是多少呢?下面的这个性质说明了这一点.

**性质 1.3.1** $P(\varnothing) = 0$.

**证明** 令 $A_n = \varnothing\ (n = 1, 2, \cdots)$,则 $\bigcup_{n=1}^{\infty} A_n = \varnothing$,且 $A_i A_j = \varnothing$,$i \neq j\ (i, j = 1, 2, \cdots)$. 根据概率的可列可加性,得

$$P(\varnothing)=P(\bigcup_{n=1}^{\infty}A_n)=\sum_{n=1}^{\infty}P(A_n)=\sum_{n=1}^{\infty}P(\varnothing).$$

根据概率的非负性,知道 $P(\varnothing)\geqslant 0$,因此 $P(\varnothing)=0$.

**性质 1.3.2(有限可加性)** 若 $A_1,A_2,\cdots,A_n$ 是两两互不相容的事件,则有 $P(\bigcup_{k=1}^{n}A_k)=\sum_{k=1}^{n}P(A_k)$. 即,有限个两两互不相容事件的和事件的概率,等于每个事件概率的和.

**证明** 令 $A_{n+1}=A_{n+2}=\cdots=\varnothing$,则有 $A_iA_j=\varnothing$,$i\neq j(i,j=1,2,\cdots)$. 根据概率的可列可加性和性质 1.3.1,得

$$P(\bigcup_{k=1}^{n}A_k)=P(\bigcup_{k=1}^{\infty}A_k)=\sum_{k=1}^{\infty}P(A_k)=\sum_{k=1}^{n}P(A_k)+0=\sum_{k=1}^{n}P(A_k).$$

根据有限可加性,可以得到以下求对立事件概率的公式.

**性质 1.3.3(对立事件的概率)** 对于任意一个事件 $A$,有 $P(\overline{A})=1-P(A)$.

**证明** 由于 $A\cup\overline{A}=\Omega$,$A\overline{A}=\varnothing$,根据概率的有限可加性,得

$$1=P(\Omega)=P(A\cup\overline{A})=P(A)+P(\overline{A}),$$

所以 $P(\overline{A})=1-P(A)$.

**性质 1.3.4(减法公式)** (1) 设 $A,B$ 是两个事件,若 $A\subset B$,则有 $P(B-A)=P(B)-P(A)$;

(2) 对于任意两个事件 $A,B$,有 $P(A-B)=P(A)-P(AB)$.

**证明** (1) 由 $A\subset B$ 知道,$B=A\cup(B-A)$,且 $A(B-A)=\varnothing$,根据概率的有限可加性,得 $P(B)=P(A)+P(B-A)$,所以 $P(B-A)=P(B)-P(A)$.

(2) 由于 $A-B=A-AB$,且 $AB\subset A$,根据性质 1.3.4(1),则有 $P(A-B)=P(A-AB)=P(A)-P(AB)$.

**性质 1.3.5(单调性)** 设 $A,B$ 是两个事件,若 $A\subset B$,则 $P(A)\leqslant P(B)$.

**证明** 根据概率的非负性知道,$P(B-A)\geqslant 0$,再根据性质 1.3.4(1),有 $P(A)\leqslant P(B)$.

**性质 1.3.6** 对于任意一个事件 $A$,则 $P(A)\leqslant 1$.

**证明** 由于 $A\subset\Omega$,根据概率的单调性得,$P(A)\leqslant P(\Omega)=1$.

**性质 1.3.7(加法公式)** 对于任意两个事件 $A,B$ 有 $P(A\cup B)=P(A)+P(B)-P(AB)$.

**证明** 由于 $A\cup B=A\cup(B-AB)$,且 $A(B-AB)=\varnothing$,$AB\subset B$,根据概率的有限可加性和减法公式,得

$$P(A\cup B)=P(A)+P(B-AB)=P(A)+P(B)-P(AB).$$

性质 1.3.7 可以推广到多个事件的情形.

设 $A_1,A_2,A_3$ 是任意三个事件,有

$$P(A_1\cup A_2\cup A_3)=P(A_1)+P(A_2)+P(A_3)-\\P(A_1A_2)-P(A_1A_3)-P(A_2A_3)+P(A_1A_2A_3).$$

一般,对于任意 $n$ 个事件 $A_1, A_2, \cdots, A_n (n \geqslant 2)$,则有

$$P(\bigcup_{i=1}^{n} A_i) = \sum_{i=1}^{n} P(A_i) - \sum_{1 \leqslant i < j \leqslant n} P(A_i A_j) + \sum_{1 \leqslant i < j < k \leqslant n} P(A_i A_j A_k) + \cdots + (-1)^{n-1} P(A_1 A_2 \cdots A_n).$$

对于任意 $n$ 个事件加法公式的证明,可以作为一个习题(见本节习题12),由读者完成.

**推论 1.3.1(半可加性)** 对于任意 $n$ 个事件 $A_1, A_2, \cdots, A_n (n \geqslant 2)$,有

(1) $P(A_1 \bigcup A_2) \leqslant P(A_1) + P(A_2)$;

(2) $P(\bigcup_{i=1}^{n} A_i) \leqslant \sum_{i=1}^{n} P(A_i).$  (1.3.1)

**证明** (1) $P(A_1 \bigcup A_2) = P(A_1) + P(A_2) - P(A_1 A_2) \leqslant P(A_1) + P(A_2)$.

(2) 用数学归纳法. 根据推论1.3.1(1),当 $n=2$ 时,式(1.3.1)成立.

设 $n=k$ 时,式(1.3.1)成立,则由推论1.3.1(1),当 $n=k+1$ 时,有

$$P(\bigcup_{i=1}^{k+1} A_i) = P(\bigcup_{i=1}^{k} A_i) + P(A_{k+1}) - P[(\bigcup_{i=1}^{k} A_i) \bigcap A_{k+1}] \leqslant \sum_{i=1}^{k+1} P(A_i).$$

说明:还可以应用本节习题10,给出推论1.3.1(半可加性)的另外一种证明(见本节习题11).

**例1.3.2** 设 $A, B$ 是互不相容的事件,已知 $P(A) = 0.4$,$P(B) = 0.5$,求 $P(\overline{A})$,$P(A \bigcup B)$,$P(A \overline{B})$,$P(\overline{A} \, \overline{B})$,$P(\overline{A} \bigcup \overline{B})$.

**解** $P(\overline{A}) = 1 - P(A) = 1 - 0.4 = 0.6$. 由于 $A, B$ 互不相容,即 $AB = \emptyset$,于是

$$P(A \bigcup B) = P(A) + P(B) = 0.4 + 0.5 = 0.9;$$
$$P(A \overline{B}) = P[A(\Omega - B)] = P(A - AB) = P(A) - P(AB)$$
$$= P(A) - P(\emptyset) = 0.4 - 0 = 0.4;$$
$$P(\overline{A} \, \overline{B}) = P(\overline{A \bigcup B}) = 1 - P(A \bigcup B) = 1 - 0.9 = 0.1;$$
$$P(\overline{A} \bigcup \overline{B}) = P(\overline{AB}) = 1 - P(AB) = 1 - 0 = 1.$$

**例1.3.3** 若 $P(A) = P(B) = \dfrac{1}{2}$,$P(C) = \dfrac{1}{3}$,$P(AB) = \dfrac{1}{6}$,$P(BC) = \dfrac{1}{4}$,$P(AC) = 0$,求 $P(A \bigcup B \bigcup C)$.

**解**

$$P(A \bigcup B \bigcup C) = P(A) + P(B) + P(C) - P(AB) - P(BC) - P(AC) + P(ABC)$$
$$= \frac{1}{2} + \frac{1}{2} + \frac{1}{3} - \frac{1}{6} - \frac{1}{4} - 0 + 0 = \frac{11}{12}.$$

上述计算过程中用到如下事实:

$$ABC \subset AC \Rightarrow 0 \leqslant P(ABC) \leqslant P(AC) = 0 \Rightarrow P(ABC) = 0.$$

**性质1.3.8(概率的连续性)** 设 $A_1 \supset A_2 \supset \cdots$,且 $\bigcap_{n=1}^{\infty} A_n = \emptyset$,则 $\lim_{n \to \infty} P(A_n) = 0$.

**证明** 由于 $A_n = \bigcup_{k=n}^{\infty} (A_k - A_{k+1}) (n = 1, 2, \cdots)$,而 $A_k - A_{k+1}$ 互不相容. 根据可列可加性,得

$$1 \geqslant P(A_1) = P\{\bigcup_{k=1}^{\infty}(A_k - A_{k+1})\} = \sum_{k=1}^{\infty} P(A_k - A_{k+1}).$$

由于 $P(A_n) = \sum_{k=n}^{\infty} P(A_k - A_{k+1})$ 是收敛级数 $\sum_{k=1}^{\infty} P(A_k - A_{k+1})$ 的尾项,因此 $P(A_n) \to 0 (n \to \infty)$.

**推论 1.3.2** 设 $A_1 \supset A_2 \supset \cdots$,且 $\bigcap_{i=1}^{\infty} A_i = A$,则 $\lim_{n\to\infty} P(A_n) = P(A)$.

**证明** 令 $B_n = A_n - A$,则 $B_1 \supset B_2 \supset \cdots$,且 $\bigcap_{n=1}^{\infty} B_n = \bigcap_{n=1}^{\infty}(A_n - A) = \bigcap_{n=1}^{\infty}(A_n \cap \overline{A}) = (\bigcap_{n=1}^{\infty} A_n) \cap \overline{A} = A \cap \overline{A} = \varnothing$.

根据性质 1.3.8,得 $P(B_n) \to 0 (n \to \infty)$,即当 $n \to \infty$ 时,有

$$P(A_n) - P(A) = P(A_n - A) = P(B_n) \to 0,$$

因此 $P(A_n) \to P(A)(n \to \infty)$.

一般称具有推论 1.3.2 所述的非负实值集函数 $P$ 是**上连续的**.

**推论 1.3.3** 设 $A_1 \subset A_2 \subset \cdots$,且 $\bigcup_{i=1}^{\infty} A_i = A$,则 $\lim_{n\to\infty} P(A_n) = P(A)$.

推论 1.3.3 的证明请读者自己完成(见本节的习题 8).

一般称具有推论 1.3.3 所述的非负实值集函数 $P$ 是**下连续的**.

若记 $\lim_{n\to\infty}\bigcap_{k=1}^{n} A_k = \bigcap_{n=1}^{\infty} A_n = A$(上连续情形),$\lim_{n\to\infty}\bigcup_{k=1}^{n} A_k = \bigcup_{n=1}^{\infty} A_n = A$(下连续情形),则等式 $\lim_{n\to\infty} P(A_n) = P(A)$ 就可写成 $\lim_{n\to\infty} P(A_n) = P(\lim_{n\to\infty} A_n)$.

上式表明,不论 $P$ 是上连续还是下连续,都有 $\lim_{n\to\infty} P(A_n) = P(\lim_{n\to\infty} A_n)$. 它表示极限符号可以与 $P$ 交换顺序,这是一个很有启发性的等式.

**注意** 在推导过程中,上述等式的右边用了如下事实:

在上连续(或下连续)情形 $A_n = \bigcap_{k=1}^{n} A_k$(或 $A_n = \bigcup_{k=1}^{n} A_k$),因此

$$A = \lim_{n\to\infty}\bigcap_{k=1}^{n} A_k = \lim_{n\to\infty} A_n \quad (\text{或 } A = \lim_{n\to\infty}\bigcup_{k=1}^{n} A_k = \lim_{n\to\infty} A_n).$$

由推论 1.3.2 可知,概率 $P$ 是上连续的. 读者可以自己证明:概率 $P$ 也是下连续的.

根据性质 1.3.2(有限可加性)和性质 1.3.8(概率的连续性)得到:从概率的可列可加性可以推出概率的有限可加性和概率的连续性.

## 习 题 1.3

1. 已知 $P(A) = 0.4$,$P(B) = 0.3$,$P(A \cup B) = 0.6$,求 $P(AB)$.

2. 已知 $P(A) = P(B) = P(C) = \dfrac{1}{4}$,$P(AB) = 0$,$P(AC) = P(BC) = \dfrac{1}{16}$,求:

(1) $A,B,C$ 中至少发生一个的概率;

(2) $A,B,C$ 都不发生的概率.

3. 若 $P(A) = 0.7$,$P(A-B) = 0.3$,求 $P(\overline{AB})$.

4. 已知在 200 名学生中,选修统计学的有 137 名,选修经济学的有 50 名,选修计算机的有 124 名. 还知道,同时选修统计学与经济学的有 33 名,同时选修经济学与计算机的有 29 名,同时选修统计学与计算机的有 92 名. 三门课都选修的有 18 名. 试求 200 名学生中在这三门课中至少选修一门的概率.

5. 在 1～2 000 的整数中随机地取一个数,问取到的整数既不能被 6 整除,又不能被 8 整除的概率是多少?

6. 已知事件 $A,B$ 满足 $P(AB) = P(\overline{A} \cap \overline{B})$,记 $P(A) = p$,求 $P(B)$.

7. 设 $P(A) = P(B) = \frac{1}{2}$,证明:$P(AB) = P(\overline{A} \cap \overline{B})$.

8. 若 $A_1 \subset A_2 \subset \cdots$,且 $\bigcup_{i=1}^{\infty} A_i = A$,则 $\lim_{n \to \infty} P(A_n) = P(A)$.

9. 设 $A,B,C$ 为三个事件,且 $P(A) = a$,$P(B) = 2a$,$P(C) = 3a$,$P(AB) = P(AC) = P(BC) = b$,证明:$a \leqslant \frac{1}{4}$,$b \leqslant \frac{1}{4}$.

10. 证明:(1) $P(AB) \geqslant P(A) + P(B) - 1$;(2) $P(A_1 A_2 \cdots A_n) \geqslant P(A_1) + P(A_2) + \cdots + P(A_n) - (n-1)$.

11. 应用本节习题 10,给出推论 1.3.1(半可加性)的(2)的另一种证明.

12. 对于任意 $n$ 个事件 $A_1, A_2, \cdots, A_n (n \geqslant 2)$,证明:

$$P(\bigcup_{i=1}^{n} A_i) = \sum_{i=1}^{n} P(A_i) - \sum_{1 \leqslant i < j \leqslant n} P(A_i A_j) + \sum_{1 \leqslant i < j < k \leqslant n} P(A_i A_j A_k) + \cdots + (-1)^{n-1} P(A_1 A_2 \cdots A_n).$$

## 1.4 条件概率

### 1.4.1 条件概率与乘法公式

在有些情况下,需要考虑事件 $A$ 已经发生的条件下事件 $B$ 发生的概率(记作 $P(B \mid A)$),这种概率一般不同于 $P(B)$.

**例 1.4.1** 将一枚硬币抛掷两次,观察其出现正面 $H$ 和反面 $T$ 的情况. 设事件 $A$ 为"至少有一次出现正面 $H$",$B$ 为"两次掷出同一面". 现在来求事件 $A$ 已经发生的条件下事件 $B$ 发生的概率.

**解** 将一枚硬币抛掷两次,观察其出现正面 $H$ 和反面 $T$ 的情况,这个试验的样本空间为 $\Omega = \{HH, HT, TH, TT\}$,且 $A = \{HH, HT, TH\}$,$B = \{HH, TT\}$. 易知,这是古典概型问题.

已知事件 $A$ 已经发生,有了这个信息,知道了"$TT$"不能发生,即知试验所有可能结果所组成的集合就是 $A$. $A$ 中有 3 个元素,其中只有 $HH \in B$. 于是,事件 $A$ 已经发生的条件下事件 $B$ 发生的概率为 $P(B \mid A) = \frac{1}{3}$.

在这里,我们看到 $P(B) = \frac{2}{4} \neq P(B \mid A)$. 另外,易知 $P(A) = \frac{3}{4}$,$P(AB) = \frac{1}{4}$,

$P(B \mid A) = \frac{1}{3} = \dfrac{\frac{1}{4}}{\frac{3}{4}}$,于是 $P(B \mid A) = \dfrac{P(AB)}{P(A)}$.

在例 1.4.1 中,有 $P(B\mid A)=\dfrac{P(AB)}{P(A)}$. 在更一般的情况下,给出条件概率的定义.

**定义 1.4.1** 设 $A,B$ 是两个事件,且 $P(A)>0$,称

$$P(B\mid A)=\frac{P(AB)}{P(A)} \tag{1.4.1}$$

为在事件 $A$ 发生的条件下事件 $B$ 发生的**条件概率**.

不难验证,条件概率 $P(\cdot\mid A)$ 符合概率公理化定义中的三个公理,即条件概率有如下性质:

**性质 1.4.1** 设 $B$ 是一个事件,$P(B)>0$,则对于任意事件 $A$,有 $P(A\mid B)$ 对应,且 $P(A\mid B)$ 满足:

(1) 非负性  $P(A\mid B)\geqslant 0$;
(2) 正则性  $P(\Omega\mid B)=1$;
(3) 可列可加性  对于可列个两两互不相容的事件 $A_1,A_2,\cdots$,则有

$$P(\bigcup_{i=1}^{\infty}A_i\mid B)=\sum_{i=1}^{\infty}P(A_i\mid B).$$

**证明** (1) 根据条件概率的定义,$P(A\mid B)\geqslant 0$ 是显然的.

(2) 由于 $\Omega\cap B=B$,所以

$$P(\Omega\mid B)=\frac{P(\Omega\cap B)}{P(B)}=\frac{P(B)}{P(B)}=1.$$

(3) 由于 $(\bigcup_{i=1}^{\infty}A_i)\cap B=\bigcup_{i=1}^{\infty}(A_i\cap B)$,且 $A_i\cap A_j=\varnothing(i\neq j)$,则

$$(A_i\cap B)\cap(A_j\cap B)\subset A_i\cap A_j=\varnothing,$$

所以,$(A_i\cap B)\cap(A_j\cap B)=\varnothing(i\neq j)$. 由此得

$$P(\bigcup_{i=1}^{\infty}A_i\mid B)=\frac{P[(\bigcup_{i=1}^{\infty}A_i)\cap B]}{P(B)}=\frac{P[\bigcup_{i=1}^{\infty}(A_i\cap B)]}{P(B)}$$
$$=\sum_{i=1}^{\infty}\frac{P(A_i\cap B)}{P(B)}=\sum_{i=1}^{\infty}P(A_i\mid B).$$

**例 1.4.2** 设试验 $E$ 为掷两颗骰子,观察出现的点数.用 $B$ 表示事件"两颗骰子的点数相等",用 $A$ 表示事件"两颗骰子的点数之和为 4",求 $P(A\mid B)$,$P(A\mid\overline{B})$.

**解** 以 $(i,j)$ 表示第一颗骰子为 $i$ 点,第二颗骰子为 $j$ 点,则这个试验的样本空间为 $\Omega=\{(1,1),(1,2),\cdots,(1,6),(2,1),(2,2),\cdots,(2,6),\cdots,(6,1),(6,2),\cdots,(6,6)\}$,且 $B=\{(1,1),(2,2),(3,3),(4,4),(5,5),(6,6)\}$,$A=\{(1,3),(2,2),(3,1)\}$,$AB=\{(2,2)\}$,$A\overline{B}=\{(1,3),(3,1)\}$.

根据式(1.4.1),得

$$P(A\mid B)=\frac{P(AB)}{P(B)}=\frac{\frac{1}{36}}{\frac{6}{36}}=\frac{1}{6},\quad P(A\mid\overline{B})=\frac{P(A\overline{B})}{P(\overline{B})}=\frac{\frac{2}{36}}{\frac{30}{36}}=\frac{1}{15}.$$

另外,也可以直接从条件概率的含义来考虑问题. 当 $B$ 发生时,样本空间缩减为 $\Omega'=B=\{(1,1),(2,2),(3,3),(4,4),(5,5),(6,6)\}$,在 $\Omega'$ 中只有样本点 $(2,2)\in A$,于是 $P(A\mid B)=\dfrac{1}{6}$.

同样,当 $\overline{B}$ 发生时,样本空间缩减为 $\Omega''=\overline{B}=\Omega-B$,在 $\Omega''$ 中有 30 个样本点,其中只有样本点 $(1,3),(3,1)\in A$,于是 $P(A\mid\overline{B})=\dfrac{2}{30}=\dfrac{1}{15}$.

根据条件概率的定义,立即可以得到乘法公式.

**定理 1.4.1(乘法公式)** 设 $P(A)>0$,则有 $P(AB)=P(B\mid A)P(A)$.

定理 1.4.1 可以推广到多个事件的情形.

设 $A_1,A_2,A_3$ 是任意三个事件,且 $P(A_1A_2)>0$,则有

$$P(A_1A_2A_3)=P(A_3\mid A_1A_2)P(A_2\mid A_1)P(A_1).$$

一般,对于 $n$ 个事件 $A_1,A_2,\cdots,A_n(n\geqslant 2)$,且 $P(A_1A_2\cdots A_{n-1})>0$,则有

$$P(A_1A_2\cdots A_n)=P(A_n\mid A_1A_2\cdots A_{n-1})P(A_{n-1}\mid A_1A_2\cdots A_{n-2})\cdots P(A_2\mid A_1)P(A_1).$$

为什么这里仅要求"$P(A_1A_2\cdots A_{n-1})>0$"? 请读者思考.

**例 1.4.3** 一个袋子中有 7 只白球和 3 只红球,从中不放回地取 2 只球,求第二次取到白球的概率.

**解** 设 $A_i=$"第 $i$ 次取到白球"$(i=1,2)$,由于 $A_2=A_1A_2\bigcup\overline{A_1}A_2$,且 $A_1A_2$ 与 $\overline{A_1}A_2$ 互不相容,根据概率的有限可加性、乘法公式,有

$$\begin{aligned}P(A_2)&=P(A_1A_2\bigcup\overline{A_1}A_2)\\&=P(A_1A_2)+P(\overline{A_1}A_2)\\&=P(A_1)P(A_2\mid A_1)+P(\overline{A_1})P(A_2\mid\overline{A_1})\\&=\frac{7}{10}\times\frac{6}{9}+\frac{3}{10}\times\frac{7}{9}\\&=\frac{7}{10}.\end{aligned} \quad(1.4.2)$$

**例 1.4.4** 有一批零件共 100 个,其中有 10 个不合格品. 从中一个一个地取出,求第一次、第二次取得合格品,第三次取得不合格品的概率是多少?

**解** 以 $A_i$ 表示事件"第 $i$ 次取出的是不合格品",$i=1,2,3$. 则所求概率为 $P(\overline{A_1}\overline{A_2}A_3)$,根据乘法公式,有

$$P(\overline{A_1}\overline{A_2}A_3)=P(\overline{A_1})P(\overline{A_2}\mid\overline{A_1})P(A_3\mid\overline{A_1}\overline{A_2})=\frac{90}{100}\times\frac{89}{99}\times\frac{10}{98}=0.0826.$$

**例 1.4.5(配对问题)** 某人写了 $n$ 封信,将其放入信封中,并在其中每一封信上分别任意写上 $n$ 个人中的一个地址(不重复),求(1)没有一个信封上所写的地址正确的概率 $q_0$;(2)恰有 $r$ 个信封上所写的地址正确的概率 $p_r(r\leqslant n)$.

**解** 设 $A_i$ 表示"在第 $i$ 个信封上所写的地址正确"这个事件$(i=1,2,\cdots,n)$.

(1) 显然有

$$q_0 = P(\bigcap_{i=1}^{n} \overline{A_i}) = 1 - P(\overline{\bigcap_{i=1}^{n} \overline{A_i}}) = 1 - P(\bigcup_{i=1}^{n} A_i).$$

对于任意的 $i<j<k<\cdots$，有

$$P(A_i) = \frac{1}{n};$$

$$P(A_i A_j) = P(A_i) P(A_j \mid A_i) = \frac{1}{n} \cdot \frac{1}{n-1} = \frac{(n-2)!}{n!};$$

$$P(A_i A_j A_k) = P(A_i) P(A_j \mid A_i) P(A_k \mid A_i A_j) = \frac{1}{n} \cdot \frac{1}{n-1} \cdot \frac{1}{n-2} = \frac{(n-3)!}{n!};$$

$$\cdots$$

$$P(\bigcap_{i=1}^{n} A_i) = \frac{1}{n!}.$$

由此有

$$\sum_{i=1}^{n} P(A_i) = 1;$$

$$\sum_{1 \leqslant i<j \leqslant n} P(A_i A_j) = C_n^2 \frac{(n-2)!}{n!};$$

$$\sum_{1 \leqslant i<j<k \leqslant n} P(A_i A_j A_k) = C_n^3 \frac{(n-3)!}{n!};$$

$$\cdots$$

$$P(A_1 A_2 \cdots A_n) = \frac{1}{n!}.$$

因此

$$q_0 = 1 - P(\bigcup_{i=1}^{n} A_i) = 1 - \left[ 1 - C_n^2 \frac{(n-2)!}{n!} + C_n^3 \frac{(n-3)!}{n!} + \cdots + (-1)^{n+1} \frac{1}{n!} \right]$$

$$= \sum_{k=0}^{n} \frac{(-1)^k}{k!}.$$

上面用到以下事实 $C_n^k \frac{(n-k)!}{n!} = \frac{1}{k!}$.

**注意** $q_0$ 与 $n$ 有关，如记 $q_0 = q_0(n)$，则有 $\lim_{n \to \infty} q_0(n) = e^{-1} \approx 0.37$. 因此，当 $n$ 很大时，$q_0 \approx 0.37$.

(2) 根据(1)，在指定的"某 $r$ 个信封上所写的地址都正确的"这个事件的概率为 $\frac{(n-r)!}{n!}$，而其余的"$n-r$ 个信封上所写的地址都是不正确的"这个事件的概率 $q_0(n-r)$，根据(1)得

$$q_0(n-r) = \sum_{k=0}^{n-r} \frac{(-1)^k}{k!}.$$

由于 $r$ 个信封共有 $C_n^r$ 种选法,因此所求的概率为

$$p_r = C_n^r \frac{(n-r)!}{n!} q_0(n-r) = C_n^r \frac{(n-r)!}{n!} \sum_{k=0}^{n-r} \frac{(-1)^k}{k!} = \frac{1}{r!} \sum_{k=0}^{n-r} \frac{(-1)^k}{k!}.$$

当 $n \to \infty$,有 $\lim\limits_{n\to\infty} p_r = \frac{1}{r!} e^{-1}$.

### 1.4.2 全概率公式与贝叶斯公式

**定义 1.4.2** 设 $\Omega$ 为试验 $E$ 的样本空间,$B_1, B_2, \cdots, B_n$ 为 $E$ 的一组事件. 若

(1) $B_i B_j = \varnothing, i \neq j, i, j = 1, 2, \cdots, n$;

(2) $B_1 \cup B_2 \cup \cdots \cup B_n = \Omega$,

则称 $B_1, B_2, \cdots, B_n$ 为样本空间 $\Omega$ 的一个**划分**(或**完备事件组**).

若 $B_1, B_2, \cdots, B_n$ 为样本空间 $\Omega$ 的一个划分,那么,对每一次试验,事件 $B_1, B_2, \cdots, B_n$ 必有一个且仅有一个发生.

例如,设试验 $E$ 为"抛掷一颗骰子观察其点数",它的样本空间为 $\Omega = \{1, 2, 3, 4, 5, 6\}$. $E$ 的一组事件 $B_1 = \{1, 2, 3\}, B_2 = \{4, 5\}, B_3 = \{6\}$ 是 $\Omega$ 的一个划分,而事件组 $C_1 = \{1, 2, 3\}, C_2 = \{4, 5\}, C_3 = \{5, 6\}$ 不是 $\Omega$ 的一个划分.

在例 1.4.3 中,求第二次取到白球的概率,我们将其分解为第一次取到白球或第一次取到红球两种情形,然后再用概率的有限可加性、乘法公式求得. 如果袋子中有三种颜色或更多颜色的球,则式(1.4.2)可以推广为三项或多项之和的形式. 在例 1.4.3 中利用式(1.4.2)确定 $P(A_2)$ 的方法具有普遍意义,这就是以下要介绍的全概率公式.

**定理 1.4.2(全概率公式)** 设试验 $E$ 的样本空间为 $\Omega$,$A$ 为 $E$ 的事件,$B_1, B_2, \cdots, B_n$ 为样本空间 $\Omega$ 的一个划分,且 $P(B_i) > 0 (i = 1, 2, \cdots, n)$,则

$$P(A) = P(A \mid B_1)P(B_1) + P(A \mid B_2)P(B_2) + \cdots + P(A \mid B_n)P(B_n) \quad (1.4.3)$$

称为**全概率公式**.

**证明** 由于 $B_1, B_2, \cdots, B_n$ 为样本空间 $\Omega$ 的一个划分,则 $A = A\Omega = A(B_1 \cup B_2 \cup \cdots \cup B_n) = AB_1 \cup AB_2 \cup \cdots \cup AB_n$. 由于 $B_i B_j = \varnothing (i \neq j; i, j = 1, 2, \cdots, n)$,则 $(AB_i)(AB_j) = \varnothing (i \neq j; i, j = 1, 2, \cdots, n)$.

根据概率的有限可加性和乘法公式,得

$$\begin{aligned} P(A) &= P(AB_1) + P(AB_2) + \cdots + P(AB_n) \\ &= P(A \mid B_1)P(B_1) + P(A \mid B_2)P(B_2) + \cdots + P(A \mid B_n)P(B_n). \end{aligned}$$

全概率公式的基本思想是将复杂的事件划分为若干简单情形. 其直观含义是,如果每个 $B_i (i = 1, 2, \cdots, n)$ 发生的概率 $P(B_i)$ 以及 $A$ 发生的条件概率 $P(A \mid B_i)(i = 1, 2, \cdots, n)$ 都易于求出,则由全概率公式可以求得 $A$ 的概率.

**例 1.4.6** 设在 $n$ 张彩票中有一张奖券,求第二个人摸到奖券的概率是多少?

**解** 设 $A_i = $ "第 $i$ 个人摸到奖券"$(i = 1, 2)$,现在要求 $P(A_2)$. 因为 $A_1$ 是否发生直接关系到 $A_2$ 发生的概率,即 $P(A_2 \mid A_1) = 0, P(A_2 \mid \overline{A}_1) = \frac{1}{n-1}$.

又 $P(A_1) = \dfrac{1}{n}$，$P(\overline{A}_1) = \dfrac{n-1}{n}$，$A_1$ 和 $\overline{A}_1$ 可以构成样本空间的一个划分，根据全概率公式，得

$$P(A_2) = P(A_1)P(A_2 \mid A_1) + P(\overline{A}_1)P(A_2 \mid \overline{A}_1) = \dfrac{1}{n} \times 0 + \dfrac{n-1}{n} \times \dfrac{1}{n-1} = \dfrac{1}{n}.$$

本例的结果说明了什么？请读者思考.

**定理 1.4.3（贝叶斯公式）** 设试验 $E$ 的样本空间为 $\Omega$，$A$ 为 $E$ 的事件，$B_1, B_2, \cdots, B_n$ 为样本空间 $\Omega$ 的一个划分，且 $P(A) > 0$，$P(B_i) > 0 (i = 1, 2, \cdots, n)$，则

$$P(B_i \mid A) = \dfrac{P(A \mid B_i)P(B_i)}{\sum\limits_{j=1}^{n} P(A \mid B_j)P(B_j)}, \quad i = 1, 2, \cdots, n \tag{1.4.4}$$

称为**贝叶斯(Bayes)公式**.

**证明** 根据条件概率的定义、乘法公式和全概率公式，有

$$P(B_i \mid A) = \dfrac{P(AB_i)}{P(A)} = \dfrac{P(A \mid B_i)P(B_i)}{\sum\limits_{j=1}^{n} P(A \mid B_j)P(B_j)}, \quad i = 1, 2, \cdots, n.$$

贝叶斯公式(1.4.4)的右边的分母是全概率公式(1.4.3)的右边，而分子则是分母中 $n$ 项和中相应的一项.

贝叶斯公式是由英国学者贝叶斯(Thomas Bayes)于 1763 年首次提出的，在此基础上现在已经发展成"贝叶斯统计"，它在科学技术、经济管理、医学等领域都具有非常重要的实用价值. 有兴趣的读者可参考《贝叶斯统计——基于 R 和 BUGS 的应用》(韩明，2017).

**例 1.4.7** 对以往数据分析结果表明，当机器调整得良好时，产品的合格率为 0.98，而当机器发生某种故障时，其合格率为 0.55. 每天早上机器开动时，机器调整得良好的概率为 0.95. 试求已知某日早上第一件产品是合格品时，机器调整得良好的概率为多少？

**解** 设 $A$ 表示"产品合格"，事件 $B$ 表示"机器调整良好"，显然 $B, \overline{B}$ 为样本空间 $\Omega$ 的一个划分. 根据题意，$P(A \mid B) = 0.98$，$P(A \mid \overline{B}) = 0.55$，$P(B) = 0.95$，$P(\overline{B}) = 0.05$，所需要求的概率为 $P(B \mid A)$. 根据贝叶斯公式，有

$$P(B \mid A) = \dfrac{P(A \mid B)P(B)}{P(A \mid B)P(B) + P(A \mid \overline{B})P(\overline{B})} = \dfrac{0.98 \times 0.95}{0.98 \times 0.95 + 0.55 \times 0.05} \approx 0.97.$$

这个结果说明，当生产出第一件产品是合格品时，机器调整得良好的概率为 0.97. 这里，概率 0.95 是由以往的数据分析得到的，称为**先验概率**. 而在得到信息（即生产出第一件产品是合格品）之后再重新加以修正的概率（即 0.97）称为**后验概率**. 有了后验概率我们就能对机器的情况有进一步的了解.

**例 1.4.8** "狼来了"的故事讲的是一个孩子每天到山上放羊，山里有狼出没. 第一天，他在山上喊："狼来了！狼来了！"山下的村民闻声便去打狼，可到山上，发现没有狼来；第二天仍然如此；第三天，狼真的来了，可无论小孩怎么喊叫，也没有人来救他，因为前两次他说了谎，人们不再相信他了.

现在用贝叶斯公式来定量分析此故事中小孩的说谎概率是如何变化的.

**解** 首先,记事件 $A=$"小孩说谎",事件 $B=$"狼来了". 不妨设村民过去对这个小孩的印象一般,即 $P(A)=P(\overline{A})=\frac{1}{2}$,而说谎的小孩喊"狼来了"的概率为 $P(\overline{B}|A)=0.2$,说真话的小孩喊"狼来了"的概率为 $P(\overline{B}|\overline{A})=0.6$,则当小孩第一次喊"狼来了"时,根据贝叶斯公式,有

$$P(A|\overline{B})=\frac{P(\overline{B}|A)P(A)}{P(\overline{B}|A)P(A)+P(\overline{B}|\overline{A})P(\overline{A})}=\frac{0.8\times\frac{1}{2}}{0.8\times\frac{1}{2}+0.4\times\frac{1}{2}}=\frac{2}{3}.$$

这说明,村民们上了一次当后,认为这个小孩说谎的概率从 $\frac{1}{2}$ 上升为 $\frac{2}{3}$.

在此基础上,我们再一次根据贝叶斯公式计算 $P(A|\overline{B})$,即这个小孩第二次说谎后,村民认为小孩说谎的概率变为

$$P(A|\overline{B})=\frac{0.8\times\frac{2}{3}}{0.8\times\frac{2}{3}+0.4\times\frac{1}{3}}=0.8.$$

这说明,村民们上了两次当后,认为这个小孩说谎的概率从 $\frac{1}{2}$ 上升为 $0.8$.

而对如此高的说谎概率,当村民听到第三次呼叫"狼来了"时怎么再会上山打狼呢? 这个例子对我们有什么启发?

## 习 题 1.4

1. 设 $A$,$B$ 为两个事件,$P(A)=0.4$,$P(B)=0.8$,$P(\overline{A}B)=0.5$,求 $P(B|A)$.

2. 一批产品中有 $4\%$ 的废品,而合格品中一等品占 $65\%$,现从这批产品中任意抽取一件,求这件产品是一等品的概率.

3. 已知 $P(A)=\frac{1}{4}$,$P(B|A)=\frac{1}{3}$,$P(A|B)=\frac{1}{2}$,求 $P(A\cup B)$.

4. 设 $P(A)=a$,$P(B)=b$,证明 $P(A|B)\geqslant\frac{a+b-1}{b}$.

5. 某工厂生产的 100 个产品中,有 95 个是优质品,采用不放回抽样,每次从中任取一个,求下列事件的概率:

(1) 第一次抽到优质品;

(2) 第一次、第二次都抽到优质品;

(3) 第一、二、三次都抽到优质品.

6. 已知 $A_1$,$A_2$,$A_3$ 为样本空间的一个划分,且 $P(A_1)=0.1$,$P(A_2)=0.5$,$P(B|A_1)=0.2$,$P(B|A_2)=0.6$,$P(B|A_3)=0.1$,求 $P(A_1|B)$.

7. 袋子中有 50 只乒乓球,其中 20 只黄色,30 只白色,今有两人依次随机地从袋子中各取一球,求第二个人取得黄球的概率.

8. 设飞机射击某目标时,能够飞到距离目标 400 m,200 m,100 m 的概率分别为 0.5,0.3,0.2,击中目标的概率分别为 0.01,0.02,0.1,求:

(1) 飞机击中目标的概率;
(2) 已知目标被击中,且是在 200 m 处被击中的概率.

9. 有两个箱子,第一个箱子有 3 只白球,2 只红球,第二个箱子有 4 只白球,4 只红球.(1)现从第一个箱子中随机地取 1 只球放到第二个箱子里,再从第二个箱子中取出 1 只球,求此球为白球的概率.(2)若上述从第二个箱子中取出的是白球,求从第一个箱子中取出的球是白球的概率.

10. 设 $A,B,C$ 是随机事件,$A,C$ 互不相容,$P(AB)=\frac{1}{2}$,$P(C)=\frac{1}{3}$,求 $P(AB\mid\overline{C})$.

11. 已知男子有 0.05 是色盲患者,女子有 0.0025 是色盲患者.今从男女人数相等的人群中随机地挑选一人,恰好是色盲患者,问此人是男性的概率是多少?

12. 盒中放有 12 个乒乓球,其中 9 个是新的.第一次比赛时从中任取 3 个来使用,比赛后仍放回盒子中.第二次比赛时,再从盒中任取 3 个球,求:
(1) 第二次取出的球都是新球的概率;
(2) 已知第二次使用时,取到的是三只新球,而第一次使用时取到的是一只新球的概率.

13. 10 个题签中有 4 个是难题,甲、乙、丙 3 名学生,按甲先乙次丙最后的顺序进行抽签考试,这种考试是否公平?

14. 已知 100 件产品中有 10 件是正品,还有 90 件非正品,每次使用有 0.1 的可能性发生故障.现从 100 件产品中任取 1 件,使用 $n$ 次均没发生故障.问 $n$ 至少为多大时,才能有 70% 的把握认为所取的产品是正品?

15. 设 $A,B$ 为任意两个事件,且 $A\subset B$,$P(B)>0$,证明:$P(A)\leqslant P(A\mid B)$.

16. 设 $P(A)=p$,$P(B)=1-\varepsilon$,证明:$\dfrac{p-\varepsilon}{1-\varepsilon}\leqslant P(A\mid B)\leqslant\dfrac{p}{1-\varepsilon}$.

# 1.5 独 立 性

## 1.5.1 两个事件的独立性

在一般情况下,$P(B\mid A)\neq P(B)$(这里 $P(A)>0$),就是说通常情况下事件 $A$ 的发生,对事件 $B$ 发生的概率是有影响的.只有在这种影响不存在时,才会有 $P(B\mid A)=P(B)$,此时有 $P(AB)=P(B\mid A)P(A)=P(A)P(B)$.

**例 1.5.1** 试验 $E$ 为"抛甲、乙两枚硬币,观察正面($H$)反面($T$)出现的情况",设事件 $A$ 为"甲出现 $H$",事件 $B$ 为"乙出现 $H$".试验 $E$ 的样本空间为 $\Omega=\{HH,HT,TH,TT\}$.根据古典概型中概率的计算公式,得 $P(A)=\dfrac{2}{4}=\dfrac{1}{2}$,$P(B)=\dfrac{2}{4}=\dfrac{1}{2}$,$P(B\mid A)=\dfrac{1}{2}$,$P(AB)=\dfrac{1}{4}$.

从以上的计算,我们可以看到 $P(B\mid A)=P(B)$,而 $P(AB)=P(A)P(B)$.事实上,根据题意,甲币是否出现正面与乙币是否出现正面是互不影响的.

**定义 1.5.1** 设 $A$ 和 $B$ 是两个事件,如果满足等式
$$P(AB)=P(A)P(B),$$
则称事件 $A$ 与 $B$ **相互独立**,简称 $A$ 与 $B$ **独立**.

容易知道,若 $P(A)>0$,$P(B)>0$,则 $A$ 与 $B$ 相互独立与互不相容不能同时成立(作

为一个练习题,由读者自己完成证明,见本节习题 12).

**定理 1.5.1** 设 $A$ 和 $B$ 是两个事件,且 $P(A)>0$,若 $A$ 与 $B$ 相互独立,则有 $P(B|A)=P(B)$,反之亦然.

这个定理的正确性是显然的.

**定理 1.5.2** 若事件 $A$ 与 $B$ 相互独立,则下列各对事件也相互独立:$A$ 与 $\overline{B}$,$\overline{A}$ 与 $B$,$\overline{A}$ 与 $\overline{B}$.

**证明** 由于 $A=A\Omega=A(B\cup\overline{B})=AB\cup A\overline{B}$,$AB\cap A\overline{B}=\varnothing$,得

$$P(A)=P(AB\cup A\overline{B})=P(AB)+P(A\overline{B})=P(A)P(B)+P(A\overline{B}).$$

所以 $P(A\overline{B})=P(A)[1-P(B)]=P(A)P(\overline{B})$,于是根据定义 1.5.1,$A$ 与 $\overline{B}$ 独立. 由此立即推出 $\overline{A}$ 与 $\overline{B}$ 独立. 再由 $\overline{\overline{B}}=B$,又推出 $\overline{A}$ 与 $B$ 独立.

**例 1.5.2** 两个射手彼此独立地向同一个目标射击,设甲射中目标的概率为 0.9,乙射中目标的概率为 0.8,求目标被射中的概率.

**解** 记 $A=$"甲射中目标",$B=$"乙射中目标",由于 $A$ 与 $B$ 相互独立,则目标被射中的概率为

$$\begin{aligned}P(A\cup B)&=P(A)+P(B)-P(A)P(B)=0.9+0.8-0.9\times 0.8\\&=0.98.\end{aligned}$$

### 1.5.2 多个事件的独立性

以下我们把两个事件的独立性推广到三个事件的情形.

**定义 1.5.2** 设 $A,B,C$ 是三个事件,如果满足等式

$$P(AB)=P(A)P(B),\quad P(BC)=P(B)P(C),$$
$$P(AC)=P(A)P(C),\quad P(ABC)=P(A)P(B)P(C),$$

则称事件 $A,B,C$ **相互独立**.

一般,设 $A_1,A_2,\cdots,A_n$ 是 $n(n\geqslant 2)$ 个事件,如果对于其中任意 2 个,3 个,$\cdots$,任意 $n$ 个事件的积事件的概率都等于各事件概率之积,则称事件 $A_1,A_2,\cdots,A_n$ **相互独立**.

由此可以得到以下两个结论:

(1) 若 $n$ 个事件 $A_1,A_2,\cdots,A_n(n\geqslant 2)$ 相互独立,则其中任意 $k(2\leqslant k\leqslant n)$ 个事件也相互独立.

(2) 若 $n$ 个事件 $A_1,A_2,\cdots,A_n(n\geqslant 2)$ 相互独立,则将 $A_1,A_2,\cdots,A_n$ 中任意多个事件换成它们的对立事件,所得的 $n$ 个事件仍然是相互独立的.

一般,在实际应用中,对于事件的独立性常常是根据事件的实际意义去判断.

若 $A_1,A_2,\cdots,A_n(n\geqslant 2)$ 相互独立,则其中任意两个事件都是独立的,但反过来却不一定正确. 看下面一个例子.

**例 1.5.3** 设同时抛掷两个均匀四面体,每一个四面体标有号码 1,2,3,4. 令 $A=\{$第一个四面体向下的一面出现偶数$\}$,$B=\{$第二个四面体向下的一面出现奇数$\}$,$C=\{$两个四面体向下的一面或者同时出现奇数,或者同时出现偶数$\}$. 此时样本空间为

$$\Omega = \begin{Bmatrix} (1,1) & (1,2) & (1,3) & (1,4) \\ (2,1) & (2,2) & (2,3) & (2,4) \\ (3,1) & (3,2) & (3,3) & (3,4) \\ (4,1) & (4,2) & (4,3) & (4,4) \end{Bmatrix}.$$

**解** 根据题意,利用古典概型可以计算得到各事件的概率如下:

$$P(A) = P(B) = P(C) = \frac{1}{2}, \quad P(AB) = P(AC) = P(BC) = \frac{4}{16} = \frac{1}{4}.$$

而

$$P(ABC) = 0, \quad P(A)P(B)P(C) = \frac{1}{2} \times \frac{1}{2} \times \frac{1}{2} = \frac{1}{8}.$$

因此

$$P(AB) = P(A)P(B), \quad P(AC) = P(A)P(C), \quad P(BC) = P(B)P(C).$$

即任意两个事件都是独立的,但三个事件不是相互独立的,因为

$$P(ABC) = 0 \neq \frac{1}{8} = P(A)P(B)P(C).$$

**例 1.5.4** 设在每次试验中事件 $A$ 发生的概率均为 $p(0 < p < 1$,且很小,称事件 $A$ 为小概率事件),求在 $n$ 次独立试验中事件 $A$ 发生的概率.

**解** 设 $B_n =$ "在 $n$ 次试验中事件 $A$ 发生",$A_i =$ "在第 $i$ 次试验中事件 $A$ 发生",$i = 1, 2, \cdots, n$,$P(A_i) = p$,则 $B_n = \bigcup_{i=1}^{n} A_i$,因此

$$P(B_n) = P(\bigcup_{i=1}^{n} A_i) = 1 - P(\overline{\bigcup_{i=1}^{n} A_i}) = 1 - P(\overline{A_1}\overline{A_2}\cdots\overline{A_n})$$

$$= 1 - \prod_{i=1}^{n} P(\overline{A_i}) = 1 - (1-p)^n.$$

于是 $\lim\limits_{n \to \infty} P(B_n) = 1$.

请读者思考:这个结果能说明什么?

**例 1.5.5** 设每支步枪射击飞机命中的概率为 $P = 0.004$,求 250 支步枪同时独立地进行一次射击时,击中飞机的概率.

**解** 根据题意,250 支步枪全部没有击中飞机的概率为 $(1-P)^{250} = 0.996^{250} \approx 0.37$. 因此所求的概率为 $1 - (1-P)^{250} = 1 - 0.996^{250} \approx 1 - 0.37 = 0.63$.

如果要以 0.99 的概率击中飞机,则所需的步枪数 $n$ 可以由 $(1-P)^n = 1 - 0.99$ 求得,即 $0.996^n = 0.01$.

两边取对数,得 $n\ln 0.996 = \ln 0.01$,所以 $n = \dfrac{\ln 0.01}{\ln 0.996} \approx 1150$.

即约需 1150 支步枪才能保证以 0.99 的概率击中飞机.

**例 1.5.6** 一个大学生给四家单位各发了一份求职信,假定这些单位彼此独立,通知他去面试的概率分别是 $\dfrac{1}{2}, \dfrac{1}{3}, \dfrac{1}{4}, \dfrac{1}{5}$. 问这个学生至少有一次面试机会的概率是多少?

**解** 设 $A_i$ 表示"第 $i$ 个单位通知他面试"($i=1,2,3,4$),则

$$P(A_1)=\frac{1}{2},\quad P(A_2)=\frac{1}{3},\quad P(A_3)=\frac{1}{4},\quad P(A_4)=\frac{1}{5}.$$

根据题意,所求概率为

$$\begin{aligned}P(A_1\cup A_2\cup A_3\cup A_4)&=1-P(\overline{A_1\cup A_2\cup A_3\cup A_4})\\&=1-P(\overline{A_1}\cap\overline{A_2}\cap\overline{A_3}\cap\overline{A_4})\\&=1-P(\overline{A_1})P(\overline{A_2})P(\overline{A_3})P(\overline{A_4})\\&=1-[1-P(A_1)][1-P(A_2)][1-P(A_3)][1-P(A_4)]\\&=1-\frac{1}{2}\times\frac{2}{3}\times\frac{3}{4}\times\frac{4}{5}\\&=\frac{4}{5}.\end{aligned}$$

### 1.5.3 试验的独立性与伯努利概型

以下利用事件的独立性来定义试验的独立性.

**定义 1.5.3** 设有两个试验 $E_1,E_2$,假设 $E_1$ 的任一结果(事件)与 $E_2$ 的任一结果(事件)都是相互独立的,则称这两个试验相互独立.

类似地可以定义 $n$ 个试验的独立性:如果 $E_1$ 的任一结果,$E_2$ 的任一结果,$\cdots$,$E_n$ 的任一结果都是相互独立的事件,则称 $n$ 个试验 $E_1,E_2,\cdots,E_n$ **相互独立**. 如果这 $n$ 个试验还是相同的,则称其为 **$n$ 重独立重复试验**. 如果在 $n$ 重独立重复试验中,每次试验的可能结果为 $A$ 或 $\overline{A}$,则称这种试验为 **$n$ 重伯努利(Bernoulli)试验**.

在 $n$ 重伯努利试验中,事件 $A$ 可能发生的次数为 $0,1,2,\cdots,n$. 设 $P(A)=p$ ($0<p<1$),此时 $P(\overline{A})=1-p$. 由于各次试验是相互独立的,因此事件 $A$ 在指定的 $k$($0\leqslant k\leqslant n$)次试验中发生,而在其他 $n-k$ 次中不发生的概率为

$$\underbrace{p\cdots p}_{k\uparrow}\underbrace{(1-p)\cdots(1-p)}_{(n-k)\uparrow}=p^k(1-p)^{n-k}.$$

这种指定的方式共有 $C_n^k$ 种,它们是互不相容的,因此在 $n$ 重伯努利试验中,事件 $A$ 发生 $k$ 次的概率为 $C_n^k p^k(1-p)^{n-k}$,记作 $q=1-p$,即有

$$P_n(k)=C_n^k p^k q^{n-k},\quad k=0,1,2,\cdots,n. \tag{1.5.1}$$

从上式可以看出,$C_n^k p^k q^{n-k}$ 恰好是二项式 $(p+q)^n$ 的展开式中出现 $p^k$ 的那一项,因此称 $P_n(k)$ 为**二项概率**.

根据伯努利试验和二项概率得到的概率模型,称为**伯努利概型**,尽管它比较简单,却概括了许多实际问题中的数学模型,因而它很有实用价值.

**例 1.5.7** 某种电子管使用寿命在 $2\,000\,\text{h}$ 以上的概率为 $0.2$,求 $5$ 个这样的电子管在使用了 $2\,000\,\text{h}$ 之后至多只有一个坏的概率.

**解** 根据题意,这是伯努利概型问题,$n=5$,$p=0.2$,设 $A=$ "$5$ 个电子管至多只有一个坏",则根据式(1.5.1),所求的概率为

$$P(A) = P_5(4) + P_5(5) = C_5^4 (0.2)^4 0.8 + C_5^5 (0.2)^5 0.8^0 = 0.00672.$$

**例 1.5.8** 在试卷上有 10 道"四选一"的单项选择题,某同学随意选答案,求他至少答对 6 道题的概率.

**解** 根据题意,这是伯努利概型问题,$n=10$,$p=\dfrac{1}{4}$. 设 $A$ 为"至少答对 6 道题",根据式(1.5.1),则所求的概率(其 MATLAB 程序见附录 B 的例 B2.15)为 $P(A) = \sum\limits_{k=6}^{10} C_{10}^k \left(\dfrac{1}{4}\right)^k \left(\dfrac{3}{4}\right)^{10-k} \approx 0.0197.$

本例说明利用投机取巧,在 10 道题中至少答对 6 道题的概率非常小(不到 2%).

**例 1.5.9** 设有 8 门火炮独立地同时向一个目标各射击一发炮弹,若有不少于 2 发炮弹命中目标,目标就算被击毁,如果每门炮命中目标的概率为 0.6,求目标被击毁的概率 $p$.

**解** 根据题意,设 $A$ 表示每一门炮命中目标这个事件,则 $P(A) = 0.6$. 这样本例可以看作 $n=8$ 的伯努利概型问题,则所求的概率为

$$p = \sum_{k=2}^{8} P_8(k) = 1 - P_8(0) - P_8(1) = 1 - C_8^0 (0.6)^0 (0.4)^8 - C_8^1 (0.6)^1 (0.4)^7 = 0.991.$$

**例 1.5.10** 某彩票每周开奖一次,每次提供十万分之一的中奖机会,如果每周买一次彩票,坚持十年(每年 52 周)之久,从未中奖的概率是多少?

**解** 根据题意,每次中奖的概率是 $10^{-5}$(十万分之一),于是每次未中奖的概率是 $1 - 10^{-5}$. 另外,十年共买彩票 520 次,根据题意,每次开奖是相互独立的,相当于进行了 520 次独立重复试验. 记 $A_i$ 为"第 $i$ 次开奖不中奖"($i=1,2,\cdots,520$),则 $A_1, A_2, \cdots, A_{520}$ 相互独立. 因此十年中从未中奖(每次都未中奖)的概率是 $p = (1 - 10^{-5})^{520} \approx 0.9948.$

从结果看,十年从未中奖是很正常的事.

## 习 题 1.5

1. 事件 $A$ 与 $B$ 相互独立,且 $P(A) = 0.4$,$P(A \cup B) = 0.7$,求 $P(B)$.

2. 某机械零件的加工由两道工序组成. 第一道工序的废品率为 1.5%,第二道工序的废品率为 2%. 假定两道工序出废品是彼此无关的,求产品的合格率.

3. 有甲、乙两批种子,发芽率分别是 0.7 和 0.8,设甲、乙两批种子是否发芽相互独立,现从两批种子中随机地各取一粒,求下列事件的概率:

(1) 两粒种子都发芽;

(2) 至少有一粒种子发芽;

(3) 恰好一粒种子发芽.

4. 某射手的命中率为 0.95,他独自重复向目标射击 5 次,求恰好命中 4 次的概率以及至少命中 3 次的概率.

5. 3 人独立地去破译一份密码,已知每个人能译出的概率分别为 $\dfrac{1}{5}$,$\dfrac{1}{3}$,$\dfrac{1}{4}$. 问 3 人中至少有一人能将此密码译出的概率是多少?

6. 设第 1 个盒子中装有 3 只蓝球,2 只绿球,2 只白球;第 2 个盒子中装有 2 只蓝球,3 只绿球,4 只白

球.独立地分别在两个盒子中各取一只球.

(1) 求至少有一只蓝球的概率;

(2) 求有一只蓝球一只白球的概率;

(3) 已知至少有一只蓝球,求有一只蓝球一只白球的概率.

7. 有 10 道判别对错的测验题,一人随意猜答,他答对不少于 6 道题的概率是多少?

8. 在 4 次独立重复试验中,事件 $A$ 至少出现一次的概率等于 $\frac{65}{81}$. 求事件 $A$ 在每次试验中发生的概率.

9. 证明:若 $P(A|B) = P(A|\bar{B})$,则事件 $A$ 与 $B$ 独立.

10. 常言道:"三个臭皮匠,顶个诸葛亮",如今有三位"臭皮匠"受某公司之请各自独立地去解决某问题,公司负责人据过去的业绩,估计他们能解决此问题的概率分别是 0.45, 0.55, 0.60. 据此,该问题能被解决的概率是多少?

11. 证明:若三个事件 $A$, $B$, $C$ 相互独立,则 $A \cup B$ 与 $C$ 独立.

12. 若 $P(A) > 0$, $P(B) > 0$,证明: $A$ 与 $B$ 相互独立与互不相容不能同时成立.

13. 证明:概率为零的事件与任何事件都是独立的.

14. 甲、乙两人独立地对同一目标射一次,其命中概率分别为 0.6 和 0.5. 现已知目标被命中,求它是甲射中的概率.

15. 设随机事件 $A$ 和 $B$ 相互独立,且 $P(B) = 0.5$, $P(A - B) = 0.3$,求 $P(B - A)$.

## 本章附录

### "概率论"发展简史

早在 16 世纪,赌博中的偶然现象就开始引起人们的注意. 数学家卡丹诺(Cardano)首先觉察到,赌博输赢虽然是偶然的,但较大的赌博次数会呈现一定的规律性,卡丹诺为此还写了一本《论赌博》的小册子,书中计算了掷两颗骰子或三颗骰子时,在一切可能的方法中有多少方法得到某一点数. 据说,曾与卡丹诺在三次方程发明权上发生争论的塔尔塔里亚,也曾做过类似的实验.

促使概率论产生的强大动力来自社会实践. 首先是保险事业. 文艺复兴后,随着航海事业的发展,意大利开始出现海上保险业务. 16 世纪末,欧洲不少国家已把保险业务扩大到其他工商业上,保险的对象都是偶然性事件. 为了保证保险公司盈利,又使参加保险的人愿意参加保险,就需要根据对大量偶然现象规律性的分析,去创立保险的一般理论. 于是,一种专门适用于分析偶然现象的数学工具也就成为十分必要了.

不过,作为数学科学之一的概率论,其基础并不是在上述实际问题的材料上形成的. 因为这些问题的大量随机现象,常被许多错综复杂的因素所干扰,它使难以呈"自然的随机状态". 因此必须从简单的材料来研究随机现象的规律性,这种材料就是所谓的"随机博弈". 在近代概率论创立之前,人们正是通过对这种随机博弈现象的分析,注意到了它的一些特性,比如"多次试验中的频率稳定性"等,然后经加工提炼而形成了概率论.

荷兰数学家、物理学家惠更斯(Huygens)于 1657 年发表了关于概率论的早期著作《论赌博中的计算》. 在此期间,法国的费尔马(Fermat)与帕斯卡(Pascal)也在相互通信中探讨了随机博弈现象中所出现的概率论的基本定理和法则. 惠更斯等人的工作建立了概率和数学期望等主要概念,找出了它们的基本性质和演算方法,从而塑造了概率论的雏形.

18世纪是概率论的正式形成和发展时期.1713年,伯努利(Bernoulli)的名著《推想的艺术》发表.在这部著作中,伯努利明确指出了概率论最重要的定律之一——"大数定律",并且给出了证明,这使以往建立在经验之上的频率稳定性推测理论化了,从此概率论从对特殊问题的求解,发展到了一般的理论概括.

继伯努利之后,法国数学家棣莫弗(De Moiver)于1781年发表了《机遇原理》.书中提出了概率乘法法则以及"棣莫弗中心极限定理"等,为概率论的"中心极限定理"的建立奠定了基础.

法国数学家蒲丰把概率和几何结合起来,开始了几何概率的研究,他于1777年提出的"蒲丰投针问题"就是采取概率的方法来求圆周率 π 的尝试.

通过伯努利和棣莫弗的努力,数学方法被有效地应用于概率研究之中,这就把概率论的特殊发展同数学的一般发展联系起来,使概率论一开始就成为数学的一个分支.

概率论问世不久,就在应用方面发挥了重要的作用.牛痘在欧洲大规模接种之后,曾因副作用引起争议.这时伯努利的侄子丹尼尔·伯努利(Daniel Bernoulli)根据大量的统计资料,得出了种牛痘能延长人类平均寿命三年的结论,消除了一些人的恐惧和怀疑;欧拉(Euler)将概率论应用于人口统计和保险,写出了《关于死亡率和人口增长率问题的研究》《关于孤儿保险》等文章;泊松(Poisson)又将概率论应用于射击的各种问题的研究,提出了《打靶概率研究报告》.总之,概率论在18世纪确立后,就充分地反映了其广泛的实践意义.

19世纪概率论朝着建立完整的理论体系和更广泛的应用方向发展.其中为之作出较大贡献的有:法国数学家拉普拉斯(Laplace),德国数学家高斯(Gauss),英国物理学家、数学家麦克斯韦(Maxwell),美国数学家、物理学家吉布斯(Gibbs)等.概率论的广泛应用,使它于18和19两个世纪成为热门学科,几乎所有的科学领域,包括神学等社会科学都企图借助于概率论去解决问题,这在一定程度上造成了"滥用"的情况,因此到19世纪后半期时,人们不得不重新对概率论进行检查,为它奠定牢固的逻辑基础,使它成为一门强有力的学科.1917年苏联科学家伯恩斯坦构造了概率论的第一个公理化体系.20世纪初完成的勒贝格测度和勒贝格积分理论以及随后发展起来的抽象测度和积分理论,为概率论公理体系的确立奠定了理论基础.到了20世纪30年代,随着大数律研究的深入,概率论与测度论的联系愈来愈明显.在这种背景下,柯尔莫哥洛夫于1933年在他的《概率论基础》一书中第一次给出了概率的测度论式的定义和一套严密的公理体系.这一公理体系一经提出,便迅速获得举世的公认.它的出现,是概率论发展史上的一个里程碑,为现代概率论的蓬勃发展打下了坚实的基础.

在公理化基础上,现代概率论取得了一系列理论突破.公理化概率论首先使随机过程的研究获得了新的起点.1931年,柯尔莫哥洛夫用分析的方法奠定了一类普通的随机过程——马尔可夫过程的理论基础.柯尔莫哥洛夫之后,对随机过程的研究作出重大贡献而影响着整个现代概率论的重要代表人物有莱维(Levy)、辛钦、杜布(Dob)和伊藤清(Ito Kiyoshi)等.1948年莱维出版的著作《随机过程与布朗运动》提出了独立增量过程的一般理论,并以此为基础极大地推进了作为一类特殊马尔可夫过程的布朗运动的研究.1934年,辛钦提出平稳过程的相关理论.1939年,维尔引进"鞅"的概念,1950年起,杜布对鞅进行了系统地研究而使鞅论成为一门独立的分支.从1942年开始,日本数学家伊藤清引进了随机积分与随机微分方程,不仅开辟了随机过程研究的新道路,而且为随机分析这门数学新分支的创立和发展奠定了基础.像任何一个公理化的数学分支一样,公理化的概率论的应用范围被大大拓展.

# 第 2 章 随机变量及其分布

为了进行定量的数学处理,需要把随机试验的结果数量化,这就是引进随机变量的原因. 随机变量的引进,使得对随机试验的结果的处理更简单和直接. 本章将主要讨论一维随机变量及其分布.

## 2.1 随机变量

为了研究随机试验的结果,揭示随机现象的统计规律性,将引入随机变量的概念.

### 2.1.1 随机变量的概念

从第一章中我们知道,一个随机试验的样本点(即随机试验的结果)可以是数量的,也可以是非数量的. 前者如记录某城市 114 电话号码查询台一昼夜接到的呼叫次数是 0 次, 1 次, $\cdots$;后者如某次射击的"中靶"与"不中靶",或者一个随机试验的结果是"成功",也可以是"不成功".

在一些问题中,建立数量与样本点(即随机试验的结果)的对应关系,将有助于揭示随机现象的统计规律性. 我们将随机试验的结果与实数联系起来,将随机试验的结果数量化. 先看一个例子.

**例 2.1.1** 记录某城市 114 电话号码查询台一昼夜接到的呼叫次数,我们可以指定数 $0,1,2,\cdots$ 分别与没有呼叫,一次呼叫,$\cdots\cdots$相对应. 这样就建立了 $\Omega = \{k$ 次呼叫 $\omega_k; k = 0,1,2,\cdots\}$ 与 0 及全体正整数的对应关系.

**例 2.1.2** 将一枚硬币抛掷两次,观察出现正面(用 $H$ 表示)和反面(用 $T$ 表示)的情况,用 $X$ 表示出现正面的次数. 那么,对于样本空间 $\Omega$ 中的每一个样本点 $\omega$,都有一个值 $X$ 与之对应,见下表:

| 样本点 $\omega$ | $HH$ | $HT$ | $TH$ | $TT$ |
| --- | --- | --- | --- | --- |
| $X$ 的值 | 2 | 1 | 1 | 0 |

在例 2.1.2 中, $X$ 是一个实数,它的取值依赖于样本点 $\omega$,因此 $X$ 是定义在样本空间 $\Omega$ 上的一个函数.

有许多随机试验,它的结果本身是一个数. 例如,抛一颗骰子观察出现的点数,其试验结果用 1, 2, 3, 4, 5, 6 来表示.

**定义 2.1.1** 设 $E$ 是随机试验,$\Omega$ 为 $E$ 的样本空间,$\omega \in \Omega$, $X(\omega)$ 是定义在 $\Omega$ 上的单值实函数,如果对于任意的实数 $x$,$\{X(\omega) \leqslant x\}$ 是一个随机事件,则称 $X = X(\omega)$ 为**随机变量**(random variable).

一般用大写的字母 $X, Y, Z$ 等表示随机变量,用小写的字母 $x, y, z$ 等表示实数.

从随机变量的定义,可以看到随机变量是定义在样本空间 $\Omega$ 上的实函数,并且随机变

量区别于普通实函数有以下两个点:

(1) 普通实函数是定义在实数集合上的,而随机变量是定义在样本空间 $\Omega$ 上的(样本空间 $\Omega$ 中的元素不一定是实数).

(2) 随机变量的取值随试验的结果(样本点 $\omega$)而定,而随机试验的各个结果的出现有一定的概率,因此随机变量的取值也有一定的概率.例如,在例 2.1.2 中,$P\{X=2\}=\dfrac{1}{4}$,$P\{X=0\}=\dfrac{1}{4}$.

引入随机变量以后,就可以用它来描述各种随机现象,并有可能应用《数学分析》(或《高等数学》)的方法来深入广泛地研究随机现象及其统计规律性.

### 2.1.2 离散型随机变量及其分布律

**定义 2.1.2** 如果随机变量 $X$ 的所有可能取值是有限个或可列无限多个,则称 $X$ 为**离散型随机变量**.

例如,在例 2.1.1 中,随机变量 $X$ 的所有可能取值为 $0,1,2,\cdots$,因此它是离散型随机变量.在例 2.1.2 中,随机变量 $X$ 的所有可能取值为 $0,1,2$,因此它也是离散型随机变量.

设离散型随机变量 $X$ 的所有可能取值为 $x_k(k=1,2,\cdots)$,$X$ 的各个可能取值的概率,即事件 $\{X=x_k\}$ 的概率为

$$P\{X=x_k\}=p_k, \quad k=1,2,\cdots. \tag{2.1.1}$$

称式(2.1.1)为离散型随机变量 $X$ 的**分布律**(或**分布列**).分布律也可以用表的形式来表示,见下表:

| $X$ | $x_1$ | $x_2$ | $\cdots$ | $x_n$ | $\cdots$ |
|---|---|---|---|---|---|
| $p_k$ | $p_1$ | $p_2$ | $\cdots$ | $p_n$ | $\cdots$ |

根据分布律的定义,$p_k$ 具有如下两个性质:

(1) **非负性** $p_k \geqslant 0, k=1,2,\cdots$;

(2) **正则性** $\sum\limits_{k=1}^{\infty} p_k = 1$.

由于 $\{X=x_1\} \cup \{X=x_2\} \cup \cdots$ 是必然事件,且 $\{X=x_k\} \cap \{X=x_j\}=\varnothing$,$k \neq j(k,j=1,2,\cdots)$,于是

$$1=P(\Omega)=P\Big[\bigcup_{k=1}^{\infty}\{X=x_k\}\Big]=\sum_{k=1}^{\infty}P\{X=x_k\}=\sum_{k=1}^{\infty}p_k.$$

**例 2.1.3(续例 2.1.2)** 将一枚硬币抛掷两次,设 $X$ 表示正面向上的次数,求 $X$ 的分布律.

**解** 根据例 2.1.2,有 $P\{X=0\}=\dfrac{1}{4}$,$P\{X=1\}=\dfrac{1}{2}$,$P\{X=2\}=\dfrac{1}{4}$,于是得 $X$ 的分布律见下表:

| $X$ | 0 | 1 | 2 |
|---|---|---|---|
| $p_k$ | $\dfrac{1}{4}$ | $\dfrac{1}{2}$ | $\dfrac{1}{4}$ |

**例 2.1.4** 设一汽车在开往目的地的道路上需要经过四组信号灯,每组信号灯以 $\dfrac{1}{2}$ 的概率允许或禁止汽车通过. 以 $X$ 表示汽车首次停下时,它通过的信号灯的组数(设各组信号灯的工作是相互独立的),求 $X$ 的分布律.

**解** 用 $p$ 表示每组信号灯禁止汽车通过的概率,可知 $X$ 的分布律见下表:

| $X$ | 0 | 1 | 2 | 3 | 4 |
|---|---|---|---|---|---|
| $p_k$ | $p$ | $(1-p)p$ | $(1-p)^2 p$ | $(1-p)^3 p$ | $(1-p)^4$ |

或写成 $p_k=(1-p)^k p$, $k=0,1,2,3$, $p_4=(1-p)^4$.

当 $p=\dfrac{1}{2}$ 时,其结果见下表:

| $X$ | 0 | 1 | 2 | 3 | 4 |
|---|---|---|---|---|---|
| $p_k$ | 0.5 | 0.25 | 0.125 | 0.0625 | 0.0625 |

## 习 题 2.1

1. 将一枚质地均匀的硬币抛掷三次,用 $X$ 表示正面出现的次数,求 $X$ 的分布律.
2. 抛掷一枚质地均匀的硬币直到出现正面为止,用 $X$ 表示抛掷硬币的总次数,求 $X$ 的分布律.
3. 一个盒里有四张纸条,上面分别写着 1,2,3 和 4. 随机地从盒中不返回地取出两张纸条,请写出下面每个随机变量可能的取值.
  (1) $X=$两个数的和;
  (2) $Y=$第一个数与第二个数之差;
  (3) $Z=$偶数纸条的张数;
  (4) $W=$写着 4 的纸条张数.
4. 已知随机变量 $X$ 只能取 $-1, 0, 1, 2$ 四个值,其相应的概率依次为 $\dfrac{1}{2c}, \dfrac{3}{4c}, \dfrac{5}{8c}, \dfrac{1}{8c}$,求 $c$ 的值.
5. 设有产品 100 件,其中有 5 件次品,95 件正品. 现从中随机抽取 20 件,求抽得的次品件数 $X$ 的分布律.
6. 很多工厂都有质量管理程序,包括对进厂的材料进行检查. 设某计算机制造厂向外厂订购的印刷线路板是 5 块板为一批,而该厂对每批板都要抽检 2 块,设 $X$ 为抽检的 2 块板中有缺陷板的块数,求 $X$ 的分布律.
7. 某射手有 5 发子弹,每次射击命中率为 0.9,如果命中了目标就停止射击,否则直到子弹用尽. 求耗用子弹数的分布律.
8. 从一副扑克牌中抽出 5 张牌,求其中黑桃张数的分布律.
9. 设离散型随机变量 $X$ 的分布律为 $P(X=k)=b\lambda^k (k=1,2,\cdots; b$ 为正常数$)$,求 $\lambda$ 的值.
10. 一批零件中有 9 个合格品和 3 个废品. 安装机器时,从这批零件中任取一个. 如果每次取出的废品不再放回去,求在取得合格品之前已取出的废品数 $X$ 的分布律.

## 2.2 常见的离散型随机变量

以下介绍几种常见的离散型随机变量.

### 2.2.1 两点分布

**定义 2.2.1** 设随机变量 $X$ 只可能取 0 与 1 两个值，$X$ 取 1 的概率为 $p$，$X$ 的分布律为

$$P\{X=k\}=p^k(1-p)^{1-k}, \quad k=0,1, 0<p<1,$$

则称 $X$ 服从**两点分布**(或 **0—1 分布**).

两点分布的分布律也可以写成下表的形式：

| $X$ | 0 | 1 |
|---|---|---|
| $p_k$ | $1-p$ | $p$ |

对于一个随机试验，如果它的样本空间只包含两个元素，即 $\Omega=\{\omega_1,\omega_2\}$，我们总能在 $\Omega$ 上定义一个服从两点分布的随机变量

$$X=X(\omega)=\begin{cases}0, & \text{当}\ \omega=\omega_1,\\ 1, & \text{当}\ \omega=\omega_2\end{cases}$$

来描述这个随机试验的结果.

例如，检查产品的质量是否合格，抛硬币出现的结果是正面还是反面等，都可以用两点分布来描述.

特别，常数 $c$ 可以看作仅取一个值的随机变量 $X$，即 $P\{X=c\}=1$，则称 $X$ 服从**单点分布**(或**退化分布**).

### 2.2.2 二项分布

在 1.5.3 节中介绍过 $n$ 重伯努利试验、二项概率以及伯努利概型等.用 $X$ 表示 $n$ 重伯努利试验中事件 $A$ 发生的次数，则 $X$ 是一个随机变量，它的所有可能取值为 $0,1,2,\cdots,n$. 根据 1.5.3 节的结果，$n$ 重伯努利试验中事件 $A$ 发生 $k$ 次的概率为 $C_n^k p^k(1-p)^{n-k}$，记作 $q=1-p$，则有

$$P\{X=k\}=C_n^k p^k q^{n-k}, \quad k=0,1,2,\cdots,n, 0<p<1. \tag{2.2.1}$$

**定义 2.2.2** 如果随机变量 $X$ 的分布律由式(2.2.1)给出，则称 $X$ 服从参数为 $n,p$ 的**二项分布**(binomial distribution)，记作 $X\sim B(n,p)$.

根据二项分布的定义，显然有：

(1) $P\{X=k\}\geq 0, \quad k=0,1,2,\cdots,n$;

(2) $\sum_{k=0}^{n}P\{X=k\}=\sum_{k=0}^{n}C_n^k p^k q^{n-k}=(p+q)^n=1.$

从上式可以看出，$C_n^k p^k q^{n-k}$ 恰好是二项式 $(p+q)^n$ 的展开式中含有 $p^k$ 的那一项，因此

称随机变量 $X$ 服从二项分布.

二项分布 $B(n,p)$ 的分布律 $P\{X=k\}$ 折线图,如图 2-1 所示(其中 $n=9,16,25$;$p=0.3$). 从图 2-1 可以看出(从左到右依次对应 $n=9,16,25$ 的情形),当 $k$(横坐标)增加时,$P\{X=k\}$(纵坐标)先是单调增加,直至达到最大值,随后单调减少. 一般地,对于固定的 $n$ 和 $p$,二项分布 $B(n,p)$ 都具有这个性质.

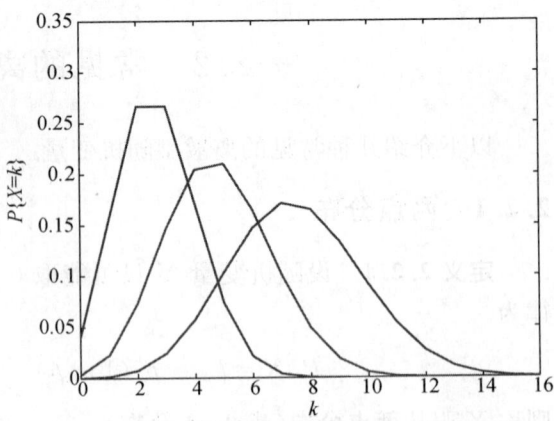

图 2-1 二项分布 $B(n,p)$ 的分布律折线图

特别地,当 $n=1$ 时,式(2.2.1)变为 $P\{X=k\}=p^k q^{1-k}$,$k=0,1$,此时,二项分布退化为**两点分布**,记作 $X \sim B(1,p)$.

另外,如果随机变量 $X_1,X_2,\cdots,X_n$ 相互独立,且都服从两点分布 $B(1,p)$,则 $X_1+X_2+\cdots+X_n$ 服从二项分布 $B(n,p)$.

**例 2.2.1** 某人进行射击,设每次射击命中的概率为 0.02,独立射击 400 次,试求至少击中两次的概率.

**解** 将一次射击看作是一次伯努利试验,设 400 次射击中命中的次数为 $X$,则有 $X \sim B(400,0.02)$,根据式(2.2.1)得所求概率为

$$P\{X=k\}=C_{400}^k (0.02)^k (0.98)^{400-k}, \quad k=0,1,2,\cdots,400.$$

于是所求的概率为

$$\begin{aligned} P\{X \geqslant 2\} &= 1 - P\{X=0\} - P\{X=1\} \\ &= 1 - (0.98)^{400} - 400(0.02)(0.98)^{399} \\ &= 0.9972. \end{aligned}$$

从例 2.2.1 中可以看到,尽管这个人射击命中的概率很小,但射击 400 次至少击中两次的概率非常接近 1. 这个例子在我们日常生活中有什么启发呢?请读者考虑.

**例 2.2.2** 设有 80 台同类型设备,各台设备的工作是相互独立的,发生故障的概率都是 0.01,且一台设备的故障能由一个人处理. 考虑两种配备维修工人的方法,其一是由四人分别维护,每人负责 20 台;其二是由三人共同维护 80 台. 试比较这两种方案在设备发生故障时不能及时维修的概率的大小.

**解** 按第一种方案. 用 $X$ 表示"一个人维护 20 台中同一时刻发生故障的台数",则 $X \sim B(20,0.01)$. 用 $A_i(i=1,2,3,4)$ 表示事件"第 $i$ 人维护的 20 台中发生故障时不能及时维修",则 80 台中发生故障时不能及时维修的概率为 $P(A_1 \cup A_2 \cup A_3 \cup A_4) \geqslant P(A_1) = P\{X \geqslant 2\}$.

由于 $X \sim B(20,0.01)$,则有

$$\begin{aligned} P\{X \geqslant 2\} &= 1 - \sum_{k=0}^{1} P\{X=k\} \\ &= 1 - \sum_{k=0}^{1} C_{20}^k (0.01)^k (0.99)^{20-k} \\ &= 0.0169. \end{aligned}$$

所以,有
$$P(A_1 \cup A_2 \cup A_3 \cup A_4) \geqslant 0.0169.$$

按第二种方案. 用 $Y$ 表示"80 台中同一时刻发生故障的台数",则 $Y \sim B(80, 0.01)$,于是 80 台中发生故障时不能及时维修的概率为
$$\begin{aligned} P\{Y \geqslant 4\} &= 1 - \sum_{k=0}^{3} P\{Y=k\} \\ &= 1 - \sum_{k=0}^{3} C_{80}^{k} (0.01)^k (0.99)^{80-k} \\ &= 0.0087 < 0.0169. \end{aligned}$$

这个例子的结果说明了什么?在日常生活中对我们有什么启发?请读者思考.

### 2.2.3 泊松分布

**定义 2.2.3** 设随机变量 $X$ 的所有可能取值为 $0, 1, 2, \cdots$,而取各个值的概率为
$$P\{X=k\} = \frac{\lambda^k e^{-\lambda}}{k!}, \quad k=0, 1, 2, \cdots. \tag{2.2.2}$$

其中 $\lambda > 0$ 为常数,则称 $X$ 服从参数为 $\lambda$ 的**泊松分布**(Poisson distribution),记作 $X \sim P(\lambda)$.

从泊松分布的定义,可知:
(1) $P\{X=k\} \geqslant 0, \quad k=0, 1, 2, \cdots$;
(2) $\sum_{k=0}^{\infty} P\{X=k\} = \sum_{k=0}^{\infty} \frac{\lambda^k e^{-\lambda}}{k!} = e^{-\lambda} \sum_{k=0}^{\infty} \frac{\lambda^k}{k!} = e^{-\lambda} e^{\lambda} = 1.$

泊松分布在实际问题中具有十分广泛的应用,例如,一本书的某一页中印刷符号错误的个数;某地区一天内邮递遗失的信件数;在一段时间内,某操作系统发生故障的次数等,这些随机变量都服从或近似服从泊松分布.

泊松分布 $P(\lambda)$ 的分布律 $P\{X=k\}$ 折线图,如图 2-2 所示($\lambda=3, 5, 7$).从图 2-2 可以看出(从左到右依次对应 $\lambda=3, 5, 7$ 的情形),当 $k$(横坐标)增加时,$P\{X=k\}$(纵坐标)先是单调增加,直至达到最大值,随后单调减少.一般地,对于固定的 $\lambda$,泊松分布 $P(\lambda)$ 都具有这个性质.

**例 2.2.3** 统计资料表明,某路口每月发生交通事故的次数服从参数为 6 的泊松分布,求该路口一个月至少发生一起交通事故的概率.

**解** 设该路口每月发生交通事故次数为 $X$,根据题意 $X \sim P(6)$,由式(2.2.2),所求的概率为
$$\begin{aligned} P\{X \geqslant 1\} &= 1 - P\{X=0\} \\ &= 1 - \frac{6^0}{0!} e^{-6} = 0.99967. \end{aligned}$$

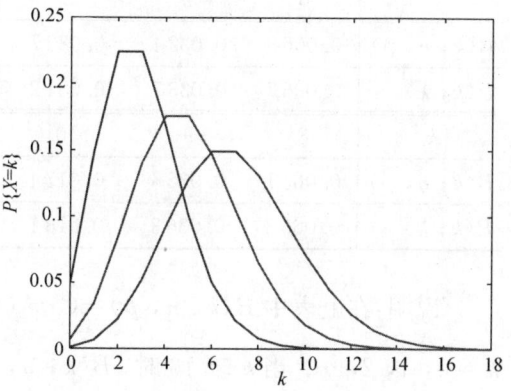

图 2-2 泊松分布 $P(\lambda)$ 的分布律折线图

以下给出二项分布与泊松分布的关系.

**定理 2.2.1(泊松定理)** 设 $0 < p_n < 1$ $(n=1, 2, \cdots)$,若 $\lim\limits_{n\to\infty} np_n = \lambda > 0$,则

$$\lim_{n\to\infty} C_n^k p_n^k (1-p_n)^{n-k} = \frac{\lambda^k}{k!} e^{-\lambda}, \quad k=0, 1, 2, \cdots.$$

**证明** 当 $k \geqslant 1$ 时,

$$C_n^k p_n^k (1-p_n)^{n-k} = \frac{n(n-1)\cdots(n-k+1)}{k!} p_n^k (1-p_n)^{n-k}$$

$$= \frac{\lambda_n^k}{k!} \left(1-\frac{1}{n}\right)\left(1-\frac{2}{n}\right)\cdots\left(1-\frac{k-1}{n}\right)\left(1-\frac{\lambda_n}{n}\right)^{\frac{n-k}{\lambda_n} \cdot \lambda_n \cdot \frac{n-k}{n}},$$

其中 $\lambda_n = n p_n$.

显然 $\lim\limits_{n\to\infty} \lambda_n^k = \lambda^k$,$\lim\limits_{n\to\infty}\left(1-\frac{\lambda_n}{n}\right)^n = e^{-\lambda}$,$\lim\limits_{n\to\infty}\left(1-\frac{1}{n}\right)\left(1-\frac{2}{n}\right)\cdots\left(1-\frac{k-1}{n}\right) = 1$(对任意的 $k$).

因此 $\lim\limits_{n\to\infty} C_n^k p_n^k (1-p_n)^{n-k} = \frac{\lambda^k}{k!} e^{-\lambda}$.

当 $k=0$ 时,显然 $C_n^k p_n^k (1-p_n)^{n-k} = \left(1-\frac{\lambda_n}{n}\right)^n \to e^{-\lambda}$.

根据定理 2.2.1,当 $n$ 很大,$p$ 很小,$np = \lambda$ 大小适中时,有 $C_n^k p^k (1-p)^{n-k} \approx \frac{\lambda^k e^{-\lambda}}{k!}$.

在实际计算中,就可以用 $\frac{\lambda^k e^{-\lambda}}{k!}$ 作为 $C_n^k p^k (1-p)^{n-k}$ 的近似值,而前者可以查泊松分布表(见书末附表 2),计算较为方便.

**例 2.2.4** 比较二项分布 $B(200, 0.025)$ 和泊松分布 $P(5)$,并说明它们的关系.

**解** 以下从二项分布 $B(200, 0.025)$ 和泊松分布 $P(5)$ 的分布律计算结果、分布律的折线图两个方面来进行比较.

(1) 当 $n=200$,$p=0.025$,$\lambda = np = 5$ 时,二项分布 $B(n,p)$ 和泊松分布 $P(\lambda)$ 的分布律计算结果,见下表:

| $k$ | 0 | 1 | 2 | 3 | 4 | 5 | 6 | 7 |
|---|---|---|---|---|---|---|---|---|
| $B(k;n,p)$ | 0.0063 | 0.0324 | 0.0827 | 0.1400 | 0.1768 | 0.1777 | 0.1481 | 0.1052 |
| $P(k;\lambda)$ | 0.0067 | 0.0337 | 0.0842 | 0.1404 | 0.1755 | 0.1755 | 0.1462 | 0.1044 |
| $k$ | 8 | 9 | 10 | 11 | 12 | 13 | 14 | 15 |
| $B(k;n,p)$ | 0.0651 | 0.0356 | 0.0174 | 0.0077 | 0.0031 | 0.0012 | 0.0004 | 0.0001 |
| $P(k;\lambda)$ | 0.0653 | 0.0363 | 0.0181 | 0.0082 | 0.0034 | 0.0013 | 0.0005 | 0.0002 |

说明:在上表中 $B(k;n,p) = C_n^k p^k (1-p)^{n-k}$,$k=0, 1, 2, \cdots, n$;$P(k;\lambda) = \frac{\lambda^k e^{-\lambda}}{k!}$,$k=0, 1, 2, \cdots$. 当 $k \geqslant 16$ 时,$B(k;n,p) \approx 0$,$P(k;\lambda) \approx 0$.

从上表可以看出,二项分布 $B(200, 0.025)$ 和泊松分布 $P(5)$ 的分布律计算结果近似

程度比较好.

(2) 二项分布 $B(200, 0.025)$ 和泊松分布 $P(5)$ 的分布律折线图如图 2-3 所示.

说明：在图 2-3 中，○ 表示二项分布 $B(200, 0.025)$ 的分布律，* 表示泊松分布 $P(5)$ 的分布律.

从图 2-3 可以看出，二项分布 $B(200, 0.025)$ 和泊松分布 $P(5)$ 的分布律折线图接近程度比较好.

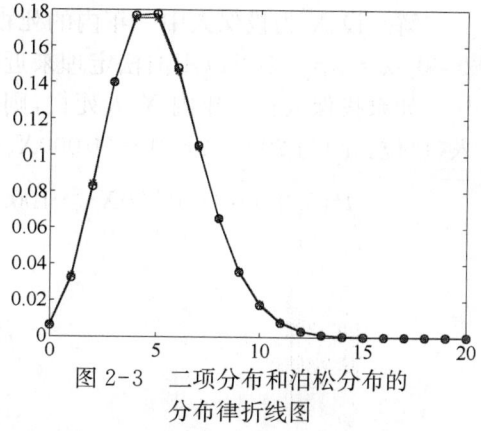

图 2-3　二项分布和泊松分布的分布律折线图

从以上(1)和(2)两个方面都说明，二项分布 $B(200, 0.025)$ 和泊松分布 $P(5)$ 非常接近. 这就直观地验证了定理 2.2.1(泊松定理).

说明：例 2.2.4 中有关分布律的计算和折线图的 MATLAB 程序，见本书附录 B 的例 B.2.2.

**例 2.2.5**　某一个繁忙的汽车站，有大量汽车通过，设每辆车在一天的某段时间内发生事故的概率为 0.0001，在某天的该段时间内有 1000 辆汽车通过，求某天该段时间内发生事故的次数不小于 2 的概率是多少.

**解**　根据题意，该问题可以看作 $n$ 重伯努利试验，设 $X$ 为 $n$ 重伯努利试验中发生事故的次数，则 $X \sim B(n, p)$，这里 $p = 0.0001$，$n = 1000$. 按二项分布计算，发生事故的次数不小于 2 的概率为

$$P\{X \geqslant 2\} = 1 - P\{X = 0\} - P\{X = 1\}$$
$$= 1 - C_{1000}^{0} \times 0.0001^0 \times (1 - 0.0001)^{1000} - C_{1000}^{1} \times 0.0001^1 \times (1 - 0.0001)^{999}$$
$$= 0.0046748.$$

由于 $p = 0.0001$，$n = 1000$，$\lambda = np = 0.1$，所以可以用泊松定理来近似计算. 根据泊松定理，发生事故的次数不小于 2 的概率为

$$P\{X \geqslant 2\} = 1 - P\{X = 0\} - P\{X = 1\}$$
$$\approx 1 - \mathrm{e}^{-0.1} - \frac{0.1}{1!}\mathrm{e}^{-0.1}$$
$$= 0.0046788$$

或

$$P\{X \geqslant 2\} = \sum_{k=2}^{\infty} \frac{0.1^k}{k!} \mathrm{e}^{-0.1} = 0.0046788.$$

**注**　查书末附表 2——泊松分布表，$\sum_{k=2}^{\infty} \frac{0.1^k}{k!}\mathrm{e}^{-0.1} = 0.0046788$.

值得注意的是，按二项分布计算的结果是精确的，按泊松定理计算的结果是近似的，而这种近似计算的误差是 0.000004(百万分之 4).

**例 2.2.6**　某地有 2500 人参加某种人寿保险，每人在年初向保险公司交付保险金 200 元，如果在一年内投保人死亡，则其家属可从保险公司领取 5 万元，设该类投保人死亡率为

0.002,求保险公司获利不少于 10 万元的概率.

**解** 设 $X$ 为投保人中一年内的死亡数,根据题意 $X \sim B(n, p)$,这里 $p=0.002$,$n=2\,500$,$\lambda=np=5$ 可以用泊松定理来近似计算.

如果投保人在一年内 $X$ 人死亡,则保险公司将付出 $50\,000X$ 元,而这一年保险公司收入(单位:元)为 $200 \times 2\,500 - 50\,000X = 500\,000 - 50\,000X$. 所求概率为

$$P\{500\,000 - 50\,000X \geqslant 100\,000\} = P\{X \leqslant 8\}$$

$$= \sum_{k=0}^{8} C_{2\,500}^{k}(0.002)^k(1-0.002)^{2\,500-k}$$

$$\approx 1 - \sum_{k=9}^{\infty} \frac{5^k}{k!} e^{-5}$$

$$= 1 - 0.068\,094$$

$$= 0.931\,906.$$

**注** 查书末附表 2——泊松分布表,$\sum_{k=9}^{\infty} \frac{5^k}{k!} e^{-5} = 0.068\,094$.

### 2.2.4 超几何分布

从一个有限总体中进行不放回抽样,就会遇到超几何分布. 在例 1.2.5 中,我们曾遇到过此类问题.

**定义 2.2.4** 设有 $N$ 件产品,其中有 $M$ 件不合格品. 若从中不放回地随机抽取 $n$ 件,则其中含有不合格品的件数 $X$ 服从**超几何分布**(hypergeometric distribution),记作 $X \sim H(n, N, M)$. 超几何分布的分布律为

$$P(X=k) = \frac{C_M^k C_{N-M}^{n-k}}{C_N^n}, \quad k=0, 1, \cdots, r. \tag{2.2.3}$$

其中 $r = \min\{M, n\}$,且 $M \leqslant N$,$n \leqslant N$,$n, N, M$ 均为正整数.

可以验证式(2.2.3)给出的确实是一个分布律.

根据超几何分布的定义,可知:

(1) $P\{X=k\} \geqslant 0$,$k=0, 1, 2, \cdots, r$;

(2) $\sum_{k=0}^{r} P\{X=k\} = \sum_{k=0}^{r} \frac{C_M^k C_{N-M}^{n-k}}{C_N^n} = \frac{C_N^n}{C_N^n} = 1.$

说明:在上面用到下面一个组合数等式:

根据等式 $(1+x)^N = (1+x)^M (1+x)^{N-M}$,比较系数,则有 $\sum_{k=0}^{r} C_M^k C_{N-M}^{n-k} = C_N^n$.

**例 2.2.7** 设 100 000 张某彩票中有 10 张奖券,由于奖券的奖金巨大,吸引了不少人去购买. 设某人买了 20 张此种彩票,试求在 20 张此种彩票中有 $X$ 张为奖券的概率.

**解** 由于 $X$ 为 20 张此种彩票中奖券的个数,则 $X$ 服从超几何分布,即 $X \sim H(20, 100\,000, 10)$,则有

$$P(X=k) = \frac{C_{10}^k C_{99\,990}^{20-k}}{C_{100\,000}^{20}}, \quad k=0, 1, \cdots, 10.$$

由于 100 000 比较大,所以计算 $C_{100\,000}^{20}$, $C_{99\,990}^{20-k}$ 会比较复杂. 后面我们讨论超几何分布的近似分布以后,此种计算就会简便一些.

以下给出超几何分布与二项分布的关系——超几何分布的二项分布近似.

**定理 2.2.2** 若 $\lim\limits_{N\to\infty}\dfrac{M}{N}=p$,则在 $n$ 和 $k$ 保持不变的条件下,有

$$\lim_{N\to\infty}\frac{C_M^k C_{N-M}^{n-k}}{C_N^n}=C_n^k p^k(1-p)^{n-k}.$$

**证明** 由于

$$\frac{C_M^k C_{N-M}^{n-k}}{C_N^n}=\frac{M!}{k!(M-k)!}\cdot\frac{(N-M)!}{(n-k)!(N-M-n+k)!}\cdot\frac{n!(N-n)!}{N!}$$

$$=\frac{n!}{k!(n-k)!}\cdot\frac{M(M-1)\cdots(M-k+1)}{N\cdot N\cdots N}\cdot\frac{(N-M)\cdots[N-M-(n-k)+1]}{N\cdot N\cdots N}\cdot$$

$$\frac{N\cdot N\cdots N}{N(N-1)\cdots(N-n+1)}$$

$$\equiv C_n^k a_N b_N c_N,$$

其中 $a_N=\dfrac{M(M-1)\cdots(M-k+1)}{N\cdot N\cdots N}$, $b_N=\dfrac{(N-M)\cdots[N-M-(n-k)+1]}{N\cdot N\cdots N}$,

$$c_N=\frac{N\cdot N\cdots N}{N(N-1)\cdots(N-n+1)};$$

$\lim\limits_{N\to\infty}a_N=p^k$, $\lim\limits_{N\to\infty}b_N=(1-p)^{n-k}$, $\lim\limits_{N\to\infty}c_N=1$.

因此,有 $\lim\limits_{N\to\infty}\dfrac{C_M^k C_{N-M}^{n-k}}{C_N^n}=C_n^k p^k(1-p)^{n-k}.$

当 $n\ll N$ 时,即抽取个数 $n$ 远小于总产品数 $N$ 时,每次抽取后总体中的不合格品率 $p=\dfrac{M}{N}$ 改变甚微,所以不放回抽样可以近似地看成放回抽样,此时超几何分布可以用二项分布近似:

$$\frac{C_M^k C_{N-M}^{n-k}}{C_N^n}\approx C_n^k p^k(1-p)^{n-k}.$$

**例 2.2.8(续例 2.2.7)** 计算例 2.2.7 中超几何分布的分布律,即 $X\sim H(20, 100\,000, 10)$ 的分布律.

**解** 由于 $20\ll 100\,000$,所以根据定理 2.2.2,超几何分布可以用二项分布近似,而 $p=10/100\,000=0.000\,1$,所以二项分布可以用泊松分布近似(定理 2.2.1),则有

$$H(k;20,100\,000,10)\approx B(k;20,0.000\,1)\approx P(k;0.002).$$

查书末附表 2——泊松分布表,可得

$$P(X=0)\approx P(0;0.002)=0.998\,002,\quad P(X=1)\approx P(1;0.002)=0.001\,996,$$

$$P(X=2)\approx P(2;0.002)=0.000\,002,\quad P(X=3)\approx\sum_{k=3}^{10}P(k;0.002)\approx 0.$$

在例 2.2.8 中,首先是超几何分布可以用二项分布近似,然后是二项分布可以用泊松分布近似,那么这些近似程度究竟如何呢?

对于例 2.2.8,以下分别用超几何分布、二项分布和泊松分布进行数值计算,其分布律计算结果和分布律折线图分别见下表和图 2-4(其 MATLAB 程序,见本书附录 B 的例 B.2.3).

| $k$ | $H(k;20,100\,000,10)$ | $B(k;20,0.000\,1)$ | $P(k;0.002)$ |
|---|---|---|---|
| 0 | 0.998 001 709 | 0.998 001 899 | 0.998 001 999 |
| 1 | 0.001 996 582 | 0.001 996 203 | 0.001 996 004 |
| 2 | 0.000 001 708 | 0.000 001 897 | 0.000 001 996 |
| 3 | 8.198 48e−010 | 1.138 06e−009 | 1.330 67e−009 |

从图 2-4 中可以看出,分别用超几何分布、二项分布和泊松分布进行计算的结果非常接近,对同一个 $k(k=0,1,2,3)$ 很难区分.

以下把例 2.2.8 和例 2.2.7 的数据稍作修改,把原来 100 000 张某彩票中有 10 张,改为 1 000 张彩票中有 20 张奖券,具体如下例.

**例 2.2.9(续例 2.2.8)** 设 1 000 张某彩票中有 20 张奖券,由于奖券有奖金,故吸引了不少人去购买.设某人买了 20 张此种彩票,在 20 张此种彩票中有 $X$ 张为奖券,请用超几何分布、二项分布和泊松分布分别计算 $X$ 的分布律,并把其分布律折线图画在图上来进行比较.

**解** 对于 $k=0,1,2,\cdots,5$,$H(k;20,1\,000,20)$,$B(k;20,0.02)$,$P(k;0.4)$ 的分布律计算结果从略,其分布律折线图如图 2-5 所示(其 MATLAB 程序与例 2.2.8 类似,只需把三个分布的参数稍作修改即可).

从图 2-5 中可以看出,分别用超几何分布、二项分布和泊松分布计算的结果仍然比较接近,对同一个 $k(k=0,1,2,\cdots,5)$ 区分仍然不明显.

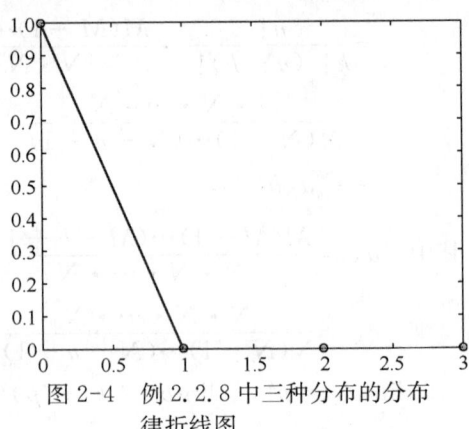

图 2-4 例 2.2.8 中三种分布的分布律折线图

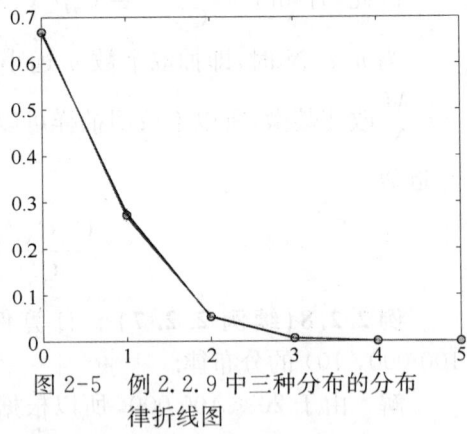

图 2-5 例 2.2.9 中三种分布的分布律折线图

### 2.2.5 几何分布

**定义 2.2.5** 在伯努利试验序列中,记每次试验中事件 $A$ 发生的概率为 $p$,如果 $X$ 为事件 $A$ 首次出现时的试验次数,$X$ 的可能取值为 $1,2,\cdots$,则称 $X$ 服从**几何分布**(geometric distribution),记作 $X \sim \mathrm{Geo}(p)$,其分布律为

$$P\{X=k\}=(1-p)^{k-1}p, \quad k=1,2,\cdots. \tag{2.2.4}$$

可以验证式(2.2.4)给出的确实是一个分布律.

根据几何分布的定义，可知：

(1) $P\{X=k\} \geqslant 0, \quad k=1,2,\cdots$；

(2) $\sum\limits_{k=1}^{\infty} P\{X=k\} = p \sum\limits_{k=1}^{\infty}(1-p)^{k-1} = p \dfrac{1}{1-(1-p)} = 1$.

在实际问题中，有不少随机变量服从几何分布. 例如：

(1) 某射手的命中率为 $0.9$，则首次击中目标的射击次数 $X \sim \mathrm{Geo}(0.9)$；

(2) 某产品的不合格品率为 $0.02$，则首次检查出现不合格品的检查次数 $Y \sim \mathrm{Geo}(0.02)$.

几何分布的无记忆性如下：

**定理 2.2.3（几何分布的无记忆性）** 设 $X \sim \mathrm{Geo}(p)$，则对于任意的正整数 $m$ 和 $n$ 有
$$P(X>m+n \mid X>m) = P(X>n).$$

**证明** 由于
$$P(X>n) = \sum_{k=n+1}^{\infty}(1-p)^{k-1}p = \frac{(1-p)^n p}{1-(1-p)} = (1-p)^n,$$

所以对于任意的 $m$ 和 $n$，条件概率
$$P(X>m+n \mid X>m) = \frac{P(X>m+n)}{P(X>m)} = \frac{(1-p)^{m+n}}{(1-p)^m} = (1-p)^n = P(X>n).$$

几何分布的无记忆性的含义：在伯努利试验序列中，首次出现事件 $A$ 的次数 $X$ 服从几何分布，则事件 $\{X>m\}$ 表示前 $m$ 次试验中 $A$ 没有出现. 如果在接下去的 $n$ 次试验中，$A$ 仍然没有出现，这个事件记为 $\{X>m+n\}$. 定理 2.2.3（几何分布的无记忆性）表明，在前 $m$ 次试验中 $A$ 没有出现的条件下，则在接下去的 $n$ 次试验中，$A$ 仍然没有出现的概率只与 $n$ 有关，而与以前 $m$ 次试验无关，似乎忘记了 $m$ 次试验的结果，这就是所谓的无记忆性.

若 $X$ 是只取自然数为值的随机变量，并且 $X$ 的分布具有无记忆性，则 $X$ 的分布一定是几何分布（见本节习题 12）.

### 2.2.6 负二项分布

**定义 2.2.6** 在伯努利试验序列中，记每次试验中事件 $A$ 发生的概率为 $p$，如果 $X$ 为事件 $A$ 第 $r$ 次出现时的试验次数，$X$ 的可能取值为 $r, r+1, \cdots$，则称 $X$ 服从**负二项分布**（negative binomial distribution），记作 $X \sim \mathrm{NB}(r,p)$，其分布律为

$$P\{X=k\} = \mathrm{C}_{k-1}^{r-1}(1-p)^{k-r}p^r, \quad k=r, r+1, \cdots. \tag{2.2.5}$$

可以验证式(2.2.5)给出的确实是一个分布律.

根据负二项分布的定义，可知：

(1) $P\{X=k\} \geqslant 0, \quad k=r, r+1, \cdots$；

(2) $\sum\limits_{k=r}^{\infty} P\{X=k\} = 1$.

(1) 是显然的，现在我们来证明(2).

**证明** 由于

$$\sum_{k=r}^{\infty} P\{X=k\} = p^r \sum_{k=r}^{\infty} C_{k-1}^{r-1}(1-p)^{k-r},$$

令 $j = k - r$，则 $k = j + r$，则有

$$\sum_{k=r}^{\infty} P\{X=k\} = p^r \sum_{j=0}^{\infty} C_{j+r-1}^{r-1}(1-p)^{j}.$$

应用幂级数展开，有 $(1-q)^{-r} = \sum_{j=0}^{\infty} C_{j+r-1}^{j} q^j = \sum_{j=0}^{\infty} C_{j+r-1}^{r-1} q^j$，因此

$$\sum_{k=r}^{\infty} P\{X=k\} = p^r(1-q)^{-r} = p^r p^{-r} = 1.$$

对负二项分布 $X \sim \text{NB}(r, p)$，当 $r = 1$ 时，就退化为几何分布，即 $\text{NB}(1, p) = \text{Geo}(p)$.

如果把第一个出现事件 $A$ 的试验次数记为 $X_1$，第二个出现事件 $A$ 的试验次数记为 $X_2$，$\cdots$，第 $r$ 个出现事件 $A$ 的试验次数记为 $X_r$，则 $X_1$，$X_2$，$\cdots$，$X_r$ 相互独立，且 $X_i \sim \text{Geo}(p)$. 此时有 $X = X_1 + X_2 + \cdots + X_r \sim \text{NB}(r, p)$，即服从负二项分布的随机变量可以表示成 $r$ 个相互独立的服从几何分布的随机变量之和.

## 习 题 2.2

1. 若已知在某特定路口 1 h 中闯红灯的车辆服从泊松分布，且平均每小时有 10 辆车会闯红灯，试问在接下来的 1 h 内只有一辆车闯红灯的概率是多少？

2. 一批炮弹，每发试射合格的概率为 0.98，如果试射 100 发，求至少 95 发合格的概率.

3. 设 100 件产品中有 95 件合格品，5 件次品. 现从中随机抽取 10 件，每次取 1 件，令 $X$ 表示所取 10 件产品中的次品数.

(1) 若有放回地抽取，求 $X$ 的分布律；

(2) 若无放回的抽取，求 $X$ 的分布律；

(3) 对以上两种抽样分别求 10 件产品中至少有 2 件次品的概率.

4. 设某射手每次射击击中目标的概率是 0.8，现在连续射击 30 次. 求击中目标次数 $X$ 的分布律.

5. 某批产品有 10% 的次品，进行重复抽样检验，共取得 10 个样品. (1) 写出样品中次品数 $X$ 的分布律，(2) 求样品中次品不多于 2 个的概率.

6. 设随机变量 $X \sim P(\lambda)$，已知 $P(X=2) = P(X=3)$，求 $P(X=4)$.

7. 若随机变量 $X \sim B(5, p)$，且 $P(X=1) = P(X=2)$，求 $P(X=4)$.

8. 设 1 h 内进入图书馆的读者数服从泊松分布，已知 1 h 内无读者进入图书馆的概率为 0.01，求 1 h 内至少有 2 个读者进入图书馆的概率（已知 $\ln 10 = 2.303$）.

9. 有 1 万名同年龄段且同社会阶层的人参加了某保险公司的某项人寿保险. 每个投保人在年初向保险公司交纳 200 元保费，而在一年内投保人死亡，则受益人可从保险公司领取 10 万元的赔偿金. 根据生命表知这类投保人的年死亡率为 0.001. 求保险公司在这项业务上：

(1) 亏本的概率；

(2) 至少获利 50 万元的概率.

10. 为保证设备正常工作，需要配备一些维修工. 如果各设备发生故障是相互独立的，且一台设备的故障能由一个人处理，每台设备发生故障的概率都是 0.01. 在以下各种情况下，求设备发生故障而不能及时维修的概率.

(1) 1 名维修工负责 20 台设备；
(2) 3 维修工负责 90 台设备；
(3) 10 维修工负责 500 台设备.

11. 在例 2.2.2 中，请用定理 2.2.1(泊松定理)计算并比较两种方案在设备发生故障时不能及时维修的概率.

12. 若 $X$ 是只取自然数为值的随机变量，$X$ 的分布具有无记忆性，即对于任意的自然数 $n$，$m$，都有 $P(X>n+m \mid X>m) = P(X>n)$，则 $X$ 的分布一定是几何分布.

## 2.3 随机变量的分布函数

### 2.3.1 分布函数的定义

对于离散型随机变量，分布律可以用来表示其取各个可能值的概率，但在实际中有许多非离散型随机变量，这一类随机变量的取值是不可列的，因而不能像离散型随机变量那样用分布律来描述，我们需要求出它落在某个区间内的概率. 为此引进分布函数的概念.

**定义 2.3.1** 设 $X$ 是一个随机变量，$x$ 是任意实数，函数

$$F(x) = P\{X \leqslant x\}$$

称为 $X$ 的**累积分布函数**(cumulative distribution function，简记为 cdf)，简称为**分布函数**.

根据定义 2.3.1，对于任意的实数 $x_1$，$x_2$，且 $x_1 < x_2$，有

$$P\{x_1 < X \leqslant x_2\} = P\{X \leqslant x_2\} - P\{X \leqslant x_1\} = F(x_2) - F(x_1).$$

因此，若已知 $X$ 的分布函数，就可以用它来表示 $X$ 落在 $(x_1, x_2]$ 内的概率.

分布函数是一个普通的函数，正是通过它，我们可以用《数学分析》(或《高等数学》)的方法来研究随机变量. 如果把 $X$ 看成数轴上的随机点的坐标，那么分布函数 $F(x)$ 在 $x$ 处的函数值，就表示 $X$ 落在区间 $(-\infty, x]$ 内的概率.

**例 2.3.1** 设随机变量 $X$ 的分布律见下表：

| $X$ | $-1$ | $2$ | $3$ |
| --- | --- | --- | --- |
| $p_k$ | $\frac{1}{4}$ | $\frac{1}{2}$ | $\frac{1}{4}$ |

求：(1) $X$ 的分布函数；(2) $P\left\{X \leqslant \frac{1}{2}\right\}$，$P\left\{\frac{3}{2} < X \leqslant \frac{5}{2}\right\}$，$P\{2 \leqslant X \leqslant 3\}$.

**解** (1) 从 $X$ 的分布律可以看出，$X$ 仅在 $x = -1, 2, 3$ 三点处的概率不为零，而 $F(x)$ 是事件 $\{X \leqslant x\}$ 的概率，它等于小于或等于 $x$ 的那些 $x_k$ 处的概率 $p_k$ 之和，于是

$$F(x) = \begin{cases} 0, & x < -1, \\ P\{X = -1\} = \frac{1}{4}, & -1 \leqslant x < 2, \\ P\{X = -1\} + P\{X = 2\} = \frac{1}{4} + \frac{1}{2} = \frac{3}{4}, & 2 \leqslant x < 3, \\ 1, & x \geqslant 3. \end{cases}$$

$F(x)$ 的图形,如图 2-6 所示,它是一个阶梯型函数,在 $x=-1,2,3$ 处有跳跃,跳跃度分别为 $\frac{1}{4},\frac{1}{2},\frac{1}{4}$.

(2) 根据以上 $X$ 的分布函数 $F(x)$,得
$$P\left\{X\leqslant\frac{1}{2}\right\}=F\left(\frac{1}{2}\right)=\frac{1}{4},$$
$$P\left\{\frac{3}{2}<X\leqslant\frac{5}{2}\right\}=F\left(\frac{5}{2}\right)-F\left(\frac{3}{2}\right)=\frac{3}{4}-\frac{1}{4}=\frac{1}{2},$$
$$P\{2\leqslant X\leqslant 3\}=F(3)-F(2)+P\{X=2\}$$
$$=1-\frac{3}{4}+\frac{1}{2}=\frac{3}{4}.$$

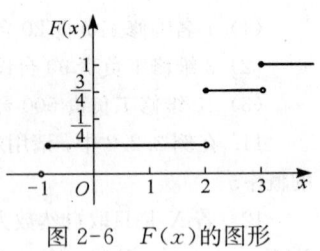

图 2-6 $F(x)$ 的图形

**例 2.3.2** 向半径为 $r$ 的圆内随机抛一个点,求此点到圆心的距离 $X$ 的分布函数 $F(x)$,并求 $P\left(X>\frac{2r}{3}\right)$.

**解** 由于事件"$X\leqslant x$"表示所抛的点落在半径为 $x$($0<x<r$)的圆内,根据几何概率,有
$$F(x)=P\{X\leqslant x\}=\frac{\pi x^2}{\pi r^2}=\frac{x^2}{r^2},\quad 0<x<r.$$

于是 $X$ 的分布函数 $F(x)$ 为
$$F(x)=\begin{cases}0, & x\leqslant 0,\\ \dfrac{x^2}{r^2}, & 0<x<r,\\ 1, & x\geqslant r.\end{cases}$$

根据分布函数,则
$$P\left(X>\frac{2r}{3}\right)=1-F\left(\frac{2r}{3}\right)=1-\left(\frac{2}{3}\right)^2=\frac{5}{9}.$$

## 2.3.2 分布函数的性质

分布函数 $F(x)$ 具有以下基本性质:

**定理 2.3.1** 任意分布函数 $F(x)$ 都具有以下基本性质:

(1) **单调性** $F(x)$ 是单调不减函数,即对于任意的 $x_1<x_2$,有 $F(x_1)\leqslant F(x_2)$.

(2) **有界性** 对于任意的 $x$,有 $0\leqslant F(x)\leqslant 1$,且 $F(-\infty)=\lim\limits_{x\to-\infty}F(x)=0$, $F(\infty)=\lim\limits_{x\to\infty}F(x)=1$.

(3) **右连续性** $F(x)$ 是一个右连续函数,即对于任意的实数 $x$,有 $F(x+0)=F(x)$.

**证明** (1) 对于任意的 $x_1<x_2$,有
$$F(x_2)-F(x_1)=P\{X\leqslant x_2\}-P\{X\leqslant x_1\}=P\{x_1<X\leqslant x_2\}\geqslant 0,$$
则有 $F(x_1)\leqslant F(x_2)$.

(2) 由于 $F(x)$ 是事件 $\{X\leqslant x\}$ 的概率,所以 $0\leqslant F(x)\leqslant 1$.

根据 $F(x)$ 的单调性和概率 $P$ 的连续性,则有

$$F(\infty)=\lim_{n\to\infty}F(n)=\lim_{n\to\infty}P(X\leqslant n)=P(\bigcup_{n=1}^{\infty}\{X\leqslant n\})=P(X\leqslant\infty)=1.$$

同理可证 $F(-\infty)=\lim_{x\to-\infty}F(x)=0$.

(3) **方法1** 由于 $F(x)$ 是单调不减、有界函数,所以其任意一点 $x_0$ 的右极限 $F(x_0+0)$ 一定存在.为了证明 $F(x)$ 的右连续性,只需对单调下降的数列 $x_1>x_2>\cdots>x_n>\cdots>x_0$,当 $x_n\to x_0(n\to\infty)$ 时,有 $\lim_{n\to\infty}F(x_n)=F(x_0)$ 即可.由于

$$F(x_1)-F(x_0)=P(x_0<X\leqslant x_1)=P(\bigcup_{i=1}^{\infty}\{x_{i+1}<X\leqslant x_i\})$$
$$=\sum_{i=1}^{\infty}P(x_{i+1}<X\leqslant x_i)=\sum_{i=1}^{\infty}[F(x_i)-F(x_{i+1})]$$
$$=\lim_{n\to\infty}[F(x_1)-F(x_n)]=F(x_1)-\lim_{n\to\infty}F(x_n),$$

所以有 $F(x_0)=\lim_{n\to\infty}F(x_n)=F(x_0+0)$.

**方法2** 根据 $F(x)$ 的单调性和概率 $P$ 的连续性,有

$$\lim_{n\to\infty}F\left(x+\frac{1}{n}\right)=\lim_{n\to\infty}P\left\{X\leqslant x+\frac{1}{n}\right\}=P\left(\bigcap_{n=1}^{\infty}\left\{X\leqslant x+\frac{1}{n}\right\}\right)=P\{X\leqslant x\}=F(x).$$

以上三个基本性质是分布函数必须具有的性质,可以证明:满足这三个基本性质的函数可以是某个随机变量的分布函数.从而这三个基本性质成为判别某个函数是否能成为分布函数的充分必要条件.

**例2.3.3** 设随机变量 $X$ 的分布函数为 $F(x)=A+B\arctan x$,$-\infty<x<\infty$,求:
(1)常数 $A$,$B$;(2) $P\{-1<X\leqslant 1\}$.

**解** (1) 根据分布函数的性质,有

$$F(-\infty)=\lim_{x\to-\infty}(A+B\arctan x)=A-\frac{\pi}{2}B=0,$$

$$F(\infty)=\lim_{x\to\infty}(A+B\arctan x)=A+\frac{\pi}{2}B=1,$$

解得 $A=\frac{1}{2}$,$B=\frac{1}{\pi}$,于是 $F(x)=\frac{1}{2}+\frac{1}{\pi}\arctan x$,$-\infty<x<\infty$.

(2) $P\{-1<X\leqslant 1\}=F(1)-F(-1)=\frac{1}{\pi}[\arctan(1)-\arctan(-1)]=\frac{1}{\pi}\left[\frac{\pi}{4}-\left(-\frac{\pi}{4}\right)\right]=\frac{1}{2}$.

称例2.3.3中的随机变量 $X$ 服从**柯西分布**(Cauchy distribution),其分布函数图形如图2-7所示.

一般,设离散型随机变量 $X$ 的分布律为 $P\{X=x_k\}=p_k(k=1,2,\cdots)$,根据概率的可列可加性,知道 $X$ 的分布函数是小于或等于 $x$ 的那些 $x_k$ 处的概

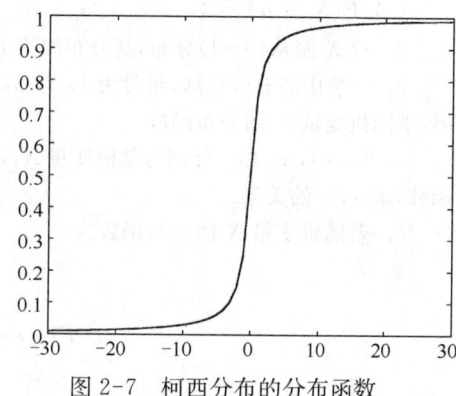

图2-7 柯西分布的分布函数

率 $p_k$ 之和,即

$$F(x) = P\{X \leqslant x\} = \sum_{x_k \leqslant x} P\{X = x_k\} = \sum_{x_k \leqslant x} p_k.$$

这里求和是对所有满足 $x_k \leqslant x$ 的那些 $k$ 来求的,即

当 $x < x_1$ 时, $F(x) = 0$,

当 $x_1 \leqslant x < x_2$ 时, $F(x) = p_1$,

当 $x_2 \leqslant x < x_3$ 时, $F(x) = p_1 + p_2$,

…,

当 $x_{n-1} \leqslant x < x_n$ 时, $F(x) = p_1 + p_2 + \cdots + p_{n-1}$,

….

$F(x)$ 的图形,如图 2-8 所示,它是一个阶梯形函数,在点 $x = x_k$ 处有跳跃,跳跃度分别为 $p_k = P\{X = x_k\}(k = 1, 2, \cdots)$.

例如,当 $n = 20$ 和 $p = 0.2$ 时,二项分布 $B(n, p)$ 的分布函数如图 2-9 所示.

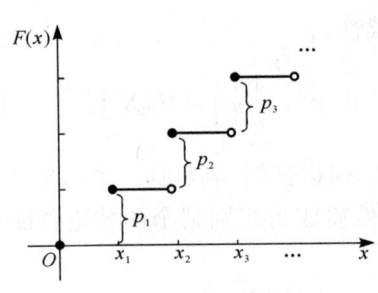

图 2-8 阶梯型函数 $F(x)$ 的图形

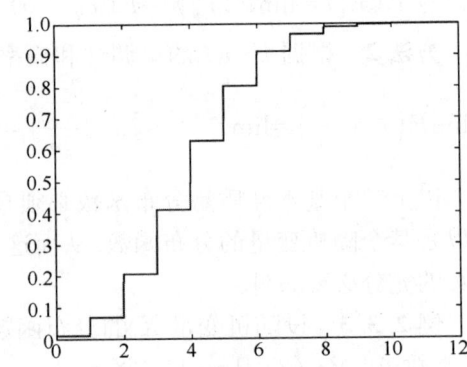

图 2-9 $B(20, 0.2)$ 的分布函数图形

## 习 题 2.3

1. 用随机变量 $X$ 的分布函数 $F(x)$ 表示下面的概率.

   (1) $P(X \leqslant a) = ($       $)$;    (2) $P(X = a) = ($       $)$;

   (3) $P(X > a) = ($       $)$;    (4) $P(x_1 < X \leqslant x_2) = ($       $)$.

2. 设 $X$ 服从 $(0-1)$ 分布,其分布律为 $P\{X = k\} = p^k (1-p)^{1-k}$, $k = 0, 1$,求 $X$ 的分布函数.

3. 一袋中装有 5 只球,编号为 1, 2, 3, 4, 5,在袋中同时取 3 只,以 $X$ 表示取出的 3 只球中的最大号码,求随机变量 $X$ 的分布函数.

4. $F_1(x)$, $F_2(x)$ 分别为随机变量 $X_1$, $X_2$ 的分布函数,若 $aF_1(x) + bF_2(x)$ 为某一随机变量的分布函数,求 $a$, $b$ 的关系.

5. 若随机变量 $X$ 的分布函数为

$$F(x) = \begin{cases} 0, & x < -1, \\ 0.3, & -1 \leqslant x < 0, \\ 0.4, & 0 \leqslant x < 2, \\ 1, & x \geqslant 2. \end{cases}$$

求 $X$ 的分布律.

6. 一批产品共 100 件,其中有 10 件次品,任意从中取出 5 件,求取出次品数 $X$ 的分布律及分布函数.

7. 设离散型随机变量 $X$ 的分布函数为

$$F(x)=\begin{cases}0, & x<-1,\\ a, & -1\leqslant x<1,\\ \dfrac{2}{3}-a, & 1\leqslant x<2,\\ a+b, & x\geqslant 2.\end{cases}$$

且 $P(X=2)=\dfrac{1}{2}$,求 $a,b$ 的值.

8. 将一枚质地均匀的硬币抛掷三次,用 $X$ 表示正面出现的次数,求 $X$ 的分布函数.

9. 设离散型随机变量 $X$ 的分布律见下表:

| $X$ | 0 | 1 | 2 |
| --- | --- | --- | --- |
| $p$ | $\dfrac{1}{3}$ | $\dfrac{1}{6}$ | $\dfrac{1}{2}$ |

求 $X$ 的分布函数.

## 2.4 连续型随机变量及其密度函数

加工的零件长度与规定的长度的偏差值,可以取值于包含 0 点的某一个区间,对于这一类可以在某一区间内任意取值的随机变量 $X$,由于它的值不是集中在有限个或可列无穷个点上,因此,只有确知取值于任意区间上的概率 $P(a<X\leqslant b)$,才能掌握它取值的概率分布情况.

对于非离散型随机变量,其中有一类很重要且常见的类型,就是所谓的连续型随机变量.

### 2.4.1 连续型随机变量

**定义 2.4.1** 对于随机变量 $X$ 的分布函数 $F(x)$,如果存在非负可积函数 $f(x)$,使对于任意实数 $x$ 有

$$F(x)=P\{X\leqslant x\}=\int_{-\infty}^{x}f(t)\mathrm{d}t,$$

则称 $X$ 为**连续型随机变量**,其中函数 $f(x)$ 称为 $X$ 的**概率密度函数**(probability density function,简写为 pdf),简称**密度函数**.

在今后遇到的随机变量基本上是离散型或连续型随机变量,本书主要讨论这两类随机变量(当然还存在非离散型又非连续型的随机变量,见后面的例 2.4.4).

### 2.4.2 密度函数的性质

根据定义 2.4.1 可知,密度函数 $f(x)$ 有如下性质:

(1) **非负性** $f(x) \geqslant 0$;

(2) **正则性** $\int_{-\infty}^{\infty} f(x) \mathrm{d}x = 1$;

(3) 对于任意的 $x_1, x_2 (x_1 < x_2)$,有 $P\{x_1 < X \leqslant x_2\} = F(x_2) - F(x_1) = \int_{x_1}^{x_2} f(x) \mathrm{d}x$;

(4) 在连续点上,有 $F'(x) = f(x)$.

以下是关于上述四个性质的说明和几何解释.

(1) $f(x) \geqslant 0$,这是定义 2.4.1 中对 $f(x)$ 的要求.

(2) 根据分布函数的性质,有 $F(\infty) = 1$,另外根据定义 2.4.1,有 $F(\infty) = \int_{-\infty}^{\infty} f(x) \mathrm{d}x$,所以 $\int_{-\infty}^{\infty} f(x) \mathrm{d}x = 1$.

由性质(2)知道,介于曲线 $y = f(x)$ 与 $Ox$ 轴之间的面积等于 1(图 2-10).

(3) 对于任意的 $x_1, x_2 (x_1 < x_2)$,有 $P\{x_1 < X \leqslant x_2\} = F(x_2) - F(x_1) = \int_{-\infty}^{x_2} f(x) \mathrm{d}x - \int_{-\infty}^{x_1} f(x) \mathrm{d}x = \int_{x_1}^{x_2} f(x) \mathrm{d}x$.

由性质(3)知道,$X$ 落在区间 $(x_1, x_2]$ 上的概率 $P\{x_1 < X \leqslant x_2\}$ 等于区间 $(x_1, x_2]$ 上曲线 $y = f(x)$ 之下的曲边梯形的面积(图 2-11).

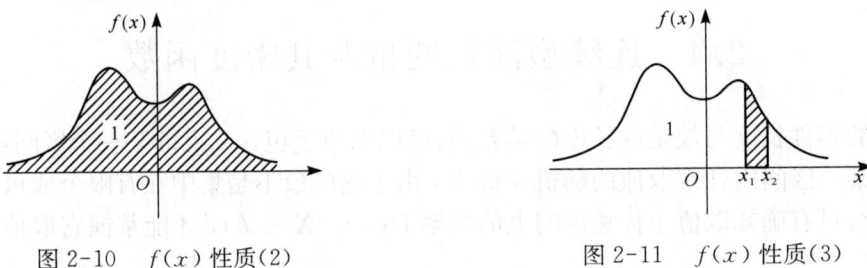

图 2-10　$f(x)$ 性质(2)　　　　图 2-11　$f(x)$ 性质(3)

(4) 根据"数学分析"(或"高等数学")的知识知道,在连续点上,$F(x) = \int_{-\infty}^{x} f(t) \mathrm{d}t$ 可导,且有 $F'(x) = f(x)$.

可以看到,密度函数的定义与物理学中的线密度的定义相类似,这就是 $f(x)$ 为什么称为密度函数的缘故.

**例 2.4.1**　在例 2.3.3 中给出了柯西分布的分布函数 $F(x) = \dfrac{1}{2} + \dfrac{1}{\pi} \arctan x$,$-\infty < x < \infty$,求其密度函数.

**解**　根据柯西分布的分布函数,其密度函数为

$$f(x) = F'(x) = \frac{1}{\pi}(\arctan x)' = \frac{1}{\pi} \cdot \frac{1}{1+x^2}, \quad -\infty < x < \infty.$$

说明:在例 2.4.1 中给出了柯西分布的密度函数,这个分布也称为**标准柯西分布**,记作 $X \sim C(0, 1)$.

以下给出一般的柯西分布.设随机变量 $X$ 具有密度函数

$$f(x) = \frac{1}{\pi\lambda\left[1+\left(\frac{x-\theta}{\lambda}\right)^2\right]}, \quad -\infty < x < \infty,$$

其中 $\lambda > 0, -\infty < \theta < \infty$，则称 $X$ 服从参数为 $\lambda$ 和 $\theta$ 的**柯西分布**，记作 $X \sim C(\theta, \lambda)$.

特别地，当 $\theta = 0$ 和 $\lambda = 1$ 时，就是上述的标准柯西分布.

标准柯西分布 $C(0,1)$ 与标准正态分布 $N(0,1)$ 密度函数的比较，如图 2-12 所示.

从图 2-12 可以看出，标准柯西分布 $C(0,1)$ 与标准正态分布 $N(0,1)$ 的密度函数的比较相似，但又有些区别. 标准柯西分布 $C(0,1)$ 密度函数的尾部趋于零要比标准正态分布 $N(0,1)$ 的密度函数慢一些.

柯西分布在力学、电学、心理学、人类学、计量经济以及工程中都有重要的应用.

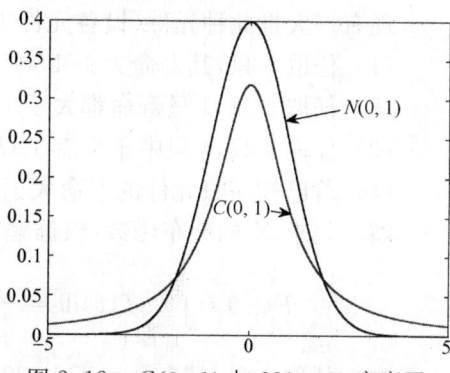

图 2-12　$C(0,1)$ 与 $N(0,1)$ 密度函数的比较

**例 2.4.2**　设随机变量 $X$ 具有密度函数

$$f(x) = \begin{cases} kx, & 0 \leqslant x < 3, \\ 2 - \dfrac{x}{2}, & 3 \leqslant x < 4, \\ 0, & \text{其他}. \end{cases}$$

求：(1) 常数 $k$；(2) $X$ 的分布函数 $F(x)$；(3) $P\left\{1 < X \leqslant \dfrac{7}{2}\right\}$.

**解**　(1) 由 $\int_{-\infty}^{\infty} f(t) \mathrm{d}t = 1$，得 $\int_0^3 kx\,\mathrm{d}x + \int_3^4 \left(2 - \dfrac{x}{2}\right) \mathrm{d}x = 1$，解得 $k = \dfrac{1}{6}$，于是 $X$ 的密度函数为

$$f(x) = \begin{cases} \dfrac{x}{6}, & 0 \leqslant x < 3, \\ 2 - \dfrac{x}{2}, & 3 \leqslant x < 4, \\ 0, & \text{其他}. \end{cases}$$

(2) $X$ 的分布函数为

$$F(x) = \begin{cases} 0, & x < 0, \\ \int_0^x \dfrac{x}{6}\,\mathrm{d}x = \dfrac{x^2}{12}, & 0 \leqslant x < 3, \\ \int_0^3 \dfrac{x}{6}\,\mathrm{d}x + \int_3^x \left(2 - \dfrac{x}{2}\right) \mathrm{d}x = -3 + 2x - \dfrac{x^2}{4}, & 3 \leqslant x < 4, \\ 1, & x \geqslant 4. \end{cases}$$

(3) $P\left\{1 < X \leqslant \dfrac{7}{2}\right\} = F\left(\dfrac{7}{2}\right) - F(1) = \dfrac{41}{48}$.

**例 2.4.3** 某型号电子元件的寿命 $X$（单位：h）具有以下的密度函数：

$$f(x) = \begin{cases} \dfrac{1000}{x^2}, & x > 1000, \\ 0, & \text{其他}. \end{cases}$$

现有一大批此种元件（设各元件工作相互独立）. 问：
(1) 任取一只，其寿命大于 1 500 h 的概率是多少？
(2) 任取 4 只，4 只寿命都大于 1 500 h 的概率是多少？
(3) 任取 4 只，4 只中至少有 1 只寿命大于 1 500 h 的概率是多少？
(4) 若已知一只元件的寿命大于 1 500 h，则该元件的寿命大于 2 000 h 的概率是多少？

**解** 先求 $X$ 的分布函数，根据题意

$$F(x) = \int_{1000}^{x} f(t)\,dt = -\left(\dfrac{1000}{t}\right)\Big|_{1000}^{x} = 1 - \dfrac{1000}{x},\quad x > 1000.$$

(1) 任取一只，其寿命大于 1 500 h 的概率为

$$P(X > 1500) = 1 - F(1500) = 1 - \left(1 - \dfrac{1000}{1500}\right) = \dfrac{2}{3}.$$

(2) 任取 4 只，4 只寿命都大于 1 500 h 的概率为

$$[P(X > 1500)]^4 = [1 - F(1500)]^4 = \left(\dfrac{2}{3}\right)^4 = \dfrac{16}{81}.$$

(3) 取 4 只，4 只中至少有 1 只寿命大于 1 500 h 的概率为
$P(4\text{ 只中至少有 1 只寿命大于 1 500 h}) = 1 - (4 \text{ 只的寿命都小于等于 1 500 h})$

$$= 1 - [F(1500)]^4 = 1 - \left(1 - \dfrac{2}{3}\right)^4 = \dfrac{80}{81}.$$

(4) 所求条件概率 $P(X > 2000 \mid X > 1500)$.

记 $A = \{X > 1500\}$，$B = \{X > 2000\}$，根据 (1) $P(A) = P\{X > 1500\} = \dfrac{2}{3}$.

根据分布函数，有 $P(B) = P\{X > 2000\} = 1 - F(2000) = 1 - \left(1 - \dfrac{1000}{2000}\right) = \dfrac{1}{2}$，且 $B \subset A$，根据条件概率的定义，有

$$P(B \mid A) = \dfrac{P(AB)}{P(A)} = \dfrac{P(B)}{P(A)} = \dfrac{\frac{1}{2}}{\frac{2}{3}} = \dfrac{3}{4}.$$

需要指出的是，对于连续型随机变量 $X$ 来说，它取任意一个指定的实数 $x$ 的概率均为 0，即 $P\{X = x\} = 0$. 事实上，设 $X$ 的分布函数为 $F(x)$，$\Delta x > 0$，则由 $\{X = x\} \subset \{x - \Delta x < X \leqslant x\}$，得

$$0 \leqslant P\{X = x\} \leqslant P\{x - \Delta x < X \leqslant x\} = F(x) - F(x - \Delta x) = \int_{x - \Delta x}^{x} f(x)\,dx.$$

在上述不等式中令 $\Delta x \to 0$，即得 $P\{X = x\} = 0$.

因此,对于连续型随机变量 $X$ 来说,有

$$P\{a<X\leqslant b\}=P\{a\leqslant X<b\}=P\{a\leqslant X\leqslant b\}=P\{a<X<b\}.$$

这给有关连续型随机变量计算概率带来很多方便. 而对于离散型随机变量,这个性质是不存在的,离散型随机变量计算概率要"点点比较".

**注意** 事件 $\{X=a\}$ 并非不可能事件,但 $P\{X=a\}=0$. 我们知道,若 $A$ 为不可能事件,则有 $P(A)=0$;反之,若 $P(A)=0$,并不一定意味着 $A$ 为不可能事件.

同样,我们知道:必然事件的概率为 1,但概率为 1 的事件不一定是必然事件.

除了离散型和连续型随机变量之外,还存在非离散型又非连续型的随机变量,如下例.

**例 2.4.4** 以下函数

$$F(x)=\begin{cases}0, & x<0,\\ \dfrac{1+x}{2}, & 0\leqslant x<1,\\ 1, & x\geqslant 1.\end{cases}$$

确实是某随机变量的分布函数,它的图形如图 2-13 所示.

可以验证:$F(x)$ 满足定理 2.3.1,因此它是某随机变量的分布函数.

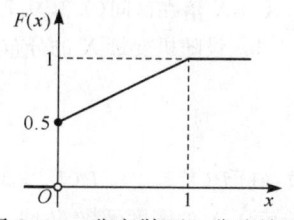

图 2-13 非离散型又非连续型随机变量的分布函数

从图 2-13 可以看出,$F(x)$ 只有一个跳跃点,但又不是阶梯型跳跃,所以 $F(x)$ 对应的随机变量不是离散型随机变量. $F(x)$ 又不连续(因为它有间断点,更不能表示为非负函数的上限变动的积分),所以 $F(x)$ 对应的随机变量也非连续型随机变量. 它是一个新的分布类,这类分布函数 $F(x)$ 常可以分解为两个分布函数的凸组合,如例 2.4.4 中的分布函数以分解为 $F(x)=\dfrac{1}{2}F_1(x)+\dfrac{1}{2}F_2(x)$,其中

$$F_1(x)=\begin{cases}0, & x<0,\\ 1, & x\geqslant 0;\end{cases}\quad F_2(x)=\begin{cases}0, & x<0,\\ x, & 0\leqslant x<1,\\ 1, & x\geqslant 1.\end{cases}$$

而 $F_1(x)$ 是(离散型)单点分布的分布函数,$F_2(x)$ 是(连续型)均匀分布 $U(0,1)$ 的分布函数(关于区间 $(a,b)$ 上均匀分布的定义,见稍后的定义 2.5.1).

本书主要研究离散型和连续型随机变量,不专门研究非离散型又非连续型的随机变量.

## 习 题 2.4

1. 设随机变量 $X$ 的密度函数 $f(x)=\dfrac{1}{2}\mathrm{e}^{-|x|}$,$x\in\mathbf{R}$,求 $X$ 的分布函数 $F(x)$.

2. 中国邮政包裹的特快专递(EMS)规定:每包不得超过 1 kg. 令 $X$ 为任选一个包裹的重量,其密度函数为

$$f(x)=\begin{cases}0.5+x, & 0<x\leqslant 1,\\ 0, & \text{其他}.\end{cases}$$

求:(1) 这类包裹的重量 $X$ 至少是 $\frac{3}{4}$ kg 的概率是多少?

(2) 这类包裹的重量 $X$ 最多是 $\frac{1}{2}$ kg 的概率是多少?

(3) 概率 $P\left\{\frac{1}{4} \leqslant X \leqslant \frac{3}{4}\right\}$.

3. 设随机变量 $X$ 的密度函数为

$$f(x) = \begin{cases} x, & 0 \leqslant x < 1, \\ 2-x, & 1 \leqslant x < 2, \\ 0, & \text{其他}. \end{cases}$$

求 $X$ 的分布函数 $F(x)$.

4. 设随机变量 $X$ 的密度函数为

$$f(x) = \begin{cases} cx, & 0 \leqslant x \leqslant 1, \\ 0, & \text{其他}. \end{cases}$$

求:(1) 常数 $c$;

(2) $X$ 落在区间 $(0.3, 0.7)$ 内的概率.

5. 设随机变量 $X$ 的分布函数为

$$F(x) = \begin{cases} 1 - e^{-x}, & x > 0, \\ 0, & x \leqslant 0. \end{cases}$$

求:(1) $P(X \leqslant 2)$, $P(X > 3)$;

(2) $X$ 的密度函数 $f(x)$.

6. 以 $X$ 表示某商店从早上开始营业起直到第一个顾客到达的等待时间(单位:min)的分布函数是

$$F(x) = \begin{cases} 1 - e^{-0.4x}, & x > 0, \\ 0, & x \leqslant 0. \end{cases}$$

求下述概率:

(1) $P\{X \leqslant 3\}$;

(2) $P\{X \geqslant 4\}$;

(3) $P\{3 \leqslant X \leqslant 4\}$;

(4) $P\{X = 2.5\}$.

7. 向区间 $(0, a)$ 上任意投点,用 $X$ 表示这个点的坐标.设这个点落在区间 $(0, a)$ 中任一小区间的概率与这个小区间的长度成正比,而与小区间的位置无关.求 $X$ 的分布函数与密度函数.

8. 设 $X$ 的密度函数为 $f(x) = ce^{-|x|}$, $-\infty < x < \infty$, 求:

(1) 常数 $c$;

(2) $P(-1 < X < 2)$.

9. 设连续型随机变量 $X$ 的分布函数为

$$F(x) = \begin{cases} A + Be^{-\frac{x^2}{2}}, & x > 0, \\ 0, & x \leqslant 0. \end{cases}$$

求:(1) 常数 $A$, $B$;

(2) $P\{-1 < X < 1\}$;

(3) $X$ 的密度函数.

10. 设随机变量 $X$ 和 $Y$ 同分布,且 $X$ 的密度函数为

$$f(x) = \begin{cases} \dfrac{3}{8}x^2, & 0 < x < 2, \\ 0, & \text{其他.} \end{cases}$$

已知事件 $A = \{X > a\}$ 和 $B = \{Y > a\}$ 独立,且 $P(A \cup B) = \dfrac{3}{4}$,求常数 $a$.

11. 学生完成一道作业题的时间 $X$(单位:h)是一个随机变量,其密度函数为

$$f(x) = \begin{cases} cx^2 + x, & 0 \leqslant x \leqslant 0.5, \\ 0, & \text{其他.} \end{cases}$$

(1) 确定常数 $c$;(2) 求 $X$ 的分布函数.

12. 若 $X$ 的密度函数 $f(x)$ 是对称的,$X$ 的分布函数为 $F(x)$,证明对于任意的 $a > 0$,有:(1) $F(0) = 0.5$;(2) $P(|X| < a) = 2F(a) - 1$;(3) $P(|X| > a) = 2[1 - F(a)]$.

13. 如果 $X$ 的分布函数 $F(x)$ 具有连续的导数 $F'(x)$,试证:$F'(x)$ 是 $X$ 的密度函数.

14. 用概率的连续性证明:对于连续型随机变量取任意值的概率为零.

15. 如果随机变量 $X$ 的分布函数为

$$F(x) = \begin{cases} 0, & x < 0, \\ \dfrac{5x^2 + 2}{10}, & 0 \leqslant x < 1, \\ 0.7, & 1 \leqslant x < 2, \\ 1, & x \geqslant 2. \end{cases}$$

问随机变量 $X$ 是什么类型的随机变量?为什么?

## 2.5 常见的连续型随机变量

以下介绍几种常见的连续型随机变量.

### 2.5.1 均匀分布

**定义 2.5.1** 如果连续型随机变量 $X$ 的密度函数为

$$f(x) = \begin{cases} \dfrac{1}{b-a}, & a < x < b, \\ 0, & \text{其他}, \end{cases}$$

则称 $X$ 在区间 $(a, b)$ 上服从**均匀分布**(uniform distribution),记作 $X \sim U(a, b)$.

根据均匀分布的密度函数,易知 $f(x) \geqslant 0$ 且 $\int_{-\infty}^{\infty} f(x) \mathrm{d}x = 1$.

在区间 $(a, b)$ 上服从均匀分布的随机变量 $X$,具有下述意义的等可能性,即它落在区间 $(a, b)$ 中任意等长度的子区间内的概率只依赖于子区间的长度,而与子区间的位置无关.

事实上,对于任意长度为 $l$ 的子区间 $(c, c+l)$,$a \leqslant c, c+l \leqslant b$,有

$$P\{c < X < c+l\} = \int_c^{c+l} \dfrac{1}{b-a} \mathrm{d}x = \dfrac{l}{b-a}.$$

根据均匀分布的定义,容易得到它的分布函数为

$$F(x) = \begin{cases} 0, & x < a, \\ \dfrac{x-a}{b-a}, & a \leqslant x < b, \\ 1, & x \geqslant b. \end{cases}$$

$U(0,6)$ 的密度函数和分布函数的图形,如图 2-14 和图 2-15 所示.

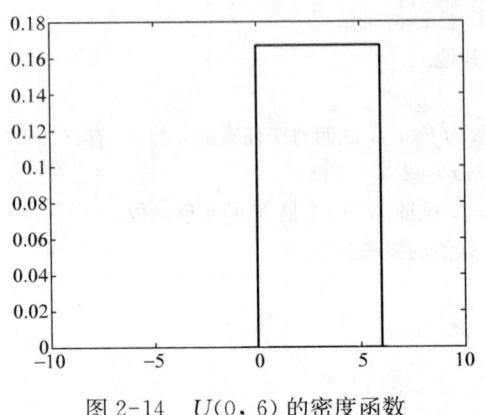
图 2-14　$U(0,6)$ 的密度函数

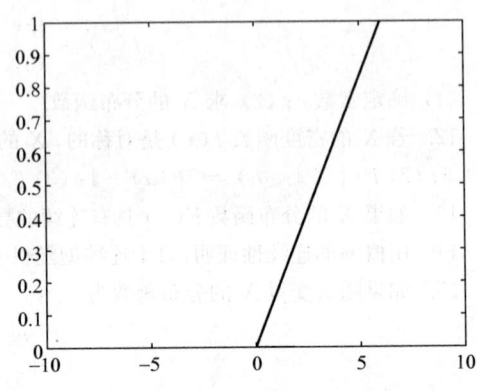
图 2-15　$U(0,6)$ 的分布函数

**例 2.5.1**　设长途客车到达某一个中途停靠站的时间 $T$ 在 12 点 10 分至 12 点 45 分之间是等可能的,某旅客于 12 点 20 分到达该车站,等候 20 min 后离开,求他在这段时间能赶上客车的概率.

**解**　根据题意,客车停靠站的时间 $T \sim U[10, 45]$,其密度函数为

$$f(t) = \begin{cases} \dfrac{1}{45-10} = \dfrac{1}{35}, & 10 \leqslant t \leqslant 45, \\ 0, & \text{其他}. \end{cases}$$

所求概率为

$$P\{20 \leqslant T \leqslant 40\} = \int_{20}^{40} \frac{1}{35} \mathrm{d}\tau = \frac{4}{7}.$$

**例 2.5.2**　如果随机变量 $X \sim U(0, 10)$,现在对 $X$ 进行 4 次独立观测,求至少有 3 次观测值大于 5 的概率.

**解**　设随机变量 $Y$ 是 4 次独立观测值大于 5 的次数,则 $Y \sim B(4, p)$,其中 $p = P(X > 5)$.

由于 $X \sim U(0, 10)$,则

$$f(x) = \begin{cases} \dfrac{1}{10}, & 0 < x < 10, \\ 0, & \text{其他}, \end{cases}$$

所以

$$p = P(X > 5) = \int_{5}^{10} \frac{1}{10} \mathrm{d}x = \frac{1}{2},$$

于是

$$P(Y \geqslant 3) = C_4^3 p^3(1-p) + C_4^4 p^4 = 4\left(\frac{1}{2}\right)^4 + \left(\frac{1}{2}\right)^4 = \frac{5}{16}.$$

## 2.5.2 指数分布

**定义 2.5.2** 如果连续型随机变量 $X$ 的密度函数为

$$f(x) = \begin{cases} \dfrac{1}{\theta} e^{-\frac{x}{\theta}}, & x > 0, \\ 0, & \text{其他}, \end{cases}$$

其中 $\theta > 0$ 为常数，则称 $X$ 服从参数为 $\theta$ 的**指数分布**(exponential distribution)，记作 $X \sim E(\theta)$.

令 $\lambda = \dfrac{1}{\theta}$，则上述指数分布的密度函数变为

$$f(x) = \begin{cases} \lambda e^{-\lambda x}, & x > 0, \\ 0, & \text{其他}, \end{cases}$$

其中 $\lambda > 0$ 为常数，则称 $X$ 服从参数为 $\lambda$ 的指数分布，记为 $X \sim E(1/\lambda)$. 这是指数分布的密度函数的另一种形式.

根据指数分布的密度函数，易知 $f(x) \geqslant 0$ 且 $\int_{-\infty}^{\infty} f(x) \mathrm{d}x = 1$.

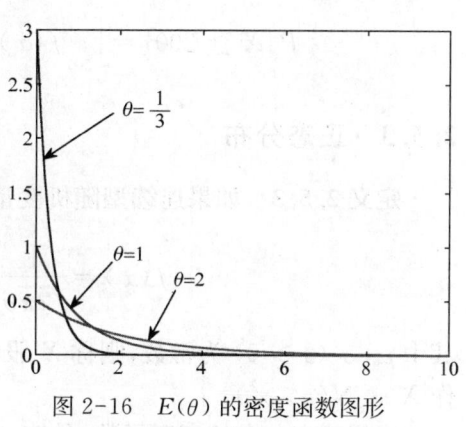

图 2-16 $E(\theta)$ 的密度函数图形 $\left(\theta = \dfrac{1}{3}, 1, 2\right)$

图 2-16 是当 $\theta = \dfrac{1}{3}$，$\theta = 1$ 和 $\theta = 2$ 时 $f(x)$ 的图形.

根据指数分布的密度函数，易得到它的分布函数为

$$F(x) = \begin{cases} 1 - e^{-\frac{x}{\theta}}, & x > 0, \\ 0, & \text{其他}. \end{cases}$$

服从指数分布的随机变量 $X$ 具有以下有趣的性质.

**性质 2.5.1** 对于任意的 $s, t > 0$，有 $P\{X > s+t \mid X > s\} = P\{X > t\}$.

**证明** 设 $X \sim E(\theta)$，则 $P\{X > x\} = \int_{x}^{+\infty} \dfrac{1}{\theta} e^{-\frac{t}{\theta}} \mathrm{d}t = e^{-\frac{x}{\theta}}$，根据条件概率的定义，得

$$P\{X > s+t \mid X > s\} = \frac{P\{(X > s+t) \cap (X > s)\}}{P\{X > s\}} = \frac{P\{X > s+t\}}{P\{X > s\}}$$

$$= \frac{e^{-\frac{s+t}{\theta}}}{e^{-\frac{s}{\theta}}} = e^{-\frac{t}{\theta}} = P\{X > t\}. \tag{2.5.1}$$

这个性质称为"无记忆性". 如果 $X$ 是某元件的寿命，那么式(2.5.1)表明，已知元件已使用了 $s$ h，它总共至少使用 $(s+t)$ h 的条件概率，与开始使用时算起它至少使用 $t$ h 的概率相

等. 就是说,元件对它使用过 $s$ h 没有记忆. 具有这一性质是指数分布有广泛应用的重要原因.

指数分布在可靠性理论和排队论中有重要应用,例如电子元件的寿命、随机服务系统的服务时间等,都可以用指数分布来描述. 关于指数分布与泊松分布的关系,见本节习题 12.

**例 2.5.3** 某种电子元件的寿命 $X$（单位:h）服从指数分布,其密度函数为

$$f(x)=\begin{cases} \dfrac{1}{100}\mathrm{e}^{-\frac{x}{100}}, & x>0, \\ 0, & \text{其他,} \end{cases}$$

求此元件的寿命至少为 200 h 的概率.

**解** 根据题意,所求的概率为

$$P\{X\geqslant 200\}=\int_{200}^{\infty}f(x)\mathrm{d}x=\int_{200}^{\infty}\frac{1}{100}\mathrm{e}^{-\frac{x}{100}}\mathrm{d}x=\mathrm{e}^{-2}\approx 0.1353.$$

### 2.5.3 正态分布

**定义 2.5.3** 如果连续型随机变量 $X$ 的密度函数为

$$f(x)=\frac{1}{\sqrt{2\pi}\sigma}\mathrm{e}^{-\frac{(x-\mu)^2}{2\sigma^2}},\quad -\infty<x<\infty,$$

其中 $\mu,\sigma\,(\sigma>0)$ 为常数,则称 $X$ 服从参数为 $\mu$ 和 $\sigma$ 的**正态分布**(normal distribution),记作 $X\sim N(\mu,\sigma^2)$.

根据正态分布的密度函数,易知 $f(x)\geqslant 0$,并可以证明

$$\int_{-\infty}^{\infty}f(x)\mathrm{d}x=1.$$

以下将给出在 $\mu$ 和 $\sigma$ 变化时,相应的密度函数曲线的变化情况.

图 2-17 给出了固定 $\sigma(\sigma=1)$ 时,$\mu$ 值改变 $(\mu=4,6)$ 时相应的密度函数曲线的变化情况.

图 2-18 给出了固定 $\mu\,(\mu=0)$ 时,$\sigma$ 值改变 $(\sigma=0.5,1,2)$ 时相应的密度函数曲线的变化情况.

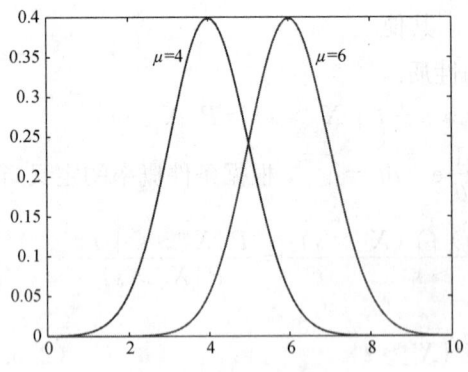
图 2-17　$N(\mu,1)$ 的密度函数 $(\mu=4,6)$

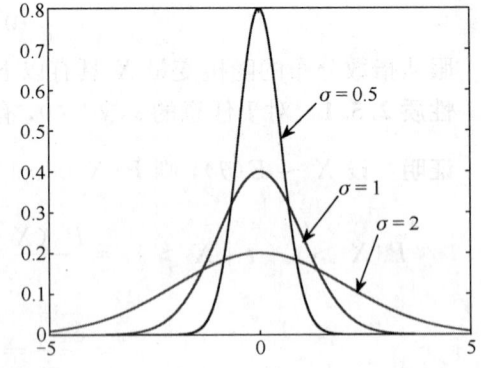
图 2-18　$N(0,\sigma^2)$ 的密度函数 $(\sigma=0.5,1,2)$

从图 2-17 可以看出,如果固定 $\sigma$,改变 $\mu$ 值,则密度函数图形沿 $x$ 轴平移,而不改变其

形状. 也就是说正态分布密度函数的位置由参数 $\mu$ 所确定,因此也称 $\mu$ 为**位置参数**.

从图 2-18 可以看出,如果固定 $\mu$,改变 $\sigma$ 值,则密度函数图形的位置不变,但 $\sigma$ 越小,密度曲线呈高而瘦,分布较为集中;$\sigma$ 越大,密度曲线呈矮而胖,分布较为分散. 也就是说正态分布密度函数的尺度由参数 $\sigma$ 所确定,因此也称 $\sigma$ 为**尺度参数**.

正态分布 $X \sim N(\mu, \sigma^2)$ 的密度函数 $f(x)$ 的图形关于 $x = \mu$ 对称(图 2-17).

当 $x = \mu$ 时,$f(x)$ 取到最大值 $f(\mu) = \dfrac{1}{\sqrt{2\pi}\sigma}$.

根据正态分布 $X \sim N(\mu, \sigma^2)$ 的密度函数,可得它的分布函数

$$F(x) = \frac{1}{\sqrt{2\pi}\sigma}\int_{-\infty}^{x} e^{-\frac{(t-\mu)^2}{2\sigma^2}} dt, \quad -\infty < x < \infty.$$

特别地,当 $\mu = 0$,$\sigma = 1$ 时,得到 $X \sim N(0, 1)$,此时称 $X$ 服从**标准正态分布**. 其密度函数和分布函数分别用 $\varphi(x)$ 和 $\varPhi(x)$ 表示,即

$$\varphi(x) = \frac{1}{\sqrt{2\pi}} e^{-\frac{x^2}{2}}, \quad \varPhi(x) = \frac{1}{\sqrt{2\pi}}\int_{-\infty}^{x} e^{-\frac{t^2}{2}} dt, \quad x \in \mathbf{R}.$$

$\varphi(x)$ 和 $\varPhi(x)$ 的图形,如图 2-19 和图 2-20 所示.

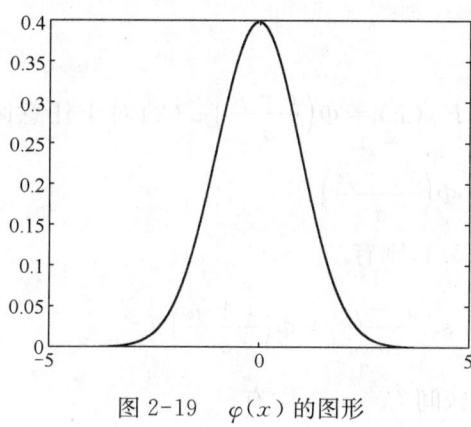

图 2-19  $\varphi(x)$ 的图形        图 2-20  $\varPhi(x)$ 的图形

并且有 $\varPhi(-x) = 1 - \varPhi(x)$. 事实上,由于 $\varphi(x)$ 是偶函数,所以

$$\varPhi(-x) = \int_{-\infty}^{-x} \varphi(t) dt = \int_{x}^{\infty} \varphi(t) dt$$
$$= \int_{-\infty}^{\infty} \varphi(t) dt - \int_{-\infty}^{x} \varphi(t) dt = 1 - \varPhi(x).$$

**定理 2.5.1**  若 $X \sim N(\mu, \sigma^2)$,则 $Z = \dfrac{X - \mu}{\sigma} \sim N(0, 1)$.

**证明**  **方法 1**  记 $X$ 和 $Z$ 的分布函数分别为 $F_X(x)$ 和 $F_Z(x)$,根据分布函数的定义,有

$$F_Z(x) = P(Z \leqslant x) = P\left(\frac{X - \mu}{\sigma} \leqslant x\right) = P(X \leqslant \mu + \sigma x) = F_X(\mu + \sigma x).$$

根据分布函数与密度函数的关系,有

$$f_Z(x) = \frac{\mathrm{d}}{\mathrm{d}x} F_X(\mu + \sigma x) = f_X(\mu + \sigma x)\sigma = \frac{\sigma}{\sqrt{2\pi}\,\sigma} \mathrm{e}^{-\frac{[(\mu+\sigma x)-\mu]^2}{2\sigma^2}} = \frac{1}{\sqrt{2\pi}} \mathrm{e}^{-\frac{x^2}{2}},$$

因此,$Z = \dfrac{X-\mu}{\sigma} \sim N(0,1)$.

**方法 2**  $Z = \dfrac{X-\mu}{\sigma}$ 的分布函数为

$$\begin{aligned} F_Z(x) &= P\{Z \leqslant x\} = P\left\{\frac{X-\mu}{\sigma} \leqslant x\right\} \\ &= P\{X \leqslant \mu + x\sigma\} \\ &= \frac{1}{\sqrt{2\pi}\,\sigma} \int_{-\infty}^{\mu+x\sigma} \mathrm{e}^{-\frac{(t-\mu)^2}{2\sigma^2}} \mathrm{d}t. \end{aligned}$$

令 $\dfrac{t-\mu}{\sigma} = u$,得

$$F_Z(x) = \frac{1}{\sqrt{2\pi}} \int_{-\infty}^{x} \mathrm{e}^{-\frac{u^2}{2}} \mathrm{d}u = \Phi(x).$$

由此可知 $Z = \dfrac{X-\mu}{\sigma} \sim N(0,1)$.

**推论 2.5.1** 若 $X \sim N(\mu, \sigma^2)$,则有(1) $F_X(x) = \Phi\left(\dfrac{x-\mu}{\sigma}\right)$;(2)对于任意区间 $(x_1, x_2]$,有 $P\{x_1 < X \leqslant x_2\} = \Phi\left(\dfrac{x_2-\mu}{\sigma}\right) - \Phi\left(\dfrac{x_1-\mu}{\sigma}\right)$.

**证明** (1) 若 $X \sim N(\mu, \sigma^2)$,根据定理 2.5.1,则有

$$F_X(x) = P\{X \leqslant x\} = P\left\{\frac{X-\mu}{\sigma} \leqslant \frac{x-\mu}{\sigma}\right\} = \Phi\left(\frac{x-\mu}{\sigma}\right).$$

(2) 若 $X \sim N(\mu, \sigma^2)$,根据(1),对于任意区间 $(x_1, x_2]$,有

$$\begin{aligned} P\{x_1 < X \leqslant x_2\} &= F_X(x_2) - F_X(x_1) \\ &= \Phi\left(\frac{x_2-\mu}{\sigma}\right) - \Phi\left(\frac{x_1-\mu}{\sigma}\right). \end{aligned}$$

**例 2.5.4** 若 $X \sim N(1, 4)$,求:(1) $P\{0 < X \leqslant 1.6\}$;(2) 若 $X \sim N(\mu, \sigma^2)$,求 $P\{\mu - k\sigma < X \leqslant \mu + k\sigma\}$ ($k = 1, 2, 3$).

**解** (1) 根据推论 2.5.1,查书末的附表 1——正态分布表,得

$$\begin{aligned} P\{0 < X \leqslant 1.6\} &= \Phi\left(\frac{1.6-1}{2}\right) - \Phi\left(\frac{0-1}{2}\right) = \Phi(0.3) - \Phi(-0.5) \\ &= \Phi(0.3) - [1 - \Phi(0.5)] = 0.6179 - (1 - 0.6915) = 0.3094. \end{aligned}$$

(2) 若 $X \sim N(\mu, \sigma^2)$,根据推论 1,查表得(图 2-21)

$$P\{\mu-\sigma < X \leqslant \mu+\sigma\} = \Phi(1) - \Phi(-1) = 2\Phi(1) - 1 = 0.6826,$$
$$P\{\mu-2\sigma < X \leqslant \mu+2\sigma\} = \Phi(2) - \Phi(-2) = 2\Phi(2) - 1 = 0.9544,$$
$$P\{\mu-3\sigma < X \leqslant \mu+3\sigma\} = \Phi(3) - \Phi(-3) = 2\Phi(3) - 1 = 0.9974.$$

我们看到,尽管正态随机变量的取值范围是 $(-\infty,\infty)$,但它的值落在 $(\mu-3\sigma,\mu+3\sigma)$ 内几乎是肯定的事,这就是人们所说的"$3\sigma$ 法则".

顺便提一下,前几年比较流行的"$6\sigma$ 管理",其中的 $6\sigma$ 的本意是源于产品的不合格的概率为 $1-P\{\mu-6\sigma < X \leqslant \mu+6\sigma\} = 0.2 \times 10^{-8}$(百万分之 $0.002$),但"$6\sigma$ 管理"演绎出的是一种管理的理念.

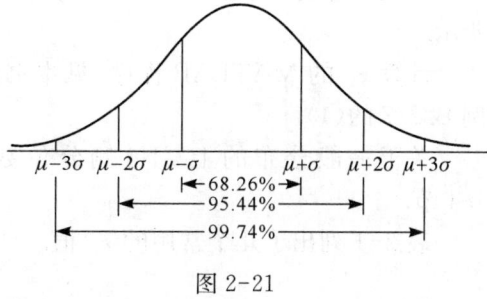

图 2-21

**例 2.5.5** 在某类人群中,假定人们的体重 $X \sim N(55,10^2)$(单位:kg),任意选一人,求:(1)他的体重在区间 $[45,65]$ 内的概率;(2)他的体重大于 85 kg 的概率.

**解** (1)根据推论 2.5.1 并查表,得

$$P\{45 \leqslant X \leqslant 65\} = P\left\{\frac{45-55}{10} \leqslant \frac{X-55}{10} \leqslant \frac{65-55}{10}\right\} = \Phi\left(\frac{65-55}{10}\right) - \Phi\left(\frac{45-55}{10}\right)$$
$$= \Phi(1) - \Phi(-1) = 2\Phi(1) - 1 = 0.6826.$$

(2)根据推论 2.5.1 并查表,得

$$P\{X > 85\} = 1 - P\{X \leqslant 85\} = 1 - \Phi\left(\frac{85-55}{10}\right) = 1 - \Phi(3) = 0.0013.$$

**例 2.5.6** 在考试中,如果考生的成绩近似服从正态分布,则通常认为这次考试(就合理划分考生成绩的等级而言)是正常的. 教师经常把分数超过 $\mu+\sigma$ 的评为 A 等,分数在 $\mu$ 到 $\mu+\sigma$ 之间的评为 B 等,分数在 $\mu-\sigma$ 到 $\mu$ 之间的评为 C 等,分数在 $\mu-2\sigma$ 到 $\mu-\sigma$ 之间的评为 D 等,分数在 $\mu-2\sigma$ 以下的评为 F 等. 由此计算得

$$P\{X \geqslant \mu+\sigma\} = P\left\{\frac{X-\mu}{\sigma} \geqslant 1\right\} = 1 - \Phi(1) \approx 0.1587.$$

$$P\{\mu \leqslant X < \mu+\sigma\} = P\left\{0 \leqslant \frac{X-\mu}{\sigma} < 1\right\} = \Phi(1) - \Phi(0) \approx 0.3413.$$

$$P\{\mu-\sigma \leqslant X < \mu\} = P\left\{-1 \leqslant \frac{X-\mu}{\sigma} < 0\right\} = \Phi(0) - \Phi(-1) \approx 0.3413.$$

$$P\{\mu-2\sigma \leqslant X < \mu-\sigma\} = P\left\{-2 \leqslant \frac{X-\mu}{\sigma} < -1\right\} = \Phi(-1) - \Phi(-2) \approx 0.1359.$$

$$P\{X < \mu-2\sigma\} = P\left\{\frac{X-\mu}{\sigma} < -2\right\} = \Phi(-2) \approx 0.0228.$$

| 等级划分 | A | B | C | D | F |
| --- | --- | --- | --- | --- | --- |
| 占比 | 15.87% | 34.13% | 34.13% | 13.59% | 2.28% |

**定义 2.5.4** 设 $X \sim N(0,1)$，若 $z_\alpha$ 满足条件 $P\{X > z_\alpha\} = \alpha$，$0 < \alpha < 1$，则称点 $z_\alpha$ 为标准正态分布的**上侧 $\alpha$ 分位数**.

标准正态分布的上侧 $\alpha$ 分位数，如图 2-22 所示.

计算 $z_\alpha$ 的 MATLAB 程序，见本书附录 B 的例 B.2.7 的(1).

关于一般分布的上（下）侧分位数，见本书 4.4 节.

表 2-1 列出了几个常用的 $z_\alpha$ 值.

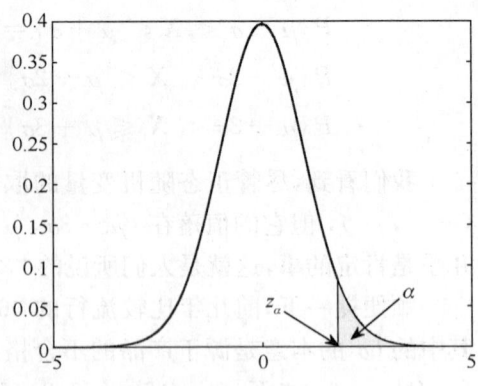

图 2-22 标准正态分布的上侧 $\alpha$ 分位数

表 2-1　　　　　　　　　　几个常用的 $z_\alpha$ 值

| $\alpha$ | 0.001 | 0.005 | 0.01 | 0.025 | 0.05 | 0.10 |
|---|---|---|---|---|---|---|
| $z_\alpha$ | 3.090 | 2.576 | 2.327 | 1.960 | 1.645 | 1.282 |

另外，由 $\varphi(x)$ 的对称性知道 $z_{1-\alpha} = -z_\alpha$.

### 2.5.4　伽玛分布

**定义 2.5.5** 若随机变量 $X$ 的密度函数由下式给出

$$f(x) = \begin{cases} \dfrac{b^a}{\Gamma(a)} x^{a-1} e^{-bx}, & x \geqslant 0, \\ 0, & x < 0, \end{cases}$$

其中 $a > 0$，$b > 0$，则称 $X$ 服从**伽玛分布**（Gamma distribution），记作 $X \sim Ga(a,b)$.

这里 $\Gamma(a) = \displaystyle\int_0^\infty x^{a-1} e^{-x} dx$ 是微积分中的 Gamma 函数，它有如下性质：

$$\Gamma(1) = 1, \quad \Gamma\left(\frac{1}{2}\right) = \sqrt{\pi}, \quad \Gamma(a+1) = a\Gamma(a), \quad \Gamma(n+1) = n!, \quad n \in \mathbf{N}.$$

当 $a = 1$ 时，我们根据伽玛分布的密度函数，可以得到指数分布的密度函数：

$$f(x) = \begin{cases} b e^{-bx} = \dfrac{1}{\left(\frac{1}{b}\right)} e^{-\frac{x}{\left(\frac{1}{b}\right)}}, & x > 0, \\ 0, & 其他. \end{cases}$$

即 $Ga(1,b) = E\left(\dfrac{1}{b}\right)$.

当 $n \in \mathbf{N}$ 时，伽玛分布 $Ga(n,b)$ 与指数分布 $E\left(\dfrac{1}{b}\right)$ 有如下关系（这里只叙述，证略）：

若 $X \sim Ga(n,b)$，则 $X = X_1 + X_2 + \cdots + X_n$，其中 $X_i$ 相互独立，且 $X_i \sim E\left(\dfrac{1}{b}\right)$，$i = 1, 2, \cdots, n$.

英国著名的统计学家皮尔逊(Pearson)在研究物理、生物及经济问题中的随机变量时，发现了很多连续型随机变量的分布不是正态分布。这些随机变量的特点是只取非负值，皮尔逊陆续发表了一系列连续型分布的密度曲线，这些分布可以包括常见的单峰分布，其中就有伽玛分布等。在气象学中，干旱地区的年、季、月降水量可以认为服从伽玛分布；指定时间内的最大风速等也可以认为服从伽玛分布。

伽玛分布具有可加性（这里只叙述，不证明，其证明见后面的例 3.5.4）：若 $X_1$, $X_2$, $\cdots$, $X_n$ 相互独立，且 $X_i \sim Ga(a_i, b)$，则 $\sum_{i=1}^{n} X_i \sim Ga(\sum_{i=1}^{n} a_i, b)$.

三个伽玛分布的密度函数图形，如图 2-23 所示。

**例 2.5.7** 若随机变量 $X \sim Ga(2, 0.5)$，求 $P(x < 4)$.

**解** 若随机变量 $X \sim Ga(2, 0.5)$，其密度函数为

$$f(x) = \begin{cases} \dfrac{0.5^2}{\Gamma(2)} x^{2-1} e^{-0.5x}, & x \geqslant 0, \\ 0, & x < 0. \end{cases}$$

由于 $\Gamma(2) = 1$，则

$$P(x < 4) = \frac{1}{4} \int_0^4 x e^{-0.5x} dx = 0.594.$$

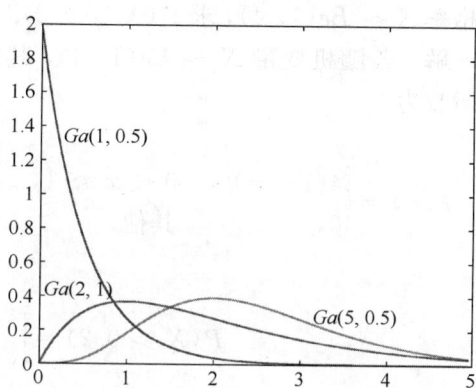

图 2-23 三个伽玛分布的密度函数图形

### 2.5.5 贝塔分布

**定义 2.5.6** 若随机变量 $X$ 的密度函数由

$$f(x) = \begin{cases} \dfrac{1}{B(a, b)} x^{a-1} (1-x)^{b-1}, & 0 < x < 1, \\ 0, & 其他 \end{cases}$$

给出，则称 $X$ 服从参数为 $a, b$ 的**贝塔分布**(Beta distribution)，记作 $X \sim Be(a, b)$，$a > 0$，$b > 0$. 其中 $B(a, b) = \int_0^1 x^{a-1} (1-x)^{b-1} dx$ 为 Beta 函数.

Beta 函数和 Gamma 函数有如下关系：

$$B(a, b) = \frac{\Gamma(a) \Gamma(b)}{\Gamma(a+b)}.$$

根据 Beta 函数和 Gamma 函数的关系，$Be(a, b)$ 的密度函数可以写成

$$f(x) = \begin{cases} \dfrac{\Gamma(a+b)}{\Gamma(a) \Gamma(b)} x^{a-1} (1-x)^{b-1}, & 0 < x < 1, \\ 0, & 其他. \end{cases}$$

特别，当 $a = b = 1$ 时，贝塔分布就是 $(0, 1)$ 区间上的均匀分布，即 $Be(1, 1) = U(0, 1)$.

5 个贝塔分布的密度函数图形,如图 2-24 所示.

由于服从贝塔分布 $Be(a,b)$ 的随机变量仅在 (0,1) 区间取值,所以不合格率、机器的维修率、市场占有率、射击的命中率等都可以用贝塔分布来描述,只要选择合适的参数 $a$ 与 $b$ 即可.

**例 2.5.8** 某班级学生中数学成绩的不及格率 $X \sim Be(1,4)$,求 $P(X > 0.2)$.

**解** 若随机变量 $X \sim Be(1,4)$,其密度函数为

$$f(x) = \begin{cases} 4(1-x)^3, & 0 < x < 1, \\ 0, & \text{其他}, \end{cases}$$

则

$$P(X > 0.2) = \int_{0.2}^{1} 4(1-x)^3 \mathrm{d}x = 0.4096.$$

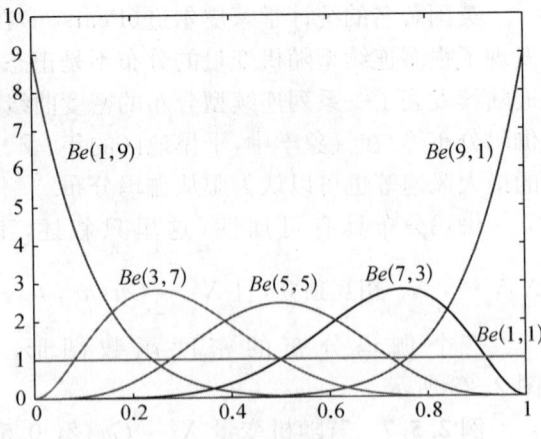

图 2-24  5 个贝塔分布的密度函数图形

## 习 题 2.5

1. 设随机变量 $X$ 服从均匀分布 $U(7.5, 20)$.
   (1) 写出 $X$ 的密度函数 $f(x)$;
   (2) $X$ 不超过 12 的概率是多少?
   (3) $X$ 介于 10 到 15 之间的概率是多少?
   (4) $X$ 介于 12 到 17 之间的概率是多少?

2. 若 $X$ 服从区间 $(1,6)$ 上的均匀分布,求方程 $y^2 + Xy + 1 = 0$ 有实数根的概率.

3. 设随机变量 $X$ 的密度函数为

$$f(x) = \begin{cases} \dfrac{1}{\theta} \mathrm{e}^{-\frac{x}{\theta}}, & x > 0, \\ 0, & \text{其他}, \end{cases}$$

其中 $\theta > 0$,求 $k$,使 $P(X > k) = 0.5$.

4. 设某顾客在银行门口等候服务的时间 $X$(单位:min)服从指数分布,其密度函数为

$$f(x) = \begin{cases} \dfrac{1}{5} \mathrm{e}^{-\frac{x}{5}}, & x > 0, \\ 0, & \text{其他}, \end{cases}$$

某顾客在银行门口等候服务,若等候超过 10 min 他就离开.他一个月要到银行 5 次,用 $Y$ 表示一个月内他未等到服务的次数,求 $P(Y \geqslant 1)$.

5. 某地区 18 岁的女青年的血压(收缩压,以 mmHg 计)服从 $N(110, 12^2)$,在该地区任选一 18 岁女青年,测量她的血压 $X$.求 $P\{X \leqslant 105\}$,$P\{100 < X \leqslant 120\}$;并确定最小的 $x$,使 $P\{X > x\} \leqslant 0.05$.

6. 一工厂生产的电子管寿命 $X$(单位:h)服从参数为 $\mu = 160$,$\sigma^2$ 的正态分布.若要求 $P\{120 < X \leqslant$

$200\} = 0.8$,允许 $\sigma$ 最大为多少?

7. 若随机变量 $X \sim N(2, \sigma^2)$,且 $P(2 < X < 4) = 0.3$,求 $P(X < 0)$.

8. 设 $\ln X \sim N(1, 2^2)$,求 $P\left(\dfrac{1}{2} < X < 2\right)$.

9. 某地区漏缴税的比例 $X \sim Be(2, 9)$,求 $P(X < 0.1)$.

10. 某单位招聘员工,共有 10 000 人报考.假设考试成绩服从正态分布,且已知 90 分以上有 359 人,60 分以下有 1151 人.现按考试成绩从高分到低分依次录用 2 500 人,试问被录用者中最低分数为多少?

11. 设 $X \sim N(3, 4)$,若 $P(X > c) = 2P(X \leqslant c)$,求常数 $c$.

12. 如果某设备在任何长为 $t$ 的时间 $[0, t]$ 内发生故障的次数 $N(t)$ 服从参数为 $\lambda t$ 的泊松分布,则相继两次故障之间的时间间隔 $T$ 服从参数为 $\lambda$ 的指数分布.

## 2.6 随机变量函数的分布

本节要研究的问题是,如果已知随机变量 $X$ 的分布,另一个随机变量 $Y = g(X)$ 是 $X$ 的函数,如何求 $Y$ 的分布.这样的问题在实际中经常出现,例如,圆半径 $X$ 是随机变量,已知 $X$ 的分布,要求圆面积 $Y = \pi X^2$ 的分布等.

### 2.6.1 离散型随机变量函数的分布

设 $X$ 为离散型随机变量,其分布律为 $P\{X = x_k\} = p_k$, $k = 1, 2, \cdots$,随机变量 $Y = g(X)$,于是 $Y$ 的所有可能值为 $y_k = g(x_k)$, $k = 1, 2, \cdots$,因此 $Y$ 也是离散型随机变量.

注意到当 $i \neq j$ 时,也有可能出现 $g(x_i) = g(x_j)$ 的情况,因此 $Y$ 的分布律为

$$P\{Y = y_i\} = \sum_{g(x_k) = y_i} P\{X = x_k\}, \quad i = 1, 2, \cdots.$$

一般情况下,当 $X$ 为离散型随机变量时,都可以参照下例求随机变量 $Y = g(X)$ 的分布律.

**例 2.6.1** 设随机变量 $X$ 的分布律见下表:

| $X$ | $-1$ | $0$ | $1$ | $2$ |
|---|---|---|---|---|
| $p_k$ | 0.2 | 0.3 | 0.1 | 0.4 |

试求 $Y = (X - 1)^2$ 的分布律.

**解** 根据题意,$Y$ 的所有可能值为 $0, 1, 4$.由于

$$P\{Y = 0\} = P\{(X-1)^2 = 0\} = P\{X = 1\} = 0.1,$$
$$P\{Y = 1\} = P\{(X-1)^2 = 1\} = P\{X = 0\} + P\{X = 2\} = 0.7,$$
$$P\{Y = 4\} = P\{(X-1)^2 = 4\} = P\{X = -1\} = 0.2.$$

于是得 $Y = (X - 1)^2$ 的分布律见下表:

| $Y$ | $0$ | $1$ | $4$ |
|---|---|---|---|
| $p_k$ | 0.1 | 0.7 | 0.2 |

### 2.6.2 连续型随机变量函数的分布

设 $X$ 为连续型随机变量,其分布函数和密度函数分别为 $F_X(x)$ 和 $f_X(x)$,随机变量 $Y=g(X)$,要求 $Y$ 的分布函数 $F_Y(y)$ 和密度函数 $f_Y(y)$.

**例 2.6.2** 设随机变量 $X$ 具有密度函数

$$f(x) = \begin{cases} 2x, & 0 \leqslant x \leqslant 1, \\ 0, & 其他. \end{cases}$$

求随机变量 $Y=3X-1$ 的密度函数.

**解** 分别记 $X,Y$ 的分布函数为 $F_X(x), F_Y(y)$. 以下先求 $F_Y(y)$,然后再求 $f_Y(y)$.

$$F_Y(y) = P\{Y \leqslant y\} = P\{3X-1 \leqslant y\} = P\left\{X \leqslant \frac{y+1}{3}\right\} = F_X\left(\frac{y+1}{3}\right).$$

根据分布函数和密度函数的关系,将 $F_Y(y)$ 关于 $y$ 求导数,得 $Y=3X-1$ 的密度函数

$$f_Y(y) = F_X'\left(\frac{y+1}{3}\right) = f_X\left(\frac{y+1}{3}\right)\left(\frac{y+1}{3}\right)' = \begin{cases} \frac{2}{3}\left(\frac{y+1}{3}\right) = \frac{2(y+1)}{9}, & -1 \leqslant y \leqslant 2, \\ 0, & 其他. \end{cases}$$

**例 2.6.3** 设随机变量 $X$ 具有密度函数 $f_X(x), -\infty < x < \infty$,试求 $Y=X^2$ 的密度函数.

**解** 分别记 $X,Y$ 的分布函数为 $F_X(x), F_Y(y)$. 以下先求 $F_Y(y)$,然后再求 $f_Y(y)$. 由于 $Y=X^2 \geqslant 0$,所以当 $y \leqslant 0$ 时,$F_Y(y)=0$;当 $y>0$ 时,有

$$\begin{aligned} F_Y(y) &= P\{Y \leqslant y\} = P\{X^2 \leqslant y\} \\ &= P\{-\sqrt{y} \leqslant X \leqslant \sqrt{y}\} \\ &= F_X(\sqrt{y}) - F_X(-\sqrt{y}). \end{aligned}$$

根据分布函数和密度函数的关系,将 $F_Y(y)$ 关于 $y$ 求导数,得 $Y=X^2$ 的密度函数

$$f_Y(y) = \begin{cases} \dfrac{1}{2\sqrt{y}}[f_X(\sqrt{y}) + f_X(-\sqrt{y})], & y>0, \\ 0, & 其他. \end{cases}$$

例 2.6.2 和例 2.6.3 的做法具有一般性,以下给出一个一般性的结果.

**定理 2.6.1** 设随机变量 $X$ 具有密度函数 $f_X(x), -\infty < x < \infty$,又设函数 $Y=g(X)$ 处处可导且恒有 $g'(x)>0$(或恒有 $g'(x)<0$),则随机变量 $Y=g(X)$ 的密度函数为

$$f_Y(y) = \begin{cases} f_X[h(y)]|h'(y)|, & a<y<b, \\ 0, & 其他. \end{cases}$$

其中 $a = \min\{g(-\infty), g(\infty)\}, b = \max\{g(-\infty), g(\infty)\}, h(y)$ 是 $g(x)$ 的反函数.

**证明** 不妨设 $g'(x)>0$,此时 $g(x)$ 的反函数 $h(y)$ 也是单调增函数,且 $h'(y)>0$.

记 $a=g(-\infty)$, $b=g(\infty)$, 这意味着 $y=g(x)$ 仅在区间 $(a,b)$ 取值,因此

当 $y<a$ 时, $F_Y(y)=P\{Y\leqslant y\}=0$;

当 $y>b$ 时, $F_Y(y)=P\{Y\leqslant y\}=1$;

当 $a\leqslant y\leqslant b$ 时, $F_Y(y)=P\{Y\leqslant y\}=P\{g(X)\leqslant y\}=P\{X\leqslant h(y)\}=\int_{-\infty}^{h(y)}f_X(x)\mathrm{d}x$.

因此 $Y=g(X)$ 的密度函数为

$$f_Y(y)=\begin{cases}f_X[h(y)]\,|\,h'(y)\,|, & a<y<b,\\ 0, & \text{其他}.\end{cases}$$

同理可证, $g'(x)<0$ 时,结论也成立.

**例 2.6.4** 设随机变量 $X\sim N(\mu,\sigma^2)$,证明: $X$ 的线性函数 $Y=aX+b$ ($a\neq 0$) 也服从正态分布.

**证明** $X$ 的密度函数为

$$f_X(x)=\frac{1}{\sqrt{2\pi}\sigma}\mathrm{e}^{-\frac{(x-\mu)^2}{2\sigma^2}}, \quad -\infty<x<+\infty.$$

现在 $y=ax+b$ ($a\neq 0$),由此解得 $x=h(y)=\dfrac{y-b}{a}$, 且 $h'(y)=\dfrac{1}{a}$.

根据定理 2.6.1,得 $Y=aX+b$ ($a\neq 0$) 的密度函数为

$$f_Y(y)=\frac{1}{|a|}f_X\left(\frac{y-b}{a}\right)$$

$$=\frac{1}{\sqrt{2\pi}\sigma|a|}\mathrm{e}^{-\frac{\left(\frac{y-b}{a}-\mu\right)^2}{2\sigma^2}}$$

$$=\frac{1}{\sqrt{2\pi}\sigma|a|}\mathrm{e}^{-\frac{[y-(b+\mu a)]^2}{2(a\sigma)^2}}, \quad -\infty<y<\infty.$$

所以 $Y\sim N(b+\mu a,(a\sigma)^2)$.

若取 $a=\dfrac{1}{\sigma}$, $b=-\dfrac{\mu}{\sigma}$, 得 $Y=\dfrac{X-\mu}{\sigma}\sim N(0,1)$, 即为定理 2.6.1 的结果.

本例用例 2.6.2 和例 2.6.3 的方法,但不用定理 2.6.1 的结果,也是可以的.

首先根据 $Y$ 与 $X$ 的关系,求出 $Y$ 的分布函数 $F_Y(y)=P\{Y\leqslant y\}=P\{aX+b\leqslant y\}$,即

$$F_Y(y)=\begin{cases}P\left\{X\leqslant\dfrac{y-b}{a}\right\}=F_X\left(\dfrac{y-b}{a}\right), & a>0,\\ P\left\{X\geqslant\dfrac{y-b}{a}\right\}=1-F_X\left(\dfrac{y-b}{a}\right), & a<0.\end{cases}$$

然后根据分布函数和密度函数的关系,有

$$f_Y(y) = \begin{cases} f_X\left(\dfrac{y-b}{a}\right)\dfrac{1}{a}, & a > 0, \\ -f_X\left(\dfrac{y-b}{a}\right)\dfrac{1}{a}, & a < 0. \end{cases}$$

$$f_Y(y) = \frac{1}{|a|} f_X\left(\frac{y-b}{a}\right) = \frac{1}{\sqrt{2\pi}\,\sigma\,|a|} e^{-\frac{\left(\frac{y-b}{a}-\mu\right)^2}{2\sigma^2}}$$

$$= \frac{1}{\sqrt{2\pi}\,\sigma\,|a|} e^{-\frac{[y-(b+\mu a)]^2}{2(a\sigma)^2}},$$

$$-\infty < y < \infty.$$

所以 $Y \sim N(b+\mu a, (a\sigma)^2)$.

**例 2.6.5(对数正态分布)** 设随机变量 $X \sim N(\mu, \sigma^2)$,则 $Y = \mathrm{e}^X$ 的密度函数为

$$f_Y(y) = \begin{cases} \dfrac{1}{\sqrt{2\pi}\,\sigma y} \exp\left\{-\dfrac{(\ln y - \mu)^2}{2\sigma^2}\right\}, & y > 0, \\ 0, & y \leqslant 0. \end{cases}$$

**证明** $y = \mathrm{e}^x$ 是严格单调递增函数,它在 $(0, \infty)$ 上取值,其反函数为 $x = \ln y$.
当 $y \leqslant 0$ 时,$F_Y(y) = P\{Y \leqslant y\} = 0$,$f_Y(y) = 0$;
当 $y > 0$ 时,根据定理 2.6.1,则 $Y$ 的密度函数为

$$f_Y(y) = \frac{1}{\sqrt{2\pi}\,\sigma} \exp\left\{-\frac{(\ln y - \mu)^2}{2\sigma^2}\right\} \frac{1}{y} = \frac{1}{\sqrt{2\pi}\,\sigma y} \exp\left\{-\frac{(\ln y - \mu)^2}{2\sigma^2}\right\}.$$

这个分布被称为**对数正态分布**,记作 $\mathrm{LN}(\mu, \sigma^2)$.
以下给出另外一种方法——用例 2.6.2 和例 2.6.3 的方法,但不用定理 2.6.1 的结果.
当 $y \leqslant 0$ 时,$F_Y(y) = P\{Y \leqslant y\} = 0$,$f_Y(y) = 0$;
当 $y > 0$ 时,$Y$ 的分布函数为

$$F_Y(y) = P\{Y \leqslant y\} = P\{\mathrm{e}^X \leqslant y\} = P\{X \leqslant \ln y\} = F_X(\ln y).$$

根据分布函数和密度函数的关系,有

$$f_Y(y) = \frac{1}{y} f_X(\ln y)$$

$$= \frac{1}{\sqrt{2\pi}\,\sigma} \exp\left\{-\frac{(\ln y - \mu)^2}{2\sigma^2}\right\} \frac{1}{y}$$

$$= \frac{1}{\sqrt{2\pi}\,\sigma y} \exp\left\{-\frac{(\ln y - \mu)^2}{2\sigma^2}\right\}.$$

三个对数正态分布的密度函数图形($\mu = 0.3$, $\sigma = 0.1, 0.5, 1$),如图 2-25 所示.

一些产品寿命的取值比较分散,有的跨几个数量级,将其寿命 $X$ 取对数 $\ln X$ 后,取值就集中

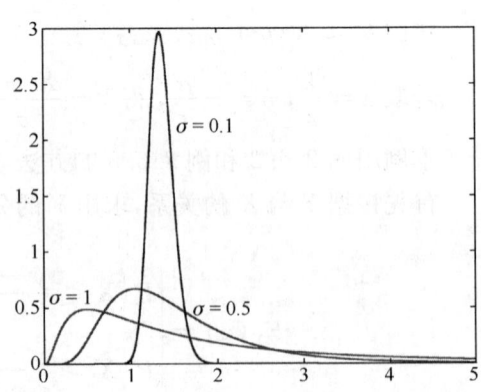

图 2-25 三个对数正态分布的密度函数图形($\mu = 0.3$, $\sigma = 0.1, 0.5, 1$)

了,而且寿命取对数后的数据 $\ln X$ 服从正态分布. 如果 $X \sim LN(\mu, \sigma^2)$,则 $\ln X \sim N(\mu, \sigma^2)$.

对数正态分布在生物学、医学、经济、金融等领域有重要应用. 例如,在医学、生物学中,对数正态分布用于分析不同药物的作用、针刺麻醉的镇痛效果,拟合流行病蔓延的长短;在金融中,它可以用来描述债券的收益等. 例如,在金融市场中,通常可以用对数正态分布来描述价格的分布. 著名的期权定价公式(Black-Scholes 公式),以及许多实证研究中都采用对数正态分布来描述金融资产的价格.

**例 2.6.6(股票价格预测)** 设某个股票的初始价格为 $S_0=40$ 元,预期收益率 $\mu$ 为每年 16%,波动率 $\sigma$ 为每年 20%. 在 Black-Scholes 模型下(Scholes 是 1997 年诺贝尔经济学奖得主之一),股票在时刻 $t$ 的价格 $S_t$ 为随机变量,且 $S_t = S_0 \exp\left\{\left(\mu - \frac{\sigma^2}{2}\right)t + \sigma B_t\right\}$,其中 $B_t \sim N(0, \sigma^2 t)$. 请在允许出错概率为 10% 的情况下,预测 6 个月后这个股票价格的范围.

**解** 6 个月就是 $t=0.5$ 年,根据题意,有 $S_0=40$ 元,$\mu=0.16$,$\sigma=0.20$,则有

$$S_{0.5} = 40\exp\left\{\left(0.16 - \frac{0.2^2}{2}\right) \times 0.5 + 0.2 B_{0.5}\right\},$$

$$\ln(S_{0.5}) = \ln(40) + \left(0.16 - \frac{0.2^2}{2}\right) \times 0.5 + 0.2 B_{0.5} = 3.758888 + 0.2 B_{0.5}.$$

由 $B_t \sim N(0, \sigma^2 t)$,则有

$$B_{0.5} = \frac{\ln(S_{0.5}) - 3.758888}{0.2} \sim N(0, 0.2^2 \times 0.5),$$

$$\frac{\ln(S_{0.5}) - 3.758888}{0.2 \times 0.1414} = \frac{\ln(S_{0.5}) - 3.758888}{0.02828} \sim N(0, 1).$$

若 $X \sim N(0, 1)$,则 $P(|X| \leqslant x) = 2\Phi(x) - 1$,于是,在允许出错概率为 10% 的情况下,有 $2\Phi(x) - 1 = 0.90$,查表得 $x = 1.645$,因此,

$$0.90 = P\left\{-1.645 \leqslant \frac{\ln(S_{0.5}) - 3.758888}{0.02828} \leqslant 1.645\right\}$$

$$= P\{3.758888 - 1.645 \times 0.02828 \leqslant \ln(S_{0.5}) \leqslant 3.758888 + 1.645 \times 0.02828\}$$

$$= P\{\exp(3.758888 - 1.645 \times 0.02828) \leqslant S_{0.5} \leqslant \exp(3.758888 + 1.645 \times 0.02828)\}$$

$$= P\{40.9499 \leqslant S_{0.5} \leqslant 44.9434\},$$

所以,在允许出错概率为 10% 的情况下,预测 6 个月后这只股票价格的范围在 40.95 元和 44.94 元之间.

**定理 2.6.2** 设随机变量 $X$ 的分布函数 $F_X(x)$ 为严格单调的连续函数,其反函数为 $F_X^{-1}(y)$,则 $Y = F_X(X)$ 服从 $(0,1)$ 上的均匀分布 $U(0,1)$.

**证明** 以下求 $Y$ 的分布函数. 由 $X$ 的分布函数 $F_X(x)$ 仅在 $[0,1]$ 区间上取值. 所以当 $y < 0$ 时,$\{F_X(X) \leqslant y\}$ 是不可能事件,于是 $F_Y(y) = P\{Y \leqslant y\} = P\{F_X(X) \leqslant y\} = 0$;

当 $0 \leqslant y < 1$ 时,有

$$F_Y(y) = P\{Y \leqslant y\} = P\{F_X(X) \leqslant y\} = P\{X \leqslant F_X^{-1}(y)\} = F_X[F_X^{-1}(y)] = y;$$

当 $y \geqslant 1$ 时，$\{F_X(X) \leqslant y\}$ 是必然事件，于是

$$F_Y(y) = P\{Y \leqslant y\} = P\{F_X(X) \leqslant y\} = 1.$$

因此，$Y = F_X(X)$ 的分布函数为

$$F_Y(y) = \begin{cases} 0, & y < 0, \\ y, & 0 \leqslant y < 1. \\ 1, & y \geqslant 1. \end{cases}$$

$Y = F_X(X)$ 的密度函数为

$$f_Y(y) = \begin{cases} 1, & 0 < y < 1. \\ 0, & 其他. \end{cases}$$

综合以上，$Y = F_X(X)$ 服从 $(0, 1)$ 上的均匀分布 $U(0, 1)$.

设 $X \sim E\left(\dfrac{1}{\lambda}\right)$，其分布函数为 $F(x) = 1 - e^{-\lambda x}$，$x > 0$，当 $x$ 换为 $X$ 后，有

$$U = 1 - e^{-\lambda X} \quad \text{或} \quad X = \frac{1}{\lambda} \ln \frac{1}{1-U}.$$

上式表明：由均匀分布 $U(0,1)$ 的随机数 $u_i$ 可以得到指数分布 $E\left(\dfrac{1}{\lambda}\right)$ 的随机数 $x_i = \dfrac{1}{\lambda} \ln \dfrac{1}{1-u_i}$，$i = 1, 2, \cdots, n$. 而均匀分布的随机数在数学软件、统计软件都可产生，从而指数分布（或其他分布）的随机数也可以获得.

各种分布随机数的获得是随机模拟法（或称蒙特卡罗法）的基础.

## 习 题 2.6

1. 设随机变量 $X$ 的分布律见下表.

| $X$ | $-2$ | $-1$ | $0$ | $1$ | $3$ |
| --- | --- | --- | --- | --- | --- |
| $p_k$ | $\dfrac{1}{5}$ | $\dfrac{1}{6}$ | $\dfrac{1}{5}$ | $\dfrac{1}{15}$ | $\dfrac{11}{30}$ |

求 $Y = 2X - 1$ 和 $Z = X^2$ 的分布律.

2. 设随机变量 $X$ 在区间 $(0,1)$ 上服从均匀分布，求 $Y = -2\ln X$ 的密度函数.
3. 对球的直径作测量，设其均匀地分布在 $[a, b]$ 内，求体积的密度函数.
4. (1) 设 $X \sim N(10, 2^2)$，求 $Y = 3X + 5$ 的分布；(2) 设 $X \sim N(0, 2^2)$，求 $Y = -X$ 的分布.
5. 设随机变量 $X$ 服从标准正态分布 $N(0,1)$，求 $Y = X^2$ 的密度函数.
6. 已知随机变量 $X$ 的密度函数为

$$f(x) = \frac{2}{\pi} \cdot \frac{1}{e^x + e^{-x}}, \quad -\infty < x < \infty.$$

求随机变量 $Y = g(X)$ 的分布律，其中

$$g(x) = \begin{cases} -1, & x < 0, \\ 1, & x \geqslant 0. \end{cases}$$

7. 设随机变量 $X \sim U(0,3)$，求 $Y = 5X + 2$ 的密度函数.

8. 由统计物理学知道分子运动的速率 $X$ 服从麦克斯韦(Maxwell)分布，其密度函数为

$$f_X(x) = \begin{cases} \dfrac{4x^2}{\alpha^3 \sqrt{\pi}} e^{-\frac{x^2}{\alpha^2}}, & x > 0, \\ 0, & 其他. \end{cases}$$

求 $Y = \dfrac{1}{2} m X^2$ 的密度函数（$m > 0$ 表示分子的质量）.

9. (1) 设 $X$ 服从正态分布 $N(0,1)$ 分布，求 $aX + b$ 的密度函数（$a > 0$）；(2) 设 $Y$ 服从正态分布 $N(m, \sigma^2)$ 分布，求 $\dfrac{Y-m}{\sigma}$ 的密度函数.

10. 设 $X \sim N(0,1)$. 求：(1) $Y = e^X$ 的概率密度；(2) $Z = 2X^2 + 1$ 的概率密度.

11. 设 $X$ 为随机变量，其密度函数为 $f_X(x)$，证明：当 $a \neq 0, -\infty < b < \infty$ 时，有

$$f_{aX+b}(x) = \dfrac{1}{|a|} f_X\left(\dfrac{x-b}{a}\right).$$

12. 在例 2.6.6 中，请在允许出错概率为 5% 的情况下，预测 6 个月后这个股票价格的范围.

# 第 3 章 多维随机变量及其分布

在实际问题中,有些随机现象需要用两个或两个以上随机变量来描述. 例如,炮弹的弹着点要用定义在同一个样本空间上的两个随机变量来表示. 又如导弹在飞行过程中,其位置要用定义在同一个样本空间上的三个随机变量来描述. 本章主要讨论二维随机变量,有关方法和结论可以类推到更多维的随机变量.

## 3.1 二维随机变量及其分布

### 3.1.1 二维随机变量的定义、分布函数

**定义 3.1.1** 设 $X=X(\omega)$ 和 $Y=Y(\omega)$ 是定义在同一个样本空间 $\Omega$ 上的两个随机变量,则称 $(X,Y)$ 为**二维随机向量**或**二维随机变量**.

第 2 章讨论的随机变量也称为一维随机变量. 用定义在同一个样本空间 $\Omega$ 上的两个一维随机变量 $X$ 和 $Y$ 分别表示炮弹弹着点的横坐标和纵坐标,则弹着点的位置可用二维随机变量 $(X,Y)$ 来表示.

**定义 3.1.2** 设 $(X,Y)$ 是二维随机变量,对于任意的实数 $x,y$,二元函数

$$F(x,y)=P\{(X\leqslant x)\cap(Y\leqslant y)\}\xlongequal{\text{记作}}P\{X\leqslant x,Y\leqslant y\}$$

称为二维随机变量 $(X,Y)$ 的**联合分布函数**,简称**联合分布**.

如果将二维随机变量 $(X,Y)$ 看成是平面上随机点的坐标,那么联合分布函数 $F(x,y)$ 在 $(x,y)$ 处的函数值就是随机点 $(X,Y)$ 落在以点 $(x,y)$ 为顶点而位于该点左下方的无穷矩形区域内的概率,如图 3-1 所示.

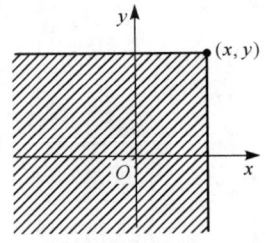
图 3-1 以点 $(x,y)$ 为顶点的无穷矩形

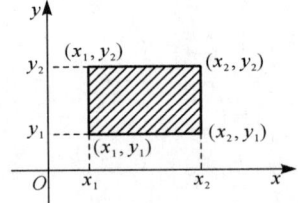
图 3-2 矩形

根据上述解释,借助于图 3-2,容易算出随机点 $(X,Y)$ 落在矩形 $[x_1<x\leqslant x_2, y_1<y\leqslant y_2]$ 内的概率为

$$P\{x_1<X\leqslant x_2, y_1<Y\leqslant y_2\}=F(x_2,y_2)-F(x_1,y_2)-F(x_2,y_1)+F(x_1,y_1).$$
(3.1.1)

联合分布函数 $F(x,y)$ 有如下性质：

**定理 3.1.1** 若 $F(x,y)$ 是二维随机变量 $(X,Y)$ 的联合分布函数，则有：

(1) $F(x,y)$ 是变量 $x$ 或 $y$ 的不减函数，即对于任意固定的 $y$，当 $x_2>x_1$ 时，$F(x_2,y) \geqslant F(x_1,y)$；对于任意固定的 $x$，当 $y_2>y_1$ 时，$F(x,y_2) \geqslant F(x,y_1)$.

(2) $0 \leqslant F(x,y) \leqslant 1$，且对于任意固定的 $y$，$F(-\infty,y)=0$；对于任意固定的 $x$，$F(x,-\infty)=0$；$F(-\infty,-\infty)=0$，$F(\infty,\infty)=1$.

(3) $F(x,y)=F(x+0,y)$，$F(x,y)=F(x,y+0)$，即 $F(x,y)$ 关于 $x$ 右连续，关于 $y$ 也右连续.

(4) 对于任意的 $(x_1,y_1)$，$(x_2,y_2)$，$x_1<x_2$，$y_1<y_2$，不等式

$$F(x_2,y_2)-F(x_1,y_2)-F(x_2,y_1)+F(x_1,y_1) \geqslant 0$$

成立.

**证明** (1)—(3) 的证明类似于一维随机变量分布函数性质（定理 2.3.1）的证明，这里只证明 (4).

由式 (3.1.1) 及概率的非负性，显然有

$$0 \leqslant P\{x_1<X \leqslant x_2, y_1<Y \leqslant y_2\}$$
$$=F(x_2,y_2)-F(x_1,y_2)-F(x_2,y_1)+F(x_1,y_1).$$

需要指出，定理 3.1.1 的逆定理也是成立的，即若二元是实函数 $F(x,y)$ $(x,y \in \mathbf{R})$ 满足定理 3.1.1 的条件 (1)—(4)，则必存在随机变量 $(X,Y)$，使 $F(x,y)$ 是 $(X,Y)$ 的联合分布函数.

**例 3.1.1** 二元函数

$$G(x,y)=\begin{cases} 0, & x+y<0 \\ 1, & x+y \geqslant 0 \end{cases}$$

满足二维随机变量联合分布函数性质的 (1)、(2) 和 (3)，但不满足 (4)，所以它不是某个二维随机变量的分布函数.

事实上，从二元函数 $G(x,y)$ 的定义可以看出：

如果用直线 $x+y=0$ 将平面 $xOy$ 一分为二，则有：

$G(x,y)$ 在右上半平面 $(x+y \geqslant 0)$ 取值为 1；

$G(x,y)$ 在左下半平面 $(x+y<0)$ 取值为 0；

$G(x,y)$ 具有单调不减性、有界性和右连续性，但在正方形区域 $\{(x,y):-1 \leqslant x \leqslant 1, -1 \leqslant y \leqslant 1\}$ 的四个顶点上，右上三个顶点位于右上半闭平面，只有左下顶点 $(-1,-1)$ 位于左下半开平面，则有

$$G(1,1)-G(1,-1)-G(-1,1)+G(-1,-1)=1-1-1+0=-1<0.$$

因此 $G(x,y)$ 不满足 (4)，所以 $G(x,y)$ 不能成为某个二维随机变量的联合分布函数.

类似于一维随机变量，对于二维随机变量我们也只讨论二维离散型随机变量和二维连续型随机变量.

### 3.1.2 二维离散型随机变量

**定义 3.1.3** 若二维随机变量 $(X,Y)$ 的所有可能取到的不同值是有限对或可列无限多对时,则称 $(X,Y)$ 为**二维离散型随机变量**.

设二维离散型随机变量 $(X,Y)$ 的所有可能取值为 $(x_i,y_j)$,$i,j=1,2,\cdots$,记 $P\{X=x_i,Y=y_j\}=p_{ij}$,$i,j=1,2,\cdots$,则由概率的定义,有

(1) 非负性  $p_{ij}\geqslant 0$,$i,j=1,2,\cdots$;

(2) 正则性  $\sum_{i=1}^{\infty}\sum_{j=1}^{\infty}p_{ij}=1$.

称 $P\{X=x_i,Y=y_j\}=p_{ij}(i,j=1,2,\cdots)$ 为二维离散型随机变量 $(X,Y)$ 的**联合分布律**或**联合分布列**.

也可以用表的形式来表示二维离散型随机变量 $(X,Y)$ 的联合分布律,见下表:

| Y \ X | $x_1$ | $x_2$ | $\cdots$ | $x_i$ | $\cdots$ |
|---|---|---|---|---|---|
| $y_1$ | $p_{11}$ | $p_{21}$ | $\cdots$ | $p_{i1}$ | $\cdots$ |
| $y_2$ | $p_{12}$ | $p_{22}$ | $\cdots$ | $p_{i2}$ | $\cdots$ |
| $\vdots$ | $\vdots$ | $\vdots$ | $\cdots$ | $\vdots$ | $\cdots$ |
| $y_j$ | $p_{1j}$ | $p_{2j}$ | $\cdots$ | $p_{ij}$ | $\cdots$ |
| $\vdots$ | $\vdots$ | $\vdots$ | $\cdots$ | $\vdots$ | $\cdots$ |

**例 3.1.2** 设 $(X,Y)$ 的联合分布律见下表,求:(1) $P\{X+Y\leqslant 1\}$;(2) $F(0,1)$.

| Y \ X | 0 | 1 |
|---|---|---|
| 0 | 0.1 | 0.2 |
| 1 | 0.4 | 0.2 |
| 2 | 0.1 | 0 |

**解** (1) 由于事件"$X+Y\leqslant 1$"是由数对 $(0,0)$,$(0,1)$,$(1,0)$ 组成,则有
$$P\{X+Y\leqslant 1\}=P\{X=0,Y=0\}+P\{X=0,Y=1\}+P\{X=1,Y=0\}$$
$$=0.1+0.4+0.2=0.7.$$

(2) 根据联合分布函数的定义,有
$$F(0,1)=P\{X\leqslant 0,Y\leqslant 1\}=P\{X=0,Y=0\}+P\{X=0,Y=1\}$$
$$=0.1+0.4=0.5.$$

**例 3.1.3** 设随机变量 $X$ 在 1,2,3,4 四个整数中等可能地取一个值,若 $X$ 的值取定时,另一个随机变量 $Y$ 在 $1\sim X$ 等可能地取一个整数值.求 $(X,Y)$ 的联合分布律.

**解** 由于 $\{X=i,Y=j\}$ 的取值情况是 $i=1,2,3,4$,$j$ 取不大于 $i$ 的正整数,根据乘法公式得

$$P\{X=i, Y=j\}=P\{Y=j \mid X=i\}P\{X=i\}=\frac{1}{i}\cdot\frac{1}{4} \quad (i=1,2,3,4; j\leqslant i),$$

于是得 $(X, Y)$ 的联合分布律见下表：

| Y \ X | 1 | 2 | 3 | 4 |
|---|---|---|---|---|
| 1 | $\frac{1}{4}$ | $\frac{1}{8}$ | $\frac{1}{12}$ | $\frac{1}{16}$ |
| 2 | 0 | $\frac{1}{8}$ | $\frac{1}{12}$ | $\frac{1}{16}$ |
| 3 | 0 | 0 | $\frac{1}{12}$ | $\frac{1}{16}$ |
| 4 | 0 | 0 | 0 | $\frac{1}{16}$ |

**例 3.1.4(二维两点分布)** 设 $(X, Y)$ 的联合分布律由下表给出,则称 $(X, Y)$ 服从二维两点分布.

| Y \ X | 0 | 1 |
|---|---|---|
| 0 | $1-p$ | 0 |
| 1 | 0 | $p$ |

与一维随机变量的情形类似,有

$$F(x, y)=\sum_{x_i\leqslant x}\sum_{y_j\leqslant y}p_{ij}.$$

其中和式是对一切满足 $x_i\leqslant x$ 和 $y_j\leqslant y$ 的 $i, j$ 来求的.

### 3.1.3 二维连续型随机变量

**定义 3.1.4** 对于以 $F(x, y)$ 为联合分布函数的二维随机变量 $(X, Y)$, 如果存在非负函数 $f(x, y)$, 使对于任意的 $x, y$, 有

$$F(x, y)=\int_{-\infty}^{x}\int_{-\infty}^{y}f(u, v)\mathrm{d}u\mathrm{d}v,$$

则称 $(X, Y)$ 为**二维连续型随机变量**,其中函数 $f(x, y)$ 称为 $(X, Y)$ 的**联合密度函数**,简称**联合密度**.

按定义 3.1.4, $f(x, y)$ 有以下性质：

(1) **非负性**  $f(x, y)\geqslant 0$;

(2) **正则性**  $\int_{-\infty}^{\infty}\int_{-\infty}^{\infty}f(u, v)\mathrm{d}u\mathrm{d}v=F(\infty, \infty)=1$;

(3) 设 $G$ 是 $xOy$ 平面上的区域,则随机点 $(X, Y)$ 落在区域 $G$ 内的概率为

$$P\{(X, Y) \in G\} = \iint\limits_{G} f(x, y) \mathrm{d}x \mathrm{d}y.$$

(4) 在 $F(x, y)$ 偏导数存在的点上,有 $\dfrac{\partial^2 F(x, y)}{\partial x \partial y} = f(x, y)$.

在几何上,$z = f(x, y)$ 表示空间的一张曲面.根据性质(2),介于 $f(x, y)$ 和 $xOy$ 平面的空间区域的体积为 1.根据性质(3),$P\{(X, Y) \in G\}$ 的值等于以区域 $G$ 为底,以曲面 $z = f(x, y)$ 为顶面的曲顶柱体的体积.

**例 3.1.5** 设二维随机变量 $(X, Y)$ 具有联合密度函数

$$f(x, y) = \begin{cases} A\mathrm{e}^{-(2x+3y)}, & x > 0, y > 0, \\ 0, & \text{其他}. \end{cases}$$

求:(1)常数 $A$;(2)概率 $P\{0 \leqslant X < 1, 0 \leqslant Y < 2\}$.

**解** (1) 根据联合密度函数的性质(2),有

$$\begin{aligned} 1 &= \int_{-\infty}^{\infty} \int_{-\infty}^{\infty} f(x, y) \mathrm{d}x \mathrm{d}y \\ &= A \int_0^{\infty} \mathrm{e}^{-2x} \mathrm{d}x \int_0^{\infty} \mathrm{e}^{-3y} \mathrm{d}y = \frac{1}{6} A, \end{aligned}$$

由此得 $A = 6$.

(2) 根据联合密度函数的性质(3),有

$$\begin{aligned} P\{0 \leqslant X < 1, 0 \leqslant Y < 2\} &= \int_0^1 \int_0^2 6\mathrm{e}^{-(2x+3y)} \mathrm{d}x \mathrm{d}y = 6 \int_0^1 \mathrm{e}^{-2x} \mathrm{d}x \int_0^2 \mathrm{e}^{-3y} \mathrm{d}y \\ &= 6 \left(-\frac{1}{2} \mathrm{e}^{-2x}\right) \Big|_0^1 \cdot \left(-\frac{1}{3} \mathrm{e}^{-3y}\right) \Big|_0^2 \\ &= (1 - \mathrm{e}^{-2})(1 - \mathrm{e}^{-6}). \end{aligned}$$

**例 3.1.6** 设二维随机变量 $(X, Y)$ 具有联合密度函数

$$f(x, y) = \begin{cases} \dfrac{1}{x^2 y^2}, & x > 1, y > 1, \\ 0, & \text{其他}. \end{cases}$$

求 $F(x, y)$.

**解** 当 $x \leqslant 1$ 或 $y \leqslant 1$ 时,$f(x, y) = 0$,则 $F(x, y) = 0$.

当 $x > 1, y > 1$ 时,

$$\begin{aligned} F(x, y) &= \int_{-\infty}^{x} \int_{-\infty}^{y} f(u, v) \mathrm{d}u \mathrm{d}v \\ &= \int_1^x \int_1^y \frac{1}{u^2 v^2} \mathrm{d}u \mathrm{d}v \\ &= \left(1 - \frac{1}{x}\right)\left(1 - \frac{1}{y}\right), \end{aligned}$$

所以有

$$F(x,y) = \begin{cases} \left(1-\dfrac{1}{x}\right)\left(1-\dfrac{1}{y}\right), & x>1, y>1, \\ 0, & \text{其他}. \end{cases}$$

以上关于二维随机变量的讨论，不难推广到 $n(n>2)$ 维随机变量的情形. 一般而言，设 $X_1, X_2, \cdots, X_n$ 是定义在同一个样本空间 $\Omega$ 上的 $n$ 个一维随机变量，则称 $(X_1, X_2, \cdots, X_n)$ 为 **$n$ 维随机向量**，或 **$n$ 维随机变量**. 与二维随机变量的情形类似，也可以定义 $n$ 维随机变量的分布函数等.

**定义 3.1.5($n$ 维均匀分布)** 设 $D$ 为 $\mathbf{R}^n$ 中的一个有界区域，其度量（平面的为面积，空间的为体积等）为 $S_D$，如果 $n$ 维随机变量 $(X_1, X_2, \cdots, X_n)$ 的联合密度函数为

$$f(x_1, x_2, \cdots, x_n) = \begin{cases} \dfrac{1}{S_D}, & (x_1, x_2, \cdots, x_n) \in D, \\ 0, & \text{其他}, \end{cases}$$

则称 $(X_1, X_2, \cdots, X_n)$ 服从区域 $D$ 上的 $n$ 维均匀分布.

在第 2 章中曾介绍过一维均匀分布（见定义 2.5.1），以下根据定义 3.1.5($n$ 维均匀分布）介绍二维均匀分布.

设 $G$ 为 $xOy$ 平面上的有界区域，其面积为 $S_G$，若二维随机变量 $(X,Y)$ 的联合密度函数为

$$f(x,y) = \begin{cases} \dfrac{1}{S_G}, & (x,y) \in G, \\ 0, & (x,y) \notin G, \end{cases}$$

则称 $(X,Y)$ 在区域 $G$ 上服从**二维均匀分布**，记为 $(X,Y) \sim U(G)$.

二维正态分布也是一个重要的分布，将在后面的例 3.2.7 中介绍.

## 习题 3.1

1. 令 $F(x,y) = \begin{cases} 1, & x+y > -1, \\ 0, & x+y \leqslant -1. \end{cases}$ 问 $F(x,y)$ 是否为某个二维随机变量的联合分布函数？

2. 设二维随机变量 $(X,Y)$ 在圆域 $x^2+y^2 \leqslant r^2$ 上服从均匀分布，求 $(X,Y)$ 的联合密度函数.

3. 设二维随机变量 $(X,Y)$ 的联合密度函数为

$$f(x,y) = \begin{cases} k, & 0 < x^2 < y < x < 1, \\ 0, & \text{其他}. \end{cases}$$

求：(1) 常数 $k$；(2) $P\{X>0.5\}$ 和 $P\{Y<0.5\}$.

4. 设二维随机变量 $(X,Y)$ 的联合密度函数为

$$f(x,y) = \begin{cases} k\mathrm{e}^{-(3x+4y)}, & x>0, y>0, \\ 0, & \text{其他}. \end{cases}$$

求：(1) 常数 $k$；(2) $(X,Y)$ 的联合分布函数；(3) $P\{0<X\leqslant 1, 0<Y\leqslant 2\}$.

5. 设 $(X,Y)$ 的联合分布律如下：

| X\Y | 0 | 1 | 2 | 3 | 4 | 5 |
|---|---|---|---|---|---|---|
| 0 | 0.01 | 0.05 | 0.12 | 0.02 | 0 | 0.01 |
| 1 | 0.02 | 0 | 0.01 | 0.05 | 0.02 | 0.02 |
| 2 | 0 | 0.05 | 0.1 | 0 | 0.3 | 0.05 |
| 3 | 0.01 | 0 | 0.02 | 0.01 | 0.03 | 0.1 |

求 $P\{X<2, Y\leqslant 2\}$, $P\{X\geqslant 2, Y>4\}$ 和 $P\{X<3, Y>3\}$.

6. 一只袋中装有 4 只球,分别标有数字 1, 2, 2, 3. 现从袋中任取一球后不放回,再从袋中任取一球,以 $X,Y$ 分别表示第一次、第二次取得球上标有的数字. 求 $(X,Y)$ 的联合分布律.

7. 设随机变量 $(X,Y)$ 的联合密度函数为

$$f(x,y) = \begin{cases} k(6-x-y), & 0<x<2, 2<y<4, \\ 0, & 其他. \end{cases}$$

求:(1)常数 $k$;(2) $P\{X<1, Y<3\}$;(3) $P\{X<1.5\}$.

8. 设随机变量 $(X,Y)$ 的联合分布律如下:

| X\Y | −1 | 0 |
|---|---|---|
| 1 | $\frac{1}{4}$ | $\frac{1}{4}$ |
| 2 | $\frac{1}{6}$ | $k$ |

求:(1) $k$ 值;(2)联合分布函数 $F(x,y)$.

9. 设 $X_1, X_2$ 均服从 $[0,4]$ 上的均匀分布,且 $P\{X_1\leqslant 3, X_2\leqslant 3\}=\frac{9}{16}$, 求 $P\{X_1>3, X_2>3\}$.

10. 设二维随机变量 $(X,Y)$ 的联合密度函数为

$$f(x,y) = \begin{cases} x e^{-y}, & 0<x<y \\ 0, & 其他. \end{cases}$$

求:$(X,Y)$ 的联合分布函数 $F(x,y)$.

11. 设二维随机变量 $(X,Y)$ 在区域 $D=\{(x,y): 0\leqslant x\leqslant 1, x^2\leqslant y\leqslant x\}$ 上服从均匀分布,求 $(X,Y)$ 的联合密度函数.

## 3.2 边缘分布

**定义 3.2.1** 二维随机变量 $(X,Y)$ 作为一个整体,具有联合分布函数 $F(x,y)$, 而 $X$ 和 $Y$ 作为一维随机变量分别也有分布函数,将它们分别记作 $F_X(x)$ 和 $F_Y(y)$, 称 $F_X(x)$ 和 $F_Y(y)$ 分别为二维随机变量 $(X,Y)$ 关于 $X$ 和关于 $Y$ 的**边缘分布函数**(或**边际分布函数**).

边缘分布函数可以由联合分布函数来确定. 事实上 $F_X(x)=P\{X\leqslant x\}=P\{X\leqslant x, Y<\infty\}=F(x,\infty)$, 同样 $F_Y(y)=F(\infty,y)$.

**例 3.2.1** 设二维随机变量 $(X,Y)$ 的联合分布函数为

$$F(x,y) = \begin{cases} 1 - e^{-x} - e^{-y} + e^{-x-y-\lambda xy}, & x > 0, y > 0, \\ 0, & \text{其他}. \end{cases}$$

这个分布称为**二维指数分布**,其中参数 $\lambda > 0$.

由联合分布函数 $F(x,y)$,可以得到 $X$ 和 $Y$ 的边缘分布函数分别为

$$F_X(x) = F(x, \infty) = \begin{cases} 1 - e^{-x}, & x > 0, \\ 0, & \text{其他}; \end{cases}$$

$$F_Y(y) = F(\infty, y) = \begin{cases} 1 - e^{-y}, & y > 0, \\ 0, & \text{其他}. \end{cases}$$

### 3.2.1 边缘分布律

对于二维离散型随机变量 $(X, Y)$,有 $F_X(x) = F(x, \infty) = \sum_{x_i \leqslant x} \sum_{j=1}^{\infty} p_{ij}$.

与一维离散型随机变量 $X$ 的分布函数 $F_X(x) = \sum_{x_i \leqslant x} P\{X = x_i\}$ 比较,得 $X$ 的分布律:

$$P\{X = x_i\} = \sum_{j=1}^{\infty} p_{ij}, \quad i = 1, 2, \cdots.$$

同样,$Y$ 的分布律为 $P\{Y = y_j\} = \sum_{i=1}^{\infty} p_{ij}$,记

$$p_{i\cdot} = \sum_{j=1}^{\infty} p_{ij} = P\{X = x_i\}, \quad i = 1, 2, \cdots,$$

$$p_{\cdot j} = \sum_{i=1}^{\infty} p_{ij} = P\{Y = y_j\}, \quad j = 1, 2, \cdots.$$

**定义 3.2.2** 分别称 $p_{i\cdot}(i = 1, 2, \cdots)$ 和 $p_{\cdot j}(j = 1, 2, \cdots)$ 为二维离散型随机变量 $(X, Y)$ 关于 $X$ 和关于 $Y$ 的**边缘分布律**(或边际分布律).

**例 3.2.2** 考虑随机变量 $X$ 取值为 $1, 2, \cdots, n$, $Y$ 取值为 $1, 2, \cdots, n$ 的二维随机变量 $(X, Y)$,其联合分布律和边缘分布律见下表:

| Y \ X | 1 | 2 | $\cdots$ | n | $p_{\cdot j}$ |
|---|---|---|---|---|---|
| 1 | $\dfrac{1}{n^2}$ | $\dfrac{1}{n^2}$ | $\cdots$ | $\dfrac{1}{n^2}$ | $\dfrac{1}{n}$ |
| 2 | $\dfrac{1}{n^2}$ | $\dfrac{1}{n^2}$ | $\cdots$ | $\dfrac{1}{n^2}$ | $\dfrac{1}{n}$ |
| $\vdots$ | $\vdots$ | $\vdots$ | | $\vdots$ | $\vdots$ |
| n | $\dfrac{1}{n^2}$ | $\dfrac{1}{n^2}$ | $\cdots$ | $\dfrac{1}{n^2}$ | $\dfrac{1}{n}$ |
| $p_{i\cdot}$ | $\dfrac{1}{n}$ | $\dfrac{1}{n}$ | $\cdots$ | $\dfrac{1}{n}$ | 1 |

在例 3.2.2 中,当 $n=2$ 时,可以考虑作为随机抛掷两个均匀硬币或随机抽查两个出生婴儿性别等的数学模型.

在上表中,$(X,Y)$ 的联合分布律　　$p_{ij}=\dfrac{1}{n^2}$ $(i,j=1,2,\cdots,n)$.

$X$ 的边缘分布律　　$p_{i\cdot}=\sum\limits_{j=1}^{n}p_{ij}=\sum\limits_{j=1}^{n}\dfrac{1}{n^2}=\dfrac{1}{n}$ $(i=1,2,\cdots,n)$.

$Y$ 的边缘分布律　　$p_{\cdot j}=\dfrac{1}{n}$ $(j=1,2,\cdots,n)$.

**例 3.2.3**　设袋中装有 3 只球,分别标有号码 1, 2, 3,从中随机取 1 只球,不放回袋中,再随机取 1 只球,用 $X$, $Y$ 分别表示第一次和第二次取得的球的号码,求 $X$ 和 $Y$ 的联合分布律以及边缘分布律.

**解**　$(X,Y)$ 的可能取值为数组:(1,2), (1,3), (2,1), (2,3), (3,1), (3,2),根据乘法公式,得

$$p_{ij}=P\{X=x_i,Y=y_j\}=P\{X=x_i\}P\{Y=y_j\mid X=x_i\}.$$

具体计算结果见下表:

| Y \ X | 1 | 2 | 3 | $p_{\cdot j}$ |
|---|---|---|---|---|
| 1 | 0 | $\dfrac{1}{6}$ | $\dfrac{1}{6}$ | $\dfrac{1}{3}$ |
| 2 | $\dfrac{1}{6}$ | 0 | $\dfrac{1}{6}$ | $\dfrac{1}{3}$ |
| 3 | $\dfrac{1}{6}$ | $\dfrac{1}{6}$ | 0 | $\dfrac{1}{3}$ |
| $p_{i\cdot}$ | $\dfrac{1}{3}$ | $\dfrac{1}{3}$ | $\dfrac{1}{3}$ | 1 |

根据上表得 $X$ 和 $Y$ 的边缘分布律,分别见下两个表:

| $X$ | 1 | 2 | 3 |
|---|---|---|---|
| $p_{i\cdot}$ | $\dfrac{1}{3}$ | $\dfrac{1}{3}$ | $\dfrac{1}{3}$ |

| $Y$ | 1 | 2 | 3 |
|---|---|---|---|
| $p_{\cdot j}$ | $\dfrac{1}{3}$ | $\dfrac{1}{3}$ | $\dfrac{1}{3}$ |

**例 3.2.4**　设一个整数 $N$ 等可能地在 $1,2,\cdots,10$ 十个值中取一个值.设 $D=D(N)$ 是能整除 $N$ 的正整数的个数,$F=F(N)$ 是能整除 $N$ 的素数的个数(注意 1 不是素数).试写出 $D$ 和 $F$ 的联合分布律,并求边缘分布律.

**解**　先将试验的样本点及 $D,F$ 的取值情况列出,见下表:

| 样本点 | 1 | 2 | 3 | 4 | 5 | 6 | 7 | 8 | 9 | 10 |
|---|---|---|---|---|---|---|---|---|---|---|
| $D$ | 1 | 2 | 2 | 3 | 2 | 4 | 2 | 4 | 3 | 4 |
| $F$ | 0 | 1 | 1 | 1 | 1 | 2 | 1 | 1 | 1 | 2 |

$D$ 的所有可能取值为 $1,2,3,4$；$F$ 的所有可能取值为 $0,1,2$. 容易得到 $(D,F)$ 取 $(i,j)$ 的概率 ($i=1,2,3,4;j=0,1,2$)，例如，$P\{D=1,F=0\}=\dfrac{1}{10}$，$P\{D=2,F=1\}=\dfrac{4}{10}$，可得 $D$ 和 $F$ 的联合分布律以及边缘分布律，见下表：

| $F$ \ $D$ | 1 | 2 | 3 | 4 | $P\{F=j\}$ |
|---|---|---|---|---|---|
| 0 | $\dfrac{1}{10}$ | 0 | 0 | 0 | $\dfrac{1}{10}$ |
| 1 | 0 | $\dfrac{4}{10}$ | $\dfrac{2}{10}$ | $\dfrac{1}{10}$ | $\dfrac{7}{10}$ |
| 2 | 0 | 0 | 0 | $\dfrac{2}{10}$ | $\dfrac{2}{10}$ |
| $P\{D=i\}$ | $\dfrac{1}{10}$ | $\dfrac{4}{10}$ | $\dfrac{2}{10}$ | $\dfrac{3}{10}$ | 1 |

### 3.2.2 边缘密度函数

对于二维连续型随机变量 $(X,Y)$，设它的联合密度函数为 $f(x,y)$，则有

$$F_X(x)=F(x,\infty)=\int_{-\infty}^{x}\left[\int_{-\infty}^{\infty}f(x,y)\mathrm{d}y\right]\mathrm{d}x.$$

与一维连续型随机变量 $X$ 的分布函数

$$F_X(x)=\int_{-\infty}^{x}f_X(x)\mathrm{d}x$$

比较，得 $X$ 的密度函数为

$$f_X(x)=\int_{-\infty}^{\infty}f(x,y)\mathrm{d}y.$$

同样，$Y$ 的密度函数为

$$f_Y(y)=\int_{-\infty}^{\infty}f(x,y)\mathrm{d}x.$$

**定义 3.2.3** 分别称

$$f_X(x)=\int_{-\infty}^{\infty}f(x,y)\mathrm{d}y,\quad f_Y(y)=\int_{-\infty}^{\infty}f(x,y)\mathrm{d}x$$

为 $(X,Y)$ 关于 $X$ 和 $Y$ 的**边缘密度函数**，简称**边缘密度**（或**边际密度**）.

**例 3.2.5** 设 $(X,Y)$ 的联合密度函数为

$$f(x,y)=\begin{cases}\mathrm{e}^{-y}, & 0<x<y,\\ 0, & \text{其他},\end{cases}$$

求 $X$ 与 $Y$ 的边缘密度函数.

**解** 根据定义3.2.3,得

$$f_X(x) = \int_{-\infty}^{\infty} f(x,y)\mathrm{d}y = \begin{cases} \int_x^{\infty} \mathrm{e}^{-y}\mathrm{d}y = \mathrm{e}^{-x}, & x > 0, \\ 0, & x \leqslant 0; \end{cases}$$

$$f_Y(y) = \int_{-\infty}^{\infty} f(x,y)\mathrm{d}x = \begin{cases} \int_0^y \mathrm{e}^{-y}\mathrm{d}x = y\mathrm{e}^{-y}, & y > 0, \\ 0, & y \leqslant 0. \end{cases}$$

**例 3.2.6** 设二维随机变量 $(X,Y)$ 的联合密度函数为

$$f(x,y) = \begin{cases} 1, & 0 < x < 1, |y| < x, \\ 0, & 其他. \end{cases}$$

求:(1)边缘密度函数 $f_X(x)$ 和 $f_Y(y)$;(2) $P\left(X < \dfrac{1}{2}\right)$ 和 $P\left(Y > \dfrac{1}{2}\right)$.

**解** (1) 当 $x \leqslant 0$,或 $x \geqslant 1$ 时,有 $f_X(x) = 0$;
当 $0 < x < 1$ 时,有

$$f_X(x) = \int_{-\infty}^{\infty} f(x,y)\mathrm{d}y = \int_{-x}^{x} \mathrm{d}y = 2x,$$

所以 $X$ 的边缘密度函数为 $f_X(x) = \begin{cases} 2x, & 0 < x < 1, \\ 0, & 其他. \end{cases}$

当 $y \leqslant -1$ 或 $y \geqslant 1$ 时,有 $f_Y(y) = 0$;
当 $-1 < y < 0$ 时,有

$$f_Y(y) = \int_{-\infty}^{\infty} f(x,y)\mathrm{d}x = \int_{-y}^{1} \mathrm{d}x = 1 + y;$$

当 $0 < y < 1$ 时,有

$$f_Y(y) = \int_{-\infty}^{\infty} f(x,y)\mathrm{d}x = \int_y^1 \mathrm{d}x = 1 - y,$$

所以 $Y$ 的边缘密度函数为

$$f_Y(y) = \begin{cases} 1 + y, & -1 < y < 0, \\ 1 - y, & 0 \leqslant y < 1, \\ 0, & 其他. \end{cases}$$

(2) 要求的概率分别为

$$P\left(X < \frac{1}{2}\right) = \int_{-\infty}^{\frac{1}{2}} f_X(x)\mathrm{d}x = \int_0^{\frac{1}{2}} 2x\,\mathrm{d}x = \frac{1}{4}.$$

$$P\left(Y > \frac{1}{2}\right) = \int_{\frac{1}{2}}^{\infty} f_Y(y)\mathrm{d}y = \int_{\frac{1}{2}}^{1} (1-y)\mathrm{d}y = \frac{1}{8}.$$

**例 3.2.7** 设二维连续型随机变量 $(X,Y)$ 的联合密度函数为

$$f(x,y) = \frac{1}{2\pi\sigma_1\sigma_2\sqrt{1-\rho^2}} \exp\left\{-\frac{1}{2(1-\rho^2)}\left[\frac{(x-\mu_1)^2}{\sigma_1^2} - 2\rho\frac{(x-\mu_1)(y-\mu_2)}{\sigma_1\sigma_2} + \frac{(y-\mu_2)^2}{\sigma_2^2}\right]\right\},$$

$-\infty < x < \infty, -\infty < y < \infty$,其中$\sigma_1 > 0, \sigma_2 > 0, \mu_1, \mu_2$均为常数,且$-1 < \rho < 1$,称$(X,Y)$服从参数为$\mu_1, \mu_2, \sigma_1, \sigma_2, \rho$的**二维正态分布**.记$(X,Y) \sim N(\mu_1, \mu_2; \sigma_1^2, \sigma_2^2; \rho)$,求二维正态随机变量的边缘密度函数.

**解** 根据定义 3.2.3,有 $f_X(x) = \int_{-\infty}^{\infty} f(x,y)\mathrm{d}y$. 由于

$$\frac{(y-\mu_2)^2}{\sigma_2^2} - 2\rho\frac{(x-\mu_1)(y-\mu_2)}{\sigma_1\sigma_2} = \left(\frac{y-\mu_2}{\sigma_2} - \rho\frac{x-\mu_1}{\sigma_1}\right)^2 - \rho^2\frac{(x-\mu_1)^2}{\sigma_1^2},$$

于是

$$f_X(x) = \frac{1}{2\pi\sigma_1\sigma_2\sqrt{1-\rho^2}} \mathrm{e}^{-\frac{(x-\mu_1)^2}{2\sigma_1^2}} \int_{-\infty}^{\infty} \mathrm{e}^{-\frac{1}{2(1-\rho^2)}\left(\frac{y-\mu_2}{\sigma_2} - \rho\frac{x-\mu_1}{\sigma_1}\right)^2} \mathrm{d}y.$$

令 $t = \frac{1}{\sqrt{1-\rho^2}}\left(\frac{y-\mu_2}{\sigma_2} - \rho\frac{x-\mu_1}{\sigma_1}\right)$,则有

$$f_X(x) = \frac{1}{2\pi\sigma_1} \mathrm{e}^{-\frac{(x-\mu_1)^2}{2\sigma_1^2}} \int_{-\infty}^{\infty} \mathrm{e}^{-\frac{t^2}{2}} \mathrm{d}t.$$

根据标准正态分布的密度函数以及密度函数的性质,得

$$\int_{-\infty}^{\infty} \mathrm{e}^{-\frac{t^2}{2}} \mathrm{d}t = \sqrt{2\pi},$$

于是

$$f_X(x) = \frac{1}{\sqrt{2\pi}\sigma_1} \mathrm{e}^{-\frac{(x-\mu_1)^2}{2\sigma_1^2}}, \quad -\infty < x < \infty.$$

同理

$$f_Y(y) = \frac{1}{\sqrt{2\pi}\sigma_2} \mathrm{e}^{-\frac{(y-\mu_2)^2}{2\sigma_2^2}}, \quad -\infty < y < \infty.$$

这个例子说明,二维正态分布的两个边缘分布都是一维正态分布,并且都不依赖于$\rho$,即对于给定的$\mu_1, \mu_2, \sigma_1, \sigma_2$,不同的$\rho$对应不同的二维正态分布,但它们的边缘分布却都是一样的.这个事实说明,只由关于$X$与$Y$的边缘分布,一般是不能确定$X$与$Y$的联合分布的.例如,设二维随机变量$(X,Y)$的联合密度函数为

$$f(x,y) = \frac{1}{2\pi}\mathrm{e}^{-\frac{1}{2}(x^2+y^2)}(1+\sin x \sin y), \quad -\infty < x < +\infty, -\infty < y < \infty,$$

读者可以验证(见本节习题 4)$X$与$Y$的边缘分布都是$N(0,1)$.

图 3-3 是二维正态分布 $N(0,0;1,1;0)$ 的密度函数图形.

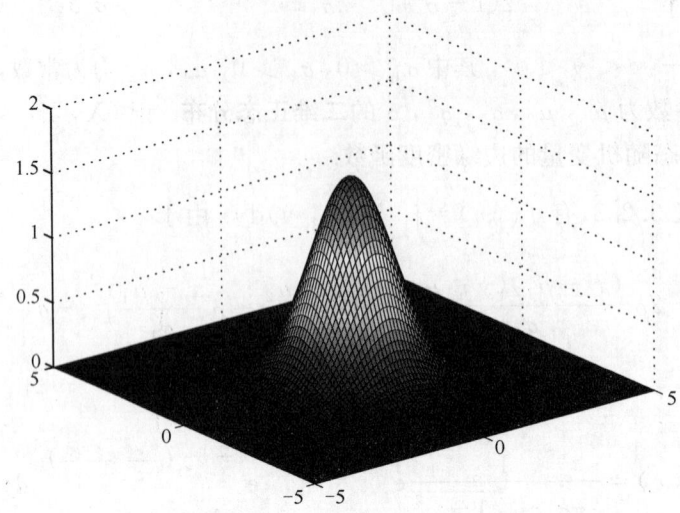

图 3-3　二维正态分布 $N(0,0;1,1;0)$ 的密度函数图形

## 习 题 3.2

1. 设二维离散随机变量 $(X,Y)$ 的联合分布律见下表：

| X \ Y | 1 | 2 | 3 |
|---|---|---|---|
| 0 | 0.09 | 0.21 | 0.24 |
| 1 | 0.07 | 0.12 | 0.27 |

求 $X$ 和 $Y$ 的边缘分布律.

2. 设二维离散随机变量 $(X,Y)$ 的联合分布律见下表：

| Y \ X | $-1$ | 0 | 2 |
|---|---|---|---|
| 0 | 0 | $\dfrac{1}{6}$ | $\dfrac{5}{12}$ |
| $\dfrac{1}{3}$ | $\dfrac{1}{12}$ | 0 | 0 |
| 1 | $\dfrac{1}{3}$ | 0 | 0 |

求 $X$ 和 $Y$ 的边缘分布律.

3. 设二维随机变量 $(X,Y)$ 在圆域 $x^2+y^2\leqslant 1$ 上服从均匀分布，其联合密度函数为

$$f(x,y)=\begin{cases}\dfrac{1}{\pi}, & x^2+y^2\leqslant 1,\\ 0, & 其他,\end{cases}$$

求边缘密度函数 $f_X(x)$，$f_Y(y)$.

4. 设二维随机变量 $(X,Y)$ 的联合密度函数为

$$f(x,y)=\frac{1}{2\pi}\mathrm{e}^{-\frac{1}{2}(x^2+y^2)}(1+\sin x\sin y),\quad -\infty<x<\infty,-\infty<y<\infty.$$

证明：$X$ 与 $Y$ 的边缘分布都是 $N(0,1)$.

5. 设随机变量 $(X,Y)$ 的联合密度函数为

$$f(x,y)=\begin{cases}c, & x^2\leqslant y\leqslant x,\\ 0, & \text{其他}.\end{cases}$$

(1)确定常数 $c$ 的值；(2)求边缘密度函数 $f_X(x)$，$f_Y(y)$.

6. 设二维随机变量 $(X,Y)$ 的联合密度函数为

$$f(x,y)=\begin{cases}x^2+\dfrac{1}{3}xy, & 0<x<1,0<y<2,\\ 0, & \text{其他}.\end{cases}$$

求：(1) $P\{X>0.5\}$；(2) $P\{Y<X\}$.

7. 设二维随机变量 $(X,Y)$ 的联合密度函数为

$$f(x,y)=\begin{cases}a\mathrm{e}^{-y}, & 0<x<y,\\ 0, & \text{其他}.\end{cases}$$

求：(1)常数 $a$；(2) $f_X(x)$，$f_Y(y)$；(3) $P\{X+Y\leqslant 1\}$.

8. 设随机变量 $X\sim P(\lambda)$，随机变量 $Y=\max\{X,2\}$，试求 $X,Y$ 的联合分布律及边缘分布律.

9. 设二维随机变量 $(X,Y)$ 的联合密度函数为

$$f(x,y)=\begin{cases}\dfrac{3}{2}, & x^2\leqslant y\leqslant 1,0\leqslant x\leqslant 1,\\ 0, & \text{其他}.\end{cases}$$

求：(1)边缘密度函数 $f_X(x)$，$f_Y(y)$；(2) $P\left\{\dfrac{1}{2}\leqslant X\leqslant 1,\dfrac{1}{2}\leqslant Y\leqslant 1\right\}$.

## 3.3 随机变量的独立性

由于在大多数情况下，概率论与数理统计是以独立随机变量为研究的主要对象，因此随机变量的独立性是一个非常重要的概念. 随机变量的独立性是事件的独立性的一个推广.

**定义 3.3.1** 设 $F(x,y)$，$F_X(x)$，$F_Y(y)$ 分别为二维随机变量 $(X,Y)$ 的联合分布函数及边缘分布函数，若对于任意的实数 $x,y$，有

$$P\{X\leqslant x,Y\leqslant y\}=P\{X\leqslant x\}P\{Y\leqslant y\},$$

即

$$F(x,y)=F_X(x)F_Y(y),$$

则称随机变量 $X$ 和 $Y$ **相互独立**.

由于密度函数和分布律分别反映了连续型和离散型随机变量的概率性质，因此根据定义 3.3.1 可以得到如下定理(这里只叙述，其证明见：何书元，《概率论》，2006).

**定理 3.3.1** （1）设 $(X,Y)$ 为连续型随机变量，则 $X$ 和 $Y$ 相互独立的充分必要条件是对于任意的实数 $x,y$，有

$$f(x,y)=f_X(x)f_Y(y).$$

（2）设 $(X,Y)$ 为离散型随机变量，则 $X$ 和 $Y$ 相互独立的充分必要条件是对于 $(X,Y)$ 的所有可能取的值 $(x_i,y_j)$，有

$$P\{X=x_i,Y=y_j\}=P\{X=x_i\}P\{Y=y_j\}.$$

定理 3.3.1 可以推广到有限个随机变量的情形.

**例 3.3.1** 如果随机变量 $X$ 和 $Y$ 的联合密度函数为

$$f(x,y)=\begin{cases}2\mathrm{e}^{-(2x+y)}, & x>0,y>0,\\ 0, & \text{其他}.\end{cases}$$

问 $X$ 和 $Y$ 是否相互独立.

**解** 容易求出

$$f_X(x)=\begin{cases}2\mathrm{e}^{-2x}, & x>0,\\ 0, & x\leqslant 0;\end{cases}\quad f_Y(y)=\begin{cases}\mathrm{e}^{-y}, & y>0,\\ 0, & y\leqslant 0.\end{cases}$$

所以对于任意的实数 $x,y$，有 $f(x,y)=f_X(x)f_Y(y)$，因此 $X$ 和 $Y$ 相互独立.

**例 3.3.2** 若 $X$ 和 $Y$ 的联合分布律、边缘分布律见下表：

| Y \ X | 0 | 1 | $P\{Y=j\}$ |
|---|---|---|---|
| 1 | $\frac{1}{6}$ | $\frac{2}{6}$ | $\frac{1}{2}$ |
| 2 | $\frac{1}{6}$ | $\frac{2}{6}$ | $\frac{1}{2}$ |
| $P\{X=i\}$ | $\frac{1}{3}$ | $\frac{2}{3}$ | 1 |

问 $X$ 和 $Y$ 是否相互独立.

**解** 根据 $X$ 和 $Y$ 的联合分布律，有

$$P\{X=0,Y=1\}=\frac{1}{6}=P\{X=0\}P\{Y=1\},$$

$$P\{X=0,Y=2\}=\frac{1}{6}=P\{X=0\}P\{Y=2\},$$

$$P\{X=1,Y=1\}=\frac{2}{6}=P\{X=1\}P\{Y=1\},$$

$$P\{X=1,Y=2\}=\frac{2}{6}=P\{X=1\}P\{Y=2\}.$$

因此 $X$ 和 $Y$ 相互独立.

在例 3.2.4 中的随机变量 $F$ 和 $D$，由于 $P\{D=1,F=0\}=\frac{1}{10}\neq P\{D=1\}P\{F=0\}$，

因此 $F$ 和 $D$ 不是相互独立的.

**例 3.3.3** 如果随机变量 $X$ 和 $Y$ 的联合密度函数为
$$f(x,y) = \begin{cases} 8xy, & 0 \leqslant x \leqslant y \leqslant 1, \\ 0, & \text{其他}. \end{cases}$$

问 $X$ 和 $Y$ 是否相互独立?

**解** 当 $x < 0$ 或 $x > 1$ 时,$f_X(x) = 0$;

当 $0 \leqslant x \leqslant 1$ 时,有
$$f_X(x) = \int_x^1 8xy \, dy = 8x \left(\frac{1}{2} - \frac{x^2}{2}\right) = 4x(1-x^2),$$

则有
$$f_X(x) = \begin{cases} 4x(1-x^2), & 0 \leqslant x \leqslant 1, \\ 0, & \text{其他}. \end{cases}$$

同样,当 $y < 0$ 或 $y > 1$ 时,$f_Y(y) = 0$;

当 $0 \leqslant y \leqslant 1$ 时,有
$$f_Y(y) = \int_0^y 8xy \, dx = 4y^3,$$

则有
$$f_Y(y) = \begin{cases} 4y^3, & 0 \leqslant y \leqslant 1, \\ 0, & \text{其他}. \end{cases}$$

因此 $f(x,y) \neq f_X(x) f_Y(y)$,于是 $X$ 和 $Y$ 不独立.

考虑二维正态随机变量 $(X,Y) \sim N(\mu_1, \mu_2; \sigma_1^2, \sigma_2^2; \rho)$,其联合密度函数为 $f(x,y) =$
$$\frac{1}{2\pi\sigma_1\sigma_2\sqrt{1-\rho^2}} \cdot \exp\left\{-\frac{1}{2(1-\rho^2)}\left[\frac{(x-\mu_1)^2}{\sigma_1^2} - 2\rho\frac{(x-\mu_1)(y-\mu_2)}{\sigma_1\sigma_2} + \frac{(y-\mu_2)^2}{\sigma_2^2}\right]\right\},$$
$$-\infty < x < \infty, \ -\infty < y < \infty.$$

根据例 3.2.7,边缘密度函数分别为
$$f_X(x) = \frac{1}{\sqrt{2\pi}\sigma_1} e^{-\frac{(x-\mu_1)^2}{2\sigma_1^2}}, \quad -\infty < x < \infty;$$

$$f_Y(y) = \frac{1}{\sqrt{2\pi}\sigma_2} e^{-\frac{(y-\mu_2)^2}{2\sigma_2^2}}, \quad -\infty < y < \infty,$$

则有
$$f_X(x) f_Y(y) = \frac{1}{2\pi\sigma_1\sigma_2} \exp\left\{-\frac{1}{2}\left[\frac{(x-\mu_1)^2}{\sigma_1^2} + \frac{(y-\mu_2)^2}{\sigma_2^2}\right]\right\}.$$

因此，如果 $\rho=0$，则对于所有的 $x,y$ 有 $f(x,y)=f_X(x)f_Y(y)$，即 $X$ 和 $Y$ 相互独立。

反之，如果 $X$ 和 $Y$ 相互独立，由于 $f(x,y),f_X(x),f_Y(y)$ 都是连续函数，故对于所有的 $x,y$ 有 $f(x,y)=f_X(x)f_Y(y)$。特别，令 $x=\mu_1$，$y=\mu_2$，从这个等式得到 $\dfrac{1}{2\pi\sigma_1\sigma_2\sqrt{1-\rho^2}}=\dfrac{1}{2\pi\sigma_1\sigma_2}$，于是 $\rho=0$。综上所述，得到以下结论：

**定理 3.3.2** 对于二维正态随机变量 $(X,Y)\sim N(\mu_1,\mu_2;\sigma_1^2,\sigma_2^2;\rho)$，$X$ 和 $Y$ 相互独立的充分必要条件是参数 $\rho=0$.

以上所述关于二维随机变量的一些概念，容易推广到 $n$ 维随机变量的情形。

以下给出一个定理，它在数理统计中是很有用的。

**定理 3.3.3** 设 $(X_1,X_2,\cdots,X_m)$ 和 $(Y_1,Y_2,\cdots,Y_n)$ 相互独立，则 $X_i(i=1,2,\cdots,m)$ 和 $Y_j(j=1,2,\cdots,n)$ 相互独立。又若 $h,g$ 都是连续函数，则 $h(X_1,X_2,\cdots,X_m)$ 和 $g(Y_1,Y_2,\cdots,Y_n)$ 相互独立。

定理 3.3.3 的证明这里从略（详见：伊藤清，《概率论》，1965）。

## 习 题 3.3

1. 随机变量 $(X,Y)$ 在矩形区域 $D=\{(x,y):a<x<b,c<y<d\}$ 内服从均匀分布，求联合密度函数与边缘密度函数，并判断 $X$ 与 $Y$ 的独立性。

2. 设二维随机变量 $(X,Y)$ 的联合分布律见下表，且 $X$ 与 $Y$ 相互独立，求 $a,b,c$ 的值。

| X\Y | $x_1$ | $x_2$ | $x_3$ |
|---|---|---|---|
| $y_1$ | $a$ | $\dfrac{1}{9}$ | $c$ |
| $y_2$ | $\dfrac{1}{9}$ | $b$ | $\dfrac{1}{3}$ |

3. 设二维随机变量 $(X,Y)$ 的联合密度函数为
$$f(x,y)=\begin{cases}e^{-y}, & 0<x<y,\\ 0, & \text{其他}.\end{cases}$$
判断 $X$ 与 $Y$ 的独立性。

4. 设随机变量 $(X,Y)$ 的联合密度函数为
$$f(x,y)=\begin{cases}1, & |x|<y,0<y<1,\\ 0, & \text{其他}.\end{cases}$$
(1) 求边缘密度函数 $f_X(x)$ 和 $f_Y(y)$；(2) $X$ 和 $Y$ 是否独立？

5. 在一箱子中装有 12 只开关，其中 2 只是次品，在其中取两次，每次任取一只，考虑两种试验：(1) 放回抽样，(2) 不放回抽样。定义随机变量 $X,Y$ 如下：
$$X=\begin{cases}0, & \text{若第一次取出的是正品},\\ 1, & \text{若第一次取出的是次品};\end{cases}\quad Y=\begin{cases}0, & \text{若第二次取出的是正品},\\ 1, & \text{若第二次取出的是次品}.\end{cases}$$

(1) 试分别就两种情况写出 $X$ 和 $Y$ 的联合分布律。(2) 判断第二种情况下 $X$ 与 $Y$ 的独立性。

6. 设 $X,Y$ 是相互独立的随机变量,下表列出随机变量 $(X,Y)$ 的联合分布律及关于 $X$ 和 $Y$ 的边缘分布律中的部分数值,试将其余数值填入表的空白处.

| $X$ \ $Y$ | $y_1$ | $y_2$ | $y_3$ | $p_{i\cdot}$ |
|---|---|---|---|---|
| $x_1$ | | $\frac{1}{8}$ | | |
| $x_2$ | $\frac{1}{8}$ | | | |
| $p_{\cdot j}$ | $\frac{1}{6}$ | | | 1 |

7. 设二维随机变量 $(X,Y)$ 的联合密度函数为

$$f(x,y) = \begin{cases} 4.8y(2-x), & 0 \leqslant x \leqslant 1, 0 \leqslant y \leqslant x, \\ 0, & 其他. \end{cases}$$

求边缘密度函数,并判断 $X$ 与 $Y$ 的独立性.

8. 设随机变量 $(X,Y)$ 的联合分布函数 $F(x,y) = A\left(B + \arctan\frac{x}{2}\right)\left(C + \arctan\frac{y}{3}\right), -\infty < x, y < +\infty.$ 求:

(1) 系数 $A, B, C$;
(2) $(X,Y)$ 的联合密度函数;
(3) $X$ 与 $Y$ 的边缘密度函数;
(4) 判断 $X$ 与 $Y$ 是否相互独立;
(5) $P\{0 < X \leqslant 2, Y < 3\}$.

9. 设二维随机变量 $(X,Y)$ 的联合密度函数为 $f(x,y)$.
(1) 证明: $X$ 和 $Y$ 相互独立的充分必要条件为 $f(x,y)$ 可分离变量,即 $f(x,y) = h(x)g(y)$.
(2) 问 $h(x), g(y)$ 与边缘密度函数有什么关系?

10. 设二维随机变量 $(X,Y)$ 的联合密度函数为

$$f(x,y) = \frac{1}{50\pi}\exp\left\{-\frac{1}{50}(x^2+y^2)\right\}, \quad -\infty < x < +\infty, -\infty < y < +\infty.$$

讨论 $X$ 和 $Y$ 的独立性.

## 3.4 条 件 分 布

在二维随机变量 $(X,Y)$ 中,$X$ 与 $Y$ 之间主要表现为独立与非独立(相依)两类关系.由于在许多问题中,有关随机变量取值往往是彼此有影响的,这就使得条件分布成为研究随机变量之间相依关系的一个有力工具.

对于二维随机变量 $(X,Y)$,所谓随机变量 $X$ 的条件分布,就是在给定 $Y$ 取某个值的条件下 $X$ 的分布.例如,设 $X$ 为人的体重,$Y$ 为人的身高,则 $X$ 与 $Y$ 之间一般有相依关系.如果给定 $X=60(\text{kg})$,在这个条件下,身高 $Y$ 的分布显然与 $Y$ 的无条件分布(无此限制身高的分布)会有很大不同.

### 3.4.1 离散型随机变量的条件分布

设二维离散型随机变量 $(X,Y)$ 的联合分布律 $p_{ij} = P(X=x_i, Y=y_j), i=1,2,\cdots,$

$j=1,2,\cdots$. 仿照条件概率的定义,可以定义两个离散型随机变量的条件分布律.

**定义 3.4.1** 对一切使 $P(Y=y_j)=p_{\cdot j}=\sum_{i=1}^{\infty}p_{ij}>0$ 的 $y_j$,称

$$p(i\mid j)=P(X=x_i\mid Y=y_j)=\frac{P(X=x_i,Y=y_j)}{P(Y=y_j)}=\frac{p_{ij}}{p_{\cdot j}},\quad i=1,2,\cdots$$

为给定 $Y=y_j$ 的条件下,$X$ 的条件分布律.

同理,对一切使 $P(X=x_i)=p_{i\cdot}=\sum_{j=1}^{\infty}p_{ij}>0$ 的 $x_i$,称

$$p(j\mid i)=P(Y=y_j\mid X=x_i)=\frac{P(X=x_i,Y=y_j)}{P(X=x_i)}=\frac{p_{ij}}{p_{i\cdot}},\quad j=1,2,\cdots$$

为给定 $X=x_i$ 的条件下,$Y$ 的条件分布律.

以下在离散型随机变量的条件分布律的基础上给出其条件分函数的定义.

**定义 3.4.2** 给定 $Y=y_j$ 的条件下,$X$ 的条件分布函数为

$$F(x\mid y_j)=\sum_{x_i\leqslant x}P(X=x_i\mid Y=y_j)=\sum_{x_i\leqslant x}p(i\mid j),$$

给定 $X=x_i$ 的条件下,$Y$ 的条件分函数为

$$F(y\mid x_i)=\sum_{y_j\leqslant y}P(Y=y_j\mid X=x_i)=\sum_{y_j\leqslant y}p(j\mid i).$$

**例 3.4.1(续例 3.2.2)** 在例 3.2.2 中,分别求 $X$ 和 $Y$ 的条件分布律.

**解** 根据例 3.2.2,$(X,Y)$ 的联合分布律为 $p_{ij}=\frac{1}{n^2}$,$i,j=1,2,\cdots,n$,$X$ 的边缘分布律 $p_{i\cdot}=\sum_{j=1}^{n}p_{ij}=\sum_{j=1}^{n}\frac{1}{n^2}=\frac{1}{n}(i=1,2,\cdots,n)$,$Y$ 的边缘分布律 $p_{\cdot j}=\frac{1}{n}(j=1,2,\cdots,n)$,则根据定义 3.4.1 条件分布律为

$$p(i\mid j)=\frac{p_{ij}}{p_{\cdot j}}=\frac{\frac{1}{n^2}}{\frac{1}{n}}=\frac{1}{n},\quad i=1,2,\cdots,n,$$

$$p(j\mid i)=\frac{p_{ij}}{p_{i\cdot}}=\frac{\frac{1}{n^2}}{\frac{1}{n}}=\frac{1}{n},\quad j=1,2,\cdots,n.$$

**例 3.4.2** 设二维离散随机变量 $(X,Y)$ 的联合分布律、边缘分布律见下表:

| X \ Y | 1 | 2 | 3 | $p_{i\cdot}$ |
|---|---|---|---|---|
| 1 | 0.1 | 0.3 | 0.2 | 0.6 |
| 2 | 0.2 | 0.05 | 0.15 | 0.4 |
| $p_{\cdot j}$ | 0.3 | 0.35 | 0.35 | 1.0 |

分别求 $X$ 和 $Y$ 的条件分布律.

**解** 用第一行各元素分别除以 $0.6$,就可得出给定 $X=1$ 下,$Y$ 的条件分布律为

| $Y \mid X=1$ | 1 | 2 | 3 |
|---|---|---|---|
| $P$ | $\frac{1}{6}$ | $\frac{1}{2}$ | $\frac{1}{3}$ |

用第二行各元素分别除以 $0.4$,就可得出给定 $X=2$ 下,$Y$ 的条件分布律为

| $Y \mid X=2$ | 1 | 2 | 3 |
|---|---|---|---|
| $P$ | $\frac{1}{2}$ | $\frac{1}{8}$ | $\frac{3}{8}$ |

用第一列各元素分别除以 $0.3$,就可得出给定 $Y=1$ 下,$X$ 的条件分布律为

| $X \mid Y=1$ | 1 | 2 |
|---|---|---|
| $P$ | $\frac{1}{3}$ | $\frac{2}{3}$ |

用第二列各元素分别除以 $0.35$,就可得出给定 $Y=2$ 下,$X$ 的条件分布律为

| $X \mid Y=2$ | 1 | 2 |
|---|---|---|
| $P$ | $\frac{6}{7}$ | $\frac{1}{7}$ |

用第三列各元素分别除以 $0.35$,就可得出给定 $Y=3$ 下,$X$ 的条件分布律为

| $X \mid Y=3$ | 1 | 2 |
|---|---|---|
| $P$ | $\frac{4}{7}$ | $\frac{3}{7}$ |

### 3.4.2 连续型随机变量的条件分布

设二维连续型随机变量 $(X,Y)$ 的联合密度函数为 $f(x,y)$,边缘密度函数为 $f_X(x)$,$f_Y(y)$.

**定义 3.4.3** 对一切 $f_Y(y)>0$ 的 $y$,给定 $Y=y$ 的条件下,$X$ 的条件分布函数和条件密度函数分别为

$$F(x \mid y)=\int_{-\infty}^{x} \frac{f(u,y)}{f_Y(y)} du, \quad f(x \mid y)=\frac{f(x,y)}{f_Y(y)}.$$

同理,对一切 $f_X(x)>0$ 的 $x$,给定 $X=x$ 的条件下,$Y$ 的条件分布函数和条件密度函数分别为

$$F(y \mid x)=\int_{-\infty}^{y} \frac{f(x,v)}{f_X(x)} dv, \quad f(y \mid x)=\frac{f(x,y)}{f_X(x)}.$$

**例 3.4.3**  设 $(X,Y)$ 服从二维正态分布 $N(\mu_1,\mu_2;\sigma_1^2,\sigma_2^2;\rho)$，求条件密度函数.

**解**  在例 3.2.7 中给出了 $f_Y(y)$，根据条件密度函数的定义，有

$$f(x\mid y)=\frac{f(x,y)}{f_Y(y)}=\frac{1}{\sqrt{2\pi}\,\sigma_1\sqrt{1-\rho^2}}\exp\left\{-\frac{1}{2\sigma_1^2(1-\rho^2)}\left[x-\left(\mu_1+\rho\frac{\sigma_1}{\sigma_2}(y-\mu_2)\right)\right]^2\right\},$$

这是正态分布 $N\!\left(\mu_1+\rho\dfrac{\sigma_1}{\sigma_2}(y-\mu_2),\sigma_1^2(1-\rho^2)\right)$ 的密度函数.

由此可以看出：二维正态分布的条件分布是一维正态分布.

**例 3.4.4**  设二维随机变量 $(X,Y)$ 在圆域 $x^2+y^2\leqslant 1$ 上服从均匀分布，求在给定 $Y=y$ 的条件下，$X$ 的条件密度函数 $f(x\mid y)$.

**解**  由于 $(X,Y)$ 的联合密度函数为

$$f(x,y)=\begin{cases}\dfrac{1}{\pi},&x^2+y^2\leqslant 1,\\ 0,&\text{其他}.\end{cases}$$

则 $Y$ 的边缘分密度函数为

$$f_Y(y)=\begin{cases}\dfrac{2}{\pi}\sqrt{1-y^2},&-1\leqslant y\leqslant 1,\\ 0,&\text{其他}.\end{cases}$$

所以当 $-1<y<1$ 时，有

$$f(x\mid y)=\frac{f(x,y)}{f_Y(y)}=\begin{cases}\dfrac{1}{2\sqrt{1-y^2}},&-\sqrt{1-y^2}\leqslant x\leqslant\sqrt{1-y^2},\\ 0,&\text{其他}.\end{cases}$$

以上结果说明：当 $-1<y<1$ 时，给定 $Y=y$ 的条件下，$X$ 服从 $(-\sqrt{1-y^2},\sqrt{1-y^2})$ 上的均匀分布.

同理，当 $-1<x<1$ 时，给定 $X=x$ 的条件下，$Y$ 服从 $(-\sqrt{1-x^2},\sqrt{1-x^2})$ 上的均匀分布.

特别地，当 $y=0$ 时，有

$$f(x\mid y=0)=\begin{cases}\dfrac{1}{2},&-1\leqslant x\leqslant 1,\\ 0,&\text{其他}.\end{cases}$$

即当 $y=0$ 的条件下，$X$ 服从 $(-1,1)$ 上的均匀分布.

## 习 题 3.4

1. 设 $X$ 取值为 $0,1,2$，$Y$ 取值为 $0,1$ 的二维随机变量 $(X,Y)$ 的联合分布律见下表：

| Y \ X | 0 | 1 | 2 |
|---|---|---|---|
| 0 | $\dfrac{1}{4}$ | $\dfrac{1}{6}$ | $\dfrac{1}{8}$ |
| 1 | $\dfrac{1}{4}$ | $\dfrac{1}{8}$ | $\dfrac{1}{12}$ |

求:(1)在 $Y=0,1$ 的条件下 $X$ 的分布律;(2)在 $X=0,1,2$ 的条件下 $Y$ 的分布律.

2. 设 $(X,Y)$ 为服从二维正态分布 $N(0,0;1,1;r)$,求在条件 $X=x$ 下 $Y$ 的密度函数、条件 $Y=y$ 下 $X$ 的密度函数,它们服从什么分布?

3. 设二维随机变量 $(X,Y)$ 的联合密度函数为

$$f(x,y)=\begin{cases} x+y, & 0<x<1, 0<y<1, \\ 0, & 其他. \end{cases}$$

求在 $Y=0.5$ 的条件下 $X$ 的密度函数 $f(x\mid y=0.5)$.

4. 设二维随机变量 $(X,Y)$ 的联合密度函数为

$$f(x,y)=\begin{cases} 24(1-x)y, & 0<y<x<1, \\ 0, & 其他. \end{cases}$$

求 $f(x\mid y)$.

5. 设二维随机变量 $(X,Y)$ 的联合密度函数为

$$f(x,y)=\begin{cases} 3x, & 0<x<1, 0<y<x, \\ 0, & 其他. \end{cases}$$

求 $f(y\mid x)$.

6. 已知随机变量 $Y$ 的密度函数为

$$f_Y(y)=\begin{cases} 5y^4, & 0<y<1, \\ 0, & 其他. \end{cases}$$

在给定 $Y=y$ 的条件下,随机变量 $X$ 的条件密度函数为

$$f(x\mid y)=\begin{cases} \dfrac{3x^2}{y^3}, & 0<x<y<1, \\ 0, & 其他. \end{cases}$$

求 $P(X>0.5)$.

7. 设 $X$ 服从 $(0,1)$ 区间上的均匀分布,当观察到 $X=x(0<x<1)$ 时,$Y$ 在区间 $(x,1)$ 上也服从均匀分布,求 $Y$ 的密度函数.

8. 设二维随机变量 $(X,Y)$ 的联合密度函数为

$$f(x,y)=\begin{cases} 2, & 0<x<y<1, \\ 0, & 其他. \end{cases}$$

求 $P\left(-1<Y<\dfrac{1}{2}\,\Big|\,X=\dfrac{1}{4}\right)$.

9. 设二维随机变量 $(Y_1,Y_2)$ 的联合密度函数为

$$f(y_1,y_2)=\begin{cases} c(y_1+y_2^2), & 0\leqslant y_1\leqslant 1, 0\leqslant y_2\leqslant 1, \\ 0, & 其他. \end{cases}$$

求:(1) $Y_1$,$Y_2$ 的边缘密度函数;(2) $f(y_1|y_2)$;(3) $P\left(Y_1\leqslant\frac{1}{2}\Big|Y_2=\frac{1}{2}\right)$;(4) $P\left(Y_2\leqslant\frac{1}{2}\Big|Y_1=\frac{1}{2}\right)$.

## 3.5 随机变量函数的分布

解决两个随机变量函数的分布的方法与一维随机变量函数的分布的方法类似,只是前者比后者复杂得多.本节仅对几种特殊的情形加以讨论.

### 3.5.1 和的分布

#### 3.5.1.1 离散型随机变量和的分布

**例 3.5.1** 已知随机变量 $X$ 和 $Y$ 的联合分布律见下表:

| $(X,Y)$ | (0,0) | (0,1) | (1,0) | (1,1) | (2,0) | (2,1) |
|---|---|---|---|---|---|---|
| $P\{X=x,Y=y\}$ | 0.10 | 0.15 | 0.25 | 0.20 | 0.15 | 0.15 |

求 $Z=X+Y$ 的分布律.

**解** 根据 $X$ 和 $Y$ 的联合分布律,$Z=X+Y$ 的可能取值是 $0,1,2,3$,则 $Z=X+Y$ 的分布律为

$$P\{Z=0\}=P\{X+Y=0\}=P\{X=0,Y=0\}=0.10;$$
$$P\{Z=1\}=P\{X+Y=1\}=P\{X=0,Y=1\}+P\{X=1,Y=0\}$$
$$=0.15+0.25=0.40;$$
$$P\{Z=2\}=P\{X+Y=2\}=P\{X=1,Y=1\}+P\{X=2,Y=0\}$$
$$=0.20+0.15=0.35;$$
$$P\{Z=3\}=P\{X+Y=3\}=P\{X=2,Y=1\}=0.15.$$

把上述分布律的计算结果列表如下:

| $Z$ | 0 | 1 | 2 | 3 |
|---|---|---|---|---|
| $P\{Z=k\}$ | 0.10 | 0.40 | 0.35 | 0.15 |

#### 3.5.1.2 连续型随机变量和的分布

**例 3.5.2** 设二维连续型随机变量 $(X,Y)$ 的联合密度函数为 $f(x,y)$,求 $Z=X+Y$ 的密度函数.

**解** (1) 先求 $Z=X+Y$ 的分布函数.

$$F_Z(z)=P\{Z\leqslant z\}=P\{X+Y\leqslant z\}=\iint\limits_{x+y\leqslant z}f(x,y)\mathrm{d}x\mathrm{d}y,$$

这里积分区域 $G=\{(x,y):x+y\leqslant z\}$ 是直线 $x+y=z$ 及其左下方的半平面,如图 3-4 所示.则有

$$F_Z(z)=\int_{-\infty}^{\infty}\left[\int_{-\infty}^{z-y}f(x,y)\mathrm{d}x\right]\mathrm{d}y.$$

作变量替换,令 $x=u-y$,得

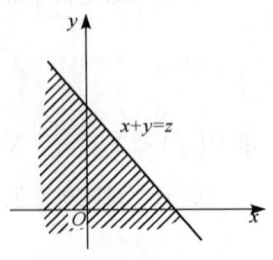

图 3-4 积分区域

$$\int_{-\infty}^{z-y} f(x, y)\mathrm{d}x = \int_{-\infty}^{z} f(u-y, y)\mathrm{d}u,$$

于是

$$F_Z(z) = \int_{-\infty}^{+\infty} \left[\int_{-\infty}^{z} f(u-y, y)\mathrm{d}u\right]\mathrm{d}y = \int_{-\infty}^{z} \left[\int_{-\infty}^{\infty} f(u-y, y)\mathrm{d}y\right]\mathrm{d}u.$$

(2) 再求 $Z = X + Y$ 的密度函数.

根据分布函数和概率密度的关系, 得 $Z = X + Y$ 的密度函数

$$f_Z(z) = \int_{-\infty}^{\infty} f(z-y, y)\mathrm{d}y.$$

由 $X$ 和 $Y$ 的对称性, $f_Z(z)$ 又可以写成

$$f_Z(z) = \int_{-\infty}^{\infty} f(x, z-x)\mathrm{d}x.$$

特别, 当 $X$ 和 $Y$ 相互独立时, 设 $(X, Y)$ 关于 $X$ 和 $Y$ 的边缘密度函数为 $f_X(x)$, $f_Y(y)$, 则有

$$f_Z(z) = \int_{-\infty}^{\infty} f_X(z-y)f_Y(y)\mathrm{d}y, \quad f_Z(z) = \int_{-\infty}^{\infty} f_X(x)f_Y(z-x)\mathrm{d}x.$$

这两个公式称为**卷积公式**, 记作 $f_X * f_Y$, 即

$$f_X * f_Y = \int_{-\infty}^{\infty} f_X(z-y)f_Y(y)\mathrm{d}y = \int_{-\infty}^{\infty} f_X(x)f_Y(z-x)\mathrm{d}x.$$

**例 3.5.3** 设 $X$ 和 $Y$ 是相互独立的随机变量, 它们都服从 $N(0,1)$, 求 $Z = X + Y$ 的密度函数.

**解** 根据卷积公式, 得 $Z = X + Y$ 的密度函数为

$$\begin{aligned} f_Z(z) &= \int_{-\infty}^{\infty} f_X(x)f_Y(z-x)\mathrm{d}x \\ &= \frac{1}{2\pi}\int_{-\infty}^{\infty} \mathrm{e}^{-\frac{x^2}{2}}\mathrm{e}^{-\frac{(z-x)^2}{2}}\mathrm{d}x \\ &= \frac{1}{2\pi}\mathrm{e}^{-\frac{z^2}{4}}\int_{-\infty}^{\infty} \mathrm{e}^{-\left(x-\frac{z}{2}\right)^2}\mathrm{d}x. \end{aligned}$$

令 $t = x - \dfrac{z}{2}$, 得

$$f_Z(z) = \frac{1}{2\pi}\mathrm{e}^{-\frac{z^2}{4}}\int_{-\infty}^{\infty} \mathrm{e}^{-t^2}\mathrm{d}t = \frac{1}{2\pi}\mathrm{e}^{-\frac{z^2}{4}}\sqrt{\pi} = \frac{1}{2\sqrt{\pi}}\mathrm{e}^{-\frac{z^2}{4}}, \quad -\infty < z < \infty.$$

即 $Z = X + Y$ 服从 $N(0, 2)$.

一般地, 设 $X$ 和 $Y$ 相互独立, $X \sim N(\mu_1, \sigma_1^2)$, $Y \sim N(\mu_2, \sigma_2^2)$, 则 $Z \sim N(\mu_1 + \mu_2, \sigma_1^2 + \sigma_2^2)$ (可作为一个习题, 见本节习题 12).

这个结论说明:两个独立的正态分布之和仍然服从正态分布,其分布中的两个参数分别对应相加.

这个结论可以推广到 $n$ 个相互独立的正态随机变量之和的情形:

若 $X_i \sim N(\mu_i, \sigma_i^2)$, $i=1, 2, \cdots, n$, 且它们相互独立,则 $Z=X_1+X_2+\cdots+X_n$ 仍然服从正态分布,且 $Z \sim N(\mu_1+\mu_2+\cdots+\mu_n, \sigma_1^2+\sigma_2^2+\cdots+\sigma_n^2)$.

更一般地,可以证明,有限个相互独立的正态随机变量的线性组合仍然服从正态分布,即 $X_i \sim N(\mu_i, \sigma_i^2)$, $i=1, 2, \cdots, n$, 且它们相互独立,则 $Z=c_1X_1+c_2X_2+\cdots+c_nX_n$ 仍然服从正态分布 ($c_1, c_2, \cdots, c_n$ 不全为零),且 $Z \sim N(c_1\mu_1+c_2\mu_2+\cdots+c_n\mu_n, c_1^2\sigma_1^2+c_2^2\sigma_2^2+\cdots+c_n^2\sigma_n^2)$.

例如, $X \sim N(-3, 1)$, $Y \sim N(2, 1)$, 且 $X$ 和 $Y$ 相互独立,则 $Z=X-2Y \sim N(-7, 5)$.

**例 3.5.4(伽玛分布的可加性)** 若 $X_1$, $X_2$ 相互独立,且 $X_i \sim Ga(a_i, b)$, $i=1, 2$, 则 $Z=X_1+X_2 \sim Ga(a_1+a_2, b)$.

**证明** 首先指出 $Z=X_1+X_2$ 仍在 $(0, \infty)$ 上取值,所以当 $z \leqslant 0$ 时, $f_Z(z)=0$.
当 $z>0$ 时,根据卷积公式,此时 $f_X(z-y)f_Y(y)$ 的非零区域为 $0<y<z$, 因此

$$f_Z(z) = \frac{b^{a_1+a_2}}{\Gamma(a_1)\Gamma(a_2)} \int_0^z [(z-y)^{a_1-1} e^{-b(z-y)}][y^{a_2-1} e^{-by}] dy$$

$$= \frac{b^{a_1+a_2} e^{-bz}}{\Gamma(a_1)\Gamma(a_2)} \int_0^z (z-y)^{a_1-1} y^{a_2-1} dy$$

$$= \frac{b^{a_1+a_2} e^{-bz}}{\Gamma(a_1)\Gamma(a_2)} z^{a_1+a_2-1} \int_0^1 (1-t)^{a_1-1} t^{a_2-1} dt$$

$$= \frac{b^{a_1+a_2}}{\Gamma(a_1+a_2)} z^{a_1+a_2-1} e^{-bz}.$$

这正是形状参数为 $a_1+a_2$, 尺度参数仍为 $b$ 的伽玛分布的密度函数.
其中最后一个等式,是由于

$$B(a_1, a_2) = \int_0^1 (1-t)^{a_1-1} t^{a_2-1} dt = \frac{\Gamma(a_1)\Gamma(a_2)}{\Gamma(a_1+a_2)}.$$

这个结论表明:两个尺度参数相同的独立的伽玛分布之和的分布仍然服从伽玛分布,其尺度参数不变,而形状参数相加.

这个结论可以推广到有限个尺度参数相同的独立的伽玛分布之和上,即

若 $X_1, X_2, \cdots, X_n$ 相互独立,且 $X_i \sim Ga(a_i, b)$, 则 $\sum_{i=1}^{n} X_i \sim Ga\left(\sum_{i=1}^{n} a_i, b\right)$.

在第 2 章中我们知道,指数分布是伽玛分布的特例,即 $Ga(1, b)=E\left(\dfrac{1}{b}\right)$. 根据伽玛分布的可加性,可以得到:

若 $X_1, X_2, \cdots, X_n$ 相互独立,且 $X_i \sim E\left(\dfrac{1}{b}\right)$, $i=1, 2, \cdots, n$, 则 $\sum_{i=1}^{n} X_i \sim Ga(n, b)$.

### 3.5.2 最大值和最小值的分布

**例 3.5.5** 设二维随机变量 $(X, Y)$ 的分布律见下表：

| Y \ X | 0 | 1 |
|---|---|---|
| 0 | 0.25 | 0.25 |
| 1 | 0.25 | 0.25 |

求 $Z = \min\{X, Y\}$ 的分布律.

**解** 由于 $Z = \min\{X, Y\}$ 的可能取值为 $0, 1$，则有

$$P\{Z=0\} = P\{X=0, Y=0\} + P\{X=0, Y=1\} + P\{X=1, Y=0\}$$
$$= 0.25 + 0.25 + 0.25$$
$$= 0.75,$$

$P\{Z=1\} = P\{X=1, Y=1\} = 0.25.$

所以 $Z = \min\{X, Y\}$ 的分布律为

| $Z$ | 0 | 1 |
|---|---|---|
| $p_k$ | 0.75 | 0.25 |

**例 3.5.6** 设 $X$ 和 $Y$ 是两个相互独立的随机变量，它们的分布函数分别是 $F_X(x)$ 和 $F_Y(y)$，求 $M = \max\{X, Y\}$ 及 $N = \min\{X, Y\}$ 的分布函数.

**解** (1) 由于 $P\{M \leqslant z\} = P\{X \leqslant z, Y \leqslant z\}$，又 $X$ 和 $Y$ 是相互独立的，于是有

$$F_{\max}(z) = P\{M \leqslant z\} = P\{X \leqslant z, Y \leqslant z\}$$
$$= P\{X \leqslant z\} P\{Y \leqslant z\}$$
$$= F_X(z) F_Y(z).$$

(2) 与(1)类似，可得 $N = \min\{X, Y\}$ 的分布函数为

$$F_{\min}(z) = P\{N \leqslant z\} = 1 - P\{N > z\}$$
$$= 1 - P\{X > z, Y > z\}$$
$$= 1 - P\{X > z\} P\{Y > z\}$$
$$= 1 - [1 - F_X(z)][1 - F_Y(z)].$$

以上结果容易推广到 $n$ 个相互独立的随机变量的情形. 设 $X_1, X_2, \cdots, X_n$ 是 $n$ 个相互独立的随机变量，它们的分布函数分别为 $F_{X_i}(x)$，$i = 1, 2, \cdots, n$，则 $M = \max\{X_1, X_1, \cdots, X_n\}$ 及 $N = \min\{X_1, X_1, \cdots, X_n\}$ 的分布函数分别为

$$F_{\max}(z) = F_{X_1}(z) F_{X_2}(z) \cdots F_{X_n}(z),$$
$$F_{\min}(z) = 1 - [1 - F_{X_1}(z)][1 - F_{X_2}(z)] \cdots [1 - F_{X_n}(z)].$$

特别地，当 $X_1, X_2, \cdots, X_n$ 相互独立且具有相同的分布函数 $F(x)$ 时，有 $F_{\max}(z) = [F(z)]^n$，$F_{\min}(z) = 1 - [1 - F(z)]^n$.

**例 3.5.7** 设系统 $L$ 由两个相互独立的子系统 $L_1$ 和 $L_2$ 联接而成,联接的方式分别为 (1) 串联,(2) 并联,(3) 备用(当系统 $L_1$ 损坏时,系统 $L_2$ 开始工作),如图 3-5 所示. 设 $L_1$ 和 $L_2$ 的寿命分别为 $X$ 和 $Y$,已知它们的密度函数分别为

$$f_X(x) = \begin{cases} \alpha e^{-\alpha x}, & x > 0, \\ 0, & x \leqslant 0; \end{cases} \quad f_Y(y) = \begin{cases} \beta e^{-\beta y}, & y > 0, \\ 0, & y \leqslant 0. \end{cases}$$

其中 $\alpha > 0, \beta > 0$ 且 $\alpha \neq \beta$. 试分别就以上三种联接方式求出系统 $L$ 的寿命 $Z$ 的密度函数.

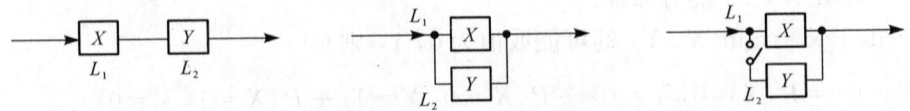

图 3-5 子系统的联接方式

**解** (1) 串联情况.

由于当 $L_1$ 和 $L_2$ 有一个损坏时,系统 $L$ 就停止工作,所以此时系统 $L$ 的寿命为 $Z = \min\{X, Y\}$.

根据 $L_1$ 和 $L_2$ 的寿命的密度函数,可以得到 $L_1$ 和 $L_2$ 的寿命的分布函数分别为

$$F_X(x) = \begin{cases} 1 - e^{-\alpha x}, & x > 0, \\ 0, & x \leqslant 0; \end{cases} \quad F_Y(y) = \begin{cases} 1 - e^{-\beta y}, & y > 0, \\ 0, & y \leqslant 0, \end{cases}$$

则 $Z = \min\{X, Y\}$ 分布函数为

$$F_Z(z) = 1 - [1 - F_X(z)][1 - F_Y(z)] = \begin{cases} 1 - e^{-(\alpha+\beta)z}, & z > 0, \\ 0, & z \leqslant 0, \end{cases}$$

所以 $Z = \min\{X, Y\}$ 的密度函数为

$$f_Z(z) = \begin{cases} (\alpha + \beta) e^{-(\alpha+\beta)z}, & z > 0, \\ 0, & z \leqslant 0. \end{cases}$$

(2) 并联情况.

由于当且仅当 $L_1$ 和 $L_2$ 都损坏时,系统 $L$ 才停止工作,所以此时系统 $L$ 的寿命为 $Z = \max\{X, Y\}$. 则 $Z = \max\{X, Y\}$ 分布函数为

$$F_Z(z) = F_X(z) F_Y(z) = \begin{cases} (1 - e^{-\alpha z})(1 - e^{-\beta z}), & z > 0, \\ 0, & z \leqslant 0, \end{cases}$$

所以 $Z = \max\{X, Y\}$ 的密度函数为

$$f_Z(z) = \begin{cases} \alpha e^{-\alpha z} + \beta e^{-\beta z} - (\alpha + \beta) e^{-(\alpha+\beta)z}, & z > 0, \\ 0, & z \leqslant 0. \end{cases}$$

(3) 备用情况.

由于此时当系统 $L_1$ 损坏时,系统 $L_2$ 开始工作,因此此时系统 $L$ 的寿命为 $Z = X + Y$.
当 $z \leqslant 0$ 时,$f_Z(z) = 0$;

当 $z>0$ 时,根据卷积公式,得

$$\begin{aligned}f_Z(z)&=\int_{-\infty}^{\infty}f_X(z-y)f_Y(y)\mathrm{d}y\\&=\int_0^z\alpha\mathrm{e}^{-\alpha(z-y)}\beta\,\mathrm{e}^{-\beta y}\mathrm{d}y\\&=\alpha\beta\mathrm{e}^{-\alpha z}\int_0^z\mathrm{e}^{-(\beta-\alpha)y}\mathrm{d}y\\&=\frac{\alpha\beta}{\beta-\alpha}[\mathrm{e}^{-\alpha z}-\mathrm{e}^{-\beta z}].\end{aligned}$$

因此,$Z=X+Y$ 的密度函数为

$$f_Z(z)=\begin{cases}\dfrac{\alpha\beta}{\beta-\alpha}[\mathrm{e}^{-\alpha z}-\mathrm{e}^{-\beta z}],&z>0,\\0,&z\leqslant 0.\end{cases}$$

## 习题 3.5

1. 设 $X$ 和 $Y$ 是两个相互独立的随机变量,且 $X\sim E\left(\dfrac{1}{\lambda}\right)$,$Y\sim E\left(\dfrac{1}{\mu}\right)$,若 $Z=\begin{cases}1,&X\leqslant Y,\\0,&X>Y.\end{cases}$ 求 $Z$ 的分布律.

2. 一生产小组有甲,乙两名工人组成,甲工人每天出废品数 $X$ 的分布律为

| $X$ | 0 | 1 | 2 |
|---|---|---|---|
| $p_k$ | 0.8 | 0.2 | 0 |

乙工人每天出废品数 $Y$ 的分布律为

| $Y$ | 0 | 1 | 2 |
|---|---|---|---|
| $p_k$ | 0.7 | 0.2 | 0.1 |

两名工人生产互不影响,问该小组每天出废品数 $X+Y$ 的分布律如何?

3. 把 2 只白球随机地放入红、蓝、黄、绿四个盒子. 四个盒子依次标有数字 $1\sim 4$,$X_i$ 表示第 $i$ 个盒子内球的数目 $(i=1,2)$,试求红蓝两个盒子内球的数目之和 $X_1+X_2$ 的分布律.

4. 甲,乙两人独立地各进行两次射击,假设甲的命中率为 0.2,乙的命中率为 0.5,以 $X$ 和 $Y$ 分别表示甲和乙的命中次数,试求 $X$ 和 $Y$ 的联合分布律,并分别求 $M=\max\{X,Y\}$,$N=\min\{X,Y\}$ 的分布律.

5. 设随机变量 $X_1$,$X_2$,独立同分布 $P\{X_i=k\}=\dfrac{1}{3}(k=1,2,3;i=1,2)$,随机变量 $M=\max\{X_1,X_2\}$,$N=\min\{X_1,X_2\}$.

(1) 求 $M$,$N$ 的联合分布律;

(2) 判断 $M$ 与 $N$ 的独立性;

(3) 求 $P\{M+N\leqslant 3\}$.

6. 设二维离散随机变量 $(X,Y)$ 的联合分布律为

| X \ Y | −1 | 1 | 2 |
|---|---|---|---|
| −1 | $\frac{5}{20}$ | $\frac{2}{20}$ | $\frac{6}{20}$ |
| 2 | $\frac{3}{20}$ | $\frac{3}{20}$ | $\frac{1}{20}$ |

求：(1) $Z_1 = X+Y$；(2) $Z_2 = X-Y$；(3) $Z_3 = \max\{X, Y\}$ 的分布律．

7. 设 $X$ 和 $Y$ 是两个相互独立的随机变量，其密度函数分别为

$$f_X(x) = \begin{cases} 1, & 0 \leqslant x < 1, \\ 0, & 其他; \end{cases} \quad f_Y(y) = \begin{cases} e^{-y}, & y > 0 \\ 0, & 其他. \end{cases}$$

求随机变量 $Z = X+Y$ 的密度函数．

8. 已知二维随机变量 $(X, Y)$ 的联合分布律为

| X \ Y | 2 | 4 | 6 |
|---|---|---|---|
| 1 | $\frac{1}{6}$ | $\frac{1}{12}$ | $\frac{1}{12}$ |
| 3 | $\frac{2}{6}$ | $\frac{1}{6}$ | $\frac{1}{6}$ |

求：(1) $Z = X+Y$ 的分布律；(2) $M = \max\{X, Y\}$ 的分布律；(3) $N = \min\{X, Y\}$ 的分布律．

9. 设随机变量 $X, Y$ 的联合密度为

$$f(x, y) = \begin{cases} \dfrac{1}{2}(x+y)e^{-(x+y)}, & x > 0, y > 0 \\ 0, & 其他. \end{cases}$$

(1) 问 $X$ 与 $Y$ 是否独立？
(2) 求 $Z = X+Y$ 的密度函数．

10. 设 $X$ 和 $Y$ 是随机变量，且 $P\{X \geqslant 0, Y \geqslant 0\} = \dfrac{3}{7}$，$P\{X \geqslant 0\} = P\{Y \geqslant 0\} = \dfrac{4}{7}$，求 $P\{\max(X, Y) \geqslant 0\}$．

11. 在例 3.5.5 中，分别求 $\max\{X, Y\}$，$X+Y$ 和 $XY$ 的分布律．

12. 设随机变量 $X \sim N(\mu_1, \sigma_1^2)$，$Y \sim N(\mu_2, \sigma_2^2)$，且 $X$ 和 $Y$ 相互独立，证明：$Z = X+Y \sim N(\mu_1 + \mu_2, \sigma_1^2 + \sigma_2^2)$．

13. 设随机变量 $X, Y$ 相互独立，且都服从参数为 1 的指数分布，分别求 $Z = X+Y$，$M = \max\{X, Y\}$ 和 $N = \min\{X, Y\}$ 的密度函数．

14. 在区间 $[0, 1]$ 上随机投掷两点，求这两点间距离的概率密度函数．

# 第 4 章　随机变量的数字特征

前面所讨论的随机变量的分布函数,能够完整地描述随机变量的统计特性.但在一些实际问题中,随机变量的分布函数难以确定,有时并不需要去全面考察随机变量的变化情况,而只需要知道它的某些特征,因而并不需要求出它的分布函数.例如,在评定某个班学生的某门课程成绩的好坏时,我们只关心其平均成绩,以及每个学生的成绩与平均成绩的偏离程度.这种与随机变量有关的数值,虽然不能完整地描述随机变量,但能描述随机变量在某些方面的重要特性.这种由随机变量所确定的、能刻画随机变量在某些方面特性的数值的量,叫做数字特征,它在理论和实际应用上具有重要意义.本章将介绍随机变量的常用数字特征:数学期望、方差、协方差、相关系数和矩、变异系数、分位数等.

## 4.1　数　学　期　望

"期望"在我们日常生活中常指有根据的"希望".而在概率论中,数学期望源于历史上一个著名的分赌本问题.

**例 4.1.1(分赌本问题)**　17 世纪中叶,一个赌徒向法国数学家帕斯卡(Pascal)提出一个使他苦恼很久的分赌本问题:甲、乙两个赌徒的赌技不相上下,各出 50 法郎,每局中无平局.他们约定,谁先赢三局,则得全部赌本 100 法郎.当甲赢了二局、乙赢了一局时,因故要终止赌博.现在问这 100 法郎如何分才算公平?

如果平均分,对甲不公平;如果全部归甲,对乙不公平.合理的分法是:按照一定的"比例",甲多分一些,乙少分一些.现在的问题是如何确定这个"比例".以下有两种方法:

(1) 甲得 100 法郎的 2/3,乙得 100 法郎的 1/3.这是基于已赌局数:甲赢了二局、乙赢了一局.

(2) 1654 年帕斯卡提出如下分法:设想再赌下去,则甲最终所得 $X$ 是一个随机变量,其可能取值为 0 或 100.再赌两局必可结束,其结果不外乎以下四种情况之一:

$$甲甲、甲乙、乙甲、乙乙,$$

其中"甲乙"表示第一局甲胜第二局乙胜,其他类推.

在这四种情况中有三种可使甲获 100 法郎,只有在其中一种情况(乙乙)下甲获 0 法郎.因为赌技不相上下,所以甲获 100 法郎的可能性为 3/4,获 0 法郎的可能性为 1/4,即 $X$ 的分布律为

| $X$ | 0 | 100 |
|---|---|---|
| $p$ | $\dfrac{1}{4}$ | $\dfrac{3}{4}$ |

经过分析帕斯卡认为,甲的"期望"所得应为 $0\times 1/4+100\times 3/4=75$(法郎).即甲得 75

法郎,乙得 25 法郎.

再看一个例子.

**例 4.1.2** 某射手对一个靶子进行射击,该射手共射击 $N$ 次,其中得 0 分的 $n_0$ 次,得 1 分的 $n_1$ 次,得 2 分的 $n_2$ 次,得 3 分的 $n_3$ 次,$n_0+n_1+n_2+n_3=N$. 用 $X$ 表示每次射击所得分数,其频率见下表.问该射手平均每次射击得分是多少?

| $X$ | 0 | 1 | 2 | 3 |
|---|---|---|---|---|
| 频率 | $\dfrac{n_0}{N}$ | $\dfrac{n_1}{N}$ | $\dfrac{n_2}{N}$ | $\dfrac{n_3}{N}$ |

**解** 根据题意,射击 $N$ 次总得分数为 $n_0\times 0+n_1\times 1+n_2\times 2+n_3\times 3$,于是平均每次射击的得分为

$$\frac{n_0\times 0+n_1\times 1+n_2\times 2+n_3\times 3}{N}=\sum_{i=0}^{3}i\,\frac{n_i}{N}.$$

这里,$\dfrac{n_i}{N}$ 是事件 $\{X=i\}$ 的频率($i=0,1,2,3$). 根据概率的统计定义可知,一个事件的概率等于该事件频率的稳定值,并近似等于该事件的频率,即 $P\{X=i\}\approx\dfrac{n_i}{N}$. 在第 5 章中将会介绍,当 $N$ 很大时,事件 $\{X=i\}$ 的频率 $\dfrac{n_i}{N}$ 在一定的意义下接近于事件 $\{X=i\}$ 的概率 $P\{X=i\}$. 我们用 $\sum_{i=0}^{3}iP\{X=i\}$ 表示随机变量 $X$ 的均值.

这种以概率为"权"的加权平均值正是随机变量的数学期望(或均值)的直观意义.

### 4.1.1 数学期望的定义

**定义 4.1.1** (1) 设离散型随机变量 $X$ 的分布律为 $P\{X=x_k\}=p_k$,$k=1,2,\cdots$,若级数 $\sum_{k=1}^{\infty}x_kp_k$ 绝对收敛,则称 $\sum_{k=1}^{\infty}x_kp_k$ 为随机变量 $X$ 的**数学期望**(expectation),记作 $E(X)$,即 $E(X)=\sum_{k=1}^{\infty}x_kp_k$.

(2) 设连续型随机变量 $X$ 的密度函数为 $f(x)$,若积分 $\int_{-\infty}^{\infty}xf(x)\mathrm{d}x$ 绝对收敛,则称 $\int_{-\infty}^{\infty}xf(x)\mathrm{d}x$ 为随机变量 $X$ 的**数学期望**,记作 $E(X)$,即 $E(X)=\int_{-\infty}^{\infty}xf(x)\mathrm{d}x$.

数学期望简称**期望**,又称**均值**.

**例 4.1.3** 甲、乙两人打靶,所得分数分别记为 $X_1$,$X_2$,它们的分布律分别见下表:

| $X_1$ | 0 | 1 | 2 |
|---|---|---|---|
| $p_k$ | 0 | 0.2 | 0.8 |

| $X_2$ | 0 | 1 | 2 |
|---|---|---|---|
| $p_k$ | 0.6 | 0.3 | 0.1 |

试评定他们平均成绩的好坏.

**解**  按离散型随机变量数学期望的定义,有

$$E(X_1)=0\times 0+1\times 0.2+2\times 0.8=1.8,$$
$$E(X_2)=0\times 0.6+1\times 0.3+2\times 0.1=0.5,$$

因此 $E(X_1)>E(X_2)$,即甲的平均成绩比乙好.

**例 4.1.4**  设某电子产品的寿命 $X$ 服从指数分布,其密度函数为

$$f(x)=\begin{cases}\dfrac{1}{\theta}\mathrm{e}^{-\frac{x}{\theta}}, & x>0,\\ 0, & x\leqslant 0,\end{cases}$$

其中 $\theta>0$,求 $E(X)$.

**解**  根据连续型随机变量数学期望的定义,有

$$\begin{aligned}E(X)&=\int_{-\infty}^{\infty}xf(x)\mathrm{d}x\\ &=\int_0^{\infty}\frac{x}{\theta}\mathrm{e}^{-\frac{x}{\theta}}\mathrm{d}x\\ &=-x\mathrm{e}^{-\frac{x}{\theta}}\Big|_0^{\infty}+\int_0^{\infty}\mathrm{e}^{-\frac{x}{\theta}}\mathrm{d}x\\ &=0-\theta\mathrm{e}^{-\frac{x}{\theta}}\Big|_0^{\infty}\\ &=\theta.\end{aligned}$$

这个结果说明,该产品的平均寿命 $E(X)=\theta$.

**例 4.1.5**  某商店对某种家用电器的销售采用先使用后付款的方式. 记使用寿命为 $X$ (单位:年),且规定:$X\leqslant 1$,每台付款 1 500 元;$1<X\leqslant 2$,每台付款 2 000 元;$2<X\leqslant 3$,每台付款 2 500 元;$X>3$,每台付款 3 000 元. 设这种家用电器的寿命 $X$ 服从指数分布,其概率密度为

$$f(x)=\begin{cases}\dfrac{1}{10}\mathrm{e}^{-\frac{x}{10}}, & x>0,\\ 0, & x\leqslant 0,\end{cases}$$

求该商店每台电器收费 $Y$ 的数学期望.

**解**  先求出 $X$ 落在各个时间区间的概率

$$P\{X\leqslant 1\}=\int_0^1\frac{1}{10}\mathrm{e}^{-\frac{x}{10}}\mathrm{d}x=1-\mathrm{e}^{-0.1}=0.095\,2,$$
$$P\{1<X\leqslant 2\}=\int_1^2\frac{1}{10}\mathrm{e}^{-\frac{x}{10}}\mathrm{d}x=\mathrm{e}^{-0.1}-\mathrm{e}^{-0.2}=0.086\,1,$$
$$P\{2<X\leqslant 3\}=\int_2^3\frac{1}{10}\mathrm{e}^{-\frac{x}{10}}\mathrm{d}x=\mathrm{e}^{-0.2}-\mathrm{e}^{-0.3}=0.077\,9,$$
$$P\{X>3\}=\int_3^{\infty}\frac{1}{10}\mathrm{e}^{-\frac{x}{10}}\mathrm{d}x=\mathrm{e}^{-0.3}=0.740\,8.$$

根据以上计算,每台电器收费 $Y$ 的分布律见下表:

| $Y$ | 1 500 | 2 000 | 2 500 | 3 000 |
|---|---|---|---|---|
| $p_k$ | 0.095 2 | 0.086 1 | 0.077 9 | 0.740 8 |

因此 $E(Y)=2\,732.15$,即平均每台电器收费 2 732.15 元。

**例 4.1.6** 设 $X \sim P(\lambda)$,求 $E(X)$.

**解** $X$ 的分布律为 $P\{X=k\}=\dfrac{\lambda^k \mathrm{e}^{-\lambda}}{k!}$, $k=0,1,2,\cdots$;$\lambda>0$. 按离散型随机变量数学期望的定义,有

$$E(X)=\sum_{k=0}^{\infty} k \frac{\lambda^k \mathrm{e}^{-\lambda}}{k!}=\lambda \mathrm{e}^{-\lambda} \sum_{k=1}^{\infty} \frac{\lambda^{k-1}}{(k-1)!}=\lambda \mathrm{e}^{-\lambda} \mathrm{e}^{\lambda}=\lambda.$$

**例 4.1.7** 设 $X \sim U(a,b)$,求 $E(X)$.

**解** $X$ 的密度函数为

$$f(x)=\begin{cases} \dfrac{1}{b-a}, & a<x<b, \\ 0, & \text{其他,} \end{cases}$$

按连续型随机变量数学期望的定义,有

$$E(X)=\int_{-\infty}^{\infty} x f(x) \mathrm{d}x = \int_a^b \frac{x}{b-a} \mathrm{d}x = \frac{a+b}{2}.$$

**例 4.1.8** 设 $X \sim Geo(p)$(参数为 $p$ 的几何分布),求 $E(X)$.

**解** 设 $X \sim Geo(p)$,则 $X$ 的分布律为

$$P\{X=k\}=(1-p)^{k-1}p, \quad k=1,2,\cdots.$$

根据离散型随机变量数学期望的定义,有

$$E(X)=\sum_{k=1}^{\infty} k(1-p)^{k-1}p = \sum_{k=1}^{\infty} k q^{k-1} p = p \sum_{k=1}^{\infty} (q^k)'$$

$$= p \left(\sum_{k=1}^{\infty} q^k\right)' = p \left(\frac{q}{1-q}\right)' = \frac{p}{(1-q)^2}=\frac{1}{p}.$$

### 4.1.2 随机变量函数的数学期望

在很多问题中,所研究的随机变量常常依赖于另一个随机变量。例如,一个零件的横截面是一个圆,圆的直径 $X$ 是一个随机变量,那么这个横截面的面积 $Y$ 也是随机变量,且 $Y=\dfrac{\pi}{4}X^2$. 如果已知 $X$ 的密度函数,要求 $Y$($X$ 的函数)的数学期望 $E(Y)$. 一种方法是先求出 $Y$ 的密度函数,然后按定义 4.1.1 求出 $Y$ 的数学期望 $E(Y)$,但这样做比较麻烦。为了用简便的方法求随机变量 $Y$ 的数学期望,给出以下定理。

**定理 4.1.1** 设随机变量 $Y$ 是随机变量 $X$ 的函数 $Y=g(X)$,则有:

(1) 设 $X$ 是离散型随机变量,其分布律为 $P\{X=x_k\}=p_k$, $k=1, 2, \cdots$. 若级数 $\sum_{k=1}^{\infty} g(x_k) p_k$ 绝对收敛,则

$$E(Y) = E[g(X)] = \sum_{k=1}^{\infty} g(x_k) p_k.$$

(2) 设 $X$ 是连续型随机变量,其密度函数为 $f(x)$,若积分 $\int_{-\infty}^{\infty} g(x) f(x) \mathrm{d}x$ 绝对收敛,则

$$E(Y) = E[g(X)] = \int_{-\infty}^{\infty} g(x) f(x) \mathrm{d}x.$$

这个定理的重要意义在于,当要求 $E(Y)$ 时,不必算出 $Y$ 的分布律或密度函数,而只需(按定理 4.1.1)利用 $X$ 的分布律或密度函数就可以了.

定理 4.1.1 可以推广到两个或两个以上随机变量函数的情形.

**定理 4.1.2** 设随机变量 $Z$ 是随机变量 $X$, $Y$ 的函数 $Z=g(X, Y)$,则有:

(1) 设二维随机变量 $(X, Y)$ 为离散型随机变量,其分布律为 $P\{X=x_i, Y=y_j\}=p_{ij}$, $i, j=1, 2, \cdots$. 若级数 $\sum_{i=1}^{\infty} \sum_{j=1}^{\infty} g(x_i, y_j) p_{ij}$ 绝对收敛,则

$$E(Z) = E[g(X, Y)] = \sum_{i=1}^{\infty} \sum_{j=1}^{\infty} g(x_i, y_j) p_{ij}.$$

(2) 设二维随机变量 $(X, Y)$ 为连续型随机变量,其密度函数为 $f(x, y)$,若积分 $\int_{-\infty}^{\infty} \int_{-\infty}^{\infty} g(x, y) f(x, y) \mathrm{d}x \mathrm{d}y$ 绝对收敛,则

$$E(Z) = E[g(X, Y)] = \int_{-\infty}^{\infty} \int_{-\infty}^{\infty} g(x, y) f(x, y) \mathrm{d}x \mathrm{d}y.$$

**例 4.1.9** 已知随机变量 $X$ 的分布律见下表:

| $X$ | $-1$ | $0$ | $1$ |
| --- | --- | --- | --- |
| $p_k$ | 0.25 | 0.50 | 0.25 |

求 $E(X^2+1)$ 和 $E\left(\dfrac{X}{1+X^2}\right)^2$.

**解** 根据定理 4.1.1,有

$$E(X^2+1) = 2 \times 0.25 + 1 \times 0.50 + 2 \times 0.25 = 1.5.$$

$$E\left(\dfrac{X}{1+X^2}\right)^2 = \dfrac{1}{4} \times 0.25 + 0 \times 0.50 + \dfrac{1}{4} \times 0.25 = 0.125.$$

**例 4.1.10** 设随机变量 $(X, Y)$ 的联合密度函数为

$$f(x, y) = \begin{cases} \dfrac{3}{2x^3 y^2}, & \dfrac{1}{x} < y < x, x > 1, \\ 0, & \text{其他}, \end{cases}$$

求 $E\left(\dfrac{1}{XY}\right)$.

**解** 根据定理 4.1.2,有

$$E\left(\dfrac{1}{XY}\right)=\int_{-\infty}^{\infty}\int_{-\infty}^{\infty}\dfrac{1}{xy}f(x,y)\mathrm{d}y\mathrm{d}x=\int_{1}^{\infty}\int_{\frac{1}{x}}^{x}\dfrac{3}{2x^4y^3}\mathrm{d}y\mathrm{d}x=\dfrac{3}{5}.$$

**例 4.1.11** 某公司计划开发一种新产品市场,并试图确定该产品的产量.估计出售 1 kg 产品可获利 $m$ 元,而积压 1 kg 产品导致 $n$ 元的损失.再者,预测销售量 $Y$(单位:kg)服从指数分布,其密度函数为

$$f_Y(y)=\begin{cases}\dfrac{1}{\theta}\mathrm{e}^{-\frac{y}{\theta}}, & y>0,\\ 0, & y\leqslant 0,\end{cases}$$

其中 $\theta>0$. 问若要获得利润的数学期望最大,应生产多少产品($m,n,\theta$ 均为已知)?

**解** 设生产 $x$ kg 产品,则利润 $Q$ 为 $x$ 的函数,即

$$Q=Q(x)=\begin{cases}mY-n(x-Y), & Y<x,\\ mx, & Y\geqslant x.\end{cases}$$

$Q$ 是随机变量,它是 $Y$ 的函数,其数学期望为

$$\begin{aligned}E(Q)&=\int_0^{\infty}Qf_Y(y)\mathrm{d}y\\ &=\int_0^x[my-n(x-y)]\dfrac{1}{\theta}\mathrm{e}^{-\frac{y}{\theta}}\mathrm{d}y+\int_x^{\infty}mx\dfrac{1}{\theta}\mathrm{e}^{-\frac{y}{\theta}}\mathrm{d}y\\ &=(m+n)\theta-(m+n)\theta\mathrm{e}^{-\frac{x}{\theta}}-nx.\end{aligned}$$

令

$$\dfrac{\mathrm{d}}{\mathrm{d}x}E(Q)=(m+n)\mathrm{e}^{-\frac{x}{\theta}}-n=0,$$

得 $x=-\theta\ln\left(\dfrac{n}{m+n}\right)$. 而

$$\dfrac{\mathrm{d}^2}{\mathrm{d}x^2}E(Q)=-\dfrac{(m+n)}{\theta}\mathrm{e}^{-\frac{x}{\theta}}<0,$$

故当 $x=-\theta\ln\left(\dfrac{n}{m+n}\right)$ 时,$E(Q)$ 取极大值,且可知这也是最大值.

例如,若

$$f_Y(y)=\begin{cases}\dfrac{1}{10\,000}\mathrm{e}^{-\frac{y}{10\,000}}, & y>0,\\ 0, & y\leqslant 0,\end{cases}$$

即 $\theta=10\,000$,且有 $m=500$ 元,$n=2\,000$ 元,则 $x=-10\,000\ln\left(\dfrac{2\,000}{500+2\,000}\right)=2\,231.44$. 所以,当生产 2 231.44 kg 产品时,获得利润的数学期望最大.

### 4.1.3 数学期望的性质

数学期望的性质(设下面所遇到的数学期望是存在的):
(1) 设 $C$ 是常数,则有 $E(C)=C$;
(2) 设 $X$ 是一个随机变量,$C$ 是常数,则有 $E(CX)=CE(X)$;
(3) 设 $X,Y$ 是两个随机变量,则有 $E(X+Y)=E(X)+E(Y)$.
这个性质可以推广到任意有限个随机变量之和的情况.
(4) 设 $X$ 和 $Y$ 是相互独立的随机变量,则有 $E(XY)=E(X)E(Y)$.
这个性质可以推广到任意有限个相互独立的随机变量之积的情况.

**证明** (1)和(2)由读者自己证明.下面就连续型随机变量的情形证明(3)和(4).
(3) 设二维随机变量 $(X,Y)$ 的联合密度函数为 $f(x,y)$,其边缘密度函数为 $f_X(x)$,$f_Y(y)$,则有

$$E(X+Y)=\int_{-\infty}^{\infty}\int_{-\infty}^{\infty}(x+y)f(x,y)\mathrm{d}x\mathrm{d}y$$
$$=\int_{-\infty}^{\infty}\int_{-\infty}^{\infty}xf(x,y)\mathrm{d}x\mathrm{d}y+\int_{-\infty}^{\infty}\int_{-\infty}^{\infty}yf(x,y)\mathrm{d}x\mathrm{d}y$$
$$=\int_{-\infty}^{\infty}xf_X(x)\mathrm{d}x+\int_{-\infty}^{\infty}yf_Y(y)\mathrm{d}y$$
$$=E(X)+E(Y).$$

(4) 设 $X$ 和 $Y$ 是相互独立的,则有

$$E(XY)=\int_{-\infty}^{\infty}\int_{-\infty}^{\infty}xyf(x,y)\mathrm{d}x\mathrm{d}y=\int_{-\infty}^{\infty}\int_{-\infty}^{\infty}xyf_X(x)f_Y(y)\mathrm{d}x\mathrm{d}y$$
$$=\left[\int_{-\infty}^{\infty}xf_X(x)\mathrm{d}x\right]\left[\int_{-\infty}^{\infty}yf_Y(y)\mathrm{d}y\right]=E(X)E(Y).$$

**例 4.1.12** 一个民航客车载有 20 名旅客自机场开出,旅客有 10 个车站可以下车.如到达一个车站没有旅客下车就不停车,以 $X$ 表示停车的次数.设每名旅客在各个车站下车是等可能的,并设各旅客是否下车相互独立,求 $E(X)$.

**解** 引进随机变量

$$X_i=\begin{cases}0, & \text{在第 } i \text{ 站没人下车},\\ 1, & \text{在第 } i \text{ 站有人下车},\end{cases}$$

易知,$X=X_1+X_2+\cdots+X_{10}$.

根据题意,任意一名旅客在第 $i$ 站不下车的概率为 $\dfrac{9}{10}$,因此 20 名旅客都不在第 $i$ 站下车的概率为 $\left(\dfrac{9}{10}\right)^{20}$,在第 $i$ 站有人下车的概率为 $1-\left(\dfrac{9}{10}\right)^{20}$,即

$$P\{X_i=0\}=\left(\dfrac{9}{10}\right)^{20},\quad P\{X_i=1\}=1-\left(\dfrac{9}{10}\right)^{20},\quad i=1,2,\cdots,10.$$

因此 $E(X_i)=1-\left(\dfrac{9}{10}\right)^{20}$,$i=1,2,\cdots,10$.于是

$$E(X) = E(X_1 + X_2 + \cdots + X_{10})$$
$$= E(X_1) + E(X_2) + \cdots + E(X_{10})$$
$$= 10\left[1 - \left(\frac{9}{10}\right)^{20}\right]$$
$$= 8.784.$$

### 4.1.4 条件数学期望

条件分布的数学期望称为条件数学期望，其定义如下：

**定义 4.1.2** 条件分布的数学期望（若存在）称为条件数学期望，其定义如下：

$$E(X \mid Y = y) = \begin{cases} \sum_{i=1}^{\infty} x_i P(X = x_i \mid Y = y), & \text{离散型场合,} \\ \int_{-\infty}^{\infty} x f(x \mid y) \mathrm{d}x, & \text{连续型场合；} \end{cases}$$

$$E(Y \mid X = x) = \begin{cases} \sum_{j=1}^{\infty} y_j P(Y = y_j \mid X = x), & \text{离散型场合,} \\ \int_{-\infty}^{\infty} y f(y \mid x) \mathrm{d}y, & \text{连续型场合.} \end{cases}$$

**例 4.1.13** 设 $X$ 取值为 $0, 1, 2$，$Y$ 取值为 $0, 1$ 的二维随机变量 $(X, Y)$ 的联合分布律见下表：

| Y \ X | 0 | 1 | 2 |
|---|---|---|---|
| 0 | $\frac{1}{4}$ | $\frac{1}{6}$ | $\frac{1}{8}$ |
| 1 | $\frac{1}{4}$ | $\frac{1}{8}$ | $\frac{1}{12}$ |

求 $E(X \mid Y = 0)$ 和 $E(Y \mid X = 1)$.

**解** 由 $(X, Y)$ 的联合分布律，得到 $X$ 和 $Y$ 的边缘分布律见下表（最后一行、最后一列）：

| Y \ X | 0 | 1 | 2 | $p_{\cdot j}$ |
|---|---|---|---|---|
| 0 | $\frac{1}{4}$ | $\frac{1}{6}$ | $\frac{1}{8}$ | $\frac{13}{24}$ |
| 1 | $\frac{1}{4}$ | $\frac{1}{8}$ | $\frac{1}{12}$ | $\frac{11}{24}$ |
| $p_{i \cdot}$ | $\frac{1}{2}$ | $\frac{7}{24}$ | $\frac{5}{24}$ | 1 |

则在 $Y=0$ 的条件下 $X$ 的分布律见下表：

| $X\mid Y=0$ | 0 | 1 | 2 |
|---|---|---|---|
| $P$ | $\dfrac{6}{13}$ | $\dfrac{4}{13}$ | $\dfrac{3}{13}$ |

因此 $E(X\mid Y=0)=0\times\dfrac{6}{13}+1\times\dfrac{4}{13}+2\times\dfrac{3}{13}=\dfrac{10}{13}$.

在 $X=1$ 的条件下 $Y$ 的分布律见下表：

| $Y\mid X=1$ | 0 | 1 |
|---|---|---|
| $P$ | $\dfrac{4}{7}$ | $\dfrac{3}{7}$ |

则 $E(Y\mid X=1)=0\times\dfrac{4}{7}+1\times\dfrac{3}{7}=\dfrac{3}{7}$.

**例 4.1.14(续例 3.4.3)** 在例 3.4.3 中,若 $(X,Y)$ 服从二维正态分布 $N(\mu_1,\mu_2,\sigma_1^2,\sigma_2^2,\rho)$,在给定 $Y=y$ 的条件下,$X$ 服从一维正态分布 $N\left(\mu_1+\rho\dfrac{\sigma_1}{\sigma_2}(y-\mu_2),\sigma_1^2(1-\rho^2)\right)$. 求在给定 $Y=y$ 的条件下,$X$ 条件数学期望.

**解** 根据例 3.4.3,在给定 $Y=y$ 的条件下,$X$ 服从一维正态分布 $N\left(\mu_1+\rho\dfrac{\sigma_1}{\sigma_2}(y-\mu_2),\sigma_1^2(1-\rho^2)\right)$.

由此得 $E(X\mid Y=y)=\mu_1+\rho\dfrac{\sigma_1}{\sigma_2}(y-\mu_2)$,这是 $y$ 的线性函数.

条件数学期望在实践中是很有用的. 例如,某工厂在某夜保险柜被盗,厂方发现后立即报警,公安部门随即派人进行调查. 据办案人员分析,案犯身高约 1.74 m.

那么办案人员是怎样知道案犯的身高的呢？原来保险柜前发现了案犯留下的鞋印,办案人员根据鞋印的长度为 25.3 cm,并根据如下公式推断出了案犯身高：身高＝鞋印的长度 $\times 6.876$.

一般认为人的身高和足长可以当作来自二维正态随机变量 $(X,Y)$,即 $(X,Y)$ 服从二维正态分布 $N(\mu_1,\mu_2,\sigma_1^2,\sigma_2^2,\rho)$,根据例 3.4.3,则在 $Y=y$ 的条件下,$X$ 服从一维正态分布 $N\left(\mu_1+\rho\dfrac{\sigma_1}{\sigma_2}(y-\mu_2),\sigma_1^2(1-\rho^2)\right)$. 例 4.1.14,$E(X\mid Y=y)=\mu_1+\rho\dfrac{\sigma_1}{\sigma_2}(y-\mu_2)$. 以 $E(X\mid Y=y)$ 作为身高的估计,它是 $y$ 的线性函数. 根据中国人的相应参数 $\mu_1,\mu_2,\sigma_1^2,\sigma_2^2,\rho$ 以及案犯鞋印的长度,就可以得到前面提到的公式.

如果把 $(x,E(X\mid Y=y))$ 在平面上表示,它是一条直线,常被称为回归直线(将在后面的第 10 章中介绍).

**例 4.1.15** 设二维随机变量 $(X,Y)$ 的联合密度函数为

$$f(x,y)=\begin{cases} x+y, & 0<x<1,0<y<1, \\ 0, & \text{其他}. \end{cases}$$

求 $E(X|Y=0.5)$.

**解** 根据 $(X,Y)$ 的联合密度函数,当 $0<y<1$ 时,有 $f_Y(y)=\int_0^1 (x+y)\mathrm{d}x=0.5+y$. 根据条件密度函数的定义,有

$$f(x\mid y)=\frac{f(x,y)}{f_Y(y)}=\begin{cases}\dfrac{x+y}{0.5+y}, & 0<x<1, 0<y<1,\\ 0, & \text{其他}.\end{cases}$$

所以

$$f(x\mid y=0.5)=\begin{cases}\dfrac{x+0.5}{0.5+0.5}=x+0.5, & 0<x<1,\\ 0, & \text{其他}.\end{cases}$$

于是,有

$$E(X\mid Y=0.5)=\int_{-\infty}^{\infty} xf(x\mid y=0.5)\mathrm{d}x=\int_0^1 x(x+0.5)\mathrm{d}x=\frac{7}{12}.$$

## 习 题 4.1

1. 设随机变量 $X$ 的分布律为

| $X$ | $-2$ | $0$ | $2$ |
|---|---|---|---|
| $p_k$ | 0.4 | 0.3 | 0.3 |

求 $E(X)$,$E(X^2)$,$E(3X^2+5)$.

2. 设随机变量 $X$ 的密度函数为

$$f(x)=\begin{cases}\mathrm{e}^{-x}, & x>0\\ 0, & \text{其他}.\end{cases}$$

且 $Y=2X$,$Z=\mathrm{e}^{-2X}$,求 $E(X)$,$E(Y)$,$E(Z)$.

3. 一批产品中有一、二、三等品以及外等品和废品五种. 相应的概率分别为 0.6,0.2,0.1,0.07 及 0.03,而其利润分别为 100 元、70 元、50 元、5 元和 $-60$ 元. 求该批产品的平均利润.

4. 对球的直径 $X$ 作近似测量,设其值均匀地分布在区间 $[a,b]$ 内,求球体积的均值.

5. 某作家写了一本书准备出版. 出版社接受此书并告诉作者,稿费有两种支付方案供作者选择,一是一次性支付 10 000 元;二是版税制,按版税制每出售一本书作者可得 1 元. 作者认为自己这本书的发行量 $X$ 有如下分布律:

| $X$ | 1 000 | 5 000 | 10 000 | 20 000 |
|---|---|---|---|---|
| $p_k$ | 0.05 | 0.2 | 0.5 | 0.25 |

请问该作者选择哪一种支付方案对他有利?

6. 设袋子中有 $r$ 只白球,$N-r$ 只红球. 在袋中取球 $n(n\leqslant r)$ 次,每次任取一只做放回抽样,以 $Y$ 表示取到白球的个数,求 $E(Y)$.若是不放回抽样,情况如何?

7. 游客乘电梯从底层到电视塔顶层观光,电梯于每个整点的第 5 min、第 25 min 和第 55 min 从底层

起行. 假设一游客在早八点的第 $X$ 分钟到达底层候梯处, 且在 $[0,60]$ 上均匀分布, 求该游客等候时间的数学期望.

8. 设连续型随机变量 $X$ 的密度函数为

$$f(x) = \begin{cases} ax, & 0 < x < 2, \\ cx+b, & 2 \leqslant x < 4, \\ 0, & \text{其他}. \end{cases}$$

已知 $E(X)=2$, $P\{1<X<3\}=\dfrac{3}{4}$, 求常数 $a, b, c$ 的值.

9. 设电压(以 V 计) $X \sim N(0,9)$, 将电压施加于一检波器, 其输出电压为 $Y=5X^2$, 求输出电压 $Y$ 的均值.

10. 某地方电视台在体育节目中插播广告有三种方案(10 s, 20 s 和 40 s)供业主选择, 据一段时间内的统计, 这三种方案被选择的可能性分别是 $10\%, 30\%$ 和 $60\%$.

(1) 设 $X$ 为业主随机选择的广告时间长度, 求 $E(X)$;

(2) 假设该电视台在体育节目中插播 10 s 广告售价是 4 000 元, 20 s 广告售价是 6 500 元, 40 s 广告售价是 8 000 元. 若设 $Y$ 为广告价格(单位:元), 请写出 $Y$ 的分布律, 计算 $E(Y)$.

11. 设某种商品的需求量 $X$ 是服从区间 $[10,30]$ 上的均匀分布的随机变量, 而经销商店进货数量为区间 $[10,30]$ 中的某一整数, 商店每销售一个单位的产品可获利 500 元, 若供大于求, 则削价处理, 每处理一单位商品亏损 100 元; 若供不应求, 则可从外部调剂供应, 此时每一个单位的商品仅获利 300 元, 为使商店获利期望值不少于 9 280 元, 试确定最小进货量.

12. 设随机变量 $X_1, X_2$ 相互独立, 其密度函数分别为

$$f_1(x) = \begin{cases} 2x, & 0 \leqslant x \leqslant 1, \\ 0, & \text{其他}; \end{cases} \quad f_2(x) = \begin{cases} e^{-(x-5)}, & x>5, \\ 0, & \text{其他}. \end{cases}$$

求 $E(X_1 X_2)$.

13. 某公司经销某种原料, 根据历史资料表明: 这种原料的市场需求量 $X$(单位:t)服从 $(300,500)$ 上的均匀分布. 每出售 1 t 该原料, 公司可获利 1.5 千元; 若积压 1 t, 则公司损失 0.5 千元. 问该公司应该组织多少货源, 可使平均收益最大?

14. 在长为 $a$ 的线段上任意取两点 $X$ 和 $Y$(相互独立), 求此两点间的平均长度.

15. 设二维随机变量 $(X,Y)$ 的联合密度函数为

$$f(x,y) = \begin{cases} 24(1-x)y, & 0<y<x<1, \\ 0, & \text{其他}. \end{cases}$$

在 $0<y<1$ 时, 求 $E(X|Y=y)$.

16. 设二维随机变量 $(X,Y)$ 的联合密度函数为

$$f(x,y) = \begin{cases} \dfrac{1}{8}(6-x-y), & 0<x<2, 2<y<4, \\ 0, & \text{其他}. \end{cases}$$

求:(1) $E(X)$; (2) $E(Y)$; (3) $E(Y|X=x)$.

17. 设 $X$ 和 $Y$ 相互独立, 且都服从正态分布 $N\left(0,\dfrac{1}{2}\right)$, 求 $E(|X-Y|)$.

18. 设标准正态分布的分布函数为 $\Phi(x)$, 随机变量 $X$ 的分布函数为 $F(x)=a\Phi(x)+b\Phi(x-1)$, 求 $X$ 的数学期望 $E(X)$.

## 4.2 方　　差

先看一个例子. 有一批灯泡, 已知它的平均寿命 $E(X)=1\,000$ h, 仅由这个指标我们还不能判断这批灯泡的质量好坏. 事实上, 有可能其中绝大部分灯泡的寿命都在 $950\sim 1\,050$ h; 也有可能其中约有一半是高质量的, 它们的寿命大约有 $1\,300$ h, 另一半却是质量差的, 其寿命大约只有 $700$ h. 为评定这批灯泡的质量好坏, 需要进一步考察灯泡的寿命 $X$ 与其均值 $E(X)=1\,000$ 的偏离程度. 若偏离程度较小, 表示质量比较稳定. 从这个意义上说, 我们认为质量较好. 由此可见, 研究随机变量与其均值的偏离程度是十分必要的. 那么用怎样的量去度量这个偏离程度呢? 容易看到 $E\{|X-E(X)|\}$ 能度量随机变量 $X$ 与其均值 $E(X)$ 的偏离程度. 但由于上式带有绝对值, 计算不方便, 为了计算上的方便, 通常用量 $E\{[X-E(X)]^2\}$ 来度量随机变量 $X$ 与其均值 $E(X)$ 的偏离程度.

### 4.2.1　方差的定义

**定义 4.2.1**　设 $X$ 是随机变量, 若 $E\{[X-E(X)]^2\}$ 存在, 则称

$$E\{[X-E(X)]^2\}$$

为 $X$ 的**方差**(variance), 记作 $D(X)$ 或 $\mathrm{Var}(X)$, 即 $D(X)=E\{[X-E(X)]^2\}$. 称 $\sqrt{D(X)}$ 为**标准差**.

按定义 4.2.1, 随机变量 $X$ 的方差表达了 $X$ 的取值与其均值 $E(X)$ 的偏离程度. 若 $X$ 的取值比较集中, 则 $D(X)$ 较小; 反之, 若 $X$ 的取值比较分散, 则 $D(X)$ 较大. 因此, $D(X)$ 是刻画 $X$ 取值分散程度的一个量, 它是衡量 $X$ 取值分散程度的一个尺度.

由定义 4.2.1 知, 方差实际上就是随机变量 $X$ 的函数 $g(X)=[X-E(X)]^2$ 的数学期望.

对于离散型随机变量, 有

$$D(X)=\sum_{k=1}^{\infty}[x_k-E(X)]^2 p_k,$$

其中 $P\{X=x_k\}=p_k(k=1,2,\cdots)$ 是 $X$ 的分布律.

对于连续型随机变量, 有

$$D(X)=\int_{-\infty}^{\infty}[x-E(X)]^2 f(x)\mathrm{d}x,$$

其中 $f(x)$ 是 $X$ 的密度函数.

**例 4.2.1**　某人有一笔资金可投入两个项目: 房地产和商业, 其收益与市场状态有关. 若把市场划分为好、中、差三个等级, 其发生的概率分别为 $0.2, 0.7, 0.1$. 通过调查, 该投资者认为投资于房地产的收益 $X$(万元)和投资于商业的收益 $Y$(万元)的分布分别为

| $X$ | 11 | 3 | $-3$ |
| --- | --- | --- | --- |
| $p_k$ | 0.2 | 0.7 | 0.1 |

| $Y$ | 6 | 4 | $-1$ |
| --- | --- | --- | --- |
| $p_k$ | 0.2 | 0.7 | 0.1 |

请问:投资者如何投资为好?

**解** 我们首先考察数学期望(平均收益):
$$E(X) = 11 \times 0.2 + 3 \times 0.7 + (-3) \times 0.1 = 4.0,$$
$$E(Y) = 6 \times 0.2 + 4 \times 0.7 + (-1) \times 0.1 = 3.9.$$

然后计算方差与标准差:
$$D(X) = (11-4)^2 \times 0.2 + (3-4)^2 \times 0.7 + (-3-4)^2 \times 0.1 = 15.4,$$
$$D(Y) = (6-3.9)^2 \times 0.2 + (4-3.9)^2 \times 0.7 + (-1-3.9)^2 \times 0.1 = 3.29,$$
$$\sqrt{D(X)} = \sqrt{15.4} = 3.92,$$
$$\sqrt{D(Y)} = \sqrt{3.29} = 1.81.$$

由于标准差(或方差)越大,则收益的波动越大,从而风险也越大.所以从标准差来看,投资房地产的风险比投资商业的风险大一倍多.若从收益与风险综合考虑,该投资者还是应该选择投资商业为好,虽然平均收益少 0.1 万元,但风险要小一半以上.

**定理 4.2.1(方差的计算公式)**
$$D(X) = E(X^2) - [E(X)]^2. \tag{4.2.1}$$

**证明** 根据方差的定义和数学期望的性质,有
$$\begin{aligned}
D(X) &= E\{[X-E(X)]^2\} \\
&= E\{X^2 - 2XE(X) + [E(X)]^2\} \\
&= E(X^2) - 2E(X)E(X) + [E(X)]^2 \\
&= E(X^2) - [E(X)]^2.
\end{aligned}$$

称式(4.2.1)为方差的计算公式.

**例 4.2.2** 若 $X$ 为掷一颗骰子出现的点数,求 $D(X)$.

**解** 若 $X$ 为掷一颗骰子出现的点数,则 $X$ 的分布律见下表:

| $X$ | 1 | 2 | 3 | 4 | 5 | 6 |
|---|---|---|---|---|---|---|
| $p_k$ | $\frac{1}{6}$ | $\frac{1}{6}$ | $\frac{1}{6}$ | $\frac{1}{6}$ | $\frac{1}{6}$ | $\frac{1}{6}$ |

于是
$$E(X) = \frac{1}{6}(1+2+3+4+5+6) = \frac{7}{2},$$
$$E(X^2) = \frac{1}{6}(1^2+2^2+3^2+4^2+5^2+6^2) = \frac{91}{6},$$
$$D(X) = E(X^2) - [E(X)]^2 = \frac{91}{6} - \frac{49}{4} = \frac{35}{12} = 2.917.$$

**例 4.2.3** 设随机变量 $X$ 的数学期望 $E(X) = \mu$,方差 $D(X) = \sigma^2 \neq 0$. 记 $X^* = \frac{X-\mu}{\sigma}$,则 $E(X^*) = 0, D(X^*) = 1.$

**证明** 根据题意,有

$$E(X^*) = \frac{1}{\sigma}E(X-\mu) = \frac{1}{\sigma}[E(X)-\mu] = 0,$$

$$D(X^*) = E(X^{*2}) - [E(X^*)]^2 = E\left[\left(\frac{X-\mu}{\sigma}\right)^2\right] = \frac{1}{\sigma^2}E(X-\mu)^2 = \frac{\sigma^2}{\sigma^2} = 1.$$

称 $X^* = \dfrac{X-\mu}{\sigma}$ 为随机变量 $X$ 的**标准化随机变量**.

### 4.2.2 方差的性质

方差的几个重要性质(设遇到的方差是存在的):
(1) 设 $C$ 是常数,则有 $D(C)=0$;
(2) 设 $X$ 是一个随机变量,$C$ 是常数,则有 $D(CX)=C^2D(X)$;
(3) 设 $X,Y$ 是两个随机变量,则有

$$D(X\pm Y) = D(X) + D(Y) \pm 2E\{[X-E(X)][Y-E(Y)]\}.$$

特别地,若 $X$ 和 $Y$ 相互独立,则有 $D(X\pm Y) = D(X) + D(Y)$.

这个性质可以推广到任意有限个相互独立的随机变量的情况.

(4) $D(X)=0$ 的充分必要条件是 $X$ 以概率 1 取常数 $C$,即 $P\{X=C\}=1$(显然,这里 $C=E(X)$).

**证明** 性质(4)证略,现在证明(1),(2)和(3).
(1) $D(C) = E\{[C-E(C)]^2\} = 0$.
(2) $D(CX) = E\{[CX-E(CX)]^2\} = C^2E\{[X-E(X)]^2\} = C^2D(X)$.
(3) 根据数学期望的性质,有

$$\begin{aligned}D(X\pm Y) &= E\{[(X\pm Y) - E(X\pm Y)]^2\} \\ &= E\{[X-E(X)] \pm [Y-E(Y)]\}^2 \\ &= E\{[X-E(X)]^2\} + E\{[Y-E(Y)]^2\} \pm 2E\{[X-E(X)][Y-E(Y)]\} \\ &= D(X) + D(Y) \pm 2E\{[X-E(X)][Y-E(Y)]\}.\end{aligned}$$

上式右边第三项:

$$\begin{aligned}\pm 2E\{[X-E(X)][Y-E(Y)]\} &= \pm 2E[XY - XE(Y) - YE(X) + E(X)E(Y)] \\ &= \pm 2[E(XY) - E(X)E(Y) - E(Y)E(X) + E(X)E(Y)] \\ &= \pm 2[E(XY) - E(X)E(Y)].\end{aligned}$$

若 $X$ 和 $Y$ 相互独立,根据数学期望的性质,则上式为零,于是有 $D(X\pm Y) = D(X) + D(Y)$.

### 4.2.3 常见分布的方差

**例 4.2.4** 设随机变量 $X$ 服从两点分布,其分布律为 $P\{X=0\}=1-p$,$P\{X=1\}=p$,求 $D(X)$.

**解** 由于

$$E(X) = 0 \cdot (1-p) + 1 \cdot p = p,$$
$$E(X^2) = 0^2 \cdot (1-p) + 1^2 \cdot p = p,$$

根据方差的计算公式,有 $D(X) = E(X^2) - [E(X)]^2 = p - p^2 = p(1-p)$.

**例 4.2.5** 设 $X \sim P(\lambda)$,求 $D(X)$.

**解** $X$ 的分布律为

$$P\{X=k\} = \frac{\lambda^k e^{-\lambda}}{k!}, \quad k=0, 1, 2, \cdots; \lambda > 0.$$

由于在例 4.1.6 中已经得到 $E(X) = \lambda$,而

$$\begin{aligned}
E(X^2) &= E[X(X-1) + X] \\
&= E[X(X-1)] + E(X) \\
&= \sum_{k=0}^{\infty} k(k-1) \frac{\lambda^k e^{-\lambda}}{k!} + \lambda \\
&= \lambda^2 e^{-\lambda} \sum_{k=2}^{\infty} \frac{\lambda^{k-2}}{(k-2)!} + \lambda \\
&= \lambda^2 e^{-\lambda} e^{\lambda} + \lambda \\
&= \lambda^2 + \lambda.
\end{aligned}$$

根据方差的计算公式,有 $D(X) = E(X^2) - [E(X)]^2 = (\lambda^2 + \lambda) - \lambda^2 = \lambda$.

**例 4.2.6** 设 $X \sim U(a, b)$,求 $D(X)$.

**解** $X$ 的概率密度为

$$f(x) = \begin{cases} \dfrac{1}{b-a}, & a < x < b, \\ 0, & \text{其他}. \end{cases}$$

由于在例 4.1.7 中已经得到 $E(X) = \dfrac{a+b}{2}$,根据方差的计算公式,有

$$D(X) = E(X^2) - [E(X)]^2 = \int_a^b x^2 \frac{1}{b-a} dx - \left(\frac{a+b}{2}\right)^2 = \frac{(b-a)^2}{12}.$$

**例 4.2.7** 设 $X$ 服从参数为 $\theta$ 的指数分布,其密度函数为

$$f(x) = \begin{cases} \dfrac{1}{\theta} e^{-\frac{x}{\theta}}, & x > 0, \\ 0, & \text{其他}, \end{cases}$$

其中 $\theta > 0$. 求 $D(X)$.

**解** 根据例 4.1.4,有 $E(X) = \theta$,根据定理 4.1.1,有

$$\begin{aligned}
E(X^2) &= \int_{-\infty}^{\infty} x^2 f(x) dx = \int_0^{\infty} x^2 \frac{1}{\theta} e^{-\frac{x}{\theta}} dx \\
&= -x^2 e^{-\frac{x}{\theta}} \Big|_0^{\infty} + \int_0^{\infty} 2x e^{-\frac{x}{\theta}} dx \\
&= 2\theta^2.
\end{aligned}$$

根据方差的计算公式,有 $D(X)=E(X^2)-[E(X)]^2=2\theta^2-\theta^2=\theta^2$.

**例 4.2.8** 设 $X\sim B(n,p)$,求 $E(X)$ 和 $D(X)$.

**解** 根据二项分布的定义,随机变量 $X$ 是 $n$ 重伯努利试验中事件 $A$ 发生的次数,且在每次试验中事件 $A$ 发生的概率为 $p$. 引进随机变量

$$X_k=\begin{cases}1, & A\text{ 在第}k\text{ 次试验中发生},\\ 0, & A\text{ 在第}k\text{ 次试验中不发生},\end{cases} k=0,1,2,\cdots,n.$$

易知 $X=\sum_{k=1}^{n}X_k$,且 $X_k$ 只依赖第 $k$ 次试验,而各次试验相互独立,于是 $X_1,X_2,\cdots,X_n$ 相互独立,又 $X_k(k=0,1,2,\cdots,n)$ 服从两点分布,其分布律见下表:

| $X_k$ | 0 | 1 |
|---|---|---|
| $p_k$ | $1-p$ | $p$ |

根据例 4.2.4,$E(X_k)=p$ 和 $D(X_k)=p(1-p)$,$k=0,1,2,\cdots,n$. 根据数学期望的性质,有 $E(X)=E\left(\sum_{k=1}^{n}X_k\right)=\sum_{k=1}^{n}E(X_k)=np$.

根据方差的性质,有 $D(X)=D\left(\sum_{k=1}^{n}X_k\right)=\sum_{k=1}^{n}D(X_k)=np(1-p)$.

**例 4.2.9** 设 $X\sim N(\mu,\sigma^2)$,求 $E(X)$ 和 $D(X)$.

**解** 根据例 4.2.3,$Z=\dfrac{X-\mu}{\sigma}$ 是 $X$ 的标准化随机变量,则 $E(Z)=0$,$D(Z)=1$. 由 $Z=\dfrac{X-\mu}{\sigma}$,得 $X=\sigma Z+\mu$,于是 $E(X)=\sigma E(Z)+\mu=\mu$,$D(X)=\sigma^2 D(Z)=\sigma^2$.

根据例 3.5.3 后面的说明("正态分布的可加性")知道,若 $X_i\sim N(\mu_i,\sigma_i^2)$,$i=1,2,\cdots,n$,且它们相互独立,则它们的线性组合 $\sum_{i=1}^{n}c_iX_i$ 仍然服从正态分布,且 $\sum_{i=1}^{n}c_iX_i\sim N\left(\sum_{i=1}^{n}c_i\mu_i,\sum_{i=1}^{n}c_i^2\sigma_i^2\right)$. 这是一个很有用的结论.

例如,设 $X\sim N(1,3)$,$Y\sim N(2,4)$,且 $X$ 与 $Y$ 相互独立,则 $Z=2X-3Y$ 也服从正态分布. 而 $E(Z)=2\times 1-3\times 2=-4$,$D(Z)=2^2\times 3+(-3)^2\times 4=48$,于是 $Z\sim N(-4,48)$.

**例 4.2.10** 已知 $X_1,X_2,X_3$ 相互独立,且 $X_1\sim U(0,6)$,$X_2\sim N(1,3)$,$X_3\sim E(1/3)$,求 $Y=X_1-2X_2+3X_3$ 的数学期望与方差.

**解** 根据数学期望与方差的性质,有

$$E(X_1-2X_2+3X_3)=E(X_1)-2E(X_2)+3E(X_3)=3-2\times 1+3\times\dfrac{1}{3}=2.$$

$$D(X_1-2X_2+3X_3)=D(X_1)+4D(X_2)+9D(X_3)=\dfrac{6^2}{12}+4\times 3+9\times\left(\dfrac{1}{3}\right)^2=16.$$

通常把考试评定的(卷面)分数称为**原始分数**. 在评定一个学生的学习成绩时,通常的做法是根据多门课程的总原始分数来评定考生的成绩. 其实,这种做法不一定完全合理. 由于各门课程的难易程度各不相同,评分标准宽严程度也有差别,这表明在各门课程的分数价值是不相同的. 例如,同样是 80 分,在得分普遍较低的课程与得分普遍较高的课程中其价值是不等的. 另外,各门课程的分数单位也未必相同. 例如,在某省高考中,语文,数学,英语满分是 150,而理综或文综满分是 300.

对于不同课程考试所得到的原始分数一般具有不同的均值和标准差,即具有不同的参照点和不同的单位. 如果直接对它们进行算数运算是欠科学的,将各门课程原始分数相加作为考生总成绩也是有欠缺的. 一种改进的方法是将原始分数转换成**标准分数**(standard score),即转换为有相同参照点和统一单位来处理. 另外,根据标准分数的线性变换产生的**T 分数**(T-score),其作用与标准分数基本相同,但它能消除标准分数中的负值,而其排序的结果与标准分数相同.

若 $X \sim N(\mu, \sigma^2)$,则称 $X$ 的标准化 $Z = \dfrac{X-\mu}{\sigma}$ 为**标准分数**. 注意,在实际计算标准分数时,用 $X$ 的观察值——具体的原始分数 $x$ 来计算标准分数 $z = \dfrac{x-\mu}{\sigma}$. 标准分数可以回答这样一个问题:"一个给定分数距离平均分有数多少个标准差?"

根据例 4.2.3,则 $E(Z) = 0$,$D(Z) = 1$. 因此,将原始分数转换成标准分数,就得到了以零作为同一参照点,以相同的标准差作为统一单位. 所以用标准分数来衡量学生成绩的相对地位比较科学合理.

**例 4.2.11** 在某年级的统一考试中,设考试成绩服从正态分布,数学的平均成绩 $\mu_1 = 78$(满分为 100),标准差 $\sigma_1 = 7$;英语的平均成绩 $\mu_2 = 62$(满分为 100),标准差 $\sigma_2 = 6$. 某个学生在本次统一考试中,数学得 84,英语得 68,请问该学生的数学和英语成绩在全年级统一考试中哪门课程成绩相对较好?

**解** 因为数学和英语考试成绩的标准差不同,因此直接用原始分数进行比较并不合理. 需要将原始分数转换成标准分数,然后进行比较.

把该学生在全年级统一考试中数学和英语的原始分数转换成标准分数,则有

$$z_1 = \dfrac{84-\mu_1}{\sigma_1} = \dfrac{84-78}{7} = 0.857, \quad z_2 = \dfrac{68-\mu_2}{\sigma_2} = \dfrac{68-62}{6} = 1.$$

由于 $z_1 < z_2$,所以该学生在全年级统一考试中英语成绩比数学成绩相对要好.

需要说明,以上结论与我们从原始分数出发直接比较得到的结论正好相反.

**例 4.2.12** 在某省高考中,设考试成绩服从正态分布,有两个考生参加该省高考,语文,数学,英语,物理,化学的成绩分别为 109,121,83,113,102;124,117,100,97,95. 根据该省的统计,以上五门课程平均分数分别为 105,112,91,108,99,标准差分别为 13,8,11,9,7. 请比较以上两个考生的成绩.

**解** 根据原始分数可以得到标准分数和 $T$ 分数($T = 10z + 103$),其计算结果见下表.

**原始分数，标准分数和 T 分数**

| 科目 | 原始分数 | | 平均分 | 标准差 | 标准分数 $z$ | | T 分数（$T = 10z + 103$） | |
|---|---|---|---|---|---|---|---|---|
| 语文 | 109 | 124 | 105 | 13 | 0.308 | 1.462 | 106.08 | 117.62 |
| 数学 | 121 | 117 | 112 | 8 | 1.125 | 0.625 | 114.25 | 109.25 |
| 英语 | 83 | 100 | 91 | 11 | −0.727 | 0.818 | 95.73 | 111.18 |
| 物理 | 113 | 97 | 108 | 9 | 0.556 | −1.222 | 108.56 | 90.78 |
| 化学 | 102 | 95 | 99 | 7 | 0.429 | −0.571 | 107.29 | 97.29 |
| 总和 | 528 | 533 | — | — | 1.691 | 1.112 | 531.91 | 526.12 |

由上表可见，两个考生的总原始分数分别为 528 和 533（前者比后者少 5），而总标准分数分别为 1.691 和 1.112（前者比后者多 0.579），总 T 分数分别 531.91 和 526.12（前者比后者多 5.79）. 这说明：按照总原始分数，前者比后者的成绩差；而按照总标准分数（或总 T 分数），前者比后者的成绩好.

因此，按照总原始分数与总标准分数（或总 T 分数）排序，可能使排序的结果不同. 上表中最后一列 T 分数，取 $T = 10z + 103$，主要是为了消除标准分数中的负值，并尽可能使 T 分数与原始分数接近. 引入 T 分数可以有不同的方法，但其排序的结果都与标准分数相同.

常见分布的均值和方差见表 4-1.

**表 4-1　　　　　　　常见分布的均值和方差**

| 分布名称 | 分布律或概率密度函数 | 均值 | 方差 |
|---|---|---|---|
| 两点分布 $B(1, p)$ | $p_k = p^k(1-p)^{1-k}$, $k = 0, 1; 0 < p < 1$ | $p$ | $p(1-p)$ |
| 二项分布 $B(n, p)$ | $p_k = C_n^k p^k (1-p)^{n-k}$, $k = 0, 1, 2, \cdots, n; 0 < p < 1$ | $np$ | $np(1-p)$ |
| 泊松分布 $P(\lambda)$ | $p_k = \dfrac{\lambda^k e^{-\lambda}}{k!}$, $\lambda > 0; k = 0, 1, 2, \cdots$ | $\lambda$ | $\lambda$ |
| 均匀分布 $U(a, b)$ | $f(x) = \dfrac{1}{b-a}$, $a < x < b$ | $\dfrac{a+b}{2}$ | $\dfrac{(b-a)^2}{12}$ |
| 指数分布 $E(\theta)$ | $f(x) = \dfrac{1}{\theta} e^{-\frac{x}{\theta}}$, $\theta > 0; x > 0$ | $\theta$ | $\theta^2$ |
| 正态分布 $N(\mu, \sigma^2)$ | $f(x) = \dfrac{1}{\sqrt{2\pi}\sigma} e^{-\frac{(x-\mu)^2}{2\sigma^2}}$, $-\infty < x < \infty$ | $\mu$ | $\sigma^2$ |

### 4.2.4 数学期望、方差不存在的例子

根据数学期望、方差的定义,它们的存在都是有一定条件的. 前面所讨论随机变量的数学期望、方差都是存在的,当然也有数学期望、方差不存在的例子.

**例 4.2.13** 设随机变量 $X$ 服从柯西分布,例 2.4.1 给出了其密度函数

$$f(x) = \frac{1}{\pi} \cdot \frac{1}{1+x^2}, \quad -\infty < x < \infty.$$

证明:$E(X)$ 不存在,因而 $D(X)$ 也不存在.

**证明** 由于

$$\int_{-\infty}^{\infty} |x| f(x) \mathrm{d}x = \frac{1}{\pi} \int_{-\infty}^{\infty} \left|\frac{x}{1+x^2}\right| \mathrm{d}x = \frac{2}{\pi} \int_{0}^{\infty} \frac{x}{1+x^2} \mathrm{d}x = \frac{2}{\pi} \lim_{t \to \infty} \ln(1+t^2) = \infty.$$

可见积分 $\int_{-\infty}^{\infty} x f(x) \mathrm{d}x$ 不绝对收敛,所以 $E(X)$ 不存在,因而 $D(X)$ 也不存在.

**例 4.2.14** 设随机变量 $X$ 的取值为 $x_k = (-1)^k \frac{2^k}{k}$,$k=1,2,\cdots$,而其分布律为

$$p_k = P(X = x_k) = \frac{1}{2^k}, \quad k=1,2,\cdots,$$

证明 $E(X)$ 不存在,因而 $D(X)$ 也不存在.

**证明** 利用级数 $\ln(1+x) = \sum_{k=1}^{\infty} (-1)^{k-1} \frac{x^k}{k}$,$x \in (-1,1]$,可得

$$\sum_{k=1}^{\infty} x_k p_k = \sum_{k=1}^{\infty} (-1)^k \frac{2^k}{k} \cdot \frac{1}{2^k} = \sum_{k=1}^{\infty} (-1)^k \frac{1}{k} = -\ln 2,$$

但由于

$$\sum_{k=1}^{\infty} |x_k| p_k = \sum_{k=1}^{\infty} \frac{1}{k} = \infty,$$

因此 $\sum_{k=1}^{\infty} x_k p_k$ 不是绝对收敛的,于是 $E(X)$ 不存在,从而 $D(X)$ 也不存在.

### 4.2.5 条件方差

既然可以定义在给定 $X=x$ 时 $Y$ 的条件数学期望,当然也可以定义在给定 $X=x$ 时 $Y$ 的条件方差.

**定义 4.2.2(条件方差)** 条件分布的方差(如果存在)称之为**条件方差**,给定 $X=x$ 时,$Y$ 的**条件方差**定义如下:

$$D(Y \mid X=x) = E\{[Y - E(Y \mid X=x)]^2 \mid X=x\}.$$

从定义 4.2.2 可以看出,条件方差是用条件数学期望定义的. 这与(普通)方差是用(普通)数学期望定义的相同.

与(普通)方差的计算公式类似,条件方差也有相应的计算公式——条件方差的计算公式:

$$D(Y \mid X=x) = E(Y^2 \mid X=x) - [E(Y \mid X=x)]^2.$$

**例 4.2.15(续例 4.1.15)** 设二维随机变量 $(X, Y)$ 的联合密度函数为

$$f(x, y) = \begin{cases} x+y, & 0<x<1, 0<y<1, \\ 0, & \text{其他}. \end{cases}$$

求 $D(X \mid Y=0.5)$.

**解** 在例 4.1.15 中给出了条件密度函数

$$f(x \mid y=0.5) = \begin{cases} \dfrac{x+0.5}{0.5+0.5} = x+0.5, & 0<x<1, \\ 0, & \text{其他}, \end{cases}$$

并给出了

$$E(X \mid Y=0.5) = \int_{-\infty}^{\infty} x f(x \mid y=0.5) \mathrm{d}x = \int_0^1 x(x+0.5) \mathrm{d}x = \frac{7}{12}.$$

根据条件密度函数,有

$$E(X^2 \mid Y=0.5) = \int_{-\infty}^{\infty} x^2 f(x \mid y=0.5) \mathrm{d}x = \int_0^1 x^2 (x+0.5) \mathrm{d}x = \frac{5}{12}.$$

根据条件方差的计算公式,有

$$D(X \mid Y=0.5) = E(X^2 \mid Y=0.5) - [E(X \mid Y=0.5)]^2 = \frac{5}{12} - \left(\frac{7}{12}\right)^2 = \frac{11}{144}.$$

## 习 题 4.2

1. 设随机变量 $X$ 的密度函数为

$$f(x) = \begin{cases} 2x, & 0 \leqslant x \leqslant 1, \\ 0, & \text{其他}. \end{cases}$$

求 $E(X), D(X)$.

2. 已知随机变量 $X$ 的分布律为 $P\{X=k\} = \dfrac{1}{10}$, $k=2, 4, \cdots, 18, 20$. 求 $D(X)$.

3. 若抛 $n$ 颗均匀骰子,求 $n$ 颗骰子出现点数之和的数学期望与方差.

4. 设独立随机变量 $X_1, X_2, X_3$ 的数学期望分别为 $2, 1, 4$,方差分别为 $9, 20, 12$. 计算 $X_1 - 2X_2 + 5X_3$ 的数学期望和方差.

5. 设随机变量 $X, Y$ 相互独立,$E(X) = E(Y) = 1$, $D(X) = 2$, $D(Y) = 4$,求 $E[(X+Y)^2]$.

6. 设随机变量 $X$ 的密度函数为

$$f(x) = \begin{cases} a+bx, & 0<x<1, \\ 0, & \text{其他}. \end{cases}$$

又 $E(X) = 0.6$,试求常数 $a$ 和 $b$,并求出 $D(X)$.

7. 设随机变量 $X$ 服从二项分布 $B(n, p)$,求随机变量 $Y = e^{kX}$ 的数学期望和方差.

8. 假设随机变量 $U$ 在区间 $[-2,2]$ 上服从均匀分布，随机变量

$$X = \begin{cases} -1, & U \leq -1, \\ 1, & \text{其他}; \end{cases} \quad Y = \begin{cases} -1, & U \leq 1, \\ 1, & \text{其他}. \end{cases}$$

试求：(1) $X$ 和 $Y$ 的联合分布律；(2) $D(X+Y)$.

9. 设随机变量 $X$ 服从参数为 $\lambda$ 的泊松分布，且已知 $E[(X-1)(X-2)]=1$，求 $\lambda$.

10. 设 $X$ 为随机变量，$C$ 为常数，证明：$D(X)<E(X-C)^2$，对于 $C\neq E(X)$. (说明：由于 $D(X)=E[X-E(X)]^2$，上式表明 $E(X-C)^2$ 当 $C=E(X)$ 时取到最小.)

11. 设二维随机变量 $(X,Y)$ 的联合密度函数为

$$f(x,y) = \begin{cases} \dfrac{1}{8}(6-x-y), & 0<x<2, 2<y<4, \\ 0, & \text{其他}. \end{cases}$$

求：(1) $D(X)$；(2) $D(Y)$；(3) $D(Y|X=x)$.

12. 在例 4.2.12 中，(1) 根据 $T=10z+100$ 计算两个考生的总 T 分数，(2) 根据(1)比较两个考生的成绩，(3) 把根据(2)得到的结论与例 4.2.12 中 T 分数的结论进行比较，你能得出什么结论？

13. 设随机变量 $X$ 服从几何分布，其分布律为 $P\{X=x\}=(1-p)^{x-1}p$，$x=1,2,\cdots$，其中 $0<p<1$，求 $X$ 的方差.

## 4.3 协方差、相关系数与矩

### 4.3.1 协方差与相关系数

我们在方差的性质(3)的证明中已经看到，如果两个随机变量 $X$ 与 $Y$ 是相互独立的，则

$$E\{[X-E(X)][Y-E(Y)]\} = 0.$$

这意味着当 $E\{[X-E(X)][Y-E(Y)]\}\neq 0$ 时，随机变量 $X$ 与 $Y$ 不是相互独立的，而存在着一定的关系.

**定义 4.3.1** 如果随机变量 $X$ 与 $Y$ 的数学期望和方差都存在，称

$$E\{[X-E(X)][Y-E(Y)]\}$$

为随机变量 $X$ 与 $Y$ 的**协方差**(covariance)，记作 $\text{Cov}(X,Y)=E\{[X-E(X)][Y-E(Y)]\}$.

当 $D(X)>0, D(Y)>0$ 时，

$$\frac{\text{Cov}(X,Y)}{\sqrt{D(X)}\sqrt{D(Y)}}$$

称为随机变量 $X$ 与 $Y$ 的**相关系数**(correlation coefficient)，记作 $\rho_{XY}$ 或 $\text{Corr}(X,Y)$.

设 $X^* = \dfrac{X-E(X)}{\sqrt{D(X)}}$，$Y^* = \dfrac{Y-E(Y)}{\sqrt{D(Y)}}$，则 $\rho_{XY}=\text{Cov}(X^*,Y^*)$. 证明这里从略(可以作为一个练习题，见本节习题12). 这说明 $X$ 和 $Y$ 的相关系数等于其标准化随机变量 $X^*$ 和 $Y^*$ 的协方差.

按定义 4.3.1,若$(X,Y)$是离散型随机变量,其联合分布律为 $P\{X=x_i, Y=y_j\}=p_{ij}$ $(i,j=1,2,\cdots)$,则

$$\text{Cov}(X,Y)=\sum_{i=1}^{\infty}\sum_{j=1}^{\infty}[x_i-E(X)][y_j-E(Y)]p_{ij}.$$

若$(X,Y)$是连续型随机变量,其联合密度函数为$f(x,y)$,则

$$\text{Cov}(X,Y)=\int_{-\infty}^{\infty}\int_{-\infty}^{\infty}[x-E(X)][y-E(Y)]f(x,y)\mathrm{d}x\mathrm{d}y.$$

根据定义 4.3.1,可知 $\text{Cov}(X,Y)=\text{Cov}(Y,X)$,$\text{Cov}(X,X)=D(X)$.

根据定义 4.3.1 和方差的性质,对于任意的随机变量 $X$ 与 $Y$,有

$$D(X\pm Y)=D(X)+D(Y)\pm 2\text{Cov}(X,Y).$$

**定理 4.3.1(协方差的计算公式)**

$$\text{Cov}(X,Y)=E(XY)-E(X)E(Y). \tag{4.3.1}$$

**证明** 按协方差的定义和数学期望的性质,有

$$\begin{aligned}\text{Cov}(X,Y)&=E\{[X-E(X)][Y-E(Y)]\}\\&=E[XY-XE(Y)-YE(X)+E(X)E(Y)]\\&=E(XY)-E(X)E(Y).\end{aligned}$$

我们称式(4.3.1)为**协方差的计算公式**.

**定理 4.3.2(协方差的性质)** (1) $\text{Cov}(aX,bY)=ab\text{Cov}(X,Y)$,其中 $a,b$ 是常数; (2) $\text{Cov}(X_1+X_2,Y)=\text{Cov}(X_1,Y)+\text{Cov}(X_2,Y)$.

**证明** (1) 根据协方差的计算公式,有

$$\begin{aligned}\text{Cov}(aX,bY)&=E[(aX)(bY)]-E(aX)E(bY)\\&=ab[E(XY)-E(X)E(Y)]\\&=ab\text{Cov}(X,Y).\end{aligned}$$

(2) 根据协方差的计算公式,有

$$\begin{aligned}\text{Cov}(X_1+X_2,Y)&=E[(X_1+X_2)Y]-E(X_1+X_2)E(Y)\\&=[E(X_1Y)-E(X_1)E(Y)]+[E(X_2Y)-E(X_2)E(Y)]\\&=\text{Cov}(X_1,Y)+\text{Cov}(X_2,Y).\end{aligned}$$

**例 4.3.1** 设$(X,Y)$的联合分布律见下表:

| Y \ X | −1 | 0 | 1 |
|---|---|---|---|
| 0 | 0.07 | 0.18 | 0.15 |
| 1 | 0.08 | 0.32 | 0.20 |

求 $\text{Cov}(X, Y)$, $\rho_{XY}$.

**解** 根据联合分布律,则 $X$ 和 $Y$ 的边缘分布律分别见下表:

| $X$ | $-1$ | 0 | 1 |
|---|---|---|---|
| $p$ | 0.15 | 0.50 | 0.35 |

| $Y$ | 0 | 1 |
|---|---|---|
| $p$ | 0.40 | 0.60 |

则
$$E(XY) = (-1) \times 1 \times 0.08 + 1 \times 1 \times 0.20 = 0.12,$$
$$E(X) = (-1) \times 0.15 + 1 \times 0.35 = 0.20,$$
$$E(Y) = 1 \times 0.6 = 0.6.$$

根据协方差的计算公式,有 $\text{Cov}(X, Y) = E(XY) - E(X)E(Y) = 0.12 - 0.20 \times 0.6 = 0$.

根据相关系数的定义,有 $\rho_{XY} = \dfrac{\text{Cov}(X, Y)}{\sqrt{D(X)} \sqrt{D(Y)}} = 0$.

**例 4.3.2** 设 $(X, Y)$ 的联合密度函数为
$$f(x, y) = \begin{cases} x + y, & 0 \leqslant x \leqslant 1, 0 \leqslant y \leqslant 1, \\ 0, & \text{其他}, \end{cases}$$

求 $\text{Cov}(X, Y)$, $\rho_{XY}$.

**解** 根据 $(X, Y)$ 的联合密度函数和数学期望的定义,有
$$E(X) = \int_{-\infty}^{\infty} x \left[ \int_{-\infty}^{\infty} f(x, y) dy \right] dx = \int_0^1 \int_0^1 x(x + y) dx dy = \frac{7}{12},$$
$$E(X^2) = \int_{-\infty}^{\infty} \int_{-\infty}^{\infty} x^2 f(x, y) dx dy = \int_0^1 \int_0^1 x^2 (x + y) dx dy = \frac{5}{12}.$$

同理, $E(Y) = \dfrac{7}{12}$, $E(Y^2) = \dfrac{5}{12}$. 又
$$E(XY) = \int_{-\infty}^{\infty} \int_{-\infty}^{\infty} xy f(x, y) dx dy = \int_0^1 \int_0^1 xy(x + y) dx dy = \frac{1}{3},$$

则
$$D(Y) = D(X) = E(X^2) - [E(X)]^2 = \frac{5}{12} - \left(\frac{7}{12}\right)^2 = \frac{11}{144}.$$

根据协方差的计算公式,有
$$\text{Cov}(X, Y) = E(XY) - E(X)E(Y) = \frac{1}{3} - \frac{7}{12} \times \frac{7}{12} = -\frac{1}{144}.$$

根据相关系数的定义,有
$$\rho_{XY} = \frac{\text{Cov}(X, Y)}{\sqrt{D(X)} \sqrt{D(Y)}} = \frac{-\dfrac{1}{144}}{\dfrac{11}{144}} = -\frac{1}{11}.$$

**例 4.3.3** 设随机变量 $X$ 和 $Y$ 独立同服从参数为 $\lambda$ 的泊松分布,令 $U = 2X + Y$, $V =$

$2X-Y$,求:(1) $U$ 和 $V$ 的协方差 $\text{Cov}(U,V)$;(2) $U$ 和 $V$ 的相关系数 $\rho_{UV}$.

**解** 由于

$$D(U) = D(2X+Y) = D(2X) + D(Y) = 4D(X) + D(Y) = 5\lambda,$$
$$D(V) = D(2X-Y) = D(2X) + D(Y) = 4D(X) + D(Y) = 5\lambda,$$

所以

$$\begin{aligned}\text{Cov}(U,V) &= \text{Cov}(2X+Y, 2X-Y) \\ &= \text{Cov}(2X, 2X) + \text{Cov}(Y, 2X) - \text{Cov}(2X, Y) - \text{Cov}(Y, Y) \\ &= 4D(X) - D(Y) = 3\lambda,\end{aligned}$$

于是

$$\rho_{UV} = \frac{\text{Cov}(U,V)}{\sqrt{D(U)}\sqrt{D(V)}} = \frac{3\lambda}{5\lambda} = \frac{3}{5}.$$

以下给出相关系数 $\rho_{XY}$ 的两个性质,并说明 $\rho_{XY}$ 的含义.

考虑以 $X$ 的线性函数 $a+bX$ 来近似表示 $Y$. 我们以均方误差

$$e = E\{[Y-(a+bX)]^2\} = E(Y^2) + b^2 E(X^2) + a^2 - 2bE(XY) + 2abE(X) - 2aE(Y)$$
(4.3.2)

来衡量 $a+bX$ 近似表示 $Y$ 的好坏程度. $e$ 的值越小,表示 $a+bX$ 与 $Y$ 的近似程度越好. 这样,我们就取 $a,b$ 使 $e$ 最小. 为此,将 $e$ 分别关于 $a,b$ 求偏导数,并令它们为零,得

$$\begin{cases} \dfrac{\partial e}{\partial a} = 2a + 2bE(X) - 2E(Y) = 0, \\ \dfrac{\partial e}{\partial b} = 2bE(X^2) - 2E(XY) + 2aE(X) = 0. \end{cases}$$

由此解得 $b_0 = \dfrac{\text{Cov}(X,Y)}{D(X)}$, $a_0 = E(Y) - b_0 E(X) = E(Y) - E(X)\dfrac{\text{Cov}(X,Y)}{D(X)}$.

把 $a_0, b_0$ 代入式(4.3.2),得

$$\min_{a,b} E\{[Y-(a+bX)]^2\} = E\{[Y-(a_0+b_0 X)]^2\} = (1-\rho_{XY}^2)D(Y). \quad (4.3.3)$$

根据式(4.3.3),可以得到下述定理(证明从略).

**定理 4.3.3** (1) $|\rho_{XY}| \leqslant 1$;(2) $|\rho_{XY}| = 1$ 的充分必要条件是,存在 $a,b$ 使 $P\{Y=a+bX\}=1$.

由式(4.3.3)知,均方误差 $e$ 是 $|\rho_{XY}|$ 的严格单调减少函数,这样 $\rho_{XY}$ 的含义就很明显了. 当 $|\rho_{XY}|$ 较大时,$e$ 较小,表明 $X$ 与 $Y$(就线性关系来说)联系较为紧密. 特别当 $|\rho_{XY}|=1$ 时,由定理 4.3.3 的(2)知,$X$ 与 $Y$ 之间以概率 1 存在线性关系. 当 $\rho_{XY}=1$ 时,称 $X$ 和 $Y$ **正线性相关**;当 $\rho_{XY}=-1$ 时,称 $X$ 和 $Y$ **负线性相关**. 于是 $\rho_{XY}$ 是一个用来表征 $X$ 与 $Y$ 之间线性关系紧密程度的量. 当 $|\rho_{XY}|$ 较大时,我们通常说 $X$ 与 $Y$ 线性相关的程度较好;当 $|\rho_{XY}|$ 较小时,我们说 $X$ 与 $Y$ 线性相关的程度较差.

### 4.3.2 独立性与不相关性

**定义 4.3.2** 当 $\rho_{XY}=0$ 时,称 $X$ 和 $Y$ **不相关**.

假设随机变量 $X$ 和 $Y$ 的相关系数 $\rho_{XY}$ 存在,当 $X$ 和 $Y$ 相互独立时,根据数学期望的性质(4)及协方差的计算公式(4.3.1)知 $\mathrm{Cov}(X,Y)=0$,从而 $\rho_{XY}=0$,即 $X$ 和 $Y$ 不相关.反之,若 $X$ 和 $Y$ 不相关,$X$ 和 $Y$ 却不一定相互独立(见下面的例 4.3.4).由此可见,"独立"必然导致"不相关",而"不相关"不一定导致"独立".不相关与独立的相互关系,如图 4-1 所示.

图 4-1 不相关与独立的关系示意图

不过,从以下的例 4.3.5 可以看到,当 $(X,Y)$ 是二维正态分布时,$X$ 和 $Y$ 不相关与 $X$ 和 $Y$ 相互独立是等价的.

**例 4.3.4** 设 $(X,Y)$ 的分布律见表 4-2.

表 4-2 $(X,Y)$ 的分布律

| Y \ X | −2 | −1 | 1 | 2 | $P\{Y=j\}$ |
|---|---|---|---|---|---|
| 1 | 0 | $\frac{1}{4}$ | $\frac{1}{4}$ | 0 | $\frac{1}{2}$ |
| 4 | $\frac{1}{4}$ | 0 | 0 | $\frac{1}{4}$ | $\frac{1}{2}$ |
| $P\{X=i\}$ | $\frac{1}{4}$ | $\frac{1}{4}$ | $\frac{1}{4}$ | $\frac{1}{4}$ | 1 |

根据表 4-2 易知,$E(X)=0$,$E(Y)=\frac{5}{2}$,$E(XY)=0$,于是 $\rho_{XY}=0$,即 $X$ 和 $Y$ 不相关,这表明 $X$ 和 $Y$ 不存在线性关系.但 $P\{X=-2,Y=1\}=0 \neq P\{X=-2\}P\{Y=1\}$,知 $X$ 和 $Y$ 不是相互独立的.事实上,$X$ 和 $Y$ 具有关系 $Y=X^2$.

**例 4.3.5** 设 $(X,Y)$ 服从二维正态分布,其联合密度函数为

$$f(x,y)=\frac{1}{2\pi\sigma_1\sigma_2\sqrt{1-\rho^2}} \cdot \exp\left\{-\frac{1}{2(1-\rho^2)}\left[\frac{(x-\mu_1)^2}{\sigma_1^2}-2\rho\frac{(x-\mu_1)(y-\mu_2)}{\sigma_1\sigma_2}+\frac{(y-\mu_2)^2}{\sigma_2^2}\right]\right\}.$$

求 $X$ 和 $Y$ 的相关系数.

**解** 根据例 3.2.6 知道,$(X,Y)$ 关于 $X$ 和 $Y$ 的边缘密度函数分别为

$$f_X(x)=\frac{1}{\sqrt{2\pi}\sigma_1}\mathrm{e}^{-\frac{(x-\mu_1)^2}{2\sigma_1^2}}, \quad -\infty<x<\infty,$$

$$f_Y(y)=\frac{1}{\sqrt{2\pi}\sigma_2}\mathrm{e}^{-\frac{(y-\mu_2)^2}{2\sigma_2^2}}, \quad -\infty<y<\infty,$$

所以 $E(X)=\mu_1$, $E(Y)=\mu_2$, $D(X)=\sigma_1^2$, $D(Y)=\sigma_2^2$. 而

$$\text{Cov}(X,Y) = \int_{-\infty}^{\infty}\int_{-\infty}^{\infty} (x-\mu_1)(y-\mu_2) f(x,y)\,dx\,dy$$

$$= \frac{1}{2\pi\sigma_1\sigma_2\sqrt{1-\rho^2}} \int_{-\infty}^{\infty}\int_{-\infty}^{\infty} (x-\mu_1)(y-\mu_2) \cdot$$

$$\exp\left[-\frac{1}{2(1-\rho^2)}\left(\frac{y-\mu_2}{\sigma_2}-\rho\frac{x-\mu_1}{\sigma_1}\right)^2 - \frac{(x-\mu_1)^2}{2\sigma_1^2}\right]dx\,dy.$$

令 $t = \dfrac{1}{\sqrt{1-\rho^2}}\left(\dfrac{y-\mu_2}{\sigma_2} - \rho\dfrac{x-\mu_1}{\sigma_1}\right)$, $u = \dfrac{x-\mu_1}{\sigma_1}$, 则有

$$\text{Cov}(X,Y) = \frac{1}{2\pi}\int_{-\infty}^{\infty}\int_{-\infty}^{\infty}(\sigma_1\sigma_2\sqrt{1-\rho^2}\,tu + \rho\sigma_1\sigma_2 u^2)e^{-\frac{u^2+t^2}{2}}dt\,du$$

$$= \frac{\rho\sigma_1\sigma_2}{2\pi}\left(\int_{-\infty}^{\infty}u^2 e^{-\frac{u^2}{2}}du\right)\left(\int_{-\infty}^{\infty}e^{-\frac{t^2}{2}}dt\right) +$$

$$\frac{\sigma_1\sigma_2\sqrt{1-\rho^2}}{2\pi}\left(\int_{-\infty}^{\infty}u e^{-\frac{u^2}{2}}du\right)\left(\int_{-\infty}^{\infty}t e^{-\frac{t^2}{2}}dt\right)$$

$$= \frac{\rho\sigma_1\sigma_2}{2\pi}\sqrt{2\pi}\sqrt{2\pi}$$

$$= \rho\sigma_1\sigma_2.$$

以上用到下列结果

$$\int_{-\infty}^{\infty} u^2 e^{-\frac{u^2}{2}}du = \sqrt{2\pi}\left[\int_{-\infty}^{\infty}(u-0)^2\frac{1}{\sqrt{2\pi}}e^{-\frac{u^2}{2}}du\right] = \sqrt{2\pi},$$

$$\int_{-\infty}^{\infty} e^{-\frac{t^2}{2}}dt = \sqrt{2\pi}\int_{-\infty}^{\infty}\frac{1}{\sqrt{2\pi}}e^{-\frac{t^2}{2}}dt = \sqrt{2\pi},$$

$$\int_{-\infty}^{\infty} u e^{-\frac{u^2}{2}}du = \int_{-\infty}^{\infty} t e^{-\frac{t^2}{2}}dt = 0.$$

即 $\text{Cov}(X,Y) = \rho\sigma_1\sigma_2$, 于是 $\rho_{XY} = \dfrac{\text{Cov}(X,Y)}{\sqrt{D(X)}\sqrt{D(Y)}} = \rho$.

这说明,二维正态分布$(X,Y)$的联合密度函数中的参数$\rho$就是$X$与$Y$的相关系数,因而二维正态随机变量的分布完全可由$X$与$Y$各自的数学期望、方差以及它们的相关系数决定.

在第 3 章中已经介绍过,若$(X,Y)$服从二维正态分布,那么$X$与$Y$相互独立的充分必要条件为$\rho=0$. 由于$\rho=\rho_{XY}$,因此对二维正态分布$(X,Y)$来说,$X$与$Y$不相关和$X$与$Y$相互独立是等价的.

### 4.3.3 矩、协方差矩阵

**定义 4.3.3** 设 $X$ 和 $Y$ 是随机变量,若 $E(X^k)(k=1,2,\cdots)$ 存在,称它为 $X$ 的 $k$ **阶原**

点矩.

若 $E\{[X-E(X)]^k\}(k=1,2,\cdots)$ 存在, 称它为 $X$ 的 $k$ 阶中心矩.

若 $E(X^k Y^l)(k, l=1, 2, \cdots)$ 存在, 称它为 $X$ 和 $Y$ 的 $k+l$ 阶混合原点矩.

若 $E\{[X-E(X)]^k[Y-E(Y)]^l\}(k, l=1, 2, \cdots)$ 存在, 称它为 $X$ 和 $Y$ 的 $k+l$ 阶混合中心矩.

显然, 数学期望 $E(X)$ 是一阶原点矩, 方差 $D(X)$ 是二阶中心矩, 协方差 $\mathrm{Cov}(X, Y)$ 是 $X$ 和 $Y$ 的二阶混合中心矩.

二维随机变量 $(X_1, X_2)$ 有四个二阶中心矩(设它们都存在), 分别记作

$$c_{11}=E\{[X_1-E(X_1)]^2\}, \quad c_{12}=E\{[X_1-E(X_1)][X_2-E(X_2)]\},$$
$$c_{21}=E\{[X_2-E(X_2)][X_1-E(X_1)]\}, \quad c_{22}=E\{[X_2-E(X_2)]^2\}.$$

将它们写成矩阵的形式

$$\begin{pmatrix} c_{11} & c_{12} \\ c_{21} & c_{22} \end{pmatrix},$$

称这个矩阵为随机变量 $(X_1, X_2)$ 的**协方差矩阵**. 显然它是对称矩阵.

类似地可以建立多维随机变量协方差矩阵的概念, 这里从略.

## 习 题 4.3

1. 已知 $D(X)=25, D(Y)=36, \rho_{XY}=0.4$, 求 $D(X+Y)$ 及 $D(X-Y)$.

2. 对于随机变量 $X, Y, Z$, 已知 $E(X)=E(Y)=1, E(Z)=-1, D(X)=D(Y)=D(Z)=1, \rho_{XY}=0, \rho_{YZ}=-\dfrac{1}{2}, \rho_{XZ}=\dfrac{1}{2}$, 求 $E(X+Y+Z), D(X+Y+Z)$.

3. 已知随机变量 $X \sim N(1, 3^2), Y \sim N(0, 4^2)$, 且 $X$ 和 $Y$ 的相关系数 $\rho_{XY}=-\dfrac{1}{2}$, 设 $Z=\dfrac{X}{3}+\dfrac{Y}{2}$. 求: (1) $Z$ 的数学期望 $E(Z)$ 和方差 $D(Z)$; (2) $X$ 与 $Z$ 的相关系数.

4. 直接验证: 若 $Y=a+bX$, 则 $\rho_{XY}=\begin{cases} 1, & b>0, \\ -1, & b<0. \end{cases}$

5. 随机变量 $(X, Y)$ 的联合密度函数为

$$f(x, y)=\begin{cases} 1, & |y|<x, 0<x<1, \\ 0, & \text{其他}. \end{cases}$$

试求 $E(X), E(Y), \mathrm{Cov}(X, Y)$.

6. 设二维随机变量 $(X, Y)$ 的联合密度函数为

$$f(x, y)=\begin{cases} \dfrac{1}{\pi}, & x^2+y^2 \leqslant 1, \\ 0, & \text{其他}. \end{cases}$$

试验证 $X$ 和 $Y$ 是不相关的, 且 $X$ 和 $Y$ 不是相互独立的.

7. 设 $X \sim N(0, 1)$, 证明: 当 $n$ 为奇数时 $E(X^n)=0$, 当 $n$ 为偶数时 $E(X^n)=(n-1)!!$.

8. 将一枚硬币重复掷 $n$ 次,以 $X$ 和 $Y$ 分别表示正面向上和反面向上的次数,求 $X$ 和 $Y$ 的相关系数.

9. 设随机变量 $(X,Y)$ 的概率密度函数为

$$f(x,y) = \begin{cases} 2, & 0<x<1, 0<y<x, \\ 0, & \text{其他}. \end{cases}$$

求:(1) $E(X)$,$E(Y)$,$E(XY)$;(2) $D(X)$,$D(Y)$;(3) $\text{Cov}(X,Y)$;(4) $\rho_{XY}$;(5) $(X,Y)$ 的协方差矩阵.

10. 设随机变量 $(X,Y)$ 的联合分布律为

| X \ Y | -1 | 0 | 1 |
|---|---|---|---|
| -1 | $\frac{1}{8}$ | $\frac{1}{8}$ | $\frac{1}{8}$ |
| 0 | $\frac{1}{8}$ | 0 | $\frac{1}{8}$ |
| 1 | $\frac{1}{8}$ | $\frac{1}{8}$ | $\frac{1}{8}$ |

验证 $X,Y$ 不相关,且 $X,Y$ 不是相互独立的.

11. (1) 设 $X,Y$ 是随机变量,$a>0$,$b>0$ 为常数,证明:$X$ 和 $Y$ 的相关系数等于 $aX$ 和 $bY$ 的相关系数. (2) 设 $X,Y$ 是随机变量,$a,b,c,d$ 为常数($a>0$,$c>0$),证明:$X$ 和 $Y$ 的相关系数等于 $aX+b$ 和 $cY+d$ 的相关系数.

12. 设 $X^* = \dfrac{X-E(X)}{\sqrt{D(X)}}$,$Y^* = \dfrac{Y-E(Y)}{\sqrt{D(Y)}}$,证明:$\rho_{XY} = \text{Cov}(X^*,Y^*)$.

13. 设随机变量 $X$ 的概率密度函数为 $f(x) = \dfrac{1}{2}e^{-|x|}$,$-\infty<x<+\infty$. 求:(1) $X$ 和 $|X|$ 的协方差;(2) $X$ 和 $|X|$ 的相关系数.

14. 设二维随机变量 $(X,Y)$ 的联合密度函数为 $f(x,y) = \dfrac{1}{2}[\varphi_1(x,y)+\varphi_2(x,y)]$,其中 $\varphi_1(x,y)$ 和 $\varphi_2(x,y)$ 都是二维正态分布的概率密度函数,且它们对应的二维随机变量的相关系数分别为 $\dfrac{1}{3}$ 和 $-\dfrac{1}{3}$,它们的边缘分布的数学期望都是零、方差都是1,判断 $X$ 和 $Y$ 是否相关.

15. 设二维随机变量 $(X,Y)$ 的概率密度为 $f(x,y) = \begin{cases} 6xy, & (x,y) \in G, \\ 0, & (x,y) \notin G, \end{cases}$ 其中 $G = \{(x,y) \mid x^2 < y < 1, x > 0\}$. 求:(1) $E(X)$,$E(Y)$;(2) $D(X)$,$D(Y)$;(3) $\text{Cov}(X,Y)$;(4) $\rho_{XY}$;(5) $(X,Y)$ 的协方差矩阵.

## 4.4 变异系数、分位数

### 4.4.1 变异系数

**定义 4.4.1** 设随机变量 $X$ 的二阶矩存在,且 $E(X) \neq 0$,则称

$$C_v(X) = \frac{\sqrt{D(X)}}{E(X)} \tag{4.4.1}$$

为 $X$ 的**变异系数**.

因为变异系数是以其数学期望为单位去度量随机变量取值波动程度的,标准差与数学期望的量纲是一致的,所以变异系数是一个量纲为一的量,从而消除了量纲对波动的影响.

**例 4.4.1** 用 $X$ 表示某种同龄树的高度(单位:m),用 $Y$ 表示某年龄段的儿童的身高(单位:m).设 $E(X)=10, D(X)=1, E(Y)=1, D(Y)=0.04$,你是否可以认为从 $D(X)=1$ 和 $D(Y)=0.04$ 就认为 $Y$ 的波动小?这就有一个取值相对大小问题.在此用变异系数进行比较是恰当的.

因为 $X$ 的变异系数为

$$C_v(X)=\frac{\sqrt{D(X)}}{E(X)}=\frac{1}{10}=0.1,$$

$Y$ 的变异系数为

$$C_v(Y)=\frac{\sqrt{D(Y)}}{E(Y)}=\frac{\sqrt{0.04}}{1}=0.2,$$

这说明 $Y$(儿童的身高)的波动比 $X$(同龄树的高度)的波动大.

### 4.4.2 分位数

在第 2 章中曾给出了标准正态分布的上侧分位数,以下将给出一般连续型随机变量的上侧(下侧)分位数.

**定义 4.4.2** 设连续型随机变量 $X$ 的分布函数为 $F(x)$,密度函数为 $f(x)$.对于任意的 $p\in(0,1)$,称满足条件

$$1-F(x_p)=\int_{x_p}^{\infty}f(x)\mathrm{d}x=p \quad (4.4.2)$$

的 $x_p$ 为此分布的**上侧 $p$ 分位数**,如图 4-2 所示.

同理,称满足条件

$$F(x_p')=\int_{-\infty}^{x_p'}f(x)\mathrm{d}x=p \quad (4.4.3)$$

的 $x_p'$ 为此分布的**下侧 $p$ 分位数**,如图 4-3 所示.

下侧分位数 $x_p'$ 与上侧分位数 $x_p$ 的关系如下:

$$x_p=x_{1-p}', \quad x_p'=x_{1-p}.$$

**例 4.4.2** 标准正态分布 $N(0,1)$ 的下侧 $p$ 分位数记为 $z_p$,它是方程

$$\Phi(z_p)=p$$

的唯一解,其解为 $z_p=\Phi^{-1}(p)$,其中 $\Phi^{-1}(\cdot)$ 是标准正态分布函数的反函数.

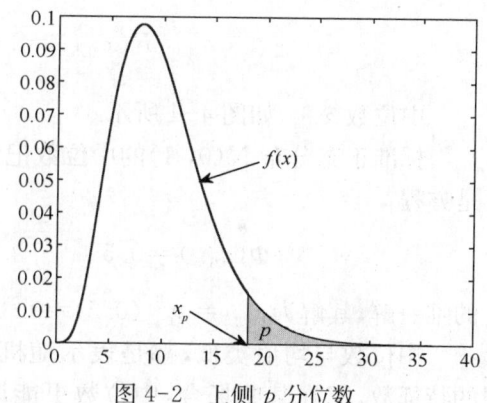

图 4-2 上侧 $p$ 分位数

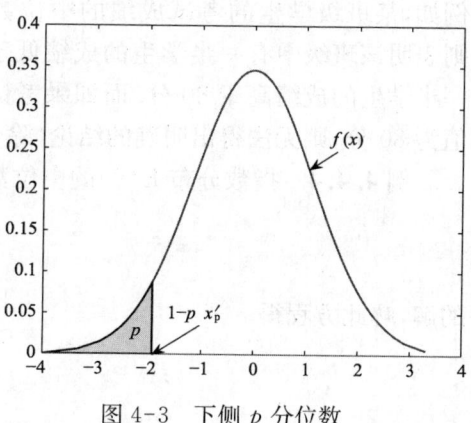

图 4-3 下侧 $p$ 分位数

根据定理 2.5.1，正态分布 $N(\mu, \sigma^2)$ 的下侧 $p$ 分位数 $x_p$ 是方程

$$\Phi\left(\frac{x_p - \mu}{\sigma}\right) = p$$

的解，所以由

$$\frac{x_p - \mu}{\sigma} = z_p$$

可得 $x_p$ 与标准正态分布的下侧 $p$ 分位数 $z_p$ 之间满足关系：$x_p = \mu + \sigma z_p$.

**例 4.4.3** 记某种轴承的寿命为 $T$，$t_p$ 为此寿命的下侧 $p$ 分位数，则 $t_{0.1} = 1\,000(\text{h})$ 表明此种轴承中约有 90% 的寿命超过 1 000 h. 若记另一种轴承的寿命为 $S$，$s_p$ 为此寿命的下侧 $p$ 分位数. 则当 $s_{0.1} = 1\,500(\text{h})$ 时，从下侧 0.1 分位数上说明后者的质量比前者更高些.

### 4.4.3 中位数

**定义 4.4.3** 设连续型随机变量 $X$ 的分布函数为 $F(x)$，密度函数为 $f(x)$. 称 $p = 0.5$ 时的分位数 $x_{0.5}$ 为此分布的**中位数**，即

$$1 - F(x_{0.5}) = \int_{x_{0.5}}^{\infty} f(x) \mathrm{d}x = 0.5 \tag{4.4.4}$$

或

$$F(x_{0.5}) = 1 - \int_{x_{0.5}}^{\infty} f(x) \mathrm{d}x = 0.5. \tag{4.4.5}$$

中位数 $x_{0.5}$，如图 4-4 所示.

标准正态分布 $N(0,1)$ 的中位数记为 $z_{0.5}$，它是方程

$$\Phi(z_{0.5}) = 0.5$$

的唯一解，其解为 $z_{0.5} = \Phi^{-1}(0.5) = 0$.

中位数与均值类似，都是表示随机变量位置的特征数，但在某些场合，中位数更能说明问题. 例如，某班级学生的考试成绩的中位数为 80 分，则表明该班级中有一半学生的成绩低于 80 分，另一半学生的成绩高于 80 分. 而如果考试成绩的均值为 80 分，则无法得出明确的结论（除非该考试成绩服从正态分布）.

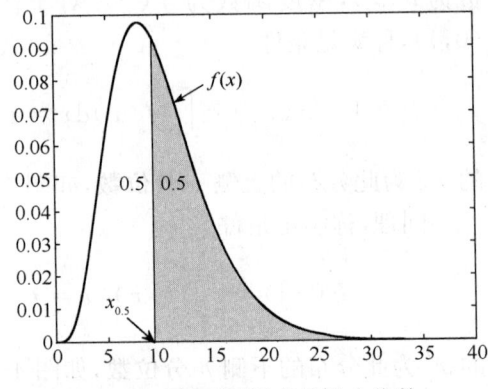

图 4-4 连续型随机变量的中位数

**例 4.4.4** 指数分布 $E(\theta)$ 的中位数 $x_{0.5}$ 为方程

$$\mathrm{e}^{-\frac{x_{0.5}}{\theta}} = 0.5$$

的解，解此方程得

$$x_{0.5} = \theta \ln 2.$$

例如,某城市的电话通话时间 $X$(单位:min)服从均值 $E(X)=2$ 的指数分布,则由 $\theta=2$ 可得中位数为

$$x_{0.5}=2\ln 2=1.39.$$

这说明:该城市中约有一半的电话在 1.39 min 内结束,而另一半的通话时间超过 1.39 min.

**例 4.4.5** 设某连续型随机变量 $X$ 的密度函数为

$$f(x)=\begin{cases}4x^3, & 0<x<1,\\ 0, & \text{其他}.\end{cases}$$

求此分布的 0.95 下侧分位数 $x_{0.95}$ 和中位数 $x_{0.5}$.

**解** 根据 $X$ 的密度函数可以得到其分布函数

$$F(x)=\begin{cases}0, & x<0,\\ x^4, & 0\leqslant x<1,\\ 1, & x\geqslant 1.\end{cases}$$

由下侧分位数的定义,$F(x_{0.95})=0.95$ 得到 $x_{0.95}^4=0.95$,于是 $x_{0.95}=\sqrt[4]{0.95}=0.9873$. 同理,由 $F(x_{0.5})=0.5$ 得到 $x_{0.5}^4=0.5$,于是 $x_{0.5}=\sqrt[4]{0.5}=0.8409$.

## 习 题 4.4

1. 设 $X\sim U(0,a)$,求此分布的变异系数.
2. 设 $X\sim E(\theta),\theta>0$,求此分布的变异系数.
3. 设随机变量 $X$ 的概率密度为

$$f(x)=\begin{cases}2x, & 0\leqslant x\leqslant 1,\\ 0, & \text{其他}.\end{cases}$$

求 $X$ 的变异系数.

4. 设 $X\sim N(10,9)$,求此分布的下侧分位数 $x_{0.1}$ 和 $x_{0.9}$.
5. 设 $Y=\ln X$,且 $Y\sim N(\mu,\sigma^2)$,求 $x_{0.5}$.
6. 设随机变量 $X$ 的密度函数 $f(x)$ 关于 $c$ 点是对称的,且 $E(X)$ 存在,证明:(1) 这个对称中心 $c$ 既是均值又是中位数,即 $E(X)=x_{0.5}=c$;(2) 如果 $c=0$,则 $x_p=-x_{1-p}$.
7. (1)某机床的维修时间 $X$(单位:min)服从均值为 $\theta=100$ 的指数分布,求上侧分位数 $x_{0.3}$;(2)若已知均值为 $\theta$ 指数分布 $E(\theta)$ 的上侧分位数为 $x_{0.2}=320$,求参数 $\theta$.

# 第 5 章 特征函数与极限定理

在第 1 章中曾经提到过事件发生的频率具有稳定性,即随着试验次数的增加,事件发生的频率逐渐稳定于某个常数.在实践中人们还认识到,测量值的算术平均值具有稳定性,这种稳定性就是将要讨论的大数定律的背景.正态分布是概率论中的一个重要分布,它有着广泛的应用.中心极限定理将阐明,原本不是正态分布的一般随机变量和的分布,在一定条件下可以渐近服从正态分布.

本章将介绍:随机变量序列的两种收敛性、特征函数、大数定律、中心极限定理.

## 5.1 随机变量序列的两种收敛性

随机变量序列的收敛性有多种,其中常用的有两种:依概率收敛和按分布收敛.大数定律中将涉及依概率收敛,中心极限定理中将涉及按分布收敛.

### 5.1.1 依概率收敛

**定义 5.1.1** 设 $\{X_n\}$ 为一个随机变量序列,$X$ 为一个随机变量,如果对于任意的 $\varepsilon > 0$,有

$$P(|X_n - X| \geqslant \varepsilon) \longrightarrow 0 (n \longrightarrow \infty), \tag{5.1.1}$$

则称序列 $\{X_n\}$ **依概率收敛**于 $X$,记作 $X_n \xrightarrow{P} X$.

与式(5.1.1)等价的形式:$P(|X_n - X| < \varepsilon) \longrightarrow 1(n \longrightarrow \infty)$.

特别地,当 $X$ 为退化分布时,即 $P(X=C)=1$,则称序列 $\{X_n\}$ 依概率收敛于 $C$,即 $X_n \xrightarrow{P} C$.

以下叙述依概率收敛于常数的四则运算性质(证明从略).

**定理 5.1.1** 设 $\{X_n\}$,$\{Y_n\}$ 为两个随机变量序列,$a$,$b$ 是两个常数.如果 $X_n \xrightarrow{P} a$,$Y_n \xrightarrow{P} b$,则有:

(1) $X_n \pm Y_n \xrightarrow{P} a \pm b$;

(2) $X_n \times Y_n \xrightarrow{P} a \times b$;

(3) $X_n \div Y_n \xrightarrow{P} a \div b \ (b \neq 0)$.

定理 5.1.1 说明:随机变量序列在概率意义上的极限(即依概率收敛于常数)在四则运算下仍然成立.

### 5.1.2 按分布收敛、弱收敛

**定义 5.1.2** 设随机变量 $X$,$X_1$,$X_2$,… 的分布函数分别为 $F(x)$,$F_1(x)$,$F_2(x)$,

…,若对于 $F(x)$ 的任意一个连续点 $x$,都有 $\lim_{n\to\infty} F_n(x) = F(x)$,则称 $\{F_n(x)\}$ **弱收敛于** $F(x)$,记作 $F_n(x) \xrightarrow{W} F(x)$. 也称 $\{X_n\}$ **按分布收敛于** $X$,记作 $X_n \xrightarrow{L} X$.

下面的定理说明依概率收敛比按分布收敛更强(证明从略).

**定理 5.1.2**  $X_n \xrightarrow{P} X \Rightarrow X_n \xrightarrow{L} X.$

定理 5.1.2 说明:一般按分布收敛与依概率收敛不是等价的.

而下面的定理则说明:当 $X$ 为退化分布时(即 $P(X=C)=1$),按分布收敛与依概率收敛是等价的(证明从略).

**定理 5.1.3**  若 $C$ 为常数,则 $X_n \xrightarrow{P} C$ 的充分必要条件是 $X_n \xrightarrow{L} C$.

### 习 题 5.1

1. 证明定理 5.1.1.
2. 证明定理 5.1.2.
3. 证明定理 5.1.3.

## 5.2 特 征 函 数

傅立叶变换是数学中的一个重要工具,把它应用于密度函数,就产生了所谓"特征函数".

设 $f(x)$ 是随机变量 $X$ 的密度函数,则 $f(x)$ 的傅立叶变换是

$$\varphi(t) = \int_{-\infty}^{\infty} e^{itx} f(x) dx.$$

其中 $i=\sqrt{-1}$ 是虚数单位.

根据随机变量函数的数学期望,知 $\varphi(t)$ 恰好是 $e^{itX}$ 的数学期望 $E(e^{itX})$. 这就是我们要讨论的特征函数.

### 5.2.1 特征函数的定义

先介绍复随机变量的概念.

特征函数除考虑取实数值的随机变量外,还要考虑取复数值的随机变量,后者称为复随机变量.

复随机变量的定义为 $Z=X+iY$,其中 $X,Y$ 均为实随机变量,$i=\sqrt{-1}$ 是虚数单位. 而 $\overline{Z}=X-iY$ 称为 $Z$ 的复共轭随机变量.

复随机变量为 $Z=X+iY$ 的模 $|Z|$ 定义为 $\sqrt{X^2+Y^2}$,或 $|Z|^2=Z\overline{Z}=X^2+Y^2$.

与随机变量有关的一些概念,一般都可类似地移植到复随机变量. 例如,若 $X$ 和 $Y$ 的数学期望 $E(X)$ 和 $E(Y)$ 都存在,则复随机变量 $Z=X+iY$ 的数学期望定义为 $E(Z)=E(X)+iE(Y)$.

在欧拉公式 $e^{iX}=\cos X+i\sin X$ 中,若 $X$ 为实随机变量,则有 $E(e^{iX})=E(\cos X)+$

$iE(\sin X)$,其模为 $|e^{iX}| = \sqrt{\cos^2 X + \sin^2 X} = 1$.

以下给出特征函数的定义.

**定义 5.2.1** 设 $X$ 是一个随机变量,称

$$\varphi(t) = E(e^{itX}), \quad t \in \mathbf{R} \tag{5.2.1}$$

为 $X$ 的**特征函数**. 其中 $i = \sqrt{-1}$ 是虚数单位.

由于 $|e^{itX}| = 1$,所以 $E(e^{itX})$ 总是存在的,即随机变量 $X$ 的特征函数总是存在的.

当 $X$ 为离散型随机变量时,其分布律为 $p_k = P\{X = x_k\}$,$k = 1, 2, \cdots$,则 $X$ 的特征函数为

$$\varphi(t) = \sum_{k=1}^{\infty} e^{itx_k} p_k, \quad t \in \mathbf{R}. \tag{5.2.2}$$

当 $X$ 为连续型随机变量时,$f(x)$ 是其密度函数,则 $X$ 的特征函数为

$$\varphi(t) = \int_{-\infty}^{\infty} e^{itx} f(x) dx, \quad t \in \mathbf{R}. \tag{5.2.3}$$

**例 5.2.1** 求退化分布的特征函数.

**解** 设随机变量 $X$ 服从退化分布,即 $P\{X = C\} = 1$,其中 $C$ 为常数,则 $X$ 的特征函数为 $\varphi(t) = E(e^{itC}) = e^{itC}$,$t \in \mathbf{R}$.

**例 5.2.2** 求两点分布的特征函数.

**解** 设随机变量 $X$ 服从两点分布,即 $P\{X = 1\} = p$,$P\{X = 0\} = 1 - p$,则 $X$ 的特征函数为 $\varphi(t) = e^{it \cdot 0}(1 - p) + e^{it \cdot 1} p = e^{it} p + (1 - p)$,$t \in \mathbf{R}$.

**例 5.2.3** 求泊松分布的特征函数.

**解** 设随机变量 $X$ 服从泊松分布,即 $p_k = P(X = k) = \dfrac{\lambda^k}{k!} e^{-\lambda}$($k = 0, 1, \cdots$;$\lambda > 0$)为常数,则有

$$\varphi(t) = \sum_{k=0}^{\infty} e^{itk} p_k = \sum_{k=0}^{\infty} e^{itk} \frac{\lambda^k}{k!} e^{-\lambda} = e^{-\lambda} \sum_{k=0}^{\infty} \frac{(\lambda e^{it})^k}{k!} = e^{-\lambda} e^{\lambda e^{it}} = e^{\lambda(e^{it} - 1)}, \quad t \in \mathbf{R}.$$

**例 5.2.4** 求标准正态分布的特征函数.

**解** 设随机变量 $X$ 服从标准正态分布 $N(0, 1)$,根据特征函数的定义,则有

$$\varphi(t) = \int_{-\infty}^{\infty} \frac{1}{\sqrt{2\pi}} e^{itx} e^{-\frac{x^2}{2}} dx.$$

把 $e^{itx} = \sum_{n=0}^{\infty} \dfrac{(itx)^n}{n!}$ 代入上式,得

$$\varphi(t) = \int_{-\infty}^{\infty} \frac{1}{\sqrt{2\pi}} e^{itx} e^{-\frac{x^2}{2}} dx = \sum_{n=0}^{\infty} \frac{(it)^n}{n!} \left( \frac{1}{\sqrt{2\pi}} \int_{-\infty}^{\infty} x^n e^{-\frac{x^2}{2}} dx \right).$$

上式中方括号内是标准正态分布的 $n$ 阶原点矩 $E(X^n)$,根据 4.3 节的习题 7,当 $n$ 为奇

数时 $E(X^n)=0$,当 $n$ 为偶数时(不妨设 $n=2m$),有 $E(X^{2m})=(2m-1)!!$,则

$$E(X^n)=E(X^{2m})=(2m-1)!!=\frac{(2m)!}{2^m m!},$$

于是

$$\begin{aligned}\varphi(t)&=\sum_{m=0}^{\infty}\frac{(\mathrm{i}t)^{2m}}{(2m)!}\cdot\frac{(2m)!}{2^m m!}\\&=\sum_{m=0}^{\infty}\left(-\frac{t^2}{2}\right)^m\frac{1}{m!}=\mathrm{e}^{-\frac{t^2}{2}},\quad t\in\mathbf{R}.\end{aligned}$$

标准正态分布 $N(0,1)$ 的特征函数和密度函数图形,如图 5-1 所示.

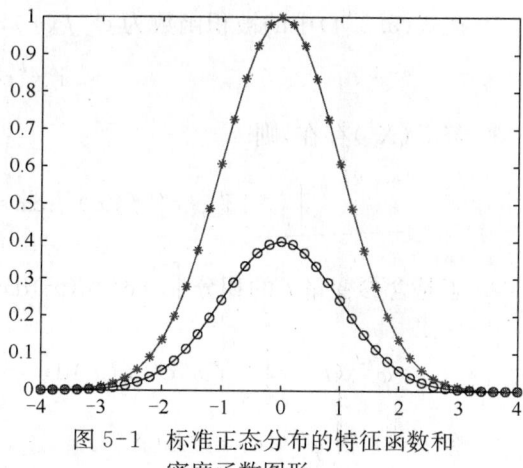

图 5-1 标准正态分布的特征函数和密度函数图形

说明:在图 5-1 中,○表示标准正态分布的密度函数,*表示标准正态分布的特征函数.

### 5.2.2 特征函数的性质

记随机变量 $X$ 的特征函数为 $\varphi_X(t)$,其他类同.

**性质 5.2.1** $|\varphi(t)|\leqslant\varphi(0)=1$.

**证明** 仅对连续随机变量证明.设随机变量 $X$ 的密度函数为 $f(x)$,则有

$$|\varphi(t)|=\left|\int_{-\infty}^{\infty}\mathrm{e}^{\mathrm{i}tx}f(x)\mathrm{d}x\right|\leqslant\int_{-\infty}^{\infty}|\mathrm{e}^{\mathrm{i}tx}|f(x)\mathrm{d}x=\int_{-\infty}^{\infty}f(x)\mathrm{d}x=\varphi(0)=1.$$

**性质 5.2.2** $\varphi(-t)=\overline{\varphi(t)}$,其中 $\overline{\varphi(t)}$ 表示 $\varphi(t)$ 的共轭复数.

**证明** 由于 $\varphi(t)=E(\mathrm{e}^{\mathrm{i}tX})=E(\cos tX)+\mathrm{i}E(\sin tX)$,则

$$\varphi(-t)=E(\mathrm{e}^{-\mathrm{i}tX})=E[\cos(-tX)]+\mathrm{i}E[(\sin(-tX)]=E(\cos tX)-\mathrm{i}E(\sin tX)=\overline{\varphi(t)}.$$

**性质 5.2.3** 若 $Y=aX+b$,其中 $a,b$ 为常数,则有

$$\varphi_Y(t)=\mathrm{e}^{\mathrm{i}bt}\varphi_X(at).$$

**证明** $\varphi_Y(t)=E(\mathrm{e}^{\mathrm{i}tY})=E[\mathrm{e}^{\mathrm{i}t(aX+b)}]=\mathrm{e}^{\mathrm{i}bt}E(\mathrm{e}^{\mathrm{i}atX})=\mathrm{e}^{\mathrm{i}bt}\varphi_X(at).$

**性质 5.2.4** 若随机变量 $X$ 与 $Y$ 相互独立,则有 $\varphi_{X+Y}(t)=\varphi_X(t)\varphi_Y(t)$.

**证明** $\varphi_{X+Y}(t)=E[\mathrm{e}^{\mathrm{i}t(X+Y)}]=E(\mathrm{e}^{\mathrm{i}tX}\mathrm{e}^{\mathrm{i}tY})=E(\mathrm{e}^{\mathrm{i}tX})E(\mathrm{e}^{\mathrm{i}tY})=\varphi_X(t)\varphi_Y(t).$

性质 5.2.4 可以推广到有限个随机变量的情形.

**性质 5.2.5** 若 $E(X^l)$ 存在,则 $X$ 的特征函数 $\varphi(t)$ 可 $l$ 次求导,且对于 $1\leqslant k\leqslant l$,有 $\varphi^{(k)}(0)=\mathrm{i}^k E(X^k)$.

**证明** 这里只证明 $X$ 是连续型随机变量的情形.设 $X$ 的密度函数为 $f(x)$,根据连续型随机变量特征函数的定义,有

$$\varphi(t)=\int_{-\infty}^{\infty}\mathrm{e}^{\mathrm{i}tx}f(x)\mathrm{d}x,\quad t\in\mathbf{R}. \tag{5.2.4}$$

在式(5.2.4)中的被积函数为 $e^{itx}f(x)$，对 $t$ 的 $k$ 阶导数为

$$i^k x^k e^{itx} f(x).$$

若 $E(X^l)$ 存在，则

$$\int_{-\infty}^{\infty} |i^k x^k e^{itx} f(x)| \, dx = \int_{-\infty}^{\infty} |x^k| f(x) \, dx < \infty.$$

于是含参变量 $t$ 的积分 $\int_{-\infty}^{\infty} e^{itx} f(x) \, dx$ 可以对 $t$ 求导 $l$ 次，对于 $1 \leqslant k \leqslant l$，有

$$\varphi^{(k)}(t) = \int_{-\infty}^{\infty} i^k x^k e^{itx} f(x) \, dx = i^k \int_{-\infty}^{\infty} x^k e^{itx} f(x) \, dx = i^k E(X^k e^{itX}).$$

令 $t=0$，得 $\varphi^{(k)}(0) = i^k E(X^k)$.

性质 5.2.5 提供了求随机变量各阶矩的一个途径：$E(X^k) = i^{-k} \varphi^{(k)}(0)$.

特别地，可以用性质 5.2.5 求随机变量数学期望、方差：

$$E(X) = i^{-1} \varphi'(0), \quad D(X) = -\varphi''(0) + [\varphi'(0)]^2.$$

**例 5.2.5** 求二项分布的特征函数.

**解** 设 $Y \sim B(n, p)$，则 $Y = X_1 + X_2 + \cdots + X_n$，其中 $X_i \sim B(1, p)$，且 $X_1, X_2, \cdots, X_n$ 相互独立. 根据例 5.2.2 知，$\varphi_{X_i}(t) = pe^{it} + (1-p)$，$t \in \mathbf{R}$. 根据性质 5.2.4，有 $\varphi_Y(t) = [pe^{it} + (1-p)]^n$，$t \in \mathbf{R}$.

**例 5.2.6** 求正态分布 $N(\mu, \sigma^2)$ 的特征函数.

**解** 设 $Y \sim N(\mu, \sigma^2)$，则 $X = \dfrac{Y-\mu}{\sigma} \sim N(0, 1)$. 根据例 5.2.4 知，$\varphi_X(t) = e^{-\frac{t^2}{2}}$，$t \in \mathbf{R}$. 根据 $Y = \sigma X + \mu$ 和性质 5.2.3，有 $\varphi_Y(t) = \varphi_{\sigma X+\mu}(t) = e^{i\mu t} \varphi_X(\sigma t) = e^{i\mu t - \frac{\sigma^2 t^2}{2}}$，$t \in \mathbf{R}$.

**例 5.2.7** 设随机变量 $X \sim N(\mu, \sigma^2)$，用性质 5.2.5 求 $E(X)$，$E(X^2)$，$D(X)$.

**解** 由例 5.2.6 知 $X$ 的特征函数为 $\varphi(t) = e^{i\mu t - \frac{1}{2}\sigma^2 t^2}$，则

$$\varphi'(t) = (i\mu - \sigma^2 t) e^{i\mu t - \frac{1}{2}\sigma^2 t^2},$$

$$\varphi''(t) = [(i\mu - \sigma^2 t)^2 - \sigma^2] e^{i\mu t - \frac{1}{2}\sigma^2 t^2},$$

$$\varphi'(0) = i\mu, \quad \varphi''(0) = (i\mu)^2 - \sigma^2 = -\mu^2 - \sigma^2.$$

于是

$$E(X) = i^{-1} \varphi'(0) = \mu,$$
$$E(X^2) = i^{-2} \varphi''(0) = -(-\mu^2 - \sigma^2) = \mu^2 + \sigma^2,$$
$$D(X) = E(X^2) - [E(X)]^2 = \mu^2 + \sigma^2 - \mu^2 = \sigma^2,$$

或

$$D(X) = -\varphi''(0) + [\varphi'(0)]^2 = -(-\mu^2 - \sigma^2) + (i\mu)^2 = \sigma^2.$$

特征函数的一些优良性质(以下只叙述，不证明).

**定理 5.2.1** 随机变量 $X$ 的特征函数 $\varphi(t)$ 在 $\mathbf{R}$ 上一致连续.

**定理 5.2.2**  随机变量 $X$ 的特征函数 $\varphi(t)$ 是非负定的.

上面我们得到了:特征函数 $\varphi(t)$ 一致连续,非负定且 $\varphi(0)=1$. 可以证明逆命题也是成立的,即有:

**波赫纳-辛钦定理**  若函数 $\varphi(t)$, $t \in \mathbf{R}$,连续,非负定且 $\varphi(0)=1$,则 $\varphi(t)$ 必为特征函数.

波赫纳-辛钦定理的证明这里从略(详见:王梓坤,《概率论基础及其应用》,1976).

### 5.2.3  反演公式和唯一性定理

由特征函数的定义可知,随机变量的分布函数 $F(x)$ 唯一地确定它的特征函数 $\varphi(t)$. 下面的定理说明其逆也是成立的,即分布函数 $F(x)$ 能唯一地被其特征函数 $\varphi(t)$ 表示出来. 以下只叙述几个定理,不证明.

**定理 5.2.3(反演公式)**  设 $F(x)$ 和 $\varphi(t)$ 分别为随机变量 $X$ 的分布函数和特征函数,则对于 $F(x)$ 的任意两个连续点 $x_1$ 和 $x_2(-\infty < x_1 < x_2 < \infty)$,有

$$F(x_2) - F(x_1) = \lim_{T \to \infty} \frac{1}{2\pi} \int_{-T}^{T} \frac{\mathrm{e}^{-itx_1} - \mathrm{e}^{-itx_2}}{it} \varphi(t) \mathrm{d}t. \tag{5.2.5}$$

定理 5.2.3 的证明比较冗长,这里从略(详见:梁之舜、邓集贤、杨维权等,《概率论及数理统计》,1988).

定理 5.2.3 说明:当 $x_1$ 和 $x_2(-\infty < x_1 < x_2 < \infty)$ 为 $F(x)$ 的任意两个连续点时,$F(x_2) - F(x_1)$ 的值完全由特征函数 $\varphi(t)$ 按式(5.2.5)给出,即它给出了随机变量 $X$ 取值于 $[x_1, x_2)$ 的概率:

$$P\{x_1 \leqslant X < x_2\} = F(x_2) - F(x_1).$$

设 $x_2 = x$ 为 $F(x)$ 的连续点,令 $x_1$ 沿着 $F(x)$ 的连续点趋于 $-\infty$,这时,有 $\lim_{x_1 \to -\infty} F(x_1) = 0$. 由此得到

$$F(x) = \lim_{x_1 \to -\infty} [F(x) - F(x_1)] = \lim_{x_1 \to -\infty} \left[ \lim_{T \to \infty} \frac{1}{2\pi} \int_{-T}^{T} \frac{\mathrm{e}^{-itx_1} - \mathrm{e}^{-itx}}{it} \varphi(t) \mathrm{d}t \right].$$

定理 5.2.3 说明:对于分布函数 $F(x)$ 的连续点,分布函数 $F(x)$ 能被其特征函数 $\varphi(t)$ 表示出来.

根据定理 5.2.3 可以得到定理 5.2.4.

**定理 5.2.4(唯一性定理)**  随机变量的分布函数由其特征函数唯一决定.

**定理 5.2.5**  若 $X$ 为连续随机变量,$f(x)$ 是其密度函数,特征函数为 $\varphi(t)$. 如果 $\int_{-\infty}^{\infty} |\varphi(t)| \mathrm{d}t < \infty$,则有

$$f(x) = \frac{1}{2\pi} \int_{-\infty}^{\infty} \mathrm{e}^{-itx} \varphi(t) \mathrm{d}t. \tag{5.2.6}$$

式(5.2.6)也称为傅立叶逆变换,所以式(5.2.3)和式(5.2.6)实质上是一对互逆的变换:

$$\varphi(t) = \int_{-\infty}^{\infty} e^{itx} f(x) dx,$$

$$f(x) = \frac{1}{2\pi} \int_{-\infty}^{\infty} e^{-itx} \varphi(t) dt.$$

这说明:特征函数是密度函数的傅立叶变换,而密度函数是特征函数的傅立叶逆变换.

**定理 5.2.6**  分布函数序列 $\{F_n(x)\}$ 弱收敛于分布函数 $F(x)$ 的充分必要条件是 $\{F_n(x)\}$ 的特征函数序列 $\{\varphi_n(t)\}$ 收敛于 $F(x)$ 的特征函数 $\varphi(t)$.

定理 5.2.6 的证明比较冗长(详见:格涅坚科,《概率论教程》,丁寿田,译,高等教育出版社,1956),此处从略.

**例 5.2.8**  设 $X_1 \sim B(n, p)$, $X_2 \sim B(m, p)$,且 $X_1$ 与 $X_2$ 相互独立,(1) 求 $X_1 + X_2$ 的特征函数;(2) 问 $X_1 + X_2$ 服从什么分布?

**解**  (1) 设 $X_1 \sim B(n, p)$, $X_2 \sim B(m, p)$,根据例 5.2.5,则

$$\varphi_{X_1}(t) = [pe^{it} + (1-p)]^n, \quad \varphi_{X_2}(t) = [pe^{it} + (1-p)]^m.$$

由于 $X_1$ 与 $X_2$ 相互独立,根据性质 5.2.4,有

$$\varphi_{X_1+X_2}(t) = [pe^{it} + (1-p)]^{n+m}, \quad t \in \mathbf{R}.$$

(2) 在(1)中得到的是二项分布 $B(n+m, p)$ 的特征函数,根据唯一性定理,$X_1 + X_2 \sim B(n+m, p)$.

这个结果说明:两个相互独立的二项分布的和仍然服从二项分布.

这个结果可以推广到有限个随机变量的情形.

**例 5.2.9**  设 $X_1 \sim P(\lambda_1)$, $X_2 \sim P(\lambda_2)$,且 $X_1$ 与 $X_2$ 相互独立,(1) 求 $X_1 + X_2$ 的特征函数;(2) 问 $X_1 + X_2$ 服从什么分布?

**解**  设 $X_1 \sim P(\lambda_1)$, $X_2 \sim P(\lambda_2)$,根据例 5.2.3,则

$$\varphi_{X_1}(t) = e^{\lambda_1(e^{it}-1)}, \quad \varphi_{X_2}(t) = e^{\lambda_2(e^{it}-1)}, \quad t \in \mathbf{R}.$$

由于 $X_1$ 与 $X_2$ 相互独立,根据性质 5.2.4,有

$$\varphi_{X_1+X_2}(t) = e^{(\lambda_1+\lambda_2)(e^{it}-1)}, \quad t \in \mathbf{R}.$$

(2) 在(1)中得到的是泊松分布 $P(\lambda_1 + \lambda_2)$ 的特征函数,根据唯一性定理,$X_1 + X_2 \sim P(\lambda_1 + \lambda_2)$.

这个结果说明:两个相互独立的泊松分布的和仍然服从泊松分布.

这个结果可以推广到有限个随机变量的情形.

**例 5.2.10**  设随机变量 $X$ 服从正态分布 $N(0, 1)$,(1) 求 $Y = \sigma X + \mu$ 的特征函数;(2) 问 $Y$ 服从什么分布?

**解**  (1) 根据性质 5.2.3,$Y = \sigma X + \mu$ 的特征函数为 $\varphi_Y(t) = e^{i\mu t} \varphi_X(\sigma t)$, $t \in \mathbf{R}$.

由例 5.2.4,若 $X$ 服从正态分布 $N(0, 1)$,则 $\varphi_X(\sigma t) = e^{-\frac{1}{2}(\sigma t)^2}$,于是 $Y = \sigma X + \mu$ 的特征函数为 $\varphi_Y(t) = e^{i\mu t} \varphi_X(\sigma t) = e^{i\mu t} e^{-\frac{1}{2}(\sigma t)^2}$, $t \in \mathbf{R}$.

(2) 根据例 5.2.6 知,在(1)中得到的是正态分布 $N(\mu, \sigma^2)$ 的特征函数,根据唯一性定理,则 $Y$ 服从正态分布 $N(\mu, \sigma^2)$.

**例 5.2.11** 在例 3.5.3 中，用随机变量和的分布——卷积公式，得到了两个相互独立的正态分布和的分布还是一个正态分布. 现在还可以用特征函数的相关内容得到相同的结论：

设 $X_j \sim N(\mu_j, \sigma_j^2)$，$j=1, 2$，且 $X_1$ 与 $X_2$ 相互独立，(1) 求 $X_1 + X_2$ 的特征函数；(2) 问 $X_1 + X_2$ 服从什么分布？

**解** (1) 根据例 5.2.6，知 $\varphi_{X_j}(t) = e^{i\mu_j t - \frac{\sigma_j^2 t^2}{2}}$，$j=1, 2$，$t \in \mathbf{R}$. 由于 $X_1$ 与 $X_2$ 相互独立，根据性质 5.2.4，则 $X_1 + X_2$ 的特征函数为

$$\varphi_{X_1+X_2}(t) = \varphi_{X_1}(t)\varphi_{X_2}(t) = e^{i(\mu_1+\mu_2)t - \frac{(\sigma_1^2+\sigma_2^2)t^2}{2}}, \quad t \in \mathbf{R}.$$

(2) 在(1)中得到的是正态分布 $N(\mu_1+\mu_2, \sigma_1^2+\sigma_2^2)$ 的特征函数，根据唯一性定理，则 $X_1+X_2$ 服从正态分布 $N(\mu_1+\mu_2, \sigma_1^2+\sigma_2^2)$. 这个结果与例 3.5.3 是相同的.

从例 5.2.8，例 5.2.9 和例 5.2.11 中可以看到，一些相互独立的二项分布、泊松分布、正态分布的随机变量之和的分布类型不变. 这个性质称为"可加性".

有了性质 5.2.4，相互独立的随机变量和的特征函数就可以方便地得到了，再加上唯一性定理，就可以方便地得到相互独立的随机变量和的分布了. 这样在第 3 章中关于计算相互独立的随机变量和的分布就变得更加简便了.

在本节开始，在给出了特征函数的定义后，就曾指出：随机变量的特征函数总是存在的. 在本节的最后，我们看一个例子：数学期望和方差都不存在，但特征函数存在.

**例 5.2.12** 设随机变量 $X$ 服从柯西分布（例 2.3.3 中给出了其分布函数），其密度函数（见例 2.4.1）为 $f(x) = \frac{1}{\pi} \cdot \frac{1}{1+x^2}$，$x \in \mathbf{R}$. 在例 4.2.11 中证明了柯西分布的数学期望和方差都不存在.

柯西分布的特征函数为 $\varphi(t) = e^{-|t|}$，$t \in \mathbf{R}$.

由于求柯西分布的特征函数的过程要用到《复变函数》的一些知识，在此从略（详见：梁之舜，邓集贤，杨维权等，《概率论及数理统计》，1988）.

## 习 题 5.2

1. 设离散型随机变量 $X$ 的分布律为

| $X$ | 0 | 1 | 2 | 3 |
|---|---|---|---|---|
| $p_k$ | 0.4 | 0.3 | 0.2 | 0.1 |

求 $X$ 的特征函数.

2. 设 $X_1, X_2, \cdots, X_n (n \geqslant 2)$ 独立同分布，且 $X_j$ 服从参数为 $\lambda_j (j=1, 2, \cdots, n)$ 泊松分布，(1)求 $\sum_{j=1}^{n} X_j$ 的特征函数；(2) 问 $\sum_{j=1}^{n} X_j$ 服从什么分布？

3. 设随机变量 $X$ 在区间 $[-a, a]$ 上服从均匀分布，求 $X$ 的特征函数.

4. 设随机变量 $X$ 服从均值为 $1/\lambda$ 的指数分布，求 $X$ 的特征函数.

5. 设随机变量 $X$ 服从参数为 $\lambda$ 的泊松分布，用性质 5.2.5 求 $E(X)$，$E(X^2)$，$D(X)$.

6. 设 $X_j \sim N(0,1)$, $j=1,2$, 且 $X_1$ 与 $X_2$ 相互独立,(1) 求 $X_1+X_2$ 的特征函数;(2) 问 $X_1+X_2$ 服从什么分布?

7. 设 $X_1, X_2, \cdots, X_n$ 独立同分布,且都服从 $N(\mu, \sigma^2)$,(1) 求 $\overline{X} = \dfrac{1}{n}\sum_{i=1}^{n} X_i$ 的特征函数;(2) 问 $\overline{X}$ 服从什么分布?

8. 设 $X_j \sim N(\mu_j, \sigma_j^2)$, $j=1,2$, 且 $X_1$ 与 $X_2$ 相互独立,利用特征函数证明 $X_1 - X_2 \sim N(\mu_1 - \mu_2, \sigma_1^2 + \sigma_2^2)$.

## 5.3 大数定律

"概率是频率的稳定值",其中"稳定"一词的含义是什么?在第 1 章从直观上描述了频率的稳定性:频率在概率附近摆动.但如何摆动并没有说清楚,现在用大数定律来说明这个问题.

这里首先介绍切比雪夫不等式,然后介绍几个常用的大数定律——切比雪夫大数定律、伯努利大数定律、辛钦大数定律.

### 5.3.1 切比雪夫不等式

首先,引进切比雪夫(Chebyshev)不等式,它是证明大数定律所需的预备知识,并且可以用来估算某些事件发生的概率.

**定理 5.3.1(切比雪夫不等式)** 设随机变量 $X$ 具有数学期望 $E(X)=\mu$,方差 $D(X)=\sigma^2$,则对于任意的正数 $\varepsilon$,有

$$P\{|X-\mu| \geqslant \varepsilon\} \leqslant \frac{\sigma^2}{\varepsilon^2}. \tag{5.3.1}$$

**证明** 只对连续型随机变量的情形来证明.设 $X$ 是连续型随机变量,其密度函数为 $f(x)$,则有

$$P\{|X-\mu| \geqslant \varepsilon\} = \int_{|x-\mu| \geqslant \varepsilon} f(x)\mathrm{d}x \leqslant \int_{|x-\mu| \geqslant \varepsilon} \frac{|x-\mu|^2}{\varepsilon^2} f(x)\mathrm{d}x$$

$$\leqslant \frac{1}{\varepsilon^2} \int_{-\infty}^{\infty} (x-\mu)^2 f(x)\mathrm{d}x = \frac{\sigma^2}{\varepsilon^2}.$$

式(5.3.1)称为**切比雪夫不等式**. 式(5.3.1)也可以写成如下等价的形式:

$$P\{|X-\mu| < \varepsilon\} \geqslant 1 - \frac{\sigma^2}{\varepsilon^2}. \tag{5.3.2}$$

式(5.3.2)表明,随机变量 $X$ 的方差越小,事件 $\{|X-\mu|<\varepsilon\}$ 发生的概率越大,即 $X$ 的取值基本上集中在它的数学期望 $\mu$ 附近.由此可见,方差刻画了随机变量取值的分散程度.

**例 5.3.1** 已知随机变量 $X$ 的数学期望 $E(X)=\mu$,方差 $D(X)=\sigma^2$,当 $\varepsilon=2\sigma$ 和 $\varepsilon=3\sigma$ 时,用切比雪夫不等式求 $P\{|X-\mu|<\varepsilon\}$ 的值至少是多少.

**解** 根据切比雪夫不等式(5.3.2),当 $\varepsilon=2\sigma$ 和 $\varepsilon=3\sigma$ 时,分别有

$$P\{|X-\mu|<2\sigma\}\geqslant 1-\frac{\sigma^2}{(2\sigma)^2}=\frac{3}{4}=0.75,$$

$$P\{|X-\mu|<3\sigma\}\geqslant 1-\frac{\sigma^2}{(3\sigma)^2}=\frac{8}{9}=0.8889.$$

从例 5.3.1 可以看出,当随机变量 $X$ 的分布未知时,利用它的数学期望和方差可以知道 $P\{|X-\mu|<\varepsilon\}$ 的值至少是多少,从而可以粗略地估算某些事件发生的概率.

但如果已知随机变量 $X \sim N(\mu,\sigma^2)$,根据例 2.5.4 知,$P\{|X-\mu|<2\sigma\}=0.9544$,$P\{|X-\mu|<3\sigma\}=0.9974$.

### 5.3.2 大数定律

**定理 5.3.2(切比雪夫大数定律)** 设随机变量 $X_1,X_2,\cdots,X_n,\cdots$ 相互独立,且具有相同的数学期望和方差:$E(X_k)=\mu$,$D(X_k)=\sigma^2(k=1,2,\cdots)$. 作前 $n$ 个随机变量的算术平均 $\overline{X}=\frac{1}{n}\sum_{k=1}^{n}X_k$,则对于任意的正数 $\varepsilon$,有

$$\lim_{n\to\infty}P\{|\overline{X}-\mu|<\varepsilon\}=\lim_{n\to\infty}P\left\{\left|\frac{1}{n}\sum_{k=1}^{n}X_k-\mu\right|<\varepsilon\right\}=1. \tag{5.3.3}$$

**证明** 由于

$$E\left[\frac{1}{n}\sum_{k=1}^{n}X_k\right]=\frac{1}{n}\sum_{k=1}^{n}E(X_k)=\frac{1}{n}\cdot n\mu=\mu,$$

$$D\left[\frac{1}{n}\sum_{k=1}^{n}X_k\right]=\frac{1}{n^2}\sum_{k=1}^{n}D(X_k)=\frac{1}{n^2}\cdot n\sigma^2=\frac{\sigma^2}{n}.$$

根据切比雪夫不等式,有

$$P\left\{\left|\frac{1}{n}\sum_{k=1}^{n}X_k-\mu\right|<\varepsilon\right\}\geqslant 1-\frac{\frac{\sigma^2}{n}}{\varepsilon^2}.$$

在上式中令 $n\to\infty$,并注意到概率不能大于1,即得

$$\lim_{n\to\infty}P\left\{\left|\frac{1}{n}\sum_{k=1}^{n}X_k-\mu\right|<\varepsilon\right\}=1.$$

现在来解释一下式(5.3.3)的意义. $\left\{\left|\frac{1}{n}\sum_{k=1}^{n}X_k-\mu\right|<\varepsilon\right\}$ 是一个随机事件,式(5.3.3)表明,当 $n\to\infty$ 时这个事件的概率趋于1,即对于任意的正数 $\varepsilon$,当 $n$ 充分大时,不等式 $\left|\frac{1}{n}\sum_{k=1}^{n}X_k-\mu\right|<\varepsilon$ 成立的概率很大.

定理 5.3.2 表明,当 $n$ 很大时,随机变量 $X_1,X_2,\cdots,X_n$ 的算术平均 $\overline{X}=\frac{1}{n}\sum_{k=1}^{n}X_k$ 接近于数学期望 $E(X_1)=E(X_2)=\cdots=E(X_n)=\mu$. 这种接近是在概率的意义下的接近. 通俗地说,在定理 5.3.2 的条件下,$n$ 个随机变量的算术平均,当 $n$ 无限增加时将几乎变成一个常数.

定理 5.3.2 用"依概率收敛"又可以叙述为

**定理 5.3.2′** 设随机变量 $X_1, X_2, \cdots, X_n, \cdots$ 相互独立,且具有相同的数学期望和方差:$E(X_k)=\mu, D(X_k)=\sigma^2 (k=1, 2, \cdots)$,则 $\overline{X}_n = \dfrac{1}{n}\sum_{k=1}^{n} X_k$ 依概率收敛于 $\mu$,即 $\overline{X}_n \xrightarrow{P} \mu$.

**例 5.3.2** 设随机变量 $X_1, X_2, \cdots, X_n, \cdots$ 相互独立,且 $X_i(i=1, 2, \cdots)$ 的分布律见下表:

| $X_i$ | $-\sqrt{2}$ | 0 | $\sqrt{2}$ |
|---|---|---|---|
| $p_i$ | $\dfrac{1}{4}$ | $\dfrac{1}{2}$ | $\dfrac{1}{4}$ |

问:对随机变量序列 $X_1, X_2, \cdots, X_n, \cdots$ 可否使用切比雪夫大数定律?

**解** 由于随机变量 $X_1, X_2, \cdots, X_n, \cdots$ 相互独立,且 $E(X_i)=0, D(X_i)=1(i=1, 2, \cdots)$,因此满足定理 5.3.2 的条件,可以使用切比雪夫大数定律.

**定理 5.3.3(伯努利大数定律)** 设 $n_A$ 是 $n$ 次独立重复试验中事件 $A$ 发生的次数,$p$ 是事件 $A$ 在每次试验中发生的概率,则对于任意的正数 $\varepsilon$,有

$$\lim_{n\to\infty} P\left\{\left|\frac{n_A}{n}-p\right|<\varepsilon\right\}=1 \tag{5.3.4}$$

或

$$\lim_{n\to\infty} P\left\{\left|\frac{n_A}{n}-p\right|\geqslant\varepsilon\right\}=0. \tag{5.3.4′}$$

**证明** 由于 $n_A \sim B(n, p)$,根据例 4.2.8,有 $n_A = X_1 + X_2 + \cdots + X_n$,其中 $X_1, X_2, \cdots, X_n$ 相互独立,且都服从 $B(1, p)$.因此 $E(X_k)=p, D(X_k)=p(1-p), k=1, 2, \cdots, n$.根据定理 5.3.2(切比雪夫大数定律),得

$$\lim_{n\to\infty} P\left\{\left|\frac{1}{n}(X_1+X_2+\cdots+X_n)-p\right|<\varepsilon\right\}=1,$$

即

$$\lim_{n\to\infty} P\left\{\left|\frac{n_A}{n}-p\right|<\varepsilon\right\}=1.$$

定理 5.3.3(伯努利大数定律)表明,事件 $A$ 发生的频率 $\dfrac{n_A}{n}$ 依概率收敛于事件 $A$ 发生的概率.它揭示了"事件发生的频率具有稳定性".因此,在实际问题的应用中,当试验的次数很大时,用事件的频率代替它的概率是合理的.

如果事件 $A$ 的概率很小,根据伯努利大数定律,事件 $A$ 发生的频率也是很小的,或者说 $A$ 很少发生,即"概率很小的事件在个别试验中几乎不会发生",这一原理称为**小概率事件原理**(或**实际推断原理**),它的应用很广泛.例如,如果在某种假设下,一个事件发生的概率

很小,可是它在一次试验中竟然发生了,根据小概率事件原理,有理由怀疑假设的正确性.但应该注意,小概率事件与不可能事件是有区别的.

**例 5.3.3** 由例 1.2.1 可知,抛一枚质地均匀的硬币出现正面的概率为 0.5.以下分三种情况验证硬币出现正面的频率与概率的关系,三种情况下均进行 1 000 组实验,每组实验次数即抛硬币的次数分别为 100,1 000,10 000.

**解** 三种情况下均进行 1 000 组实验,每组实验次数即抛硬币的次数分别为 100,1 000,10 000,硬币出现正面的频率与概率的偏离情况如图 5-2—图 5-5 所示.

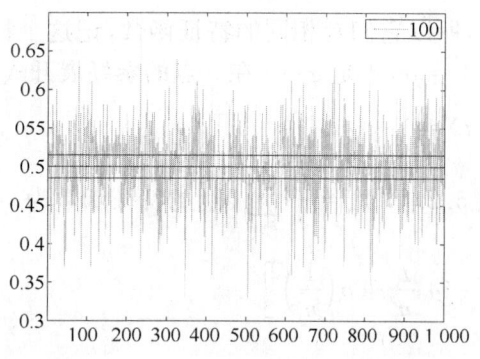
图 5-2　100 次时频率与概率的偏离图

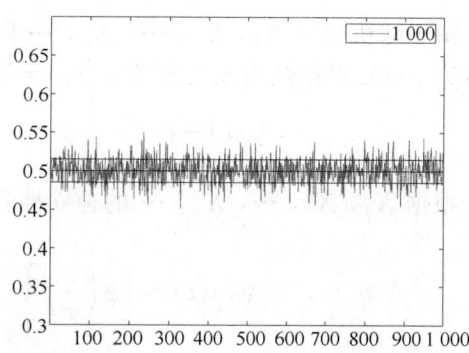
图 5-3　1 000 次时频率与概率的偏离图

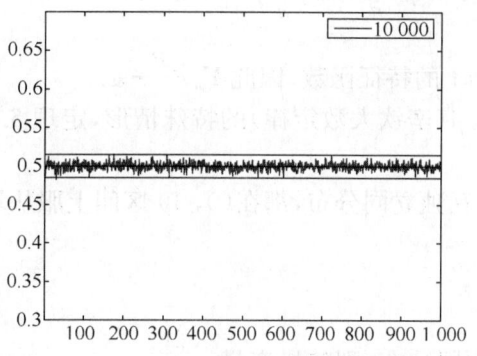
图 5-4　10 000 次时频率与概率的偏离图

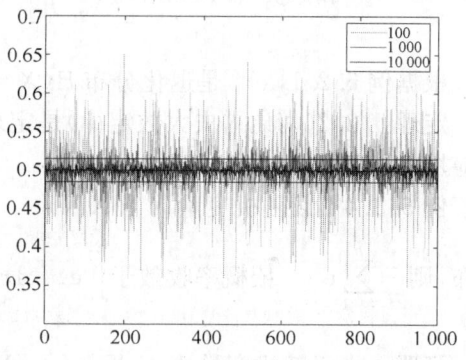
图 5-5　三种情况下频率与概率的偏离图

从图 5-2—图 5-5 可以看出,硬币出现正面的频率与概率的偏离程度,随着抛硬币次数的增加(100→1 000→10 000),频率与概率的偏离程度越来越小,即频率与概率越来越接近.这就直观地验证了定理 5.3.3(伯努利大数定律).

说明:例 5.3.3 中三种情况下频率与概率偏离图的 MATLAB 程序,见本书附录 B 的例 B.2.4.

定理 5.3.2 中要求随机变量 $X_1,X_2,\cdots,X_n,\cdots$ 的方差存在,但在这些随机变量相互独立且服从同一分布的场合,并不需要这一条件,我们有以下定理.

**定理 5.3.4(辛钦大数定律)** 设随机变量 $X_1,X_2,\cdots,X_n,\cdots$ 相互独立,服从同一分布,且具有数学期望 $E(X_k)=\mu(k=1,2,\cdots)$,则对于任意的正数 $\varepsilon$,有

$$\lim_{n\to\infty}P\left\{\left|\frac{1}{n}\sum_{k=1}^{n}X_k-\mu\right|<\varepsilon\right\}=1.$$

**证明** 设随机变量 $X_1, X_2, \cdots, X_n, \cdots$ 相互独立,服从同一分布,且具有数学期望 $E(X_k)=\mu(k=1,2,\cdots)$. 现在要证明:

$$\frac{1}{n}\sum_{k=1}^{n}X_k \xrightarrow{P} \mu, \quad n\to\infty.$$

为此,记 $Y_n=\dfrac{1}{n}\sum_{k=1}^{n}X_k$,根据定理 5.1.3,只要证明 $Y_n \xrightarrow{P} \mu$. 根据定理 5.2.6,只要证明 $\varphi_{Y_n}(t) \longrightarrow \mathrm{e}^{\mathrm{i}\mu t}$.

由于随机变量 $X_1, X_2, \cdots, X_n, \cdots$ 同分布,所以它们有相同的特征函数,记这个特征函数为 $\varphi(t)$. 根据性质 5.2.5,有 $\varphi'(t)=\mathrm{i}E(X_k)=\mathrm{i}\mu$,于是 $\varphi(t)$ 在 0 点的泰勒展开式为

$$\varphi(t)=\varphi(0)+\varphi'(0)t+o(t)=1+\mathrm{i}\mu t+o(t).$$

根据 $X_1, X_2, \cdots, X_n, \cdots$ 的独立性和性质 5.2.4,$Y_n=\dfrac{1}{n}\sum_{k=1}^{n}X_k$ 的特征函数为

$$\varphi_{Y_n}(t)=\left[\varphi\left(\frac{t}{n}\right)\right]^n=\left[1+\mathrm{i}\mu\frac{t}{n}+o\left(\frac{1}{n}\right)\right]^n.$$

对于任意的 $t$,有

$$\lim_{n\to\infty}\varphi_{Y_n}(t)=\lim_{n\to\infty}\left[\varphi\left(\frac{t}{n}\right)\right]^n=\lim_{n\to\infty}\left[1+\mathrm{i}\mu\frac{t}{n}+o\left(\frac{1}{n}\right)\right]^n=\mathrm{e}^{\mathrm{i}\mu t}.$$

根据例 5.2.1,$\mathrm{e}^{\mathrm{i}\mu t}$ 是退化分布 $P(X=\mu)=1$ 的特征函数,因此 $Y_n \xrightarrow{P} \mu$.

定理 5.3.2(切比雪夫大数定律)是定理 5.3.4(辛钦大数定律)的特殊情形,定理 5.3.4 在应用中是很重要的.

**例 5.3.4** 设随机变量 $X_1, X_2, \cdots, X_n$ 相互独立同分布,都在 $(0,1)$ 区间上服从均匀分布,则 $\dfrac{1}{n}\sum_{k=1}^{n}\mathrm{e}^{-\frac{X_k^2}{2}}$ 依概率收敛于 $\int_0^1 \mathrm{e}^{-\frac{x^2}{2}}\mathrm{d}x$.

**证明** 由于随机变量 $X_1, X_2, \cdots, X_n$ 独立同分布,则随机变量 $\mathrm{e}^{-\frac{X_1^2}{2}}, \mathrm{e}^{-\frac{X_2^2}{2}}, \cdots, \mathrm{e}^{-\frac{X_n^2}{2}}$ 也独立同分布. 因为 $X_k$ 在 $(0,1)$ 上服从均匀分布,其密度函数为 $f(x)=1(0<x<1)$,则

$$E(\mathrm{e}^{-\frac{X_k^2}{2}})=\int_{-\infty}^{\infty}\mathrm{e}^{-\frac{x^2}{2}}f(x)\mathrm{d}x=\int_0^1 \mathrm{e}^{-\frac{x^2}{2}}\mathrm{d}x, \quad k=1,2,\cdots,n.$$

根据定理 5.3.4(辛钦大数定律),当 $n\to\infty$ 时,$\dfrac{1}{n}\sum_{k=1}^{n}\mathrm{e}^{-\frac{X_k^2}{2}}$ 依概率收敛于 $\int_0^1 \mathrm{e}^{-\frac{x^2}{2}}\mathrm{d}x$.

例 5.3.4 的结果在定积分的数值计算上是很有用的.

**例 5.3.5** 用例 5.3.4 的结果计算 $\dfrac{1}{\sqrt{2\pi}}\int_0^1 \mathrm{e}^{-\frac{x^2}{2}}\mathrm{d}x$(要求计算结果精确到小数点后六位数).

**解** 根据例 5.3.4 的结果,先在计算机上产生 $n$ 个 $(0,1)$ 区间上的均匀分布的随机数 $x_k(k=1,2,\cdots,n)$,然后对每一个 $x_k$ 计算 $\mathrm{e}^{-\frac{x_k^2}{2}}$,最后得 $\dfrac{1}{\sqrt{2\pi}}\int_0^1 \mathrm{e}^{-\frac{x^2}{2}}\mathrm{d}x \approx$

$\frac{1}{n}\left(\frac{1}{\sqrt{2\pi}}\sum_{k=1}^{n}e^{-\frac{x_k^2}{2}}\right)$. 其精确值和 $n = 10\,000$，$100\,000$ 时的模拟值见下表：

| 精确值 | $n=10\,000$ 时的模拟值 | $n=100\,000$ 时的模拟值 |
|---|---|---|
| 0.341 344 | 0.341 329 | 0.341 334 |

当然，由于 $\varphi(x) = \frac{1}{\sqrt{2\pi}}e^{-\frac{x^2}{2}}$ 是标准正态分布的密度函数，因此查标准正态分布表，得

$$\frac{1}{\sqrt{2\pi}}\int_0^1 e^{-\frac{x^2}{2}}dx = \Phi(1) - \Phi(0) = 0.841\,3 - 0.500\,0 = 0.341\,3.$$

但是，一般的标准正态分布表都只有小数点后四位，有时可能精度不够.

由于可以通过线性变换将 $(a,b)$ 区间上的定积分化为 $(0,1)$ 区间上的定积分，因此上述计算定积分的方法具有普遍意义. 这就是辛钦大数定律在蒙特卡罗（Monte Carlo）方法计算定积分方面的应用.

## 习 题 5.3

1. 已知随机变量 $X$ 的分布律为

| $X$ | 1 | 2 | 3 |
|---|---|---|---|
| $P_k$ | 0.2 | 0.3 | 0.5 |

试利用切比雪夫不等式估计事件 $\{|X - E(X)| < 1.5\}$ 的概率.

2. 设随机变量 $X$ 的数学期望 $E(X) = 75$，方差 $D(X) = 5$，用切比雪夫不等式估计得 $P\{|X - 75| \geq k\} \leq 0.05$，求 $k$.

3. 设随机变量 $X$ 的数学期望 $E(X) = 100$，方差 $D(X) = 10$，利用切比雪夫不等式估计 $P\{80 < X < 120\}$.

4. $X$ 与 $Y$ 的数学期望分别为 $-2$ 和 $2$，方差分别为 $1$ 和 $4$，而相关系数为 $-0.5$，试利用切比雪夫不等式估计 $P\{|X+Y| \geq 6\}$.

5. 设 $X_1, X_2, \cdots, X_n$ 相互独立，且都服从均值为 $\frac{1}{2}$ 的指数分布，证明：当 $n \to \infty$ 时，$Y_n = \frac{1}{n}\sum_{i=1}^{n}X_i^2$ 依概率收敛于 $\frac{1}{2}$.

6. 设在任意 $n$ 次开关电路的试验中，假定在每次试验中开或关的概率各为 $\frac{1}{2}$，$m$ 表示在这 $n$ 次试验中遇到开电的次数，欲使开电频率 $\frac{m}{n}$ 与开电概率 $p$ 的绝对误差小于 $\varepsilon = 0.01$ 有 $99\%$ 以上的把握，试问试验次数 $n$ 应该至少为多少？

7. 设 $\{X_n, n = 1, 2, \cdots\}$ 为独立同分布随机变量序列，每个随机变量的方差为 $D(X_k) = \sigma^2$，证明：$\frac{1}{n}\sum_{k=1}^{n}[X_k - E(X_k)]^2$ 依概率收敛于 $\sigma^2$.

8. 将一枚均匀对称的骰子独立地重复抛掷 $n$ 次，当 $n \to \infty$ 时，应用大数定律求 $n$ 次抛掷出点数的算术平均值 $\overline{X}_n$ 依概率收敛的极限.

9. 设随机变量序列 $\{X_n\}(n=1,2,\cdots)$ 的分布律为:对固定的 $n$, $X_n$ 只取 $\frac{1}{n}$ 和 $n+1$ 这两个值,并且取这两个值的概率分别为 $P\left\{X_n=\frac{1}{n}\right\}=1-\frac{1}{n}$, $P\{X_n=n+1\}=\frac{1}{n}$,证明:$\{X_n\}$, $n=1,2,\cdots$ 依概率收敛于零.

10. 设 $X_1,X_2,\cdots,X_n,\cdots$ 相互独立,且都服从区间 $(1,15)$ 上的均匀分布,证明:当 $n\to\infty$ 时,$Y=\frac{1}{n}\sum_{k=1}^{n}X_k$ 依概率收敛于 8.

11. 在独立试验序列中,事件 $A$ 在第 $k$ 次试验中出现的概率为 $p_k$,且设 $X$ 是前 $n$ 次试验中事件 $A$ 出现的次数,证明:$\lim_{n\to\infty}P\left\{\left|\frac{X}{n}-\frac{1}{n}\sum_{k=1}^{n}p_k\right|<\varepsilon\right\}=1$.

12. 设随机变量 设 $X_1,X_2,\cdots$,独立同分布,且 $X_i(1=1,2,\cdots)$ 的概率密度函数为

$$f(x)=\begin{cases}2x, & 0<x<1,\\ 0, & \text{其他}.\end{cases}$$

问当 $n\to+\infty$ 时,$Y_n=\frac{1}{n}\sum_{i=1}^{n}X_i$ 依概率收敛于何值?

13. 已知正常成人男子每毫升血液中白细胞数量的平均值为 7 300,标准差为 700.请使用切比雪夫不等式估计成人男子每毫升血液中白细胞数量在 5 200~9 400 的概率.

14. 设随机变量 $X_1,X_2,\cdots,X_n,\cdots$,独立同分布,且服从参数为 3 的泊松分布,证明:当 $n\to+\infty$ 时,$Y_n=\frac{1}{n}\sum_{i=1}^{n}X_i^2$ 依概率收敛于 12.

## 5.4 中心极限定理

在概率论与数理统计中,正态分布是一个重要的分布.在概率论中,将有关论证随机变量和的分布是正态分布的定理称为中心极限定理.这里只介绍两个常用的中心极限定理——独立同分布中心极限定理、棣莫弗-拉普拉斯中心极限定理.

现在来讨论在什么条件下,独立随机变量之和 $Y_n=\sum_{i=1}^{n}X_i$ 的分布会收敛于正态分布.

**例 5.4.1** 误差是人们经常遇到且感兴趣的随机变量,大量研究表明,误差的产生是由大量微小的相互独立的随机因素叠加而成的.例如,一位操作者在机床加工机械轴,使其直径符合规定的要求,但加工后的机械轴与规定要求总有一定的误差,这是因为在加工时受到一些随机因素的影响,它们是:

(1) 在机床方面有机床振动与转速的影响;

(2) 在刀具方面有装配与磨损的影响;

(3) 在材料方面有钢材的成分、产地的影响;

(4) 在操作者方面有注意力集中程度、当天的情绪的影响;

(5) 在操作测量方面有误差、测量技术的影响;

(6) 在环境方面有车间的温度、湿度、照明、工作电压的影响;

(7) 在具体场合还可以列出其他影响因素.

以上这些因素的综合影响最后使每个加工机械轴的直径产生误差,若将这个误差记为 $Y_n$,那么 $Y_n$ 是随机变量,且可以将 $Y_n$ 看作很多微小的随机波动 $X_1, X_2, \cdots, X_n$ 之和,即 $Y_n = \sum_{i=1}^{n} X_i$,这里 $n$ 是很大的,人们关心的是当 $n \to \infty$ 时,$Y_n$ 的分布是什么?

**例 5.4.2** 设 $\{X_i(i=1, 2, \cdots)\}$ 是一些相互独立同分布的随机变量,且它们都服从均值为 1 的指数分布 $E(1)$,根据第 2 章"指数分布与伽玛分布的关系"可以得到 $\sum_{i=1}^{n} X_i \sim Ga(n, 1)$. 随着 $n$ 的增加($n = 2, 5, 10, 15, 20$),$\sum_{i=1}^{n} X_i$ 将如何变化?

**解** 当 $n = 2, 5, 10, 15, 20$ 时,$\sum_{i=1}^{n} X_i \sim Ga(n, 1)$ 的密度函数如图 5-6 所示(从左到右依次对应 $n = 2, 5, 10, 15, 20$).

从图 5-6 可以看出,$\sum_{i=1}^{n} X_i$ 的密度函数,随着 $n$ 的增加($2 \to 5 \to 10 \to 15 \to 20$)越来越接近正态分布密度函数的形状. 即当 $n$ 较大时,$\sum_{i=1}^{n} X_i$ 近似服从正态分布.

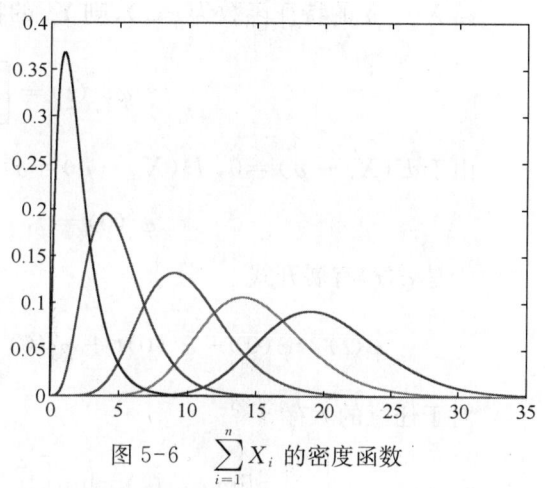

图 5-6 $\sum_{i=1}^{n} X_i$ 的密度函数

在图 5-6 中可以看出,当 $n$ 增大时,$\sum_{i=1}^{n} X_i$ 的密度函数的中心向右移动,且方差增大. 这意味着,当 $n \to \infty$ 时,$\sum_{i=1}^{n} X_i$ 的中心会趋于 $\infty$,其方差也趋于 $\infty$,分布极不稳定. 为了克服这个缺点,需要对 $\sum_{i=1}^{n} X_i$ 进行标准化处理:

$$Y_n = \frac{\sum_{k=1}^{n} X_k - E\left(\sum_{k=1}^{n} X_k\right)}{\sqrt{D\left(\sum_{k=1}^{n} X_k\right)}}.$$

由于 $E(Y_n) = 0$,$D(Y_n) = 1$,这就有可能看出 $Y_n$ 的极限分布是否为标准正态分布. 中心极限定理就是研究随机变量和的极限分布在什么条件下为正态分布的问题.

### 5.4.1 独立同分布中心极限定理

**定理 5.4.1(独立同分布中心极限定理)** 设随机变量 $X_1, X_2, \cdots, X_n, \cdots$ 相互独立,服从同一分布,且具有数学期望和方差:$E(X_k) = \mu$,$D(X_k) = \sigma^2 > 0 (k = 1, 2, \cdots)$,则随机变量之和 $\sum_{k=1}^{n} X_k$ 的标准化随机变量

$$Y_n = \frac{\sum_{k=1}^{n} X_k - E\left(\sum_{k=1}^{n} X_k\right)}{\sqrt{D\left(\sum_{k=1}^{n} X_k\right)}} = \frac{\sum_{k=1}^{n} X_k - n\mu}{\sqrt{n}\sigma}$$

的分布函数 $F_n(x)$ 对于任意的 $x$ 满足

$$\lim_{n\to\infty} F_n(x) = \lim_{n\to\infty} P\left\{\frac{\sum_{k=1}^{n} X_k - n\mu}{\sqrt{n}\sigma} \leqslant x\right\} = \int_{-\infty}^{x} \frac{1}{\sqrt{2\pi}} e^{-\frac{t^2}{2}} dt = \Phi(x). \qquad (5.4.1)$$

**证明** 为证明式(5.4.1)，只要证明 $\{Y_n\}$ 的分布函数弱收敛于标准正态分布. 又根据定理 5.2.6，只要证明 $\{Y_n\}$ 的特征函数收敛于标准正态分布的特征函数.

设 $X_n - \mu$ 的特征函数为 $\varphi(t)$，则 $Y_n$ 的特征函数为

$$\varphi_{Y_n}(t) = \left[\varphi\left(\frac{t}{\sigma\sqrt{n}}\right)\right]^n.$$

由于 $E(X_n - \mu) = 0$，$D(X_n - \mu) = \sigma^2$，所以有

$$\varphi'(0) = 0, \quad \varphi''(0) = -\sigma^2.$$

于是 $\varphi(t)$ 有展开式

$$\varphi(t) = \varphi(0) + \varphi'(0)t + \varphi''(0)\frac{t^2}{2} + o(t^2) = 1 - \frac{1}{2}\sigma^2 t^2 + o(t^2).$$

对于任意的 $t$ 有

$$\lim_{n\to\infty} \varphi_{Y_n}(t) = \lim_{n\to\infty}\left[1 - \frac{t^2}{2n} + o\left(\frac{t^2}{n}\right)\right]^n = e^{-\frac{t^2}{2}}.$$

由于 $e^{-\frac{t^2}{2}}$ 是标准正态分布的特征函数，因此定理得证.

独立同分布中心极限定理说明，具有数学期望 $E(X_k) = \mu$ 和方差 $D(X_k) = \sigma^2 > 0$ 的独立同分布的随机变量 $X_1, X_2, \cdots, X_n$ 之和 $\sum_{k=1}^{n} X_k$ 的标准化随机变量，当 $n$ 充分大时，有

$$Y_n = \frac{\sum_{k=1}^{n} X_k - n\mu}{\sqrt{n}\sigma} \overset{\text{近似}}{\sim} N(0, 1). \qquad (5.4.2)$$

在一般情况下，很难求出 $\sum_{k=1}^{n} X_k$ 的分布的确切形式. 式(5.4.2)说明，当 $n$ 充分大时，可以利用正态分布对 $\sum_{k=1}^{n} X_k$ 进行理论分析或实际计算.

**例 5.4.3** 设 $X_i (i = 1, 2, \cdots)$ 是一些相互独立同分布的随机变量，且它们都服从参数为 $\lambda$ 的泊松分布 $P(\lambda)$，根据例 5.2.9("泊松分布的可加性")可以得到 $\sum_{i=1}^{n} X_i \sim P(n\lambda)$. 当

$\lambda=1$ 时,随着 $n$ 的增加($n=1,2,5,10,15,20$), $\sum_{i=1}^{n}X_i$ 将如何变化? $\sum_{i=1}^{n}X_i$ 的标准化变量又将如何变化?

**解** 当 $n=1,2,5,10,15,20$ 和 $\lambda=1$ 时, $\sum_{i=1}^{n}X_i \sim P(n\lambda)$ 的分布律折线图如图 5-7 所示.

从图 5-7 可以看出, $\sum_{i=1}^{n}X_i$ 的分布律折线图,随着 $n$ 的增加($1\to 2\to 5\to 10\to 15\to 20$)越来越接近正态分布密度函数的形状. 即当 $n$ 较大时, $\sum_{i=1}^{n}X_i$ 近似服从正态分布,因此 $\sum_{i=1}^{n}X_i$ 的标准化随机变量近似服从标准正态分布. 这就直观地验证了定理 5.4.1(独立同分布中心极限定理).

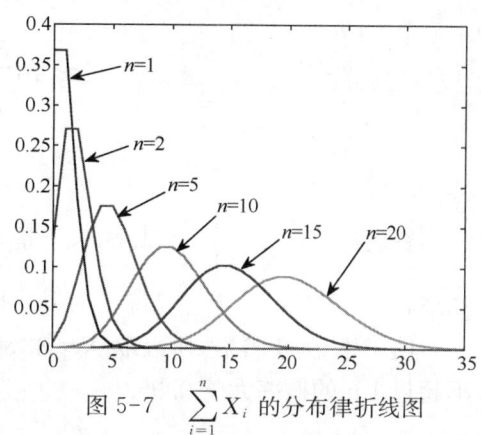

图 5-7 $\sum_{i=1}^{n}X_i$ 的分布律折线图

说明:例 5.4.1 中 $\sum_{i=1}^{n}X_i$ 的分布律折线图的 MATLAB 程序,见本书附录 B 的例 B.2.5.

**例 5.4.4** 在一个超市中,结账柜台为顾客服务的时间(单位:min)是相互独立的随机变量且服从相同的分布,均值为 1.5,方差为 1.(1) 求对 100 名顾客的总服务时间不超过 2 h 的概率;(2) 要求总的服务时间不超过 1 h 的概率大于 0.95,问至多能对多少名顾客服务?

**解** (1) 设 $X_i(i=1,2,\cdots,100)$ 表示对第 $i$ 名顾客的服务时间. 根据题意,$X_1,X_2,\cdots,X_{100}$ 相互独立且服从相同的分布,根据定理 5.4.1,有

$$P\left\{\sum_{i=1}^{100}X_i \leqslant 120\right\} = P\left\{\frac{\sum_{i=1}^{100}X_i - 100\times 1.5}{\sqrt{100\times 1}} \leqslant \frac{120-100\times 1.5}{\sqrt{100\times 1}}\right\}$$

$$\approx \Phi\left(\frac{120-150}{10}\right)$$

$$= \Phi(-3)$$

$$= 0.0013.$$

由于所求出的概率比较小,在实际中可以认为对 100 名顾客服务的总时间不小于 2 h 几乎是不可能的.

(2) 设 1 h 内能对 $N$ 名顾客服务,并设 $X_i(i=1,2,\cdots,N)$ 表示对第 $i$ 名顾客的服务时间. 根据题意,要确定最大的 $N$,使 $P\left\{\sum_{i=1}^{N}X_i \leqslant 60\right\} > 0.95$.

根据定理 5.4.1,有

$$P\left\{\sum_{i=1}^{N} X_i \leqslant 60\right\} = P\left\{\frac{\sum_{i=1}^{N} X_i - N \times 1.5}{\sqrt{N} \times 1} \leqslant \frac{60 - N \times 1.5}{\sqrt{N} \times 1}\right\}$$

$$\approx \Phi\left(\frac{60 - N \times 1.5}{\sqrt{N} \times 1}\right)$$

$$> 0.95.$$

查表得 $\frac{60 - N \times 1.5}{\sqrt{N} \times 1} > 1.645$，于是 $1.5N + 1.645\sqrt{N} - 60 < 0$，得 $\sqrt{N} < 5.8$，因此 $N < 33.64$.

由于 $N$ 为正整数，所以取 $N = 33$，即最多只能为 33 名顾客服务，才能使总的服务时间不超过 1 h 的概率大于 0.95.

### 5.4.2 棣莫弗-拉普拉斯中心极限定理

**定理 5.4.2**(棣莫弗-拉普拉斯(De Moiver-Laplace)中心极限定理) 设随机变量 $Y_n$ ($n = 1, 2, \cdots$) 服从参数为 $n$ 和 $p(0 < p < 1)$ 的二项分布，则对于任意的 $x$，有

$$\lim_{n \to \infty} P\left\{\frac{Y_n - np}{\sqrt{np(1-p)}} \leqslant x\right\} = \int_{-\infty}^{x} \frac{1}{\sqrt{2\pi}} e^{-\frac{t^2}{2}} dt = \Phi(x). \tag{5.4.3}$$

**证明** 根据例 4.2.8 知，可以将 $Y_n$ 分解成 $n$ 个相互独立、服从同一两点分布的诸随机变量 $X_1, X_2, \cdots, X_n$ 的和，即 $Y_n = \sum_{k=1}^{n} X_k$. 其中 $X_k (k = 1, 2, \cdots, n)$ 的分布律为 $P\{X_k = i\} = p^i (1-p)^{1-i}$，$i = 0, 1$.

由于 $E(X_k) = p$，$D(X_k) = p(1-p)$，$k = 1, 2, \cdots, n$，根据定理 5.4.1，得

$$\lim_{n \to +\infty} P\left\{\frac{Y_n - np}{\sqrt{np(1-p)}} \leqslant x\right\} = \lim_{n \to +\infty} P\left\{\frac{\sum_{k=1}^{n} X_k - np}{\sqrt{np(1-p)}} \leqslant x\right\}$$

$$= \int_{-\infty}^{x} \frac{1}{\sqrt{2\pi}} e^{-\frac{t^2}{2}} dt$$

$$= \Phi(x).$$

定理 5.4.2 说明，当 $n$ 充分大时，二项分布的标准化随机变量 $\frac{Y_n - np}{\sqrt{np(1-p)}}$ 近似服从标准正态分布. 即当 $n$ 充分大时，有

$$\frac{Y_n - np}{\sqrt{np(1-p)}} \overset{\text{近似}}{\sim} N(0, 1).$$

这样，在实际中当 $n$ 充分大时，可以利用式(5.4.3)来近似计算二项分布的概率.

**例 5.4.5** 设 $X_i (i=1,2,\cdots)$ 是一些相互独立同分布的随机变量,且它们都服从两点分布 $B(1,p)$,由例 4.2.8 可知 $\sum_{i=1}^{n} X_i$ 服从二项分布 $B(n,p)$. 随着 $n$ 的增加($n=2,5,10,15,20$),二项分布 $B(n,0.5)$ 将如何变化?二项分布 $B(n,0.5)$ 的标准化随机变量又将如何变化?

**解** 当 $n=2,5,10,15,20$ 时,二项分布 $B(n,0.5)$ 的分布律折线图如图 5-8 所示.

从图 5-8 可以看出,二项分布 $B(n,0.5)$ 的分布律折线图随着 $n$ 的增加($2\to 5\to 10\to 15\to 20$)越来越接近正态分布密度函数的形状.即当 $n$ 较大时,二项分布 $B(n,0.5)$ 近似服从正态分布,因此二项分布 $B(n,0.5)$ 的标准化随机变量近似服从标准正态分布.这就直观地验证了定理 5.4.2(棣莫弗-拉普拉斯中心极限定理).

**例 5.4.6** 设在某保险公司的索赔户中,因被盗索赔者占 20%,求在 200 个索赔户中因被盗而索赔的户数在 25~55 的概率.

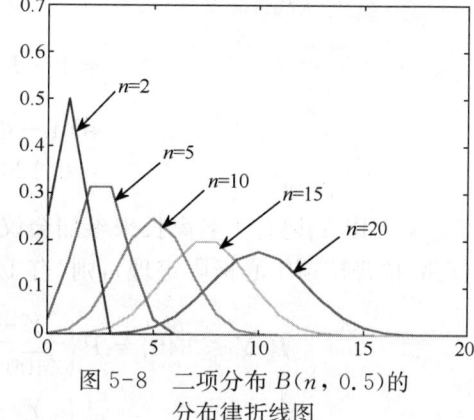

图 5-8 二项分布 $B(n,0.5)$ 的分布律折线图

**解** 用 $X_n$ 表示在 200 个索赔户中因被盗而索赔的户数,根据题意 $X_n \sim B(200,0.2)$,且 $E(X_n)=np=40$,$D(X_n)=np(1-p)=32=5.66^2$,根据定理 5.2.2(棣莫弗-拉普拉斯中心极限定理),所求的概率为

$$P\{25 \leqslant X_n \leqslant 55\} = P\left\{\frac{25-40}{5.66} \leqslant \frac{X_n-40}{5.66} \leqslant \frac{55-40}{5.66}\right\}$$
$$= P\left\{-2.65 \leqslant \frac{X_n-40}{5.66} \leqslant 2.65\right\}$$
$$\approx \Phi(2.65) - \Phi(-2.65)$$
$$= 0.9920.$$

**例 5.4.7** 参加学生家长会的家长人数是一个随机变量.设某个学生无家长、1 名家长和 2 名家长来参加家长会议的概率分别为 0.05, 0.8 和 0.15. 若学校共有 400 名学生,参加学生家长会议的家长相互独立,且服从同一分布.求:(1) 参加家长会的家长人数 $X$ 超过 450 的概率;(2) 有 1 名家长来参加会议的学生数不多于 340 的概率.

**解** (1) 以 $X_k (k=1,2,\cdots,400)$ 记第 $k$ 个学生参加会议的家长数,则 $X_k$ 的分布律为

| $X_k$ | 0 | 1 | 2 |
| --- | --- | --- | --- |
| $p_k$ | 0.05 | 0.8 | 0.15 |

易知 $E(X_k)=1.1$,$D(X_k)=0.19$,$k=1,2,\cdots,400$.

设 $X=\sum_{k=1}^{400} X_k$,根据定理 5.4.1(独立同分布中心极限定理)知,随机变量

$$\frac{\sum_{k=1}^{400} X_k - 400 \times 1.1}{\sqrt{400}\sqrt{0.19}} = \frac{X - 400 \times 1.1}{\sqrt{400}\sqrt{0.19}}$$

近似服从正态分布 $N(0,1)$，于是

$$P\{X > 450\} = P\left\{\frac{X - 400 \times 1.1}{\sqrt{400}\sqrt{0.19}} > \frac{450 - 400 \times 1.1}{\sqrt{400}\sqrt{0.19}}\right\}$$

$$= 1 - P\left\{\frac{X - 400 \times 1.1}{\sqrt{400}\sqrt{0.19}} \leqslant 1.147\right\}$$

$$\approx 1 - \Phi(1.147)$$

$$= 0.1251.$$

（2）以 $Y$ 记有 1 名家长来参加会议的学生数，则 $Y \sim B(400, 0.8)$，根据定理 5.4.2（棣莫弗-拉普拉斯中心极限定理），则"有 1 名家长来参加会议的学生数不多于 340 的概率"为

$$P\{Y \leqslant 340\} = P\left\{\frac{Y - 400 \times 0.8}{\sqrt{400 \times 0.8 \times 0.2}} \leqslant \frac{340 - 400 \times 0.8}{\sqrt{400 \times 0.8 \times 0.2}}\right\}$$

$$= P\left\{\frac{Y - 400 \times 0.8}{\sqrt{400 \times 0.8 \times 0.2}} \leqslant 2.5\right\}$$

$$\approx \Phi(2.5)$$

$$= 0.9938.$$

## 习 题 5.4

1. 据以往经验，某种电器元件的寿命服从均值为 100 h 的指数分布，现随机地取 16 只，设它们的寿命相互独立，求这 16 只元件的寿命的总和大于 1 920 h 的概率．

2. 一生产线生产的产品成箱包装，每箱的重量是随机的．假设每箱平均重 50 kg．标准差为 5 kg．若用最大载重量为 5 000 kg 的汽车承运，试利用中心极限定理说明每辆车最多可以装多少箱，才能保障不超载的概率大于 0.977．

3. 设射击不断地独立进行，且每次射中的概率为 $\frac{1}{10}$．

（1）试求 500 次射击中射中的次数在区间 $(49, 55)$ 之中的概率 $p_1$；

（2）问最少要射击多少次才能使射中的次数超过 50 次的概率大于已给正数 $q_0$？

4. 有一批建筑房屋所用的木柱，其中 80% 的长度不小于 3 m．现在从这批木柱中随机地取 100 根，求其中至少有 30 根短于 3 m 的概率．

5. 一复杂的系统由 100 个相互独立起作用的部件所组成，在整个运行期间每个部件损坏的概率为 0.10．为使整个系统起作用，至少必须有 85 个部件正常工作，求整个系统起作用的概率．

6. 某市保险公司开办一年人身保险业务，被保险人每年需交付保险费 160 元，若一年内发生重大人身事故，其本人或家属可获得 2 万元赔偿金．已知该市人员一年内发生重大人身事故的概率为 0.005，现有 5 000 人参加此项保险，求保险公司一年内从此项业务所得到的总收益在 20 万元到 40 万元之间的概率．

7. 一部件包括 10 部分，每部分的长度是一个随机变量，且它们相互独立，服从同一分布，其数学期望为 2 mm，标准差为 0.05 mm．规定总长度为 $(20 \pm 0.1)$ mm 时产品合格，试求产品合格的概率．

8. 设各零件的重量都是随机变量,且它们相互独立,服从相同的分布,其数学期望为 0.5 kg,标准差为 0.1 kg,问 5 000 只零件的总重量超过 2 510 kg 的概率是多少?

9. 一食品店有 3 种蛋糕出售,由于售出哪一种蛋糕是随机的,因而售出一只蛋糕的价格是一个随机变量,它取 1 元,1.2 元,1.5 元各值的概率分别为 0.3,0.2,0.5. 若某天售出 300 只蛋糕,求:

(1) 这天的收入至少为 400 元的概率;

(2) 这天售出价格为 1.2 元的蛋糕多于 60 只的概率.

10. 某种电子器件的寿命(单位:h)具有数学期望 $\mu$(未知),方差 $\sigma^2 = 400$. 为了估计 $\mu$,随机地取 $n$ 只器件在时刻 $t = 0$ 投入测试(设测试是相互独立的)直到器件出现失效,测得其寿命为 $X_1, X_2, \cdots, X_n$,以 $\overline{X} = \frac{1}{n}\sum_{i=1}^{n} X_i$ 作为 $\mu$ 的估计. 为了使 $P\{|\overline{X} - \mu| < 1\} \geqslant 0.95$,问 $n$ 至少为多少?

11. 随机地取两组学生,每组 80 人,分别在两个实验室里测量某种化合物的 pH 值,各人测量的结果是随机变量,它们相互独立,服从同一分布,数学期望为 5,方差为 0.3,以 $\overline{X}, \overline{Y}$ 分别表示第一组和第二组所得结果的算术平均,求:(1) $P\{4.9 < \overline{X} < 5.1\}$;(2) $P\{-0.1 < \overline{X} - \overline{Y} < 0.1\}$.

12. 某汽车销售点每天出售的汽车数服从参数为 1 的泊松分布,若一年中有 361 天经营汽车销售,且每天出售的汽车数是相互独立的,请用中心极限定理计算一年中出售 380 辆以上汽车的概率.

13. 已知一本 360 页的书中每页印刷错误的个数服从参数为 0.1 的泊松分布,求这本书的印刷错误总数不多于 46 的概率.

14. 根据孟德尔遗传理论,红、黄两种番茄杂交,第二代红果植株和黄果植株的比例为 3:1. 现在种植杂交种 400 株,求黄果植株在 83 和 117 之间的概率.

15. 在计算机上进行数值计算时,遵从四舍五入原则. 为简单计,现在对小数点后第一位进行舍入计算,则可以认为误差服从 $[-0.5, 0.5]$ 上的均匀分布. 若在一项计算中进行了 100 次数值计算,求平均误差落在 $\left[-\frac{\sqrt{3}}{20}, \frac{\sqrt{3}}{20}\right]$ 上的概率.

# 第 6 章 数理统计的基本概念

本书的前五章我们学习了概率论的内容,随后的五章是数理统计部分.从本章开始,将讲述数理统计的基本内容.

数理统计作为一门学科诞生于 19 世纪末 20 世纪初,它是具有广泛应用的一个数学分支.数理统计以概率论为理论基础,根据试验或观察得到的数据来研究随机现象,对研究对象的客观规律性作出种种估计和判断等.数理统计的主要内容包括,如何收集、整理数据,如何对所收集到的局部数据进行分析,从而对整体情况进行统计推断.

本章将介绍数理统计的基本概念,主要包括:总体、随机样本、统计量、经验分布函数、直方图、样本数据的分位数、五数概括与箱线图等基本概念,并介绍几个常用的统计量及抽样分布、充分统计量等.

## 6.1 几个基本概念

### 6.1.1 总体与样本

**定义 6.1.1** 把所研究对象的全体称为**总体**,总体中每个元素称为**个体**.总体中所包含个体的个数称为总体的**容量**.容量为有限的总体称为**有限总体**,容量为无限的总体称为**无限总体**.

例如,某大学一年级的男生是一个总体,其中的每一个男生是一个个体;某种手机中装配的锂电池是一个总体,每只锂电池是一个个体.在实际问题中我们所研究的是总体中个体的某一个数量指标.例如,对上述男生这一总体来说,我们只研究男生的身高这个数量指标.又如对于锂电池这个总体,我们只研究电池寿命这个数量指标.

例如,考察某天生产的某型号锂电池,总体的容量就是锂电池的个数,所以是有限总体.当有限总体所含个体的数量很大时,可以认为它近似地是一个无限总体.例如,考察全国正在使用的某种型号灯泡的寿命,总体的容量就是灯泡的个数,由于灯泡的个数很多,可以近似地认为是无限总体.

我们所要研究的是个体的某一个数量指标(如男生的身高),它对总体中不同的个体来说取不同的数值,即具有不确定性.我们自总体中随机取一个个体,观察它的数量指标的值,这就是一个随机试验.而数量指标 $X$ 作为随机试验中被观察的量,它的取值随试验的结果而定,它是一个随机变量.我们对总体的研究,就是对随机变量 $X$ 的研究.$X$ 的分布函数和数字特征,分别称为总体的分布函数和数字特征.这样,一个总体对应于一个随机变量 $X$.今后将不区分总体与相应的随机变量,笼统地称为总体 $X$.

例如,我们检验自动生产线出来的零件是次品还是正品,用 1 表示产品为次品,用 0 表示产品为正品.设出现次品的概率为 $p$,那么总体是由一些具有数量指标为 1 和一些具有数量指标为 0 的个体所组成.这个总体对应于一个参数为 $p$ 的两点分布,我们就将它说成是两点分布的总体.

要将一个总体的性质了解清楚,初看起来,最理想的办法是对每个个体逐一进行观察,但这在实际问题中往往是不现实的. 例如要研究一批电池的寿命,由于寿命试验是破坏性的,一旦我们获得了每个电池的寿命数据,这批电池已经全部报废了. 因此我们只能从这批电池中随机地抽取一部分进行寿命试验,并记录其结果,然后根据这些数据来推断这批电池的寿命情况.

在数理统计中,一般,人们都是通过从总体中抽取一部分个体,根据获得的数据来对总体进行推断的. 被抽出的部分个体叫做总体的一个样本.

所谓从总体中抽取一个个体,就是对总体 $X$ 进行一次观察并记录其结果. 我们在相同的条件下对总体 $X$ 进行 $n$ 次重复的、独立的观察,并将 $n$ 次观察结果按试验的次序记为 $X_1, X_2, \cdots, X_n$. 由于 $X_1, X_2, \cdots, X_n$ 是对随机变量 $X$ 的观察结果,且各次观察是在相同的条件下独立进行的,所以有理由认为 $X_1, X_2, \cdots, X_n$ 是相互独立的,且都是与 $X$ 具有相同分布的随机变量.

**定义 6.1.2** 设 $X$ 是具有分布函数 $F$ 的随机变量,若 $X_1, X_2, \cdots, X_n$ 是具有相同分布函数 $F$ 的、相互独立的随机变量,则称 $X_1, X_2, \cdots, X_n$ 为从总体 $X$ 得到的**容量**为 $n$ 的**简单随机样本**,简称样本(sample),它们的观察值 $x_1, x_2, \cdots, x_n$ 称为**样本观察值**,简称**观察值**.

应该注意的是,由于数理统计是通过从总体中抽取一部分个体组成的样本,并根据获得的样本数据来对总体进行推断的,因此这就决定了数理统计的方法是"归纳性"的(而且是不完全的归纳),它区别于概率论的"演绎性".

由定义 6.1.2 可知,简单随机样本有以下两个重要性质:

若 $X_1, X_2, \cdots, X_n$ 为总体 $X$ 的一个样本,则有:
(1) $X_1, X_2, \cdots, X_n$ 是相互独立的;
(2) $X_1, X_2, \cdots, X_n$ 与总体 $X$ 具有相同的分布.

即它们的分布函数都是 $F$,所以 $(X_1, X_2, \cdots, X_n)$ 的联合分布函数为

$$F^*(x_1, x_2, \cdots, x_n) = \prod_{i=1}^{n} F(x_i).$$

又设 $X$ 具有密度函数 $f$,则 $(X_1, X_2, \cdots, X_n)$ 的联合密度函数为

$$f^*(x_1, x_2, \cdots, x_n) = \prod_{i=1}^{n} f(x_i).$$

**例 6.1.1** 设总体 $X$ 服从指数分布,其密度函数为

$$f(x) = \begin{cases} \dfrac{1}{\theta} e^{-\frac{x}{\theta}}, & x > 0, \\ 0, & \text{其他}, \end{cases}$$

其中 $\theta > 0$ 为常数. $X_1, X_2, \cdots, X_{10}$ 为来自总体 $X$ 的样本. (1) 求 $X_1, X_2, \cdots, X_{10}$ 的联合密度函数;(2) 设 $X_1, X_2, \cdots, X_{10}$ 分别为 10 块独立工作的电路板的寿命(单位:年),求 10 块电路板的寿命都大于 2 的概率.

**解** (1) $X_1, X_2, \cdots, X_{10}$ 的联合密度函数为

$$f^*(x_1, x_2, \cdots, x_{10}) = \begin{cases} \prod_{i=1}^{10} \dfrac{1}{\theta} e^{-\frac{x_i}{\theta}} = \dfrac{1}{\theta^{10}} e^{\left(-\sum_{i=1}^{10} \frac{x_i}{\theta}\right)}, & x_1, x_1, \cdots, x_{10} > 0, \\ 0, & \text{其他.} \end{cases}$$

(2) $P\{X_1 > 2\} P\{X_2 > 2\} \cdots P\{X_{10} > 2\} = [P\{X_1 > 2\}]^{10} = (e^{-\frac{2}{\theta}})^{10} = e^{-\frac{20}{\theta}}.$

### 6.1.2 经验分布函数

**定义 6.1.3** 设 $X_1, X_2, \cdots, X_n$ 是来自总体 $X$ 的容量为 $n$ 的样本,若将样本观察值 $x_1, x_2, \cdots, x_n$ 由小到大进行排列为 $x_{(1)}, x_{(2)}, \cdots, x_{(n)}$,则 $X_{(1)}, X_{(2)}, \cdots, X_{(n)}$ 称为**有序样本**,定义如下函数:

$$F_n(x) = \begin{cases} 0, & x < x_{(1)}, \\ \dfrac{k}{n}, & x_{(k)} \leqslant x < x_{(k+1)}, \quad k = 1, 2, \cdots, n-1, \\ 1, & x \geqslant x_{(n)}, \end{cases}$$

则 $F_n(x)$ 是一个非减右连续函数,且满足

$$F_n(-\infty) = 0, \quad F_n(\infty) = 1.$$

由此可见,$F_n(x)$ 是一个分布函数,并称 $F_n(x)$ 为**经验分布函数**.

经验分布函数 $F_n(x)$ 是事件 $\{X \leqslant x\}$ 发生的频率,而总体分布函数 $F(x)$ 是事件 $\{X \leqslant x\}$ 发生的概率.对于固定的 $x$,有

$$P\left\{F_n(x) = \dfrac{k}{n}\right\} = P\{nF_n(x) = k\} = C_n^k [F(x)]^k [1 - F(x)]^{n-k}, \quad k = 0, 1, \cdots, n.$$

根据伯努利大数定律,当 $n$ 充分大时,$F_n(x)$ 依概率收敛于 $F(x)$,即对于任意的 $\varepsilon > 0$,有

$$\lim_{n \to \infty} P\{|F_n(x) - F(x)| < \varepsilon\} = 1.$$

还有更进一步的结果——格列纹科定理.

**定理 6.1.1(格列纹科定理)** 设总体 $X$ 的分布函数为 $F(x)$,经验分布函数为 $F_n(x)$,记 $D_n = \sup\limits_{-\infty < x < \infty} |F_n(x) - F(x)|$,对于任意的实数 $x$,则有

$$P\{\lim_{n \to \infty} D_n = 0\} = 1.$$

定理 6.1.1 的证明从略(证明见:陈家鼎等,《数理统计讲义》,2006).

定理 6.1.1 告诉我们,当样本容量 $n$ 足够大时,对于任意的实数 $x$,$F_n(x)$ 和 $F(x)$ 之差的绝对值很小,这个事件发生的概率为 1.这也说明经验分布函数 $F_n(x)$ 是总体分布函数 $F(x)$ 的一个良好近似.这就是我们可以根据样本推断总体的理论依据.

**例 6.1.2** 某食品厂生产听装饮料,现从生产线上随机抽取 5 听饮料,称得其净重量为(单位:g)351, 347, 355, 344, 351.这是一个容量为 5 的样本观察值,经过排序得到有序样

本：$x_{(1)}=344$，$x_{(2)}=347$，$x_{(3)}=351$，$x_{(4)}=351$，$x_{(5)}=355$，其经验分布函数为

$$F_n(x)=\begin{cases} 0, & x<344, \\ 0.2, & 344\leqslant x<347, \\ 0.4, & 347\leqslant x<351, \\ 0.8, & 351\leqslant x<355, \\ 1, & x\geqslant 355. \end{cases}$$

上述经验分布函数 $F_n(x)$ 的图形如图 6-1 所示.

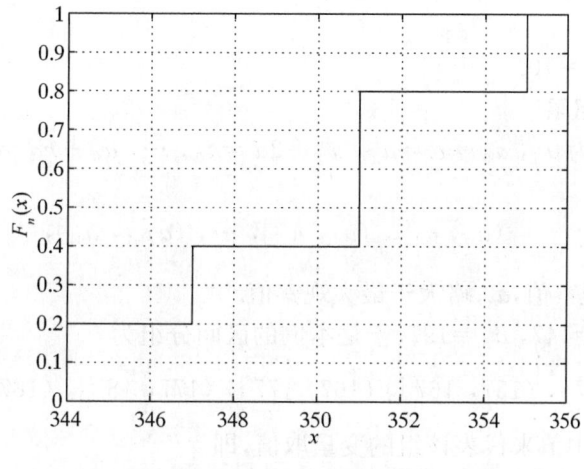

图 6-1 经验分布函数

## 6.1.3 样本数据的频数频率分布表和直方图

为了研究总体的分布性质，人们经常通过试验得到一些观察值，一般情况下得到的数据可能是杂乱无章的. 为了利用这些数据进行统计分析，将这些数据加以整理，要借助于表格和图形对它们进行描述.

### 6.1.3.1 样本数据的频数频率分布表

样本数据的整理是统计研究的基础，整理数据的最常见方法之一是给出其频数分布表或频率分布表. 我们看一个例子.

**例 6.1.3** 为研究某厂工人生产某种产品的能力，随机调查了 20 名工人某天生产的该种产品的数量，数据如下：

    160 196 164 148 170 175 178 166 181 162
    161 168 166 162 172 156 170 157 162 154

对这 20 个数据进行整理，具体步骤如下：

(1) **对样本数据进行分组**

首先确定组数 $k$，作为一般性原则，组数通常在 5～20，对于容量较小的样本，通常将其分为 5 组或 6 组. 对于本例，由于只有 20 个数据，我们将其分为 5 组，即 $k=5$.

**(2) 确定每组的组距**

每组区间长度可以相同也可以不同,实际使用中常选用长度相同的区间以便进行比较,此时各组区间的长度称为**组距**,其近似公式为

$$组距\ d = \frac{样本最大观察值 - 样本最小观察值}{组数}.$$

在本例中,最大观察值=196,最小观察值=148,因此组距近似为

$$d = \frac{196-148}{5} = 9.6,$$

为方便起见,取组距 $d=10$.

**(3) 确定每组的组限**

各组区间的端点为 $a_0, a_0+d=a_1, a_0+2d=a_2, \cdots, a_0+kd=a_k$,形成如下的分组区间:

$$(a_0, a_1], (a_1, a_2], \cdots, (a_{k-1}, a_k],$$

其中 $a_0$ 略小于最小观察值,$a_k$ 略大于最大观察值.

在本例中,取 $a_0=147, a_5=197$,于是本例的区间分组为

$$(147, 157], (157, 167], (167, 177], (177, 187], (187, 197].$$

通常用每组的组中值来代表该组的变量取值,即

$$组中值 = \frac{组上限 + 组下限}{2}.$$

**(4) 列出其频数频率分布表**

在本例中,频数频率分布见下表:

| 组序 | 分组区间 | 组中值 | 频数 | 频率 | 累积频率 |
| --- | --- | --- | --- | --- | --- |
| 1 | (147, 157] | 152 | 4 | 0.20 | 20% |
| 2 | (157, 167] | 162 | 8 | 0.40 | 60% |
| 3 | (167, 177] | 172 | 5 | 0.25 | 85% |
| 4 | (177, 187] | 182 | 2 | 0.10 | 95% |
| 5 | (187, 197] | 192 | 1 | 0.05 | 100% |
| 合计 |  |  | 20 | 1 |  |

从上表中可以读出很多信息,如:40% 的工人的产量在 157 到 167 之间;产量少于 167 的有 12 人,占 60%;产量高于 177 的有 3 人,占 15%.

**6.1.3.2 样本数据的直方图**

前面我们介绍了样本数据的频数频率分布表,以下介绍样本数据的直方图.

样本数据的图形显示最常用的有直方图、箱线图等.直方图在组距相等场合常用宽度相

等的长条矩形来表示,矩形的高低表示频数的大小.在图形上,横坐标表示所关心的变量的取值区间,纵坐标表示组频数,这样就得到频数直方图.若把纵轴改成频率,就得到频率直方图.频数直方图与频率直方图的差别仅在于纵轴刻度的选择,直方图本身并无变化.

在例 6.1.3 中,频数直方图如图 6-2 所示.

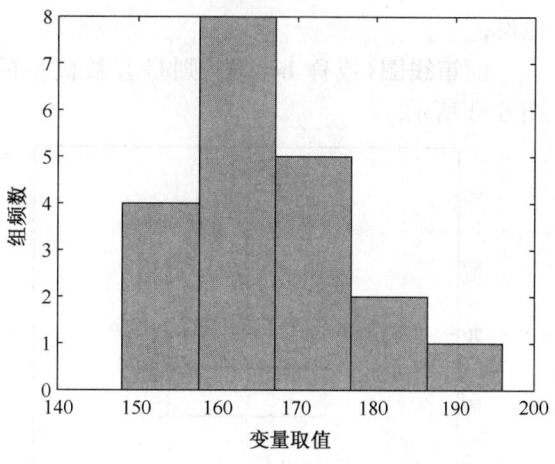

图 6-2 频数直方图

### 6.1.4 样本数据的分位数与中位数

**定义 6.1.4** 设 $x_{(1)}, x_{(2)}, \cdots, x_{(n)}$ 为有序样本观察值,则**样本数据的中位数** $m_{0.5}$ 定义为

$$m_{0.5} = \begin{cases} x_{(\frac{n+1}{2})}, & n \text{ 为奇数}, \\ \frac{1}{2}\left(x_{(\frac{n}{2})} + x_{(\frac{n}{2}+1)}\right), & n \text{ 为偶数}. \end{cases}$$

例如,当 $n=7$ 时,则 $m_{0.5}=x_{(4)}$;当 $n=8$ 时,则 $m_{0.5}=\frac{1}{2}(x_{(4)}+x_{(5)})$.

一般地,**样本数据的 $p$ 分位数** $m_p$ 可定义如下:

$$m_p = \begin{cases} x_{([np+1])}, & \text{若 } np \text{ 不是整数}, \\ \frac{1}{2}(x_{(np)} + x_{(np+1)}), & \text{若 } np \text{ 是整数}. \end{cases}$$

其中[ ]表示取整函数(如[4.3]=4).

例如,当 $n=10, p=0.35$ 时,则 $m_{0.35}=x_{(4)}$;当 $n=20, p=0.45$ 时,则 $m_{0.45}=\frac{1}{2}(x_{(9)}+x_{(10)})$.

通常,样本均值在概括数据方面有一定的优势,但样本均值也存在不足之处.例如,我们有 5 个数据:3,5,9,10,13,则其均值为(3+5+9+10+13)/5=8.如果我们不小心将 13 错误地写成 133(比如在输入计算机时将 3 连按 2 下),则均值变成(3+5+9+10+133)/5=32.这说明均值受极端值的影响较大,与之相对应,中位数则不受极端值的影响.因此,当数据中含有极端值时,使用中位数要比均值更好,中位数的这种抗干扰性在统计中称为具有**稳健性**.

### 6.1.5 样本数据的五数概括与箱线图

在得到有序样本观察值 $x_{(1)}, x_{(2)}, \cdots, x_{(n)}$ 后,容易计算如下 5 个值:最小观察值 $x_{(1)}$,最大观察值 $x_{(n)}$,第一 4 分位数 $Q_1=m_{0.25}$,中位数 $Q_2=m_{0.5}$(即第二 4 分位数),第三 4 分位数 $Q_3=m_{0.75}$.

所谓**五数概括**就是指用这 5 个数:$x_{(1)}, Q_1, Q_2, Q_3, x_{(n)}$ 来大致描述一批数据的轮廓.

**而箱线图**(或称 **box 图**)则是五数概括的图形化,垂直、水平箱线图分别如图 6-3 和图 6-4 所示.

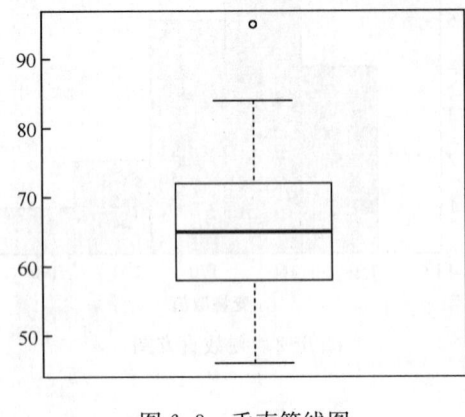
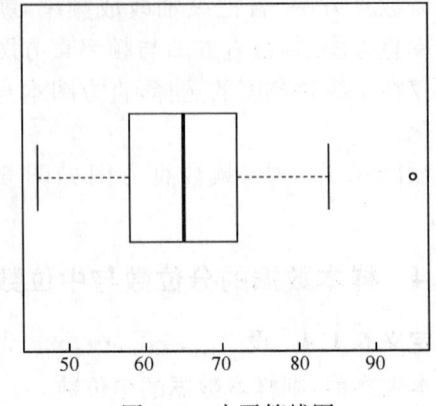

图 6-3　垂直箱线图　　　　　　　　图 6-4　水平箱线图

从箱线图可以看出样本数据的如下特征:

(1) 中心位置

中位数 $Q_2=m_{0.5}$ 所在的位置,即为样本数据的中心,在$[x_{(1)},Q_2]$ 和$[Q_2,x_{(n)}]$ 中则各包含一半的样本数据.

(2) 散布情况

样本数据全部位于$[x_{(1)},x_{(n)}]$ 内,如果将样本数据4等分,那么区间$[x_{(1)},Q_1]$,$[Q_1,Q_2]$,$[Q_2,Q_3]$ 和$[Q_3,x_{(n)}]$ 内各占1/4. 如果各区间较短,特别是$[x_{(1)},x_{(n)}]$ 与$[Q_1,Q_3]$ 较短时,表示样本数据较集中;反之较分散.

(3) 偏度

如果小矩形位于中间位置,中位数又位于矩形的中间位置,则分布较为对称,否则是偏态分布.对于垂直箱线图(图 6-3),如果小矩形偏于上端(或下端),则分布是正偏(或负偏);对于水平箱线图(图 6-4),如果小矩形偏于右端(或左端),则分布是正偏(或负偏).

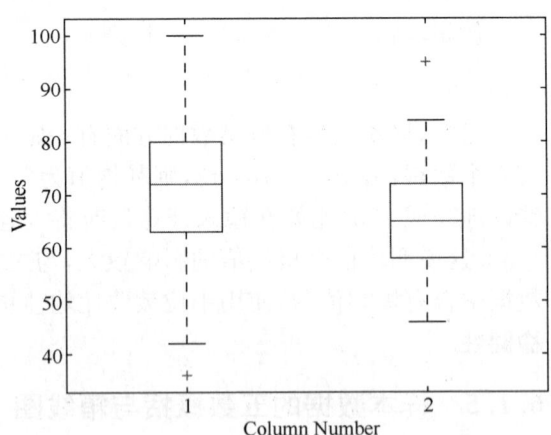

(4) 离群值

当小矩形两端线段长度相差过大时,表明长的一侧有特大(或特小)值,称为离群值,用 o 标记(如果用 R 软件画箱线图,如图 6-3 和图 6-4 所示),而线段终于 $x_{(n-1)}$(或 $x_{(2)}$),甚至终于 $x_{(n-2)}$(或 $x_{(3)}$).

说明:如果用 MATLAB 软件画箱线图,离群值则用＋标记,如图 6-5 所示.

图 6-5　两个教学班考试成绩的箱线图

**例 6.1.4**　设有两个教学班,各有 30 名学生.在数学课上 A 班采用新的教学方法组织教学,B 班采用传统的教学方法组织教学,现在得到期末考试成绩见下表:

### 两个教学班考试成绩

| A班学生序号 | 1 | 2 | 3 | 4 | 5 | 6 | 7 | 8 | 9 | 10 | 11 | 12 | 13 | 14 | 15 |
|---|---|---|---|---|---|---|---|---|---|---|---|---|---|---|---|
| 考试成绩 | 82 | 92 | 77 | 62 | 70 | 36 | 80 | 100 | 74 | 64 | 63 | 56 | 72 | 78 | 68 |
| A班学生序号 | 16 | 17 | 17 | 19 | 20 | 21 | 22 | 23 | 24 | 25 | 26 | 27 | 28 | 28 | 30 |
| 考试成绩 | 65 | 72 | 80 | 58 | 92 | 79 | 92 | 65 | 56 | 85 | 73 | 61 | 71 | 42 | 89 |
| B班学生序号 | 1 | 2 | 3 | 4 | 5 | 6 | 7 | 8 | 9 | 10 | 11 | 12 | 13 | 14 | 15 |
| 考试成绩 | 57 | 67 | 64 | 54 | 77 | 65 | 71 | 58 | 59 | 69 | 67 | 84 | 63 | 95 | 81 |
| B班学生序号 | 16 | 17 | 17 | 19 | 20 | 21 | 22 | 23 | 24 | 25 | 26 | 27 | 28 | 28 | 30 |
| 考试成绩 | 46 | 49 | 60 | 64 | 66 | 74 | 55 | 58 | 63 | 65 | 68 | 76 | 72 | 48 | 72 |

两个教学班考试成绩的箱线图,如图 6-5 所示(其 MATLAB 程序,见本书附录 B 的例 B.2.6).

从图 6-5 中可以直观地看出,两个教学班考试成绩的分布是对称的,A 班成绩较为分散,B 班成绩较为集中. A 班成绩明显高于 B 班(比较中位数),并且 A 班成绩 25% 低分段上限(第一 4 分位数)接近于 B 班中位数,A 班中位数接近 B 班 25% 高分段下限(第三 4 分位数),A 班成绩的中位数约为 70 分,B 班成绩的中位数约为 65 分,A 班有一名学生的成绩过低(离群),B 班成绩优秀的只有一人(离群).

### 6.1.6 统计量与样本矩

样本是统计推断的依据,但在实际问题中,往往不是直接使用样本本身,而是针对不同的问题构造适当的样本的函数,利用这种样本的函数来进行统计推断.

**定义 6.1.5** 设 $X_1, X_2, \cdots, X_n$ 是来自总体 $X$ 一个样本,$g(X_1, X_2, \cdots, X_n)$ 是 $X_1, X_2, \cdots, X_n$ 的函数,若 $g$ 不含未知参数,则称 $g(X_1, X_2, \cdots, X_n)$ 是一个**统计量**. 设 $x_1, x_2, \cdots, x_n$ 为 $X_1, X_2, \cdots, X_n$ 的样本观察值,则称 $g(x_1, x_2, \cdots, x_n)$ 是统计量 $g(X_1, X_2, \cdots, X_n)$ 的观察值.

统计量的分布称为**抽样分布**.

设 $X_1, X_2, \cdots, X_n$ 是来自总体 $X$ 的一个样本,$x_1, x_2, \cdots, x_n$ 为样本观察值. 以下给出几个常用的统计量的定义:

**样本均值** $\bar{X} = \dfrac{1}{n} \sum_{i=1}^{n} X_i$;

**样本方差** $S^2 = \dfrac{1}{n-1} \sum_{i=1}^{n} (X_i - \bar{X})^2 = \dfrac{1}{n-1} \left( \sum_{i=1}^{n} X_i^2 - n\bar{X}^2 \right)$ 或

$$S_*^2 = \dfrac{1}{n} \sum_{i=1}^{n} (X_i - \bar{X})^2 = \dfrac{1}{n} \left( \sum_{i=1}^{n} X_i^2 - n\bar{X}^2 \right).$$

说明:在 $n$ 不大时,常用 $S^2$ 作为样本方差(也称无偏样本方差,其含义将在第 7 章中讲述),以后讲到样本方差通常指的是 $S^2$.

**样本标准差** $S = \sqrt{S^2} = \sqrt{\dfrac{1}{n-1} \sum_{i=1}^{n} (X_i - \bar{X})^2}$ 或 $S_* = \sqrt{S_*^2} = \sqrt{\dfrac{1}{n} \sum_{i=1}^{n} (X_i - \bar{X})^2}$.

说明：在 $n$ 不大时，常用 $S$ 作为样本标准差，以后讲到样本标准差通常指的是 $S$.

**样本 $k$ 阶原点矩**　　$A_k = \dfrac{1}{n}\sum\limits_{i=1}^{n} X_i^k, \quad k=1,2,\cdots;$

**样本 $k$ 阶中心矩**　　$B_k = \dfrac{1}{n}\sum\limits_{i=1}^{n} (X_i - \overline{X})^k, \quad k=1,2,\cdots.$

它们的观察值分别为

$$\bar{x} = \frac{1}{n}\sum_{i=1}^{n} x_i;$$

$$s^2 = \frac{1}{n-1}\sum_{i=1}^{n}(x_i - \bar{x})^2 \quad \text{或} \quad s_*^2 = \frac{1}{n}\sum_{i=1}^{n}(x_i - \bar{x})^2;$$

$$s = \sqrt{s^2} = \sqrt{\frac{1}{n-1}\sum_{i=1}^{n}(x_i-\bar{x})^2} \quad \text{或} \quad s_* = \sqrt{s_*^2} = \sqrt{\frac{1}{n}\sum_{i=1}^{n}(x_i-\bar{x})^2};$$

$$a_k = \frac{1}{n}\sum_{i=1}^{n} x_i^k, \quad k=1,2,\cdots;$$

$$b_k = \frac{1}{n}\sum_{i=1}^{n}(x_i - \bar{x})^k, \quad k=1,2,\cdots.$$

这些观察值仍分别称为样本均值、样本方差、样本标准差、样本 $k$ 阶原点矩、样本 $k$ 阶中心矩.

若总体 $X$ 的 $k$ 阶矩存在，记作 $E(X^k) = \mu_k$，则当 $n \longrightarrow \infty$ 时，$A_k \xrightarrow{P} \mu_k, k=1,2,\cdots$. 这是因为 $X_1, X_2, \cdots, X_n$ 相互独立且与总体 $X$ 同分布，所以 $X_1^k, X_2^k, \cdots, X_n^k$ 相互独立且与 $X^k$ 同分布. 所以 $E(X_1^k) = E(X_2^k) = \cdots = E(X_n^k) = \mu_k$，根据第 5 章的辛钦大数定律（定理 5.3.4）知，$A_k = \dfrac{1}{n}\sum\limits_{i=1}^{n} X_i^k \xrightarrow{P} \mu_k, k=1,2,\cdots$. 根据第 5 章中关于依概率收敛的序列的性质知道 $g(A_1, A_2, \cdots, A_n) \xrightarrow{P} g(\mu_1, \mu_2, \cdots, \mu_n)$. 这一结果就是下一章中将要介绍的矩估计法的理论根据.

**例 6.1.5**　设 $X_1, X_2, \cdots, X_n$ 是来自总体 $X$ 的样本，且总体均值 $E(X) = \mu$，总体方差 $D(X) = \sigma^2$，求 $E(\overline{X}), D(\overline{X}), E(S^2)$.

**解**　根据样本的独立性、同分布性以及数学期望和方差的性质，有

$$E(\overline{X}) = E\left(\frac{1}{n}\sum_{i=1}^{n} X_i\right) = \frac{1}{n}\sum_{i=1}^{n} E(X_i) = \frac{1}{n} \cdot n \cdot \mu = \mu,$$

$$D(\overline{X}) = D\left(\frac{1}{n}\sum_{i=1}^{n} X_i\right) = \frac{1}{n^2}\sum_{i=1}^{n} D(X_i) = \frac{1}{n^2} \cdot n \cdot \sigma^2 = \frac{1}{n}\sigma^2,$$

$$E(S^2) = E\left[\frac{1}{n-1}\sum_{i=1}^{n}(X_i - \overline{X})^2\right]$$

$$= E\left[\frac{1}{n-1}\left(\sum_{i=1}^{n} X_i^2 - n\overline{X}^2\right)\right]$$

$$= \frac{1}{n-1}\left[\sum_{i=1}^{n}(\sigma^2 + \mu^2) - n\left(\frac{\sigma^2}{n} + \mu^2\right)\right] = \sigma^2.$$

## 6.1.7 样本均值的抽样分布

若 $X_1, X_2, \cdots, X_n$ 为取自某总体的样本,那么样本均值 $\overline{X}$ 服从(或近似服从)什么分布呢?

**定理 6.1.2** 若 $X_1, X_2, \cdots, X_n$ 为取自某总体的样本,$\overline{X}$ 为样本均值,那么有如下两个结论:

(1) 若总体的分布为 $N(\mu, \sigma^2)$,则 $\overline{X}$ 的**精确分布**为 $N(\mu, \sigma^2/n)$;

(2) 若总体的分布为未知,或不是正态分布,但 $E(X)=\mu$,$D(X)=\sigma^2$,则当 $n$ 比较大时 $\overline{X}$ 的**渐近分布**为 $N(\mu, \sigma^2/n)$,记作 $\overline{X} \stackrel{\cdot}{\sim} N(\mu, \sigma^2/n)$. 这里渐近分布是指 $n$ 比较大时的近似分布.

**证明** (1) 若 $X_1, X_2, \cdots, X_n$ 为取自 $N(\mu, \sigma^2)$ 总体的样本,根据例 3.5.3 后面的说明,$\overline{X}=\dfrac{1}{n}\sum_{i=1}^{n}X_i$ 也服从正态分布. 根据例 6.1.5,$E(\overline{X})=\mu$,$D(\overline{X})=\dfrac{1}{n}\sigma^2$,所以 $\overline{X} \sim N(\mu, \sigma^2/n)$.

(2) 根据中心极限定理,有 $\dfrac{\overline{X}-\mu}{\sigma/\sqrt{n}} \stackrel{L}{\longrightarrow} N(0,1)$,即 $\dfrac{\overline{X}-\mu}{\sigma/\sqrt{n}}$ 依分布收敛于 $N(0,1)$,则当 $n$ 比较大时,有 $\overline{X} \stackrel{\cdot}{\sim} N(\mu, \sigma^2/n)$.

需要说明:定理 6.1.2 的(1)还可以用特征函数来证明,见习题 5.2 的第 7 题.

**例 6.1.6** 设总体 $X$ 为指数分布 $E(1)$,于是 $E(X)=D(X)=1$,根据定理 6.1.2 的(2),则当 $n$ 比较大时,$\overline{X}$ 的渐近分布为 $N(1, 1/n)$,即 $\overline{X} \stackrel{\cdot}{\sim} N(1, 1/n)$. 这说明随着样本容量的增加,样本均值 $\overline{X}$ 的抽样分布逐渐向正态分布逼近. 它们的均值不变,而方差则缩小为原来的 $\dfrac{1}{n}$.

当 $n=2$ 和 5 时,$\overline{X}$ 的密度函数的图形分别如图 6-6 和图 6-7 所示.

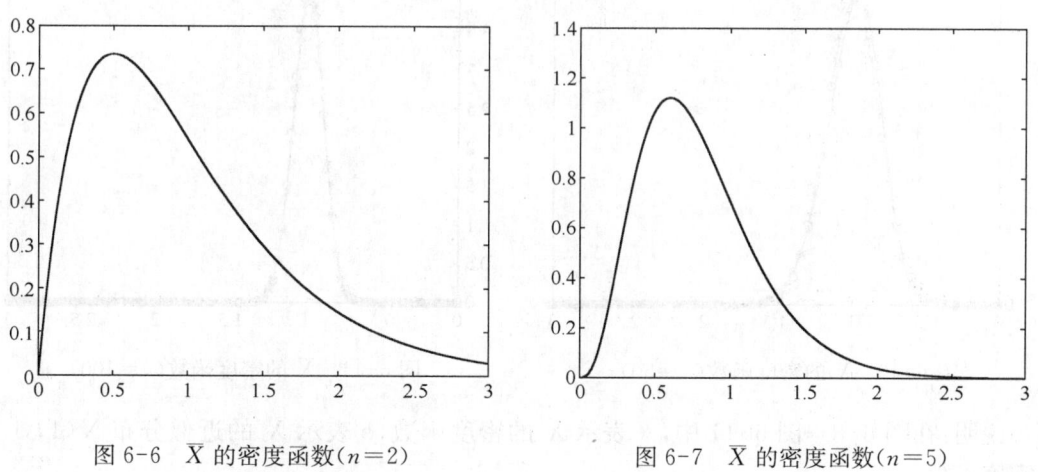

图 6-6　$\overline{X}$ 的密度函数($n=2$)　　　　图 6-7　$\overline{X}$ 的密度函数($n=5$)

从图 6-6 和图 6-7 可以看出,当 $n=2$ 和 5 时,$\overline{X}$ 的密度函数的图形与正态分布还有一定的距离(从对称性等方面来看是比较明显的).

那么 $\overline{X}$ 的分布与其近似分布 $N\left(1, \dfrac{1}{n}\right)$ 之间的差异究竟如何呢?

当 $n=20$ 时,则有 $\overline{X} \overset{\cdot}{\sim} N\left(1, \dfrac{1}{20}\right) = N(1, 0.223\ 6^2)$;

当 $n=30$ 时,则有 $\overline{X} \overset{\cdot}{\sim} N\left(1, \dfrac{1}{30}\right) = N(1, 0.182\ 6^2)$;

当 $n=50$ 时,则有 $\overline{X} \overset{\cdot}{\sim} N\left(1, \dfrac{1}{50}\right) = N(1, 0.141\ 4^2)$;

当 $n=100$ 时,则有 $\overline{X} \overset{\cdot}{\sim} N\left(1, \dfrac{1}{100}\right) = N(1, 0.1^2)$.

当 $n=20, 30, 50$ 和 $100$ 时,$\overline{X}$ 的密度函数与近似分布 $N\left(1, \dfrac{1}{n}\right)$ 的密度函数的图形,分别如图 6-8—图 6-11 所示.

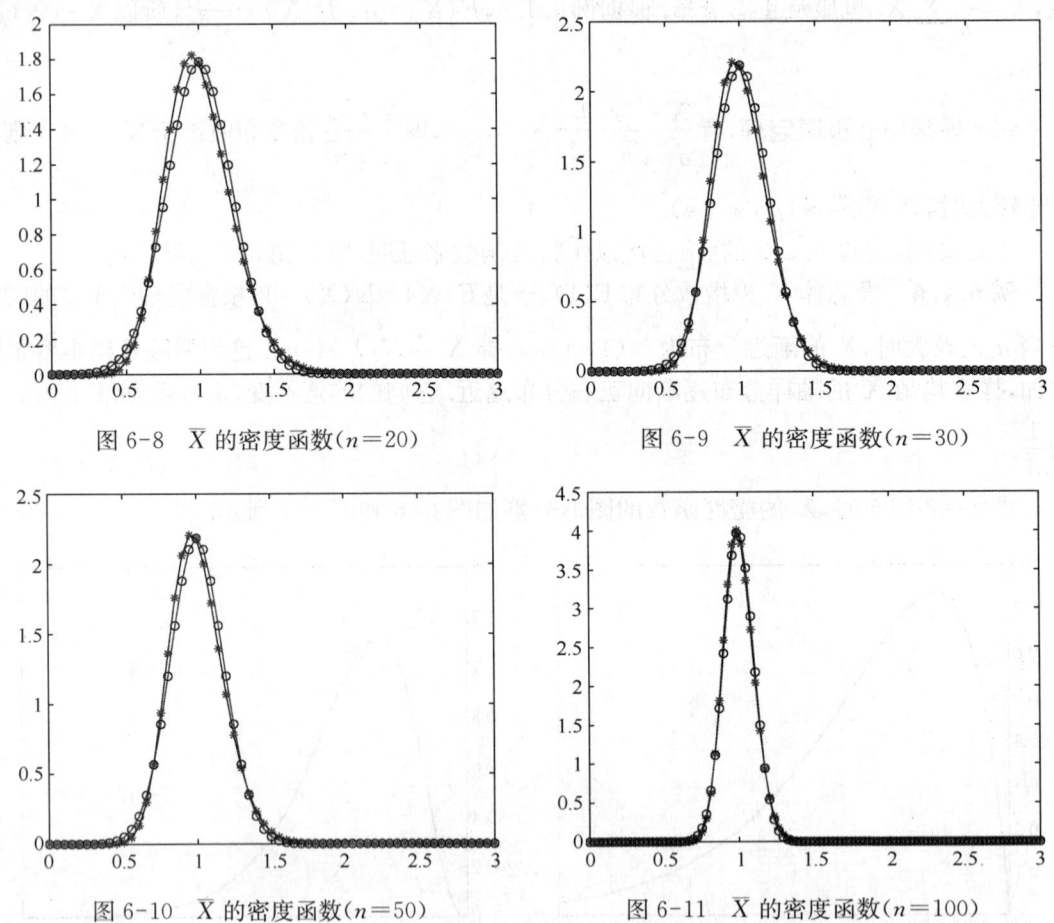

图 6-8 $\overline{X}$ 的密度函数($n=20$)　　　图 6-9 $\overline{X}$ 的密度函数($n=30$)

图 6-10 $\overline{X}$ 的密度函数($n=50$)　　　图 6-11 $\overline{X}$ 的密度函数($n=100$)

说明:在图 6-8—图 6-11 中,* 表示 $\overline{X}$ 的密度函数,o 表示 $\overline{X}$ 的近似分布 $N(1, 1/n)$ 的密度函数.

从图 6-8—图 6-11 可以看出,随着 $n=20 \to 30 \to 50 \to 100$,$\overline{X}$ 的密度函数与近似分布 $N(1, 1/n)$ 的密度函数越来越接近.

**例 6.1.7** 从正态总体 $N(\mu, 25)$ 中抽取容量为 16 的样本,求样本均值 $\overline{X}$ 与总体均值 $\mu$ 之差的绝对值小于 2 的概率.

**解** 根据定理 6.1.2 的(1),有 $\overline{X} \sim N\left(\mu, \dfrac{25}{16}\right)$,于是 $\dfrac{\overline{X} - \mu}{\sqrt{\dfrac{25}{16}}} \sim N(0, 1)$,则

$$P\{|\overline{X} - \mu| < 2\} = P\left\{\dfrac{|\overline{X} - \mu|}{\sqrt{\dfrac{25}{16}}} < \dfrac{2}{\sqrt{\dfrac{25}{16}}}\right\}$$
$$= P\{|U| < 1.6\}$$
$$= \Phi(1.6) - \Phi(-1.6)$$
$$= 2\Phi(1.6) - 1$$
$$= 0.890\ 4.$$

## 习 题 6.1

1. 设某产品的寿命 $X$ 服从均值为 $\theta$ 的指数分布 $E(\theta)$,为了解该产品的平均寿命,从中抽取 10 个产品测试其实际使用寿命如下:$x_1, x_2, \cdots, x_{10}$.(1) 总体是什么,它服从什么分布?(2) 样本观察值是什么?(3) 当 $\theta = 2\ 000$ h 时,求 10 个产品中每个产品的寿命都大于 100 h 的概率.

2. 设总体的容量为 10 的一组样本观察值为 1, 2, 4, 3, 3, 4, 5, 6, 4, 8.试求:(1) 样本均值;(2) 样本方差;(3) 经验分布函数.

3. 在总体 $N(52, 6.3^2)$ 中随机抽一容量为 36 的样本,求样本均值 $\overline{X}$ 落在 50.8 到 53.8 之间的概率.

4. 设从某总体中抽取容量为 100 的样本,总体期望 $\mu = 10$,标准差 $\sigma = 20$,求样本均值 $\overline{X}$ 的期望和标准差.

5. 设 $X_1, X_2, \cdots, X_n$ 为两点分布的一个样本.求 $E(\overline{X})$,$D(\overline{X})$,$E(S^2)$.

6. 设总体 $X \sim N(1, 5^2)$,$X_1, X_2, \cdots, X_{100}$ 是来自 $X$ 的样本,$\overline{X}$ 为样本均值,若 $Y = a\overline{X} + b$ 服从正态分布 $N(0, 1)$,试求 $a$ 和 $b$ 的值.

7. 某食品厂为加强质量管理,对某天生产的罐头抽查了 100 个,(1) 试画直方图;(2) 从直方图来看它是否近似服从正态分布? 100 个罐头样品的净重数据(单位:g)见下表:

| 342 | 340 | 348 | 346 | 343 | 342 | 346 | 341 | 344 | 348 |
| --- | --- | --- | --- | --- | --- | --- | --- | --- | --- |
| 346 | 346 | 340 | 344 | 342 | 344 | 345 | 340 | 344 | 344 |
| 343 | 344 | 342 | 343 | 345 | 339 | 350 | 337 | 345 | 349 |
| 336 | 348 | 344 | 345 | 332 | 342 | 342 | 340 | 350 | 343 |
| 347 | 340 | 344 | 353 | 340 | 340 | 356 | 346 | 345 | 346 |
| 340 | 339 | 342 | 352 | 342 | 350 | 348 | 344 | 350 | 335 |
| 340 | 338 | 345 | 345 | 349 | 336 | 342 | 338 | 343 | 343 |
| 341 | 347 | 341 | 347 | 344 | 339 | 347 | 348 | 343 | 347 |
| 346 | 344 | 345 | 350 | 341 | 338 | 343 | 339 | 343 | 346 |
| 342 | 339 | 343 | 350 | 341 | 346 | 341 | 345 | 344 | 342 |

8. 设总体 $X \sim N(\mu, \sigma^2)$,$X_1, X_2, \cdots, X_n (n > 1)$ 是来自 $X$ 的一个简单随机样本,$\overline{X}$ 为样本均值,

试问 $X_n, 2X_n - X, X_1 + X_2 + \cdots + X_n$ 分别服从何分布?

9. 设总体 $X \sim B(1, p)$, $X_1, X_2, \cdots, X_n$ 是来自 $X$ 的样本. 求:(1) $(X_1, X_2, \cdots, X_n)$ 的分布律;
(2) $\sum_{i=1}^{n} X_i$ 的分布律.

10. 设总体 $X$ 服从 $N(\mu, 0.5)$. (1) 如果要以 99.7% 的概率保证 $|\overline{X} - \mu| < 0.1$, 试问样本容量 $n$ 应取多少? (2) 如果要以 95.4% 的概率保证 $|\overline{X} - \mu| < 0.1$, 试问样本容量 $n$ 应取多少? (3) 从(1)和(2)的结果你能得出什么结论?

11. 设 $X_1, X_2, \cdots, X_n$ 是来自 $U(-1, 1)$ 的样本, 求 $E(\overline{X})$, $D(\overline{X})$.

12. 设 $X_1, X_2, \cdots, X_{20}$ 是来自两点分布 $B(1, p)$ 的样本, 求 $\overline{X}$ 的渐近分布.

## 6.2 三个重要抽样分布与抽样定理

在数理统计中常用的重要分布,除正态分布外,还有 $\chi^2$ 分布、$t$ 分布和 $F$ 分布. 本节首先介绍来自正态总体的这三个重要抽样分布,然后介绍正态总体下的几个抽样定理.

### 6.2.1 三个重要抽样分布

以下介绍来自正态总体的三个重要抽样分布.

#### 6.2.1.1 $\chi^2$ 分布

**定义 6.2.1** 设 $X_1, X_2, \cdots, X_n$ 是来自总体 $N(0, 1)$ 的样本,则称统计量

$$\chi^2 = X_1^2 + X_2^2 + \cdots + X_n^2$$

服从自由度为 $n$ 的 $\chi^2$ 分布, 记作 $\chi^2 \sim \chi^2(n)$.

此处, $\chi^2$ 分布的自由度是指独立的随机变量的个数.

自由度为 $n$ 的 $\chi^2$ 分布的密度函数为

$$f(x) = \begin{cases} \dfrac{1}{2^{\frac{n}{2}} \Gamma\left(\dfrac{n}{2}\right)} x^{\frac{n}{2}-1} e^{-\frac{x}{2}}, & x > 0, \\ 0, & x \leqslant 0. \end{cases}$$

其中 $\Gamma(a) = \int_0^\infty x^{a-1} e^{-x} dx$ 是 Gamma 函数.

对几个不同的自由度($n = 1, 4, 10, 20$), $\chi^2$ 分布的密度函数 $f(x)$ 的图形如图 6-12 所示.

可以证明 $\chi^2$ 分布具有以下性质:

(1) 若 $X_1, X_2, \cdots, X_n$ 相互独立,都服从 $N(0, 1)$ 分布,则 $X_1^2 + X_2^2 + \cdots + X_n^2 \sim \chi^2(n)$; 反之,若 $X \sim \chi^2(n)$,则 $X$ 可以分解为 $n$ 个相互独立的标准正态随机变量的平方和.

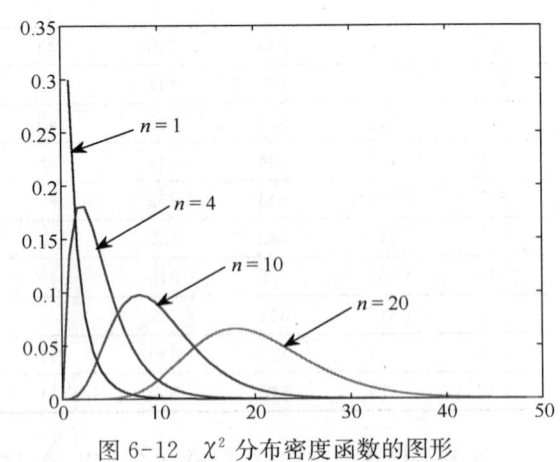

图 6-12 $\chi^2$ 分布密度函数的图形

(2) 若 $X \sim \chi^2(n)$,则有 $E(X)=n$, $D(X)=2n$.

(3) $\chi^2$ 分布与伽玛分布的关系如下:对于伽玛分布 $Ga(a, b)$,当 $a=\dfrac{n}{2}$, $b=\dfrac{1}{2}$ 时,有 $Ga\left(\dfrac{n}{2}, \dfrac{1}{2}\right)=\chi^2(n)$. 因此 $\chi^2$ 分布是伽玛分布的特殊情况.

(4) $\chi^2$ 分布具有可加性:设 $X \sim \chi^2(n_1)$, $Y \sim \chi^2(n_2)$,并且 $X$ 和 $Y$ 相互独立,则有 $X+Y \sim \chi^2(n_1+n_2)$.

应该说明,对有限个相互独立的服从 $\chi^2$ 分布的随机变量,$\chi^2$ 分布的可加性也是成立的.

**定义 6.2.2** 若 $\chi^2 \sim \chi^2(n)$,对于给定的 $\alpha$, $0<\alpha<1$,称满足条件

$$P\{\chi^2 > \chi^2_\alpha(n)\} = \int_{\chi^2_\alpha(n)}^{\infty} f(x)\mathrm{d}x = \alpha$$

的点 $\chi^2_\alpha(n)$ 为 $\chi^2(n)$ 的**上侧 $\alpha$ 分位数**,其中 $f(x)$ 为 $\chi^2$ 分布的密度函数,其图形如图 6-13 所示.

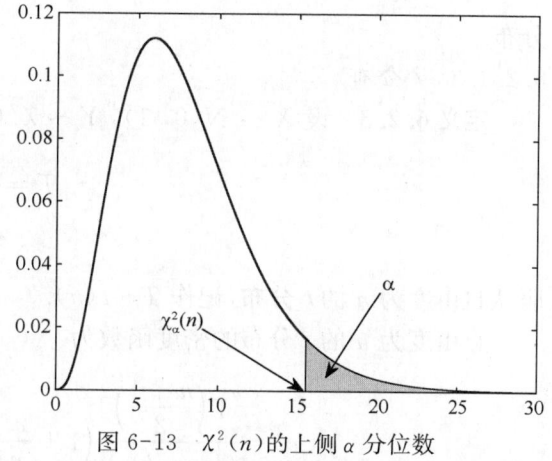

图 6-13 $\chi^2(n)$ 的上侧 $\alpha$ 分位数

对于不同的 $\alpha$, $n$, $\chi^2_\alpha(n)$ 的值已编制成表供查用,见本书末的附表 4——$\chi^2$ 分布表. 例如,$\alpha=0.1$,$n=25$,查 $\chi^2$ 分布表,得 $\chi^2_{0.1}(25)=34.382$. 但该表只列到 $n=45$ 为止,Fisher 曾证明,当 $n$ 充分大时,近似地有 $\chi^2_\alpha(n) \approx \dfrac{1}{2}(z_\alpha + \sqrt{2n-1})^2$,其中 $z_\alpha$ 是标准正态分布的上侧 $\alpha$ 分位数. 因此当 $n>45$ 时,可以利用上述近似公式计算 $\chi^2_\alpha(n)$. 例如,$\chi^2_{0.05}(50) \approx \dfrac{1}{2}(1.645+\sqrt{99})^2 = 67.221$(由更详细的表得 $\chi^2_{0.05}(50)=67.505$).

计算 $\chi^2_\alpha(n)$ 的 MATLAB 程序,见本书附录 B 的例 B.2.7 的(2).

**例 6.2.1** 设 $X_1$, $X_2$, $\cdots$, $X_{10}$ 是来自总体 $X \sim N(0, 0.3^2)$ 的样本,求 $P\left\{\sum\limits_{i=1}^{10} X_i^2 > 1.44\right\}$.

**解** 由于 $X_1$, $X_2$, $\cdots$, $X_{10}$ 是来自总体 $X \sim N(0, 0.3^2)$ 的样本,则 $\dfrac{X_1}{0.3}$, $\dfrac{X_2}{0.3}$, $\cdots$, $\dfrac{X_{10}}{0.3}$ 都服从 $N(0, 1)$.

根据 $\chi^2$ 分布的定义,有 $\sum\limits_{i=1}^{10}\left(\dfrac{X_i}{0.3}\right)^2 \sim \chi^2(10)$,因此,有

$$P\left\{\sum_{i=1}^{10} X_i^2 > 1.44\right\} = P\left\{\sum_{i=1}^{10}\left(\dfrac{X_i}{0.3}\right)^2 > \dfrac{1.44}{0.3^2}\right\} = P\left\{\sum_{i=1}^{10}\left(\dfrac{X_i}{0.3}\right)^2 > 16\right\} = 0.1.$$

这是因为,当 $n=10$,$\chi^2_\alpha(n)=16$ 时,查 $\chi^2$ 分布表,得 $\alpha=0.1$.

**例 6.2.2** 设 $X_1, X_2, \cdots, X_6$ 是来自总体 $X \sim N(0, 1)$ 的样本,$Y=(X_1+X_2+X_3)^2+(X_4+X_5+X_6)^2$,求常数 $c$,使 $cY$ 服从 $\chi^2$ 分布.

**解** 由于 $X_1, X_2, \cdots, X_6$ 是来自总体 $X \sim N(0,1)$ 的样本,则有 $X_1+X_2+X_3 \sim N(0,3)$,所以 $\dfrac{X_1+X_2+X_3}{\sqrt{3}} \sim N(0,1)$.

同理 $X_4+X_5+X_6 \sim N(0,3)$,所以 $\dfrac{X_4+X_5+X_6}{\sqrt{3}} \sim N(0,1)$. 且 $X_1+X_2+X_3$ 和 $X_4+X_5+X_6$ 相互独立,根据 $\chi^2$ 分布的定义,

$$\left(\frac{X_1+X_2+X_3}{\sqrt{3}}\right)^2 + \left(\frac{X_4+X_5+X_6}{\sqrt{3}}\right)^2 \sim \chi^2(2),$$

于是 $\dfrac{1}{3}Y = \dfrac{1}{3}[(X_1+X_2+X_3)^2 + (X_4+X_5+X_6)^2] \sim \chi^2(2)$,即当 $c=\dfrac{1}{3}$ 时,$cY$ 服从 $\chi^2$ 分布.

#### 6.2.1.2 $t$ 分布

**定义 6.2.3** 设 $X \sim N(0,1)$,$Y \sim \chi^2(n)$,且 $X, Y$ 相互独立,则称统计量

$$T = \frac{X}{\sqrt{\dfrac{Y}{n}}}$$

服从自由度为 $n$ 的 **$t$ 分布**,记作 $T \sim t(n)$.

自由度为 $n$ 的 $t$ 分布的密度函数为

$$f(x) = \frac{\Gamma\left(\dfrac{n+1}{2}\right)}{\sqrt{n\pi}\,\Gamma\left(\dfrac{n}{2}\right)} \left(1+\frac{x^2}{n}\right)^{-\frac{n+1}{2}}, \quad -\infty < x < +\infty.$$

图 6-14 是几个不同的自由度 $n$ 对应的密度函数 $f(x)$ 的图形.

可以证明 $t$ 分布具有以下性质:

(1) 若 $X \sim N(0,1)$,$Y \sim \chi^2(n)$,且 $X, Y$ 相互独立,则 $T = \dfrac{X}{\sqrt{Y/n}} \sim t(n)$,反之,若 $T \sim t(n)$,则有相互独立的 $X \sim N(0,1)$,$Y \sim \chi^2(n)$,使 $T = \dfrac{X}{\sqrt{Y/n}}$.

(2) $t$ 分布与标准正态分布有如下关系:

$$\lim_{n \to \infty} f_n(x) = \frac{1}{\sqrt{2\pi}} e^{-\frac{x^2}{2}} = \varphi(x).$$

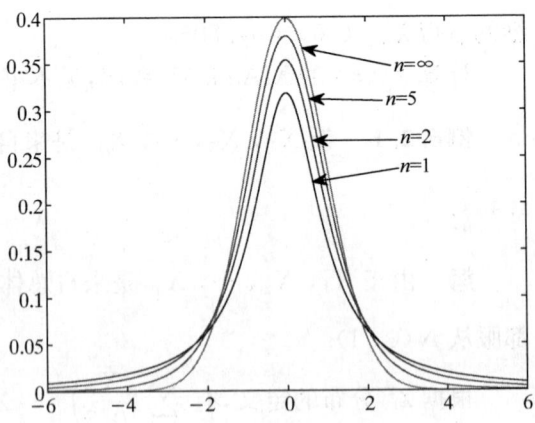

图 6-14 $t$ 分布密度函数的图形

其中,$f_n(x)$ 是自由度为 $n$ 的 $t$ 分布的密度函数,$\varphi(x)$ 为标准正态分布的密度函数. 这个性

质说明 $t$ 分布的极限分布是标准正态分布.

**定义 6.2.4** 若 $t \sim t(n)$,对于给定的 $\alpha$,$0 < \alpha < 1$,称满足条件
$$P\{t > t_\alpha(n)\} = \int_{t_\alpha(n)}^\infty f(x) \mathrm{d}x = \alpha$$

的点 $t_\alpha(n)$ 为 $t(n)$ 的上侧 $\alpha$ 分位数,其中 $f(x)$ 为 $t$ 分布的密度函数,其图形如图 6-15 所示.

$t_\alpha(n)$ 的值,可以查书末的附表 3——$t$ 分布表. 例如,对于 $\alpha = 0.05$,$n = 10$,查 $t$ 分布表得 $t_{0.05}(10) = 1.8125$.

计算 $t_\alpha(n)$ 的 MATLAB 程序,见本书附录 B 的例 B.2.7 的(3).

根据 $t$ 分布的上侧 $\alpha$ 分位数的定义以及 $t$ 分布的密度函数 $f(x)$ 的对称性,可知 $t_{1-\alpha}(n) = -t_\alpha(n)$. 根据 $t$ 分布与标准正态分布的关系,当 $n > 45$ 时,可以用近似公式 $t_\alpha(n) \approx z_\alpha$,其中 $z_\alpha$ 是标准正态分布的上侧 $\alpha$ 分位数.

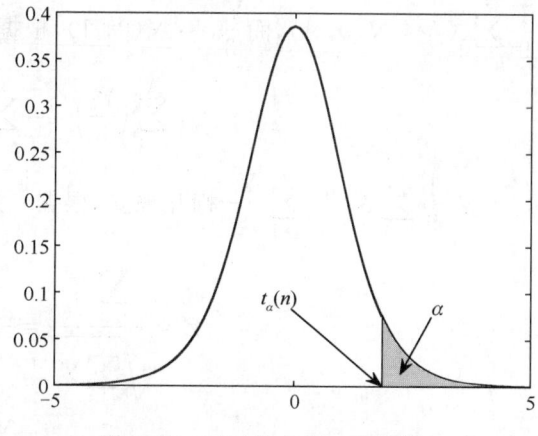

图 6-15 $t(n)$ 的上侧 $\alpha$ 分位数

**例 6.2.3** 设 $X_1, X_2, \cdots, X_5$ 是来自总体 $X \sim N(0, 1)$ 的样本,求常数 $c$,使统计量 $\dfrac{c(X_1 + X_2)}{\sqrt{X_3^2 + X_4^2 + X_5^2}}$ 服从 $t$ 分布.

**解** 由于 $X_1, X_2, \cdots, X_5$ 是来自总体 $X \sim N(0, 1)$ 的样本,所以 $X_1 + X_2 \sim N(0, 2)$,$X_3^2 + X_4^2 + X_5^2 \sim \chi^2(3)$,且两者独立,根据 $t$ 分布的定义,要使

$$\frac{c(X_1 + X_2)}{\sqrt{X_3^2 + X_4^2 + X_5^2}} = \frac{\dfrac{c}{\sqrt{3}}(X_1 + X_2)}{\sqrt{\dfrac{X_3^2 + X_4^2 + X_5^2}{3}}}$$

服从 $t$ 分布,则有 $\dfrac{c}{\sqrt{3}}(X_1 + X_2) \sim N(0, 1)$.

由于 $X_1 + X_2 \sim N(0, 2)$,所以 $\dfrac{X_1 + X_2}{\sqrt{2}} \sim N(0, 1)$,又 $\dfrac{c}{\sqrt{3}}(X_1 + X_2) \sim N(0, 1)$,则有 $\dfrac{c}{\sqrt{3}} = \dfrac{1}{\sqrt{2}}$,由此解得 $c = \sqrt{\dfrac{3}{2}}$.

即当 $c = \sqrt{\dfrac{3}{2}}$ 时,$\dfrac{c(X_1 + X_2)}{\sqrt{X_3^2 + X_4^2 + X_5^2}} \sim t(3)$.

**例 6.2.4** 设 $X_1, X_2, \cdots, X_9$ 和 $Y_1, Y_2, \cdots, Y_9$ 是来自同一个总体 $X \sim N(0, 9)$ 的两个独立样本,确定

$$Z = \frac{\sum\limits_{i=1}^{9} X_i}{\sqrt{\sum\limits_{i=1}^{9} Y_i^2}}$$

的分布.

**解** 由于 $X_1, X_2, \cdots, X_9$ 和 $Y_1, Y_2, \cdots, Y_9$ 是来自同一个总体 $X \sim N(0, 9)$ 的两个独立样本,根据样本的独立性及正态变量的线性函数的正态性,得 $\sum_{i=1}^{9} X_i \sim N(0, 81)$,于是 $\frac{1}{9} \sum_{i=1}^{9} X_i \sim N(0, 1)$,而 $\frac{Y_i}{3} \sim N(0, 1)$,根据 $\chi^2$ 分布的定义,有

$$\sum_{i=1}^{9} \left(\frac{Y_i}{3}\right)^2 = \sum_{i=1}^{9} \frac{Y_i^2}{9} \sim \chi^2(9).$$

又 $\frac{1}{9} \sum_{i=1}^{9} X_i$ 与 $\sum_{i=1}^{9} \frac{Y_i^2}{9}$ 相互独立,根据 $t$ 分布的定义,有

$$Z = \frac{\sum_{i=1}^{9} X_i}{\sqrt{\sum_{i=1}^{9} Y_i^2}} = \frac{\frac{1}{9} \sum_{i=1}^{9} X_i}{\sqrt{\frac{\sum_{i=1}^{9} \frac{Y_i^2}{9}}{9}}} \sim t(9).$$

#### 6.2.1.3 F 分布

**定义 6.2.5** 设 $U \sim \chi^2(n_1), V \sim \chi^2(n_2)$,且 $U, V$ 独立,则称统计量

$$F = \frac{\frac{U}{n_1}}{\frac{V}{n_2}}$$

服从自由度为 $(n_1, n_2)$ 的 **F 分布**,记作 $F \sim F(n_1, n_2)$,其中 $n_1$ 称为第一自由度,$n_2$ 称为第二自由度. 其密度函数为

$$f(x) = \begin{cases} \dfrac{\Gamma\left(\dfrac{n_1+n_2}{2}\right) \left(\dfrac{n_1}{n_2}\right)^{\frac{n_1}{2}} x^{\frac{n_1}{2}-1}}{\Gamma\left(\dfrac{n_1}{2}\right) \Gamma\left(\dfrac{n_2}{2}\right) \left(1+\dfrac{n_1}{n_2}x\right)^{\frac{n_1+n_2}{2}}}, & x > 0, \\ 0, & x \leqslant 0. \end{cases}$$

对几个不同的自由度对应的 $F$ 分布密度函数的图形如图 6-16 所示.

可以证明 $F$ 分布具有以下性质:

(1) 若 $U \sim \chi^2(n_1), V \sim \chi^2(n_2)$,且 $U, V$ 独立,则 $F \sim F(n_1, n_2)$;反之,若 $F \sim F(n_1, n_2)$,则有相互独立的 $U \sim \chi^2(n_1)$,$V \sim \chi^2(n_2)$,使 $F = \dfrac{\frac{U}{n_1}}{\frac{V}{n_2}}$.

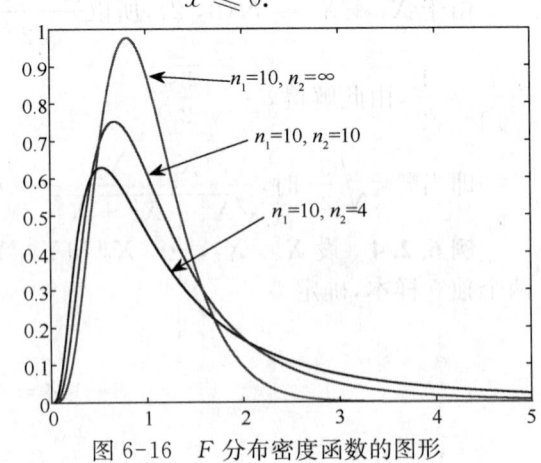

图 6-16 $F$ 分布密度函数的图形

(2) 由 $F$ 分布的定义可知,若 $F \sim F(n_1, n_2)$,则 $\dfrac{1}{F} \sim F(n_2, n_1)$.

**定义 6.2.6** 若 $F \sim F(n_1, n_2)$,对于给定的 $\alpha$, $0 < \alpha < 1$,称满足条件

$$P\{F > F_\alpha(n_1, n_2)\} = \int_{F_\alpha(n_1, n_2)}^{\infty} f(x) \mathrm{d}x = \alpha$$

的点 $F_\alpha(n_1, n_2)$ 为 $F(n_1, n_2)$ 分布的**上侧 $\alpha$ 分位数**,其中 $f(x)$ 为 $F$ 分布的密度函数,其图形如图 6-17 所示.

$F_\alpha(n_1, n_2)$ 的值,可以查书末的附表 5——$F$ 分布表. 例如,对于 $\alpha = 0.05$,$n_1 = 9$,$n_2 = 12$,查 $F$ 分布表得 $F_{0.05}(9, 12) = 2.80$.

$F$ 分布的分位数,有如下重要的性质 $F_{1-\alpha}(n_1, n_2) = \dfrac{1}{F_\alpha(n_2, n_1)}$. 例如,$F_{0.95}(12, 9) = \dfrac{1}{F_{0.05}(9, 12)} = \dfrac{1}{2.80} = 0.357$.

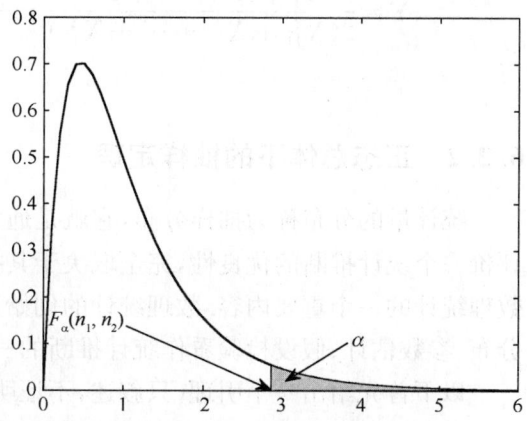

图 6-17 $F(n_1, n_2)$ 的上侧 $\alpha$ 分位数

计算 $F_\alpha(n_1, n_2)$ 的 MATLAB 程序,见本书附录 B 的例 B.2.7 的(4).

**例 6.2.5** 已知 $X \sim t(n)$,证明:$X^2 \sim F(1, n)$.

**证明** 由于 $X \sim t(n)$,按 $t$ 分布的定义和性质,$X$ 可以写成 $X = \dfrac{Z}{\sqrt{\dfrac{Y}{n}}}$ 的形式,其中 $Z \sim N(0, 1)$,$Y \sim \chi^2(n)$,且 $Z$ 与 $Y$ 相互独立.

于是,在 $X^2 = \dfrac{Z^2}{\dfrac{Y}{n}}$ 中,$Z^2 \sim \chi^2(1)$,$Y \sim \chi^2(n)$,且 $Z^2$ 与 $Y$ 相互独立. 按 $F$ 分布的定义,有 $X^2 = \dfrac{Z^2}{\dfrac{Y}{n}} \sim F(1, n)$.

**例 6.2.6** 设 $X_1, X_2, \cdots, X_{15}$ 是来自总体 $N(0, \sigma^2)$ 的样本,确定

$$Y = \dfrac{X_1^2 + X_2^2 + \cdots + X_{10}^2}{2(X_{11}^2 + X_{12}^2 + \cdots + X_{15}^2)}$$

的分布.

**解** 由于 $X_1, X_2, \cdots, X_{15}$ 是来自总体 $N(0, \sigma^2)$ 的样本,所有 $X_i \sim N(0, \sigma^2)$,$i = 1, 2, \cdots, 15$,$\dfrac{X_i}{\sigma} \sim N(0, 1)$,$i = 1, 2, \cdots, 15$,$\left(\dfrac{X_i}{\sigma}\right)^2 \sim \chi^2(1)$,$i = 1, 2, \cdots, 15$,且它们相互独立. 根据 $\chi^2$ 分布的定义,有

$$\left(\dfrac{X_1}{\sigma}\right)^2 + \left(\dfrac{X_2}{\sigma}\right)^2 + \cdots + \left(\dfrac{X_{10}}{\sigma}\right)^2 \sim \chi^2(10),$$

$$\left(\frac{X_{11}}{\sigma}\right)^2+\left(\frac{X_{12}}{\sigma}\right)^2+\cdots+\left(\frac{X_{15}}{\sigma}\right)^2\sim\chi^2(5),$$

而 $X_1^2+X_2^2+\cdots+X_{10}^2$ 和 $X_{11}^2+X_{12}^2+\cdots+X_{15}^2$ 相互独立,根据 $F$ 分布的定义,有

$$Y=\frac{X_1^2+X_2^2+\cdots+X_{10}^2}{2(X_{11}^2+X_{12}^2+\cdots+X_{15}^2)}=\frac{\dfrac{X_1^2+X_2^2+\cdots+X_{10}^2}{10\sigma^2}}{\dfrac{X_{11}^2+X_{12}^2+\cdots+X_{15}^2}{5\sigma^2}}\sim F(10,5).$$

### 6.2.2　正态总体下的抽样定理

统计量的分布称为抽样分布,它就是通常的随机变量函数的分布.研究统计量的性质和评价一个统计推断的优良性,完全取决于其抽样分布的性质.由此可见,抽样分布的研究是数理统计的一个重要内容.数理统计的创始人之一,英国统计学家费歇尔(Fisher)曾把抽样分布、参数估计、假设检验看作统计推断的三个中心内容.

以下首先给出一个引理(只叙述,不证明).

**引理 6.2.1**　设 $X_1,X_2,\cdots,X_n$ 相互独立,且 $X_i\sim N(\mu_i,\sigma^2)$,$i=1,2,\cdots,n$,而 $\boldsymbol{A}=(a_{ij})_{n\times n}$ 是 $n$ 阶正交矩阵,$Y_i=\sum_{j=1}^n a_{ij}X_j$,$i=1,2,\cdots,n$,则 $Y_1,Y_2,\cdots,Y_n$ 相互独立,且 $Y_i\sim N\big(\sum_{k=1}^n a_{ik}\mu_k,\sigma^2\big)$,$i=1,2,\cdots,n$.

对于正态总体 $N(\mu,\sigma^2)$ 的样本均值 $\overline{X}$ 与样本方差 $S^2$,有如下定理:

**定理 6.2.1**　设 $X_1,X_2,\cdots,X_n$ 是来自正态总体 $N(\mu,\sigma^2)$ 的样本,$\overline{X}$,$S^2$ 分别为样本均值与样本方差,则有:

(1) $\overline{X}\sim N\left(\mu,\dfrac{\sigma^2}{n}\right)$;

(2) $\dfrac{(n-1)S^2}{\sigma^2}\sim\chi^2(n-1)$;

(3) $\overline{X}$ 与 $S^2$ 独立.

**证明**　记矩阵

$$\boldsymbol{A}=(a_{ij})_{n\times n}=\begin{pmatrix} \dfrac{1}{\sqrt{n}} & \dfrac{1}{\sqrt{n}} & \dfrac{1}{\sqrt{n}} & \cdots & \dfrac{1}{\sqrt{n}} \\ \dfrac{1}{\sqrt{2\times1}} & \dfrac{-1}{\sqrt{2\times1}} & 0 & \cdots & 0 \\ \dfrac{1}{\sqrt{3\times2}} & \dfrac{1}{\sqrt{3\times2}} & \dfrac{-2}{\sqrt{3\times2}} & \cdots & 0 \\ \vdots & \vdots & \vdots & & \vdots \\ \dfrac{1}{\sqrt{n(n-1)}} & \dfrac{1}{\sqrt{n(n-1)}} & \dfrac{1}{\sqrt{n(n-1)}} & \cdots & \dfrac{-(n-1)}{\sqrt{n(n-1)}} \end{pmatrix}.$$

可知 $\boldsymbol{A}$ 是一个正交矩阵,对 $i=2,3,\cdots,n$, $\sum\limits_{j=1}^{n}a_{ij}=0$, $\sum\limits_{j=1}^{n}a_{ij}^{2}=1$,作正交变换

$$(Y_1,Y_2,\cdots,Y_n)'=\boldsymbol{A}(X_1,X_2,\cdots,X_n)',$$

则有 $Y_1=\dfrac{1}{\sqrt{n}}\sum\limits_{i=1}^{n}X_i=\sqrt{n}\,\overline{X}$,

$$(Y_1,Y_2,\cdots,Y_n)(Y_1,Y_2,\cdots,Y_n)'=(X_1,X_2,\cdots,X_n)\boldsymbol{A}\boldsymbol{A}'(X_1,X_2,\cdots,X_n)'$$
$$=(X_1,X_2,\cdots,X_n)(X_1,X_2,\cdots,X_n)',$$

即 $\sum\limits_{i=1}^{n}Y_i^2=\sum\limits_{i=1}^{n}X_i^2=\sum\limits_{i=1}^{n}(X_i-\overline{X})^2+n\overline{X}^2$,所以 $\sum\limits_{i=2}^{n}Y_i^2=\sum\limits_{i=1}^{n}(X_i-\overline{X})^2=(n-1)S^2$.

根据引理 6.2.1 知,$Y_1,Y_2,\cdots,Y_n$ 相互独立,且 $Y_i\sim N\left(\sum\limits_{k=1}^{n}a_{ik}\mu_k,\sigma^2\right)$,$i=1,2,\cdots,n$,而 $\mu_1=E(Y_1)=E(\sqrt{n}\,\overline{X})=\sqrt{n}\,\mu$,即有 $Y_1\sim N(\sqrt{n}\,\mu,\sigma^2)$;当 $i\geqslant 2$ 时,$\mu_i=E(Y_i)=\sum\limits_{j=1}^{n}a_{ij}E(X_i)=\left(\sum\limits_{j=1}^{n}a_{ij}\right)\mu=0$,$Y_i\sim N(0,\sigma^2)$,$i=2,3,\cdots,n$.

所以 $\overline{X}=\dfrac{Y_1}{\sqrt{n}}\sim N\left(\mu,\dfrac{\sigma^2}{n}\right)$,$\dfrac{(n-1)S^2}{\sigma^2}=\dfrac{\sum\limits_{i=2}^{n}Y_i^2}{\sigma^2}\sim \chi^2(n-1)$,且 $\overline{X}$ 与 $S^2$ 独立.

**定理 6.2.2** 设 $X_1,X_2,\cdots,X_n$ 是来自正态总体 $N(\mu,\sigma^2)$ 的样本,$\overline{X}$,$S^2$ 分别为样本均值与样本方差,则有

$$\dfrac{\overline{X}-\mu}{\dfrac{S}{\sqrt{n}}}\sim t(n-1).$$

**证明** 根据定理 6.2.1,有

$$\dfrac{\overline{X}-\mu}{\dfrac{\sigma}{\sqrt{n}}}\sim N(0,1),\quad \dfrac{(n-1)S^2}{\sigma^2}\sim \chi^2(n-1),$$

且二者独立. 根据 $t$ 分布的定义,有

$$\dfrac{\dfrac{\overline{X}-\mu}{\dfrac{\sigma}{\sqrt{n}}}}{\sqrt{\dfrac{(n-1)S^2}{\sigma^2(n-1)}}}=\dfrac{\overline{X}-\mu}{\dfrac{S}{\sqrt{n}}}\sim t(n-1).$$

对于两个正态总体的样本均值与样本方差,有以下定理.

**定理 6.2.3** 设 $X_1,X_2,\cdots,X_{n_1}$ 和 $Y_1,Y_2,\cdots,Y_{n_2}$ 分别是来自正态总体 $N(\mu_1,\sigma_1^2)$ 和 $N(\mu_2,\sigma_2^2)$ 的样本,且两个样本相互独立. 设 $\overline{X}=\dfrac{1}{n_1}\sum\limits_{i=1}^{n_1}X_i$ 和 $\overline{Y}=\dfrac{1}{n_2}\sum\limits_{i=1}^{n_2}Y_i$ 分别是这两个

样本的均值，$S_1^2 = \dfrac{1}{n_1-1}\sum\limits_{i=1}^{n_1}(X_i-\overline{X})^2$ 和 $S_2^2 = \dfrac{1}{n_2-1}\sum\limits_{i=1}^{n_2}(Y_i-\overline{Y})^2$ 分别是这两个样本的方差，则有

(1) $\dfrac{\dfrac{S_1^2}{S_2^2}}{\dfrac{\sigma_1^2}{\sigma_2^2}} \sim F(n_1-1, n_2-1)$；

(2) 当 $\sigma_1^2 = \sigma_2^2 = \sigma^2$ 时，

$$\dfrac{(\overline{X}-\overline{Y})-(\mu_1-\mu_2)}{S_w\sqrt{\dfrac{1}{n_1}+\dfrac{1}{n_2}}} \sim t(n_1+n_2-2),$$

其中 $S_w^2 = \dfrac{(n_1-1)S_1^2 + (n_2-1)S_2^2}{n_1+n_2-2}$.

**证明** (1) 根据定理 6.2.1，有

$$\dfrac{(n_1-1)S_1^2}{\sigma_1^2} \sim \chi^2(n_1-1), \quad \dfrac{(n_2-1)S_2^2}{\sigma_2^2} \sim \chi^2(n_2-1).$$

由于两个样本相互独立，所以 $S_1^2$ 和 $S_2^2$ 独立，由 $F$ 分布的定义，有

$$\dfrac{\dfrac{(n_1-1)S_1^2}{\sigma_1^2(n_1-1)}}{\dfrac{(n_2-1)S_2^2}{\sigma_2^2(n_2-1)}} = \dfrac{\dfrac{S_1^2}{S_2^2}}{\dfrac{\sigma_1^2}{\sigma_2^2}} \sim F(n_1-1, n_2-1),$$

即 $\dfrac{\dfrac{S_1^2}{S_2^2}}{\dfrac{\sigma_1^2}{\sigma_2^2}} \sim F(n_1-1, n_2-1)$.

(2) 根据定理 6.2.1 知，$\overline{X}-\overline{Y} \sim N\left(\mu_1-\mu_2, \dfrac{\sigma^2}{n_1}+\dfrac{\sigma^2}{n_2}\right)$，则

$$U = \dfrac{(\overline{X}-\overline{Y})-(\mu_1-\mu_2)}{\sigma\sqrt{\dfrac{1}{n_1}+\dfrac{1}{n_2}}} \sim N(0, 1).$$

又 $\dfrac{(n_1-1)S_1^2}{\sigma^2} \sim \chi^2(n_1-1)$，$\dfrac{(n_2-1)S_2^2}{\sigma^2} \sim \chi^2(n_2-1)$，且它们相互独立，根据 $\chi^2$ 分布的可加性，有

$$V = \dfrac{(n_1-1)S_1^2}{\sigma^2} + \dfrac{(n_2-1)S_2^2}{\sigma^2} \sim \chi^2(n_1+n_2-2).$$

可以证明 $U$ 和 $V$ 相互独立，根据 $t$ 分布的定义，有

$$\frac{U}{\sqrt{\dfrac{V}{n_1+n_2-2}}} = \frac{(\overline{X}-\overline{Y})-(\mu_1-\mu_2)}{S_w\sqrt{\dfrac{1}{n_1}+\dfrac{1}{n_2}}} \sim t(n_1+n_2-2).$$

其中 $S_w^2 = \dfrac{(n_1-1)S_1^2+(n_2-1)S_2^2}{n_1+n_2-2}$.

本章给出的三个重要分布和三个抽样定理，在以下几章中起着重要的作用。

**例 6.2.7** 设 $X_1, X_2, \cdots, X_{10}$ 是来自总体 $X \sim N(\mu, 4)$ 的样本，求样本方差 $S^2$ 大于 2.622 的概率。

**解** 根据定理 6.2.1，得 $\dfrac{(10-1)S^2}{4} \sim \chi^2(10-1)$，根据题意，所求概率为

$$P\{S^2 > 2.622\} = P\left\{\frac{9}{4}S^2 > \frac{9}{4} \times 2.622\right\} = P\left\{\frac{9}{4}S^2 > 5.8995\right\}.$$

查表得 $\chi^2_{0.75}(9) = 5.899$，由上 $\alpha$ 分位点的意义，有 $P\{S^2 > 2.622\} \approx 0.75$。

**例 6.2.8** 设两个正态总体 $X, Y$ 的方差分别为 $\sigma_1^2 = 12, \sigma_2^2 = 18$，在总体 $X, Y$ 中分别抽取容量为 $n_1 = 61, n_2 = 31$ 的样本，且两个样本相互独立，样本方差分别为 $S_1^2, S_2^2$，求 $P\left\{\dfrac{S_1^2}{S_2^2} > 1.16\right\}$。

**解** 根据定理 6.2.3，得 $\dfrac{\dfrac{S_1^2}{S_2^2}}{\dfrac{\sigma_1^2}{\sigma_2^2}} = \dfrac{\dfrac{S_1^2}{S_2^2}}{\dfrac{12}{18}} \sim F(60, 30)$，因此

$$P\left\{\frac{S_1^2}{S_2^2} > 1.16\right\} = P\left\{\frac{\dfrac{S_1^2}{S_2^2}}{\dfrac{\sigma_1^2}{\sigma_2^2}} > \frac{1.16}{\dfrac{12}{18}}\right\} = P\left\{\frac{\dfrac{S_1^2}{S_2^2}}{\dfrac{\sigma_1^2}{\sigma_2^2}} > 1.74\right\}.$$

查表知 $F_{0.05}(60, 30) = 1.74$，根据 $F$ 分布上侧 $\alpha$ 分位数的意义，有

$$P\left\{\frac{S_1^2}{S_2^2} > 1.16\right\} = 0.05.$$

## 习 题 6.2

1. 查标准正态分布表和 $t$ 分布表，(1) 求 $z_{0.01}, z_{0.99}, t_{0.25}(20), t_{0.75}(20)$；(2) 已知 $P\{|t(4)| < \lambda\} = 0.99$，求 $\lambda$。

2. 查 $\chi^2$ 分布表和 $F$ 分布表，(1) 求 $\chi^2_{0.1}(25), F_{0.1}(15, 10), F_{0.9}(10, 15)$；(2) 已知 $P\{\chi^2(15) < \lambda\} = 0.95$，求 $\lambda$。

3. 设总体 $X \sim \chi^2(n), X_1, X_2, \cdots, X_{10}$ 是来自 $X$ 的样本，求 $E(\overline{X}), D(\overline{X}), E(S^2)$。

4. 设 $X_1, X_2, X_3, X_4$ 是来自总体 $X \sim N(0, 2^2)$ 的简单随机样本，求统计量 $Z = \dfrac{1}{20}(X_1 - 2X_2)^2 +$

$\frac{1}{100}(3X_3-4X_4)^2$ 服从哪种分布,自由度是多少?

5. 设在总体 $N(\mu,\sigma^2)$ 中抽取一容量为 16 的样本,$\mu,\sigma^2$ 均为未知,求 $P\left\{\frac{S^2}{\sigma^2}\leqslant 2.041\right\}$,其中 $S^2$ 为样本方差.

6. 设总体 $X\sim N(\mu,\sigma^2)$,已知样本容量 $n=16$,样本方差 $s^2=5.3333$,求 $P\{|\bar{X}-\mu|<0.5\}$.

7. 设总体 $X\sim N(20,3)$,从 $X$ 中分别抽取容量为 10, 15 的两个相互独立的样本,求两样本均值之差的绝对值大于 0.3 的概率.

8. 设总体 $X\sim N(10,2^2)$,$X_1,X_2,\cdots,X_n$ 是来自 $X$ 的样本,样本均值 $\bar{X}$ 满足以下关系式 $P\{9.02\leqslant \bar{X}\leqslant 10.98\}=0.95$,试求样本容量的大小.

9. 设 $X_1,X_2$ 为来自正态总体 $X\sim N(0,\sigma^2)$ 的样本,试求 $\frac{(X_1+X_2)^2}{(X_1-X_2)^2}$ 的分布.

10. 设总体 $X\sim N(\mu,\sigma^2)$,$\bar{X}$ 与 $S^2$ 是样本 $X_1,X_2,\cdots,X_n$ 的均值和样本方差,又设 $X_{n+1}\sim N(\mu,\sigma^2)$ 且与样本 $X_1,X_2,\cdots,X_n$ 独立,试求统计量 $T=\frac{X_{n+1}-\bar{X}}{S}\sqrt{\frac{n}{n+1}}$ 的分布.

11. 设总体 $X\sim N(\mu,\sigma_1^2)$,$Y\sim N(\mu,\sigma_2^2)$,并且 $X,Y$ 相互独立,$X_1,X_2,\cdots,X_m$ 和 $Y_1,Y_2,\cdots,Y_n$ 分别是来自 $X,Y$ 的样本,样本均值分别为 $\bar{X},\bar{Y}$,样本方差分别为 $S_1^2,S_2^2$,记 $Z=a\bar{X}+b\bar{Y}$,其中 $a=\frac{S_1^2}{S_1^2+S_2^2}$,$b=\frac{S_2^2}{S_1^2+S_2^2}$,求 $E(Z)$.

12. 设 $X_1,X_2,\cdots,X_n$ 是取自总体 $X\sim N(\mu,\sigma^2)$ 的一个样本,$\bar{X}$ 和 $S^2$ 分别为样本均值和样本方差,若 $n=17$,求 $P\{\bar{X}>\mu+KS\}=0.95$ 中的 $K$ 值.

13. 设 $X_1,X_2,\cdots,X_n$ 是取自某连续总体的样本,该总体的分布函数 $F(x)$ 是连续严格递增函数,证明:统计量 $T=-2\sum_{i=1}^{n}\ln F(X_i)\sim \chi^2(2n)$.

14. 设 $X_1,X_2,\cdots,X_m$ 是来自 $N(\mu_1,\sigma^2)$ 的样本,$Y_1,Y_2,\cdots,Y_n$ 是来自 $N(\mu_2,\sigma^2)$ 的样本,且这两个样本相互独立,记 $S_x^2=\frac{1}{m-1}\sum_{i=1}^{m}(X_i-\bar{X})^2$,$S_y^2=\frac{1}{n-1}\sum_{i=1}^{n}(Y_i-\bar{Y})^2$,其中 $\bar{X}=\frac{1}{m}\sum_{i=1}^{m}X_i$,$\bar{Y}=\frac{1}{n}\sum_{i=1}^{n}Y_i$,记 $S_w^2=\frac{(m-1)S_x^2+(n-1)S_y^2}{m+n-2}$,$c,d$ 是任意两个不为 0 的常数,则有

$$\frac{c(\bar{X}-\mu_1)+d(\bar{Y}-\mu_2)}{S_w\sqrt{\frac{c^2}{m}+\frac{d^2}{n}}}\sim t(m+n-2).$$

15. 设 $X_1,X_2,\cdots,X_6$ 是来自总体 $X\sim N(2,3)$ 的样本,求 $a$ 使 $P\left\{\sum_{i=1}^{6}(X_i-2)^2\leqslant a\right\}=0.95$.

16. 已知 $X$ 和 $Y$ 相互独立,且都服从标准正态分布,$X_1,X_2,\cdots,X_8$ 和 $Y_1,Y_2,\cdots,Y_9$ 分别是来自总体 $X$ 和 $Y$ 的简单随机样本. $Q=\sum_{i=1}^{8}(X_i-\bar{X})^2+\sum_{i=1}^{9}(Y_i-\bar{Y})^2$,求统计量 $T=3\bar{Y}\sqrt{15/Q}$ 服从的分布.

17. 设总体 $X$ 服从标准正态分布,$X_1,X_2,\cdots,X_n(n>5)$ 是来自总体 $X$ 的简单随机样本,确定统计量 $Y=\dfrac{\left(\dfrac{n-5}{5}\right)\sum\limits_{i=1}^{5}X_i^2}{\sum\limits_{i=6}^{n}X_i^2}$ 服从何种分布?

## 6.3 充分统计量

统计量的引入是为了简化样本,便于统计推断. 但在用统计量进行统计推断时,一个自然的问题是:我们所用统计量是否能把样本关于感兴趣问题的信息全部吸收进来?

### 6.3.1 充分统计量的概念

如果某个统计量包含了样本关于感兴趣问题的所有信息,则这个统计量对将来的统计推断非常有用,这就是充分统计量,它是费歇尔于 1922 年提出的,而其思想则源于他与天文学家爱丁顿(Eddington)的有关估计标准差的争论中.

设 $X_1, X_2, \cdots, X_n$ 是取自总体 $N(\mu, \sigma^2)$ 的样本,现在要估计 $\sigma$. 费歇尔主张用样本标准差 $S$,而爱丁顿则主张用样本平均绝对偏差

$$d = \frac{1}{n}\sum_{i=1}^{n} |X_i - \overline{X}|. \tag{6.3.1}$$

费歇尔认为"在 $S$ 中包含了样本中有关 $\sigma$ 的全部信息,而 $d$ 则否",这就是充分统计量的思想.

虽然式(6.3.1)的统计量 $d$ 并不是后面所讲的充分统计量,即它没有把样本关于 $\sigma$ 的全部信息都包含进来,但如果用其他标准来衡量的话,此统计量还具有一些优良性质,如稳健性等.

在给出充分统计量的定义之前,先看一个例子.

**例 6.3.1** 设总体为两点分布 $B(1, p)$,$X_1, X_2, \cdots, X_n$ 为样本,令 $T = X_1 + X_2 + \cdots + X_n$,则在给定 $T$ 的取值后,对于任意的一组样本观察值 $x_1, x_2, \cdots, x_n \left(\sum_{i=1}^{n} x_i = t\right)$,有

$$P(X_1 = x_1, X_2 = x_2, \cdots, X_n = x_n \mid T = t)$$

$$= \frac{P\left(X_1 = x_1, X_2 = x_2, \cdots, X_n = t - \sum_{i=1}^{n-1} x_i\right)}{P\left(\sum_{i=1}^{n} x_i = t\right)}$$

$$= \frac{\prod_{i=1}^{n-1} P(X_i = x_i) \cdot P\left(X_n = t - \sum_{i=1}^{n-1} x_i\right)}{C_n^t p^t (1-p)^{n-t}}$$

$$= \frac{\prod_{i=1}^{n-1} p^{x_i}(1-p)^{1-x_i} \cdot p^{t-\sum_{i=1}^{n-1} x_i}(1-p)^{1-t+\sum_{i=1}^{n-1} x_i}}{C_n^t p^t (1-p)^{n-t}}$$

$$= \frac{p^t (1-p)^{n-t}}{C_n^t p^t (1-p)^{n-t}} = \frac{1}{C_n^t}.$$

该条件分布与参数 $p$ 无关.

若令 $S = X_1 + X_2 (n > 2)$,由于 $S$ 只是用了前面两个样本观察值,显然没有包含样本中

所有关于 $p$ 的信息,在给定 $S=s$ 后,对于任意一组样本观察值 $x_1, x_2, \cdots, x_n (x_1+x_2=s)$,有

$$P(X_1=x_1, X_2=x_2, \cdots, X_n=x_n \mid S=s)$$
$$=\frac{P(X_1=x_1, X_2=s-x_1, X_3=x_3, \cdots, X_n=x_n)}{P(X_1+X_2=s)}$$
$$=\frac{p^{s+\sum_{i=3}^{n}x_i}(1-p)^{n-s-\sum_{i=3}^{n}x_i}}{C_s^2 p^s(1-p)^{2-s}}$$
$$=\frac{p^{\sum_{i=3}^{n}x_i}(1-p)^{n-2-\sum_{i=3}^{n}x_i}}{C_s^2}.$$

这个分布与未知参数 $p$ 有关,这说明样本中有关 $p$ 的信息没有完全包含在统计量 $S$ 中.

从上面的例子可以看出,用条件分布与未知参数无关的统计量不损失样本中有价值的信息. 由此可以给出充分统计量的定义.

**定义 6.3.1** 设 $X_1, X_2, \cdots, X_n$ 为来自某个总体的样本,该总体的分布函数为 $F(x; \theta)$,统计量 $T=T(X_1, X_2, \cdots, X_n)$ 称为参数 $\theta$ 的**充分统计量**,如果在给定 $T$ 的取值后,$X_1, X_2, \cdots, X_n$ 的条件分布与 $\theta$ 无关.

在例 6.3.1 中,由于在给定统计量 $T=X_1+X_2+\cdots+X_n$ 的取值后,$X_1, X_2, \cdots, X_n$ 的条件分布与参数 $p$ 无关,根据定义 6.3.1 可知,$T$ 是充分统计量.

在例 6.3.1 中,由于在给定统计量 $S=X_1+X_2$ 的取值后,$X_1, X_2, \cdots, X_n$ 的条件分布与 $p$ 有关,根据定义 6.3.1 可知,$S$ 不是充分统计量.

### 6.3.2 因子分解定理

在统计学中有一个基本原则,在充分统计量存在的情况下,任何统计推断都可以基于充分统计量进行,这可以简化统计推断的程序,通常把该原则称为**充分性原则**.

然而在一般情况下直接用定义 6.3.1 出发去验证一个统计量是充分统计量是困难的,由于条件分布的计算通常并不那么容易. 幸运的是,我们有一个简单的办法判断一个统计量是否是充分的,这就是著名的因子分解定理.

为简便起见,我们引进一个在离散型和连续型分布都通用的概念——**概率函数**. $p(x)$ 称为随机变量 $X$ 的概率函数:在连续型情况下,$p(x)$ 表示 $X$ 的密度函数;在离散型情况下,$p(x)$ 表示 $X$ 的分布律.

**定理 6.3.1(因子分解定理)** 设 $p(x; \theta)$ 为总体 $X$ 的概率函数,$X_1, X_2, \cdots, X_n$ 为来自该总体的样本,则 $T=T(X_1, X_2, \cdots, X_n)$ 是充分统计量的充分必要条件为:存在两个函数 $g(t, \theta)$ 和 $h(X_1, X_2, \cdots, X_n)$,使得对于任意的 $\theta$ 和任意一组样本观察值 $x_1, x_2, \cdots, x_n$,有

$$p(x_1, x_2, \cdots, x_n; \theta) = g[T(x_1, x_2, \cdots, x_n), \theta] h(x_1, x_2, \cdots, x_n),$$

其中 $g(t, \theta)$ 是通过统计量 $T$ 的取值而依赖于样本的.

定理 6.3.1 的证明从略(在离散型随机变量情形的证明见:峁诗松等,《概率论与数理统计教程》,高等教育出版社,2011).

**例 6.3.2** 设 $X_1, X_2, \cdots, X_n$ 为来自总体 $U(0, \theta)$ 的样本,则 $T=X_{(n)}$ 为 $\theta$ 的充分统计量.

**证明** 总体 $U(0, \theta)$ 的密度函数为

$$f(x;\theta) = \begin{cases} \dfrac{1}{\theta}, & 0 < x < \theta, \\ 0, & \text{其他}. \end{cases}$$

设 $x_1, x_2, \cdots, x_n$ 是相应于 $X_1, X_2, \cdots, X_n$ 的样本观察值,于是样本的联合密度函数为

$$\prod_{i=1}^{n} f(x_i;\theta) = \begin{cases} \dfrac{1}{\theta^n}, & 0 < \min\{x_i\} \leqslant \max\{x_i\} < \theta, \\ 0, & \text{其他}. \end{cases}$$

由于 $x_i > 0$,所以上式可以写成

$$\prod_{i=1}^{n} f(x_i;\theta) = \dfrac{1}{\theta^n} I_{\{x_{(n)} < \theta\}}.$$

取 $T = X_{(n)}$,并令 $g(t, \theta) = \dfrac{1}{\theta^n} I_{\{t < \theta\}}$, $h(x_1, x_2, \cdots, x_n) = 1$,根据定理 6.3.1(因子分解定理), $T = X_{(n)}$ 为 $\theta$ 的充分统计量.

**例 6.3.3** 设 $X_1, X_2, \cdots, X_n$ 是来自总体 $X \sim P(\lambda)$,则 $\overline{X}$ 为 $\lambda$ 的充分统计量.

**证明** 设 $x_1, x_2, \cdots, x_n$ 是相应于 $X_1, X_2, \cdots, X_n$ 的样本观察值,则样本的联合分布律为

$$P(x_1, x_2, \cdots, x_n; \lambda) = \dfrac{\mathrm{e}^{-n\lambda}}{x_1! \, x_2! \cdots x_n!} \lambda^{\sum\limits_{i=1}^{n} x_i}.$$

取 $T(X_1, X_2, \cdots, X_n) = \overline{X}$, $g[T(x_1, x_2, \cdots, x_n), \lambda] = \mathrm{e}^{-n\lambda} \lambda^{\sum\limits_{i=1}^{n} x_i}$, $h(x_1, x_2, \cdots, x_n) = \dfrac{1}{x_1! \, x_2! \cdots x_n!}$,根据定理 6.3.1(因子分解定理), $T(X_1, X_2, \cdots, X_n) = \overline{X}$ 为 $\lambda$ 的充分统计量.

可以验证 $X_1 + 2X_2 (n > 2)$ 不是 $\lambda$ 的充分统计量(见本节习题 4).

两个充分统计量有如下关系:

**定理 6.3.2** 若统计量 $T$ 是充分统计量,统计量 $S$ 与统计量 $T$ 是一一对应的,则统计量 $S$ 也是充分统计量.

定理 6.3.2 的证明从略(证明见:峁诗松等,《概率论与数理统计教程》,高等教育出版社,2011).

我们知道,在例 6.3.1 中, $T = X_1 + X_2 + \cdots + X_n$ 是充分统计量,根据定理6.3.2,则

$$\overline{X} = \frac{1}{n}(X_1 + X_2 + \cdots + X_n)$$ 也是充分统计量.

## 习 题 6.3

1. 设 $X_1, X_2, \cdots, X_n$ 是来自总体 $X \sim N(\mu, 1)$ 的样本,证明:

(1) $\sum_{i=1}^{n} X_i$ 是 $\mu$ 的充分统计量;(2) $\overline{X}$ 也是 $\mu$ 的充分统计量,但 $\overline{X}^2$ 不是 $\mu$ 的充分统计量.

2. 设 $X_1, X_2, \cdots, X_n$ 为来自总体 $U(\theta_1, \theta_2)$ 的样本,则 $T = (X_{(1)}, X_{(n)})$ 为 $(\theta_1, \theta_2)$ 的充分统计量.

3. 设 $X_1, X_2, \cdots, X_n$ 为来自几何分布 $Geo(p)$

$$P\{X = k\} = (1-p)^{k-1} p, \quad k = 1, 2, \cdots$$

的样本,则 $T = \sum_{i=1}^{n} X_i$ 是 $p$ 的充分统计量.

4. 设 $X_1, X_2, \cdots, X_n$ 是来自总体 $X \sim P(\lambda)$ 的样本,例 6.3.3 中已证明 $\overline{X}$ 为 $\lambda$ 的充分统计量.验证 $X_1 + 2X_2 (n > 2)$ 不是 $\lambda$ 的充分统计量.

5. 设 $X_1, X_2, \cdots, X_n$ 是来自总体 $X \sim N(\mu, \sigma^2)$ 的样本,(1) 在 $\sigma^2$ 已知时,求 $\mu$ 的充分统计量;(2) 在 $\mu$ 已知时,求 $\sigma^2$ 的充分统计量;(3) 在 $\mu$ 和 $\sigma^2$ 均未知时,证明 $(\overline{X}, S^2)$ 是 $(\mu, \sigma^2)$ 的充分统计量.

## 本章附录

### "数理统计"发展简史

相对于其他许多数学分支而言,数理统计是一个比较年轻的数学分支.多数人认为它的形成是在 20 世纪 40 年代克拉默(Carmer)的著作《统计学的数学方法》问世之时,是把 1945 年以前的 25 年间,英、美统计学家在统计学方面的工作与法、俄数学家在概率论方面的工作结合起来,从而形成数理统计这门学科.它是以对随机现象观测所取得的资料为出发点,以概率论为基础来研究随机现象的一门学科,它有很多分支,但其基本内容为采集样本和统计推断两大部分.发展到今天的现代数理统计学,又经历了各种历史变迁.

统计的早期开端大约是在公元前 1 世纪初的人口普查计算中,这是统计性质的工作,但还不能算作是现代意义上的统计学.到了 18 世纪,统计才开始向一门独立的学科发展,用于描述表征一个状态的条件的一些特征,这是由于受到概率论的影响.

高斯从描述天文观测的误差而引进正态分布,并使用最小二乘法作为估计方法,是近代数理统计学发展初期的重大事件,18 世纪到 19 世纪初期的这些贡献,对社会发展有很大的影响.例如,用正态分布描述观测数据后来被广泛地用到生物学中,其应用是如此普遍,以至在 19 世纪相当长的时期内,包括高尔顿(Galton)在内的一些学者,认为这个分布可用于描述几乎一切常见的数据.直到现在,有关正态分布的统计方法,仍占据着常用统计方法中很重要的一部分.最小二乘法方面的工作,在 20 世纪初以来,又经过了一些学者的发展,如今成了数理统计学中的主要方法之一.

从高斯到 20 世纪初这一段时间,统计学理论发展不快,但仍有若干工作对后世产生了很大的影响.其中,如贝叶斯(Bayes)在 1763 年发表了《论有关机遇问题的求解》,提出了进行统计推断的方法论方面的一种见解,统计学中的贝叶斯学派在这个时期中逐步发展(如今,这个学派的影响愈来愈大).现在我们所理解的统计推断程序,最早的是贝叶斯方法,高斯和拉普拉斯应用贝叶斯定理讨论了参数的估计法,那时使用的符号和术语,至今仍然沿用.再如前面提到的高尔顿在回归方面的先驱性工作,也是这个时期中的主要发展,他在遗传研究中为了弄清父子两辈特征的相关关系,揭示了统计方法在生物学研究中的应用,他引进回归直线、相关系数的概念,创始了回归分析.

数理统计学发展史上极重要的一个时期是从19世纪到第二次世界大战(以下简称二战)结束.现在,多数人倾向于把现代数理统计学的起点和达到成熟定为这个时期的始末.这确是数理统计学蓬勃发展的一个时期,许多重要的基本观点、方法,统计学中主要的分支学科,都是在这个时期建立和发展起来的.以费歇尔和皮尔逊(Pearson)为首的英国统计学派,在这个时期起了主导作用,特别是费歇尔.

继高尔顿之后,皮尔逊进一步发展了回归与相关的理论,成功地创建了生物统计学,并得到了"总体"的概念,1891年之后,皮尔逊潜心研究区分物种时用的数据的分布理论,提出了"概率"和"相关"的概念.接着,又提出标准差、正态曲线、平均变差、均方根误差等一系列数理统计基本术语.皮尔逊致力于大样本理论的研究,他发现不少生物方面的数据有显著的偏态,不适合用正态分布去刻画,为此他提出了后来以他的名字命名的分布族,为估计这个分布族中的参数,他提出了"矩法".为考察实际数据与这族分布的拟合分布优劣问题,他引进了著名的"$\chi^2$检验法",并在理论上研究了其性质.这个检验法是假设检验最早、最典型的方法,他在理论分布完全给定的情况下求出了检验统计量的极限分布.1901年,他创办了《生物统计学》杂志,使数理统计有了自己的阵地,这是20世纪初叶数学的重大收获之一.

1908年皮尔逊的学生戈赛特(Gosset)发现了精确分布,创始了"精确样本理论".他署名"Student"在《生物统计学》上发表文章,改进了皮尔逊的方法.他的发现不仅不再依靠近似计算,而且能用所谓小样本进行统计推断.现在"Student分布"已成为数理统计学中的常用工具,"Student氏"也是一个常见的术语.

英国实验遗传学家兼统计学家费歇尔,是将数理统计作为一门数学学科的奠基者,他开创的试验设计法,凭借随机化的手段成功地把概率模型带进了实验领域,并建立了方差分析法来分析这种模型.费歇尔的试验设计,既把实践带入理论的视野内,又促进了实践的进展,从而大量地节省了人力、物力,试验设计这个主题,后来为众多数学家所发展.费歇尔还引进了显著性检验的概念,成为假设检验理论的先驱.他考察了估计的精度与样本所具有的信息之间的关系而得到信息量概念,他对测量数据中的信息,压缩数据而不损失信息,以及对一个模型的参数估计等贡献了完善的理论概念,他把一致性、有效性和充分性作为参数估计量应具备的基本性质.同时还在1912年提出了极大似然法,这是应用上最广的一种估计法.他在20世纪20年代的工作,奠定了参数估计的理论基础.关于$\chi^2$检验,费歇尔1924年解决了理论分布包含有限个参数情况,基于此方法的列表检验,在应用上有重要意义.费歇尔在一般的统计思想方面也作出过重要的贡献,他提出的"信任推断法",在统计学界引起了相当大的兴趣和争论,费歇尔给出了许多现代统计学的基础概念,思考方法十分直观,他造就了一个学派,在纯粹数学和应用数学方面都建树卓越.

这个时期作出重要贡献的统计学家中,还应提到奈曼(Neyman)和皮尔逊.他们在从1928年开始的一系列重要工作中,发展了假设检验的系列理论.奈曼-皮尔逊对假设检验理论提出和精确化了一些重要概念.该理论对后世也产生了巨大影响,它是现今统计教科书中不可缺少的一个组成部分,奈曼还创立了系统的置信区间估计理论,早在奈曼工作之前,区间估计就已是一种常用形式,奈曼从1934年开始的一系列工作,把区间估计理论置于柯尔莫哥洛夫概率论公理体系的基础之上,因而奠定了严格的理论基础,而且他还把求区间估计的问题表达为一种数学上的最优解问题,这个理论与奈曼-皮尔逊假设检验理论,对于数理统计形成为一门严格的数学分支起了重大作用.

在以费歇尔为代表人物的英国成为数理统计研究的中心时,美国在二战中发展亦快,有三个统计研究组在投弹问题上进行了9项研究,其中最有成效的哥伦比亚大学研究小组在理论和实践上都有重大建树,而最为著名的是首先系统地研究了"序贯分析",它被称为"30年代最有成力"的统计思想."序贯分析"系统理论的创始人是著名统计学家沃德(Wald).他是原籍罗马尼亚的英国统计学家,他于1934年系统发展了早在20年代就受到注意的序贯分析法.沃德在统计方法中引进的"停止规则"的数学描述,是序贯分析的概念基础,并已证明是现代概率论与数理统计学中最富于成果的概念之一.

从二战后到现在,是统计学发展的第三个时期,这是一个在前一段发展的基础上,随着生产和科技的普遍进步,而使这个学科得到飞速发展的一个时期,同时,也出现了不少有待解决的大问题.这一时期的发展可总结如下:

一是统计学在应用上愈来愈广泛,统计学的发展一开始就是应实际的要求,并与实际密切结合的.在二战前,已在生物、农业、医学、社会、经济等方面有不少应用,在工业和科技方面也有一些应用,而后一方面在二战后得到了特别引人注目的进展.例如,归到"统计质量管理"名目下的众多的统计方法,在大规模工业生产中的应用得到了很大的成功,目前已被认为是不可缺少的.统计学应用的广泛性,也可以从下述情况得到印证:统计学已成为高等学校中许多专业必修的内容;统计学专业的毕业生的人数,以及从事统计学的应用、教学和研究工作的人数的大幅度增长;有关统计学的著作和期刊的数量的显著增长.

二是统计学理论也取得重大进展.理论上的成就,综合起来大致有两个主要方面:一个方面是沃德提出的"统计决策理论",另一方面就是大样本理论.

沃德是20世纪对统计学面貌的改观有重大影响的少数几个统计学家之一.1950年,他发表了题为《统计决策函数》的著作,正式提出了"统计决策理论".沃德本来的想法,是要把统计学的各分支都统一在"人与大自然的博弈"这个模式下,以便作出统一处理.不过,往后的发展表明,他最初的设想并未取得很大的成功,但却有着两方面的重要影响:一是沃德把统计推断的后果与经济上的得失联系起来,这使统计方法更直接用到经济性决策的领域;二是沃德理论中所引进的许多概念和问题的新提法,丰富了以往的统计理论.

贝叶斯统计学派的基本思想,源出于英国学者贝叶斯的一项工作,发表于他去世后的1763年,后面的学者把它发展为一整套关于统计推断的系统理论.信奉这种理论的统计学者,就组成了贝叶斯学派.这个理论在两个方面与传统理论(即基于概率的频率解释的那个理论)有根本的区别:首先是否定概率的频率的解释,这涉及与此有关的大量统计概念,而提倡给概率以"主观上的相信程度"这样的解释;其次是"先验分布"的使用,先验分布被理解为在抽样前对推断对象的知识的概括.按照贝叶斯学派的观点,样本的作用在于且仅在于对先验分布作修改,而过渡到"后验分布"——其中综合了先验分布中的信息与样本中包含的信息.近几十年来其信奉者愈来愈多,二者之间的争论,是二战后时期统计学的一个重要特点.

在这种争论中,提出的不少问题促使人们进行研究,其中有的是很根本性的.贝叶斯学派与沃德统计决策理论的联系在于:这二者的结合,产生"贝叶斯决策理论",它构成了统计决策理论在实际应用上的主要内容.

三是电子计算机的应用对统计学的影响.这主要在以下几个方面.首先,一些需要大量计算的统计方法,过去因计算工具不力而无法使用,有了计算机,这一切都不成问题.在二战后,统计学应用愈来愈广泛,这在相当程度上要归功于计算机,特别是对高维数据的情况.计算机的使用对统计学另一方面的影响是:按传统数理统计学理论,一个统计方法效果如何,甚至一个统计方法如何付诸实施,都有赖于决定某些统计量的分布,而这常常是极困难的.有了计算机,就提供了一个新的途径:模拟.为了把一个统计方法与其他方法比较,可以选择若干组在应用上有代表性的条件,在这些条件下,通过模拟去比较两个方法的性能如何,然后作出综合分析,这避开了理论上难以解决的难题,有极大的实用意义.

# 第7章 参数估计

根据样本所包含的信息来建立关于总体的各种结论,这就是统计推断(statistical inference). 数理统计的创始人之一,英国统计学家费歇尔曾把统计推断归纳为抽样分布、参数估计和假设检验三个方面. 上一章我们已讨论过抽样分布,本章我们主要讨论参数估计,下一章将讨论假设检验.

本章将讨论总体参数的点估计和区间估计问题. 设总体 $X$ 的分布函数的形式已知,但它的一个或者多个参数未知,借助总体 $X$ 的样本来估计总体未知参数的值的问题,称为参数估计(parameter estimation)问题.

本章主要讨论:点估计,估计量的评选标准,区间估计,贝叶斯估计.

## 7.1 点 估 计

设 $X_1, X_2, \cdots, X_n$ 是总体 $X \sim F(x, \theta)$ 的一个样本,其中 $F(x, \theta)$ 的形式为已知,$\theta$ 为待估参数,$x_1, x_2, \cdots, x_n$ 是相应的样本观察值. 点估计问题就是要构造一个适当的统计量 $\hat{\theta}(X_1, X_2, \cdots, X_n)$,用它的观察值 $\hat{\theta}(x_1, x_2, \cdots, x_n)$ 作为未知参数 $\theta$ 的近似值. 我们称 $\hat{\theta}(X_1, X_2, \cdots, X_n)$ 为 $\theta$ 的**估计量**,$\hat{\theta}(x_1, x_2, \cdots, x_n)$ 为 $\theta$ 的**估计值**.

注意,估计量 $\hat{\theta}(X_1, X_2, \cdots, X_n)$ 是一个随机变量,是样本的函数,是一个统计量,对不同的样本观察值,$\theta$ 的估计值 $\hat{\theta}(x_1, x_2, \cdots, x_n)$ 一般是不同的.

**例 7.1.1** 在某烟花、爆竹制造厂,一天中发生着火现象的次数 $X$ 是一个随机变量,它服从以 $\lambda$ 为参数的泊松分布. 现在有以下样本观察值 $1, 1, 0, 2, 1, 1, 2, 3, 1, 0$,试估计参数 $\lambda$.

**解** 由于 $X \sim P(\lambda)$,所以有 $E(X) = \lambda$. 根据大数定律知道,当 $n$ 较大时,样本均值 $\overline{X} = \frac{1}{n}\sum_{i=1}^{n} X_i$ 依概率收敛于总体均值 $E(X)$. 我们自然想到用样本均值 $\overline{X}$ 的观察值 $\overline{x} = \frac{1}{n}\sum_{i=1}^{n} x_i$ 来估计总体均值 $E(X) = \lambda$. 由于 $\overline{x} = \frac{1}{10}\sum_{i=1}^{10} x_i = \frac{12}{10} = 1.2$,于是用 $\overline{x} = 1.2$ 作为参数 $\lambda$ 的估计.

以下介绍两种常用的构造估计量的方法,矩估计法和极大似然估计法.

### 7.1.1 矩估计法

1900 年英国统计学家皮尔逊提出了一个替换原理,后来人们称此方法为矩估计法. 替换原理常指如下两句话:

(1) 用样本矩去替换总体矩,这里的矩可以是原点矩,也可以是中心矩.
(2) 用样本矩的函数去替换相应总体矩的函数.

根据这个替换原理,在总体分布未知场合也可以对各种参数作出估计,例如:

(1) 用样本均值 $\overline{X}$ 估计总体均值 $E(X)$.

(2) 用样本方差 $S^2$ 估计总体方差 $D(X)$.

(3) 用事件 $A$ 的频率估计事件 $A$ 的概率.

(4) 用样本的 $p$ 分位数估计总体的 $p$ 分位数. 特别地, 用样本中位数估计总体的中位数.

基于样本矩 $A_l = \dfrac{1}{n}\sum_{i=1}^{n} X_i^l$ 依概率收敛于相应的总体矩 $\mu_l(l=1,2,\cdots,k)$, 样本矩的连续函数依概率收敛于相应的总体矩的连续函数 (见 6.1.6 节), 我们就用样本矩作为相应的总体矩的估计量. 这种估计方法称为**矩估计法**. 用矩估计法得到的估计量, 称为**矩估计量**, 矩估计量的观察值称为**矩估计值**.

当 $k=1$ (一个未知参数) 时, 通常可以由样本均值出发, 对未知参数进行估计; 当 $k=2$ (两个未知参数) 时, 通常可以由一阶、二阶原点矩 (或中心矩) 出发, 对未知参数进行估计.

**例 7.1.2** 设总体为指数分布, 其密度函数为

$$f(x;\theta) = \dfrac{1}{\theta}\mathrm{e}^{-\frac{x}{\theta}}, \quad x>0, \theta>0.$$

$X_1, X_2, \cdots, X_n$ 是来自该总体的样本, 求参数 $\theta$ 的矩估计量.

**解** 此处, $k=1$, 可以由样本均值出发, 对未知参数进行估计. 由于 $E(X)=\theta$, 所以 $\theta$ 的矩估计量为 $\hat{\theta} = \overline{X}$.

**例 7.1.3** 设 $X_1, X_2, \cdots, X_n$ 是来自均匀分布 $U(a,b)$ 的样本, $x_1, x_2, \cdots, x_n$ 为样本观察值, $a$ 与 $b$ 是未知参数, (1) 求 $a$ 与 $b$ 的矩估计量; (2) 求 $a$ 与 $b$ 的矩估计值; (3) 若从均匀分布总体 $U(a,b)$ 获得如下一个容量为 5 的样本: 4.5, 5.0, 4.7, 4.0, 4.2, 计算 $a$ 与 $b$ 的矩估计值.

**解** (1) 此处, $k=2$. 由于 $X \sim U(a,b)$, 则有

$$E(X) = \dfrac{a+b}{2}, \quad D(X) = \dfrac{(b-a)^2}{12},$$

由此解得 $a = E(X) - \sqrt{3D(X)}, \quad b = E(X) + \sqrt{3D(X)}$.

根据替换原理, 用样本均值 $\overline{X}$ 估计总体均值 $E(X)$, 用样本方差 $S^2$ 估计总体方差 $D(X)$.

因此 $a$ 与 $b$ 的矩估计量分别为

$$\hat{a} = \overline{X} - \sqrt{3}S, \quad \hat{b} = \overline{X} + \sqrt{3}S.$$

(2) 若 $x_1, x_2, \cdots, x_n$ 为样本观察值, 则 $a$ 与 $b$ 的矩估计值分别为

$$\hat{a} = \overline{x} - \sqrt{3}s, \quad \hat{b} = \overline{x} + \sqrt{3}s.$$

(3) 经过计算, 有 $\overline{x} = 4.48$, $s = 0.3962$, 根据 (2) 得到 $a$ 与 $b$ 的矩估计值分别为

$$\hat{a} = \overline{x} - \sqrt{3}s = 4.48 - 0.3962\sqrt{3} = 3.7938,$$
$$\hat{b} = \overline{x} + \sqrt{3}s = 4.48 + 0.3962\sqrt{3} = 5.1662.$$

**例 7.1.4** 设总体 $X$ 的均值 $\mu$ 和方差 $\sigma^2$ 都存在, 且 $\sigma^2 > 0$, 但 $\mu$ 和 $\sigma^2$ 均为未知. $X_1$,

$X_2, \cdots, X_n$ 是总体 $X$ 的一个样本,求 $\mu$ 和 $\sigma^2$ 的矩估计量.

**解** 根据前面的替换原理,用样本均值 $\bar{X}$ 估计总体均值 $E(X)$,用样本方差 $S^2$ 估计总体方差 $D(X)$,因此 $\mu$ 和 $\sigma^2$ 的矩估计量为

$$\begin{cases} \hat{\mu} = \bar{X}, \\ \hat{\sigma}^2 = S^2. \end{cases}$$

例 7.1.4 的结果表明,总体 $X$ 的均值 $\mu$ 和方差 $\sigma^2$ 的矩估计量的表达式与总体具体服从什么分布无关,即无论总体 $X$ 服从什么分布,只要均值和方差存在,结论都是成立的.

例如,若 $X \sim N(\mu, \sigma^2)$,$\mu$ 和 $\sigma^2$ 未知,根据例 7.1.4,则 $\mu$ 和 $\sigma^2$ 的矩估计量分别为

$$\begin{cases} \hat{\mu} = \bar{X}, \\ \hat{\sigma}^2 = S^2. \end{cases}$$

参数的矩估计法在估计总体的均值、方差等数字特征时,不必知道总体的分布类型,非常直观简便,这是矩估计法的优点. 但矩估计法也存在不足,在总体分布类型已知的情况下,矩估计法没有充分利用总体分布所提供的信息,因此可能导致浪费一些信息.

### 7.1.2 极大似然估计法

为了说明极大似然原理的想法,先看两个例子.

**例 7.1.5** 设有外形完全相同的两个箱子,甲箱中有 99 只白球和一只黑球,乙箱中有 99 只黑球和一只白球,现在随机地抽取一个箱子,并从中随机地抽取一只球,结果取到的是白球,问这只球是从哪个箱子中取出的?

**解** 无论是哪个箱子,从箱子中随机地抽取一只球,其可能结果只有两个:
事件 $A$ 表示"取出的是白球",事件 $B$ 表示"取出的是黑球".

如果取出的是甲箱,则事件 $A$ 发生的概率为 0.99;如果取出的是乙箱,则事件 $A$ 发生的概率为 0.01.

现在一次试验中结果是事件 $A$ 发生了,人们的第一印象是:此白球"最像"从甲箱取出的,或者认为试验条件对结果事件 $A$ 发生有利,从而可以推断出这个球是从甲箱中取出的.

这个推断符合人们的经验,这里"最像"就是"极大似然"的意思. 这种想法称为"极大似然原理".

**例 7.1.6** 设产品分为合格与不合格两类,我们用一个随机变量 $X$ 来表示某个产品经过检查后的不合格品数,则 $X=0$ 表示合格品,$X=1$ 表示不合格品,于是 $X$ 服从二点分布 $B(1,p)$,其中 $p$ 是不合格品率(是未知参数). 现在抽取 $n$ 个产品看其是否合格,得到样本 $X_1, X_2, \cdots, X_n$,这批观察值发生的概率为

$$P(X_1 = x_1, X_2 = x_2, \cdots, X_n = x_n; p) = \prod_{i=1}^{n} p^{x_i}(1-p)^{1-x_i} = p^{\sum_{i=1}^{n} x_i}(1-p)^{n-\sum_{i=1}^{n} x_i}.$$

(7.1.1)

由于参数 $p$ 是未知的,根据"极大似然原理",应选择 $p$ 使得式(7.1.1)表示的概率尽可能大. 把式(7.1.1)看成是未知参数 $p$ 的函数,用 $L(p)$ 表示,称作**似然函数**,即

$$L(p) = p^{\sum_{i=1}^{n} x_i} (1-p)^{n - \sum_{i=1}^{n} x_i}. \tag{7.1.2}$$

以下求式(7.1.2)的极大值,将式(7.1.2)的两端取对数并关于 $p$ 求导数,并令导数为零,即得如下方程(又称为似然方程):

$$\ln L(p) = \left(\sum_{i=1}^{n} x_i\right) \ln p + \left(n - \sum_{i=1}^{n} x_i\right) \ln(1-p),$$

令

$$0 = \frac{\mathrm{d} \ln L(p)}{\mathrm{d} p} = \frac{\sum_{i=1}^{n} x_i}{p} - \frac{n - \sum_{i=1}^{n} x_i}{1-p},$$

解得 $p$ 的极大似然估计值为 $\hat{p} = \hat{p}(x_1, x_2, \cdots, x_n) = \frac{1}{n} \sum_{i=1}^{n} x_i = \bar{x}$.

一般地,若总体 $X$ 为离散型随机变量,其分布律 $P\{X = x\} = p(x; \theta)$ 的形式为已知,$\theta$ 为待估参数,$\theta \in \Theta$,$\Theta$ 为参数空间. $X_1, X_2, \cdots, X_n$ 是总体 $X$ 的一个样本,则 $X_1, X_2, \cdots, X_n$ 的联合分布律为 $\prod_{i=1}^{n} p(x_i; \theta)$. 设 $x_1, x_2, \cdots, x_n$ 是相应于 $X_1, X_2, \cdots, X_n$ 的样本观察值,易知样本 $X_1, X_2, \cdots, X_n$ 取到观察值 $x_1, x_2, \cdots, x_n$ 的概率,即事件 $\{X_1 = x_1, X_2 = x_2, \cdots, X_n = x_n\}$ 发生的概率为

$$L(\theta) = L(x_1, x_2, \cdots, x_n; \theta) = \prod_{i=1}^{n} p(x_i; \theta), \quad \theta \in \Theta.$$

$L(\theta)$ 称为样本的**似然函数**(likelihood function).

关于极大似然估计法,有以下直观想法:固定样本观察值 $x_1, x_2, \cdots, x_n$,在 $\theta$ 的可能取值范围 $\Theta$ 内挑选使似然函数 $L(x_1, x_2, \cdots, x_n; \theta)$ 达到最大的参数值 $\hat{\theta}$ 作为 $\theta$ 的估计值. 即取 $\hat{\theta}$ 使

$$L(x_1, x_2, \cdots, x_n; \hat{\theta}) = \max_{\theta \in \Theta} L(x_1, x_2, \cdots, x_n; \theta).$$

这样得到的 $\hat{\theta}$ 与 $x_1, x_2, \cdots, x_n$ 有关,记作 $\hat{\theta}(x_1, x_2, \cdots, x_n)$,称为参数 $\theta$ 的**极大似然估计值**,而相应的统计量 $\hat{\theta}(X_1, X_2, \cdots, X_n)$ 称为参数 $\theta$ 的**极大似然估计量**. 它们统称为 $\theta$ 的**极大似然估计**(Maximum Likelihood Estimation, MLE).

若总体 $X$ 为连续型随机变量,其密度函数 $f(x_i; \theta)$ 的形式为已知,$\theta$ 为待估参数,$\theta \in \Theta$,$X_1, X_2, \cdots, X_n$ 是总体 $X$ 的一个样本,则 $X_1, X_2, \cdots, X_n$ 的联合密度函数为 $\prod_{i=1}^{n} f(x_i; \theta)$. 设 $x_1, x_2, \cdots, x_n$ 是相应于 $X_1, X_2, \cdots, X_n$ 的样本观察值. 易知随机点 $(X_1, X_2, \cdots, X_n)$ 落在点 $(x_1, x_2, \cdots, x_n)$ 的邻域内(边长分别为 $\mathrm{d}x_1, \mathrm{d}x_2, \cdots, \mathrm{d}x_n$ 的 $n$ 维立方体)的概率近似地为 $\prod_{i=1}^{n} f(x_i; \theta) \mathrm{d}x_i$.

与离散型的情形一样,取 $\theta$ 的估计值 $\hat{\theta}$ 使 $\prod_{i=1}^{n} f(x; \theta) \mathrm{d}x_i$ 取到最大值,但因子 $\prod_{i=1}^{n} \mathrm{d}x_i$ 不随 $\theta$ 变化,因此考虑函数

$$L(\theta) = L(x_1, x_2, \cdots, x_n; \theta) = \prod_{i=1}^{n} f(x_i; \theta)$$

的最大值. 这里 $L(\theta)$ 称为样本的**似然函数**. 若

$$L(x_1, x_2, \cdots, x_n; \hat{\theta}) = \max_{\theta \in \Theta} L(x_1, x_2, \cdots, x_n; \theta),$$

称 $\hat{\theta}(x_1, x_2, \cdots, x_n)$ 为参数 $\theta$ 的**极大似然估计值**, 而相应的统计量 $\hat{\theta}(X_1, X_2, \cdots, X_n)$ 称为参数 $\theta$ 的**极大似然估计量**.

这样, 确定极大似然估计量的问题就归结为求极大值的问题了. 由于 $L(\theta)$ 与 $\ln L(\theta)$ 在同一个 $\theta$ 处取到极值, 因此在很多情况下, $\theta$ 的极大似然估计 $\hat{\theta}$ 也可以从方程 $\dfrac{\mathrm{d}\ln L(\theta)}{\mathrm{d}\theta} = 0$ 求得 (但也有例外情况, 见稍后的例 7.1.9), 此方程称为**似然方程**.

**例 7.1.7** 设 $X_1, X_2, \cdots, X_n$ 是来自总体 $X$ 的样本, $X$ 服从参数为 $\theta$ 的指数分布, 其密度函数为 $f(x) = \dfrac{1}{\theta} \mathrm{e}^{-\frac{x}{\theta}}$, $\theta > 0$, $x > 0$. 求参数 $\theta$ 的极大似然估计量.

**解** 设 $x_1, x_2, \cdots, x_n$ 是相应于 $X_1, X_2, \cdots, X_n$ 的样本观察值, 则似然函数为

$$L(\theta) = \prod_{i=1}^{n} \left( \frac{1}{\theta} \mathrm{e}^{-\frac{x_i}{\theta}} \right) = \frac{1}{\theta^n} \mathrm{e}^{-\frac{1}{\theta} \sum_{i=1}^{n} x_i},$$

于是 $\ln L(\theta) = -n \ln \theta - \dfrac{1}{\theta} \sum_{i=1}^{n} x_i$, 似然方程为

$$\frac{\mathrm{d}\ln L(\theta)}{\mathrm{d}\theta} = -\frac{n}{\theta} + \frac{1}{\theta^2} \sum_{i=1}^{n} x_i = 0.$$

由此得参数 $\theta$ 的极大似然估计量为 $\hat{\theta} = \dfrac{1}{n} \sum_{i=1}^{n} X_i = \overline{X}$.

用 MATLAB 软件产生容量为 30 且均值为 $\theta = 10$ 的指数分布 $E(\theta)$ 的随机样本, 样本的似然函数 $L(\theta)$ 和对数似然函数 $\ln L(\theta)$, 分别如图 7-1 和图 7-2 所示. 可以得到参数 $\theta$ 的极大似然估计值 (其 MATLAB 程序见附录 B 的例 B.2.13), 结果为 $\hat{\theta} = 10.0176$.

由于样本的随机性, 参数 $\theta$ 的极大似然估计值并不一定刚好是 10 (而是 10 附近的 10.0176).

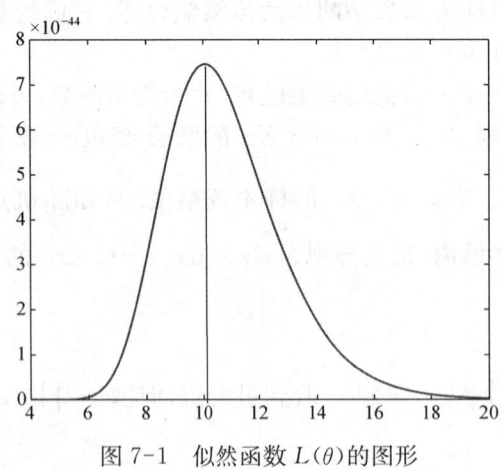

图 7-1 似然函数 $L(\theta)$ 的图形    图 7-2 对数似然函数 $\ln L(\theta)$ 的图形

从图 7-1 和图 7-2 可以看出,似然函数 $L(\theta)$ 和对数似然函数 $\ln L(\theta)$ 的极大值点都在 10 附近(10.017 6).

从例 7.1.7 和例 7.1.2 可以看出,对参数为 $\theta$ 的指数分布,其极大似然估计量与矩估计量是相同的.

极大似然估计法也适用于分布函数中含有多个未知参数 $\theta_1, \theta_2, \cdots, \theta_k$ 的情况. 这时,似然函数是这些未知参数的函数. 令

$$\frac{\partial}{\partial \theta_i} L = 0, \quad i = 1, 2, \cdots, k,$$

或

$$\frac{\partial}{\partial \theta_i} \ln L = 0, \quad i = 1, 2, \cdots, k.$$

解上述方程组,一般可以得到未知参数 $\theta_1, \theta_2, \cdots, \theta_k$ 的极大似然估计 $\hat{\theta}_1, \hat{\theta}_2, \cdots, \hat{\theta}_k$.

**例 7.1.8** 设 $X \sim N(\mu, \sigma^2)$,$\mu$ 和 $\sigma^2$ 未知,$x_1, x_2, \cdots, x_n$ 是相应于 $X_1, X_2, \cdots, X_n$ 的样本观察值,求 $\mu$ 和 $\sigma^2$ 的极大似然估计量.

**解** 设 $X \sim N(\mu, \sigma^2)$,则 $X$ 的密度函数为

$$f(x; \mu, \sigma^2) = \frac{1}{\sqrt{2\pi}\sigma} \exp\left\{-\frac{(x-\mu)^2}{2\sigma^2}\right\}, \quad -\infty < x < \infty.$$

似然函数为

$$L(\mu, \sigma^2) = \prod_{i=1}^{n} \frac{1}{\sqrt{2\pi}\sigma} \exp\left\{-\frac{(x_i-\mu)^2}{2\sigma^2}\right\} = (2\pi)^{-\frac{n}{2}} (\sigma^2)^{-\frac{n}{2}} \exp\left\{-\frac{\sum_{i=1}^{n}(x_i-\mu)^2}{2\sigma^2}\right\}.$$

于是 $\ln L = -\frac{n}{2}\ln(2\pi) - \frac{n}{2}\ln\sigma^2 - \frac{\sum_{i=1}^{n}(x_i-\mu)^2}{2\sigma^2}$. 令

$$\begin{cases} \dfrac{\partial}{\partial \mu}\ln L = \dfrac{1}{\sigma^2}\left[\sum_{i=1}^{n} x_i - n\mu\right] = 0, \\ \dfrac{\partial}{\partial \sigma^2}\ln L = -\dfrac{n}{2\sigma^2} + \dfrac{1}{2(\sigma^2)^2}\sum_{i=1}^{n}(x_i-\mu)^2 = 0. \end{cases}$$

解得 $\hat{\mu} = \dfrac{1}{n}\sum_{i=1}^{n} x_i = \bar{x}$,$\hat{\sigma}^2 = \dfrac{1}{n}\sum_{i=1}^{n}(x_i - \bar{x})^2$,因此 $\mu$ 和 $\sigma^2$ 的极大似然估计量为

$$\begin{cases} \hat{\mu} = \bar{X}, \\ \hat{\sigma}^2 = \dfrac{1}{n}\sum_{i=1}^{n}(X_i - \bar{X})^2. \end{cases}$$

这个结果与 $N(\mu, \sigma^2)$ 中 $\mu$ 和 $\sigma^2$ 的矩估计量(见例 7.1.4 后面的说明)有所不同.

**例 7.1.9** 设 $X_1, X_2, \cdots, X_n$ 是来自总体 $X$ 的样本,$X$ 在 $[0, \theta]$ 上服从均匀分布,$\theta$

为未知参数. $x_1, x_2, \cdots, x_n$ 是相应于 $X_1, X_2, \cdots, X_n$ 的样本观察值,求 $\theta$ 的极大似然估计值和极大似然估计量.

**解** 根据题意,总体 $X$ 的密度函数和样本的似然函数分别为

$$f(x;\theta) = \begin{cases} \dfrac{1}{\theta}, & 0 < x \leqslant \theta, \\ 0, & \text{其他}; \end{cases} \quad L(\theta) = \begin{cases} \dfrac{1}{\theta^n}, & 0 < x_1, x_2, \cdots, x_n \leqslant \theta, \\ 0, & \text{其他}. \end{cases}$$

记 $x_{(n)} = \max\{x_1, x_2, \cdots, x_n\}$,由于 $x_1, x_2, \cdots, x_n \leqslant \theta$,相当于 $x_{(n)} \leqslant \theta$,于是似然函数相当于

$$L(\theta) = \begin{cases} \dfrac{1}{\theta^n}, & \theta \geqslant x_{(n)}, \\ 0, & \theta < x_{(n)}. \end{cases}$$

当 $\theta \geqslant x_{(n)}$ 时,$\ln L(\theta) = -n \ln \theta$,则 $\dfrac{\mathrm{d} \ln L(\theta)}{\mathrm{d} \theta} = -\dfrac{n}{\theta} \neq 0$,所以不能用求解似然方程来直接得到 $L(\theta)$ 的最大值点.

当 $\theta \geqslant x_{(n)}$ 时,$L(\theta)$ 随 $\theta$ 的增加而减小,为了使 $L(\theta)$ 达到最大,$\theta$ 必须尽量小,但 $\theta$ 又不能小于 $x_{(n)}$. 这个界限就在 $\hat{\theta} = x_{(n)}$ 处:当 $\theta \geqslant \hat{\theta}$ 时,$L(\theta) = \dfrac{1}{\theta^n} > 0$;当 $\theta < \hat{\theta}$ 时,$L(\theta) = 0$. 因此唯一使 $L(\theta)$ 达到最大的 $\theta$ 值是 $\hat{\theta} = x_{(n)}$,所以 $\theta$ 的极大似然估计值为 $\hat{\theta} = x_{(n)} = \max\{x_1, x_2, \cdots, x_n\}$,$\theta$ 的极大似然估计量为 $\hat{\theta} = \max\{X_1, X_2, \cdots, X_n\}$.

注意:例 7.1.9 中 $\theta$ 的极大似然估计量与例 7.1.3 中 $\theta$ 的矩估计量是不同的.

极大似然估计有一个简单而非常有用的性质.

**性质 7.1.1** 设 $\hat{\theta}$ 为 $f(x;\theta)$ 中参数 $\theta$ 的极大似然估计,并且函数 $g = g(\theta)$ 具有单值反函数 $\theta = \theta(g)$,则 $\hat{g} = g(\hat{\theta})$ 是 $g(\theta)$ 的极大似然估计.

性质 7.1.1 称为**不极大似然估计的变性**. 当总体的分布中含有多个未知参数时,性质 7.1.1 也是成立的.

例如,在例 7.1.8 中 $\mu$ 和 $\sigma^2$ 的极大似然估计量分别为 $\hat{\mu} = \overline{X}$ 和 $\hat{\sigma}^2 = \dfrac{1}{n} \sum_{i=1}^{n} (X_i - \overline{X})^2$. 根据极大似然估计的不变性,则有:

(1) 标准差 $\sigma$ 的极大似然估计量为 $\hat{\sigma} = \sqrt{\dfrac{1}{n} \sum_{i=1}^{n} (X_i - \overline{X})^2}$.

(2) 根据正态分布 $N(\mu, \sigma^2)$ 的 $p$ 分位数 $x_p$ 与标准正态分布的 $p$ 分位数 $z_p$ 之间满足关系:

$$x_p = \mu + \sigma z_p,$$

则 $x_p$ 的极大似然估计值为

$$\bar{x} + s_* z_p,$$

其中 $s_* = \sqrt{\dfrac{1}{n} \sum_{i=1}^{n} (x_i - \bar{x})^2}$.

特别地，由于标准正态分布的中位数 $z_{0.5}=0$，则正态分布 $N(\mu,\sigma^2)$ 的中位数 $x_{0.5}$ 的极大似然估计值为 $\bar{x}$。

## 习 题 7.1

1. 设 $X_1,X_2,\cdots,X_n$ 是来自总体 $X$ 的样本，且 $X$ 的密度函数为 $f(x)=\dfrac{2}{\theta^2}(\theta-x)$，$0<x<\theta$，$\theta>0$，求参数 $\theta$ 的矩估计量。

2. 随机地取 8 只活塞环，测得它们的直径见下表（单位：mm）：

| 74.001 | 74.005 | 74.003 | 74.001 |
|--------|--------|--------|--------|
| 74.000 | 73.998 | 74.006 | 74.002 |

试求总体均值 $\mu$ 及方差 $\sigma^2$ 的矩估计值。

3. 设总体 $X\sim B(1,p)$，$X_1,X_2,\cdots,X_n$ 是来自总体 $X$ 的样本，求总体均值 $\mu$ 及方差 $\sigma^2$ 的矩估计量和矩估计值。

4. 设 $X_1,X_2,\cdots,X_n$ 为总体的一个样本，$x_1,x_2,\cdots,x_n$ 为一相应的样本观察值，总体的密度函数为

$$f(x)=\begin{cases}\sqrt{\theta}\,x^{\sqrt{\theta}-1}, & 0<x<1,\\ 0, & \text{其他}.\end{cases}$$

其中 $\theta>0$，求：(1) $\theta$ 矩估计量和矩估计值；(2) $\theta$ 极大似然估计值和估计量。

5. 设 $X_1,X_2,\cdots,X_n$ 为总体的一个样本，$x_1,x_2,\cdots,x_n$ 为一相应的样本观察值，总体的分布律 $P\{X=x\}=C_m^x p^x(1-p)^{m-x}$，$x=0,1,2,\cdots,m$，其中 $0<p<1$，$p$ 为未知参数。求：(1) $p$ 的矩估计量和矩估计值；(2) $p$ 的极大似然估计值和估计量。

6. 一地质学家为研究密歇根湖湖滩地区的岩石成分，随机地该地区取 100 个样品，每个样品有 10 块石子，记录了每个样品中属石灰石的石子数。假设这 100 次观察相互独立，并且由过去经验知，它们都服从参数为 $n=10$ 和 $p$ 的二项分布，$p$ 是这地区一块石子是石灰石的概率，求 $p$ 的极大似然估计值。该地质学家所得的数据见下表：

| 样品中属石灰石的石子数 $i$ | 0 | 1 | 2 | 3 | 4 | 5 | 6 | 7 | 8 | 9 | 10 |
|---|---|---|---|---|---|---|---|---|---|---|---|
| 观察到 $i$ 块石灰石样品个数 | 0 | 1 | 6 | 7 | 23 | 26 | 21 | 12 | 3 | 1 | 0 |

7. 若 $X\sim N(\mu,\sigma^2)$，试用容量为 $n$ 的样本，分别就 (1) $\sigma^2$ 已知；(2) $\mu$，$\sigma^2$ 均未知两种情况求出使 $P\{X>A\}=0.05$ 的 $A$ 的极大似然估计量。

8. 设总体 $X$ 的分布律为

| $X_i$ | 0 | 1 | 2 | 3 |
|---|---|---|---|---|
| $p_k$ | $\theta^2$ | $2\theta(1-\theta)$ | $\theta^2$ | $1-2\theta$ |

其中 $\theta\left(0<\theta<\dfrac{1}{2}\right)$ 是未知参数，利用总体 $X$ 的如下样本观察值 3,1,3,0,3,1,2,3，求 $\theta$ 的矩估计值和极大似然估计值。

9. 设总体 $X$ 的密度函数为
$$f(x) = \begin{cases} (\theta+1)x^\theta, & 0 < x < 1 \\ 0, & \text{其他}. \end{cases}$$

其中 $\theta > -1$ 是未知参数，$X_1, X_2, \cdots, X_n$ 是来自总体 $X$ 的一个容量为 $n$ 的简单随机样本，分别用矩估计法和极大似然估计法求 $\theta$ 的估计值和估计量.

10. (1)设 $X_1, X_2, \cdots, X_n$ 是来自总体 $X$ 的一个样本，且 $X \sim P(\lambda)$，试求未知参数 $\lambda$ 的极大似然估计量及矩估计量，并求 $P\{X=0\}$ 的极大似然估计值；(2)某铁路局证实一名扳道员在五年内所引起的严重事故的次数服从泊松分布，求一名扳道员在五年内未引起严重事故的概率 $p$ 的极大似然估计. 使用下面 122 个观察值. 下表中，$r$ 表示一名扳道员在五年中引起严重事故的次数，$s$ 表示观察到的扳道员人数.

| $r$ | 0 | 1 | 2 | 3 | 4 | 5 |
|---|---|---|---|---|---|---|
| $s$ | 44 | 42 | 21 | 9 | 4 | 2 |

11. 中国改革开放 40 多年来的经济发展使人民的生活水平得到了很大的提高，下表是在一个经济比较发达的城市中学收集到的 17 岁的男生身高数据(单位:cm).

| | | | | | | | | | |
|---|---|---|---|---|---|---|---|---|---|
| 170.1 | 179.0 | 171.5 | 173.1 | 174.1 | 177.2 | 170.3 | 176.2 | 163.7 | 175.4 |
| 163.3 | 179.0 | 176.5 | 178.4 | 165.1 | 179.4 | 176.3 | 179.0 | 173.9 | 173.7 |
| 173.2 | 172.3 | 169.3 | 172.8 | 176.4 | 163.7 | 177.0 | 165.9 | 166.6 | 167.4 |
| 174.0 | 174.3 | 184.5 | 171.9 | 181.4 | 164.6 | 176.4 | 172.4 | 180.3 | 160.5 |
| 166.2 | 173.5 | 171.7 | 167.9 | 168.7 | 175.6 | 179.6 | 171.6 | 168.1 | 172.2 |

若上表中的数据来自正态分布，求学生身高的均值和标准差的极大似然估计.

12. 设 $X_1, X_2, \cdots, X_n$ 是来自级数分布
$$P(X=k) = -\frac{1}{\ln(1-p)} \cdot \frac{p^k}{k}, \quad 0 < p < 1; k = 1, 2, \cdots$$

的一个样本，求参数 $p$ 的矩估计量.

13. 设 $X_1, X_2, \cdots, X_n$ 是来自总体 $X$ 的随机样本，总体 $X$ 的密度函数为
$$f(x) = \begin{cases} \lambda a x^{a-1} e^{-\lambda x^a}, & x > 0, \\ 0, & x \leqslant 0, \end{cases}$$

其中 $a > 0$ 为已知，$\lambda > 0$ 为未知参数，求 $\lambda$ 的极大似然估计量.

14. 设 $X_1, X_2, \cdots, X_n$ 是来自总体 $X$ 的随机样本，$X$ 的密度函数为
$$f(x;\theta) = \begin{cases} \dfrac{\theta}{x^{\theta+1}}, & x > 1, \\ 0, & \text{其他}, \end{cases}$$

其中 $\theta > 1$，分别求 $\theta$ 的矩估计量和极大似然估计量.

15. 设 $X_1, X_2, \cdots, X_n$ 是来自总体 $X$ 的随机样本，总体 $X$ 服从几何分布，其分布律为 $P\{X=x\} = (1-p)^{x-1}p$，$x = 1, 2, \cdots$，其中 $p$ 为未知参数($0 < p < 1$)，分别求参数 $p$ 的矩估计量和极大似然估计量.

16. 设 $\hat{\theta}$ 为参数 $\theta$ 的极大似然估计，并且函数 $g = g(\theta)$ 具有单值反函数 $\theta = \theta(g)$，则 $\hat{g} = g(\hat{\theta})$ 是 $g(\theta)$ 的极大似然估计.

## 7.2 估计量的评选标准

对于总体 $X$ 的同一个参数,由于采用不同的估计方法,可能会产生多个不同估计量. 例如,总体 $X$ 在 $[0,\theta]$ 上服从均匀分布,对同一个参数 $\theta$,在例 7.1.9 中 $\theta$ 极大似然估计量与例 7.1.3 中 $\theta$ 的矩估计量是不同的. 这就提出了一个问题,当总体 $X$ 的同一个参数存在不同估计量时,究竟采用哪一个估计量更好呢? 这就涉及用什么样的标准来评价估计量的问题. 以下给出几个常用的标准:无偏性、有效性、相合性、均方误差、一致最小方差无偏估计等.

### 7.2.1 无偏性

**定义 7.2.1** 设 $X_1, X_2, \cdots, X_n$ 是总体 $X$ 的一个样本,$\theta \in \Theta$,若估计量 $\hat{\theta} = \hat{\theta}(X_1, X_2, \cdots, X_n)$ 的数学期望 $E(\hat{\theta})$ 存在,且对任意的 $\theta \in \Theta$,有

$$E(\hat{\theta}) = \theta,$$

则称 $\hat{\theta}$ 为 $\theta$ 的**无偏估计量**.

记 $a_n = E(\hat{\theta}) - \theta$,称 $a_n$ 为估计量 $\hat{\theta}$ 的**偏差**.

若 $a_n \neq 0$,则称 $\hat{\theta}$ 为 $\theta$ 的**有偏估计量**.

如果 $\lim\limits_{n \to \infty} a_n = 0$,则称 $\hat{\theta}$ 为 $\theta$ 的**渐近无偏估计量**.

无偏估计的意义就是偏差为零.

例如,设总体 $X$ 的均值 $\mu$ 和方差 $\sigma^2$ 均未知,根据例 6.1.5 知,$E(\bar{X}) = \mu$,$E(S^2) = \sigma^2$. 这就是说,不论总体服从什么分布,样本均值 $\bar{X}$ 是总体均值的无偏估计量;样本方差 $S^2 = \dfrac{1}{n-1} \sum\limits_{i=1}^{n} (X_i - \bar{X})^2$ 是总体方差 $\sigma^2$ 的无偏估计量. 由于 $E(S_*^2) = \dfrac{n-1}{n} \sigma^2$,因此估计量 $S_*^2 = \dfrac{1}{n} \sum\limits_{i=1}^{n} (X_i - \bar{X})^2$ 不是总体方差 $\sigma^2$ 的无偏估计量,但它是 $\sigma^2$ 的渐近无偏估计量.

**例 7.2.1** 设 $X$ 在 $[0, \theta]$ 上服从均匀分布,$\theta$ 为未知参数. 问 $\theta$ 的估计量 $\hat{\theta} = 2\bar{X}$ 是否为 $\theta$ 的无偏估计量?

**解** 由于 $X_1, X_2, \cdots, X_n$ 是总体 $X$ 的样本,所以它们与总体 $X$ 同分布,于是 $E(X_i) = \dfrac{\theta}{2}$ $(i = 1, 2, \cdots, n)$. 根据数学期望的性质,有

$$E(\hat{\theta}) = 2E(\bar{X}) = 2E\left(\frac{1}{n} \sum_{i=1}^{n} X_i\right) = \frac{2}{n} \sum_{i=1}^{n} E(X_i) = \frac{2}{n} \cdot n \cdot \frac{\theta}{2} = \theta.$$

因此,估计量 $\hat{\theta} = 2\bar{X}$ 是 $\theta$ 的无偏估计量.

**例 7.2.2** 设总体 $X$ 的 $k$ 阶原点矩 $\mu_k = E(X^k)$ 存在 $(k \geq 1)$,又设 $X_1, X_2, \cdots, X_n$ 是 $X$ 的一个样本. 证明不论总体服从什么分布,样本的 $k$ 阶原点矩 $A_k = \dfrac{1}{n} \sum\limits_{i=1}^{n} X_i^k$ 是总体 $k$ 阶原点矩 $\mu_k$ 的无偏估计量.

**证明** 由于 $X_1, X_2, \cdots, X_n$ 与总体 $X$ 同分布,所以 $E(X_i^k)=E(X^k)=\mu_k, i=1, 2, \cdots, n$,即 $E(A_k) = \frac{1}{n}\sum_{i=1}^{n} E(X_i^k) = \mu_k$,因此 $A_k$ 是 $\mu_k$ 的无偏估计量.

**例 7.2.3** 设从均值 $\mu$,方差 $\sigma^2>0$ 的总体中,分别抽取容量为 $n_1$ 和 $n_2$ 的两个独立样本,$\overline{X}_1$ 和 $\overline{X}_2$ 分别为两个样本均值. 试证明,对于任意的常数 $a, b(a+b=1)$,$Y=a\overline{X}_1+b\overline{X}_2$ 都是 $\mu$ 的无偏估计量,并确定常数 $a, b$ 使 $D(Y)$ 达到最小.

**解** (1) 由于 $E(Y)=aE(\overline{X}_1)+bE(\overline{X}_2)=(a+b)\mu=\mu$,所以对于任意常数 $a, b(a+b=1)$,$Y=a\overline{X}_1+b\overline{X}_2$ 都是 $\mu$ 的无偏估计量.

(2) $D(Y)=a^2 D(\overline{X}_1)+b^2 D(\overline{X}_2)=\left(\frac{a^2}{n_1}+\frac{b^2}{n_2}\right)\sigma^2$,以下在 $a+b=1$ 时,求 $a$ 和 $b$ 使 $D(Y)$ 达到最小. 以下给出两种解法.

**方法 1** 由于 $a+b=1$,所以 $b=1-a$,则 $D(Y)=\left[\frac{a^2}{n_1}+\frac{(1-a)^2}{n_2}\right]\sigma^2$.

令 $\frac{\mathrm{d}D(Y)}{\mathrm{d}a}=\left[\frac{2a}{n_1}-\frac{2(1-a)}{n_2}\right]\sigma^2=0$,得 $a=\frac{n_1}{n_1+n_2}$,$b=1-a=\frac{n_2}{n_1+n_2}$. 由于 $\frac{\mathrm{d}^2 D(Y)}{\mathrm{d}a^2}=\left(\frac{2}{n_1}+\frac{2}{n_2}\right)\sigma^2>0$,所以当 $a=\frac{n_1}{n_1+n_2}$,$b=\frac{n_2}{n_1+n_2}$ 时,$D(Y)$ 达到最小.

**方法 2** 用拉格朗日法,作辅助函数 $L(a, b)=\frac{a^2}{n_1}\sigma^2+\frac{b^2}{n_2}\sigma^2+\lambda(a+b-1)$.

令 $0=\frac{\partial L(a, b)}{\partial a}=\frac{2a\sigma^2}{n_1}+\lambda$,$0=\frac{\partial L(a, b)}{\partial b}=\frac{2b\sigma^2}{n_2}+\lambda$,则有 $2\sigma^2\left(\frac{a}{n_1}-\frac{b}{n_2}\right)=0$,由于 $\sigma^2>0$,有 $2\sigma^2 n_1 n_2 \neq 0$,所以 $n_2 a - n_1 b = 0$,又 $a+b=1$,于是 $1=a+b=\frac{n_1}{n_2}b+b=\frac{n_1+n_2}{n_2}b$,因此 $b=\frac{n_2}{n_1+n_2}$,$a=\frac{n_1}{n_1+n_2}$.

### 7.2.2 有效性与相合性

现在来比较参数 $\theta$ 的两个无偏估计量 $\hat{\theta}_1$ 和 $\hat{\theta}_2$,如果在样本容量相同的情况下,$\hat{\theta}_1$ 的观察值比 $\hat{\theta}_2$ 更密集在真值 $\theta$ 的附近,我们就认为 $\hat{\theta}_1$ 比 $\hat{\theta}_2$ 理想. 由于方差是随机变量的取值与其数学期望的偏离程度的度量,所以无偏估计量以方差小者为好,这就引出了有效性这个概念.

**定义 7.2.2** 设 $\hat{\theta}_1=\hat{\theta}_1(X_1, X_2, \cdots, X_n)$ 和 $\hat{\theta}_2=\hat{\theta}_2(X_1, X_2, \cdots, X_n)$ 都是 $\theta$ 的无偏估计量,若对于任意的 $\theta \in \Theta$,有 $D(\hat{\theta}_1)<D(\hat{\theta}_2)$,则称 $\hat{\theta}_1$ 比 $\hat{\theta}_2$ **有效**.

**例 7.2.4** 设 $X_1, X_2, \cdots, X_n$ 是总体 $X$ 的样本,且总体均值 $E(X)=\mu$ 和方差 $D(X)=\sigma^2$ 存在,证明当 $n>1$ 时,$\mu$ 的无偏估计量 $\overline{X}$ 比 $\mu$ 的无偏估计量 $X_1$ 有效.

**证明** 由于 $D(X_1)=D(X)=\sigma^2$,$D(\overline{X})=\sigma^2/n$,所以当 $n>1$ 时,$D(X_1)=\sigma^2>D(\overline{X})=\sigma^2/n$,即 $\overline{X}$ 比 $X_1$ 有效.

**例 7.2.5** 在例 7.1.9 中,给出了均匀分布 $U(0, \theta)$ 中参数 $\theta$ 的极大似然估计量为 $\hat{\theta}=X_{(n)}$.

根据例 3.5.6 及其推广,可以得到 $X_{(n)} = \max\{X_1, X_2, \cdots, X_n\}$ 的密度函数为

$$f_{\max}(x) = \begin{cases} \dfrac{nx^{n-1}}{\theta^n}, & 0 < x < \theta, \\ 0, & \text{其他}, \end{cases}$$

则 $\hat{\theta} = \max\{X_1, X_2, \cdots, X_n\}$ 的数学期望为

$$E(\hat{\theta}) = \int_0^\theta x f_{\max}(x) \mathrm{d}x = \frac{n}{n+1}\theta.$$

因此,$\theta$ 的极大似然估计量 $\hat{\theta} = \max\{X_1, X_2, \cdots, X_n\}$ 不是 $\theta$ 的无偏估计,但它是 $\theta$ 的渐近无偏估计.

经过修偏后可以得到 $\theta$ 的一个无偏估计 $\hat{\theta}_1 = \dfrac{n+1}{n} X_{(n)}$.

且有

$$D(\hat{\theta}_1) = \left(\frac{n+1}{n}\right)^2 D(X_{(n)}) = \left(\frac{n+1}{n}\right)^2 \frac{n\theta^2}{(n+1)^2(n+2)} = \frac{\theta^2}{n(n+2)}.$$

另一方面,根据例 7.1.3,$\theta$ 的矩估计量为 $\hat{\theta}_2 = 2\overline{X}$. 由于 $E(\hat{\theta}_2) = 2E(\overline{X}) = \theta$,因此 $\hat{\theta}_2$ 是 $\theta$ 的另一个无偏估计,且有

$$D(\hat{\theta}_2) = 4D(\overline{X}) = \frac{4}{n}D(X) = \frac{4}{n} \cdot \frac{\theta^2}{12} = \frac{\theta^2}{3n}.$$

因此,当 $n > 1$ 时,有 $D(\hat{\theta}_1) = \dfrac{\theta^2}{n(n+2)} < \dfrac{\theta^2}{3n} = D(\hat{\theta}_2)$,于是 $\hat{\theta}_1$ 比 $\hat{\theta}_2$ 有效.

无偏性和有效性都是在样本容量 $n$ 固定的前提下给出的. 我们自然希望随着样本容量的增大,一个估计量的值稳定于待估参数的真值. 这样,估计量又有下述相合性(或一致性)的要求.

**定义 7.2.3** 设 $\hat{\theta}(X_1, X_2, \cdots, X_n)$ 为参数 $\theta$ 的估计量,当 $n \to \infty$ 时,$\hat{\theta}(X_1, X_2, \cdots, X_n)$ 依概率收敛于 $\theta$,则称 $\hat{\theta}$ 为 $\theta$ 的**相合估计量**(或**一致估计量**).

即,对于任意的 $\varepsilon > 0$,有

$$\lim_{n \to \infty} P\{|\hat{\theta} - \theta| < \varepsilon\} = 1,$$

则称 $\hat{\theta}$ 为 $\theta$ 的相合估计量.

**例 7.2.6** 设 $X_1, X_2, \cdots, X_n$ 是总体 $X$ 的样本,若总体 $X$ 和样本的 $k$ 阶矩 $E(X^k) = \mu_k$ 和 $A_k (k = 1, 2, \cdots)$ 都存在,证明:(1) $A_k$ 是 $\mu_k$ 的相合估计量;(2) 若待估参数 $\theta = g(\mu_1, \mu_2, \cdots, \mu_n)$,其中 $g$ 为连续函数,则 $\theta$ 的估计量 $\hat{\theta} = g(\hat{\mu}_1, \hat{\mu}_2, \cdots, \hat{\mu}_n) = g(A_1, A_2, \cdots, A_n)$ 是 $\theta$ 的相合估计量.

**证明** (1) 根据 6.1 节知,当 $n \to \infty$ 时,$A_k \xrightarrow{P} \mu_k (k = 1, 2, \cdots)$,这说明样本的 $k$ 阶矩 $A_k$ 是总体 $X$ 的 $k$ 阶矩的相合估计量.

(2) 根据 6.1 节知,当 $n \to \infty$ 时,对待估参数 $\theta = g(\mu_1, \mu_2, \cdots, \mu_n)$(其中 $g$ 为连续函数)和 $\theta$ 的估计量 $\hat{\theta} = g(\hat{\mu}_1, \hat{\mu}_2, \cdots, \hat{\mu}_n) = g(A_1, A_2, \cdots, A_n)$ 有

$$g(A_1, A_2, \cdots, A_n) \xrightarrow{P} g(\mu_1, \mu_2, \cdots, \mu_n).$$

因此 $\theta$ 的估计量 $\hat{\theta} = g(\hat{\mu}_1, \hat{\mu}_2, \cdots, \hat{\mu}_n) = g(A_1, A_2, \cdots, A_n)$ 是待估参数 $\theta = g(\mu_1, \mu_2, \cdots, \mu_n)$ 的相合估计量.

### 7.2.3 均方误差

相合估计(或一致估计)是在大样本下评价估计量的标准,在样本量不是很多时,人们更加倾向于基于小样本的评价标准,此时,对无偏估计使用方差,对有偏估计使用均方误差.

一般地,在样本量一定时,评价一个点估计的好坏标准使用的指标总是点估计 $\hat{\theta}$ 与参数真值 $\theta$ 的距离的函数,最常用的函数是距离的平方. 由于估计量 $\hat{\theta}$ 具有随机性,可以对该函数求期望,这就是下式给出的**均方误差**(Mean Square Error, MSE):

$$MSE(\hat{\theta}) = E(\hat{\theta} - \theta)^2.$$

均方误差是评价点估计的最一般的标准. 自然,我们希望估计的均方误差越小越好. 注意到

$$\begin{aligned} MSE(\hat{\theta}) &= E\{[\hat{\theta} - E(\hat{\theta})] + [E(\hat{\theta}) - \theta]\}^2 \\ &= E[\hat{\theta} - E(\hat{\theta})]^2 + [E(\hat{\theta}) - \theta]^2 + 2E\{[\hat{\theta} - E(\hat{\theta})][E(\hat{\theta}) - \theta]\} \\ &= D(\hat{\theta}) + [E(\hat{\theta}) - \theta]^2. \end{aligned}$$

上式说明,均方误差 $MSE(\hat{\theta})$ 由点估计的方差 $D(\hat{\theta})$ 与偏差 $|E(\hat{\theta}) - \theta|$ 的平方两部分组成.

如果 $\hat{\theta}$ 是 $\theta$ 的无偏估计,则 $MSE(\hat{\theta}) = D(\hat{\theta})$,此时用均方误差评价点估计与用方差是完全一致的,这也说明了用方差考察无偏估计是合理的.

当 $\hat{\theta}$ 不是 $\theta$ 的无偏估计,就要看其均方误差 $MSE(\hat{\theta})$,即不仅看方差大小,还要看其偏差大小. 下面的例子说明在均方误差的含义下,有些有偏估计优于无偏估计.

**例 7.2.7** 在例 7.1.9 中,给出了均匀分布 $U(0, \theta)$ 中参数 $\theta$ 的极大似然估计量为 $\hat{\theta} = X_{(n)}$. 根据例 7.2.5, $\hat{\theta}$ 不是 $\theta$ 的无偏估计,经过修偏后可以得到 $\theta$ 的一个无偏估计 $\hat{\theta}_1 = \frac{n+1}{n} X_{(n)}$,且 $\hat{\theta}_1$ 的均方误差为

$$MSE(\hat{\theta}_1) = D(\hat{\theta}_1) = \frac{\theta^2}{n(n+2)}.$$

现在考虑 $\theta$ 的形如 $\hat{\theta}_a = a X_{(n)}$ 的估计,其均方误差为

$$\begin{aligned} MSE(\hat{\theta}_a) &= D(a X_{(n)}) + [E(a X_{(n)}) - \theta]^2 \\ &= a^2 D(X_{(n)}) + \left(a \frac{n}{n+1} \theta - \theta\right)^2 \\ &= a^2 \frac{n \theta^2}{(n+1)^2 (n+2)} + \left(\frac{an}{n+1} - 1\right)^2 \theta^2. \end{aligned}$$

令 $\dfrac{\mathrm{d}[MSE(\hat{\theta}_a)]}{\mathrm{d}a} = 0$,得到当 $a = \dfrac{n+2}{n+1}$ 时, $MSE(\hat{\theta}_a)$ 达到最小,且有 $MSE$

$\left[\dfrac{n+2}{n+1}X_{(n)}\right] = \dfrac{\theta^2}{(n+1)^2}$. 这表明，$\hat{\theta}_0 = \dfrac{n+2}{n+1}X_{(n)}$ 虽然是有偏估计，但当 $n \geqslant 2$ 时，其均方误差

$$MSE(\hat{\theta}_0) = \dfrac{\theta^2}{(n+1)^2} < \dfrac{\theta^2}{n(n+2)} = MSE(\hat{\theta}_1),$$

所以在均方误差的意义下，有偏估计 $\hat{\theta}_0$ 优于无偏估计 $\hat{\theta}_1$.

**定义 7.2.4** 设有样本 $X_1, X_2, \cdots, X_n$，对待估参数 $\theta$，有一个估计类，称 $\hat{\theta}(X_1, X_2, \cdots, X_n)$ 是该类中 $\theta$ 的**一致最小均方误差估计**，如果对该类估计中另外任意一个 $\theta$ 的估计 $\tilde{\theta}$，在参数空间 $\Theta$ 上都有

$$MSE_\theta(\hat{\theta}) \leqslant MSE_\theta(\tilde{\theta}).$$

一致最小均方误差估计通常是在一个确定的估计类中进行的，例如，在例 7.2.7 中我们把估计限制在 $X_{(n)}$ 的倍数中. 若不对估计加以限制（即考虑所有可能的估计），则一致最小均方误差估计是不存在的.

既然一致最小均方误差估计一般是不存在的，人们通常就对估计提出一些合理性要求，如前述的无偏性就是一个常见的合理性要求.

### 7.2.4 一致最小方差无偏估计

前面曾指出，均方误差 $MSE(\hat{\theta})$ 由点估计的方差 $D(\hat{\theta})$ 与偏差 $|E(\hat{\theta}) - \theta|$ 的平方两部分组成. 当 $\hat{\theta}$ 是 $\theta$ 的无偏估计时，均方误差就简化为方差，此时一致最小均方误差估计就是一致最小方差无偏估计.

**定义 7.2.5** 设 $\hat{\theta}$ 是 $\theta$ 的无偏估计，如果对于任意一个 $\theta$ 的无偏估计 $\tilde{\theta}$，在参数空间 $\Theta$ 上都有

$$D_\theta(\hat{\theta}) \leqslant D_\theta(\tilde{\theta}),$$

则称 $\hat{\theta}$ 是 $\theta$ 的**一致最小方差无偏估计**，简记为 UMVUE.

**例 7.2.8** 设 $X_1, X_2, \cdots, X_n$ 是来自总体 $X \sim P(\lambda)$，可以证明样本均值 $\overline{X}$ 是 $\lambda$ 的一致最小方差无偏估计（其证明见：魏宗舒等，《概率论与数理统计教程》，高等教育出版社，1983）.

### 7.2.5 充分性原则与充分估计量

在例 7.2.5 中比较了均匀分布 $U(0, \theta)$ 中参数 $\theta$ 的两个无偏估计 $\hat{\theta}_1 = \dfrac{n+1}{n}X_{(n)}$ 和 $\hat{\theta}_2 = 2\overline{X}$ 的有效性，注意到较有效的那个无偏估计 $\hat{\theta}_1 = \dfrac{n+1}{n}X_{(n)}$ 是充分统计量 $X_{(n)}$ 的函数，这不是偶然的. 事实上，若充分统计量和一致最小方差无偏估计（UMVUE）都存在，则一致最小方差无偏估计一定可以表示为充分统计量的函数.

**定理 7.2.1** 设总体的概率函数为 $p(x; \theta)$，$X_1, X_2, \cdots, X_n$ 为其样本，$T = T(X_1, X_2, \cdots, X_n)$ 是 $\theta$ 的充分统计量，则对于 $\theta$ 的任意一个无偏估计 $\hat{\theta} = \hat{\theta}(X_1, X_2, \cdots, X_n)$，令 $\tilde{\theta} = E(\hat{\theta} | T)$，则 $\tilde{\theta}$ 也是 $\theta$ 的无偏估计，且有

$$D_\theta(\tilde{\theta}) \leqslant D_\theta(\hat{\theta}).$$

定理 7.2.1 的证明这里从略(其证明见:茆诗松等,《概率论与数理统计教程》,高等教育出版社,2011).

定理 7.2.1 说明,如果无偏估计不是充分统计量的函数,则将之对充分统计量求条件期望可以得到一个新的无偏估计,该估计的方差比原来的估计的方差要小,从而降低了无偏估计的方差. 换言之,考虑 $\theta$ 的估计问题,只需要在基于充分统计量的函数中进行即可,并且对所有统计推断问题都是正确的,这便是所谓的**充分性原则**.

**例 7.2.9** 设 $X_1, X_2, \cdots, X_n$ 是来自总体 $X \sim B(1,p)$ 的样本,则 $\overline{X}$ 或 $(T=n\overline{X})$ 是 $p$ 的充分统计量. 为了估计 $\theta = p^2$,令

$$\hat{\theta}_1 = \begin{cases} 1, & X_1 = 1, X_2 = 1, \\ 0, & 其他, \end{cases}$$

由于 $E(\hat{\theta}_1) = P(X_1 = 1, X_2 = 1) = p \cdot p = p^2$,所以 $\hat{\theta}_1$ 是 $\theta = p^2$ 的无偏估计.

这个估计并不好,它只使用了两个观察值,但便于我们用定理 7.2.1 对它加以改进:求 $\hat{\theta}_1$ 关于充分统计量 $T = \sum_{i=1}^{n} X_i$ 的条件期望,过程如下:

$$\begin{aligned}
\hat{\theta} &= E(\hat{\theta}_1 \mid T = t) \\
&= \frac{P\{X_1 = 1, X_2 = 1, T = t\}}{P\{T = t\}} \\
&= \frac{P\{X_1 = 1, X_2 = 1, \sum_{i=3}^{n} X_i = t - 2\}}{P\{T = t\}} \\
&= \frac{p \cdot p \cdot C_{n-2}^{t-2} p^{t-2} (1-p)^{n-t}}{C_n^t p^t (1-p)^{n-t}} \\
&= \frac{C_{n-2}^{t-2}}{C_n^t} \\
&= \frac{t(t-1)}{n(n-1)},
\end{aligned}$$

其中 $t = \sum_{i=1}^{n} X_i$.

可以验证,$\hat{\theta}$ 是 $\theta$ 的无偏估计,且 $D(\hat{\theta}) < D(\hat{\theta}_1)$.

**定义 7.2.6** 设 $T = T(X_1, X_2, \cdots, X_n)$ 是 $\theta$ 的充分统计量,若把 $T = T(X_1, X_2, \cdots, X_n)$ 作为 $\theta$ 的估计量,则称 $T = T(X_1, X_2, \cdots, X_n)$ 为 $\theta$ 的**充分估计量**.

**例 7.2.10** 设 $X_1, X_2, \cdots, X_n$ 是来自总体 $X$ 的样本,$X$ 在 $[0, \theta]$ 上服从均匀分布,求参数 $\theta$ 的充分估计量.

**解** 根据例 6.3.2,$T = X_{(n)}$ 为 $\theta$ 的充分统计量,根据定义 7.2.6,则 $T = X_{(n)}$ 为 $\theta$ 的充分估计量.

**例 7.2.11** 设 $X_1, X_2, \cdots, X_n$ 是来自总体 $X \sim P(\lambda)$,求参数 $\lambda$ 的充分估计量.

**解** 根据例 6.3.3,$\overline{X}$ 为 $\lambda$ 的充分统计量,根据定义 7.2.6,则 $\overline{X}$ 为 $\lambda$ 的充分估计量.

## 习 题 7.2

1. 从某种产品中抽取 10 件,获得直径的样本观察值如下(单位:mm):12.13,12.03,12.06,12.08,12.07,12.06,12.01,12.03,12.16,12.28,求产品直径方差的无偏估计值.

2. 设总体 $X$ 的数学期望为 $\mu$,$X_1,X_2,\cdots,X_n$ 是来自 $X$ 的样本,$a_1,a_2,\cdots,a_n$ 是任意常数,验证 $\dfrac{\sum_{i=1}^{n}a_iX_i}{\sum_{i=1}^{n}a_i}\left(\text{其中}\sum_{i=1}^{n}a_i\neq 0\right)$ 是 $\mu$ 的无偏估计量.

3. $X_1,X_2,\cdots,X_n$ 是来自总体 $X$ 的一个样本,设总体 $X$ 的数学期望 $E(X)=\mu$,方差 $D(X)=\sigma^2$,$\overline{X},S^2$ 是样本均值和样本方差,试确定常数 $c$ 使 $(\overline{X})^2-cS^2$ 是 $\mu^2$ 的无偏估计.

4. 设 $X_1,X_2$ 是取自 $N(\mu,1)$ 的一个容量为 2 的样本,(1)试证下列三个估计量均为 $\mu$ 的无偏估计:
$$\hat{\mu}_1=\frac{2}{3}X_1+\frac{1}{3}X_2,\quad \hat{\mu}_2=\frac{1}{4}X_1+\frac{3}{4}X_2,\quad \hat{\mu}_3=\frac{1}{2}(X_1+X_2);$$
(2) 指出哪一个估计量的方差最小.

5. 设 $\hat{\theta}_1,\hat{\theta}_2$ 是参数 $\theta$ 的两个相互独立的无偏估计量,且 $D(\hat{\theta}_1)=2D(\hat{\theta}_2)$.试求常数 $k_1,k_2$ 满足什么条件使 $k_1\hat{\theta}_1+k_2\hat{\theta}_2$ 是 $\theta$ 的无偏估计量,并且求常数 $k_1,k_2$ 使它在所有这种形式的估计量中方差达到最小.

6. 若 $X_1,X_2,\cdots,X_n$ 是总体 $X$ 的一个样本.试证明:

(1) $\sum_{i=1}^{n}a_iX_i(a_i>0,i=1,2,\cdots,\{n\},\sum_{i=1}^{n}a_i=1)$ 是 $E(X)$ 的无偏估计量;

(2) 在 $E(X)$ 的所有形式 $\sum_{i=1}^{n}a_iX_i$ 的无偏估计量中,$\overline{X}$ 为最小方差无偏估计量.

7. 设 $X_1,X_2,X_3,X_4$ 是来自均值为 $\theta$ 的指数分布总体的样本,其中 $\theta$ 未知.设有估计量
$$T_1=\frac{1}{6}(X_1+X_2)+\frac{1}{3}(X_3+X_4),$$
$$T_2=\frac{X_1+2X_2+3X_3+4X_4}{5},$$
$$T_3=\frac{X_1+X_2+X_3+X_4}{4}.$$

(1) 指出 $T_1,T_2,T_3$ 中哪几个是 $\theta$ 的无偏估计量;(2) 在上述 $\theta$ 的无偏估计中指出哪一个最有效.

8. 设 $\hat{\theta}$ 是参数 $\theta$ 的无偏估计,且有 $D(\hat{\theta})>0$,试证 $\hat{\theta^2}=(\hat{\theta})^2$ 不是 $\theta^2$ 的无偏估计.

9. 设总体 $X\sim N(\mu,\sigma^2)$,$X_1,X_2,\cdots,X_n$ 是该总体 $X$ 的一个样本,请确定常数 $c$ 使 $c\sum_{i=1}^{n-1}(X_{i+1}-X_i)^2$ 为 $\sigma^2$ 的无偏估计.

10. 设 $X_1,X_2,\cdots,X_n$ 是来自总体 $X\sim N(\mu,1)$ 的样本,证明:$\overline{X}$ 是 $\mu$ 的充分估计量.

11. 设 $X_1,X_2,\cdots,X_n$ 是来自总体 $X\sim N(\mu,\sigma^2)$ 的样本,证明:$(\overline{X},S^2)$ 是 $(\mu,\sigma^2)$ 的充分估计量.

12. 设 $X_1,X_2,\cdots,X_n$ 是来自总体 $X$ 的随机样本,总体 $X$ 的密度函数为
$$f(x;\theta)=\begin{cases}\dfrac{1}{\theta}x^{\frac{1-\theta}{\theta}},& 0<x<1,\\ 0,& \text{其他},\end{cases}$$

其中 $\theta>0$.(1) 求 $\theta$ 的极大似然估计量;(2) 在(1)中 $\theta$ 的极大似然估计量是否为 $\theta$ 的无偏估计量?为什么?

## 7.3 区间估计

### 7.3.1 区间估计的概念

对于一个未知参数,人们只知道到它的点估计有时还不能满意,还希望给出未知参数的一个范围,并希望知道这个范围包含参数真值的可信程度. 为此,引进区间估计的有关概念.

**定义 7.3.1** 设 $\theta$ 是总体的一个参数,其参数空间为 $\Theta$,$X_1, X_2, \cdots, X_n$ 是来自该总体的样本,对于给定的一个 $\alpha(0<\alpha<1)$,假设有两个统计量 $\hat{\theta}_L = \hat{\theta}_L(X_1, X_2, \cdots, X_n)$ 和 $\hat{\theta}_U = \hat{\theta}_U(X_1, X_2, \cdots, X_n)$,若对于任意的 $\theta \in \Theta$,有

$$P(\hat{\theta}_L < \theta < \hat{\theta}_U) \geqslant 1-\alpha, \tag{7.3.1}$$

则称随机区间 $(\hat{\theta}_L, \hat{\theta}_U)$ 为 $\theta$ 的**置信水平为 $1-\alpha$ 的置信区间**,$\hat{\theta}_L$ 和 $\hat{\theta}_U$ 分别称为 $\theta$ 的(双侧)置信下限和(双侧)置信上限.

置信水平 $1-\alpha$ 有一个频率解释:在大量重复使用 $\theta$ 的置信区间 $(\hat{\theta}_L, \hat{\theta}_U)$ 时,每次得到的样本观测值是不同的,从而每次得到的区间也是不同的. 对一次具体的观测而言,$\theta$ 可能在区间 $(\hat{\theta}_L, \hat{\theta}_U)$ 内,也可能不在. 平均来说,至少有 $100(1-\alpha)\%$ 包含 $\theta$. 后面的图 7-4 和图 7-5 及其解释直观地显示了这种频率的意义.

在定义 7.3.1 中使用不等式给出了置信区间的定义,主要是照顾到总体为离散分布的情形. 而当总体为连续分布的情况,为了用足置信水平,实际中常用的都是等式,这便给出如下定义:

**定义 7.3.2** 沿用定义 7.3.1 的记号,如对于给定的 $\alpha(0<\alpha<1)$,对于任意的 $\theta \in \Theta$,有

$$P(\hat{\theta}_L < \theta < \hat{\theta}_U) = 1-\alpha, \tag{7.3.2}$$

则称 $(\hat{\theta}_L, \hat{\theta}_U)$ 为 $\theta$ 的置信水平为 $1-\alpha$ 的**等同置信区间**.

需要说明:除非特别说明,本书后面提到的"置信区间"都是指"等同置信区间".

**例 7.3.1** 设 $X \sim N(\mu, \sigma^2)$,$\sigma^2$ 为已知,$X_1, X_2, \cdots, X_n$ 是来自 $X$ 的样本,求 $\mu$ 的置信水平为 $1-\alpha$ 的置信区间.

**解** 由于 $\overline{X}$ 为 $\mu$ 的无偏估计量,且有

$$\frac{\overline{X}-\mu}{\frac{\sigma}{\sqrt{n}}} \sim N(0,1).$$

按标准正态分布的上侧 $\alpha$ 分位数的定义,有(参见图 7-3)

$$P\left\{\left|\frac{\overline{X}-\mu}{\frac{\sigma}{\sqrt{n}}}\right| < z_{\frac{\alpha}{2}}\right\} = 1-\alpha,$$

$$P\left\{\overline{X} - \frac{\sigma}{\sqrt{n}} z_{\frac{\alpha}{2}} < \mu < \overline{X} + \frac{\sigma}{\sqrt{n}} z_{\frac{\alpha}{2}}\right\} = 1-\alpha.$$

按定义 7.3.2,就得到了 $\mu$ 的置信水平为 $1-\alpha$ 的置信区间

$$\left(\overline{X}-\frac{\sigma}{\sqrt{n}}z_{\frac{\alpha}{2}},\ \overline{X}+\frac{\sigma}{\sqrt{n}}z_{\frac{\alpha}{2}}\right). \qquad (7.3.3)$$

当 $\sigma^2$ 已知时,$\mu$ 的置信水平为 $1-\alpha$ 的置信区间由式(7.3.3)给出,它是以 $\overline{X}$ 为中心,半径为 $\frac{\sigma}{\sqrt{n}}z_{\frac{\alpha}{2}}$ 的对称区间.

如果取 $\alpha=0.05$,即 $1-\alpha=0.95$,查表得 $z_{\frac{\alpha}{2}}=z_{0.025}=1.96$. 若 $\sigma=1$,$n=16$,于是得到一个 $\mu$ 的置信水平为 0.95 的置信区间

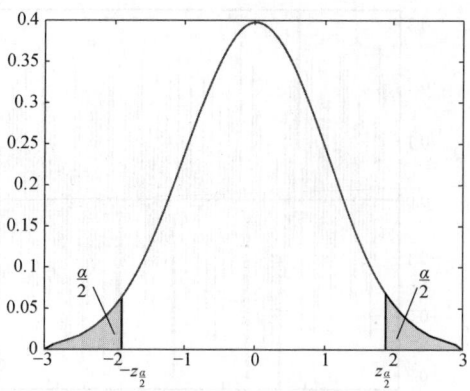

图 7-3　借助分位数给出 $\mu$ 的置信区间($\sigma^2$ 已知)

$$\left(\overline{X}-\frac{1}{\sqrt{16}}\times 1.96,\ \overline{X}+\frac{1}{\sqrt{16}}\times 1.96\right).$$

如果 $\bar{x}=5.20$,代入上式就得到 $\mu$ 的一个区间估计 $(4.71, 5.69)$.

然而置信水平为 $1-\alpha$ 的置信区间并不是唯一的. 如对以上的例 7.3.1,若给定 $\alpha=0.05$,则

$$P\left\{-z_{0.04}<\frac{\overline{X}-\mu}{\frac{\sigma}{\sqrt{n}}}<z_{0.01}\right\}=0.95.$$

这样,又得到了 $\mu$ 的另一个置信水平为 $1-\alpha$ 的置信区间

$$\left(\overline{X}-\frac{\sigma}{\sqrt{n}}z_{0.01},\ \overline{X}+\frac{\sigma}{\sqrt{n}}z_{0.04}\right). \qquad (7.3.4)$$

在式(7.3.3)中,令 $\alpha=0.05$,再比较由式(7.3.4)给出的 $\mu$ 的置信水平为 0.95 的置信区间的长度:

由式(7.3.3)给出的置信区间的长度为 $2\frac{\sigma}{\sqrt{n}}z_{0.025}=3.92\times\frac{\sigma}{\sqrt{n}}$.

由式(7.3.4)给出的置信区间的长度为 $\frac{\sigma}{\sqrt{n}}(z_{0.04}+z_{0.01})=4.08\times\frac{\sigma}{\sqrt{n}}$.

显然 $3.92\times\frac{\sigma}{\sqrt{n}}<4.08\times\frac{\sigma}{\sqrt{n}}$,即由式(7.3.3)给出的区间长度比由式(7.3.4)给出的区间长度短. 当然,对于同一个置信水平,区间的长度越短越好.

用随机模拟法产生 $N(0,1)$ 的随机样本,每组样本包含 200 个观察值,画 100 个 $\mu=0$ 的置信水平为 0.95 的置信区间,如图 7-4 所示. 同样,画 100 个 $\mu=0$ 的置信水平为 0.90 的置信区间,如图 7-5 所示.

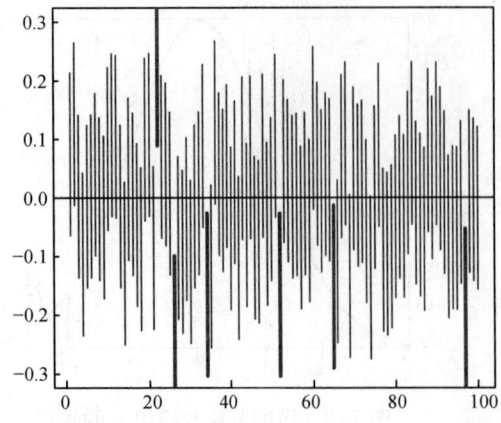

图 7-4　100 个置信水平为 0.95 的置信区间

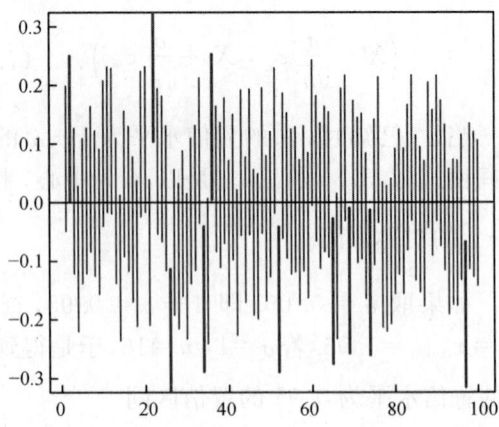

图 7-5　100 个置信水平为 0.90 的置信区间

从图 7-4 可以看出，100 个区间中有 94 个包含参数真值 0，另有 6 个区间不包含参数真值．这就是置信水平为 0.95 的置信区间的一个解释．从图 7-5 可以看出，100 个区间中有 90 个包含参数真值 0，另有 10 个区间不包含参数真值．这就是置信水平为 0.90 的置信区间的一个解释．

### 7.3.2　枢轴量法

构造未知参数 $\theta$ 的置信区间最常用的方法是**枢轴量法**，其步骤如下：

(1) 设法构造一个样本和 $\theta$ 的函数 $G=G(x_1, x_2, \cdots, x_n, \theta)$ 使得 $G$ 的分布不依赖于未知参数．一般称具有这种性质的 $G$ 为枢轴量．

(2) 适当地选择两个常数 $c, d$，使对给定的 $\alpha(0<\alpha<1)$，有

$$P(c<G<d)=1-\alpha.$$

在离散场合，上式等号改为大于等于($\geqslant$)．

(3) 假如能将 $c<G<d$ 进行不等式等价变形为 $\hat{\theta}_L<\theta<\hat{\theta}_U$，则有

$$P(\hat{\theta}_L<\theta<\hat{\theta}_U)=1-\alpha,$$

这表明 $(\hat{\theta}_L, \hat{\theta}_U)$ 为 $\theta$ 的置信水平为 $1-\alpha$ 的等同置信区间．

上述构造置信区间的关键在于构造枢轴量 $G$，所以把这种方法称为**枢轴量法**．

在例 7.3.1 中，在 $\sigma^2$ 已知时，根据定义 7.3.2 给出了 $\mu$ 的 $1-\alpha$ 置信区间为 $\left(\overline{X}-\dfrac{\sigma}{\sqrt{n}}z_{\frac{\alpha}{2}}, \overline{X}+\dfrac{\sigma}{\sqrt{n}}z_{\frac{\alpha}{2}}\right)$. 以下我们用枢轴量法给出例 7.3.1 中 $\sigma^2$ 已知时 $\mu$ 的 $1-\alpha$ 置信区间．

由于 $\mu$ 的点估计为 $\overline{X}$，其分布为 $N\left(\mu, \dfrac{\sigma^2}{n}\right)$，因此枢轴量可选为 $G=\dfrac{\overline{X}-\mu}{\dfrac{\sigma}{\sqrt{n}}}\sim N(0, 1)$，

$c, d$ 应满足 $P(c<G<d)=\Phi(d)-\Phi(c)=1-\alpha$，经过不等式变形可得

$$P\left(\overline{X} - d\frac{\sigma}{\sqrt{n}} < \mu < \overline{X} + c\frac{\sigma}{\sqrt{n}}\right) = 1 - \alpha.$$

由于标准正态分布是单峰对称的,则借助分位数,可以看出在 $\Phi(d) - \Phi(c) = 1 - \alpha$ 的条件下,当 $d = -c = z_{\frac{\alpha}{2}}$ 时 $d - c$ 达到最小(等价于区间长度最小).由此给出了 $\mu$ 的置信水平为 $1 - \alpha$ 置信区间为 $\left(\overline{X} - \frac{\sigma}{\sqrt{n}} z_{\frac{\alpha}{2}}, \overline{X} + \frac{\sigma}{\sqrt{n}} z_{\frac{\alpha}{2}}\right)$.

### 7.3.3　单个正态总体均值与方差的置信区间

#### 7.3.3.1　均值 $\mu$ 的置信区间

设已给定置信水平为 $1 - \alpha$,并设 $X_1, X_2, \cdots, X_n$ 是总体 $N(\mu, \sigma^2)$ 的样本,$\overline{X}, S^2$ 分别为样本均值和样本方差.

(1) $\sigma^2$ 为已知

此时由例 7.3.1 已经给出了 $\mu$ 的置信水平为 $1 - \alpha$ 的置信区间为

$$\left(\overline{X} - \frac{\sigma}{\sqrt{n}} z_{\frac{\alpha}{2}}, \overline{X} + \frac{\sigma}{\sqrt{n}} z_{\frac{\alpha}{2}}\right).$$

(2) $\sigma^2$ 为未知

此时不能由式(7.3.3)给出区间估计,因其含有未知参数 $\sigma$.考虑到 $S^2$ 是 $\sigma^2$ 的无偏估计,将 $\sigma$ 换成 $S = \sqrt{S^2}$,根据定理 6.2.2 知

$$\frac{\overline{X} - \mu}{\frac{S}{\sqrt{n}}} \sim t(n-1), \quad (7.3.5)$$

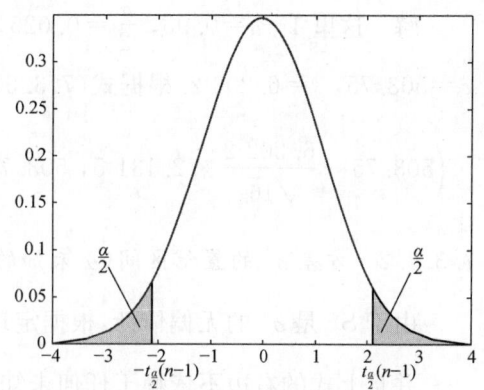

图 7-6　借助分位数给出 $\mu$ 的置信区间($\sigma^2$ 未知)

并且式(7.3.5)的右边不依赖于任何未知参数,按 $t$ 分布的上侧 $\alpha$ 分位数的定义,有(参见图 7-6)

$$P\left\{\left|\frac{\overline{X} - \mu}{\frac{S}{\sqrt{n}}}\right| < t_{\frac{\alpha}{2}}(n-1)\right\} = 1 - \alpha,$$

$$P\left\{\overline{X} - \frac{S}{\sqrt{n}} t_{\frac{\alpha}{2}}(n-1) < \mu < \overline{X} + \frac{S}{\sqrt{n}} t_{\frac{\alpha}{2}}(n-1)\right\} = 1 - \alpha.$$

这样,就得到了 $\mu$ 的置信水平为 $1 - \alpha$ 的置信区间

$$\left(\overline{X} - \frac{S}{\sqrt{n}} t_{\frac{\alpha}{2}}(n-1), \overline{X} + \frac{S}{\sqrt{n}} t_{\frac{\alpha}{2}}(n-1)\right). \quad (7.3.6)$$

当 $\sigma^2$ 未知时,$\mu$ 的置信水平为 $1 - \alpha$ 的由置信区间由式(7.3.6)给出,它是以 $\overline{X}$ 为中心,半径为 $\frac{S}{\sqrt{n}} t_{\frac{\alpha}{2}}(n-1)$ 的对称区间.

以上在 $\sigma^2$ 为未知时给出了 $\mu$ 的置信水平为 $1-\alpha$ 的置信区间. 当然我们也可用枢轴量法给出 $\sigma^2$ 未知时 $\mu$ 的 $1-\alpha$ 置信区间.

由于 $t=\dfrac{\overline{X}-\mu}{\dfrac{S}{\sqrt{n}}}\sim t(n-1)$,因此 $t$ 可以用来作为枢轴量. 与前面($\sigma$ 已知时 $\mu$ 的置信区间)完全类似,可以得到 $\mu$ 的 $1-\alpha$ 置信区间为 $\left(\overline{X}-\dfrac{S}{\sqrt{n}}t_{\frac{\alpha}{2}}(n-1),\ \overline{X}+\dfrac{S}{\sqrt{n}}t_{\frac{\alpha}{2}}(n-1)\right)$. 这里 $S^2=\dfrac{1}{n-1}\sum_{i=1}^{n}(X_i-\overline{X})^2$ 是 $\sigma^2$ 的无偏估计.

**例 7.3.2** 设有一大批产品,现从中随机抽取 16 个,称得重量(单位:g)如下:506,508,499,503,504,510,497,512,514,505,493,496,506,502,509,496. 设该产品的重量服从正态分布,求总体均值 $\mu$ 的置信水平为 0.95 的置信区间.

**解** 这里 $1-\alpha=0.95$,$\dfrac{\alpha}{2}=0.025$,$n-1=15$,$t_{0.025}(15)=2.131\,5$,由所给数据算得 $\bar{x}=503.75$,$s=6.202\,2$. 根据式(7.3.6)得 $\mu$ 的置信水平为 0.95 的置信区间为

$$\left(503.75-\dfrac{6.202\,2}{\sqrt{16}}\times 2.131\,5,\ 503.75+\dfrac{6.202\,2}{\sqrt{16}}\times 2.131\,5\right)=(500.445,\ 507.055).$$

**7.3.3.2　方差 $\sigma^2$ 的置信区间($\mu$ 未知的情形)**

由于 $S^2$ 是 $\sigma^2$ 的无偏估计,根据定理 6.2.1 知,$\dfrac{(n-1)S^2}{\sigma^2}\sim\chi^2(n-1)$.

并且上式的右边不依赖于任何未知参数,按 $\chi^2$ 分布的上侧 $\alpha$ 分位数的定义,有

$$P\left\{\chi^2_{1-\frac{\alpha}{2}}(n-1)<\dfrac{(n-1)S^2}{\sigma^2}<\chi^2_{\frac{\alpha}{2}}(n-1)\right\}=1-\alpha,$$

即

$$P\left\{\dfrac{(n-1)S^2}{\chi^2_{\frac{\alpha}{2}}(n-1)}<\sigma^2<\dfrac{(n-1)S^2}{\chi^2_{1-\frac{\alpha}{2}}(n-1)}\right\}=1-\alpha.$$

这样,就得到了 $\sigma^2$ 的置信水平为 $1-\alpha$ 的置信区间

$$\left(\dfrac{(n-1)S^2}{\chi^2_{\frac{\alpha}{2}}(n-1)},\ \dfrac{(n-1)S^2}{\chi^2_{1-\frac{\alpha}{2}}(n-1)}\right). \tag{7.3.7}$$

于是 $\sigma$ 的置信水平为 $1-\alpha$ 的置信区间为

$$\left(\dfrac{\sqrt{(n-1)}\,S}{\sqrt{\chi^2_{\frac{\alpha}{2}}(n-1)}},\ \dfrac{\sqrt{(n-1)}\,S}{\sqrt{\chi^2_{1-\frac{\alpha}{2}}(n-1)}}\right). \tag{7.3.8}$$

**例 7.3.3** 求例 7.3.2 中标准差 $\sigma$ 的置信水平为 0.95 的置信区间.

**解** 根据例 7.3.2 知 $\bar{x}=503$，$s=6.2022$，$1-\alpha=0.95$，$\frac{\alpha}{2}=0.025$，$n-1=15$，查表得 $\chi^2_{0.025}(15)=27.448$，$\chi^2_{0.975}(15)=6.262$. 根据式(7.3.8)得 $\sigma$ 的置信水平为 0.95 的置信区间为 $(4.58,9.60)$.

在例 7.3.2 和例 7.3.3 中，分别给出了正态分布中均值和标准差的置信水平为 0.95 的区间估计. 以下用 MATLAB 软件计算上述正态分布中均值和标准差的点估计(极大似然估计)和区间估计(置信水平为 0.95). 结果如下(其 MATLAB 程序见附录 B 中的例 B2.14)：

均值和标准差的点估计(极大似然估计)分别为 503.7500，6.2022；

均值和标准差的区间估计(置信水平为 0.95)分别为 $(500.4451,507.0549)$，$(4.5816,9.5990)$.

关于一个正态总体均值和方差的置信区间，见表 7-1.

表 7-1　　　　　　一个正态总体均值和方差的置信区间(置信水平为 $1-\alpha$)

| 参　数 | $G$ 的分布 | 置信区间 |
| --- | --- | --- |
| $\mu$($\sigma^2$ 已知) | $Z=\dfrac{\bar{X}-\mu}{\dfrac{\sigma}{\sqrt{n}}}\sim N(0,1)$ | $\left(\bar{X}\mp\dfrac{\sigma}{\sqrt{n}}z_{\frac{\alpha}{2}}\right)$ |
| $\mu$($\sigma^2$ 未知) | $t=\dfrac{\bar{X}-\mu}{\dfrac{S}{\sqrt{n}}}\sim t(n-1)$ | $\left(\bar{X}\mp\dfrac{S}{\sqrt{n}}t_{\frac{\alpha}{2}}(n-1)\right)$ |
| $\sigma^2$($\mu$ 未知) | $\chi^2=\dfrac{(n-1)S^2}{\sigma^2}\sim\chi^2(n-1)$ | $\left(\dfrac{(n-1)S^2}{\chi^2_{\frac{\alpha}{2}}(n-1)},\dfrac{(n-1)S^2}{\chi^2_{1-\frac{\alpha}{2}}(n-1)}\right)$ |

### 7.3.4　两个正态总体均值之差与方差之比的置信区间

设已给定置信水平为 $1-\alpha$，并设 $X_1,X_2,\cdots,X_{n_1}$ 和 $Y_1,Y_2,\cdots,Y_{n_2}$ 分别是两个总体的样本，且这两个样本相互独立，$\bar{X}$，$\bar{Y}$ 分别为两个样本均值，$S_1^2$，$S_2^2$ 分别为两个样本方差.

#### 7.3.4.1　两个总体均值之差 $\mu_1-\mu_2$ 的置信区间

(1) $\sigma_1^2$，$\sigma_2^2$ 均为已知

由于 $\bar{X}$，$\bar{Y}$ 分别为 $\mu_1$，$\mu_2$ 的无偏估计，所以 $\bar{X}-\bar{Y}$ 为 $\mu_1-\mu_2$ 的无偏估计. 由 $\bar{X}$，$\bar{Y}$ 的独立性以及 $\bar{X}\sim N\left(\mu_1,\dfrac{\sigma_1^2}{n_1}\right)$，$\bar{Y}\sim N\left(\mu_2,\dfrac{\sigma_2^2}{n_2}\right)$，得

$$\bar{X}-\bar{Y}\sim N\left(\mu_1-\mu_2,\dfrac{\sigma_1^2}{n_1}+\dfrac{\sigma_2^2}{n_2}\right),$$

$$\dfrac{(\bar{X}-\bar{Y})-(\mu_1-\mu_2)}{\sqrt{\dfrac{\sigma_1^2}{n_1}+\dfrac{\sigma_2^2}{n_2}}}\sim N(0,1),$$

与一个总体均值的置信区间类似,得 $\mu_1-\mu_2$ 的置信水平为 $1-\alpha$ 的置信区间

$$\left(\overline{X}-\overline{Y}-z_{\frac{\alpha}{2}}\sqrt{\frac{\sigma_1^2}{n_1}+\frac{\sigma_2^2}{n_2}},\ \overline{X}-\overline{Y}+z_{\frac{\alpha}{2}}\sqrt{\frac{\sigma_1^2}{n_1}+\frac{\sigma_2^2}{n_2}}\right). \tag{7.3.9}$$

(2) $\sigma_1^2=\sigma_2^2=\sigma^2$,但 $\sigma^2$ 为未知

此时根据根定理 6.2.3 知

$$\frac{(\overline{X}-\overline{Y})-(\mu_1-\mu_2)}{S_w\sqrt{\frac{1}{n_1}+\frac{1}{n_2}}}\sim t(n_1+n_2-2),$$

由此得 $\mu_1-\mu_2$ 的置信水平为 $1-\alpha$ 的置信区间

$$\left(\overline{X}-\overline{Y}-t_{\frac{\alpha}{2}}(n_1+n_2-2)S_w\sqrt{\frac{1}{n_1}+\frac{1}{n_2}},\ \overline{X}-\overline{Y}+t_{\frac{\alpha}{2}}(n_1+n_2-2)S_w\sqrt{\frac{1}{n_1}+\frac{1}{n_2}}\right).$$
$$\tag{7.3.10}$$

其中 $S_w^2=\dfrac{(n_1-1)S_1^2+(n_2-1)S_2^2}{n_1+n_2-2}$,$S_w=\sqrt{S_w^2}$.

**例 7.3.4** 2003 年某地区分行业调查职工平均工资情况,已知体育、卫生、社会福利事业单位职工工资(单位:元)$X\sim N(\mu_1,218^2)$;文教、艺术、广播事业单位职工工资(单位:元)$Y\sim N(\mu_2,227^2)$. 从总体 $X$ 中调查 25 人,得到平均工资为 1 286 元,从总体 $Y$ 中调查 30 人,得到平均工资为 1 272 元,求这两大行业职工平均工资之差的置信水平为 0.99 的置信区间.

**解** 按实际情况,可以认为分别来自两个总体的样本是相互独立的. 又两个总体的方差已知,根据式(7.3.9)可得总体均值之差 $\mu_1-\mu_2$ 的置信水平为 0.99 的置信区间.

已知 $1-\alpha=0.99$,$\dfrac{\alpha}{2}=0.005$,$z_{0.005}=2.576$,$n_1=25$,$n_2=30$,$\sigma_1^2=218^2$,$\sigma_2^2=227^2$,$\bar{x}=1\ 286$,$\bar{y}=1\ 272$,代入式(7.3.9),得 $\mu_1-\mu_2$ 的置信水平为 0.99 的置信区间为

$$\left(\bar{x}-\bar{y}-z_{\frac{\alpha}{2}}\sqrt{\frac{\sigma_1^2}{n_1}+\frac{\sigma_2^2}{n_2}},\ \bar{x}-\bar{y}+z_{\frac{\alpha}{2}}\sqrt{\frac{\sigma_1^2}{n_1}+\frac{\sigma_2^2}{n_2}}\right)=(-140.96,168.96).$$

由于这个置信区间包含零,在实际中就可以认为这两大行业职工平均工资没有显著差异.

**例 7.3.5** 为比较 Ⅰ,Ⅱ 两种型号步枪子弹的枪口速度,随机地取 Ⅰ 型子弹 10 发,得到枪口速度的平均值为 $\bar{x}=500(\text{m/s})$,标准差 $s_1=1.10(\text{m/s})$,随机地取 Ⅱ 型子弹 20 发,得到枪口速度的平均值为 $\bar{x}_2=496(\text{m/s})$,标准差 $s_2=1.20(\text{m/s})$. 假设两总体都服从正态分布,且由生产过程可以认为方差相等. 求两总体均值之差 $\mu_1-\mu_2$ 的置信水平为 0.95 的置信区间.

**解** 按实际情况,可以认为分别来自两个总体的样本是相互独立的. 又假设两个总体的方差相等,根据式(7.3.10)可得总体均值之差 $\mu_1-\mu_2$ 的置信水平为 0.95 的置信区间.

已知 $1-\alpha=0.95$,$\dfrac{\alpha}{2}=0.025$,$n_1=10$,$n_2=20$,$n_1+n_2-2=28$,$t_{0.025}(28)=2.048\ 4$,

$s_w = 1.1688$,代入式(7.3.10),得 $\mu_1 - \mu_2$ 的置信水平为 0.95 的置信区间为

$$\left(\bar{x}_1 - \bar{x}_2 - t_{\frac{\alpha}{2}}(n_1 + n_2 - 2)s_w\sqrt{\frac{1}{n_1} + \frac{1}{n_2}},\quad \bar{x}_1 - \bar{x}_2 + t_{\frac{\alpha}{2}}(n_1 + n_2 - 2)s_w\sqrt{\frac{1}{n_1} + \frac{1}{n_2}}\right)$$
$= (3.07, 4.93).$

由于这个置信区间的下限大于零,在实际中可以认为 $\mu_1$ 比 $\mu_2$ 大.

### 7.3.4.2 两个总体方差之比 $\sigma_1^2/\sigma_2^2$ 的置信区间($\mu_1, \mu_2$ 未知情形)

此时根据定理 6.2.3 知

$$\frac{\dfrac{S_1^2}{S_2^2}}{\dfrac{\sigma_1^2}{\sigma_2^2}} \sim F(n_1 - 1, n_2 - 1),$$

并且 $F(n_1 - 1, n_2 - 1)$ 不依赖于任何参数,由此得

$$P\left\{F_{1-\frac{\alpha}{2}}(n_1 - 1, n_2 - 1) < \frac{\dfrac{S_1^2}{S_2^2}}{\dfrac{\sigma_1^2}{\sigma_2^2}} < F_{\frac{\alpha}{2}}(n_1 - 1, n_2 - 1)\right\} = 1 - \alpha,$$

$$P\left\{\frac{S_1^2}{S_2^2}\frac{1}{F_{\frac{\alpha}{2}}(n_1 - 1, n_2 - 1)} < \frac{\sigma_1^2}{\sigma_2^2} < \frac{S_1^2}{S_2^2}\frac{1}{F_{1-\frac{\alpha}{2}}(n_1 - 1, n_2 - 1)}\right\} = 1 - \alpha,$$

于是得 $\sigma_1^2/\sigma_2^2$ 置信水平为 $1 - \alpha$ 的置信区间为

$$\left(\frac{S_1^2}{S_2^2}\frac{1}{F_{\frac{\alpha}{2}}(n_1 - 1, n_2 - 1)},\ \frac{S_1^2}{S_2^2}\frac{1}{F_{1-\frac{\alpha}{2}}(n_1 - 1, n_2 - 1)}\right). \tag{7.3.11}$$

**例 7.3.6** 研究机器 A 和机器 B 生产的钢管的内径,随机抽取机器 A 生产的管子 18 只,测得样本方差 $s_1^2 = 0.34 (\text{mm}^2)$;抽取机器 B 生产的管子 13 只,测得样本方差 $s_2^2 = 0.29 (\text{mm}^2)$. 设两个样本独立,且由机器 A 和机器 B 生产的钢管的内径分别服从正态分布 $N(\mu_1, \sigma_1^2), N(\mu_2, \sigma_2^2)$ ($\mu_1, \mu_2, \sigma_1^2, \sigma_2^2$ 均未知). 试求方差之比 $\sigma_1^2/\sigma_2^2$ 的置信水平为 0.9 的置信区间.

**解** 现在 $n_1 = 18, n_2 = 13, s_1^2 = 0.34, s_2^2 = 0.29, \alpha = 0.10$, $F_{1-\frac{\alpha}{2}}(n_1 - 1, n_2 - 1) = F_{0.95}(17, 12) = \dfrac{1}{F_{0.05}(12, 17)} = \dfrac{1}{2.38}$, $F_{\frac{\alpha}{2}}(n_1 - 1, n_2 - 1) = F_{0.05}(17, 12) = 2.59$,代入式 (7.3.11) 得 $\sigma_1^2/\sigma_2^2$ 置信水平为 0.9 的置信区间为

$$\left(\frac{s_1^2}{s_2^2}\frac{1}{F_{\frac{\alpha}{2}}(n_1 - 1, n_2 - 1)},\ \frac{s_1^2}{s_2^2}\frac{1}{F_{1-\frac{\alpha}{2}}(n_1 - 1, n_2 - 1)}\right) = (0.45, 2.79).$$

由于 $\sigma_1^2/\sigma_2^2$ 的置信区间包含 1,在实际问题中可以认为 $\sigma_1^2$ 和 $\sigma_2^2$ 没有显著差别.

关于两个正态总体均值之差和方差之比的置信区间,见表 7-2.

表 7-2　　两个正态总体均值之差和方差之比的置信区间（置信水平为 $1-\alpha$）

| 参　数 | $G$ 的分布 | 置信区间 |
|---|---|---|
| $\mu_1-\mu_2$ ($\sigma_1^2,\sigma_2^2$ 已知) | $Z=\dfrac{(\overline{X}-\overline{Y})-(\mu_1-\mu_2)}{\sqrt{\dfrac{\sigma_1^2}{n_1}+\dfrac{\sigma_2^2}{n_2}}}\sim N(0,1)$ | $\left(\overline{X}-\overline{Y}\mp z_{\frac{\alpha}{2}}\sqrt{\dfrac{\sigma_1^2}{n_1}+\dfrac{\sigma_2^2}{n_2}}\right)$ |
| $\mu_1-\mu_2$ ($\sigma_1^2=\sigma_2^2=\sigma^2$ 未知) | $t=\dfrac{(\overline{X}-\overline{Y})-(\mu_1-\mu_2)}{S_w\sqrt{\dfrac{1}{n_1}+\dfrac{1}{n_2}}}\sim t(n_1+n_2-2)$ | $\left(\overline{X}-\overline{Y}\mp t_{\frac{\alpha}{2}}(n_1+n_2-2)S'\right)$ 这里 $S'=S_w\sqrt{\dfrac{1}{n_1}+\dfrac{1}{n_2}}$ |
| $\dfrac{\sigma_1^2}{\sigma_2^2}$ ($\mu_1,\mu_2$ 未知) | $F=\dfrac{\dfrac{S_1^2}{S_2^2}}{\dfrac{\sigma_1^2}{\sigma_2^2}}\sim F(n_1-1,n_2-1)$ | $\left(\dfrac{S_1^2}{S_2^2}\dfrac{1}{F_{\frac{\alpha}{2}}(n_1-1,n_2-1)},\right.$ $\left.\dfrac{S_1^2}{S_2^2}\dfrac{1}{F_{1-\frac{\alpha}{2}}(n_1-1,n_2-1)}\right)$ |

### 7.3.5　单侧置信限

在某些实际问题中，例如，对于设备、元件的寿命来说，平均寿命越长越好，我们关心的是平均寿命的"下限"；相反，在考虑化学药品中杂质的含量的均值时，我们常关心的是均值的"上限"，这就引出了单侧置信限的概念.

**7.3.5.1　单侧置信限的概念**

**定义 7.3.3**　设 $\hat{\theta}_L=\hat{\theta}_L(X_1,X_2,\cdots,X_n)$ 是统计量，对于给定的 $\alpha(0<\alpha<1)$ 和任意的 $\theta\in\Theta$，有

$$P(\hat{\theta}_L<\theta)\geqslant 1-\alpha, \quad (7.3.12)$$

则称 $\hat{\theta}_L$ 为 $\theta$ 的置信水平为 $1-\alpha$ 的**单侧置信下限**.

在式(7.3.12)中，若等号成立，则称 $\hat{\theta}_L$ 为 $\theta$ 的置信水平为 $1-\alpha$ 的**单侧等同置信下限**.

**定义 7.3.4**　设 $\hat{\theta}_U=\hat{\theta}_U(X_1,X_2,\cdots,X_n)$ 是统计量，对于给定的 $\alpha(0<\alpha<1)$ 和任意的 $\theta\in\Theta$，有

$$P(\hat{\theta}_U>\theta)\geqslant 1-\alpha, \quad (7.3.13)$$

则称 $\hat{\theta}_U$ 为 $\theta$ 的置信水平为 $1-\alpha$ 的**单侧置信上限**.

在式(7.3.13)中，若等号成立，则称 $\hat{\theta}_U$ 为 $\theta$ 的置信水平为 $1-\alpha$ 的**单侧等同置信上限**.

需要说明：除非特别说明，本书后面提到的"单侧置信上（下）限"都是指"单侧等同置信上（下）限".

从以上几个定义可以看出，单侧置信下限、单侧置信上限都是置信区间的特殊情形.因此寻找置信区间的方法可以用来寻找单侧置信限.

**7.3.5.2　正态总体均值的单侧置信限**

设 $X_1,X_2,\cdots,X_n$ 是总体 $N(\mu,\sigma^2)$ 的样本，$\overline{X}$，$S^2$ 分别为样本均值和样本方差.

（1）$\sigma^2$ 为已知

由于

$$P\left\{\frac{\overline{X}-\mu}{\frac{\sigma}{\sqrt{n}}} < z_\alpha\right\} = 1-\alpha,$$

由不等式变形,有

$$P\left\{\mu > \overline{X} - \frac{\sigma}{\sqrt{n}} z_\alpha\right\} = 1-\alpha,$$

根据定义 7.3.3,则 $\mu$ 的置信水平为 $1-\alpha$ 的单侧置信下限为 $\hat{\mu}_L = \overline{X} - \frac{\sigma}{\sqrt{n}} z_\alpha$.

同理,根据定义 7.3.4 可得 $\mu$ 的置信水平为 $1-\alpha$ 的单侧置信上限为 $\hat{\mu}_U = \overline{X} + \frac{\sigma}{\sqrt{n}} z_\alpha$.

(2) $\sigma^2$ 为未知

由于

$$P\left\{\frac{\overline{X}-\mu}{\frac{S}{\sqrt{n}}} < t_\alpha(n-1)\right\} = 1-\alpha,$$

由不等式变形,有

$$P\left\{\mu > \overline{X} - \frac{S}{\sqrt{n}} t_\alpha(n-1)\right\} = 1-\alpha,$$

根据定义 7.3.3,则 $\mu$ 的置信水平为 $1-\alpha$ 的单侧置信下限为 $\hat{\mu}_L = \overline{X} - \frac{S}{\sqrt{n}} t_\alpha(n-1)$.

同理,根据定义 7.3.4 可得 $\mu$ 的置信水平为 $1-\alpha$ 的单侧置信上限为 $\hat{\mu}_U = \overline{X} + \frac{S}{\sqrt{n}} t_\alpha(n-1)$.

**例 7.3.7(续例 7.3.2)** 设有一大批产品,现从中随机抽取 16 个,称得重量(单位:g)如下:506,508,499,503,504,510,497,512,514,505,493,496,506,502,509,496.设该产品的重量服从正态分布,求总体均值 $\mu$ 的置信水平为 0.95 的单侧置信下限、单侧置信上限.

**解** 由于 $1-\alpha=0.95$,$\alpha=0.05$,$n=16$,由所给数据算得 $\overline{x}=503.7500$,$s=6.2022$,$t_{0.05}(15)=1.7531$,代入得到 $\mu$ 的置信水平为 0.95 的单侧置信下限为

$$\hat{\mu}_L = \overline{x} - \frac{s}{\sqrt{16}} t_{0.05}(15) = 501.0317.$$

$\mu$ 的置信水平为 0.95 的单侧置信上限为

$$\hat{\mu}_U = \overline{x} + \frac{s}{\sqrt{16}} t_{0.05}(15) = 506.4683.$$

**7.3.5.3　正态总体方差的单侧置信限**

由于 $S^2$ 是 $\sigma^2$ 的无偏估计,根据定理 6.2.2 知,$\frac{(n-1)S^2}{\sigma^2} \sim \chi^2(n-1)$,则有

$$P\left\{\frac{(n-1)S^2}{\sigma^2} > \chi^2_{1-\alpha}(n-1)\right\} = 1-\alpha,$$

即

$$P\left\{\sigma^2 < \frac{(n-1)S^2}{\chi^2_{1-\alpha}(n-1)}\right\} = 1-\alpha.$$

这样，就得到了 $\sigma^2$ 的置信水平为 $1-\alpha$ 的单侧置信上限为

$$\hat{\sigma}^2_U = \frac{(n-1)S^2}{\chi^2_{1-\alpha}(n-1)}.$$

同理，可以得到 $\sigma^2$ 的置信水平为 $1-\alpha$ 的单侧置信下限为

$$\hat{\sigma}^2_L = \frac{(n-1)S^2}{\chi^2_{\alpha}(n-1)}.$$

**例 7.3.8** 求例 7.3.2 中方差 $\sigma^2$ 的置信水平为 0.95 的单侧置信下限、单侧置信上限.

**解** 根据例 7.3.2 知 $s=6.2022$，$1-\alpha=0.95$，$\alpha=0.05$，$n-1=15$，查表得 $\chi^2_{0.05}(15)=24.996$，$\chi^2_{0.95}(15)=7.261$. 则

$\sigma^2$ 的置信水平为 0.95 的单侧置信下限为

$$\hat{\sigma}^2_L = \frac{(n-1)s^2}{\chi^2_{\alpha}(n-1)} = 23.084.$$

$\sigma^2$ 的置信水平为 0.95 的单侧置信上限为

$$\hat{\sigma}^2_U = \frac{(n-1)s^2}{\chi^2_{1-\alpha}(n-1)} = 79.467.$$

根据上面的结果，正态总体均值和方差的单侧置信限，见表 7-3.

**表 7-3　　　　　　　正态总体均值和方差的单侧置信限（置信水平为 $1-\alpha$）**

| 参　数 | 单侧置信下限 | 单侧置信上限 |
| --- | --- | --- |
| $\mu$（$\sigma^2$ 已知） | $\bar{X} - \frac{\sigma}{\sqrt{n}} z_\alpha$ | $\bar{X} + \frac{\sigma}{\sqrt{n}} z_\alpha$ |
| $\mu$（$\sigma^2$ 未知） | $\bar{X} - \frac{S}{\sqrt{n}} t_\alpha(n-1)$ | $\bar{X} + \frac{S}{\sqrt{n}} t_\alpha(n-1)$ |
| $\sigma^2$（$\mu$ 未知） | $\frac{(n-1)S^2}{\chi^2_{\alpha}(n-1)}$ | $\frac{(n-1)S^2}{\chi^2_{1-\alpha}(n-1)}$ |

## 习　题　7.3

1. 设某种清漆的 9 个样品其干燥时间（单位：h）分别为 6.0，5.7，5.8，6.5，7.0，6.3，5.6，6.1，5.0. 设干燥时间总体服从正态分布 $N(\mu,\sigma^2)$，请在以下两种情况下求总体均值 $\mu$ 的置信水平为 0.95 的置信区间，(1) 若由以往经验知总体标准差 $\sigma=0.6$；(2) 若 $\sigma$ 为未知.

2. 已知一批产品的某一数量指标 $X \sim N(\mu, 0.25)$，试问至少应抽取容量为多少的样本才能使样本均值与总体均值的误差不大于 0.1（置信水平为 95%）。

3. 随机地取某种炮弹 9 发做试验，测得炮口速度的样本标准差 $s = 11$ (m/s)。设炮口速度服从正态分布，求标准差 $\sigma$ 的置信水平为 0.95 的置信区间。

4. 设有 60 个某种木材的样本，其含水率的资料经整理后得下表：

| 分组 | 8%～9% | 9%～10% | 10%～11% | 11%～12% | 12%～13% |
|---|---|---|---|---|---|
| 组中值 $x$ | 8.5 | 9.5 | 10.5 | 11.5 | 12.5 |
| 频数 $f$ | 4 | 5 | 8 | 10 | 12 |
| 分组 | 13%～14% | 14%～15% | 15%～16% | 16%～17% | |
| 组中值 $x$ | 13.5 | 14.5 | 15.5 | 16.5 | |
| 频数 $f$ | 9 | 7 | 3 | 2 | |

假定该种木材的含水率服从正态分布 $N(\mu, \sigma^2)$。试以 0.95 的置信水平求该木材含水率的置信区间。

5. 某香烟厂向化验室送去两批烟草，化验室从两批烟草中各随机地抽取质量相同的 5 例进行化验，测得尼古丁的毫克数为 A: 24, 27, 26, 21, 24; B: 27, 28, 23, 31, 26。假设烟草中尼古丁的含量服从正态分布 $N_A(\mu_1, 5)$ 及 $N_B(\mu_2, 8)$，且它们相互独立，取置信水平为 0.95，求两种烟草的尼古丁平均含量 $\mu_1 - \mu_2$ 的置信区间。

6. 设两名化验员 A，B 独立地对某种聚合物含氯量用相同的方法各作 10 次测定，其测定值的样本方差依次为 $s_A^2 = 0.54189$，$s_B^2 = 0.6065$，设 $\sigma_A^2$，$\sigma_B^2$ 分别为所测定的测定值总体的方差。设总体均为正态的，且两样本独立。求方差比 $\sigma_A^2/\sigma_B^2$ 的置信水平为 0.95 的置信区间。

7. 设有来自正态总体 $X \sim N(\mu, 0.9^2)$ 容量为 9 的简单随机样本，测得样本均值 $\bar{x} = 5$，求未知参数 $\mu$ 的置信水平为 0.95 的置信区间。

8. 若某枣树产量服从正态分布，产量方差为 400 $kg^2$。现随机抽 9 株，产量（单位：kg）为 112, 131, 98, 105, 115, 121, 90, 110, 125，求这批枣树每株平均产量的置信水平为 0.95 的置信区间。

9. 用天平称量某物体的质量 9 次，得到平均值为 $\bar{x} = 15.4$ (g)，已知天平称量结果为正态分布，其标准差 0.1(g)。求该物体的质量的置信水平为 0.95 的置信区间。

10. 假设轮胎的寿命服从正态分布。为估计某种轮胎的平均寿命，现在随机地抽 12 只轮胎进行试验，测得它们的寿命（单位：万 km）如下：4.68, 4.85, 4.32, 4.85, 4.61, 5.02, 5.20, 4.60, 4.58, 4.72, 4.38, 4.70，求平均寿命的置信水平为 0.95 的置信区间。

11. 某厂生产的零件的质量服从正态分布 $N(\mu, \sigma^2)$，现从该厂生产的零件中随机抽取 9 个，测得其质量（单位：g）为 45.3, 45.4, 45.1, 45.3, 45.5, 45.7, 45.4, 45.3, 45.6。求总体方差 $\sigma^2$ 的置信水平为 0.95 的置信区间。

12. 已知某种材料的抗压强度服从正态分布 $N(\mu, \sigma^2)$，现随机抽取 10 个试件进行抗压强度试验，测得其数据如下：482, 493, 457, 471, 510, 446, 435, 418, 394, 469。(1) 求平均抗压强度 $\mu$ 的置信水平为 0.95 的置信区间；(2) 若已知 $\sigma = 30$，求平均抗压强度 $\mu$ 的置信水平为 0.95 的置信区间；(3) 求 $\sigma$ 的置信水平为 0.95 的置信区间。

13. 随机地从一批钢珠中抽出 16 颗，测量它们的直径（单位：mm），并求得其样本均值 $\bar{x} = 32.12$，样本方差 $s^2 = 0.52^2$，假设钢珠直径服从正态分布 $N(\mu, \sigma^2)$，试求置信水平为 95% 时 $\mu$ 的置信区间、置信水平为 90% 时 $\mu$ 的单侧置信上限、置信水平为 90% 的 $\sigma^2$ 的置信区间。

14. 在本章第一节习题 11 中，在置信水平为 0.95 时，求学生身高的均值和标准差的区间估计。

15. 为了比较 A, B 两种灯泡的寿命，从 A 型号灯泡中随机抽取 80 只，测得平均寿命 $\bar{x} = 2000$ h，样本标准差 $s_1 = 80$ h；从 B 型号灯泡中随机抽取 100 只，测得平均寿命 $\bar{y} = 1900$ h，样本标准差 $s_2 = 100$ h。假设两种型号的灯泡寿命均服从正态分布,A 型号的灯泡寿命 $X \sim N(\mu_1, \sigma_1^2)$,B 型号的灯泡寿命 $Y \sim N(\mu_2, \sigma_2^2)$,且相互独立.求置信水平为 0.90 时两个总体方差比 $\sigma_1^2/\sigma_2^2$ 的置信区间.

## 7.4 贝叶斯估计

在数理统计中有两大学派——**经典学派**(或**频率学派**)和**贝叶斯学派**.本书主要介绍经典学派的理论和方法,用本章的最后一节简要介绍贝叶斯学派的思想、理论和方法.更详细的介绍,见《贝叶斯统计——基于 R 和 BUGS 的应用》(韩明,2017).

### 7.4.1 统计推断的基础

在前面已经讲过,统计推断是根据样本信息对总体分布或总体的数字特征进行推断.事实上,这是经典学派对统计推断的规定,这里的统计推断使用到两种信息:**总体信息**和**样本信息**;而贝叶斯学派则认为,除了上述两种信息以外,统计推断还应使用第三种信息:**先验信息**.以下先简要说明这三种信息.

(1) 总体信息

总体信息就是总体分布或总体所属分布族提供的信息.例如,若已知总体是正态分布,则我们就知道一些如下信息:总体的各阶矩都存在,总体的密度函数关于均值对称,总体所有性质由其一、二阶矩决定,有许多比较成熟的统计推断方法可供我们选用等.

(2) 样本信息

样本信息就是抽取样本所得观察值提供的信息.例如,有了样本观察值以后,我们可以根据它大概知道总体的一些数字特征,如总体均值,总体方差等在一个什么范围内.这是最"新鲜"的信息,并且越多越好,希望通过样本对总体分布或总体的某些数字特征作出比较精确的统计推断.没有样本信息也就没有统计推断可言.

(3) 先验信息

如果我们把抽取样本看成是做一次试验,则样本信息就是试验中获得的信息.实际上,人们在进行试验前对要做的问题在经验上和资料上总是有所了解的,这些信息对统计推断是有益的.先验信息就是在抽样(试验)之前有关统计问题的一些信息.一般来说,先验信息来源于经验和历史资料.先验信息在日常生活中是很重要的.

基于上述三种信息进行统计推断的统计学称为**贝叶斯统计学**.它与经典统计学的差别就在于是否利用先验信息.贝叶斯统计在重视使用总体信息和样本信息的同时,还注重先验信息的收集、挖掘和加工,使它数量化,形成先验分布,参加到统计推断中来,以提高统计推断的质量.忽视先验信息的利用是一种浪费,有时还会导致出现不合理的结论.

贝叶斯学派的基本观点是:任何一个未知量 $\theta$ 都可以看作随机变量,可用一个概率分布去描述,这个分布称为**先验分布**.在获得样本之后,总体分布、样本与先验分布通过贝叶斯公式(或贝叶斯定理)结合起来得到一个关于未知量 $\theta$ 的新分布——**后验分布**,任何关于 $\theta$ 的统计推断都应该基于 $\theta$ 的后验分布进行.

关于未知量是否可以看作随机变量,在经典学派和贝叶斯学派之间争论了很长时间.因为任何未知量都有不确定性,而表述不确定性的程度时,概率与概率分布是最好的语言,因此把它看作随机变量是合理的.如今经典学派已不反对这一观点.著名的美国经典统计学家莱曼(Lehmann)在他的《点估计理论》一书中写道:"把统计问题中的参数看作随机变量的实现要比看作未知参数更合理一些."如今两个学派的争论焦点是:如何利用各种先验信息合理地确定先验分布.这在有些情况是容易解决的,但在很多情况是相当困难的.

### 7.4.2 贝叶斯公式的密度函数形式

设 $X_1, X_2, \cdots, X_n$ 是来自总体 $X$ 的样本,$x_1, x_2, \cdots, x_n$ 为其观察值,则 $X_1, X_2, \cdots, X_n$ 的联合密度函数为 $f(x, \theta) = f(x_1, x_2, \cdots, x_n, \theta)$,其中 $\theta \in \Theta$ 是总体 $X$ 的未知参数($\Theta$ 是参数空间),从总体中抽样得到的样本信息包含在联合密度函数 $f(x, \theta)$ 之中.

贝叶斯统计认为未知参数 $\theta$ 是随机变量,这样,样本 $X_1, X_2, \cdots, X_n$ 的联合密度函数就是在给定 $\theta$ 下的条件密度函数——**似然函数**,即

$$L(x \mid \theta) = f(x_1, x_2, \cdots, x_n, \theta). \tag{7.4.1}$$

由于参数 $\theta$ 是随机变量,因此它具有概率分布,设 $\pi(\theta)$ 是它的密度函数,一般 $\pi(\theta)$ 由参数 $\theta$ 的先验信息来确定,称 $\pi(\theta)$ 为参数 $\theta$ 的**先验密度函数**(对应的分布称为**先验分布**).先验密度或先验分布有时简称为**先验**(prior).

由此可见,在上述统计问题中有两类信息:参数 $\theta$ 的先验信息(包含在参数 $\theta$ 的分布中)和样本信息(包含在联合密度函数中).为了综合上述两类信息,可以求参数 $\theta$ 和样本 $X_1, X_2, \cdots, X_n$ 联合密度函数,即

$$h(x, \theta) = L(x \mid \theta) \pi(\theta). \tag{7.4.2}$$

为了对未知参数 $\theta$ 进行统计推断,人们通常采用如下策略:

(1) 当没有抽样信息时,人们可以根据先验分布对参数 $\theta$ 作出推断.这实际上就是所谓的经验型统计推断.

(2) 如果有抽样信息,这时我们就可以根据参数 $\theta$ 和样本 $X_1, X_2, \cdots, X_n$ 的联合密度函数 $h(x, \theta)$ 对参数 $\theta$ 进行推断.令

$$m(x) = \int_{\Theta} h(x, \theta) d\theta = \int_{\Theta} L(x \mid \theta) \pi(\theta) d\theta$$

为样本的边缘密度函数,则 $h(x, \theta)$ 可以分解为

$$h(x, \theta) = \pi(\theta \mid x) m(x).$$

其中 $\pi(\theta \mid x)$ 是在给定样本观察值情况下参数 $\theta$ 的条件密度函数.由于 $m(x)$ 与参数 $\theta$ 无关,即 $m(x)$ 中不含 $\theta$ 的任何信息,因此,在对参数 $\theta$ 进行统计推断时,人们仅需要关注 $\pi(\theta \mid x)$,即

$$\pi(\theta \mid x) = \frac{L(x \mid \theta) \pi(\theta)}{\int_{\Theta} L(x \mid \theta) \pi(\theta) d\theta}. \tag{7.4.3}$$

称式(7.4.3)为密度函数形式的贝叶斯公式.称 $\pi(\theta \mid x)$ 为**后验密度函数**(对应的分布称为**后验分布**),它综合了总体、样本和先验中有关参数 $\theta$ 的一切信息.因此,基于后验分布对参数 $\theta$ 进行统计推断更加有效,也更加合理.

也可以把式(7.4.3)写成

$$\pi(\theta \mid x) \propto L(x \mid \theta)\pi(\theta). \tag{7.4.4}$$

其中,∞表示"正比于"(两边只差一个常数因子).

式(7.4.4)的右边虽然不是正常的密度函数,但它是后验密度函数 $\pi(\theta|x)$ 的核(它与后验密度函数 $\pi(\theta|x)$ 只差一个常数因子).

式(7.4.4)的意义为:后验密度函数 $\pi(\theta|x)$ "正比于"先验密度函数 $\pi(\theta)$ 与似然函数 $L(x|\theta)$ 的乘积.

关于密度函数的核,有时用起来是简洁、方便的.例如正态分布 $N(\mu,\sigma^2)$,其密度函数的核为 $e^{-\frac{(x-\mu)^2}{2\sigma^2}}$.

一般来说,先验分布(或先验密度函数 $\pi(\theta)$)反映了人们在抽样前对参数 $\theta$ 的认识;后验分布(或后验密度函数 $\pi(\theta|x)$)反映了人们在抽样后对参数 $\theta$ 的认识,它实际上是通过抽样信息对参数 $\theta$ 的先验信息进行调整的.

**例 7.4.1(市场分析问题)** 某公司开发了一个新产品,它很不同于同类其他产品,以至于经理对于该新产品在市场上是否有竞争力没有把握.为此该经理把这个不确定性量化为一个参数 $\theta$,它是 0 到 1 连续变化的数,当该产品在市场上极有吸引力时 $\theta$ 接近于 1,当该产品在市场上没有多少吸引力时 $\theta$ 接近于 0. 显然假设 $\theta$ 是连续型随机变量是合理的.

进一步该经理要对 $\theta$ 的先验分布作一个评定:认为 $\theta$ 低的可能性大于 $\theta$ 高的可能性,也就是认为这个新产品在市场上不是很有竞争力,于是该经理确定 $\theta$ 的先验分布用三角分布,其密度函数为

$$\pi(\theta) = \begin{cases} 2(1-\theta), & 0 \leq \theta \leq 1, \\ 0, & 其他. \end{cases}$$

这个先验密度函数的图形,如图 7-7 所示.

下一步评定似然函数.为了获得有关 $\theta$ 的更多信息,该经理调查了 5 名顾客,结果是其中 1 名购买了这个新产品,而另 4 名没有购买这个新产品.参数 $\theta$ 就是这个新产品在市场中有竞争力的度量(简称为市场"竞争力").

设在整个过程市场"竞争力"保持不变,而且是否购买这个新产品是独立的.根据二项分布,5 名顾客中有 1 名购买了这个新产品的似然函数为

$$L(x \mid \theta) = P(r=1 \mid n=5, \theta) = C_5^1 \theta^1 (1-\theta)^4 = 5\theta(1-\theta)^4, \quad 0 \leq \theta \leq 1.$$

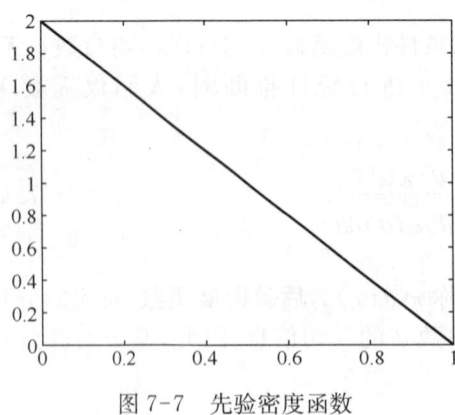

图 7-7 先验密度函数

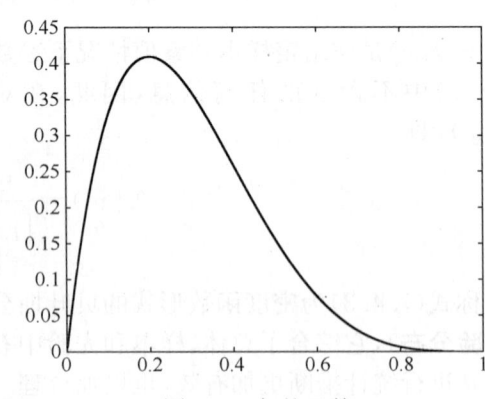

图 7-8 似然函数

这个似然函数的图形,如图 7-8 所示.

根据式(7.4.3),则后验密度函数为

$$\pi(\theta \mid x) = \frac{L(x \mid \theta)\pi(\theta)}{\int_\Theta L(x \mid \theta)\pi(\theta)\mathrm{d}\theta} = \frac{(1-\theta)[5\theta(1-\theta)^4]}{\int_0^1 (1-\theta)[5\theta(1-\theta)^4]\mathrm{d}\theta} = 42\theta(1-\theta)^5, \quad 0 \leqslant \theta \leqslant 1.$$

这个后验密度函数的图形,如图 7-9 所示.先验密度函数、似然函数和后验密度函数的图形放在同一个图中,如图 7-10 所示.

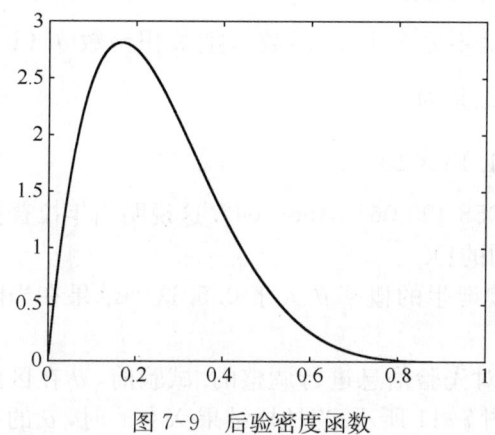

图 7-9　后验密度函数

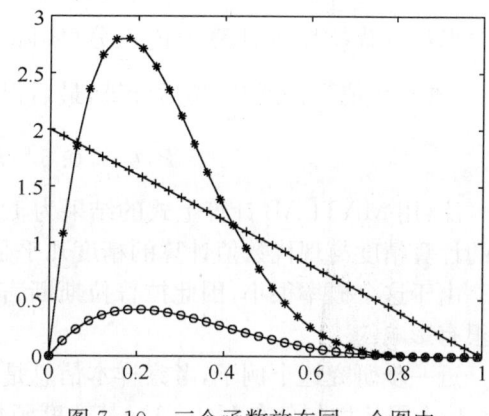

图 7-10　三个函数放在同一个图中

说明:在图 7-10 中,+表示"先验密度函数",○表示"似然函数",∗表示"后验密度函数".

从图 7-10 可以看到:应用样本信息通过似然函数修正先验密度函数得到后验密度函数的过程.

**例 7.4.2**　在伯努利试验中,设事件 $A$ 的概率为 $\theta$,即 $P(A)=\theta$,为了对参数 $\theta$ 进行推断而作 $n$ 次独立观察,结果是事件 $A$ 出现的次数为 $X$,则 $X$ 服从二项分布 $B(n, \theta)$,即

$$P(X=x \mid \theta) = C_n^x \theta^x (1-\theta)^{n-x}, \quad x=0, 1, \cdots, n.$$

这就是似然函数,即

$$L(x \mid \theta) = P(X=x \mid \theta) = C_n^x \theta^x (1-\theta)^{n-x}, \quad x=0, 1, \cdots, n.$$

如果我们在试验前对事件 $A$ 没有了解,从而对其发生的概率 $\theta$ 也说不出是大是小.在这种情况下,建议用区间 $(0,1)$ 上的均匀分布 $U(0,1)$ 作为 $\theta$ 的先验分布,此时 $\theta$ 的先验密度函数为

$$\pi(\theta) = \begin{cases} 1, & 0 < \theta < 1, \\ 0, & \text{其他.} \end{cases}$$

根据式(7.4.3),则后验密度函数为

$$\pi(\theta \mid x) = \frac{L(x \mid \theta)\pi(\theta)}{\int_\Theta L(x \mid \theta)\pi(\theta)\mathrm{d}\theta} = \frac{C_n^x \theta^x (1-\theta)^{n-x}}{\int_0^1 C_n^x \theta^x (1-\theta)^{n-x} \mathrm{d}\theta} = \frac{\theta^{(x+1)-1}(1-\theta)^{(n-x+1)-1}}{B(x+1, n-x+1)}, \quad 0 < \theta < 1.$$

它是参数为 $x+1$ 和 $n-x+1$ 的 Beta 分布,即 $Be(x+1, n-x+1)$.

拉普拉斯在 1786 年研究了巴黎的男婴诞生的比例,他希望检验男婴诞生的比例 $\theta$ 是否大于 0.5. 为此他收集了 1745 年到 1770 年在巴黎诞生的婴儿数据.其中男婴 251 527 个,女婴 241 945 个. 他选用 $(0,1)$ 上的均匀分布 $U(0,1)$ 作为 $\theta$ 的先验分布,于是得到后验分布 $Be(x+1, n-x+1)$,其中 $n=251\ 527+241\ 945=493\ 472, x=251\ 527$. 利用这个后验分布,拉普拉斯计算了"$\theta \leqslant 0.5$"的后验概率

$$P(\theta \leqslant 0.5 \mid x) = \frac{1}{B(x+1, n-x+1)} \int_0^{0.5} \theta^x (1-\theta)^{n-x} d\theta.$$

当年拉普拉斯为计算上述积分(实际上它是不完全 Beta 函数),把被积函数 $\theta^x(1-\theta)^{n-x}$ 在最大值 $\frac{x}{n}$ 处展开,然后计算,最后得到的结果为

$$P(\theta \leqslant 0.5 \mid x) = 1.15 \times 10^{-42}.$$

注:用 MATLAB 计算上式的结果为 $1.146\ 058\ 490\ 067\ 549e-042$(这说明当年拉普拉斯的计算精度与现代数值计算的精度几乎是相同的!).

由于这个概率很小,因此拉普拉斯断言:男婴诞生的概率 $\theta$ 大于 0.5. 这个结果在当时是很有影响的.

近一步研究这个例子,考察样本信息是如何对先验信息进行调整的. 试验前,$\theta$ 在区间 $(0,1)$ 上服从均匀分布 $U(0,1)$,其密度函数如图 7-11 所示.当抽样结果 $X=x$ 时,$\theta$ 的后验分布虽然仍然在区间 $(0,1)$ 上取值,但已不是均匀分布,而是一个密度函数呈单峰的分布,其单峰的位置是随着 $x$ 的增加而向右移动的,如图 7-12 所示.

不论是哪种情况,其峰值总在 $\frac{x}{n}$ 处达到. 例如,在 $x=0$ 时,它表示在 $n$ 次试验中事件 $A$ 一次也没有发生,这表明事件 $A$ 发生的概率很小,$\theta$ 在 0 附近取值的可能性大,$\theta$ 在 1 附近取值的可能性小,所得后验密度是严格减少函数. 类似地,在 $x=n$ 时,所得后验密度是严格增加函数,$\theta$ 在 1 附近取值的可能性大,$\theta$ 在 0 附近取值的可能性小,如图 7-11 所示.

另外,当 $x<\frac{n}{2}$ 时,后验密度的峰值偏左;当 $x>\frac{n}{2}$ 时,后验密度的峰值偏右. 当 $x=\frac{n}{2}$ ($n$ 为偶数)时,后验密度对称,其峰值在 $\frac{1}{2}$ 处,如图 7-12 所示.

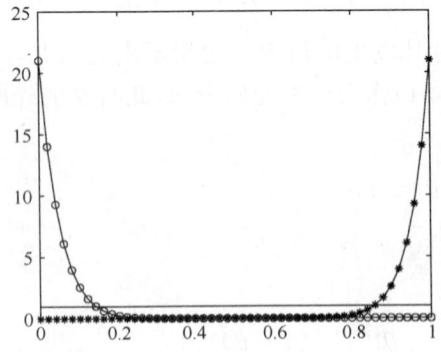

图 7-11 先验密度函数、部分后验密度函数

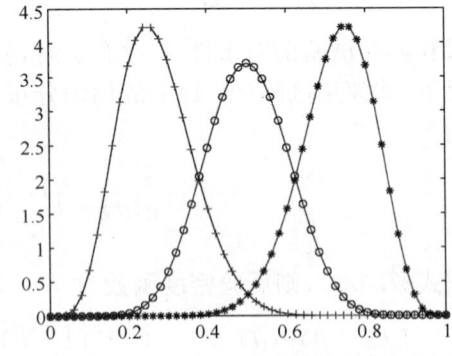

图 7-12 部分后验密度函数

说明:在图 7-11 中,$n=20$,-表示 $U(0,1)$ 的密度函数,○表示在 $x=0$ 时的后验密度函数 $\pi(\theta|x)=(n+1)(1-\theta)^n$,*表示在 $x=n$ 时的后验密度函数 $\pi(\theta|x)=(n+1)\theta^n$.

在图 7-12 中,$n=20$,$x$ 分别取 5,10,15,+表示 $0<x<\frac{n}{2}$ 情形的后验密度函数,○表示 $x=\frac{n}{2}$ 情形的后验密度函数,*表示 $\frac{n}{2}<x<n$ 情形的后验密度函数.

从以上分析可见,从总体获得样本后,贝叶斯公式把人们对 $\theta$ 的认识从 $\pi(\theta)$ 调整到 $\pi(\theta|x)$.

### 7.4.3 贝叶斯估计

**定义 7.4.1** 使后验密度函数 $\pi(\theta|x)$ 达到最大的值 $\hat\theta_{MD}$ 称为参数 $\theta$ 的**最大后验估计**;后验分布的中位数 $\hat\theta_{Me}$ 称为参数 $\theta$ 的**后验中位数估计**;后验分布的期望 $\hat\theta_E$ 称为参数 $\theta$ 的**后验期望估计**.这三个估计都称为参数 $\theta$ 的**贝叶斯估计**.

说明:今后说到贝叶斯估计时,除非特别声明,一般均指后验期望估计.

在一般情况下,这三个估计是不同的,如图 7-13 所示.

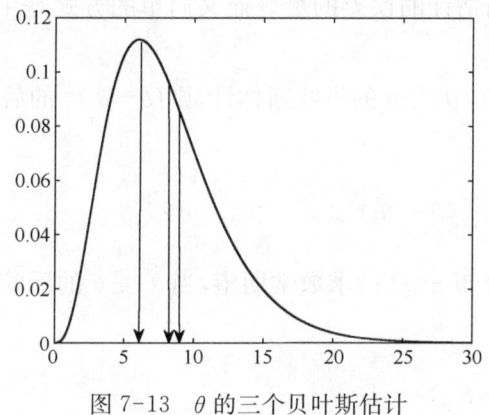

图 7-13  $\theta$ 的三个贝叶斯估计

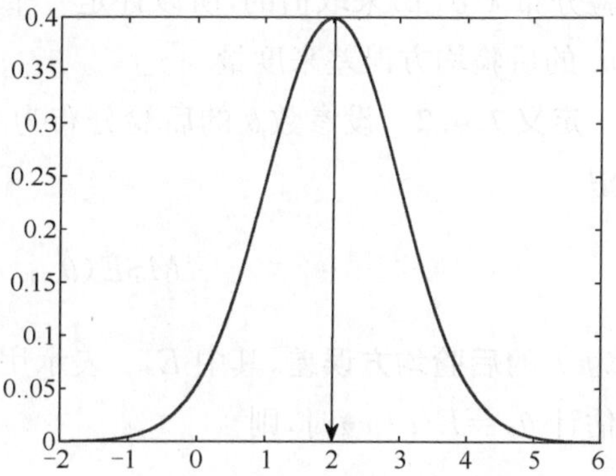

图 7-14  $\theta$ 的三个贝叶斯估计 $\hat\theta_{MD}=\hat\theta_{Me}=\hat\theta_E$

说明:在图 7-13 中,从左向右数,第一、二、三个箭头(的位置)分别表示 $\hat\theta_{MD}$,$\hat\theta_{Me}$ 和 $\hat\theta_E$.

当后验密度函数 $\pi(\theta|x)$ 是对称时,这三个贝叶斯估计是相同的.例如,如果参数 $\theta$ 的后验分布为正态分布,则 $\hat\theta_{MD}=\hat\theta_{Me}=\hat\theta_E$,此时如图 7-14 所示.

说明:在图 7-14 中,箭头的位置表示 $\hat\theta_{MD}$,$\hat\theta_{Me}$ 和 $\hat\theta_E$ 重合的点.

**例 7.4.3** 某人打靶,共打了 $n$ 次,命中了 $r$ 次,现在的问题是如何估计此人打靶命中的概率 $\theta$.

在经典统计中,$\theta$ 的估计为 $\hat\theta_C=\frac{r}{n}$(它是 $\theta$ 的极大似然估计).当 $n=r=1$ 时,则有 $\hat\theta_C=1$;而当 $n=r=10$ 时,仍然有 $\hat\theta_C=1$.打靶 10 次,每次都命中了,直觉上总感到此人命中的概率相当大;而打了一次,命中了,此人命中的概率和 10 次每次都命中一样.经典统计的估计结果都是 1,这与人们心目中的估计结果是不同的.对于 $n=10$,$r=0$ 时,则有 $\hat\theta_C=0$;而

当 $n=1$, $r=0$ 时,仍然有 $\hat{\theta}_C=0$. 这个结果也是不太合理的.

如果二项分布 $B(n,\theta)$ 中的参数 $\theta$ 的先验分布取均匀分布 $U(0,1)$, 即 $Be(1,1)$, 则 $\theta$ 的后验分布是 Beta 分布 $Be(1+r, 1+n-r)$, 于是参数 $\theta$ 的贝叶斯估计(后验期望估计)为
$$\hat{\theta}_E = \frac{r+1}{n+2}.$$

当 $n=r=1$ 时, $\hat{\theta}_E=\frac{2}{3}$; 当 $n=r=10$ 时, $\hat{\theta}_E=\frac{11}{12}$; 当 $n=10, r=0$ 时, $\hat{\theta}_E=\frac{1}{12}$.

通过以上比较看到:参数 $\theta$ 的贝叶斯估计 $\hat{\theta}_E=\frac{r+1}{n+2}$ 比参数 $\theta$ 的经典估计 $\hat{\theta}_C=\frac{r}{n}$ 更合理.

### 7.4.4 贝叶斯估计的误差

当提出一种估计方法时,一般必须给出估计的精度. 在 7.2.3 节中,我们已讨论过"均方误差". 通常贝叶斯估计的精度(在一维)是用它的后验均方误差来度量的.

设 $\hat{\theta}$ 是 $\theta$ 的贝叶斯估计,在样本给定后, $\hat{\theta}$ 是一个数,在综合各种信息后, $\theta$ 是根据它的后验分布 $\pi(\theta|x)$ 来取值的,所以评定一个贝叶斯估计的误差的最好而又简单的方式是用 $\theta$ 对 $\hat{\theta}$ 的后验均方误差来度量.

**定义 7.4.2** 设参数 $\theta$ 的后验分布为 $\pi(\theta|x)$, $\hat{\theta}$ 是 $\theta$ 的贝叶斯估计, 则 $(\theta-\hat{\theta})^2$ 的后验期望
$$MSE(\hat{\theta}|x) = E_{\theta|x}(\theta-\hat{\theta})^2$$

称为 $\hat{\theta}$ 的**后验均方误差**, 其中 $E_{\theta|x}$ 表示用条件分布 $\pi(\theta|x)$ 求数学期望, 当 $\hat{\theta}$ 是 $\theta$ 的后验期望估计 $\hat{\theta}_E = E(\theta|x)$ 时, 则
$$MSE(\hat{\theta}|x) = E_{\theta|x}(\theta-\hat{\theta}_E)^2 = D(\theta|x)$$

称为**后验方差**.

后验均方误差与后验方差的关系如下:
$$MSE(\hat{\theta}|x) = E_{\theta|x}(\theta-\hat{\theta})^2 = E_{\theta|x}[(\theta-\hat{\theta}_E)+(\hat{\theta}_E-\hat{\theta})]^2$$
$$= D(\theta|x) + (\hat{\theta}_E-\hat{\theta})^2.$$

这说明, 当 $\hat{\theta}$ 为 $\hat{\theta}_E = E(\theta|x)$ 时, 可使后验均方误差 $MSE(\hat{\theta}|x)$ 达到最小, 所以在应用中常取后验均值 $\hat{\theta}_E$ 作为 $\theta$ 的贝叶斯估计.

**例 7.4.4(续例 7.4.3)** 在例 7.4.3 中, 给出了打靶命中的概率 $\theta$ 的估计:

$\theta$ 的极大似然估计为 $\hat{\theta}_C = \frac{r}{n}$, $\theta$ 的贝叶斯估计(后验期望估计)为 $\hat{\theta}_E = \frac{r+1}{n+2}$.

若 $\theta$ 的先验分布取均匀分布 $U(0,1)$, 即 $Be(1,1)$, 则 $\theta$ 的后验分布是 Beta 分布 $Be(1+r, 1+n-r)$. 于是 $\theta$ 的后验方差为

$$D(\theta \mid x) = \frac{(1+r)(1+n-r)}{(n+2)^2(n+3)}.$$

根据定义 7.4.2,当 $\hat{\theta}$ 是 $\theta$ 的贝叶斯估计 $\hat{\theta}_E = E(\theta \mid x)$ 时,则 $\hat{\theta}_E$ 的后验均方误差为

$$MSE(\hat{\theta}_E \mid x) = D(\hat{\theta} \mid x).$$

根据 7.2.3 节中的均方误差,当 $\hat{\theta}$ 是 $\theta$ 的极大似然估计 $\hat{\theta}_C = \frac{r}{n}$ 时,则 $\hat{\theta}_C$ 的均方误差为

$$MSE(\hat{\theta}_C) = \frac{(1+r)(1+n-r)}{(n+2)^2(n+3)} + \left(\frac{r+1}{n+2} - \frac{r}{n}\right)^2.$$

一些具体计算结果见下表:

**$MSE(\hat{\theta}_E \mid x)$ 和 $MSE(\hat{\theta}_C)$ 的计算结果**

| $n$ | $r$ | $\hat{\theta}_E = \frac{r+1}{n+2}$ | $MSE(\hat{\theta}_E \mid x)$ | $\hat{\theta}_C = \frac{r}{n}$ | $MSE(\hat{\theta}_C)$ |
|---|---|---|---|---|---|
| 5 | 0 | $\frac{1}{7}$ | 0.015 306 | 0 | 0.035 714 |
| 10 | 0 | $\frac{1}{12}$ | 0.005 876 | 0 | 0.012 820 |
| 10 | 9 | $\frac{10}{12}$ | 0.010 684 | $\frac{9}{10}$ | 0.015 128 |
| 20 | 19 | $\frac{20}{22}$ | 0.003 593 | $\frac{19}{20}$ | 0.005 267 |

从上表可以看出,随着样本量的增加 $MSE(\hat{\theta}_E \mid x)$ 和 $MSE(\hat{\theta}_C)$ 都在减小,但无论如何,都有 $MSE(\hat{\theta}_E \mid x) < MSE(\hat{\theta}_C)$.

## 习 题 7.4

1. 设总体为均匀分布 $U(\theta, \theta+1)$,$\theta$ 的先验分布为 $U(10, 16)$. 现有三个样本观察值:11.7,12.1,12.0. 求 $\theta$ 的后验分布.

2. 设一页书上的错别字个数服从泊松分布 $P(\lambda)$,$\lambda$ 有两个可能取值:1.5 和 1.8,且先验分布为 $P(\lambda=1.5)=0.45$,$P(\lambda=1.8)=0.55$,现检验了一页,发现有 3 个错别字,求 $\lambda$ 的后验分布.

3. 设 $x_1, x_2, \cdots, x_n$ 为来自几何分布的样本观察值,总体的分布律为

$$P(X = k \mid \theta) = \theta(1-\theta)^k, \quad k = 0, 1, 2, \cdots,$$

若 $\theta$ 的先验分布为 $U(0, 1)$,(1) 求 $\theta$ 的后验分布;(2) 若样本的观察值为 4,3,1,7,求 $\theta$ 的贝叶斯估计.

4. 设 $x_1, x_2, \cdots, x_n$ 为来自如下总体的样本观察值,总体的密度函数为

$$f(x \mid \theta) = \frac{2x}{\theta^2}, \quad 0 < x < \theta.$$

(1) 若 $\theta$ 的先验分布为 $U(0, 1)$,求 $\theta$ 的后验分布;(2) 若 $\theta$ 的先验密度函数为 $\pi(\theta) = 3\theta^2, 0 < \theta < 1$,求

$\theta$ 的后验分布.

5. 设 $x_1, x_2, \cdots, x_n$ 为来自如下总体的样本观察值,总体的密度函数为
$$f(x \mid \theta) = \theta x^{\theta-1}, \quad 0 < x < 1.$$
若 $\theta$ 的先验分布为伽玛分布 $Ga(a, b)$,求 $\theta$ 的贝叶斯估计.

6. 设均值为 $\theta$ 的指数分布 $E(\theta)$ 中参数 $\dfrac{1}{\theta}$ 的先验分布为伽玛分布 $Ga(a, b)$,现从先验信息得知:先验均值为 0.000 2,先验标准差为 0.01,请确定先验分布.

# 第8章 假设检验

统计推断的另一类重要问题是假设检验(hypothesis test).在总体分布类型未知或虽然知道其分布类型但含有未知参数时,为推断总体的某些特征,提出某些关于总体的假设.我们需要根据样本所提供的信息并应用适当的统计量,对提出的假设作出是接受还是拒绝的决策.假设检验包括:参数假设检验和非参数假设检验.参数假设检验是对总体分布函数中的未知参数而提出的假设进行检验,非参数假设检验是对总体分布函数形式或类型的假设进行检验.

本章主要讨论:假设检验的基本思想与步骤,单个正态总体均值与方差的检验,两个正态总体均值与方差的检验,分布拟合检验.

## 8.1 假设检验的基本思想与步骤

### 8.1.1 假设检验的基本思想

以下结合几个例子,来说明假设检验的基本思想.

**例 8.1.1(女士品茶试验)** 一种奶茶由牛奶与茶按一定的比例混合而成,可以先倒茶后倒牛奶(记作 TM),也可以反过来(记作 MT).某女士声称她可以鉴别是 TM 还是 MT,周围品茶的人对此产生了议论,"这怎么可能呢?""她在胡言乱语.""不可想象".在场的费歇尔也在思索这个问题,他提议做一项试验来检验如下假设(命题)是否可以接受.

假设 $H$:该女士无此鉴别能力.

他准备了 10 杯调制好的奶茶,TM 和 MT 都有.服务员一杯一杯地奉上,让该女士品尝,说出是 TM 还是 MT,结果那位女士竟然能正确地分辨出 10 杯奶茶的每一杯.这时应该如何对此作出判断呢?

费歇尔的想法是:如果假设 $H$ 是正确的,即该女士无此鉴别能力,她只能猜,每次猜对的概率为 $1/2$,10 次都猜对的概率为 $2^{-10}<0.001$,这是一个很小的概率,在一次试验中几乎不会发生的事件,如今该事件竟然发生了,这只能说明假设 $H$ 不当,应该予以拒绝,而认为该女士确有此鉴别奶茶中 TM 和 MT 的能力.

这是费歇尔用试验结果对假设 $H$ 的对错进行判断的思维方法.

**例 8.1.2** 某厂生产的合金强度服从正态分布 $N(\theta,16)$,其中 $\theta$ 的设计值为不低于 110 Pa.为保证质量,该厂每天都要对生产情况做例行检查,以判断生产是否正常进行,即该合金的平均强度不低于 110 Pa.某天从生产的产品中随机抽取 25 块合金,测得其强度值为 $x_1,x_2,\cdots,x_{25}$,其均值为 $\bar{x}=108.2$ Pa,问当日生产是否正常?

对这个问题可作如下分析:

(1) 这不是一个参数估计问题.

(2) 这是在给定总体与样本下,要求对命题"合金平均强度不低于 110 Pa"作出回答:"是"还是"否"? 这类问题称为统计假设检验问题,简称为假设检验问题.

(3) 命题:"合金平均强度不低于 110 Pa"仅涉及参数 $\theta$ 的范围,因此该命题是否正确将涉及如下两个参数集合:

$$\Theta_0 = \{\theta : \theta \geq 110\}, \quad \Theta_1 = \{\theta : \theta < 110\}.$$

命题成立对应于"$\theta \in \Theta_0$",命题不成立对应于"$\theta \in \Theta_1$". 这两个非空且不相交参数集合都称作**统计假设**,简称**假设**.

(4) 我们的任务是应用所给总体 $N(\theta, 16)$ 和样本均值 $x = 108.2$ Pa 去判断假设(命题)"$\theta \in \Theta_0$"是否成立. 通过样本对一个假设作出"对"或"不对"的具体判断规则就称为该假设的一个**检验**或**检验法则**. 检查的结果若是肯定该命题,则称接受这个假设,否则就称拒绝该假设.

应该注意,这里的"接受"或"拒绝",只是在给样本之下对该命题所采取的一种行为,而不是从逻辑上的"证明"该命题的正确与否. 由于所采用的样本是随机的,因此我们所作的判断也有可能是错误的.

(5) 若假设可用一个参数的集合表示,该假设检验问题称为**参数假设检验问题**,否则称为**非参数假设检验问题**.

例 8.1.2 就是一个参数假设检验问题. 而对假设"总体为正态分布"作出检验的问题就是一个非参数假设检验问题.

**例 8.1.3** 根据以往经验知道,某自动包装机在正常的情况下包装的袋装某食品的重量 $X$ 服从正态分布,其均值为 $0.5(\mathrm{kg})$,标准差为 $0.015$. 某天开工后为检查此包装机是否正常,随机地抽取它所包装的 9 袋食品,测得其净重为 $0.497, 0.506, 0.518, 0.524$, $0.498, 0.511, 0.520, 0.515, 0.512$. 问是否可以认为此包装机正常?

以 $\mu, \sigma$ 分别表示总体 $X$ 的均值和标准差,由于长期实践表明标准差比较稳定,我们就设 $\sigma = 0.015$. 于是 $X \sim N(\mu, 0.015^2)$,这里 $\mu$ 未知. 问题是根据样本观察值来判断 $\mu = 0.5$ 还是 $\mu \neq 0.5$. 为此,我们提出两个相互对立的假设

$$H_0 : \mu = \mu_0 (= 0.5), \quad H_1 : \mu \neq \mu_0.$$

然后,我们要给出一个合理的法则,根据这个法则,利用已知样本作出决策——是接受假设 $H_0$(即拒绝 $H_1$),还是拒绝 $H_0$(即接受 $H_1$). 如果作出接受 $H_0$,则认为 $\mu = 0.5$,即认为包装机工作正常,否则,认为包装机工作不正常.

由于要检验的假设涉及总体均值 $\mu$,所以首先想到能否借助样本均值 $\bar{X}$ 这个统计量来进行判断. 由于 $\bar{X}$ 是 $\mu$ 的无偏估计,$\bar{X}$ 的观察值在一定程度上反映了 $\mu$ 的大小. 因此,如果假设 $H_0$ 为真,则 $\bar{x}$ 与 $\mu_0$ 的偏差 $|\bar{x} - \mu_0|$ 一般不应太大. 如果 $|\bar{x} - \mu_0|$ 过分大,我们就怀疑 $H_0$ 的正确性,而拒绝 $H_0$,考虑到当 $H_0$ 为真时, $Z = \dfrac{\bar{X} - \mu_0}{\frac{\sigma}{\sqrt{n}}} \sim N(0, 1)$. 而衡量 $|\bar{x} - \mu_0|$ 的

小大归结为 $\dfrac{|\bar{x} - \mu_0|}{\frac{\sigma}{\sqrt{n}}}$ 的大小($\sigma$ 为已知).

基于上面的想法,可以适当地选取一个正数 $k$,使当观察值 $\bar{x}$ 满足 $\dfrac{|\bar{x} - \mu_0|}{\frac{\sigma}{\sqrt{n}}} \geq k$ 时,就

拒绝 $H_0$；反之，若 $\dfrac{|\bar x-\mu_0|}{\sigma/\sqrt{n}}<k$ 时，就不能拒绝 $H_0$.

然而，由于作出决策的依据是样本，当实际上 $H_0$ 为真时，仍然可以作出拒绝 $H_0$ 的决策（这种可能性是无法消除的），这是一种错误，犯这种错误的概率记为 $P\{$拒绝 $H_0|H_0$ 为真$\}$.

由于无法消除犯这种错误的可能性，自然希望能够将犯这种错误的概率控制在一定的限度之内，即给出一个较小的数 $\alpha(0<\alpha<1)$，使犯这种错误的概率不超过 $\alpha$，即

$$P\{\text{拒绝 }H_0\mid H_0\text{ 为真}\}\leqslant\alpha. \tag{8.1.1}$$

为了确定常数 $k$，我们考虑统计量 $\dfrac{\overline X-\mu_0}{\sigma/\sqrt{n}}$. 由于只考虑犯错误的概率最大为 $\alpha$，令式 (8.1.1) 的右边取等号，即令 $P\{$拒绝 $H_0|H_0$ 为真$\}=P\left\{\dfrac{|\bar x-\mu_0|}{\sigma/\sqrt{n}}\geqslant k\right\}=\alpha.$

由于当 $H_0$ 为真时，$\dfrac{\overline X-\mu_0}{\sigma/\sqrt{n}}\sim N(0,1)$，根据标准正态分布的分位数的定义知（图 8-1）$k=z_{\frac{\alpha}{2}}$. 因此，当 $\dfrac{|\bar x-\mu_0|}{\sigma/\sqrt{n}}\geqslant k=z_{\frac{\alpha}{2}}$ 时，就拒绝 $H_0$；反之，若 $\dfrac{|\bar x-\mu_0|}{\sigma/\sqrt{n}}<k=z_{\frac{\alpha}{2}}$ 时，就不能拒绝 $H_0$.

例如，在例 8.1.3 中，取 $\alpha=0.05$ 时，有 $k=z_{\frac{\alpha}{2}}=1.96$. 又已知 $n=9$，$\sigma=0.015$，再由样本算得 $\bar x=0.511$，则有 $\dfrac{|\bar x-\mu_0|}{\sigma/\sqrt{n}}=2.2>1.96$ 时，于是就拒绝 $H_0$，认为包装机工作不正常.

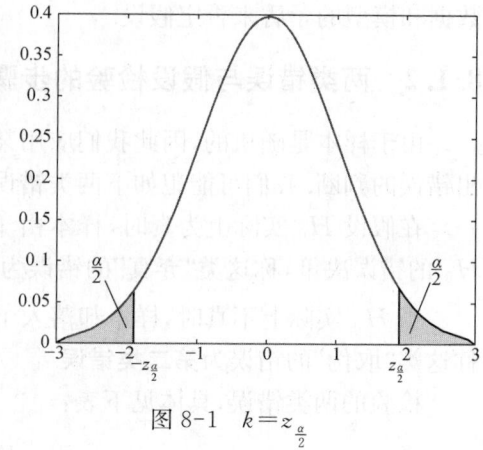

图 8-1　$k=z_{\frac{\alpha}{2}}$

通常取 $\alpha=0.01,\ 0.05$ 等，因此，当 $H_0$ 为真时（即 $\mu=\mu_0$ 时），$\left\{\dfrac{|\bar x-\mu_0|}{\sigma/\sqrt{n}}\geqslant z_{\frac{\alpha}{2}}\right\}$ 是小概率事件，根据**小概率事件原理**（或实际推断原理）就可以认为，如果 $H_0$ 为真，则由一次试验得到的观察值 $\bar x$，满足不等式 $\dfrac{|\bar x-\mu_0|}{\sigma/\sqrt{n}}\geqslant z_{\frac{\alpha}{2}}$ 几乎是不可能的. 现在在一次试验中竟然出现了满足 $\dfrac{|\bar x-\mu_0|}{\sigma/\sqrt{n}}\geqslant z_{\frac{\alpha}{2}}$ 的 $\bar x$，则我们有理由来怀疑原来的

假设 $H_0$ 的正确性,因此拒绝 $H_0$.

若出现 $\dfrac{|\bar{x}-\mu_0|}{\sigma/\sqrt{n}}<z_{\frac{\alpha}{2}}$,此时我们没有理由拒绝 $H_0$,因此只能"接受"$H_0$.

应该注意,这里的"接受"$H_0$ 并非真正意义上的接受 $H_0$,而是在没有理由拒绝 $H_0$ 时,只能说"拒绝 $H_0$"的证据不足,或者说冒一定的风险接受 $H_0$. 今后若无特别说明,本书中的"接受"$H_0$ 均是以上这种意义.

在例 8.1.3 的做法中,称 $\alpha$ 为**显著性水平**,统计量 $Z=\dfrac{\bar{X}-\mu_0}{\sigma/\sqrt{n}}$ 称为**检验统计量**.

前面的假设检验问题通常可以叙述成:在显著性水平 $\alpha$ 下,检验假设

$$H_0:\mu=\mu_0, \quad H_1:\mu\neq\mu_0. \tag{8.1.2}$$

$H_0$ 称为**原假设**或**零假设**(null hypothesis),$H_1$ 称为**备择假设**(alternative hypothesis),即在原假设被拒绝后可供选择的假设.

使原假设 $H_0$ 被拒绝的样本观察值所在区域 $W$ 称为**拒绝域**(它的余集 $\overline{W}$ 称为"接受域"),拒绝域的边界称为**临界点**.

如在例 8.1.3 中,拒绝域为 $|z|\geqslant z_{\frac{\alpha}{2}}$,或 $W=\{|z|\geqslant z_{\frac{\alpha}{2}}\}=\{(z\leqslant -z_{\frac{\alpha}{2}})\bigcup(z\geqslant z_{\frac{\alpha}{2}})\}$,而 $z=-z_{\frac{\alpha}{2}}$ 和 $z=z_{\frac{\alpha}{2}}$ 为临界点("接受域"为 $\overline{W}=\{-z_{\frac{\alpha}{2}}<z<z_{\frac{\alpha}{2}}\}$).

上述利用 $Z$ 检验统计量得到的检验法,称为 $Z$ **检验法**.

假设检验是运用"证明某个事物的正确性不如否定其对立面容易"的逻辑思想,它通过数据和模型的矛盾来否定假设.

### 8.1.2 两类错误与假设检验的步骤

由于样本是随机的,因此我们应用某种检验法作判断时,可能作出正确判断,也可能作出错误的判断. 我们可能犯如下两类错误:

在假设 $H_0$ 实际上为真时,样本由于随机性却落入了拒绝域 $W$,于是我们采取了拒绝 $H_0$ 的错误决策,称这类"弃真"的错误为**第一类错误**.

当 $H_0$ 实际上不真时,样本却落入了接受域 $\overline{W}$,于是我们采取了接受 $H_0$ 的错误决策,称这类"取伪"的错误为**第二类错误**.

检验的两类错误,具体见下表:

**检验的两类错误**

| 判断情况 | $H_0$ 为真 | $H_0$ 不真 |
|---|---|---|
| 拒绝 $H_0$ | 第一类错误 | 判断正确 |
| 不拒绝 $H_0$ | 判断正确 | 第二类错误 |

犯第一类错误的概率:$\alpha=P\{$拒绝 $H_0\mid H_0$ 为真$\}$.

犯第二类错误的概率:$\beta=P\{$不拒绝 $H_0\mid H_0$ 不真$\}$.

形如式(8.1.2)中的备择假设 $H_1$,表示 $\mu$ 可能大于 $\mu_0$,也可能小于 $\mu_0$,称为**双边备择假设**,而称形如式(8.1.2)的假设检验为**双边假设检验**.

有时,我们只关心总体均值是否增大,例如,试验新工艺以提高材料的强度.这时,所考虑的总体的均值应该越大越好.如果我们能判断在新工艺下总体均值较以往正常生产的大,则可以考虑采用新工艺.此时,我们需要检验假设

$$H_0: \mu \leqslant \mu_0, \quad H_1: \mu > \mu_0. \tag{8.1.3}$$

形如式(8.1.3)的假设检验,称为**右边检验**.

$$H_0: \mu \geqslant \mu_0, \quad H_1: \mu < \mu_0. \tag{8.1.4}$$

形如式(8.1.4)的假设检验,称为**左边检验**.

以下来讨论单边检验(右边检验和左边检验)的拒绝域.

设总体 $X \sim N(\mu, \sigma^2)$,$\sigma$ 为已知,$X_1, X_2, \cdots, X_n$ 是来自 $X$ 的样本.给定显著性水平 $\alpha$,我们求检验问题 $H_0: \mu \leqslant \mu_0$, $H_1: \mu > \mu_0$ 的拒绝域.

由于 $H_0$ 中的全部 $\mu$ 都比 $H_1$ 中的 $\mu$ 要小,当 $H_1$ 为真时,观察值 $\bar{x}$ 往往偏大,因此拒绝域的形式为 $\bar{x} \geqslant k$ ($k$ 为某个正的常数).

下面来确定常数 $k$,其做法与例 8.1.3 类似.

$$P\{拒绝 H_0 \mid H_0 为真\} = P_{\mu \in H_0}\{\bar{X} \geqslant k\}$$

$$= P_{\mu \leqslant \mu_0}\left\{\frac{\bar{X}-\mu_0}{\frac{\sigma}{\sqrt{n}}} \geqslant \frac{k-\mu_0}{\frac{\sigma}{\sqrt{n}}}\right\} \leqslant P_{\mu \leqslant \mu_0}\left\{\frac{\bar{X}-\mu}{\frac{\sigma}{\sqrt{n}}} \geqslant \frac{k-\mu_0}{\frac{\sigma}{\sqrt{n}}}\right\}.$$

上式不等号成立是由于 $\mu \leqslant \mu_0$,$\frac{\bar{X}-\mu}{\frac{\sigma}{\sqrt{n}}} \geqslant \frac{\bar{X}-\mu_0}{\frac{\sigma}{\sqrt{n}}}$,事件 $\left\{\frac{\bar{X}-\mu_0}{\frac{\sigma}{\sqrt{n}}} \geqslant \frac{k-\mu_0}{\frac{\sigma}{\sqrt{n}}}\right\} \subset \left\{\frac{\bar{X}-\mu}{\frac{\sigma}{\sqrt{n}}} \geqslant \frac{k-\mu_0}{\frac{\sigma}{\sqrt{n}}}\right\}$.要控制 $P\{拒绝 H_0 \mid H_0 为真\} \leqslant \alpha$,只需令 $P_{\mu \leqslant \mu_0}\left\{\frac{\bar{X}-\mu}{\frac{\sigma}{\sqrt{n}}} \geqslant \frac{k-\mu_0}{\frac{\sigma}{\sqrt{n}}}\right\} = \alpha$.

由于 $\frac{\bar{X}-\mu}{\frac{\sigma}{\sqrt{n}}} \sim N(0,1)$,知 $\frac{k-\mu_0}{\frac{\sigma}{\sqrt{n}}} = z_\alpha$,于是 $k = \mu_0 + \frac{\sigma}{\sqrt{n}} z_\alpha$,因此检验问题式(8.1.3)的拒绝域可以设定为 $\bar{x} \geqslant \mu_0 + \frac{\sigma}{\sqrt{n}} z_\alpha$,即 $z = \frac{\bar{x}-\mu_0}{\frac{\sigma}{\sqrt{n}}} \geqslant z_\alpha$.于是,右边检验问题式(8.1.3)的拒绝域为 $W = \{z \geqslant z_\alpha\}$,如图 8-2 所示.

类似地,左边检验问题 $H_0: \mu \geqslant \mu_0$,$H_1: \mu < \mu_0$ 的拒绝域为 $z = \frac{\bar{x}-\mu_0}{\frac{\sigma}{\sqrt{n}}} \leqslant -z_\alpha$,即左边检验问题式(8.1.4)的拒绝域为 $W = \{z \leqslant -z_\alpha\}$,如图 8-3 所示.

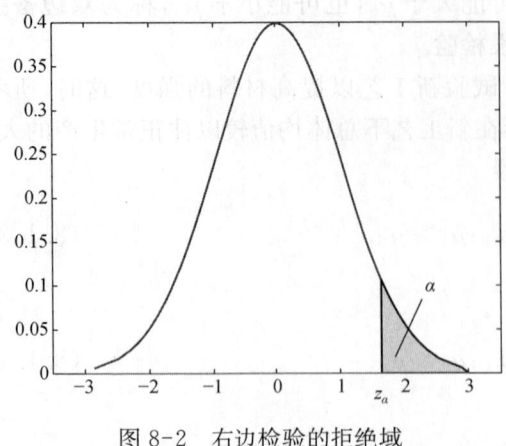

图 8-2 右边检验的拒绝域　　　　图 8-3 左边检验的拒绝域

**例 8.1.4** 微波炉在炉门关闭时的辐射量是一个重要的质量指标. 某厂该质量指标服从正态分布 $N(\mu,\sigma^2)$,长期以来 $\sigma^2=0.1^2$,且均值都符合不超过 0.12 的要求. 为了检查近期产品的质量,抽查了 25 台,测得样本均值为 $\bar{x}=0.1203$,问在显著性水平 $\alpha=0.05$ 时,炉门关闭时的辐射量是否升高了?

**解** 按题意需检验假设

$$H_0:\mu\leqslant 0.12,\quad H_1:\mu>0.12.$$

这是右边检验问题,其拒绝域为 $\dfrac{\bar{x}-0.12}{\frac{\sigma}{\sqrt{n}}}\geqslant z_{0.05}=1.645.$

而现在 $z=\dfrac{\bar{x}-0.12}{\frac{\sigma}{\sqrt{n}}}=\dfrac{0.1203-0.12}{\frac{0.1}{\sqrt{25}}}=0.015<1.645=z_{0.05}$,即 $z$(根据样本算出的结果)没有落在拒绝域中,所以在显著性水平 $\alpha=0.05$ 下,不能拒绝 $H_0$,即可以认为当前生产的微波炉在炉门关闭时的辐射量无明显升高.

**例 8.1.5** 某厂产品需要玻璃纸做包装,按规定供应商提供的玻璃纸的横向延伸率(是一个质量指标)不应低于 65(单位). 已知该指标服从正态分布 $N(\mu,\sigma^2)$,且长期以来稳定地有 $\sigma=5.5$. 从近期来货中抽查了 100 个样品,测得样本均值为 $\bar{x}=55.06$,问在显著性水平 $\alpha=0.05$ 时能否接受这批玻璃纸?

**解** 若不接受这批玻璃纸,需要退货,这要慎重. 因此按题意需检验假设

$$H_0:\mu\geqslant 65,\quad H_1:\mu<65.$$

这是左边检验问题,其拒绝域为 $\dfrac{\bar{x}-65}{\frac{\sigma}{\sqrt{n}}}\leqslant -z_{0.05}=-1.645.$

而现在 $z=\dfrac{\bar{x}-65}{\frac{\sigma}{\sqrt{n}}}=\dfrac{55.06-65}{\frac{5.5}{\sqrt{100}}}=-18.073<-1.645=-z_{0.05}$,即 $z$(根据样本算出的

结果)落在拒绝域中,因此在显著性水平 $\alpha=0.05$ 下,拒绝 $H_0$,即不能接受这批玻璃纸.

综上所述,可得处理参数的假设检验问题的步骤如下:

(1) 根据实际问题的要求,提出原假设 $H_0$ 和备择假设 $H_1$;
(2) 给定显著性水平 $\alpha$ 和样本容量 $n$;
(3) 确定检验统计量和拒绝域的形式;
(4) 按 $P\{拒绝 H_0 | H_0 为真\} \leqslant \alpha$ 求出拒绝域;
(5) 取样,根据样本观察值作出决策,是接受 $H_0$ 还是拒绝 $H_0$.

### 8.1.3 检验的 $p$ 值

假设检验的结论通常是简单的.在给定的显著性水平下,不是拒绝原假设就是接受原假设.然而有时也会出现这样的情况:在一个较大的显著性水平(如 $\alpha=0.05$)下得到拒绝原假设的结论,而在一个较小的显著性水平(如 $\alpha=0.01$)下却得到相反的结论.这种情况在理论上很容易解释:因为显著性水平变小后导致检验的拒绝域变小,于是原来落在拒绝域中的观测值就可能落在接受域,这种情况会在一些应用中带来麻烦.比如,这时一个人主张选择显著性水平 $\alpha=0.05$,而另一个人主张选择显著性水平 $\alpha=0.01$,则第一个人的结论是拒绝原假设,而另一个人的结论是接受原假设,我们该如何处理这个问题呢?下面先看一个例子.

**例 8.1.6** 一支香烟中的尼古丁的含量服从正态分布 $N(\mu, 1)$,质量标准规定 $\mu$ 不能超过 1.5(mg).现从某厂生产的香烟中随机抽取 20 支,测得其中平均每支香烟中的尼古丁含量为 $\bar{x}=1.97$(mg),问该厂生产的香烟尼古丁含量是否符合质量标准的规定?

**解** 我们需要检验假设

$$H_0: \mu \leqslant 1.5, \quad H_1: \mu > 1.5,$$

由于标准差已知,故采用 $Z$ 检验法,根据已知数据,得

$$z = \frac{\bar{x} - \mu_0}{\frac{\sigma}{\sqrt{n}}} = \frac{1.97 - 1.5}{\frac{1}{\sqrt{20}}} = 2.10.$$

这是右边检验问题,对一些显著性水平,相应的拒绝域和检验结论见表 8-1.

表 8-1    不同的显著性水平对应的拒绝域和检验结论

| 显著性水平 | 拒绝域 | $z=2.10$ 对应的结论 |
| --- | --- | --- |
| $\alpha=0.05$ | $z=z_\alpha \geqslant 1.645$ | 拒绝 $H_0$ |
| $\alpha=0.025$ | $z=z_\alpha \geqslant 1.96$ | 拒绝 $H_0$ |
| $\alpha=0.01$ | $z=z_\alpha \geqslant 2.33$ | 接受 $H_0$ |
| $\alpha=0.005$ | $z=z_\alpha \geqslant 2.58$ | 接受 $H_0$ |

从表 8-1 可以看到,对于不同的显著性水平 $\alpha$ 有不同的结论.

现在换一个角度来看,在 $\mu = 1.5$ 时,$Z = \dfrac{\overline{X} - \mu}{\dfrac{\sigma}{\sqrt{n}}} \sim N(0, 1)$. 由此可得 $P\{Z \geqslant 2.10\} =$ $1 - P\{Z < 2.10\} = 1 - \Phi(2.10) = 0.0179$,若以 0.0179 为基准来看上述检验问题,可得:

(1) 当 $\alpha < 0.0179$ 时,$z_\alpha > 2.10$,于是 2.10 就不在 $\{z \geqslant z_\alpha\}$,此时应接受 $H_0$;

(2) 当 $\alpha \geqslant 0.0179$ 时,$z_\alpha \leqslant 2.10$,于是 2.10 就落在 $\{z \geqslant z_\alpha\}$,此时应拒绝 $H_0$.

由此可以看出,0.0179 就是能用观察值做出"拒绝 $H_0$"的最小的显著性水平,这就是 $p$ 值,如图 8-4 所示.

**定义 8.1.1** 在一个假设检验问题中,用观察值能够做出拒绝原假设的最小的显著性水平,称为**检验的 $p$ 值**($p$-value).

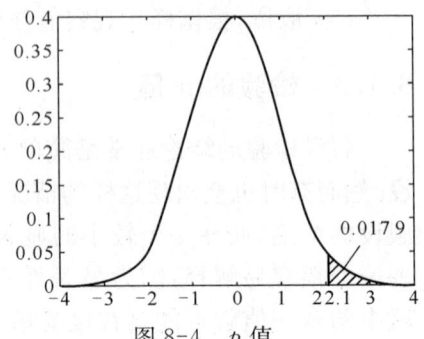

图 8-4　$p$ 值

引进检验的 $p$ 值的概念有如下明显的作用:

(1) 它比较客观,避免了事先确定显著性水平;

(2) 根据检验的 $p$ 值与人们心目中的显著性水平 $\alpha$ 进行比较,可以很容易地做出检验的结论:

如果 $\alpha \geqslant p$ 时,则在显著性水平 $\alpha$ 下拒绝 $H_0$;如果 $\alpha < p$ 时,则在显著性水平 $\alpha$ 下接受 $H_0$.

应该说明,目前流行的主要统计软件,在检验结论中只给出 $p$ 值,而不会提供拒绝域或临界点.

## 8.1.4　如何确定原假设 $H_0$ 和备择假设 $H_1$

在前述"假设检验的步骤"中,第一步就是"根据实际问题的要求,提出原假设 $H_0$ 和备择假设 $H_1$",那么如何确定原假设 $H_0$ 和备择假设 $H_1$ 呢?

由于原假设是作为检验的前提而提出来的,因此,原假设通常应该是受到保护的,没有充足的证据是不能被拒绝的. 对于原假设不轻易推翻,会使人们在作决策时更谨慎. 由于备择假设是在原假设被拒绝后可供选择的假设,这就决定了原假设 $H_0$ 和备择假设 $H_1$ 不是处于平等的地位的.

前面我们曾指出:假设检验是运用"证明某个事物的正确性不如否定其对立面容易"的逻辑思想,它通过数据和模型的矛盾来否定假设. 由于假设检验的这种"逻辑思想"是概率意义上的反证法,所以拒绝原假设 $H_0$ 是有说服力的,而"接受" $H_0$ 就没那么具有说服力了. 正如前述指出的那样:这里"接受" $H_0$ 并非真正意义上的接受 $H_0$,而是在没有理由拒绝 $H_0$ 时,只能说"拒绝 $H_0$"的证据不足,或者说冒一定的风险接受 $H_0$. 因此应把希望否定的假设放在"原假设";另外,有的结果已经历了长时间的考验不应轻易否定的也可以放在"原假设".

在实际问题中,若要决定新提出的方法(新工艺、新配方等)是否比原方法好,则在为此而进行的假设检验中,往往将原方法不比新方法差取为原假设 $H_0$,而新方法优于原方法取为备择假设 $H_1$,或者说备择假设是我们真正感兴趣的. 接受备择假设 $H_1$ 可能意味着得到某种有特别意义的结论,或意味着采取某种重要决断,因此对统计假设作判断前,在处理原假设 $H_0$ 时总是偏于保守,在没有充分证据时,不轻易拒绝 $H_0$,或者说在没有充分证据时不

能轻易接受 $H_1$.

**例 8.1.7** 某种灯泡的质量标准是平均使用寿命 $X$ 不低于 1 000 h,若 $X \sim N(\mu, 100^2)$,对一批灯泡抽取样本容量为 $n=81$,测得样本均值为 $\bar{x}=990$,当显著性水平 $\alpha=0.05$ 时,问商店是否应该购进这批灯泡?

**解** 以下给出两种解法.

(1) 根据题意,提出假设检验问题:

$$H_0: \mu \geq 1\,000, \quad H_1: \mu < 1\,000 \quad (\text{这是左边检验问题}).$$

由于 $z = \dfrac{990 - 1\,000}{100/\sqrt{81}} = -0.9 > -z_{0.05} = -1.645$,因此不能拒绝 $H_0$,即在显著性水平 $\alpha=0.05$ 时,可以认为这批灯泡达到了质量标准,所以商店可以购进这批灯泡.

(2) 如果把上面的 $H_0$ 和 $H_1$ 对调一下,现在假设检验问题变为:

$$H_0': \mu < 1\,000, \quad H_1': \mu \geq 1\,000 \quad (\text{这是右边检验问题}).$$

由于 $z = \dfrac{990 - 1\,000}{100/\sqrt{81}} = -0.9 < z_{0.05} = 1.645$,因此不能拒绝 $H_0'$,即在显著性水平 $\alpha=0.05$ 时,可以认为这批灯泡没有达到质量标准,所以商店不能购进这批灯泡.

以上的(1)和(2)两种解法的不同之处在于"原假设"和"备择假设"正好相反,得到的结论也是截然相反的,这似乎是一个矛盾!

应该说明:对同一个问题,由于"背景"的了解不同,因而采取了不同的态度,具体通过选择原假设和备择假设来体现的. 这也不难理解前面(1)和(2)的矛盾:你产品的质量一贯很好,我认为稍差的样品尚未构成整批产品"质量未达标"的有力证据;你产品的质量一贯不好时,我认为虽测试合格的样品尚未构成整批产品"质量达标"的有力证据. 这两个结论的出发点不同,并无矛盾可言.

例如,某人是犯罪嫌疑人,有些不利于他的证据,但并非是起决定性作用的. 若我们要求"只有决定性的不利于他的证据才能判他有罪",则他将被判为无罪. 反之,若我们要求"只有决定性的有利于他的证据才能判他无罪",则他将被判为有罪. 这样的事情在日常生活中比比皆是,不足为奇.

在单边(右边或左边)假设检验中,如何选择原假设 $H_0$ 和备择假设 $H_1$ 是一个需要注意的问题. 在"工科《概率统计》教学中的几个问题Ⅱ"中(韩明:《高等数学研究》,2009)提出了一个选择的办法:使根据样本观察值计算的统计量的值(如 $z$, $t$ 等)与临界点(如 $z_\alpha$, $-z_\alpha$, $t_\alpha(n-1)$, $-t_\alpha(n-1)$ 等)位于同侧(即,同大于 0 或同小于 0),这样得出的结论容易解释,也就容易被人们接受.

## 习 题 8.1

1. 在假设检验中,$H_0$ 表示原假设,$H_1$ 为备择假设,则称为犯第二类错误是(　　).
   (A) $H_1$ 不真,接受 $H_1$
   (B) $H_1$ 不真,接受 $H_0$
   (C) $H_0$ 不真,接受 $H_1$
   (D) $H_0$ 不真,接受 $H_0$

2. 假设检验中分别用 $\alpha$, $\beta$ 表示犯第一类错误和第二类错误的概率,则当样本容量 $n$ 一定时,下列说法中正确的是( ).
 (A) $\alpha$ 减小时 $\beta$ 也减小      (B) $\alpha$ 增大时 $\beta$ 也增大
 (C) (A)和(B)同时成立      (D) $\alpha$,$\beta$ 不能同时减小,减小其中一个时,另一个就会增大

3. 对显著性检验来说犯第一类错误的概率为( ).
 (A) $1-\alpha$    (B) 大于 $\alpha$    (C) 小于或等于 $\alpha$    (D) 无法判断

4. 设 $X_1, X_2, \cdots, X_{36}$ 是来自正态总体 $N(\mu, 0.04)$ 的一个简单随机样本,其中 $\mu$ 为未知参数,记 $\overline{X} = \frac{1}{36}\sum_{i=1}^{36} X_i$,检验问题 $H_0: \mu = 0.5$, $H_1: \mu = \mu_1 > 0.5$,并取检验拒绝域 $W = \{(X_1, X_2, \cdots, X_{36}): \overline{X} > C\}$,检验显著性水平 $\alpha = 0.05$. 试计算:
(1) $C$;(2) 若 $\alpha = 0.05$,$\mu_1 = 0.65$ 时,犯第二类错误的概率是多少?

5. 对二项分布 $B(n, p)$ 作统计假设 $H_0: p = 0.6$,$H_1: p \neq 0.6$,检验 $H_0$ 的拒绝域取为 $W = \{X \leq 1\} \cup \{X \geq 9\}$,其中 $X$ 为 10 次实验中成功的次数,求显著性水平 $\alpha$ 和备择假设 $p = 0.3$ 时犯第二类错误的概率 $\beta$.

6. 设 $X$ 是连续随机变量,$x$ 是对 $X$ 的(一次)观测值. 关于 $X$ 的密度函数 $f(x)$ 有如下两个假设:

$$H_0: f(x) = \begin{cases} \frac{1}{2}, & 0 \leq x \leq 2, \\ 0, & \text{其他}; \end{cases} \quad H_1: f(x) = \begin{cases} \frac{x}{2}, & 0 \leq x \leq 2, \\ 0, & \text{其他}. \end{cases}$$

检验的判断规则是:若 $x \geq 2/3$ 则拒绝 $H_0$,试求犯两类错误的概率.

7. 设 $X_1, X_2, \cdots, X_{16}$ 是正态总体 $N(\mu, 4)$ 的样本,考虑检验问题 $H_0: \mu = 6$,$H_1: \mu \neq 6$,拒绝域取为 $W = \{|\overline{X} - 6| \geq c\}$,试求 $c$ 使得检验的显著性水平为 0.05,并求该检验在 $\mu = 6.5$ 处犯第二类错误的概率.

# 8.2 单个正态总体均值与方差的检验

## 8.2.1 单个总体均值的检验

**8.2.1.1** $\sigma^2$ 已知,关于 $\mu$ 的检验

此种情形在 8.1 节中已经讨论过了.

**8.2.1.2** $\sigma^2$ 未知,关于 $\mu$ 的检验

设总体 $X \sim N(\mu, \sigma^2)$,其中 $\mu$ 和 $\sigma^2$ 为未知,$X_1, X_2, \cdots, X_n$ 是来自 $X$ 的样本,给定显著性水平 $\alpha$,求检验问题

$$H_0: \mu = \mu_0, \quad H_1: \mu \neq \mu_0$$

的拒绝域.

由于 $\sigma^2$ 未知,因此现在不能用 $\dfrac{\overline{X} - \mu_0}{\dfrac{\sigma}{\sqrt{n}}}$ 来确定拒绝域. 我们知道样本方差 $S^2$ 是 $\sigma^2$ 的无偏估计,自然想到用 $S$ 代替 $\sigma$,采用 $t = \dfrac{\overline{X} - \mu_0}{\dfrac{S}{\sqrt{n}}}$ 作为检验统计量.

当观察值 $|t| = \left|\dfrac{\overline{x} - \mu_0}{\dfrac{s}{\sqrt{n}}}\right|$ 过分大时,就拒绝 $H_0$,拒绝域的形式为 $|t| = \left|\dfrac{\overline{x} - \mu_0}{\dfrac{s}{\sqrt{n}}}\right| \geq k$. 根

据定理 6.2.2,当 $H_0$ 为真时,$\dfrac{\overline{X}-\mu_0}{\dfrac{S}{\sqrt{n}}}\sim t(n-1)$.

根据 $P\{$拒绝 $H_0\mid H_0$ 为真$\}=P_{\mu_0}\left\{\left|\dfrac{\overline{X}-\mu_0}{\dfrac{S}{\sqrt{n}}}\right|\geqslant k\right\}=\alpha$,得(图 8-5)$k=t_{\frac{\alpha}{2}}(n-1)$,即拒绝域为

$$|t|=\left|\dfrac{\bar{x}-\mu_0}{\dfrac{s}{\sqrt{n}}}\right|\geqslant t_{\frac{\alpha}{2}}(n-1).$$

上述利用 $t$ 统计量得出的检验法,称为 $t$ 检验法.

关于正态总体 $N(\mu,\sigma^2)$ 均值 $\mu$ 检验的拒绝域,见表 8-2,图 8-6 和图 8-7.

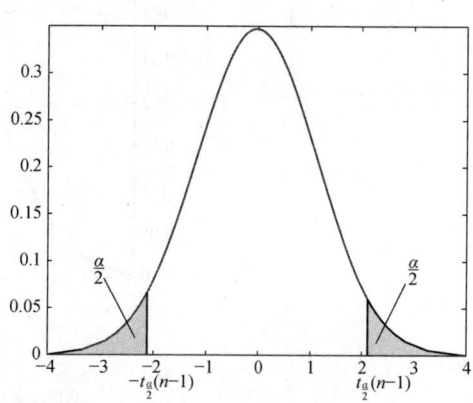

图 8-5  $k=t_{\frac{\alpha}{2}}(n-1)$

表 8-2　　　　　　　一个正态总体均值的检验(显著性水平为 $\alpha$)

| 原假设 $H_0$ | 备择假设 $H_1$ | 检验统计量 | 拒绝域 |
| --- | --- | --- | --- |
| $\mu\leqslant\mu_0$<br>$\mu\geqslant\mu_0$<br>$\mu=\mu_0$<br>($\sigma^2$ 已知) | $\mu>\mu_0$<br>$\mu<\mu_0$<br>$\mu\neq\mu_0$ | $Z=\dfrac{\overline{X}-\mu_0}{\dfrac{\sigma}{\sqrt{n}}}$ | $z\geqslant z_\alpha$<br>$z\leqslant -z_\alpha$<br>$\|z\|\geqslant z_{\frac{\alpha}{2}}$ |
| $\mu\leqslant\mu_0$<br>$\mu\geqslant\mu_0$<br>$\mu=\mu_0$<br>($\sigma^2$ 未知) | $\mu>\mu_0$<br>$\mu<\mu_0$<br>$\mu\neq\mu_0$ | $t=\dfrac{\overline{X}-\mu_0}{\dfrac{S}{\sqrt{n}}}$ | $t\geqslant t_\alpha(n-1)$<br>$t\leqslant -t_\alpha(n-1)$<br>$\|t\|\geqslant t_{\frac{\alpha}{2}}(n-1)$ |

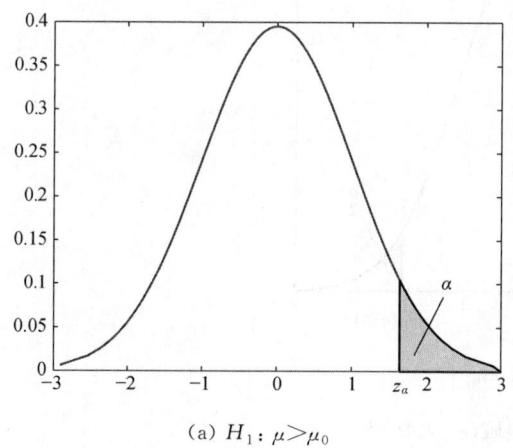

(a) $H_1:\mu>\mu_0$

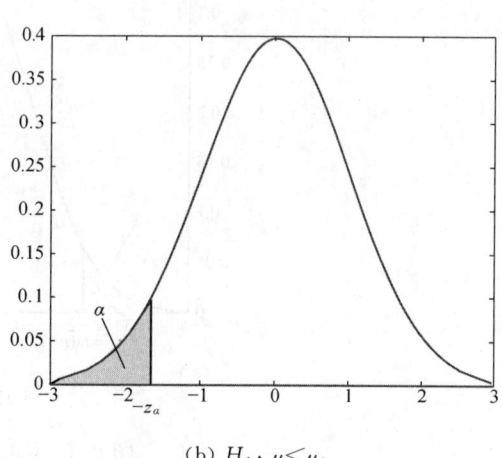

(b) $H_1:\mu<\mu_0$

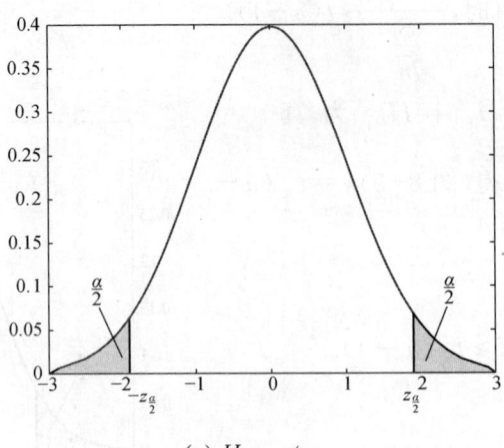

(c) $H_1: \mu \neq \mu_0$

图 8-6 $\mu$ 的拒绝域($\sigma^2$ 已知)

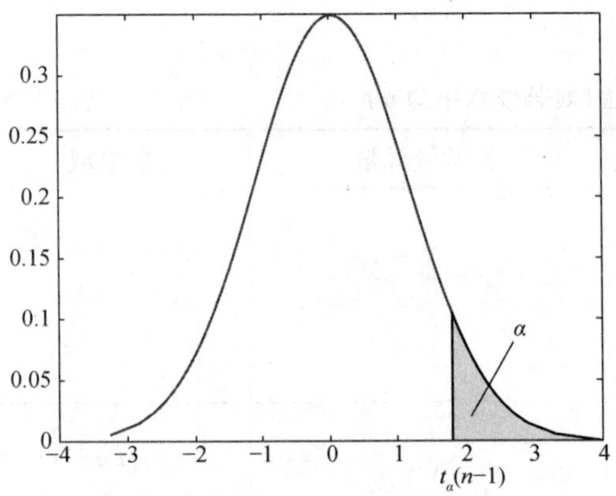

(a) $H_1: \mu > \mu_0$

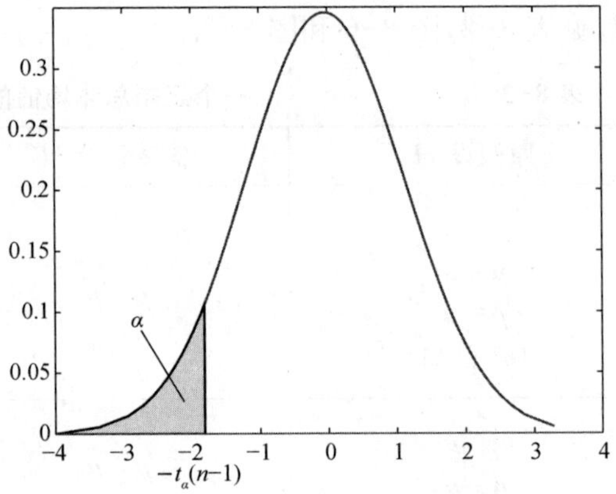

(b) $H_1: \mu < \mu_0$

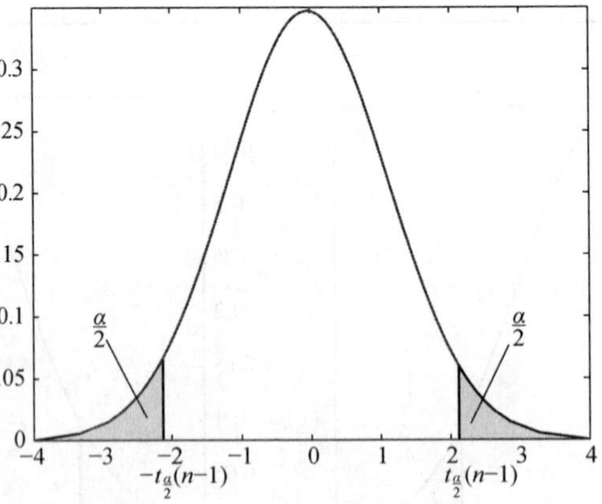

(c) $H_1: \mu \neq \mu_0$

图 8-7 $\mu$ 的拒绝域($\sigma^2$ 未知)

**例 8.2.1** 根据某地环境保护法的规定,倾入河流的废水中某种有毒化学物质的平均含量不得超过 $3\times 10^{-6}$. 该地区环境保护组织沿河各厂进行检查,连续测得某厂 15 天倾入河流的废水中某种有毒化学物质的含量如下:3.1,3.2,3.3,2.9,3.5,3.4,2.5,4.3,2.9,3.6,3.2,3.0,2.7,3.5,2.9. 若废水中该种有毒化学物质的含量服从正态分布,问在显著性水平 $\alpha=0.05$ 下,该厂是否符合环保规定?

**解** 按题意需检验假设
$$H_0:\mu \leqslant 3, \quad H_1:\mu > 3.$$

根据表 8-2 知,此检验问题的拒绝域为 $t=\dfrac{\bar{x}-3}{\dfrac{s}{\sqrt{n}}}\geqslant t_\alpha(n-1)$.

现在 $n=15$, $t_{0.05}(14)=1.7613$. 又根据样本观察值,得 $\bar{x}=3.2$, $s=0.436$, 则

$$t=\frac{3.2-3}{0.436/\sqrt{15}}=1.7766 > 1.7613.$$

因此 $t$ 落在拒绝域中,即在显著性水平 $\alpha=0.05$ 下拒绝 $H_0$, 所以可以认为该厂不符合环保规定.

**例 8.2.2** 设 $X_1,X_2,\cdots,X_n$ 是来自 $N(\mu,1)$ 的样本,考虑如下假设检验问题:
$$H_0:\mu=2, \quad H_1:\mu=3.$$

若检验由拒绝域为 $W=\{\bar{X}\geqslant 2.6\}$, 考虑如下问题:

(1) 当 $n=20$ 时,求检验犯两类错误的概率;
(2) 如果要使得检验犯第二类错误的概率 $\beta\leqslant 0.01$, $n$ 最小应取多少?
(3) 证明:当 $n\to\infty$ 时,$\alpha\to 0$, $\beta\to 0$.

**解** (1) 在 $H_0$ 成立时, $\bar{X}\sim N\left(2,\dfrac{1}{20}\right)$, 根据定义,犯第一类错误的概率为

$$\alpha=P(\bar{X}\geqslant 2.6\mid H_0)=P\left(\frac{\bar{X}-2}{\sqrt{\dfrac{1}{20}}}\geqslant\frac{2.6-2}{\sqrt{\dfrac{1}{20}}}\right)=1-\Phi(2.68)=0.0037.$$

在 $H_1$ 成立时, $\bar{X}\sim N\left(3,\dfrac{1}{20}\right)$, 根据定义,犯第二类错误的概率为

$$\beta=P(\bar{X}<2.6\mid H_1)=P\left(\frac{\bar{X}-3}{\sqrt{\dfrac{1}{20}}}<\frac{2.6-3}{\sqrt{\dfrac{1}{20}}}\right)=\Phi(-1.79)=0.0367.$$

(2) 要使犯第二类错误的概率满足

$$\beta=P(\bar{X}<2.6\mid H_1)=P\left(\frac{\bar{X}-3}{\sqrt{\dfrac{1}{n}}}<\frac{2.6-3}{\sqrt{\dfrac{1}{n}}}\right)\leqslant 0.01,$$

即 $1-\Phi\left(\dfrac{0.4}{\sqrt{\dfrac{1}{n}}}\right)\leqslant 0.01$，$\Phi(0.4\sqrt{n})\geqslant 0.99$，查表得 $0.4\sqrt{n}\geqslant 2.33$，由此得 $n\geqslant 33.93$，因此 $n$ 最小应取 34.

(3) 在样本容量为 $n$ 时，犯第一类错误的概率为

$$\alpha=P(\overline{X}\geqslant 2.6\mid H_0)=P\left(\dfrac{\overline{X}-2}{\sqrt{\dfrac{1}{n}}}\geqslant \dfrac{2.6-2}{\sqrt{\dfrac{1}{n}}}\right)=1-\Phi(0.6\sqrt{n}),$$

当 $n\to\infty$ 时，$\Phi(0.6\sqrt{n})\to 1$，则 $\alpha\to 0$.

犯第二类错误的概率为

$$\beta=P(\overline{X}<2.6\mid H_1)=P\left(\dfrac{\overline{X}-3}{\sqrt{\dfrac{1}{n}}}<\dfrac{2.6-3}{\sqrt{\dfrac{1}{n}}}\right)=\Phi(-0.4\sqrt{n})=1-\Phi(0.4\sqrt{n}),$$

当 $n\to\infty$ 时，$\Phi(0.4\sqrt{n})\to 1$，则 $\beta\to 0$.

### 8.2.2 置信区间、单侧置信限与假设检验的关系

对同一个参数，通过第 7 章中的区间估计和本章中的双边假设检验的学习，我们似乎感觉到它们之间有某种联系，那么这种联系究竟如何呢？以下首先考察置信区间与双边检验之间的关系.

设 $X_1,X_2,\cdots,X_n$ 是来自总体 $X$ 的样本，$x_1,x_2,\cdots,x_n$ 是相应的样本观察值，$\Theta$ 是参数 $\theta$ 的可能取值范围.

设 $(\underline{\theta},\overline{\theta})$ 是参数 $\theta$ 的置信水平为 $1-\alpha$ 的置信区间，则有

$$P\{\underline{\theta}<\theta<\overline{\theta}\}=1-\alpha. \tag{8.2.1}$$

考虑显著性水平 $\alpha$ 的双边检验

$$H_0:\theta=\theta_0,\quad H_1:\theta\neq\theta_0. \tag{8.2.2}$$

由式 (8.2.1)，即有

$$P_{\theta_0}\{(\theta_0\leqslant\underline{\theta}(X_1,X_2,\cdots,X_n))\cup(\theta_0\geqslant\overline{\theta}(X_1,X_2,\cdots,X_n))\}=\alpha.$$

考虑显著性水平 $\alpha$ 的假设检验的拒绝域的定义，检验式 (8.2.2) 的拒绝域为 $\theta_0\leqslant\underline{\theta}(x_1,x_2,\cdots,x_n)$ 或 $\theta_0\geqslant\overline{\theta}(x_1,x_2,\cdots,x_n)$.

这就是说，当我们要检验式 (8.2.2) 时，先求出 $\theta$ 的置信水平 $1-\alpha$ 的置信区间 $(\underline{\theta},\overline{\theta})$，然后考察 $\theta_0$ 是否落在区间 $(\underline{\theta},\overline{\theta})$. 若 $\theta_0\in(\underline{\theta},\overline{\theta})$，则接受 $H_0$；若 $\theta_0\notin(\underline{\theta},\overline{\theta})$，则拒绝 $H_0$.

反之，考虑显著性水平 $\alpha$ 的检验问题

$$H_0:\theta=\theta_0,\quad H_1:\theta\neq\theta_0.$$

假设它的接受域为 $\underline{\theta}(x_1,x_2,\cdots,x_n)<\theta_0<\overline{\theta}(x_1,x_2,\cdots,x_n)$，即有

$$P\{\underline{\theta}(X_1, X_2, \cdots, X_n) < \theta < \overline{\theta}(X_1, X_2, \cdots, X_n)\} = 1 - \alpha.$$

因此$(\underline{\theta}(X_1, X_2, \cdots, X_n), \overline{\theta}(X_1, X_2, \cdots, X_n))$是参数$\theta$的置信水平$1-\alpha$的置信区间. 类似地,可以得到:

(1) 参数$\theta$的置信水平$1-\alpha$的单侧置信上限$\hat{\theta}_U$与显著性水平为$\alpha$左边检验问题

$$H_0: \theta \geqslant \theta_0, \quad H_1: \theta < \theta_0$$

有类似的对应关系.

(2) 参数$\theta$的置信水平$1-\alpha$的单侧置信下限$\hat{\theta}_L$与显著性水平为$\alpha$右边检验问题

$$H_0: \theta \leqslant \theta_0, \quad H_1: \theta > \theta_0$$

有类似的对应关系.

**例 8.2.3** 设$X \sim N(\mu, 1)$, $\mu$未知, $\alpha = 0.05$, $n = 16$, 且由样本算得$\bar{x} = 5.20$, 于是得到参数$\mu$的一个置信水平为$0.95$的置信区间

$$\left(\bar{x} - \frac{1}{\sqrt{16}} z_{0.025}, \bar{x} + \frac{1}{\sqrt{16}} z_{0.025}\right) = (4.71, 5.69).$$

现在考虑检验问题

$$H_0: \mu = 5.5, \quad H_1: \mu \neq 5.5.$$

由于$5.5 \in (4.71, 5.69)$, 所以在显著水平$\alpha = 0.05$时, 接受$H_0$.

**例 8.2.4(续例 8.2.3)** 在例 8.2.3 中, 求右边检验问题

$$H_0: \mu \leqslant \mu_0, \quad H_1: \mu > \mu_0$$

的接受域, 并求$\mu$的一个置信水平为$0.95$的单侧置信下限.

**解** 右边检验问题

$$H_0: \mu \leqslant \mu_0, \quad H_1: \mu > \mu_0$$

的拒绝为$z = \dfrac{\bar{x} - \mu_0}{1/\sqrt{16}} \geqslant z_{0.05}$, 即$\mu_0 \leqslant 4.79$. 于是上述右边检验问题的接受域为$\mu_0 > 4.79$, 因此$\mu$的一个置信水平为$0.95$的单侧置信下限为$\hat{\mu}_L > 4.79$.

### 8.2.3 单个总体方差的检验

设$X_1, X_2, \cdots, X_n$是来自正态总体$N(\mu, \sigma^2)$的样本, 要求检验假设(显著性水平为$\alpha$)

$$H_0: \sigma^2 = \sigma_0^2, \quad H_1: \sigma^2 \neq \sigma_0^2.$$

其中$\sigma_0^2$为常数.

由于$S^2$为$\sigma^2$的无偏估计量, 当$H_0$为真时, $S^2$的观察值$s^2$与$\sigma_0^2$的比值$\dfrac{s^2}{\sigma_0^2}$一般在1附近摆动, 而不应过分大于1或过分小于1. 根据定理 6.2.1 知, 当$H_0$为真时, 有$\dfrac{(n-1)S^2}{\sigma_0^2} \sim \chi^2(n-1)$. 取

$$\chi^2 = \frac{(n-1)S^2}{\sigma_0^2}$$

作为检验统计量,如上所述检验问题的拒绝域具有以下形式 $\frac{(n-1)s^2}{\sigma_0^2} \leqslant k_1$ 或 $\frac{(n-1)s^2}{\sigma_0^2} \geqslant k_2$. 这里 $k_1, k_2$ 的值由下式确定:

$$P\{\text{当 } H_0 \text{ 为真时拒绝 } H_0\} = P_{\sigma_0^2}\left\{\left(\frac{(n-1)S^2}{\sigma_0^2} \leqslant k_1\right) \cup \left(\frac{(n-1)S^2}{\sigma_0^2} \geqslant k_2\right)\right\} = \alpha.$$

为计算方便起见,习惯上取

$$P_{\sigma_0^2}\left\{\left(\frac{(n-1)S^2}{\sigma_0^2} \leqslant k_1\right)\right\} = \frac{\alpha}{2}, \quad P_{\sigma_0^2}\left\{\left(\frac{(n-1)S^2}{\sigma_0^2} \geqslant k_2\right)\right\} = \frac{\alpha}{2}.$$

于是 $k_1 = \chi^2_{1-\frac{\alpha}{2}}(n-1)$, $k_2 = \chi^2_{\frac{\alpha}{2}}(n-1)$. 因此得拒绝域为

$$\frac{(n-1)s^2}{\sigma_0^2} \leqslant \chi^2_{1-\frac{\alpha}{2}}(n-1) \quad \text{或} \quad \frac{(n-1)s^2}{\sigma_0^2} \geqslant \chi^2_{\frac{\alpha}{2}}(n-1).$$

以下来求单边检验问题(显著性水平为 $\alpha$)

$$H_0: \sigma^2 \leqslant \sigma_0^2, \quad H_1: \sigma^2 > \sigma_0^2$$

的拒绝域.

由于 $H_0$ 中的全部 $\sigma^2$ 都要比 $H_1$ 中的 $\sigma^2$ 要小,当 $H_1$ 为真时,$S^2$ 的观察值 $s^2$ 往往偏大,因此拒绝域的形式为 $s^2 \geqslant k$. 以下来确定常数 $k$.

$$P\{\text{当 } H_0 \text{ 为真时拒绝 } H_0\} = P_{\sigma^2 \leqslant \sigma_0^2}\{S^2 \geqslant k\}$$

$$= P_{\sigma^2 \leqslant \sigma_0^2}\left\{\frac{(n-1)S^2}{\sigma_0^2} \geqslant \frac{(n-1)k}{\sigma_0^2}\right\}$$

$$= P_{\sigma^2 \leqslant \sigma_0^2}\left\{\frac{(n-1)S^2}{\sigma^2} \geqslant \frac{(n-1)k}{\sigma_0^2}\right\}.$$

要控制 $P\{\text{当 } H_0 \text{ 为真时拒绝 } H_0\} \leqslant \alpha$, 只需令

$$P_{\sigma^2 \leqslant \sigma_0^2}\left\{\frac{(n-1)S^2}{\sigma^2} \geqslant \frac{(n-1)k}{\sigma_0^2}\right\} = \alpha.$$

由于 $\frac{(n-1)S^2}{\sigma^2} \sim \chi^2(n-1)$,根据上式,得 $\frac{(n-1)k}{\sigma_0^2} = \chi^2_\alpha(n-1)$. 因此 $k = \frac{\sigma_0^2}{n-1}\chi^2_\alpha(n-1)$,于是此检验问题的拒绝域为 $s^2 \geqslant \frac{\sigma_0^2}{n-1}\chi^2_\alpha(n-1)$,即 $\chi^2 = \frac{(n-1)s^2}{\sigma_0^2} \geqslant \chi^2_\alpha(n-1)$.

类似地,得左边检验问题

$$H_0: \sigma^2 \geqslant \sigma_0^2, \quad H_1: \sigma^2 < \sigma_0^2$$

的拒绝域为 $\chi^2 = \frac{(n-1)s^2}{\sigma_0^2} \leqslant \chi^2_{1-\alpha}(n-1)$.

以上的检验法称为 $\chi^2$ **检验法**.

一个正态总体方差检验的拒绝域,见表 8-3.

表 8-3　　　　　　一个正态总体方差的检验(显著性水平为 $\alpha$)

| 原假设 $H_0$ | 备择假设 $H_1$ | 检验统计量 | 拒绝域 |
| --- | --- | --- | --- |
| $\sigma^2 \leqslant \sigma_0^2$<br>$\sigma^2 \geqslant \sigma_0^2$<br>$\sigma^2 = \sigma_0^2$<br>($\mu$ 未知) | $\sigma^2 > \sigma_0^2$<br>$\sigma^2 < \sigma_0^2$<br>$\sigma^2 \neq \sigma_0^2$ | $\chi^2 = \dfrac{(n-1)S^2}{\sigma_0^2}$ | $\chi^2 \geqslant \chi_\alpha^2(n-1)$<br>$\chi^2 \leqslant \chi_{1-\alpha}^2(n-1)$<br>$\chi^2 \geqslant \chi_{\frac{\alpha}{2}}^2(n-1)$ 或<br>$\chi^2 \leqslant \chi_{1-\frac{\alpha}{2}}^2(n-1)$ |

**例 8.2.5**　某工厂生产的某型号的电池,其寿命(单位:h)长期以来服从方差为 $\sigma^2 = 5\,000$ 的正态分布,现有一批这种电池,从它的生产情况来看,寿命的波动性有所改变.现随机取 26 个电池,测出其寿命的样本方差为 $s^2 = 9\,200$.问根据这一数据能否推断这批电池的寿命的波动比以往的有显著性的变化($\alpha = 0.02$)?

**解**　本题要求在水平 $\alpha = 0.02$ 下检验假设

$$H_0: \sigma^2 = 5\,000, \quad H_1: \sigma^2 \neq 5\,000.$$

现在 $n = 26$,$\chi_{\frac{\alpha}{2}}^2(n-1) = \chi_{0.01}^2(25) = 44.314$,$\chi_{1-\frac{\alpha}{2}}^2(25) = \chi_{0.99}^2(25) = 11.524$,$\sigma_0^2 = 5\,000$,则检验问题的拒绝域为 $\dfrac{(n-1)s^2}{\sigma_0^2} \geqslant 44.314$ 或 $\dfrac{(n-1)s^2}{\sigma_0^2} \leqslant 11.524$.

由观察值 $s^2 = 9\,200$,得 $\dfrac{(n-1)s^2}{\sigma_0^2} = 46 > 44.314$,所以在显著水平 $\alpha = 0.02$ 时拒绝 $H_0$,即可以认为这批电池寿命的波动比以往的有显著的变化.

## 习　题　8.2

1. 某轮胎制造厂生产一种轮胎,其使用寿命服从正态分布,均值为 30 000 km,标准差为 4 000 km,现采用一种新的工艺生产这种轮胎,从试制产品中随机抽取 100 只轮胎进行试验以测定新的工艺是否优于原有方法,根据检验标准差没有变化,规定显著性水平.(1)问此检验为双边检验还是单边检验;(2)写出原假设和备择假设;(3)对显著性水平 $\alpha = 0.02$,请写出检验的拒绝域.

2. 某车间用一台机器包装茶叶,由经验可知该机器称得茶叶的质量服从正态分布 $N(0.5, 0.015^2)$,现从某天所包装的茶叶袋中随机抽取 9 袋,其平均质量为 0.509,在显著性水平 $\alpha = 0.05$ 下,试问该机器工作是否正常?

3. 要求一种元件平均使用寿命不得低于 1 000 h,生产者从一批这种元件中随机抽取 25 件,测得其寿命的平均值为 950 h.已知该种元件寿命服从标准差为 $\sigma = 100$ h 的正态分布.试在显著性水平 $\alpha = 0.05$ 下判断这批元件是否合格? 设总体均值 $\mu$ 为未知.即需检验假设 $H_0: \mu \geqslant 1\,000$,$H_1: \mu < 1\,000$.

4. 某批矿砂的 5 个样品中的镍含量,经测定分别为 3.25%,3.27%,3.24%,3.26%,3.24%.设测定值总体服从正态分布,但参数均未知,问在显著性水平 $\alpha = 0.01$ 下能否接受假设:这批矿砂的镍含量的均值为 3.25%.

5. 环境保护条例规定,在排放的工业废水中,某种有害物质的含量不得超过 0.5%.设该种物质

的含量 $X \sim N(\mu, \sigma^2)$，现抽取 5 份水样，测得这种有害物质的含量分别为 0.530%，0.542%，0.510%，0.495%，0.515%，在显著性水平 $\alpha=0.05$ 下，问抽样结果是否表明有害物质的含量超过了规定的界限？

6. 对金属锰的熔点做了 4 次试验，结果分别为 1 269℃，1 271℃，1 263℃，1 265℃. 设数据 $X \sim N(\mu, \sigma^2)$，在显著性水平 $\alpha=0.05$ 下，检验测定值的均方差小于等于 2℃.

7. 某厂生产的某种型号的电池，其使用寿命（单位：h）$X \sim N(\mu, 5\,000)$. 今有一批这种型号的电池，从生产情况看，使用寿命波动性较大. 为了判断这种看法是否符合实际，从中随机抽取了 26 只电池，测出使用寿命，得到样本方差 $s^2=7\,200$，在显著性水平 $\alpha=0.02$ 下，问根据这个数据能否推断这批电池使用寿命的波动性比以往有显著变化？

8. 某食品厂用自动装罐机装罐头食品，规定其标准质量为 250 g，标准差不超过 3 g 时判定该机器工作正常，每天定时检验机器工作情况. 现抽取 16 罐，测得平均质量 $\bar{x}=252$ g，样本标准差 $s=4$ g. 假定罐头质量服从正态分布，在显著性水平 $\alpha=0.05$ 下，试问该机器目前的工作是否正常？

9. 电池在货架上滞留的时间不能太长，下面给出某商店随机选取的 8 只电池的货架滞留时间（单位：天）：108，124，124，106，138，163，159，134. 设数据来自正态总体 $N(\mu, \sigma^2)$，$\mu$，$\sigma^2$ 未知，在显著性水平 $\alpha=0.05$ 下，试检验假设 $H_0:\mu \leqslant 125$，$H_1:\mu > 125$.

10. 如果一个矩形的宽度 $w$ 与长度 $l$ 的比 $\dfrac{w}{l}=\dfrac{1}{2}(\sqrt{5}-1) \approx 0.618$，这样的矩形称为黄金矩形. 这种尺寸的矩形使人们看上去有良好的感觉. 现代的建筑构件（如窗架）、工艺品（如图片镜框）、甚至司机的执照、商业的信用卡等常常都是采用黄金矩形. 下面列出某工艺品工厂随机取的 20 个矩形的宽度与长度的比值. 设这一工厂生产的矩形的宽度与长度的比值总体服从正态分布，其均值为 $\mu$，方差为 $\sigma^2$，$\mu$，$\sigma^2$ 均未知. 试检验假设（显著性水平 $\alpha=0.05$）

$$H_0:\mu=0.618, \quad H_1:\mu \neq 0.618.$$

0.693，0.749，0.654，0.670，0.662，0.672，0.615，0.606，0.690，0.628，
0.668，0.611，0.606，0.609，0.601，0.553，0.570，0.844，0.576，0.933.

11. 某厂生产的某种钢索的断裂强度 $X$ 服从正态分布 $X \sim N(\mu_0, \sigma^2)$，其中 $\sigma=40(\text{kg/cm}^2)$. 现从一批这种钢索抽的容量为 9 的一个样本，测得断裂强度的平均值 $\overline{X}$，与以往正常生产时的平均值相比，$\overline{X}$ 较 $\mu_0$ 大 18(kg/cm²). 若设总体方差不变，问在显著性水平 $\alpha=0.01$ 下，能否认为这批钢索质量有显著提高？

12. 用过去的铸造方法，零件强度的标准差是 1.6 kg²/mm²，为了降低成本，改变了铸造方法，测得用新方法铸造出的零件强度如下：51.9，53.0，52.7，54.1，53.2，52.3，52.5，51.1，54.7. 设零件强度服从正态分布，取显著性水平 $\alpha=0.05$，问改变方法后，零件强度的方差是否发生了改变？

13. 某市质监局接到投诉后，对某金店进行调查. 现从其出售的标志 18K 的项链中抽取 9 件进行检测，检测标准为：标准值 18K 且标准差不得超过 0.3K，检测结果如下：17.3，16.6，17.9，18.2，17.4，16.3，18.5，17.2，18.1. 假设项链的含金量服从正态分布，在显著性水平 $\alpha=0.01$ 下，试问检测结果能否认定金店出售的产品存在质量问题？

14. 为了检验 A，B 两种测定铁矿石含铁量的方法是否有明显差异，用这两种方法测定了取自 12 个不同铁矿的矿石标本的含铁量结果见下表：

| 标本号 | 1 | 2 | 3 | 4 | 5 | 6 | 7 | 8 | 9 | 10 | 11 | 12 |
|---|---|---|---|---|---|---|---|---|---|---|---|---|
| 方法 $A(x_i)$ | 38.25% | 31.68% | 26.24% | 41.29% | 44.81% | 46.37% | 35.42% | 38.41% | 42.68% | 46.71% | 29.20% | 30.76% |
| 方法 $B(y_i)$ | 38.27% | 31.71% | 26.22% | 41.33% | 44.80% | 46.39% | 35.46% | 38.39% | 42.72% | 46.76% | 29.18% | 30.79% |

设各对数据的差 $Z_i = X_i - Y_i (i=1, 2, \cdots, 12)$ 是来自正态总体 $N(\mu, \sigma^2)$ 的样本，$\mu$，$\sigma^2$ 均未知. 在显著性水平 $\alpha = 0.05$ 下，问这两种测定方法是否有显著差异？

15. 假设考生的某考试成绩服从正态分布，在某地一次数学统考中，随机抽取 36 位考生的成绩，算得平均成绩为 66.5 分，标准差为 15 分，问在显著性水平为 0.05 下，是否可以认为这次考试全体考生的平均成绩为 70 分？

16. 在 7.1 节习题 11 中，在显著性水平为 0.05 时，检验学生的平均身高是否为 168 cm.

17. 已知维尼纶纤度在正常情况下服从正态分布，且标准差为 0.048. 从某天产品中抽取 5 根纤维，测得其纤度分别为 1.32，1.55，1.36，1.40，1.44. 在显著性水平 0.05 下，问这一天纤度的总体标准差是否正常？

## 8.3 两个正态总体均值与方差的检验

### 8.3.1 两个正态总体均值之差的检验

设 $X_1, X_2, \cdots, X_{n_1}$ 是来自正态总体 $N(\mu_1, \sigma^2)$ 的样本，$Y_1, Y_2, \cdots, Y_{n_2}$ 是来自正态总体 $N(\mu_2, \sigma^2)$ 的样本，且两个样本相互独立. 设 $\overline{X} = \frac{1}{n_1} \sum_{i=1}^{n_1} X_i$ 和 $\overline{Y} = \frac{1}{n_2} \sum_{i=1}^{n_2} Y_i$ 分别是这两个样本均值，$S_1^2 = \frac{1}{n_1-1} \sum_{i=1}^{n_1} (X_i - \overline{X})^2$ 和 $S_2^2 = \frac{1}{n_2-1} \sum_{i=1}^{n_2} (Y_i - \overline{Y})^2$ 分别是这两个样本的方差，设 $\mu_1$，$\mu_2$，$\sigma^2$ 均为未知. 现在来求检验问题

$$H_0: \mu_1 - \mu_2 = \delta, \quad H_1: \mu_1 - \mu_2 \neq \delta$$

的拒绝域（$\delta$ 为常数），取显著性水平为 $\alpha$.

引用下述 $t$ 统计量作为检验统计量

$$t = \frac{(\overline{X} - \overline{Y}) - \delta}{S_w \sqrt{\frac{1}{n_1} + \frac{1}{n_2}}}.$$

其中，$S_w^2 = \frac{(n_1-1)S_1^2 + (n_2-1)S_2^2}{n_1 + n_2 - 2}$.

当 $H_0$ 为真时，根据定理 6.2.3 知 $t \sim t(n_1 + n_2 - 2)$. 与单个总体的 $t$ 检验法类似，其拒绝域的形式为

$$\left| \frac{(\overline{x} - \overline{y}) - \delta}{S_w \sqrt{\frac{1}{n_1} + \frac{1}{n_2}}} \right| \geq k.$$

由 $P\{$当 $H_0$ 为真时拒绝 $H_0\} = P_{\mu_1 - \mu_2 = \delta} \left\{ \left| \frac{(\overline{X} - \overline{Y}) - \delta}{S_w \sqrt{\frac{1}{n_1} + \frac{1}{n_2}}} \right| \geq k \right\} = \alpha$，可得（图 8-8）$k = t_{\frac{\alpha}{2}}(n_1 + n_2 - 2)$. 于是得拒绝域为

$$t = \left| \frac{(\bar{x}-\bar{y})-\delta}{S_w\sqrt{\frac{1}{n_1}+\frac{1}{n_2}}} \right| \geqslant t_{\frac{\alpha}{2}}(n_1+n_2-2)$$

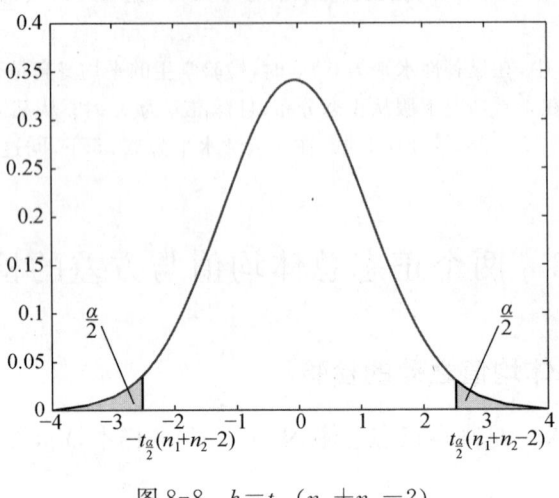

图 8-8 $k=t_{\frac{\alpha}{2}}(n_1+n_2-2)$

关于两个正态总体均值之差的检验拒绝域,见表 8-4(常用的是 $\delta=0$ 的情况).

表 8-4　　　　　　　　两个正态总体均值之差的检验(显著性水平为 $\alpha$)

| 原假设 $H_0$ | 备择假设 $H_1$ | 检验统计量 | 拒绝域 |
| --- | --- | --- | --- |
| $\mu_1-\mu_2\leqslant\delta$<br>$\mu_1-\mu_2\geqslant\delta$<br>$\mu_1-\mu_2=\delta$<br>($\sigma_1^2,\sigma_2^2$ 已知) | $\mu_1-\mu_2>\delta$<br>$\mu_1-\mu_2<\delta$<br>$\mu_1-\mu_2\neq\delta$ | $Z=\dfrac{\bar{X}-\bar{Y}-\delta}{\sqrt{\dfrac{\sigma_1^2}{n_1}+\dfrac{\sigma_2^2}{n_2}}}$ | $z\geqslant z_\alpha$<br>$z\leqslant -z_\alpha$<br>$\|z\|\geqslant z_{\frac{\alpha}{2}}$ |
| $\mu_1-\mu_2\leqslant\delta$<br>$\mu_1-\mu_2\geqslant\delta$<br>$\mu_1-\mu_2=\delta$<br>($\sigma_1^2=\sigma_2^2$ 未知) | $\mu_1-\mu_2>\delta$<br>$\mu_1-\mu_2<\delta$<br>$\mu_1-\mu_2\neq\delta$ | $t=\dfrac{\bar{X}-\bar{Y}-\delta}{S_w\sqrt{\dfrac{1}{n_1}+\dfrac{1}{n_2}}}$<br>$S_w^2=\dfrac{(n_1-1)S_1^2+(n_2-1)S_2^2}{n_1+n_2-2}$ | $t\geqslant t_\alpha(n)$<br>$t\leqslant -t_\alpha(n)$<br>$\|t\|\geqslant t_{\frac{\alpha}{2}}(n)$<br>($n=n_1+n_2-2$) |

**例 8.3.1**　在平炉上进行一项试验以确定改变操作方法的建议是否会增加钢的得率,试验是在同一个平炉上进行的. 每炼一炉钢时除操作方法外,其他条件都尽可能做到相同. 先用标准方法炼一炉,然后再用建议的新方法炼一炉,以后交替进行,各炼 10 炉,其得率分别为

(1) 标准方法:78.1　72.4　76.2　74.3　77.4　78.4　76.0　75.5　76.7　77.3
(2) 新方法:　79.1　81.0　77.3　79.1　80.0　79.1　79.1　77.3　80.2　82.1

设这两个样本相互独立,且分别来自正态总体 $N(\mu_1,\sigma^2)$ 和 $N(\mu_2,\sigma^2)$,$\mu_1,\mu_2,\sigma^2$ 均为未知. 问建议的新操作方法能否提高得率?(取 $\alpha=0.05$)

**解**　需要检验假设 $H_0:\mu_1-\mu_2\geqslant 0$,$H_1:\mu_1-\mu_2<0$.

分别求出标准方法和新方法下样本均值和样本方差如下:
$$n_1=10, \quad \bar{x}=76.23, \quad s_1^2=3.325, \quad n_2=10, \quad \bar{y}=79.43, \quad s_2^2=2.225.$$
$$s_w^2=\frac{(n_1-1)S_1^2+(n_2-1)S_2^2}{n_1+n_2-2}=2.775, \quad t_{0.05}(18)=1.7341.$$

由表 8-4 知拒绝域为 $t=\dfrac{\bar{x}-\bar{y}}{s_w\sqrt{\dfrac{1}{10}+\dfrac{1}{10}}} \leqslant -t_{0.05}(18)=-1.7341.$

由于样本观察值 $t=-4.295<-1.7341$,所以在显著水平 $\alpha=0.05$ 时拒绝 $H_0$,即可以认为建议的新方法比原来的标准方法能提高得率.

### 8.3.2　两个正态总体方差之比的检验

$X_1,X_2,\cdots,X_{n_1}$ 是来自正态总体 $N(\mu_1,\sigma_1^2)$ 的样本,$Y_1,Y_2,\cdots,Y_{n_2}$ 是来自正态总体 $N(\mu_2,\sigma_2^2)$ 的样本,且两个样本相互独立.$S_1^2$ 和 $S_2^2$ 分别是两个样本方差,设 $\mu_1,\mu_2,\sigma_1^2,\sigma_2^2$ 均为未知.现在需要检验假设(取显著性水平为 $\alpha$)
$$H_0:\sigma_1^2 \leqslant \sigma_2^2, \quad H_1:\sigma_1^2>\sigma_2^2.$$

当 $H_0$ 为真时,$E(S_1^2)=\sigma_1^2 \leqslant \sigma_2^2=E(S_2^2)$,当 $H_1$ 为真时,$E(S_1^2)=\sigma_1^2>\sigma_2^2=E(S_2^2)$.

当 $H_1$ 为真时,观察值 $\dfrac{s_1^2}{s_2^2}$ 有偏大的趋势,因此拒绝域的形式为 $\dfrac{s_1^2}{s_2^2} \geqslant k$,常数 $k$ 如下确定:

当 $H_0$ 为真时,$\dfrac{\sigma_1^2}{\sigma_2^2} \leqslant 1$,所以

$$P\{\text{当 } H_0 \text{ 为真时拒绝 } H_0\}=P_{\sigma_1^2 \leqslant \sigma_2^2}\left\{\frac{S_1^2}{S_2^2} \geqslant k\right\} \leqslant P_{\sigma_1^2 \leqslant \sigma_2^2}\left\{\frac{\dfrac{S_1^2}{S_2^2}}{\dfrac{\sigma_1^2}{\sigma_2^2}} \geqslant k\right\}.$$

要控制 $P\{\text{当 } H_0 \text{ 为真时拒绝 } H_0\} \leqslant \alpha$,只需令

$$P_{\sigma_1^2 \leqslant \sigma_2^2}\left\{\frac{\dfrac{S_1^2}{S_2^2}}{\dfrac{\sigma_1^2}{\sigma_2^2}} \geqslant k\right\}=\alpha.$$

根据定理 6.2.3,知 $\dfrac{\dfrac{S_1^2}{S_2^2}}{\dfrac{\sigma_1^2}{\sigma_2^2}} \sim F(n_1-1,n_2-1)$,

得(图 8-9)$k=F_\alpha(n_1-1,n_2-1)$,于是此检验问题的拒绝域为 $F=\dfrac{s_1^2}{s_2^2} \geqslant F_\alpha(n_1-1,n_2-1).$

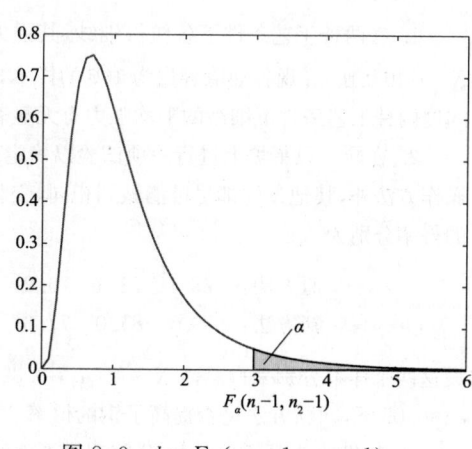

图 8-9　$k=F_\alpha(n_1-1,n_2-1)$

以上的检验法称为 $F$ 检验法.

关于两个正态总体方差之比的检验拒绝域,见表 8-5.

表 8-5　　　　　　　　两个正态总体方差之比的检验(显著性水平为 $\alpha$)

| 原假设 $H_0$ | 备择假设 $H_1$ | 检验统计量 | 拒绝域 |
|---|---|---|---|
| $\sigma_1^2 \leqslant \sigma_2^2$ | $\sigma_1^2 > \sigma_2^2$ | $F = \dfrac{S_1^2}{S_2^2}$ | $F \geqslant F_\alpha(n_1-1, n_2-1)$ |
| $\sigma_1^2 \geqslant \sigma_2^2$ | $\sigma_1^2 < \sigma_2^2$ | | $F \leqslant F_{1-\alpha}(n_1-1, n_2-1)$ |
| $\sigma_1^2 = \sigma_2^2$ ($\mu_1, \mu_2$ 未知) | $\sigma_1^2 \neq \sigma_2^2$ | | $F \geqslant F_{\frac{\alpha}{2}}(n_1-1, n_2-1)$ 或 $F \leqslant F_{1-\frac{\alpha}{2}}(n_1-1, n_2-1)$ |

**例 8.3.2**(续例 8.3.1)　试对例 8.3.1 中的数据检验假设($\alpha=0.01$)

$$H_0: \sigma_1^2 = \sigma_2^2, \quad H_1: \sigma_1^2 \neq \sigma_2^2.$$

**解**　根据例 8.3.1,$n_1=n_2=10$,$\alpha=0.01$,根据表 8-5 知拒绝域为

$$\frac{s_1^2}{s_2^2} \geqslant F_{0.005}(10-1, 10-1) = 6.54,$$

或

$$\frac{s_1^2}{s_2^2} \leqslant F_{1-0.005}(10-1, 10-1) = \frac{1}{F_{0.005}(10-1, 10-1)} = \frac{1}{6.54} = 0.153.$$

现在 $s_1^2 = 3.325$,$s_2^2 = 2.225$,$\dfrac{s_1^2}{s_2^2} = 1.49$,而 $0.153 < 1.49 < 6.54$,因此在显著水平 $\alpha = 0.01$ 时接受 $H_0$,即可以认为两个总体的方差相等(这也说明在例 8.3.1 中假设两个总体的方差相等是合理的).

## 习题 8.3

1. 在两种工艺条件下各纺得细纱,其强力分别为 $X, Y$. 设 $X \sim N(\mu_1, 28^2)$,$Y \sim (\mu_2, 28.5^2)$,并且 $X, Y$ 相互独立. 现各抽取容量为 100 的样本,得到样本均值 $\bar{x} = 280$,$\bar{y} = 286$,在显著性水平 $\alpha = 0.05$ 下,问这两种工艺条件下细纱的平均强力有无显著差异?

2. 在同一只平炉上进行一项试验以确定改变操作方法的建议是否会增加钢的得率. 每炼一炉钢时,除操作方法外,其他条件都尽可能做到相同,交替地用原方法和新方法各炼一炉钢,共炼 20 炉,记录各炉钢的得率分别为

　　原方法:　78.1　72.4　76.2　74.3　77.4　78.4　76.0　75.5　76.7　77.3
　　新方法:　79.1　81.0　77.3　79.1　80.0　79.1　79.1　77.3　80.2　82.1

设这两个样本分别来自总体 $X \sim N(\mu_1, 3.325)$,$Y \sim N(\mu_2, 2.225)$,并且 $X, Y$ 相互独立. 在显著性水平 $\alpha = 0.05$ 下,问新方法是否提高了钢的得率?

3. 随机地选取了 8 个人,分别测量了他们在早晨起床时和晚上就寝时的身高(单位:cm),得到的数据见下表:

| 序号 | 1 | 2 | 3 | 4 | 5 | 6 | 7 | 8 |
|---|---|---|---|---|---|---|---|---|
| 早上($x_i$) | 172 | 168 | 180 | 181 | 160 | 163 | 165 | 177 |
| 晚上($y_i$) | 172 | 167 | 177 | 179 | 159 | 161 | 166 | 175 |

设各对数据的差 $D_i = X_i - Y_i (i=1, 2, \cdots, 8)$ 是来自正态总体 $N(\mu_D, \sigma_D^2)$ 的样本,$\mu_D$,$\sigma_D^2$ 均未知. 在显著性水平 $\alpha = 0.05$ 下,问是否可以认为早晨的身高比晚上的身高要高?

4. 下表分别给出两位文学家马克·吐温(Mark Twain)的 8 篇小品文以及斯诺特格拉斯(Snodgrass)的 10 篇小品文中由 3 个字母组成的单字的比例.

| 马克·吐温 | 0.225 | 0.262 | 0.217 | 0.240 | 0.230 | 0.229 | 0.235 | 0.217 | | |
| 斯诺特格拉斯 | 0.209 | 0.205 | 0.196 | 0.210 | 0.202 | 0.207 | 0.224 | 0.223 | 0.220 | 0.201 |

设两组数据分别来自正态总体,且两总体方差相等,但参数均未知. 两样本相互独立. 在显著性水平 $\alpha = 0.05$ 下,问两个作家所写的小品文中包含由 3 个字母组成的单字的比例是否有显著的差异?

5. 在第 4 题中分别记两个总体的方差为 $\sigma_1^2$ 和 $\sigma_2^2$. 在显著性水平 $\alpha = 0.05$ 下,试检验假设

$$H_0: \sigma_1^2 = \sigma_2^2, \quad H_1: \sigma_1^2 \neq \sigma_2^2,$$

以说明在第 4 题中假设 $\sigma_1^2 = \sigma_2^2$ 是合理的.

6. 有两台机器生产金属部件. 分别在两台机器所生产的部件中各取一容量 $n_1 = 60$, $n_2 = 40$ 的样本,测得部件质量(单位:kg)的样本方差分别为 $s_1^2 = 15.46$, $s_2^2 = 9.66$. 设两样本相互独立. 两总体分别服从 $N(\mu_1, \sigma_1^2)$, $N(\mu_2, \sigma_2^2)$ 分布. $\mu_i$, $\sigma_i^2 (i=1, 2)$ 均未知. 试在水平 $\alpha = 0.05$ 下检验假设

$$H_0: \sigma_1^2 \leqslant \sigma_2^2, \quad H_1: \sigma_1^2 > \sigma_2^2.$$

7. 为比较两种燃料 $A$ 与 $B$ 的辛烷值,各取 12 个样品进行测试,分别测得其辛烷值的样本均值和样本方差分别为

$$\bar{x}_A = 85.83, \quad s_A^2 = 5.61, \quad \bar{x}_B = 78.67, \quad s_B^2 = 6.06.$$

辛烷值越高,燃料质量越好. 设两种燃料的辛烷值分别服从正态分布 $N(\mu_A, \sigma_A^2)$, $N(\mu_B, \sigma_B^2)$,且两个样本相互独立.

(1) 在显著性水平 $\alpha = 0.01$ 下,检验假设

$$H_0: \sigma_A^2 = \sigma_B^2, \quad H_1: \sigma_A^2 \neq \sigma_B^2;$$

(2) 在显著性水平 $\alpha = 0.05$ 下,检验假设

$$H_0': \mu_A - \mu_B = 5, \quad H_1': \mu_A - \mu_B > 5.$$

## 8.4 分布拟合检验

在前三节的讨论中,我们都是假设了总体服从正态分布,然后对其均值或方差提出假设,并进行检验,这些均属于参数假设检验问题. 在实际问题中,怎样才能知道一个总体是否服从正态分布呢? 更一般地说,怎样才能知道一个随机变量 $X$ 的分布函数是某个给定的函数 $F(x)$ 呢?

本节将根据样本 $X_1, X_2, \cdots, X_n$(或其观察值 $x_1, x_2, \cdots, x_n$),考虑如下假设检验问

题：$H_0$：$X$ 的分布函数为 $F(x)$. 这里 $F(x)$ 是已知的分布函数.

通常要用样本观察值来估计（或代替）$F(x)$ 的未知参数，例如，对于正态总体 $N(\mu, \sigma^2)$，取 $\hat{\mu}=\bar{X}$，$\hat{\sigma}^2=S^2$ 等. 处理这类总体分布的假设检验问题的方法很多，这里我们只介绍最常用的一种方法——$\chi^2$ 检验法.

在实数轴上取 $k$ 个分点 $t_1, t_2, \cdots, t_k$，这 $k$ 个点将 $(-\infty, \infty)$ 分成 $k+1$ 个互不相交的区间 $(-\infty, t_1)$，$[t_1, t_2)$，$\cdots$，$[t_{i-1}, t_i)$，$\cdots$，$[t_k, \infty)$.

设样本观察值 $x_1, x_2, \cdots, x_n$ 中落入第 $i$ 个区间的个数为 $v_i$（$1\leqslant i\leqslant k+1$），其频率为 $v_i/n$.

如果 $H_0$ 成立，由给定的分布函数 $F(x)$，可以计算得到 $X$ 落在每个区间的概率为：$p_i=P\{t_{i-1}\leqslant X<t_i\}=F(t_i)-F(t_{i-1})$，其中 $1\leqslant i\leqslant k+1$，记 $t_0=-\infty$，$t_{k+1}=\infty$. 考虑统计量

$$\chi^2=\sum_{i=1}^{k+1}\left(\frac{v_i}{n}-p_i\right)^2\frac{n}{p_i}=\sum_{i=1}^{k+1}\frac{(v_i-np_i)^2}{np_i}=\sum_{i=1}^{k+1}\frac{v_i^2}{np_i}-n. \tag{8.4.1}$$

**注** 在式（8.4.1）中给出了统计量 $\chi^2$ 的三种等价形式，在后面的应用中采用哪一种都可以.

式（8.4.1）中 $\chi^2$ 依赖于 $v_i$ 和 $p_i$，因此它与 $F(x)$ 建立了关系，它可以作为检验 $H_0$ 的检验统计量. 皮尔逊在 1900 年证明了如下定理.

**定理 8.4.1** 设 $F(x)$ 是随机变量 $X$ 的分布函数，当 $H_0$ 成立时，由式（8.4.1）给出的统计量 $\chi^2$ 以 $\chi^2(k)$ 为极限分布（当 $n\to\infty$），其中 $F(x)$ 中不含有未知参数，$v_i$ 称为**实际频数**，$np_i$ 称为**理论频数**.

根据定理 8.4.1，当 $n$ 比较大时，检验统计量 $\chi^2$ 近似服从 $\chi^2(k)$. 这样，给定显著性水平 $\alpha$ 后，查 $\chi^2$ 分布表，得临界值 $\chi_\alpha^2(k)$，使 $P\{\chi^2>\chi_\alpha^2(k)\}=\alpha$.

由样本观察值 $x_1, x_2, \cdots, x_n$ 计算 $v_1, v_2, \cdots, v_{k+1}$，由给定的分布函数 $F(x)$ 计算 $p_1, p_2, \cdots, p_{k+1}$，从而计算出 $\chi^2$ 的值. 若 $\chi^2>\chi_\alpha^2(k)$，则拒绝 $H_0$，即认为总体 $X$ 的分布函数与 $F(x)$ 有显著性差异；若 $\chi^2\leqslant\chi_\alpha^2(k)$，则不能拒绝 $H_0$，即不能认为总体 $X$ 的分布函数与 $F(x)$ 有显著性差异.

需要指出的是，当 $F(x)$ 中含有 $r$ 个未知参数 $\theta_1, \theta_2, \cdots, \theta_r$ 时（$r<k$），则需要用估计值 $\hat{\theta}_1, \hat{\theta}_2, \cdots, \hat{\theta}_r$ 来分别代替 $\theta_1, \theta_2, \cdots, \theta_r$，此时 $\chi^2$ 以 $\chi^2(k-r)$ 为极限分布（当 $n\to\infty$）. 费歇尔证明了如下定理：

**定理 8.4.2** 设 $F(x)$ 是随机变量 $X$ 的分布函数，且 $F(x)$ 中含有 $r$ 个未知参数，当 $H_0$ 成立时，由式（8.4.1）给出的统计量 $\chi^2$ 以 $\chi^2(k-r)$ 为极限分布（当 $n\to\infty$）.

在定理 8.4.2 中，当 $r=0$（即 $F(x)$ 中不含有未知参数）时，其结果与定理 8.4.1 相同. 因此定理 8.4.1 可以看成是定理 8.4.2 的一种特殊情况.

以下给出 $\chi^2$ 检验法的一般步骤：

（1）在假定 $H_0$：$F(x)=F(x; \theta_1, \cdots, \theta_r)$ 成立的前提下，求出参数 $\theta_1, \theta_2, \cdots, \theta_r$ 的极大似然估计值 $\hat{\theta}_1, \hat{\theta}_2, \cdots, \hat{\theta}_r$.

(2) 把实数轴划分成 $k+1$ 个互不相交的区间 $(-\infty, t_1), [t_1, t_2), \cdots, [t_{i-1}, t_i), \cdots, [t_k, \infty)$.

(3) 在 $H_0$ 成立的前提下,计算 $p_i$ 和 $np_i$,其中 $p_i$ 为总体 $X$ 的取值落入第 $i$ 个区间的概率,即 $p_i = P\{t_{i-1} \leqslant X < t_i\} = F(t_i; \hat{\theta}_1, \hat{\theta}_2, \cdots, \hat{\theta}_r) - F(t_{i-1}; \hat{\theta}_1, \hat{\theta}_2, \cdots, \hat{\theta}_r)$.

(4) 按照样本观察值 $x_1, x_2, \cdots, x_n$ 落入第 $i$ 个区间内的个数(即频数)$v_i$($i=1, 2, \cdots, k+1$)和步骤(3)中计算得到的 $np_i$,计算由式(8.4.1)给出的统计量 $\chi^2$ 的值(步骤(3),步骤(4)中的计算可列表进行).

(5) 按照所给定的显著性水平 $\alpha$,查自由度为 $k-r$ 的 $\chi^2$ 分布表,得临界值 $\chi^2_\alpha(k-r)$,使 $P\{\chi^2 > \chi^2_\alpha(k-r)\} = \alpha$,这里 $r$ 为 $F(x) = F(x; \theta_1, \cdots, \theta_r)$ 中未知参数的个数.

(6) 若 $\chi^2 > \chi^2_\alpha(k-r)$,则否定 $H_0$,即认为总体 $X$ 的分布函数与 $F(x)$ 有显著性差异;若 $\chi^2 \leqslant \chi^2_\alpha(k-r)$,则不能否定 $H_0$,即不能认为总体 $X$ 的分布函数与 $F(x)$ 有显著性差异.

由于 $\chi^2$ 检验法是在 $n \to \infty$ 时推导出来的,所以在应用时必须注意,当 $n$ 比较大时,$np_i$ 不能太小. 在实际应用中,一般要求 $n$ 不能小于 50 且 $np_i$ 不小于 5.

$\chi^2$ 检验法对总体 $X$ 是离散型和连续型分布均适用,下面举例说明.

**例 8.4.1** 在一批灯泡中抽取 300 只做寿命(单位:h)试验,获得的数据见表 8-6.

表 8-6　　　　　　　　　　灯泡寿命试验数据

| 寿命 | [0, 100] | (100, 200] | (200, 300] | >300 |
|---|---|---|---|---|
| 灯泡数 | 121 | 78 | 43 | 58 |

对于给定的显著性水平 $\alpha = 0.05$,问这批灯泡的寿命是否服从指数分布

$$f(t) = \begin{cases} 0.005 e^{-0.005t}, & t \geqslant 0, \\ 0, & t < 0. \end{cases}$$

**解** 本题是在显著性水平 $\alpha = 0.05$ 时,检验 $H_0$:这批灯泡的寿命服从指数分布

$$f(t) = \begin{cases} 0.005 e^{-0.005t}, & t \geqslant 0, \\ 0, & t < 0. \end{cases}$$

总体 $X$ 的可能取值范围是 $[0, \infty)$,把该范围分成 4 个互不相交的区间,见表 8-6 的第 1 行(或表 8-7 的第 2 列).

在 $H_0$ 成立时,总体 $X$ 的分布函数为

$$F(t) = \begin{cases} 1 - e^{-0.005t}, & t \geqslant 0, \\ 0, & t < 0. \end{cases}$$

可以计算得到 $X$ 落在每个区间的概率为 $p_i = P\{t_{i-1} \leqslant t < t_i\} = F(t_i) - F(t_{i-1})$($i=1, 2, 3, 4$),$np_i$ 和 $\dfrac{v_i^2}{np_i}$ 的计算结果见表 8-7.

表 8-7　有关计算

| $i$ | 第 $i$ 个区间 | $v_i$ | $p_i$ | $np_i$ | $\dfrac{v_i^2}{np_i}$ |
| --- | --- | --- | --- | --- | --- |
| 1 | [0, 100] | 121 | 0.393 5 | 118.05 | 124.023 7 |
| 2 | (100, 200] | 78 | 0.238 7 | 71.61 | 84.960 2 |
| 3 | (200, 300] | 43 | 0.144 7 | 43.41 | 42.593 9 |
| 4 | >300 | 58 | 0.223 1 | 66.93 | 50.261 5 |
|   |   |   |   |   | $\sum\limits_{i=1}^{4}\dfrac{v_i^2}{np_i}=301.839\ 3$ |

根据表 8-7,得 $\chi^2=301.839\ 3-300=1.839\ 3<7.815=\chi^2_{0.05}(3)$,根据定理 8.4.1,在给定的显著性水平 $\alpha=0.05$ 时不能否定 $H_0$,即可以认为这批灯泡的寿命服从指数分布

$$f(t)=\begin{cases}0.005\mathrm{e}^{-0.005t}, & t\geqslant 0,\\ 0, & t<0.\end{cases}$$

**例 8.4.2**　某电话站在一个小时内接到电话用户的呼叫次数按每分钟记录见表 8-8.

表 8-8　某电话站接到呼叫次数按每分钟记录表

| 呼叫次数 | 0 | 1 | 2 | 3 | 4 | 5 | 6 | ≥7 |
| --- | --- | --- | --- | --- | --- | --- | --- | --- |
| 频数 | 8 | 16 | 17 | 10 | 6 | 2 | 1 | 0 |

问在显著性水平 $\alpha=0.05$ 时,这个分布能否看作为泊松分布?

**解**　$H_0$:总体 $X$ 是参数为 $\lambda$ 的泊松分布. 由于 $\lambda$ 的极大似然估计值为 $\hat{\lambda}=\bar{x}$,利用表 8-8 中的数据,经计算得 $\bar{x}=2$.

对于给定的显著性水平 $\alpha=0.05$,根据表 8-8 知,$n=60$,$k=7$,查表得临界值为 $\chi^2_{0.05}(6)=12.592$. 有关计算见表 8-9.

表 8-9　有关计算

| $i$ | 1 | 2 | 3 | 4 | 5 | 6 | 7 | 8 |
| --- | --- | --- | --- | --- | --- | --- | --- | --- |
| $x_i$ | 0 | 1 | 2 | 3 | 4 | 5 | 6 | ≥7 |
| $v_i$ | 8 | 16 | 17 | 10 | 6 | 2 | 1 | 0 |
| $p_i$ | 0.135 | 0.271 | 0.271 | 0.180 | 0.090 | 0.036 | 0.012 | 0.005 |
| $np_i$ | 8.118 | 16.236 | 16.236 | 10.824 | 5.412 | 2.166 | 0.720 | 0.270 |

利用表 8-9 中的数据,得 $\sum\limits_{i=1}^{8}\dfrac{v_i^2}{np_i}=60.577\ 3$,于是 $\chi^2=\sum\limits_{i=1}^{8}\dfrac{v_i^2}{np_i}-60=0.577\ 3<12.592=\chi^2_{0.05}(6)$.

根据定理 8.4.2,对于给定的显著性水平 $\alpha=0.05$,不能否定 $H_0$,即可认为总体 $X$ 服从参数 $\lambda=2$ 的泊松分布.

# 习 题 8.4

1. 抛掷一颗骰子 60 次,其结果见下表:

| 点数 | 1 | 2 | 3 | 4 | 5 | 6 |
|---|---|---|---|---|---|---|
| 次数 | 7 | 8 | 12 | 11 | 9 | 13 |

在显著性水平 $\alpha=0.05$ 下检验这颗骰子是否均匀?

2. 为检验一颗骰子是否均匀,将它投掷 60 次,观察到出现点数 1,2,3,4,5,6 的次数分别为 7,6,12,14,5,16。在显著性水平 $\alpha=0.05$ 下,问这颗骰子是否均匀?

3. 检查了一本书的 100 页,记录各页中印刷错误的个数,结果见下表:

| 错误个数 $f_i$ | 0 | 1 | 2 | 3 | 4 | 5 | 6 |
|---|---|---|---|---|---|---|---|
| 含 $f_i$ 个错误的页数 | 14 | 27 | 26 | 20 | 7 | 3 | 3 |

在显著性水平 $\alpha=0.05$ 下,问能否认为一页的印刷错误个数服从泊松分布?

4. 随机抽取 200 只某种电子元件进行寿命试验,测得元件的寿命(单位:h)的频数分布见下表:

| 元件寿命 | ≤200 | (200, 300] | (300, 400] | (400, 500] | >500 |
|---|---|---|---|---|---|
| 频数 | 94 | 25 | 22 | 17 | 42 |

根据计算,平均寿命为 325 h,在显著性水平 $\alpha=0.05$ 下,试检验元件的寿命是否服从指数分布.

5. 下面给出了随机选取的某大学一年级学生(200 个)一次数学考试的成绩,分组列表如下:

| 分数 | $20 \leq x \leq 30$ | $30 < x \leq 40$ | $40 < x \leq 50$ | $50 < x \leq 60$ |
|---|---|---|---|---|
| 学生数 | 5 | 15 | 30 | 51 |
| 分数 | $60 < x \leq 70$ | $70 < x \leq 80$ | $80 < x \leq 90$ | $90 < x \leq 100$ |
| 学生数 | 60 | 23 | 10 | 6 |

在显著性水平 $\alpha=0.01$ 下,检验数据来自正态总体 $N(60, 15^2)$.

6. 将一正四面体的四面分别涂为红、绿、蓝、白四种不同的颜色,任意抛掷该四面体,直至白色的一面朝下为止,记录抛掷的次数,重复做如此试验 200 回,其结果见下表:

| 抛掷次数 | 1 | 2 | 3 | 4 | ≥5 |
|---|---|---|---|---|---|
| 频数 | 56 | 48 | 32 | 28 | 36 |

在显著性水平 $\alpha=0.02$ 下,问该四面体是否均匀?

7. 对某汽车零件制造厂所生产的汽缸螺栓口径(单位:mm)进行抽样检验,测得 100 个数据,分组列表如下:

| 组限 | 10.93~10.95 | 10.95~10.97 | 10.97~10.99 | 10.99~11.01 |
|---|---|---|---|---|
| 频数 | 5 | 8 | 20 | 34 |
| 组限 | 11.01~11.03 | 11.03~11.05 | 11.05~11.07 | 11.07~11.09 |
| 频数 | 17 | 6 | 6 | 4 |

在显著性水平 $\alpha=0.05$ 下,问螺栓口径是否服从正态分布?

8. 某调查机构连续三年对某城市的居民进行社会热点问题调查,对下列四个问题:(1)收入;(2)物价;(3)住房;(4)交通,要求被调查者选择其中一个作为最关心的问题. 调查结果见下表:

| 问题 | 收入 | 物价 | 住房 | 交通 | 合计 |
| --- | --- | --- | --- | --- | --- |
| 2007 年 | 155 | 232 | 87 | 50 | 524 |
| 2008 年 | 134 | 201 | 100 | 75 | 510 |
| 2009 年 | 176 | 114 | 165 | 61 | 516 |
| 合计 | 465 | 547 | 352 | 186 | 1 550 |

在显著性水平 $\alpha=0.05$ 下,是否可以认为该城市居民对社会热点问题的看法保持不变?

# 第9章 方差分析

在实际问题中,影响一个事物的因素是很多的,人们总是希望通过各种试验来观察各种因素对试验结果的影响. 例如,不同的生产厂家、不同的原材料、不同的操作规程以及不同的技术指标对产品的质量、性能都会有影响. 然而,不同因素的影响大小不等.

方差分析(analysis of variance, ANOVA)是研究一种或多种因素的变化对试验结果的观测值是否有影响,从而找出较优的试验条件或生产条件的一种常用的统计方法.

人们在试验中所考察到的数量指标,如产量、性能等,称为观测值. 影响观测值的条件称为因素. 因素的不同状态称为水平. 在一个试验中,可以得出一系列不同的观测值. 引起观测值不同的原因是多方面的,有的是处理方式或条件不同引起的,这些称为因素效应(或处理效应、条件变异);有的是试验过程中偶然性因素的干扰或观测误差所导致的,这些称为试验误差.

方差分析的主要工作是将测量数据的总变异按照变异原因的不同分解为因素效应和试验误差,并对其作出数量分析,比较各种原因在总变异中所占的重要程度,作出统计推断的依据,由此确定进一步的工作方向.

一般,在实际应用问题中,方差分析的计算量会比较大,本章中应用有关软件(R 软件,MATLAB)进行有关计算、作图等.

本章主要讨论:单因素方差分析、双因素方差分析,同时在有关例题中给出计算程序.

## 9.1 单因素方差分析

以下将通过一个例子说明单因素方差分析的基本思想.

**例 9.1.1** 用四种不同的材料 $A_1, A_2, A_3, A_4$ 生产出来的元件,测得其使用寿命见表 9-1,那么 4 种不同配方下元件的使用寿命是否有显著差异呢?

表 9-1 元件寿命数据

| | | | | | | | | |
|---|---|---|---|---|---|---|---|---|
| $A_1$ | 1 600 | 1 610 | 1 650 | 1 680 | 1 700 | 1 700 | 1 780 | |
| $A_2$ | 1 500 | 1 640 | 1 400 | 1 700 | 1 750 | | | |
| $A_3$ | 1 640 | 1 550 | 1 600 | 1 620 | 1 640 | 1 600 | 1 740 | 1 800 |
| $A_4$ | 1 510 | 1 520 | 1 530 | 1 570 | 1 640 | 1 600 | | |

在表 9-1 中,材料的配方是影响元件使用寿命的因素,四种不同配方表明因素处于四种状态,为四种水平,这样的试验称为单因素四水平试验. 根据表 9-1 中的数据可知,不仅不同配方的材料生产出来的元件使用寿命不同,而且同一配方下的元件的使用寿命也不一样. 分析数据波动的原因主要来自以下两个方面:

(1) 在同样的配方下做若干次寿命试验,试验条件大体相同,因此数据的波动是由于其他随机因素的干扰所引起的. 设想在同一配方下的元件的使用寿命应该有一个理论上的均值,而实测寿命数据与均值的偏离即为随机误差,此误差服从正态分布.

(2) 在不同配方下,使用寿命有不同的均值,它导致不同组的元件间寿命数据的不同.

对于一般情况下,设试验只有一个因素 $A$ 在变化,其他因素都不变. $A$ 有 $r$ 个水平 $A_1$, $A_2$, $\cdots$, $A_r$, 在水平 $A_i$ 下进行 $n_i$ 次独立观测,设 $x_{ij}$ 表示在因素 $A$ 的第 $i$ 个水平下的第 $j$ 次试验的结果,得到试验指标列在表 9-2 中.

表 9-2　　　　　　　　　单因素方差分析数据

| $A_1$ | $x_{11}$ | $x_{12}$ | $\cdots$ | $x_{1n_1}$ | 总体 $N(\mu_1, \sigma^2)$ |
|---|---|---|---|---|---|
| $A_2$ | $x_{21}$ | $x_{22}$ | $\cdots$ | $x_{2n_2}$ | 总体 $N(\mu_2, \sigma^2)$ |
| $\vdots$ | $\vdots$ | $\vdots$ | $\cdots$ | $\vdots$ | $\vdots$ |
| $A_r$ | $x_{r1}$ | $x_{r2}$ | $\cdots$ | $x_{rn_r}$ | 总体 $N(\mu_r, \sigma^2)$ |

### 9.1.1　数学模型

把水平 $A_i$ 下的试验结果 $x_{i1}, x_{i2}, \cdots, x_{in_i}$ 看成来自第 $i$ 个正态总体 $X_i \sim N(\mu_i, \sigma^2)$ 的样本观察值,其中 $\mu_i, \sigma^2$ 均未知,并且每个总体 $X_i$ 都相互独立. 考虑线性模型

$$x_{ij} = \mu_i + \varepsilon_{ij}, \quad i=1,2,\cdots,r;\ j=1,2,\cdots,n_i. \tag{9.1.1}$$

其中 $\varepsilon_{ij} \sim N(0, \sigma^2)$ 相互独立, $\mu_i$ 为第 $i$ 个总体的均值, $\varepsilon_{ij}$ 为相应的试验误差.

比较因素 $A$ 的 $r$ 个水平的差异归结为比较这 $r$ 个总体均值,即检验假设

$$H_0: \mu_1 = \mu_2 = \cdots = \mu_r, \quad H_1: \mu_1, \mu_2, \cdots, \mu_r \text{ 不全相等}. \tag{9.1.2}$$

记 $\mu = \dfrac{1}{n} \sum_{i=1}^{r} n_i \mu_i$, $n = \sum_{i=1}^{r} n_i$, $\alpha_i = \mu_i - \mu$, 其中 $\mu$ 表示总和的均值, $\alpha_i$ 为水平 $A_i$ 对指标的效应,不难验证 $\sum_{i=1}^{r} n_i \alpha_i = 0$.

模型(9.1.1)可以等价地写成

$$\begin{cases} x_{ij} = \mu_i + \varepsilon_{ij}, \quad i=1,2,\cdots,r;\ j=1,2,\cdots,n_i, \\ \varepsilon_{ij} \sim N(0, \sigma^2) \text{ 且相互独立}, \\ \sum_{i=1}^{r} n_i \alpha_i = 0. \end{cases} \tag{9.1.3}$$

称模型(9.1.3)为单因素方差分析数学模型,它是一个线性模型.

### 9.1.2　方差分析

式(9.1.2)等价于

$$H_0: \alpha_1 = \alpha_2 = \cdots = \alpha_r = 0, \quad H_1: \alpha_1, \alpha_2, \cdots, \alpha_r \text{ 不全为零}. \tag{9.1.4}$$

如果 $H_0$ 被拒绝,则说明因素 $A$ 各水平的效应之间有显著的差异;否则,差异不明显.

以下导出 $H_0$ 的检验统计量. 方差分析法是建立在平方和分解和自由度分解的基础上

的,考虑统计量

$$S_T = \sum_{i=1}^{r} \sum_{j=1}^{n_i} (x_{ij} - \bar{x})^2, \quad \bar{x} = \frac{1}{n} \sum_{i=1}^{r} \sum_{j=1}^{n_i} x_{ij}.$$

称 $S_T$ 为总离差平方和(或称总变差),它是所有数据 $x_{ij}$ 与总平均值 $\bar{x}$ 的差的平方和,它描绘了所有数据的离散程度. 可以证明如下平方和分解公式:

$$S_T = S_E + S_A, \tag{9.1.5}$$

其中

$$S_E = \sum_{i=1}^{r} \sum_{j=1}^{n_i} (x_{ij} - \bar{x}_{i\cdot})^2, \quad \bar{x}_{i\cdot} = \frac{1}{n_i} \sum_{j=1}^{n_i} x_{ij},$$

$$S_A = \sum_{i=1}^{r} \sum_{j=1}^{n_i} (\bar{x}_{i\cdot} - \bar{x})^2 = \sum_{i=1}^{r} n_i (\bar{x}_{i\cdot} - \bar{x})^2,$$

$S_E$ 表示随机误差的影响. 这是因为对于固定的 $i$ 来讲,观测值 $x_{i1}, x_{i2}, \cdots, x_{in_i}$ 是自同一个正态总体 $N(\mu_i, \sigma^2)$ 的样本. 因此,它们之间的差异是由随机误差所导致的. 而 $\sum_{j=1}^{n_i}(x_{ij} - \bar{x}_{i\cdot})^2$ 是这 $n_i$ 个数据的变动平方和,正是它们的差异大小的度量. 将 $r$ 组这样的变动平方和相加,就得到了 $S_E$,通常称 $S_E$ 为误差平方和或组内平方和.

$S_A$ 表示在水平 $A_i$ 下样本均值与总均值之间的差异之和,它反映了 $r$ 个总体均值之间的差异. 因为 $\bar{x}_{i\cdot}$ 是第 $i$ 个总体的样本均值,它是 $\mu_i$ 的估计,因此 $r$ 个总体均值 $\mu_1, \mu_2, \cdots, \mu_r$ 之间的差异越大,这些样本均值 $\bar{x}_1, \bar{x}_2, \cdots, \bar{x}_r$ 之间的差异越大. 平方和 $\sum_{i=1}^{r} \sum_{j=1}^{n_i} (\bar{x}_{i\cdot} - \bar{x})^2$ 正是这种差异大小的度量,这里 $n_i$ 反映了第 $i$ 个总体的样本大小在平方和 $S_A$ 中的作用. 称 $S_A$ 为因素 $A$ 的效应平方和或组间平方和.

式(9.1.5)表明,总平方和 $S_T$ 可按其来源分解成两个部分,一部分是误差平方和 $S_E$,它是由随机误差引起的. 另一部分是因素 $A$ 的效应平方和 $S_A$,它是由因素 $A$ 各水平的差异引起的.

由模型假设(9.1.1),经过统计分析得到 $E(S_E) = (n-r)\sigma^2$,即 $\dfrac{S_E}{n-r}$ 是 $\sigma^2$ 的一个无偏估计,且 $\dfrac{S_E}{\sigma^2} \sim \chi^2(n-r)$.

如果假设 $H_0$ 成立,则有 $E(S_A) = (r-1)\sigma^2$,即 $\dfrac{S_A}{r-1}$ 也是 $\sigma^2$ 的一个无偏估计,且 $\dfrac{S_A}{\sigma^2} \sim \chi^2(r-1)$,并且 $S_E$ 和 $S_A$ 独立. 因此,当假设 $H_0$ 成立时,有

$$F = \frac{\dfrac{S_A}{(r-1)}}{\dfrac{S_E}{(n-r)}} \sim F(r-1, n-r). \tag{9.1.6}$$

于是 $F$ 可以作为 $H_0$ 的检验统计量. 对于给定的显著性水平 $\alpha$,用 $F_\alpha(r-1, n-r)$ 表

示 $F$ 分布的上侧 $\alpha$ 分位数. 若 $F > F_\alpha(r-1, n-r)$, 则拒绝原假设, 认为因素 $A$ 的 $r$ 个水平有显著差异. 可以通过计算 $p$ 值的方法来决定是接受还是拒绝 $H_0$. 其中 $p$ 值为 $P\{F(r-1, n-r) > F\}$, 它表示的是服从自由度为 $(r-1, n-r)$ 的 $F$ 分布的随机变量取值大于 $F$ 的概率. 显然, $p$ 值小于 $\alpha$ 等价于 $F > F_\alpha(r-1, n-r)$, 表示在显著性水平 $\alpha$ 下的小概率事件发生了, 这意味着应该拒绝原假设 $H_0$. 当 $p$ 值大于 $\alpha$, 则不能拒绝原假设, 所以应接受原假设 $H_0$.

通常将计算结果列成表 9-3 的形式, 称为方差分析表.

表 9-3  单因素方差分析表

| 方差来源 | 自由度 | 平方和 | 均方 | $F$ 比 | $p$ 值 |
|---|---|---|---|---|---|
| 因素 $A$ | $r-1$ | $S_A$ | $MS_A = \dfrac{S_A}{r-1}$ | $F = \dfrac{MS_A}{MS_E}$ | $p$ |
| 误差 | $n-r$ | $S_E$ | $MS_E = \dfrac{S_E}{n-r}$ | | |
| 总和 | $n-1$ | $S_T$ | | | |

### 9.1.3　用 R 软件作单因素方差分析

**例 9.1.2(续例 9.1.1)**　对例 9.1.1 进行方差分析.

**解**　用数据框的格式输入数据, 调用 aov( ) 函数进行方差分析计算, 用 summary( ) 提取方差分析的信息.

```
lamp<-data.frame(
X=c(1600,1610,1650,1680,1700,1700,1780,1500,1640,
    1400,1700,1750,1640,1550,1600,1620,1640,1600,
    1740,1800, 1510,1520,1530,1570,1640,1600),
 A=factor(rep(1:4, c(7, 5, 8,6)))
)
lamp.aov<-aov(X~A, data= lamp)
summary(lamp.aov)
```

运行结果为

```
          Df Sum Sq Mean Sq F value Pr(>F)
A          3  49212   16404   2.166  0.121
Residuals 22 166622    7574
```

上述计算结果与方差分析表(表 9-3)中的内容对应, 其中 Df 表示自由度, Sum Sq 表示平方和, Mean Sq 表示均方, F value 表示 $F$ 值, Pr(>F) 表示 $p$ 值, A 就是因素 A, Residuals 就是残差, 即误差.

从上述计算结果得到 $p$ 值 $(0.121 > 0.05)$ 可以看出, 不能拒绝 $H_0$, 也就是说, 在显著性水平为 0.05 时接受 $H_0$. 这说明 4 种材料生产出的元件的平均寿命无显著差异.

根据模型 (9.1.1) 或模型 (9.1.3) 可以看出, 方差分析模型也是线性模型的一种. 因此,也能用线性模型中的 lm( )函数作方差分析.

对于例 9.1.2,方差分析也可以用线性模型来作.

lamp.lm<－lm(X~A,data= lamp)
anova(lamp.aov)

运行结果与上面用 aov( )函数进行方差分析的结果是相同的.

在以上程序中,anova( )是线性模型方差分析函数.

用 plot( )函数绘图来描述各因素的差异,如图 9-1 所示.

从图 9-1 可以看出,4 种材料生产出来的元件的平均寿命是无显著差异的.

**例 9.1.3** 小白鼠在接种了三种不同的菌型的伤寒杆菌后的存活天数见表 9-4. 判断小白鼠被注射三种菌型后的平均存活天数有无显著差异?

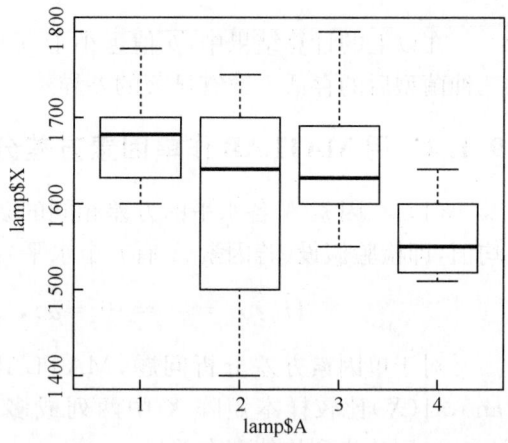

图 9-1 元件寿命试验的 box 图

表 9-4 　　　　　　　　　　　　　　小白鼠试验数据

| 菌型 | 存　活　天　数 | | | | | | | | | | |
|---|---|---|---|---|---|---|---|---|---|---|---|
| 1 | 2 | 4 | 3 | 2 | 4 | 7 | 7 | 2 | 2 | 5 | 4 |
| 2 | 5 | 6 | 8 | 5 | 10 | 7 | 12 | 12 | 6 | 6 | |
| 3 | 7 | 11 | 6 | 6 | 7 | 9 | 5 | 5 | 10 | 6 | 3 | 10 |

**解** 设小白鼠被注射的伤寒杆菌为因素,三种不同的菌型的三个水平,接种后存活的天数看作来自三个正态总体 $N(\mu_i,\sigma^2)$ ($i=1,2,3$) 的样本观测值. 问题归结为检验

$$H_0:\mu_1=\mu_2=\mu_3, \quad H_1:\mu_1,\mu_2,\mu_3 \text{ 不全相等}.$$

R 软件的程序如下:

mouse<－data.frame(
X=c(2,4,3,2,4,7,7,2,2,5,4,5,6,8,5,10,7,
    12,12,6,6,7,11,6,6,7,9,5,5,10,6,3,10),
   A=factor(rep(1:3,c(11,10,12)))
)
mouse.lm<－lm(X~A,data= mouse)
anova(mouse.lm)

运行结果为

Analysis of Variance Table
Response: X

```
            Df Sum Sq Mean Sq F value Pr(>F)
A            2  94.256  47.128  8.4837 0.001202 * *
Residuals 30 166.653   5.555
---
Signif. codes: 0 '* * *' 0.001 '* *' 0.01 '*' 0.05 '.' 0.1
```

在以上的计算结果中，$p$ 值远小于 0.01. 因此，应该拒绝原假设，即认为小白鼠被注射三种菌型后的存活天数有显著的差异.

### 9.1.4 用 MATLAB 作单因素方差分析

(1) 在因素 $A$ 各水平的方差相同的条件下，比较它的各水平的差异归结为比较各总体均值，即检验假设(若因素 $A$ 有 $r$ 个水平)：

$$H_0: \mu_1 = \mu_2 = \cdots = \mu_r, \quad H_1: \mu_1, \mu_2, \cdots, \mu_r \text{ 不全相等}.$$

对于单因素方差分析问题，MATLAB 提供了函数 anova1( )，具体使用方法为 p = anova1(X) 比较样本矩阵 $X$ 中两列或多列数据的均值. 若 $p$ 接近零(一般小于 0.05 或 0.01)，则认为列均值存在差异.

anova1( )函数还将自动打开两个图形窗口，分别画出方差分析表图和 box 图.

**例 9.1.4** 设有 3 台机器，用来生产规格相同的铝合金薄板，测量薄板的厚度精确至千分之一，得到的数据见表 9-5. 试问各台机器生产的薄板厚度是否有明显差异？

表 9-5 薄板厚度 单位：cm

| 机器 1 | 机器 2 | 机器 3 |
| --- | --- | --- |
| 0.236 | 0.257 | 0.258 |
| 0.238 | 0.253 | 0.264 |
| 0.248 | 0.255 | 0.258 |
| 0.245 | 0.254 | 0.267 |
| 0.243 | 0.261 | 0.262 |

**解** 需要检验假设

$$H_0: \mu_1 = \mu_2 = \mu_3, \quad H_1: \mu_1, \mu_2, \mu_3 \text{ 不全相等}.$$

调用 MATLAB 提供的函数 anova1( )

```
x=[0.236, 0.257, 0.258;
   0.238, 0.253, 0.264;
   0.248, 0.255, 0.258;
   0.245, 0.254, 0.267;
   0.243, 0.261, 0.262];
p=anova1(x)
```

运行以上程序，分别得到方差分析表图和 box 图，如图 9-2 和图 9-3 所示.

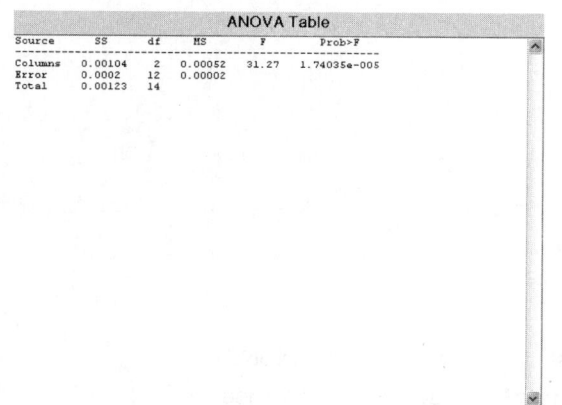

图 9-2 方差分析表图

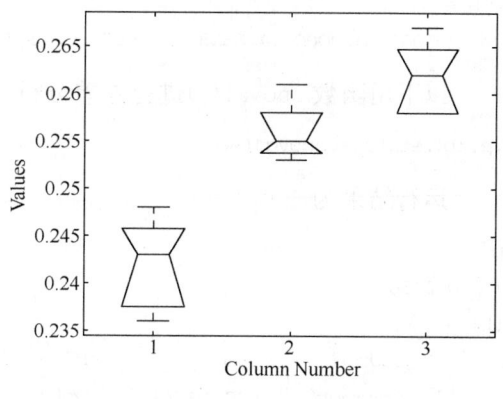

图 9-3 box 图

从图 9-2 中看到，$p=1.74035\mathrm{e}-005<\alpha$，其中 $\alpha=0.01$ 或 $0.05$，因此应该拒绝原假设，可以认为各台机器生产的薄板厚度是有明显差异的. 另外，从 box 图(图 9-3)可以看出，3 台机器生产的薄板厚度是不同的.

(2) 对于重复数相同的单因素方差分析问题，MATLAB 提供了函数 anova1( )，其调用格式为

[p,anovatab,stats]＝anova1(X, group,′displayopt′)

其中参数 $X$ 表示变量的样本观测值的矩阵；group 是与 $X$ 对应的变量名称或字符串，通常默认使用；引用参数 displayopt 有两个状态 on 和 off，分别表示显示和隐藏方差分析表图形和 box 图. 输出参数 $p$ 为 $X$ 的各列均值相等的最小概率，$p$ 的值越小，则越怀疑原假设，表示这个因素对随机影响是显著的；anovatab 和 stats 分别返回方差分析表和一个附加的统计数据结构，可以使用默认值.

**例 9.1.5** 设有 5 种治疗某种疾病的药物，要比较它们的疗效，对 30 名患该种疾病的患者随机地分成 5 组，每组 6 人，每组患者使用同一种药物，并记录患者使用药物开始到痊愈的时间，其数据见表 9-6，试评价治疗有无显著差异.

表 9-6　　　　　　　　　　药物对患者治愈天数的数据　　　　　　　　　　单位:天

| 患者序号 | 药物 1 | 药物 2 | 药物 3 | 药物 4 | 药物 5 | 患者序号 | 药物 1 | 药物 2 | 药物 3 | 药物 4 | 药物 5 |
| --- | --- | --- | --- | --- | --- | --- | --- | --- | --- | --- | --- |
| 1 | 5 | 4 | 6 | 7 | 9 | 2 | 8 | 6 | 4 | 4 | 3 |
| 3 | 7 | 6 | 4 | 6 | 5 | 4 | 7 | 3 | 5 | 6 | 7 |
| 5 | 10 | 5 | 4 | 3 | 7 | 6 | 8 | 6 | 3 | 5 | 6 |

输入数据并求均值：

A＝[5,4,6,7,9; 8,6,4,4,3; 7,6,4,6,5; 7,3,5,6,7; 10,5,4,3,7; 8,6,3,5,6];
mean(A)

运行结果为

```
ans =
   7.5000   5.0000   4.3333   5.1667   6.1667
```

以下用函数 anova1( ) 进行方差分析

```
[p,tbl,stats] = anova1(A)
```

运行结果为

```
p =
   0.0136
tbl =
    'Source'      'SS'         'df'     'MS'       'F'        'Prob>F'
    'Columns'     [36.4667]    [ 4]     [9.1167]   [3.8960]   [0.0136]
    'Error'       [58.5000]    [25]     [2.3400]   []         []
    'Total'       [94.9667]    [29]     []         []         []
stats =
    gnames: [5x1 char]
         n: [6 6 6 6 6]
    source: 'anova1'
     means: [7.5000 5 4.3333 5.1667 6.1667]
        df: 25
         s: 1.5297
```

同时,anova1( )函数还将自动打开两个图形窗口,分别画出方差分析表图和 box 图,如图 9-4 和图 9-5 所示.

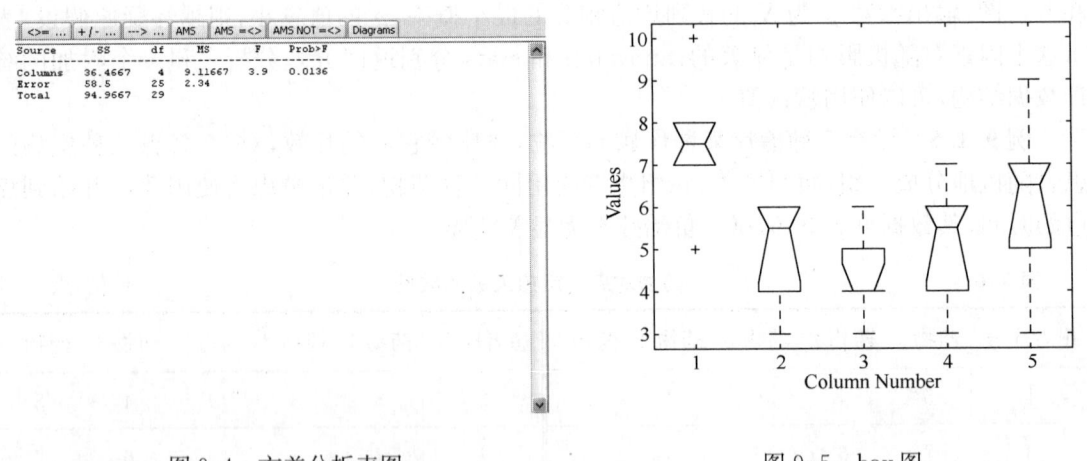

图 9-4 方差分析表图　　　　　图 9-5 box 图

从图 9-4 中看到,概率 $p=0.0136<\alpha$,其中 $\alpha=0.02$ 或 $0.05$,因此应该拒绝原假设,可以认为这些药物确实对治愈时间有显著影响. 另外,从 box 图(图 9-5)可以看出,第三种药物的治愈时间显然低于第一种药物.

## 9.1.5　均值的多重比较

如果 $F$ 检验的结论是拒绝 $H_0$,则说明因素 $A$ 的 $r$ 个水平有显著差异,也就是说,$r$ 个均值之间有显著差异. 但这并不意味着所有均值之间都有显著差异, 这时还需要对每一对 $\mu_i$ 和 $\mu_j$ 一一作比较.

通常采用多重 $t$ 检验方法进行多重比较. 这种方法本质上就是针对每组数据进行 $t$ 检验, 只不过估计方差时利用的是全部数据, 因而自由度变大. 具体地说, 要比较第 $i$ 组和第 $j$ 组平均数, 即检验

$$H_0: \mu_i = \mu_j, \quad i \neq j; i, j = 1, 2, \cdots, r.$$

以下采用两个正态总体均值的 $t$ 检验, 取检验统计量

$$t_{ij} = \frac{\bar{x}_{i\cdot} - \bar{x}_{j\cdot}}{\sqrt{MS_E\left(\frac{1}{n_i} + \frac{1}{n_j}\right)}}, \quad i \neq j; i, j = 1, 2, \cdots, r. \tag{9.1.7}$$

当 $H_0$ 成立时, $t_{ij} \sim t(n-r)$, 所以当

$$|t_{ij}| > t_{\frac{\alpha}{2}}(n-r) \tag{9.1.8}$$

时, 说明 $\mu_i$ 和 $\mu_j$ 差异显著. 定义相应的 $p$ 值为

$$p_{ij} = P\{t(n-r) > |t_{ij}|\}, \tag{9.1.9}$$

即服从自由度为 $n-r$ 的 $t$ 分布的随机变量大于 $|t_{ij}|$ 的概率. 若 $p$ 值小于指定的 $\alpha$ 值, 则认为 $\mu_i$ 和 $\mu_j$ 有显著差异.

多重 $t$ 检验方法的优点是使用方便, 但在均值的多重检验中, 如果因素的水平较多, 而检验又是同时进行的, 则多次重复使用 $t$ 检验会增加犯第一类错误的概率, 所得到的"有显著差异"的结论不一定可靠.

为了克服多重 $t$ 检验方法的缺点, 统计学家们提出了许多更有效的方法来调整 $p$ 值. 由于这些方法涉及较深的统计知识, 这里只作简单的说明. 具体调整方法的名称和参数见表 9-7. 调用函数 p.adjust.methods 可以得到这些参数.

表 9-7　　　　　　　　　　　　　　$p$ 值的调整方法

| 调整方法 | R 软件中的参数 |
| --- | --- |
| Bonferroni | bonferroni |
| Holm(1979) | holm |
| Hochberg(1988) | hochberg |
| Hommel(1988) | hommel |
| Benjamini 和 Hochberg(1995) | BH |
| Benjamini 和 Yekutieli(2001) | BY |

**例 9.1.6(续例 9.1.3)**　在例 9.1.3 进中 $F$ 检验的结论是拒绝原假设, 应进一步

检验

$$H_0: \mu_i = \mu_j, \quad i \neq j; \; i, j = 1, 2, 3.$$

**解** 用 R 软件先计算各因子间的均值，再用函数 pairwise.t.test( ) 作多重 $t$ 检验.

(1) 求数据在各水平下的均值.

```
> attach(mouse)
> mu<-c(mean(X[A==1]), mean(X[A==2]), mean(X[A==3])); mu
[1] 3.818182 7.700000 7.083333
```

(2) 作多重 $t$ 检验. 这里调整方法用缺省值，即 Holm 方法.

```
> pairwise.t.test(X, A, p.adjust.method="none")
        Pairwise comparisons using t tests with pooled SD
data: X and A
      1       2
2  0.0021    -
3  0.0048  0.5458
P value adjustment method: holm
```

通过计算发现，无论何种调整 $p$ 值的方法，调整后 $p$ 值会增大. 因此，在一定程度上会克服多重 $t$ 检验方法的缺点.

从上述计算结果可见，$\mu_1$ 和 $\mu_2$，$\mu_1$ 和 $\mu_3$ 均有显著差异，而 $\mu_2$ 和 $\mu_3$ 没有显著差异，即在小白鼠所接种的三种菌型伤寒杆菌中，第一种与后两种使得小白鼠的平均存活天数有显著差异，而后两种差异不显著.

还可以用 plot( ) 函数相应的 box 图，如图 9-6 所示.

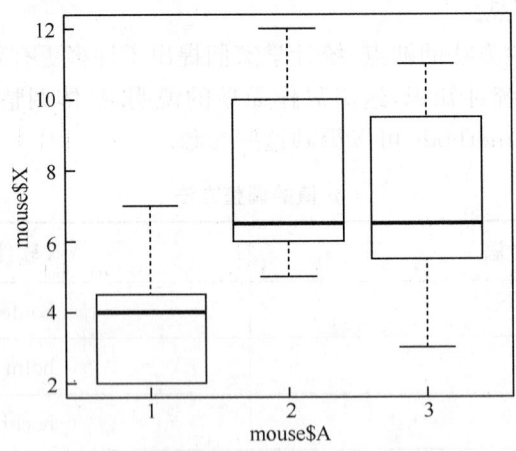

图 9-6 不同杆菌小白鼠存活天数的 box 图

从图 9-6 中也可以看出，在小白鼠所接种的三种菌型伤寒杆菌中，第一种与后两种使得小白鼠的平均存活天数有显著差异，而后两种差异不显著.

# 习 题 9.1

1. 在单因素方差分析中,因素 A 有 3 个水平,每个水平各做 4 次重复试验,请完成下列方差分析表,并在显著性水平 $\alpha = 0.05$ 下对因素 A 是否显著作出检验.

**方差分析表**

| 方差来源 | 自由度 | 平方和 | 均方 | F 比 |
| --- | --- | --- | --- | --- |
| 因素 A |  | 4.2 |  |  |
| 误差 |  | 2.5 |  |  |
| 总和 |  | 6.7 |  |  |

2. 为研究小麦在哪种施肥方法下含氮量最高,6 种施肥方法的小麦植株含氮量以及 5 次重复试验的数据见下表:

**6 种施肥方法的小麦植株含氮量**

|  | 1 | 2 | 3 | 4 | 5 | 6 |
| --- | --- | --- | --- | --- | --- | --- |
| 第一次 | 2.9 | 4 | 2.6 | 0.5 | 4.6 | 4 |
| 第二次 | 2.3 | 3.8 | 3.2 | 0.8 | 4.6 | 3.3 |
| 第三次 | 2.2 | 3.8 | 3.4 | 0.7 | 4.4 | 3.7 |
| 第四次 | 2.5 | 3.6 | 3.4 | 0.8 | 4.4 | 3.5 |
| 第五次 | 2.7 | 3.6 | 3 | 0.5 | 4.4 | 3.7 |

请用方差分析法,研究不同施肥方法对小麦植株含氮量的影响是否存在显著差异(显著性水平为 0.01).

3. 一名英语教师想检查三种不同的教学方法的效果,为此随机选取 24 名学生,并把他们分成 3 组,相应地用 3 种方法教学,记为 $A_1$,$A_2$,$A_3$. 一段时间后,这名教师对这 24 名学生进行统考,统考成绩见下表:

**三种方法教学英语成绩表**

| $A_1$ | 73 | 66 | 89 | 82 | 43 | 80 | 63 |  |
| --- | --- | --- | --- | --- | --- | --- | --- | --- |
| $A_2$ | 88 | 78 | 91 | 76 | 85 | 84 | 80 | 96 |
| $A_3$ | 68 | 79 | 71 | 71 | 87 | 68 | 59 | 76 | 80 |

请问在显著性水平 $\alpha = 0.05$ 下,这三种教学方法有无显著性差异?

4. 在饲料养鸡增肥的研究中,某研究所提出三种饲料配方:$A_1$ 是以鱼粉为主的饲料,$A_2$ 是以槐米粉为主的饲料,$A_3$ 是以苜宿粉为主的饲料. 为比较三种饲料的效果,特选 24 只相似的雏鸡随机均分三组,每组各喂一种饲料,60 天后观察它们的质量. 试验结果见下表:

**鸡饲料试验数据** 单位:g

| 饲料 | 重 量 | | | | | | | |
| --- | --- | --- | --- | --- | --- | --- | --- | --- |
| $A_1$ | 1 073 | 1 009 | 1 060 | 1 001 | 1 002 | 1 012 | 1 009 | 1 028 |
| $A_2$ | 1 107 | 1 092 | 990 | 1 109 | 1 090 | 1 074 | 1 122 | 1 001 |
| $A_3$ | 1 093 | 1 029 | 1 080 | 1 021 | 1 022 | 1 032 | 1 029 | 1 048 |

取显著性水平 $\alpha = 0.05$，问三种饲料对养鸡的增肥作用是否有明显差别？

5. 用均值的多重比较的方法确定本节习题 3 中哪些教学方法之间的差异是显著的,同时确定使学生的平均英语成绩最高的教学方法(取显著性水平 $\alpha = 0.05$).

6. 为调查高校教师的年收入是否存在差异,从华北、中南、西北、华东等四地区各随机选取 10 名教师组成样本,调查结果见下表:

**高校教师的年收入**　　　　　　　　　　　单位:万元

| | | | | | | | | | | |
|---|---|---|---|---|---|---|---|---|---|---|
| 华北 | 6.09 | 4.59 | 6.21 | 6.66 | 6.80 | 6.50 | 4.94 | 6.23 | 6.26 | 6.72 |
| 中南 | 5.08 | 3.96 | 4.42 | 4.00 | 5.39 | 5.45 | 6.11 | 4.23 | 3.84 | 3.83 |
| 西北 | 4.95 | 4.23 | 3.55 | 4.91 | 5.67 | 4.14 | 5.13 | 4.94 | 4.21 | 5.57 |
| 华东 | 6.59 | 5.86 | 4.93 | 5.29 | 4.85 | 5.29 | 5.24 | 4.81 | 4.65 | 4.59 |

取显著性水平 $\alpha = 0.05$，四地区校教师的年收入是否有显著差异?

7. 一位经济学家对生产电子计算机设备的企业收集了 1 年内生产力提高指数(用 0 到 100 内的数来表示),并按过去 3 年间在科研和开发上的平均花费分为三类:$A_1$:花费少,$A_2$:花费中等,$A_3$:花费多. 生产力提高指数见下表:

**生产力提高指数**

| | | | | | | | | | | | |
|---|---|---|---|---|---|---|---|---|---|---|---|
| $A_1$ | 7.6 | 8.2 | 6.8 | 5.8 | 6.9 | 6.6 | 6.3 | 7.7 | 6.0 | | |
| $A_2$ | 6.7 | 8.1 | 9.1 | 8.6 | 7.8 | 7.7 | 8.9 | 7.9 | 8.3 | 8.7 | 7.1 | 8.4 |
| $A_3$ | 8.5 | 9.7 | 10.1 | 7.8 | 9.6 | 9.5 | | | | | | |

请列出方差分析表,并进行多重比较.

# 9.2　双因素方差分析

在许多实际问题中,需要考虑影响试验数据的因素多于一个的情形. 例如,在化学试验中,几种原料的用量、反应时间、温度的控制等都可能影响试验结果,这就构成了多因素试验问题.

**例 9.2.1**　在一个农业试验中,考虑四种不同的种子品种 $A_1, A_2, A_3, A_4$，三种不同的施肥方法 $B_1, B_2, B_3$，得到产量数据见表 9-8. 请分析种子与施肥对产量有无显著影响?

表 9-8　　　　　　　　　　　农业试验数据　　　　　　　　　　单位:kg

| 品种 | $B_1$ | $B_2$ | $B_3$ |
|---|---|---|---|
| $A_1$ | 325 | 292 | 316 |
| $A_2$ | 317 | 310 | 318 |
| $A_3$ | 310 | 320 | 318 |
| $A_4$ | 330 | 330 | 365 |

这是一个双因素试验,因素 $A$(种子)有四个水平,因素 $B$(施肥)有三个水平. 通过下面的双因素方差分析来回答以上问题.

设有 $A, B$ 两个因素,因素 $A$ 有 $r$ 个水平 $A_1, A_2, \cdots, A_r$，因素 $B$ 有 $s$ 个水平 $B_1, B_2, \cdots, B_s$.

### 9.2.1 不考虑交互作用

因素 $A,B$ 的每一个水平组合($A_i,B_j$)下进行一次独立试验得到观测值 $x_{ij}$($i=1,2,\cdots,r;j=1,2,\cdots,s$). 观测数据,见表 9-9.

表 9-9　　　　　　　　无重复试验的双因素方差分析数据

|       | $B_1$    | $B_2$    | $\cdots$ | $B_s$    |
|-------|----------|----------|----------|----------|
| $A_1$ | $x_{11}$ | $x_{12}$ | $\cdots$ | $x_{1s}$ |
| $A_2$ | $x_{21}$ | $x_{22}$ | $\cdots$ | $x_{2s}$ |
| $\vdots$ | $\vdots$ | $\vdots$ | $\cdots$ | $\vdots$ |
| $A_r$ | $x_{r1}$ | $x_{r2}$ | $\cdots$ | $x_{rs}$ |

假定 $x_{ij}\sim N(\mu_{ij},\sigma^2)(i=1,2,\cdots,r;j=1,2,\cdots,s)$ 且各 $x_{ij}$ 相互独立. 不考虑两因素的交互作用,因此模型可以归结为

$$\begin{cases} x_{ij}=\mu+\alpha_i+\beta_j+\varepsilon_{ij},\quad i=1,2,\cdots,r;j=1,2,\cdots,s,\\ \varepsilon_{ij}\sim N(0,\sigma^2) \text{ 且各 } \varepsilon_{ij} \text{ 相互独立},\\ \sum_{i=1}^{r}\alpha_i=0,\quad \sum_{j=1}^{s}\beta_j=0. \end{cases} \quad (9.2.1)$$

其中,$\mu=\dfrac{1}{rs}\sum_{i=1}^{r}\sum_{j=1}^{s}\mu_{ij}$ 为总平均,$\alpha_i$ 为因素 $A$ 第 $i$ 个水平的效应,$\beta_j$ 为因素 $B$ 第 $j$ 个水平的效应.

在线性模型(9.2.1)下,方差分析的主要任务是:系统分析因素 $A$ 和因素 $B$ 对试验指标影响的大小. 因此,在给定显著性水平 $\alpha$ 下,提出以下统计假设:

对于因素 $A$,"因素 $A$ 对试验指标影响不显著"等价于

$$H_{01}:\alpha_1=\alpha_2=\cdots=\alpha_r=0.$$

对于因素 $B$,"因素 $B$ 对试验指标影响不显著"等价于

$$H_{02}:\beta_1=\beta_2=\cdots=\beta_s=0.$$

双因素方差分析与单因素方差分析的统计原理基本相同,也是基于平方和分解公式

$$S_T=S_E+S_A+S_B.$$

其中

$$S_T=\sum_{i=1}^{r}\sum_{j=1}^{s}(x_{ij}-\bar{x})^2,\quad \bar{x}=\frac{1}{rs}\sum_{i=1}^{r}\sum_{j=1}^{s}x_{ij},$$

$$S_A=s\sum_{i=1}^{r}(\bar{x}_{i\cdot}-\bar{x})^2,\quad \bar{x}_{i\cdot}=\frac{1}{s}\sum_{j=1}^{s}x_{ij},\quad i=1,2,\cdots,r,$$

$$S_B=r\sum_{j=1}^{s}(\bar{x}_{\cdot j}-\bar{x})^2,\quad \bar{x}_{\cdot j}=\frac{1}{r}\sum_{i=1}^{r}x_{ij},\quad j=1,2,\cdots,s,$$

$$S_E=\sum_{i=1}^{r}\sum_{j=1}^{s}(x_{ij}-\bar{x}_{i\cdot}-\bar{x}_{\cdot j}+\bar{x})^2.$$

$S_T$ 为总离差平方和,$S_E$ 为误差平方和,$S_A$ 为由因素 $A$ 的不同水平所引起的离差平方和(称为因素 $A$ 的平方和). 类似地,$S_B$ 称为因素 $B$ 的平方和. 可以证明,当 $H_{01}$ 成立时,

$$\frac{S_A}{\sigma^2} \sim \chi^2(r-1),$$

且与 $S_E$ 相互独立,而

$$\frac{S_E}{\sigma^2} \sim \chi^2((r-1)(s-1)).$$

于是当 $H_{01}$ 成立时,

$$F_A = \frac{\dfrac{S_A}{(r-1)}}{\dfrac{S_E}{[(r-1)(s-1)]}} \sim F(r-1,\ (r-1)(s-1)).$$

类似地,当 $H_{02}$ 成立时,

$$F_B = \frac{\dfrac{S_B}{(s-1)}}{\dfrac{S_E}{[(r-1)(s-1)]}} \sim F(s-1,\ (r-1)(s-1)).$$

分别以 $F_A$ 和 $F_B$ 作为 $H_{01}$ 和 $H_{02}$ 的检验统计量,把计算结果列成方差分析表,见表 9-10.

表 9-10　　　　　　　　　双因素方差分析表

| 方差来源 | 自由度 | 平方和 | 均方 | $F$ 比 | $p$ 值 |
|---|---|---|---|---|---|
| 因素 $A$ | $r-1$ | $S_A$ | $MS_A = \dfrac{S_A}{r-1}$ | $F = \dfrac{MS_A}{MS_E}$ | $p_A$ |
| 因素 $B$ | $s-1$ | $S_B$ | $MS_B = \dfrac{S_B}{s-1}$ | $F = \dfrac{MS_B}{MS_E}$ | $p_B$ |
| 误差 | $(r-1)(s-1)$ | $S_E$ | $MS_E = \dfrac{S_E}{(r-1)(s-1)}$ | | |
| 总和 | $rs-1$ | $S_T$ | | | |

**例 9.2.2(续例 9.2.1)**　对例 9.2.1 的数据作双因素方差分析,请确定种子与施肥对产量有无显著影响.

**解**　输入数据,用函数 aov( )求解,R 程序如下:

```
agriculture<-data.frame(
Y=c(325, 292, 316, 317, 310, 318,
    310, 320, 318, 330, 330, 365),
    A=gl(4,3),
    B=gl(3, 1, 12)
```

)
agriculture.aov<-aov(Y~A+B, dadt=agriculture)
summary(agriculture.aov)

运行结果为

```
Analysis of Variance Table
Response: X
           Df   Sum Sq   Mean Sq   F value   Pr(>F)
A           3   3824.2   1274.7    5.2262    0.04126 *
B           2    162.5     81.2    0.3331    0.72915
Residuals   6   1463.5    243.9
---
Signif. codes: 0 '***' 0.001 '**' 0.01 '*' 0.05 '.' 0.1
```

根据以上计算结果，$p$ 值说明不同品种（因素 $A$）对产量有显著影响，而没有充分理由说明施肥方法（因素 $B$）对产量有显著影响．

## 9.2.2 考虑交互作用

设有 $A,B$ 两个因素，因素 $A$ 有 $r$ 个水平 $A_1,A_2,\cdots,A_r$，因素 $B$ 有 $s$ 个水平 $B_1,B_2,\cdots,B_s$．每一个水平组合 $(A_i,B_j)$ 下重复试验 $t$ 次．记录第 $k$ 次的观测值为 $x_{ijk}$，把观测数据列表，见表 9-11．

表 9-11  双因素重复试验数据

|       | $B_1$ | | | | $B_2$ | | | $\cdots$ | $B_s$ | | |
|-------|-------|-------|----------|-----------|-------|-------|----------|----------|-------|-------|----------|
| $A_1$ | $x_{111}$ | $x_{112}$ | $\cdots$ | $x_{11t}$ | $x_{121}$ | $x_{122}$ | $\cdots$ | $x_{12t}$ | $\cdots$ | $x_{1s1}$ | $x_{1s2}$ | $\cdots$ | $x_{1st}$ |
| $A_2$ | $x_{211}$ | $x_{212}$ | $\cdots$ | $x_{21t}$ | $x_{221}$ | $x_{222}$ | $\cdots$ | $x_{22t}$ | $\cdots$ | $x_{2s1}$ | $x_{2s2}$ | $\cdots$ | $x_{2st}$ |
| $\vdots$ | $\vdots$ | $\vdots$ | $\vdots$ | $\vdots$ | $\vdots$ | $\vdots$ | $\vdots$ | $\vdots$ | | $\vdots$ | $\vdots$ | | $\vdots$ |
| $A_r$ | $x_{r11}$ | $x_{r12}$ | $\cdots$ | $x_{r2t}$ | $x_{r21}$ | $x_{r22}$ | $\cdots$ | $x_{r2t}$ | $\cdots$ | $x_{rs1}$ | $x_{rs2}$ | $\cdots$ | $x_{rst}$ |

假定 $x_{ijk}\sim N(\mu_{ij},\sigma^2)(i=1,2,\cdots,r,j=1,2,\cdots,s,k=1,2,\cdots,t)$ 且各 $x_{ijk}$ 相互独立，因此模型可以归结为

$$\begin{cases} x_{ijk}=\mu+\alpha_i+\beta_j+\delta_{ij}+\varepsilon_{ijk}, \\ \varepsilon_{ijk}\sim N(0,\sigma^2) \text{ 且各 } \varepsilon_{ijk} \text{ 相互独立}, \\ i=1,2,\cdots,r;j=1,2,\cdots,s;k=1,2,\cdots,t. \end{cases} \tag{9.2.2}$$

其中 $\alpha_i$ 为因素 $A$ 第 $i$ 个水平的效应，$\beta_j$ 为因素 $B$ 第 $j$ 个水平的效应，$\delta_{ij}$ 为 $A_i$ 和 $B_j$ 的交互效应．因此有 $\mu=\dfrac{1}{rs}\sum_{i=1}^{r}\sum_{j=1}^{s}\mu_{ij}$，$\sum_{i=1}^{r}\alpha_i=0$，$\sum_{j=1}^{s}\beta_j=0$，$\sum_{i=1}^{r}\delta_{ij}=\sum_{j=1}^{s}\delta_{ij}=0$．

此时，判断因素 $A,B$ 交互效应的影响是否显著等价于下列检验假设：

$$H_{01}: \alpha_1=\alpha_2=\cdots=\alpha_r=0,$$

$$H_{02}: \beta_1=\beta_2=\cdots=\beta_s=0,$$

$$H_{03}: \delta_{ij}=0, \quad i=1,2,\cdots,r;j=1,2,\cdots,s.$$

在这种情况下,方差分析法与前面的方法类似,有以下计算公式:
$$S_T = S_E + S_A + S_B + S_{A \times B}.$$

其中

$$S_T = \sum_{i=1}^{r} \sum_{j=1}^{s} \sum_{k=1}^{t} (x_{ijk} - \bar{x})^2, \quad \bar{x} = \frac{1}{rst} \sum_{i=1}^{r} \sum_{j=1}^{s} \sum_{k=1}^{t} x_{ijk},$$

$$S_E = \sum_{i=1}^{r} \sum_{j=1}^{s} \sum_{k=1}^{t} (x_{ijk} - \bar{x}_{ij\cdot})^2, \quad \bar{x}_{ij\cdot} = \frac{1}{t} \sum_{k=1}^{t} x_{ijk}, \quad i=1,2,\cdots,r;\ j=1,2,\cdots,s,$$

$$S_A = st \sum_{i=1}^{r} (\bar{x}_{i\cdot\cdot} - \bar{x})^2, \quad \bar{x}_{i\cdot\cdot} = \frac{1}{st} \sum_{j=1}^{s} \sum_{k=1}^{t} x_{ijk}, \quad i=1,2,\cdots,r,$$

$$S_B = rt \sum_{j=1}^{s} (\bar{x}_{\cdot j\cdot} - \bar{x})^2, \quad \bar{x}_{\cdot j\cdot} = \frac{1}{rt} \sum_{i=1}^{r} \sum_{k=1}^{t} x_{ijk}, \quad j=1,2,\cdots,s,$$

$$S_{A \times B} = t \sum_{i=1}^{r} \sum_{j=1}^{s} (\bar{x}_{ij\cdot} - \bar{x}_{i\cdot\cdot} - \bar{x}_{\cdot j\cdot} + \bar{x})^2,$$

$S_T$ 为总离差平方和,$S_E$ 为误差平方和,$S_A$ 为因素 $A$ 的平方和,$S_B$ 为 $B$ 的平方和,$S_{A \times B}$ 为交互平方和. 可以证明,当 $H_{01}$ 成立时,有

$$F_A = \frac{\dfrac{S_A}{(r-1)}}{\dfrac{S_E}{[rs(t-1)]}} \sim F(r-1,\ rs(t-1));$$

当 $H_{02}$ 成立时,有

$$F_B = \frac{\dfrac{S_B}{(s-1)}}{\dfrac{S_E}{[rs(t-1)]}} \sim F(s-1,\ rs(t-1));$$

当 $H_{03}$ 成立时,有

$$F_{A \times B} = \frac{\dfrac{S_{A \times B}}{[(r-1)(s-1)]}}{\dfrac{S_E}{[rs(t-1)]}} \sim F((r-1)(s-1),\ rs(t-1)).$$

分别以 $F_A$,$F_B$,$F_{A \times B}$ 作为 $H_{01}$,$H_{02}$,$H_{03}$ 的检验统计量,把检验结果列成方差分析表,见表 9-12.

表 9-12　　　　　　　　　　　有交互效应的双因素方差分析表

| 方差来源 | 自由度 | 平方和 | 均方 | F 比 | p 值 |
|---|---|---|---|---|---|
| 因素 $A$ | $r-1$ | $S_A$ | $MS_A = \dfrac{S_A}{r-1}$ | $F = \dfrac{MS_A}{MS_E}$ | $p_A$ |
| 因素 $B$ | $s-1$ | $S_B$ | $MS_B = \dfrac{S_B}{s-1}$ | $F = \dfrac{MS_B}{MS_E}$ | $p_B$ |

续表

| 方差来源 | 自由度 | 平方和 | 均方 | F 比 | p 值 |
|---|---|---|---|---|---|
| 交互效应 $A\times B$ | $(r-1)(s-1)$ | $S_{A\times B}$ | $MS_{A\times B}=\dfrac{S_{A\times B}}{(r-1)(s-1)}$ | $F=\dfrac{MS_{A\times B}}{MS_E}$ | $p_{A\times B}$ |
| 误差 | $rs(t-1)$ | $S_E$ | $MS_E=\dfrac{S_E}{rs(t-1)}$ | | |
| 总和 | $rst-1$ | $S_T$ | | | |

**例 9.2.3** 研究树种与地理位置对松树生长的影响,对四个地区三种同龄松树的直径进行测量得到数据见表 9-13,$A_1$,$A_2$,$A_3$ 表示 3 个不同树种,$B_1$,$B_2$,$B_3$,$B_4$ 表示 4 个不同地区. 对每一种水平组合,进行了 5 次测量,对此试验结果进行方差分析.

表 9-13　　　　　　　　三种同龄松树的直径测量数据　　　　　　　　单位:cm

| 品种 | $B_1$ | | | | | $B_2$ | | | | | $B_3$ | | | | | $B_4$ | | | | |
|---|---|---|---|---|---|---|---|---|---|---|---|---|---|---|---|---|---|---|---|---|
| $A_1$ | 23 | 25 | 21 | 14 | 15 | 20 | 17 | 11 | 26 | 21 | 16 | 19 | 13 | 16 | 24 | 20 | 21 | 18 | 27 | 24 |
| $A_2$ | 28 | 30 | 19 | 17 | 22 | 26 | 24 | 21 | 25 | 26 | 19 | 18 | 19 | 20 | 25 | 26 | 26 | 28 | 29 | 23 |
| $A_3$ | 18 | 15 | 23 | 18 | 10 | 21 | 25 | 12 | 12 | 22 | 19 | 23 | 22 | 12 | 13 | 22 | 13 | 12 | 22 | 19 |

**解** 输入数据,用 aov( ) 函数求解,用 summary( ) 函数列出方差分析信息,R 程序如下:

```
tree<-data.frame(
Y=c(23,25,21,14,15,20,17,11,26,21,
    16,19,13,16,24,20,21,18,27,24,
    28,30,19,17,22,26,24,21,25,26,
    19,18,19,20,25,26,26,28,29,23,
    18,15,23,18,10,21,25,12,12,22,
    19,23,22,14,13,22,13,12,22,19),
A=gl(3,20,60,labels=paste('A',1:3,sep='')),
B=gl(4,5,60,labels=paste('B',1:4,sep=''))
)
tree.aov<-aov(Y~A+B+A:B,data=tree)
summary(tree.aov)
```

运行结果为

```
          Df  Sum Sq  Mean Sq  F value  Pr(>F)
A          2   352.5   176.27    8.959  0.000494 ***
B          3    87.5    29.17    1.483  0.231077
A:B        6    71.7    11.96    0.608  0.722890
Residuals 48   944.4    19.68
```

---
Signif. codes: 0 '\*\*\*' 0.001 '\*\*' 0.01 '\*' 0.05 '.' 0.1

可见,在显著性水平为 0.05 下,树种(因素 $A$)效应是高度显著的,而位置(因素 $B$)效应及交互效应并不显著.

在得到结果后如何使用它,一种简单的方法是计算各因素的均值.由于树种(因素 $A$)效应是高度显著的,也就是说,选什么树种对树的生长很重要.计算因素 $A$ 的均值:

attach(tree); tapply(Y, A, mean)

运行结果为

```
   A1     A2     A3
19.55  23.55  17.75
```

从以上计算结果可以看出,选择第二种树对生长有利.以下计算因素 $B$(位置)的均值:

tapply(Y, B, mean)

运行结果为

```
       B1         B2         B3         B4
19.86667   20.60000   18.66667   22.00000
```

是否选择位置 4 最有利呢? 不必了. 由于计算结果表明,关于位置效应并不显著. 也就是说,所受到的影响是随机的. 因此,选择成本较低的位置种树就可以了.

对于双因素方差分析问题,MATLAB 提供了函数 anova2( ),其调用格式为

[p, Table] = anova2(X, reps, 'off')

anova2( )与 anova1( )类似,只是输入矩阵的行、列各表示一个因素,不同的行(列)表示该因子不同处理下的响应变量的观测值向量. 每一个"行与列的对偶"称为一个数据单元,如果各数据单元含有多于一个观测点,则参数 reps 表示每一个单元观测点的数目. 输出参数 $p$ 是检验列、行及其交互作用均值相等的最小显著性概率(向量).

**例 9.2.4(续例 9.2.3)** 在例 9.2.3 中,树种和地区各表示一个因素,对树的直径都可能产生影响,并且二者之间还有可能产生交互作用. 地区因素有 4 个水平,树种因素有 3 个水平,在每个组平下分别抽取了 5 个样品.

以下先用 MATLAB 提供的函数 anova2( )来做双因素方差分析,再用 anova1( )确定单因素方差分析的其他问题.

输入数据

A=[23, 25, 21, 14, 15, 20, 17, 11, 26, 21, 16, 19, 13, 16, 24, 20, 21, 18, 27, 24];
B=[28, 30, 19, 17, 22, 26, 24, 21, 25, 26, 19, 18, 19, 20, 25, 26, 26, 28, 29, 23];
C=[18, 15, 23, 18, 10, 21, 25, 12, 12, 22, 19, 23, 22, 14, 13, 22, 13, 12, 22, 19];
X=[A', B', C'];

(1) 双因素方差分析

```
reps=5;
[p,Table]=anova2(X, reps, 'off')
```

运行结果为

```
p =
    0.0005   0.2311   0.7229
```

Table =

| 'Source' | 'SS' | 'df' | 'MS' | 'F' | 'Prob>F' |
|---|---|---|---|---|---|
| 'Columns' | [ 352.5333] | [ 2] | [176.2667] | [8.9589] | [4.9399e−004] |
| 'Rows' | [ 87.5167] | [ 3] | [ 29.1722] | [1.4827] | [ 0.2311] |
| 'Interaction' | [ 71.7333] | [ 6] | [ 11.9556] | [0.6077] | [ 0.7229] |
| 'Error' | [ 944.4000] | [48] | [ 19.6750] | [] | [] |
| 'Total' | [1.4562e+003] | [59] | [] | [] | [] |

以上结果表明:返回向量 $p$ 有三个因素,分别表示输入矩阵 $X$ 的列、行以及其交互作用均值相等的最小显著性概率. 由于 $X$ 的列表示树种方面的因素,行表示地区方面的因素,所以根据这三个概率值可以知道:树种方面差异显著,地区之间的差异和交互作用的影响不显著.

(2) 单因素方差分析

```
[p,anovatab,stats]=anova1(X, [],'on')
```

运行结果为

```
p =
 3.7071e−004
```

anovatab =

| 'Source' | 'SS' | 'df' | 'MS' | 'F' | 'Prob>F' |
|---|---|---|---|---|---|
| 'Columns' | [ 352.5333] | [ 2] | [176.2667] | [9.1036] | [3.7071e−004] |
| 'Error' | [1.1037e+003] | [57] | [ 19.3623] | [] | [] |
| 'Total' | [1.4562e+003] | [59] | [] | [] | [] |

stats =

```
    gnames: [3x1 char]
         n: [20 20 20]
    source: 'anova1'
     means: [19.5500 23.5500 17.7500]
        df: 57
         s: 4.4003
```

方差分析表图和 box 图,如图 9-7 和图 9-8 所示.

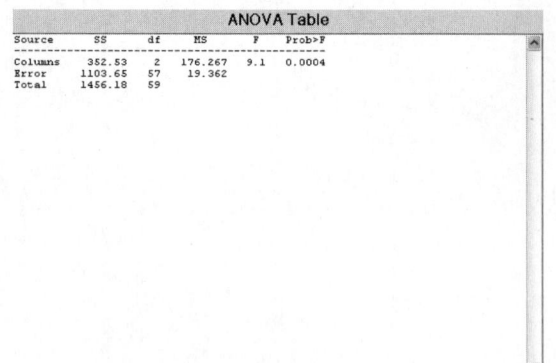

图 9-7  方差分析表图

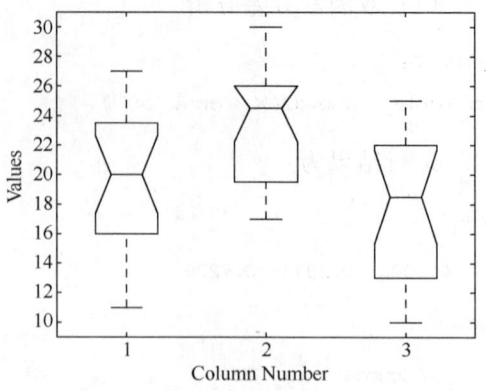

图 9-8  3 种松树直径的 box 图

以上结果说明:树种 $A_2$ 的平均直径最大,认为树种 $A_2$ 最好. 实际上,作多重比较得出的结论更细腻、丰富一些.

## 习　题　9.2

1. 为了考察 4 种不同燃料(记为 $A_1$,$A_2$,$A_3$,$A_4$)、3 种不同推进器(记为 $B_1$,$B_2$,$B_3$)对火箭射程的影响,进行了 12 次试验,测得数据见下表:

**四种燃料、三种推进器进行射程实验的数据**

|  | $B_1$ | $B_2$ | $B_3$ |
|---|---|---|---|
| $A_1$ | 58.2, 52.6 | 56.2, 41.2 | 65.3, 60.8 |
| $A_2$ | 49.1, 42.8 | 54.1, 50.5 | 51.6, 48.4 |
| $A_3$ | 60.1, 58.3 | 70.9, 73.2 | 39.2, 40.7 |
| $A_4$ | 75.8, 71.5 | 58.2, 51.0 | 48.7, 41.4 |

在显著性水平 $\alpha = 0.05$ 下,要求分析燃料和推进器的不同是否对火箭的射程有显著影响? 燃料和推进器的交互作用是否显著?

2. 为考查固化时间和固化温度对胶黏剂粘接材料强度的影响,进行了 12 次试验,结果见下表. 在显著性水平 $\alpha = 0.05$ 下,要求分析固化时间和固化温度的不同是否对粘接强度有显著影响.

**不同固化时间、固化温度下的粘接强度**

| 时间/s \ 温度/℃ | 25 | 50 | 90 |
|---|---|---|---|
| 10 | 52.3 | 136.8 | 230.5 |
| 10 | 58.9 | 132.1 | 224.8 |
| 30 | 83.6 | 157.3 | 260.4 |
| 30 | 83.3 | 153.4 | 264.8 |
| 60 | 115.6 | 187.9 | 323.8 |
| 60 | 112.9 | 185.2 | 329.9 |

3. 4 个工人分别操作 3 台机器各 2 天,日产量见下表:

**4 个工人、3 台机器的日产量**

| 机器 \ 工人 | $B_1$ | $B_2$ | $B_3$ |
|---|---|---|---|
| $A_1$ | 42,45 | 43,49 | 43,48 |
| $A_2$ | 46,51 | 46,52 | 52,56 |
| $A_3$ | 48,53 | 44,49 | 41,44 |
| $A_4$ | 42,45 | 53,56 | 45,47 |

设产品的产量均服从正态分布,在显著性水平 $\alpha = 0.05$ 下,工人、机器以及交互作用对产品的产量是否有显著影响.

4. 为了研究蒸馏水的 pH 值和硫酸铜溶液浓度对化验血清中的白蛋白与球蛋白的影响,对蒸馏水的 pH 值($A$)取了四个不同水平,对硫酸铜溶液的浓度($B$)取了三个不同水平,在不同水平组合($A_i$, $B_j$)下,各测一次白蛋白与球蛋白之比,其结果见下表:

**不同水平组合($A_i$, $B_j$)下蛋白与球蛋白之比值**

| $B$ \ $A$ | $B_1$ | $B_2$ | $B_3$ |
|---|---|---|---|
| $A_1$ | 3.5 | 2.3 | 2.0 |
| $A_2$ | 2.6 | 2.0 | 1.9 |
| $A_3$ | 2.0 | 1.5 | 1.2 |
| $A_4$ | 1.4 | 0.8 | 0.3 |

请在显著性水平 $\alpha = 0.05$ 下,检验两个因素对化验结果有无显著差异.

5. 在某橡胶配方中,考虑 3 种不同的促进剂,4 种不同分量的氧化锌,同样的配方重复一次,测得 300% 的定伸强力见下表:

**橡胶配方试验数据**

| $B$ \ $A$ | $B_1$ | $B_2$ | $B_3$ | $B_4$ |
|---|---|---|---|---|
| $A_1$ | 31,33 | 34,36 | 35,36 | 39,38 |
| $A_2$ | 33,34 | 26,37 | 37,39 | 38,41 |
| $A_3$ | 35,37 | 37,38 | 39,40 | 42,44 |

在显著性水平 $\alpha = 0.01$ 下,请问氧化锌、促进剂以及它们的交互作用对定伸强力有无显著性影响?

# 第 10 章 回 归 分 析

在许多实际问题中,变量之间存在着相互依存的关系.一般,变量之间的关系可以大体上分为两类,一类是确定性关系,即存在确定的函数关系.另一类是非确定性关系,即它们之间有密切关系,但又不能用函数关系式来精确表示,如人的身高与体重的关系,炼钢时钢的含碳量与冶炼时间的关系等.有时即使两个变量之间存在数学上的函数关系,但由于实际问题中的随机因素的影响,变量之间的关系也经常有某种不确定性.为了研究这类变量之间的关系,就需要通过试验或观测来获取数据,用统计方法去寻找它们之间的关系,这种关系反映了变量之间的统计规律.研究这类统计规律的方法之一就是回归分析.

回归分析(regression analysis)方法是在众多相关的变量中,根据问题的需要考察其中的一个或几个变量与其余变量的依赖关系.如果只要考察某一个变量(通常称为因变量、响应变量或指标)与其余多变量(通常称为自变量、解释变量或因素)的相互关系,我们称为**多元回归问题**.如果要同时考虑若干个(两个或两个以上)因变量与若干个(两个或两个以上)自变量的相互关系,我们称为**多因变量的多元回归问题**(简称为**多对多回归**,或**多维回归**).

在回归分析中,把变量分成两类.一类是因变量或响应变量(dependent variable, response variable),它们通常是实际问题中所关心的指标,通常用 $y$ 来表示;而影响因变量取值的另一类变量称为自变量或解释变量(independent variable, explanatory variable),通常用 $x_1, x_2, \cdots, x_p$ 来表示.

在回归分析中,主要研究以下问题:
(1) 确定 $y$ 与 $x_1, x_2, \cdots, x_p$ 之间的定量关系表达式,这种表达式称为回归方程;
(2) 对所得到的回归方程的可信程度进行检验;
(3) 判断自变量 $x_i (i=1, 2, \cdots, p)$ 对因变量 $y$ 有无显著影响;
(4) 利用所求得的(并通过检验的)回归方程进行预测或控制.

在一些应用问题中,有的回归分析问题的计算量会比较大,本章中我们应用有关软件(R 软件,MATLAB)进行有关计算、作图等.

本章主要讨论:一元线性回归、一元非线性回归、多元线性回归、逐步回归,同时在一些例题中给出有关计算和作图的程序.

## 10.1 一元线性回归

回归分析的基本思想和方法以及"回归"名词的由来,要归功于英国统计学家高尔顿.高尔顿和他的学生、现代统计学的奠基者之一皮尔逊在研究父母身高与其子女身高的遗传关系时,观察了 1 078 对夫妇,以每对夫妇的平均身高作为 $x$,而取他们的一个成年儿子的身高作为 $y$,将这些数据画成散点图,发现趋势近似一条直线 $\hat{y} = 33.73 + 0.516x$ (单位:inch,1 inch=2.54 cm).这表明:

(1) 父母平均身高 $x$ 每增加一个单位时,其成年儿子的身高 $y$ 也平均增加 0.516 个单位.

（2）一群高个子父辈的儿子们的平均身高要低于他们父辈的平均身高. 比如，$x=80$，那么 $\hat{y}=75.01$.

（3）低个子父辈的儿子们虽然仍为低个子，但是平均身高却比他们的父辈增加一些. 比如，$x=60$，那么 $\hat{y}=64.69$.

正是因为子代的身高有回归到父辈平均身高的这种趋势，才使人类的身高在一定时期内相对稳定. 这个例子生动地说明了生物学中"种"的稳定性. 正是为了描述这种有趣的现象，高尔顿引进了"回归"这个名词来描述父辈身高 $x$ 与子代身高 $y$ 的关系. 尽管"回归"这个名称有特定的含义，人们在研究大量的问题中的变量 $x$ 与 $y$ 之间的关系并不具有这种"回归"的含义，但借用这个名词把研究变量 $x$ 与 $y$ 之间的关系的方法称为回归分析，也算是对高尔顿这个伟大的统计学家的一个纪念.

### 10.1.1　一个例子

**例 10.1.1**　根据专业知识可知，合金的强度 $y$ 与合金中的含碳量 $x$ 有关. 为了获得它们之间的关系，从生产中收集了一批数据 $(x_i, y_i)$，$i=1, 2, \cdots, 12$，见表 10-1.

表 10-1　　　　　　　合金的强度与合金中的含碳量的数据

| 序号 | 1 | 2 | 3 | 4 | 5 | 6 | 7 | 8 | 9 | 10 | 11 | 12 |
|---|---|---|---|---|---|---|---|---|---|---|---|---|
| 含碳量 $x$ | 0.10% | 0.11% | 0.12% | 0.13% | 0.14% | 0.15% | 0.16% | 0.17% | 0.18% | 0.20% | 0.21% | 0.23% |
| 强度 $y$ | 42.0 | 43.5 | 45.0 | 45.5 | 45.0 | 47.5 | 49.0 | 53.0 | 50.0 | 55.0 | 55.0 | 60.0 |

为了直观地观察合金的强度 $y$ 与合金中的含碳量 $x$ 的关系，以下看它们的散点图，如图 10-1 所示.

从图 10-1 可以看出，12 个点基本上在一条直线附近，从而可以认为合金的强度 $y$ 与合金中的含碳量 $x$ 之间的关系基本上是线性的.

### 10.1.2　数学模型

假设
$$y = a + bx + \varepsilon, \quad (10.1.1)$$

其中 $x$ 是可控变量（一般变量），$y$ 是随机变

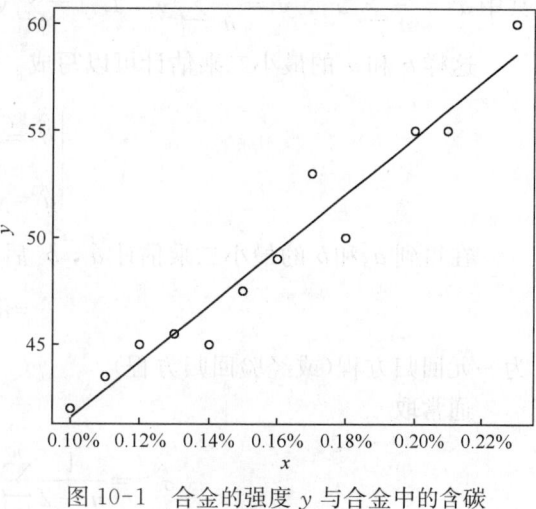

图 10-1　合金的强度 $y$ 与合金中的含碳量 $x$ 的散点图

量，$a+bx$ 表示 $y$ 随 $x$ 的变化而线性变化的部分，$\varepsilon$ 是随机误差，它是其他一切微小的、不确定因素影响的总和，其值不可观测，通常假设 $\varepsilon \sim N(0, \sigma^2)$. 函数 $f(x) = E(y \mid x) = a + bx$ 称为一元线性回归函数，其中 $a$ 为回归常数，$b$ 称为回归系数，统称为回归参数. 称 $x$ 为回归自变量（或回归因子），$y$ 为回归因变量（或响应变量）.

若 $(x_1, y_1), (x_2, y_2), \cdots, (x_n, y_n)$ 是 $(x, y)$ 的一组独立观测值，则一元线性回归

模型可以表示为
$$y_i = a + bx_i + \varepsilon_i, \quad \varepsilon_i \sim N(0, \sigma^2), \quad i=1, 2, \cdots, n. \tag{10.1.2}$$
其中,各 $\varepsilon_i$ 相互独立.

### 10.1.3 回归参数的估计

以下给出回归参数 $a$, $b$ 的估计. 若 $(x_1, y_1)$, $(x_2, y_2)$, $\cdots$, $(x_n, y_n)$ 是 $(x, y)$ 的一组独立观测值,根据式(10.1.2), $y_i = a + bx_i + \varepsilon_i$, $\varepsilon_i \sim N(0, \sigma^2)$, 各 $\varepsilon_i$ 相互独立.

根据最小二乘原理,估计回归参数 $a$, $b$ 应使误差平方和 $\sum_{i=1}^{n} \varepsilon_i^2 = \sum_{i=1}^{n} (y_i - a - bx_i)^2$ 最小,即
$$Q(a, b) = \sum_{i=1}^{n} (y_i - a - bx_i)^2$$
取最小值.

求 $Q$ 关于 $a$, $b$ 的偏导数,并令它们为零,解得 $b$ 的最小二乘估计为
$$b = \frac{\sum_{i=1}^{n} (x_i - \bar{x})(y_i - \bar{y})}{\sum_{i=1}^{n} (x_i - \bar{x})^2} = \frac{L_{xy}}{L_{xx}},$$

其中 $\bar{x} = \frac{1}{n} \sum_{i=1}^{n} x_i$, $\bar{y} = \frac{1}{n} \sum_{i=1}^{n} y_i$, $L_{xy} = \sum_{i=1}^{n} (x_i - \bar{x})(y_i - \bar{y})$, $L_{xx} = \sum_{i=1}^{n} (x_i - \bar{x})^2$.

这样 $b$ 和 $a$ 的最小二乘估计可以写成
$$\begin{cases} \hat{b} = \dfrac{L_{xy}}{L_{xx}}, \\ \hat{a} = \bar{y} - \hat{b} \bar{x}. \end{cases}$$

在得到 $a$ 和 $b$ 的最小二乘估计 $\hat{a}$, $\hat{b}$ 后,称方程
$$\hat{y} = \hat{a} + \hat{b} x$$
为一元回归方程(或经验回归方程).

通常取
$$\hat{\sigma}^2 = \frac{1}{n-2} \sum_{i=1}^{n} (y_i - \hat{a} - \hat{b} x_i)^2$$

作为参数 $\sigma^2$ 的估计(也称为 $\sigma^2$ 的最小二乘估计). 可以证明 $\hat{\sigma}^2$ 是 $\sigma^2$ 的无偏估计.

### 10.1.4 回归方程的显著性检验

前面用最小二乘法给出了回归参数的最小二乘估计,并由此给出了回归方程. 但回归方程并没有事先假定 $y$ 与 $x$ 一定存在线性关系,如果 $y$ 与 $x$ 不存在线性关系,那么得到的回归方程就毫无意义. 因此,需要对回归方程进行检验.

所谓对一元回归方程进行检验,就等价于检验

$$H_0: b=0, \quad H_1: b \neq 0.$$

关于以上检验问题的方法,常用的有 $F$ 检验法,$t$ 检验法和相关系数检验法,以下分别简要介绍.

10.1.4.1　$F$ 检验法

为了寻找检验 $H_0$ 的方法,将 $x$ 对 $y$ 的线性影响与随机波动引起的变差分开. 记 $S_A^2 = \sum_{i=1}^{n}(y_i - \bar{y})^2$,称它为观察值 $y_1, y_2, \cdots, y_n$ 的**离差平方和**.

$S_A^2$ 反映了观察值 $y_i(i=1,2,\cdots,n)$ 总的分散程度,对 $S_A^2$ 进行分解,得到

$$S_A^2 = \sum_{i=1}^{n}[(\hat{y}_i - \bar{y}) + (y_i - \hat{y}_i)]^2$$
$$= \sum_{i=1}^{n}(\hat{y}_i - \bar{y})^2 + \sum_{i=1}^{n}(y_i - \hat{y}_i)^2 + 2\sum_{i=1}^{n}(\hat{y}_i - \bar{y})(y_i - \hat{y}_i).$$

其中 $\hat{y}_i = \hat{a} + \hat{b} x_i$. 可以证明,上式最后一项等于零,由此得

$$S_A^2 = \sum_{i=1}^{n}(\hat{y}_i - \bar{y})^2 + \sum_{i=1}^{n}(y_i - \hat{y}_i)^2 = S_{A1}^2 + S_{A2}^2.$$

其中 $S_{A1}^2 = \sum_{i=1}^{n}(\hat{y}_i - \bar{y})^2$,$S_{A2}^2 = \sum_{i=1}^{n}(y_i - \hat{y}_i)^2$.

$S_{A1}^2$ 叫做**回归平方和**,由于 $\frac{1}{n}\sum_{i=1}^{n}\hat{y}_i = \frac{1}{n}\sum_{i=1}^{n}(\hat{a} + \hat{b} x_i) = \hat{a} + \hat{b}\bar{x} = \bar{y}$,所以 $S_{A1}^2$ 是回归值 $\hat{y}_i$ 的离差平方和,它反映了 $y_i(i=1,2,\cdots,n)$ 的分散程度,这种分散程度是由于 $y$ 与 $x$ 之间线性关系引起的. $S_{A2}^2$ 叫做**残差平方和**,它反映了 $y_i$ 与回归值 $\hat{y}_i$ 的偏离程度,它是 $x$ 对 $y$ 的线性影响之外的其余因素产生的误差.

回归平方和 $S_{A1}^2$ 占离差平方和 $S_A^2$ 的比例称为**判定系数**(coefficient of determination),又称**决定系数**,记作 $R^2$,其计算公式为

$$R^2 = \frac{S_{A1}^2}{S_A^2} = \frac{\sum_{i=1}^{n}(\hat{y}_i - \bar{y})^2}{\sum_{i=1}^{n}(\hat{y}_i - \bar{y})^2}.$$

判定系数(或决定系数)$R^2$ 可以用于检验回归直线对数据的拟合程度. 如果所有观测点都落在回归直线上,则残差平方和 $S_{A2}^2 = 0$,此时 $S_{A1}^2 = S_A^2$,于是 $R^2 = 1$,拟合是完全的;如果 $\hat{y}_i = \bar{y}$,则 $R^2 = 0$. 可见 $R^2 \in [0, 1]$. $R^2$ 越接近 1,回归直线的拟合程度越好;$R^2$ 越接近 0,回归直线的拟合程度越差.

可以证明,在 $H_0$ 成立时,有统计量

$$F = \frac{S_{A1}^2}{\dfrac{S_{A2}^2}{n-2}} \sim F(1, n-2).$$

如果 $y$ 与 $x$ 之间线性关系显著,则 $S_{A1}^2$ 的值较大,因而 $F$ 的值也较大;反之,如果 $y$ 与 $x$ 之间线性关系不显著,则 $S_{A1}^2$ 的值较小,因而 $F$ 的值也较小.所以,我们可以根据 $F$ 值的大小来检验 $H_0$ 是否成立.

对于给定的显著性水平 $\alpha$,拒绝域为 $W=\{F>F_\alpha(1,n-2)\}$. 即,如果 $F>F_\alpha(1,n-2)$,则拒绝 $H_0$,即可以认为 $y$ 与 $x$ 之间线性关系显著;反之,则不能拒绝 $H_0$,即可以认为 $y$ 与 $x$ 之间不存在线性关系,或线性回归方程无意义.

在计算 $F$ 的值时,常用到公式

$$S_{A1}^2 = \hat{b} L_{xy} = \frac{L_{xy}^2}{L_{xx}}, \quad S_{A2}^2 = L_{yy} - \frac{L_{xy}^2}{L_{xx}}.$$

**例 10.1.2** 在硝酸钠的溶解试验中,测得在不同温度 $x$ 下,溶解于 100 份水中的硝酸钠的份数 $y$ 的数据见表 10-2,(1)求 $y$ 关于 $x$ 的线性回归方程;(2)在显著性水平 $\alpha=0.05$ 下,检验(1)中回归方程的显著性.

表 10-2 试验数据

| 温度 $x_i$/℃ | 0 | 4 | 10 | 15 | 21 | 29 | 36 | 51 | 68 |
|---|---|---|---|---|---|---|---|---|---|
| $y_i$ | 66.7 | 71.0 | 76.3 | 80.6 | 85.7 | 92.9 | 99.4 | 113.6 | 125.1 |

**解** (1)现在 $n=9$,为了求线性回归方程,所需计算列在表 10-3 中.

表 10-3 有关计算

| $x_i$ | $y_i$ | $x_i^2$ | $y_i^2$ | $x_i y_i$ |
|---|---|---|---|---|
| 0 | 66.7 | 0 | 4 448.89 | 0 |
| 4 | 71.0 | 16 | 5 041.00 | 284.0 |
| 10 | 76.3 | 100 | 5 821.69 | 763.0 |
| 15 | 80.6 | 225 | 6 496.36 | 1 209.0 |
| 21 | 85.6 | 441 | 7 344.36 | 1 799.7 |
| 29 | 92.9 | 841 | 8 630.41 | 2 694.1 |
| 36 | 99.4 | 1 296 | 9 880.36 | 2 578.4 |
| 51 | 113.6 | 2 601 | 12 904.96 | 5 793.6 |
| 68 | 125.1 | 4 624 | 15 650.01 | 8 506.8 |
| $\sum$ 234 | 811.2 | 10 144 | 76 201 | 24 627 |

根据表 10-3,得 $L_{xx}=4060$, $L_{xy}=3535.3$, $\hat{b}=\dfrac{L_{xy}}{L_{xx}}=0.8708$, $\hat{a}=\bar{y}-\hat{b}\bar{x}=67.493$. 于是得到回归直线方程 $\hat{y}=\hat{a}+\hat{b}x=67.493+0.8708x$.

(2) 对于给定的显著性水平 $\alpha=0.05$,提出假设 $H_0: b=0$.

由于

$$S_A^2 = \sum_{i=1}^n (y_i - \bar{y})^2 = L_{yy} = 3\,084.9,$$

$$S_{A_1}^2 = \hat{b} L_{xy} = \frac{L_{xy}^2}{L_{xx}} = 3\,078.4,$$

$$S_{A_2}^2 = L_{yy} - \frac{L_{xy}^2}{L_{xx}} = 6.469\,6,$$

所以
$$F = \frac{S_{A1}^2}{\dfrac{S_{A2}^2}{n-2}} = 3\,330.8.$$

对于给定的显著性水平 $\alpha = 0.05$,查 $F$ 分布表得 $F_\alpha(1, n-2) = F_{0.05}(1, 7) = 5.59$,所以 $F = 3\,330.8 > 5.59 = F_\alpha(1, n-2)$,则拒绝 $H_0$,即在显著性水平 $\alpha = 0.05$ 下,可以认为线性回归方程有显著意义.

#### 10.1.4.2 $t$ 检验法

可以证明:

(1) $\dfrac{\hat{b} - b}{\dfrac{\sigma}{\sqrt{L_{xx}}}} \sim N(0, 1)$;

(2) $\dfrac{S_{A2}^2}{\sigma^2} \sim \chi^2(n-2)$,且 $\hat{b}$ 与 $S_{A2}^2$ 独立.

根据(1)和(2)有

$$\frac{\dfrac{\hat{b} - b}{\dfrac{\sigma}{\sqrt{L_{xx}}}}}{\sqrt{\dfrac{\dfrac{S_{A2}^2}{\sigma^2}}{n-2}}} = \frac{(\hat{b} - b)\sqrt{L_{xx}}}{\sqrt{\dfrac{S_{A2}^2}{n-2}}} \sim t(n-2).$$

用 $\hat{\sigma}^2 = \dfrac{S_{A2}^2}{n-2}$ 代入上式,得 $t = \dfrac{\hat{b} - b}{\hat{\sigma}} \sqrt{L_{xx}} \sim t(n-2)$.

在 $H_0: b = 0$ 成立时,有 $t = \dfrac{\hat{b}}{\hat{\sigma}} \sqrt{L_{xx}} \sim t(n-2)$.

对于给定的显著性水平 $\alpha$,拒绝域为 $W = \{|t| > t_{\frac{\alpha}{2}}(n-2)\}$. 即,如果 $|t| > t_{\frac{\alpha}{2}}(n-2)$,则拒绝 $H_0$,可以认为 $y$ 与 $x$ 之间线性关系显著;反之,则不能拒绝 $H_0$,即可以认为 $y$ 与 $x$ 之间不存在线性关系,或线性回归方程无意义.

根据例 6.2.5,若 $t \sim t(n)$,则 $t^2 \sim F(1, n)$,所以 $F$ 检验法和 $t$ 检验法本质上是相同的.

**例 10.1.3** 某职工医院用光电比色计检验尿汞时,得尿汞含量 $x$(mg/L)与消化系统读数 $y$ 的结果见表 10-4.

表 10-4                         尿汞数据

| 尿汞含量 $x_i$ | 2 | 4 | 6 | 8 | 10 |
|---|---|---|---|---|---|
| 消化系统 $y_i$ | 64 | 138 | 205 | 285 | 360 |

假定 $y$ 与 $x$ 服从一元线性回归模型.(1)建立 $y$ 对 $x$ 的回归方程,并计算 $\sigma^2$ 的估计值;(2)在显著性水平 $\alpha=0.05$ 下,检验 $y$ 与 $x$ 是否存在显著线性关系.

**解** 根据表 10-4,所需计算见表 10-5.

表 10-5  有关计算

| $x_i$ | $y_i$ | $x_i^2$ | $x_i y_i$ |
|---|---|---|---|
| 2 | 64 | 4 | 128 |
| 4 | 138 | 16 | 552 |
| 6 | 205 | 36 | 1 230 |
| 8 | 285 | 64 | 2 280 |
| 10 | 360 | 100 | 3 600 |
| $\sum$ 30 | 1 052 | 220 | 7 790 |

(1) 根据表 10-5,得 $\bar{x}=6$,$\bar{y}=210.4$,$L_{xx}=220-5\times 36=40$,$L_{xy}=7\,790-5\times 6\times 210.4=1\,478$,$L_{yy}=\sum_{i=1}^{5}y_i^2-5\bar{y}^2=275\,990-5\times 210.4^2=54\,649.2$;$\hat{b}=\dfrac{L_{xy}}{L_{xx}}=36.95$,$\hat{a}=\bar{y}-\hat{b}\bar{x}=-11.3$.故所求回归方程为 $\hat{y}=-11.3+36.95x$.

$\sigma^2$ 的估计为 $\hat{\sigma}^2=\dfrac{S_{A2}^2}{n-2}=\left(L_{yy}-\dfrac{L_{xy}^2}{L_{xx}}\right)/(n-2)=12.37$.

(2) 提出假设 $H_0:b=0$,$H_1:b\neq 0$,$|t|=\dfrac{|\hat{b}|}{\hat{\sigma}}\sqrt{L_{xx}}=\dfrac{36.95}{\sqrt{12.37}}\times\sqrt{40}=66.45>t_{0.025}(3)=3.1824$,故在显著性水平 $\alpha=0.05$ 下拒绝 $H_0$,即可以认为 $y$ 与 $x$ 是线性相关显著的.

#### 10.1.4.3 相关系数检验法

根据第 4 章知,相关系数的大小可以表示两个随机变量线性关系的密切程度.对于线性回归中的变量 $x$ 与 $y$,其样本的相关系数为

$$r=\dfrac{\sum_{i=1}^{n}(x_i-\bar{x})(y_i-\bar{y})}{\sqrt{\sum_{i=1}^{n}(x_i-\bar{x})^2}\sqrt{\sum_{i=1}^{n}(y_i-\bar{y})^2}}=\dfrac{L_{xy}}{\sqrt{L_{xx}}\sqrt{L_{yy}}}.$$

给定显著性水平 $\alpha$,查相关系数表(见书末的附表 6)得 $r_\alpha(n-2)$,根据试验数据 $(x_i,y_i)(i=1,2,\cdots,n)$ 计算 $r$ 的值,当 $|r|>r_\alpha(n-2)$ 时,则拒绝 $H_0$,即可以认为 $y$ 与 $x$ 之间线性关系显著;反之,当 $|r|\leqslant r_\alpha(n-2)$ 时,则不能拒绝 $H_0$,即可以认为 $y$ 与 $x$ 之间不存在线性关系,或线性回归方程无意义.

可以证明 $F$ 检验法和相关系数检验法本质上是相同的(证明从略),因此 $F$ 检验法,$t$ 检验法和相关系数检验法本质上都是相同的.

**例 10.1.4** 在例 10.1.2 中,由于 $L_{xx}=4\,060$,$L_{xy}=3\,534.8$,$L_{yy}=3\,537.4$,则 $r=\dfrac{L_{xy}}{\sqrt{L_{xx}}\sqrt{L_{yy}}}=\dfrac{3\,534.8}{\sqrt{4\,060}\sqrt{3\,537.4}}=0.932\,738$.查相关系数表,得 $r_\alpha(n-2)=r_{0.05}(7)=0.666\,4<0.932\,738=|r|$,因此在显著性水平 $\alpha=0.05$ 时,拒绝 $H_0$,即可以认为 $y$ 与 $x$ 是线性相关显著的(这个结果与例 10.1.2 相同).

在例 10.1.3 中，由于 $L_{xx}=40$，$L_{xy}=1\ 478$，$L_{yy}=54\ 649.2$，则 $r=\dfrac{L_{xy}}{\sqrt{L_{xx}}\sqrt{L_{yy}}}=\dfrac{1\ 478}{\sqrt{40}\sqrt{54\ 649.2}}=0.999\ 66$. 查相关系数表得 $r_\alpha(n-2)=r_{0.05}(3)=0.878\ 3<0.999\ 66=|r|$，因此在显著性水平 $\alpha=0.05$ 时，拒绝 $H_0$，即可以认为 $y$ 与 $x$ 是线性相关显著的（这个结果与例 10.1.3 相同）.

**例 10.1.5** 求例 10.1.1 中的回归方程，并对相应的回归方程进行检验.

**解** 应用 R 软件中的函数 lm( ) 可以方便地求出回归参数的估计 $\hat{a}$ 和 $\hat{b}$，并对相应的回归方程进行检验.

写相应的 R 程序如下：

```
x<-c(0.10, 0.11, 0.12, 0.13, 0.14, 0.15, 0.16, 0.17, 0.18, 0.20, 0.21, 0.23)
y<-c(42.0, 43.5, 45.0, 45.5, 45.0, 47.5, 49.0, 53.0, 50.0, 55.0, 55.0, 60.0)
lm.sol<-lm(y~1+x)
summary(lm.sol)
```

以上程序的说明：第 1 行是输入自变量 $x$ 的数据，第 2 行是输入因变量 $y$ 的数据（如果前面已输入 $x$ 和 $y$ 的数据，第 1 行和第 2 行可以省略），第 3 行中的函数 lm( ) 表示作线性回归，其模型是 $y\sim 1+x$，它表示 $y=a+bx+\varepsilon$，第 4 行中的函数 summary( ) 是提取模型的计算结果.

运行结果为

```
Call:
lm(formula = y ~ 1 + x)
Residuals:
    Min      1Q  Median      3Q     Max
-2.0431 -0.7056  0.1694  0.6633  2.2653
Coefficients:
            Estimate  Std. Error  t value  Pr(>|t|)
(Intercept)   28.493       1.580    18.04  5.88e-09 ***
x            130.835       9.683    13.51  9.50e-08 ***
---
Signif. codes: 0 '***' 0.001 '**' 0.01 '*' 0.05 '.' 0.1 ' ' 1
Residual standard error: 1.319 on 10 degrees of freedom
Multiple R-squared: 0.9481, Adjusted R-squared: 0.9429
F-statistic: 182.6 on 1 and 10 DF, p-value: 9.505e-08
```

对以上计算结果的说明：第一部分（Call）列出了相应的回归模型. 第二部分（Residuals）列出了残差的最小值、1/4 分位数、中位数、3/4 分位数、最大值. 第三部分（Coefficients）中，Estimate 表示回归参数的估计，即 $\hat{a}$，$\hat{b}$；Std. Error 表示回归标准差；t value 表示 $t$ 值；value Pr(>|t|) 表示 $t$ 统计量对应的 $p$ 值. 还有显著性标记，其中 *** 说明极为显著，** 说明高度显著，* 说明显著，· 说明不太显著. 第四部分中，Residual standard error 表示残差的标准差，Multiple R-squared 表示 $R^2$，Adjusted R-squared 表示修正 $R^2$，F-statistic 表示 $F$ 统计量的值,其自由度为 $(1, n-2)$,p-value 表示 $F$ 统计量对应的 $p$ 值.

从以上计算结果可以看出,回归方程通过了回归参数的检验与回归方程的检验,得到的回归方程为

$$\hat{y} = 28.493 + 130.835x.$$

**例 10.1.6** 为了解血压随年龄的增长而升高的关系,调查了 30 个成年人的血压(收缩压/mmHg)见表 10-6. 我们希望用这组数据确定血压与年龄的关系.

表 10-6 血压和年龄的数据

| 序号 | 血压/mmHg | 年龄/岁 | 序号 | 血压/mmHg | 年龄/岁 |
| --- | --- | --- | --- | --- | --- |
| 1 | 144 | 39 | 16 | 130 | 48 |
| 2 | 215 | 47 | 17 | 135 | 45 |
| 3 | 138 | 45 | 18 | 114 | 18 |
| 4 | 145 | 47 | 19 | 116 | 20 |
| 5 | 162 | 65 | 20 | 124 | 19 |
| 6 | 142 | 46 | 21 | 136 | 36 |
| 7 | 170 | 67 | 22 | 142 | 50 |
| 8 | 124 | 42 | 23 | 120 | 39 |
| 9 | 158 | 67 | 24 | 120 | 21 |
| 10 | 154 | 56 | 25 | 160 | 44 |
| 11 | 162 | 64 | 26 | 158 | 53 |
| 12 | 150 | 56 | 27 | 144 | 63 |
| 13 | 140 | 59 | 28 | 130 | 29 |
| 14 | 110 | 34 | 29 | 125 | 25 |
| 15 | 128 | 42 | 30 | 175 | 69 |

**解** 应用 MATLAB 统计工具箱中的函数 regress( ) 进行回归分析.

(1) 记血压 $y$,年龄 $x$,将 $y$ 与 $x$ 作散点图.

x=[39,47,45,47,65,46,67,42,67,56,64,56,59,34,42,48,45,18,20,19,36,50,39,21,44,53,63,29,25,69];
X=[ones(30,1),x'];
y=[144,215,138,145,162,142,170,124,158,154,162,150,140,110,128,130,135,114,116,124,136,142,120,120,160,158,144,130,125,175];
plot(x1,y,'r+')

运行结果如图 10-2 所示.

从图 10-2 可以看出大致呈线性关系.

(2) 画残差图.

rcoplot(r, rint)

运行结果如图 10-3 所示.

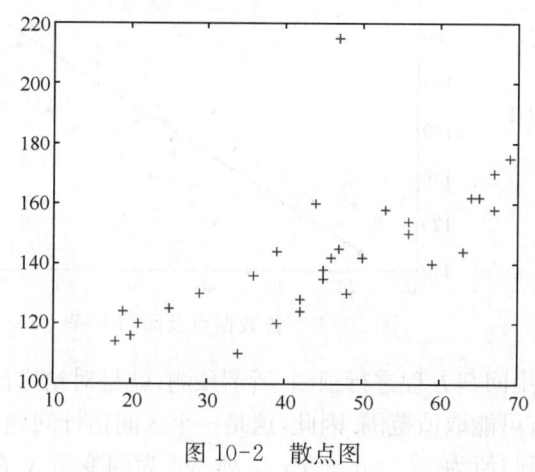

图 10-2　散点图

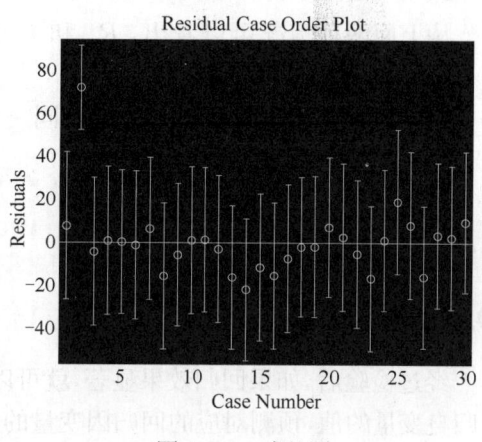

图 10-3　残差图

从图 10-3 可以看到,除第 2 个点外,其余数据的残差离零点都比较近,残差的置信区间都包含零点,而第 2 个数据点为异常点.

(3) 回归参数的点估计、区间估计的计算.

[b, bint, r, rint, stats] = regress(y′, X, 0.05)

运行结果为

b = 98.4084   0.9732

bint =

78.7484    118.06832

0.5601     1.3864

stats = 0.4540   23.2834    0.0000    273.7137

把以上计算结果列在表 10-7 中.

表 10-7　　　　　　　　　　回归参数的计算结果

| 回归参数 | 回归参数的点估计 | 回归参数的区间估计 |
| --- | --- | --- |
| $b_1$ | 98.408 4 | (78.748 4, 118.068 32) |
| $b_2$ | 0.9732 | (0.560 1, 1.386 4) |

$R^2 = 0.454\ 0$, $F = 23.283\ 4$, $p = 0.000\ 0 < 0.05$, $s^2 = 273.713\ 7$.

由于 $R^2 = 0.454\ 0$ 较小,说明模型的精度不高.

把原始数据中的第 2 个数据剔除后,重新计算,其结果见表 10-8.

表 10-8　　　　　　　回归参数的计算结果

| 回归参数 | 回归参数的点估计 | 回归参数的区间估计 |
| --- | --- | --- |
| $b_1$ | 96.866 5 | (85.477 1, 108.255 9) |
| $b_2$ | 0.953 3 | (0.714 0, 1.192 5) |

$R^2 = 0.712\ 3$, $F = 66.835\ 8$, $p = 0.000\ 0 < 0.05$, $s^2 = 91.430\ 5$.

从上面两种情况可以看出，$R^2$ 和 $F$ 变大，$s^2$ 变小，说明模型的精度提高了.

（4）把各数据点及回归方程画在同一个图中.

z = 96.8665 + 0.9533 * x1;
plot(x, y, '*', x, z, 'r')

运行结果如图 10-4 所示.

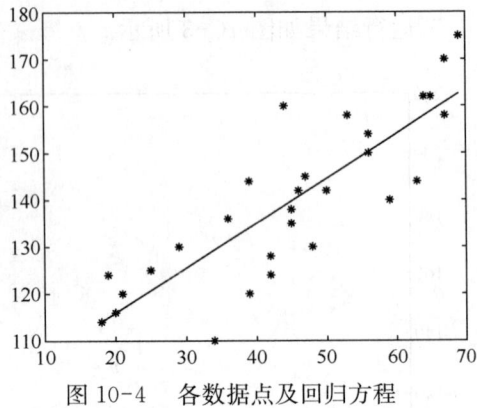

图 10-4　各数据点及回归方程

### 10.1.5　预测

经过检验后，如果回归效果显著，就可以利用回归方程进行预测. 所谓预测，就是对给定的回归自变量的值，预测对应的回归因变量的所有可能取值范围. 因此，这是一个区间估计问题.

对给定的回归自变量 $x$ 的值 $x = x_0$，记回归值为 $\hat{y}_0 = \hat{a} + \hat{b} x_0$，则 $\hat{y}_0$ 为因变量 $y$ 在 $x = x_0$ 处的观测值，即 $y_0 = a + b x_0 + \varepsilon_0$ 的估计.

现在考虑在置信水平为 $1 - \alpha$ 下，$y_0$ 的预测区间和 $E(y_0)$ 的置信区间.

可以证明，在置信水平为 $1 - \alpha$ 下 $y_0$ 的预测区间为

$$\left( \hat{y}_0 - t_{\frac{\alpha}{2}}(n-2) \cdot \hat{\sigma} \sqrt{1 + \frac{1}{n} + \frac{(x_0 - \bar{x})^2}{L_{xx}}},\ \hat{y}_0 + t_{\frac{\alpha}{2}}(n-2) \cdot \hat{\sigma} \sqrt{1 + \frac{1}{n} + \frac{(x_0 - \bar{x})^2}{L_{xx}}} \right).$$

$E(y_0)$ 的置信区间为

$$\left( \hat{y}_0 - t_{\frac{\alpha}{2}}(n-2) \cdot \hat{\sigma} \sqrt{\frac{1}{n} + \frac{(x_0 - \bar{x})^2}{L_{xx}}},\ \hat{y}_0 + t_{\frac{\alpha}{2}}(n-2) \cdot \hat{\sigma} \sqrt{\frac{1}{n} + \frac{(x_0 - \bar{x})^2}{L_{xx}}} \right).$$

**例 10.1.7**　在例 10.1.1 中，设 $x_0 = 0.16$，求 $y_0$ 的估计 $\hat{y}_0$，$y_0$ 的预测区间和 $E(y_0)$ 的置信区间（取置信水平为 0.95）.

**解**　应用 R 软件中的函数 predict( ) 可以方便地求出 $y_0$ 的估计 $\hat{y}_0$，$y_0$ 的预测区间和 $E(y_0)$ 的置信区间.

R 程序如下：

```
> new <- data.frame(x = 0.16)
> predict(lm.sol, new, interval = 'prediction', level = 0.95)
```

运行结果为

```
       fit       lwr       upr
1  49.42639  46.36621  52.48657
```

继续写相应的 R 程序如下：

```
> predict(lm.sol, new, interval = 'confidence')
```

运行结果为

```
       fit      lwr      upr
1  49.42639  48.57695  50.27584
```

说明:第 1 行表示输入新的点 $x_0=0.16$,第 2 行的函数 predict( ) 是计算估计 $\hat{y}_0$ 和 $y_0$ 的预测区间. 在第 5 行的函数 predict( ) 中,选取参数为 interval = 'confidence',所以给出 $E(y_0)$ 的置信区间.

### 习　题　10.1

1. 为考察某种维尼纶纤维的耐水性能,安排了一组试验,测得其甲醇浓度 $x$ 及相应的"缩醇化度" $y$ 的数据见下表:

| $x$ | 18 | 20 | 22 | 24 | 26 | 28 | 30 |
|---|---|---|---|---|---|---|---|
| $y$ | 28.86 | 28.35 | 28.75 | 28.87 | 29.75 | 30.00 | 30.36 |

(1) 作散点图;
(2) 求样本相关系数;
(3) 建立一元线性回归方程;
(4) 对所建立的一元线性回归方程作显著性检验(显著性水平为 0.01).

2. 下表数据是退火温度 $x$(℃)对黄铜延性 $y$ 效应的试验结果,$y$ 是以延长度计算的.

| $x$/℃ | 300 | 400 | 500 | 600 | 700 | 800 |
|---|---|---|---|---|---|---|
| $y$ | 40% | 50% | 55% | 60% | 67% | 70% |

作散点图并求 $y$ 对于 $x$ 的线性回归方程.

3. 由专业知识知道,合金的强度 $y$(单位:$10^7$ Pa)与合金中碳的含量 $x$ 有关,合金的强度 $y$ 与碳含量 $x$ 的数据见下表. 如果 $y$ 与 $x$ 有线性关系,(1)求 $y$ 关于 $x$ 的线性回归方程;(2)显著性水平为 0.01 时,对所建回归方程进行检验.

**合金的强度 $y$ 与 碳含量 $x$ 的数据**

| 序号 | $x$ | $y$ | 序号 | $x$ | $y$ |
|---|---|---|---|---|---|
| 1 | 0.10% | 42.0 | 7 | 0.16% | 49.0 |
| 2 | 0.11% | 43.0 | 8 | 0.17% | 53.0 |
| 3 | 0.12% | 45.0 | 9 | 0.18% | 50.0 |
| 4 | 0.13% | 45.0 | 10 | 0.20% | 55.0 |
| 5 | 0.14% | 45.0 | 11 | 0.21% | 55.0 |
| 6 | 0.15% | 47.5 | 12 | 0.23% | 60.0 |

4. 在例 10.1.3 中,在显著性水平为 0.05 下,$x$ 对 $y$ 显著线性相关,求观察值在点 $x_0=14$ 处 $y$ 的置信水平为 0.95 的预测区间.

5. 下表列出了六个工业发达国家在 1979 年的失业率 $y$ 与国民经济增长率 $x$ 的数据.

| 国家 | 国民经济增长率 $x$ | 失业率 $y$ |
| --- | --- | --- |
| 美国 | 3.2% | 5.8% |
| 日本 | 5.6% | 2.1% |
| 法国 | 3.5% | 6.1% |
| 西德 | 4.5% | 3.0% |
| 意大利 | 4.9% | 3.9% |
| 英国 | 1.4% | 5.7% |

(1) 请研究 $y$ 与 $x$ 之间的关系；
(2) 建立 $y$ 关于 $x$ 的一元线性回归方程；
(3) 在显著性水平为 $\alpha = 0.05$ 下, 对所求回归方程进行显著性检验；
(4) 若一个工业发达国家的国民经济增长率 $x = 3\%$, 请求其失业率的预测值.

6. 在钢线碳含量对于电阻的效应的研究中, 得到以下的数据：

| 碳含量 $x$ | 0.10% | 0.30% | 0.40% | 0.55% | 0.70% | 0.80% | 0.95% |
| --- | --- | --- | --- | --- | --- | --- | --- |
| 电阻 $y$(20℃时,$\mu\Omega$) | 15 | 18 | 19 | 21 | 22.6 | 23.8 | 26 |

(1) 作散点图；
(2) 求线性回归方程 $\hat{y} = \hat{a} + \hat{b} x$；
(3) 求 $\varepsilon$ 的方差 $\sigma^2$ 的无偏估计；
(4) 检验假设 $H_0 : b = 0, H_1 : b \neq 0$；
(5) 若回归效果显著, 求 $x = 0.50$ 处观察值 $y$ 的置信水平为 0.95 的预测区间.

7. 在硝酸钠的溶解度试验中, 测得在不同温度下, 溶解于 100 份水中的硝酸钠份数的数据见下表：

| 温度 $x$/℃ | 0 | 4 | 10 | 15 | 21 | 29 | 36 | 51 | 68 |
| --- | --- | --- | --- | --- | --- | --- | --- | --- | --- |
| 份数 $y$ | 66.7 | 71.0 | 76.3 | 80.6 | 85.7 | 92.9 | 99.4 | 113.6 | 125.1 |

(1) 根据上表中的数据作散点图；
(2) 求回归方程 $\hat{y} = \hat{a} + \hat{b} x$；
(3) 检验假设 $H_0 : b = 0, H_1 : b \neq 0$, 显著性水平 $\alpha = 0.05$；
(4) 在温度 $x = 75$℃ 时, 求 $y$ 的预测值.

8. 某地区车祸次数 $y$（千次）与汽车拥有量 $x$（万辆）的 11 年统计数据见下表：

| 年度 | 汽车拥有量 $x$ | 车祸次数 $y$ | 年度 | 汽车拥有量 $x$ | 车祸次数 $y$ |
| --- | --- | --- | --- | --- | --- |
| 1 | 352 | 166 | 7 | 529 | 227 |
| 2 | 373 | 153 | 8 | 577 | 238 |
| 3 | 411 | 177 | 9 | 641 | 268 |
| 4 | 441 | 201 | 10 | 692 | 268 |
| 5 | 462 | 216 | 11 | 743 | 274 |
| 6 | 490 | 208 | — | — | — |

假设 $y$ 对 $x$ 的回归是线性的,(1)试求回归系数与误差方差 $\sigma^2$ 的估计;(2)在显著性水平为 $\alpha=0.05$ 下,检验回归方程的显著性;(3)假设拥有 800 万辆汽车,求车祸次数置信水平为 95% 的预测区间.

## 10.2 一元非线性回归

曲线回归分析的基本任务是通过两个变量 $x$ 和 $y$ 的实际观测数据建立曲线回归方程,以揭示 $x$ 和 $y$ 间的曲线关系的形式. 常用的一种方法是:通过变量替换,把一元非线性回归问题转化为一元线性回归问题.

### 10.2.1 一元非线性回归问题

在许多实际问题中,变量之间的相关关系不一定都是线性关系,当它们之间是非线性关系时,不能用线性回归方程来描述它们之间的关系. 但有些变量之间的关系,只要进行变量替换,就可以化为线性回归问题,仍然可以利用线性回归的方法来确定它们之间的关系. 对于这种类型的问题,首先要设法确定两个变量之间的曲线相关的类型,选择一条适当的曲线来拟合两个变量之间的相关关系,然后根据其特点进行变量替换,从而转化为线性回归问题. 将非线性回归问题转化为线性回归问题,求出有关参数的估计值,就能得到所需的回归曲线.

下面举一些常用的曲线方程,并给出相应的化为一元线性回归方程的变量替换公式.

(1) $y = a + \dfrac{b}{x}$.

令 $t = \dfrac{1}{x}$,可化为 $y = a + bt$.

(2) $y = ax^b\ (a > 0)$.

令 $u = \ln y$,$v = \ln x$,可化为 $u = a' + bv$. 其中 $a' = \ln a$.

(3) $y = ae^{bx}\ (a > 0)$.

令 $t = \ln y$,可化为 $t = a' + bx$. 其中 $a' = \ln a$.

(4) $y = ae^{\frac{b}{x}}\ (a > 0)$.

令 $t = \ln y$,$u = \dfrac{1}{x}$,可化为 $t = a' + bu$. 其中 $a' = \ln a$.

(5) $y = a + b\ln x$.

令 $t = \ln x$,可化为 $y = a + bt$.

一元非线性回归问题,首要的工作是确定因变量 $y$ 与自变量 $x$ 之间曲线关系的类型. 通常通过两个途径来确定:

(1) 利用有关专业知识,根据已知的理论规律和实践经验.

(2) 如果没有已知的理论规律和实践经验可以利用,可在直角坐标系作散点图,观察数据点的分布趋势与哪一类已知函数曲线最接近,然后再选用该函数关系来拟合数据.

另外,如果找不到与已知函数曲线较接近数据的分布趋势,这时可以利用多项式回归,通过逐渐增加多项式的次数来拟合,直到满意为止.

**例 10.2.1** 炼钢过程中需要钢包来盛钢水,由于受到钢水的浸蚀作用,钢包的容积会不断扩大. 表 10-9 给出使用次数和容积增大的数据, 请用函数 $y = a e^{\frac{b}{x}}$ 来拟合钢包使用次数 $x$ 和增大容积 $y$ 之间的关系 ($\alpha = 0.05$).

表 10-9　　　　　　　　　钢包使用次数和增大容积的数据

| 使用次数 $x$ | 2 | 3 | 4 | 5 | 7 | 8 | 10 |
|---|---|---|---|---|---|---|---|
| 增大容积 $y$ | 106.42 | 108.20 | 109.58 | 109.50 | 110.00 | 109.93 | 110.49 |
| 使用次数 $x$ | 11 | 14 | 15 | 16 | 18 | 19 | |
| 增大容积 $y$ | 110.59 | 110.60 | 110.90 | 110.76 | 111.00 | 111.20 | |

**解**　首先, 在 $y = a e^{\frac{b}{x}}$ 两边取对数, 令 $y_1 = \ln y$, $x_1 = \frac{1}{x}$, 便可以把 $y = a e^{\frac{b}{x}}$ 化为线性方程 $y_1 = \ln a + b x_1$.

MATLAB 程序如下:

```
x=[2,3,4,5,7,8,10,11,14,15,16,18,19];
y=[106.42,108.20,109.58,109.50,110.00,109.93,110.49,110.59,110.60,110.90,110.76,
111.00,111.20];
X=[ones(13,1),x'];
[b,bint,r,rint,stats]=regress(log(y)',1./X,0.05)
```

运行结果为

```
b = 4.7141    -0.0903
bint =
4.7121    4.7161
-0.1001   -0.0805
stats = 0.9739    410.1674    0.0000    0.0000
```

因此 $\hat{a} = \exp(4.7141) = 111.5084$, $\hat{b} = -0.0903$; $R^2 = 0.9739$, $F = 410.1674$, $p = 0.0000 < 0.05$, $s^2 = 0.0000$, 这说明回归方程的显著性非常好.

于是所求的回归曲线方程为 $y = \hat{a} e^{\frac{\hat{b}}{x}} = 111.5084 e^{-\frac{0.0903}{x}}$.

以下画此回归曲线图.

```
z = 111.5084*exp(-0.0903./x);
plot(x,y,'*',x,z,'r')
```

运行结果如图 10-5 所示.

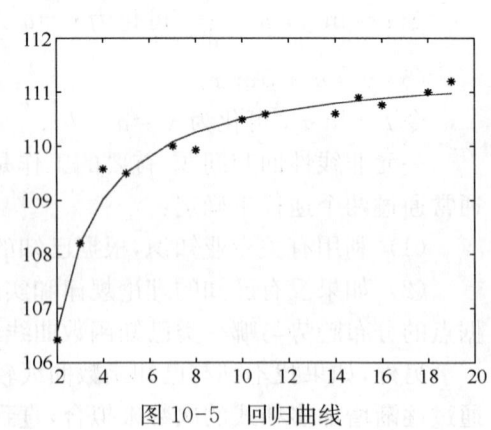

图 10-5　回归曲线

在例 10.2.1 中, 直接用函数 $y = a e^{\frac{b}{x}}$ 来拟合钢包使用次数 $x$ 和增大容积 $y$ 之间的关系. 其实这里涉及优化模型的选择问题.

## 10.2.2 优化模型的选择

选择优化模型的一般步骤:
(1) 通过变量替换,把一元非线性回归问题转化为一元线性回归问题.
(2) 分析各模型的 $F$ 检验值,看各方程是否达到显著或极显著,剔除不显著的模型.
(3) 对表现为显著或极显著的模型,检查模型系数的检验值,不显著的也予以剔除.
(4) 列表比较模型决定系数 $R^2$ 的大小,$R^2$ 越大的,表示其变量替换后,曲线关系密切.
(5) 选择 $R^2$ 最大的模型作为最优化的模型.

以下通过一个例子来看选择优化模型的过程.

**例 10.2.2** 为了解百货商店销售额 $x$ 与流通费率 $y$(这是反映商业活动的一个质量指标,指每元商品流转额分摊的流通费用)之间的关系,收集了 12 个商店的有关数据,见表 10-10,试选择 $x$ 与 $y$ 之间最优模型.

表 10-10　　　　　　销售额 $x$ 与流通费率 $y$ 的数据

| $x$ | 1.5 | 2.8 | 4.5 | 7.5 | 10.5 | 13.5 | 15.1 | 16.5 | 19.5 | 22.5 | 24.5 | 26.5 |
|---|---|---|---|---|---|---|---|---|---|---|---|---|
| $y$ | 7.0 | 5.5 | 4.6 | 3.6 | 2.9 | 2.7 | 2.5 | 2.4 | 2.2 | 2.1 | 1.9 | 1.8 |

**解** 应用 R 软件可以方便地解决一元非线性回归的线性化问题.

(1) 输入数据,并作销售额 $x$ 与流通费率 $y$ 的散点图.

```
> x = c(1.5, 2.8, 4.5, 7.5, 10.5, 13.5, 15.1, 16.5, 19.5, 22.5, 24.5, 26.5)
> y = c(7.0, 5.5, 4.6, 3.6, 2.9, 2.7, 2.5, 2.4, 2.2, 2.1, 1.9, 1.8)
> plot(x,y)
```

运行结果如图 10-6 所示.

从图 10-5 可以看出,本例的数据可能可拟合多项式、指数、对数、幂函数等曲线方程,以下分别拟合这些曲线来显示可线性化为直线的非线性回归方程的求法.

(2) 线性回归.

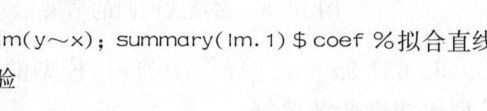

lm.1 = lm(y~x); summary(lm.1) $ coef %拟合直线并进行检验

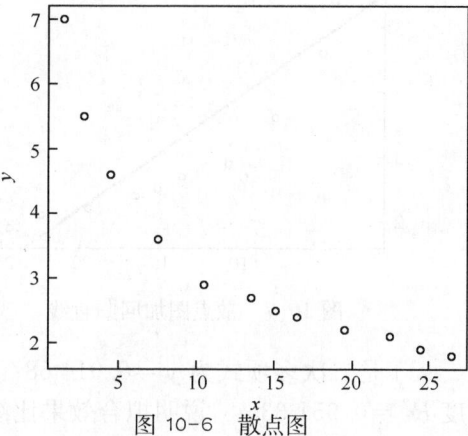

图 10-6　散点图

运行结果为

|  | Estimate | Std. Error | t value | Pr(>|t|) |
|---|---|---|---|---|
| (Intercept) | 5.6031606 | 0.43474070 | 12.888512 | 1.488236e-07 |
| x | -0.1700299 | 0.02718745 | -6.253984 | 9.456137e-05 |

求决定系数

```
> summary(lm.1) $ r.sq
```

运行结果为

[1] 0.7963851

散点图加回归直线

```
>plot(x,y);abline(lm.1)
```

运行结果如图 10-7 所示.

该模型的拟合优度(决定系数)$R^2 = 0.7963851$,说明拟合效果不好.

（3）多项式回归.

用二次多项式 $y = a + bx + cx^2$ 来表示. 作变量替换 $x_1 = x$, $x_2 = x^2$, 将其转化为线性回归方程 $y = a + bx_1 + cx_2$.

```
> x1=x;x2=x^2
> lm.2 = lm(y~x1+x2); summary(lm.2)$coef
```

|  | Estimate | Std. Error | t value | Pr(>|t|) |
|---|---|---|---|---|
| (Intercept) | 6.91468738 | 0.331986925 | 20.828192 | 6.346285e−09 |
| x1 | −0.46563130 | 0.056969459 | −8.173350 | 1.864313e−05 |
| x2 | 0.01075704 | 0.002009468 | 5.353175 | 4.604246e−04 |

```
>summary(lm.2)$r.sq
```

[1] 0.9513355

```
plot(x,y);lines(x,fitted(lm.2))
```

多项式回归的结果如图 10-8 所示.

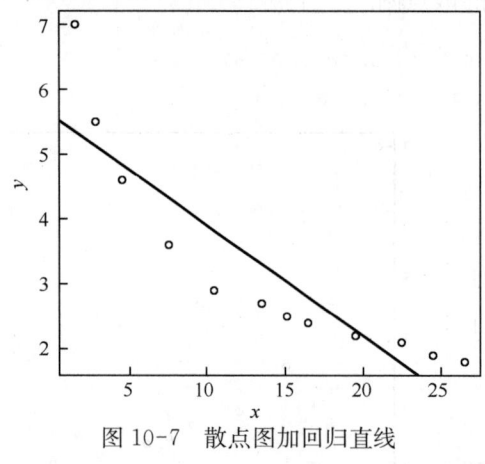

图 10-7 散点图加回归直线

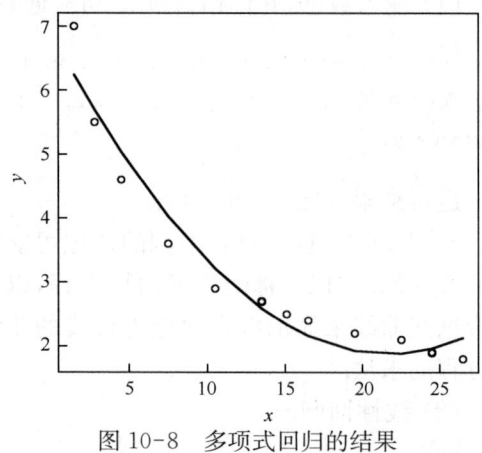

图 10-8 多项式回归的结果

于是二次多项式为 $y = 6.91468738 − 0.4656313x + 0.01075704x^2$, 模型的拟合优度 $R^2 = 0.9513355$, 说明拟合效果比线性模型比线性函数要好.

（4）对数法.

对数类型用方程 $y = a + b\log x$ 生成趋势曲线, 其中 $\log(\cdot)$ 是以 e 为底数的自然对数函数. 作变量替换 $x' = \log x$, 则将其线性化为 $y = a + bx'$.

```
> lm.log = lm(y ~ log(x)); summary(lm.log)$coef
```

|  | Estimate | Std. Error | t value | Pr(>|t|) |
|---|---|---|---|---|
| (Intercept) | 7.363897 | 0.16875185 | 43.63743 | 9.595838e−13 |
| log(x) | −1.756838 | 0.06769667 | −25.95162 | 1.660026e−10 |

```
> summary(lm.log)$r.sq
[1] 0.9853691
> plot(x,y);lines(x,fitted(lm.log))
```

对数法的结果如图 10-9 所示.

根据以上计算结果,回归直线方程为 $\hat{y}=7.363\,897-1.756\,838x'$,相应的对数曲线回归方程为 $\hat{y}=7.363\,897-1.756\,838\log x$.

该模型的拟合优度 $R^2=0.985\,369\,1$,说明拟合效果比较好.

（5）指数法.

指数曲线类型用方程 $y=a\mathrm{e}^{bx}$ 表示,用 $\log y=\log a+x$ 生成趋势曲线,其中 $y'=\log y$, $a'=\log a$,则可线性化为 $y'=a'+bx$.

```
> lm.exp= lm(log(y)~x); summary(lm.exp)$coef
              Estimate    Std. Error    t value     Pr(>|t|)
(Intercept)   1.75966394  0.075100615   23.43075    4.542589e-10
x            -0.04880874  0.004696579  -10.39240    1.115792e-06
> summary(lm.exp)$r.sq
[1] 0.9152557
> plot(x,y);lines(x,exp(fitted(lm.exp)))
```

运行结果如图 10-10 所示.

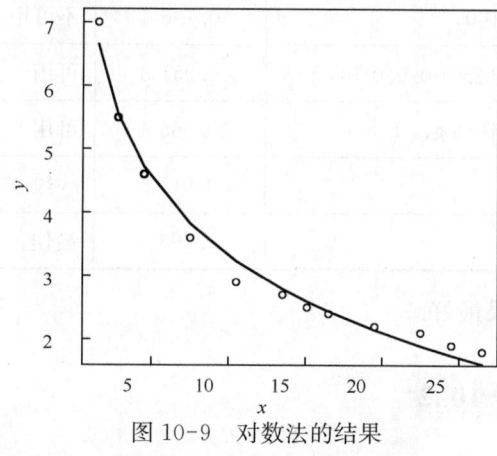

图 10-9 对数法的结果

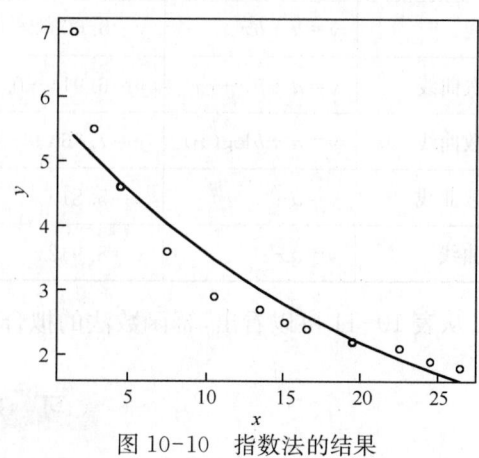

图 10-10 指数法的结果

根据以上计算结果,回归直线方程为 $\hat{y}'=1.759\,663\,94-0.048\,808\,74x$,相应的指数曲线回归方程为 $\hat{y}=5.18\mathrm{e}^{-0.049x}$.

该模型的拟合优度 $R^2=0.915\,255\,7$,说明拟合效果尚可,但显然不如对数法的效果好.

（6）幂函数法.

幂函数的形式为 $y=ax^b(a>0)$. 对幂函数 $y=ax^b$ 的两边求自然对数得 $\log y=\log a+b\log x$,用 $(\log x,\log y)$ 生成趋势曲线,其中 $y'=\log y$, $x'=\log x$, $a'=\log a$,则幂函数可线性化为 $y'=a'+bx'$.

```
> lm.pow = lm(log(y) ~ log(x)); summary(lm.pow) $ coef
```
|              | Estimate   | Std. Error  | t value    | Pr(>|t|)      |
|--------------|------------|-------------|------------|---------------|
| (Intercept)  | 2.1907284  | 0.02951316  | 74.22886   | 4.805772e−15  |
| log(x)       | −0.4724279 | 0.01183953  | −39.90258  | 2.336833e−12  |

```
> summary(lm.pow) $ r.sq
[1] 0.9937586
> plot(x,y);lines(x,exp(fitted(lm.pow)))
```

运行结果如图 10-11 所示.

根据以上计算结果,回归直线方程为 $\hat{y}' = 2.1907284 - 0.4724279x'$,相应的幂函数曲线回归方程为 $\hat{y} = 8.942x^{-0.4724}$.

该模型的拟合优度 $R^2 = 0.9937586$,$R^2$ 与 1 非常接近,说明拟合效果非常好,且明显好于对数曲线和指数曲线的效果.

以上几种拟合结果,见表 10-11.

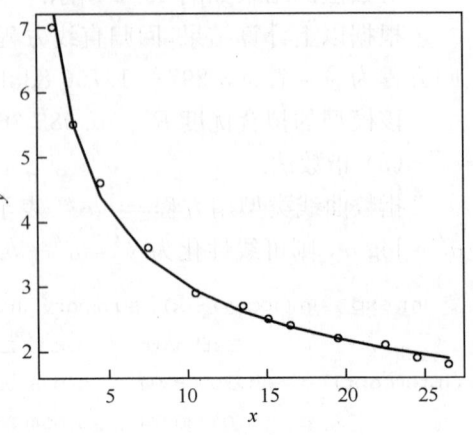

图 10-11  幂函数法的结果

表 10-11  模型的选择

| 曲线类型 | 方程式 | 回归方程 | $R^2$ | 模型选择 |
|---|---|---|---|---|
| 直线 | $y=a+bx$ | $y=5.6032-0.1700x$ | 0.7964 | 不可用 |
| 二次曲线 | $y=a+bx+cx^2$ | $y=6.914-0.46563x+0.01076x^2$ | 0.9513 | 可用 |
| 对数曲线 | $y=a+b\log(x)$ | $y=7.3639-1.7568\log(x)$ | 0.9854 | 可用 |
| 指数曲线 | $y=ae^{bx}$ | $y=5.81e^{-0.049x}$ | 0.9153 | 一般 |
| 幂曲线 | $y=ax^b$ | $y=8.942x^{-0.4724}$ | 0.9938 | 最佳 |

从表 10-11 可以看出,幂函数法的拟合效果最好.

## 习 题 10.2

1. 设曲线函数形式为 $y = a + b\ln x$,请给出一个变换将之化为一元线性回归的形式.

2. 同一生产面积上某作物单位生产产品的成本($x$)与产量($y$)间近似满足双曲线型关系 $y = a + \dfrac{b}{x}$,试利用下列资料,求出 $y$ 对 $x$ 的回归曲线方程.

| $x_i$ | 5.67 | 4.45 | 3.84 | 3.84 | 3.73 | 2.18 |
|---|---|---|---|---|---|---|
| $y_i$ | 17.7 | 18.5 | 18.9 | 18.8 | 18.3 | 19.1 |

3. 在彩色显影中,形成染料光学密度 $x$ 与析出银的光学密度 $y$ 之间有密切关系,测试了 11 组得数据见下表:

| $x$ | 0.05 | 0.06 | 0.07 | 0.10 | 0.14 | 0.20 | 0.25 | 0.31 | 0.38 | 0.43 | 0.47 |
|---|---|---|---|---|---|---|---|---|---|---|---|
| $y$ | 0.10 | 0.14 | 0.23 | 0.37 | 0.59 | 0.79 | 1.00 | 1.12 | 1.19 | 1.25 | 1.29 |

试求 $\hat{y} = a\mathrm{e}^{\frac{b}{x}}$ 型的回归方程.

4. 现对具有统计关系的两个变量的取值情况进行 13 次试验得到数据见下表:

| $x_i$ | 2 | 3 | 4 | 5 | 7 | 8 | 10 |
|---|---|---|---|---|---|---|---|
| $y_i$ | 0.939 7 | 0.924 2 | 0.912 6 | 0.913 2 | 0.909 1 | 0.909 7 | 0.905 1 |
| $x_i$ | 11 | 14 | 15 | 16 | 18 | 19 | |
| $y_i$ | 0.904 2 | 0.904 2 | 0.901 7 | 0.902 9 | 0.900 9 | 0.899 3 | |

求回归曲线方程 $\dfrac{1}{\hat{y}} = \hat{a} + \dfrac{\hat{b}}{x}$.

5. 为检验 X 射线的杀菌作用,用 220 kV 的 X 射线来照射细菌,每次照射 6 min,共照射 15 次. 用 $t$ 表示照射次数,各次照射后所剩的细菌数 $y$ 见下表:

| $t$ | 1 | 2 | 3 | 4 | 5 | 6 | 7 | 8 | 9 | 10 | 11 | 12 | 13 | 14 | 15 |
|---|---|---|---|---|---|---|---|---|---|---|---|---|---|---|---|
| $y$ | 355 | 211 | 197 | 160 | 142 | 106 | 104 | 60 | 56 | 38 | 36 | 32 | 21 | 19 | 15 |

(1) 根据经验知,可以建立 $y$ 关于 $t$ 的曲线回归方程为 $\hat{y} = a\mathrm{e}^{bt}$,试用适当的变换,把上述曲线回归方程化为一元线性回归方程,并求出参数估计值;

(2) 若采用曲线回归方程为 $\hat{y} = at^b$,试比较两个回归方程哪个对数据拟合较好?

# 10.3 多元线性回归

在实际问题中,如果与因变量 $y$ 有关联性的自变量不止一个,假设有 $p$ 个. 此时无法借助图形来确定模型,这里仅讨论一种简单又普遍的模型——多元线性回归模型.

## 10.3.1 多元线性回归模型

设变量 $y$ 与变量 $x_1, x_2, \cdots, x_p$ 之间有线性关系

$$y = b_0 + b_1 x_1 + \cdots + b_p x_p + \varepsilon, \quad \varepsilon \sim N(0, \sigma^2). \tag{10.3.1}$$

其中 $b_0, b_1, \cdots, b_p$ ($p \geqslant 2$) 和 $\sigma^2$ 为未知参数.

若 $(x_{i1}, x_{i2}, \cdots, x_{ip}, y_i)$ ($i = 1, 2, \cdots, n$) 是 $(x_1, x_2, \cdots, x_p, y)$ 的一组 $n(n > p+1)$ 次独立观测值,则多元线性回归模型可以表示为

$$y_i = b_0 + b_1 x_{i1} + \cdots + b_p x_{ip} + \varepsilon_i, \varepsilon_i \sim N(0, \sigma^2), \quad i = 1, 2, \cdots, n. \tag{10.3.2}$$

其中各 $\varepsilon_i$ 相互独立.

以下用矩阵的形式来描述多元线性回归模型.

记

$$\boldsymbol{X} = \begin{pmatrix} 1 & x_{11} & \cdots & x_{1p} \\ 1 & x_{21} & \cdots & x_{2p} \\ \vdots & \vdots & & \vdots \\ 1 & x_{n1} & \cdots & x_{np} \end{pmatrix}, \quad \boldsymbol{Y} = \begin{pmatrix} y_1 \\ y_2 \\ \vdots \\ y_n \end{pmatrix}, \quad \boldsymbol{b} = \begin{pmatrix} b_0 \\ b_1 \\ \vdots \\ b_p \end{pmatrix}, \quad \boldsymbol{\varepsilon} = \begin{pmatrix} \varepsilon_1 \\ \varepsilon_2 \\ \vdots \\ \varepsilon_n \end{pmatrix}.$$

式(10.3.2)可以表示为

$$Y = Xb + \varepsilon,$$

其中，$Y$ 为由因变量(响应变量)构成的 $n$ 维向量，$X$ 为 $n \times (p+1)$ 的矩阵，$b$ 为 $p+1$ 维向量，$\varepsilon$ 为 $n$ 维误差向量，且 $\varepsilon \sim N(0, \sigma^2 I_n)$，$I_n$ 是 $n$ 阶单位矩阵.

### 10.3.2 回归参数的估计

与一元线性回归模型类似，求参数 $b$ 的估计 $\hat{b}$ 就是最小二乘问题

$$Q(b) = \sum_{i=1}^{n} \varepsilon^2 = (Y - Xb)^{\mathrm{T}}(Y - Xb)$$

的最小值点 $\hat{b}$.

可以证明 $b$ 的最小二乘估计为

$$\hat{b} = (X^{\mathrm{T}} X)^{-1} X^{\mathrm{T}} Y. \tag{10.3.3}$$

从而得经验回归方程为

$$\hat{Y} = X \hat{b} = \hat{b}_0 + \hat{b}_1 x_1 + \cdots + \hat{b}_p x_p.$$

称 $\hat{\varepsilon} = Y - X \hat{b}$ 为残差向量. 取

$$\hat{\sigma}^2 = \frac{\hat{\varepsilon}^{\mathrm{T}} \hat{\varepsilon}}{n - p - 1}$$

为 $\sigma^2$ 的估计，也称为 $\sigma^2$ 的最小二乘估计. 可以证明：

(1) $\hat{\sigma}^2$ 是 $\sigma^2$ 的无偏估计；

(2) 协方差矩阵为 $\mathrm{Cov}(b) = \sigma^2 (X^{\mathrm{T}} X)^{-1}$.

$b$ 的各分量的标准差为 $\sqrt{D(b_i)} = \hat{\sigma} \sqrt{c_{ii}}$，$i = 1, 2, \cdots, p$. 其中 $c_{ii}$ 为 $C = (X^{\mathrm{T}} X)^{-1}$ 对角线上的第 $i$ 个元素.

### 10.3.3 回归方程的显著性检验

由于多元线性回归中无法借助图形帮助判断，所以 $E(y)$ 是否随 $x_1, x_2, \cdots, x_p$ 作线性变化，因此显著性检验就显得尤为重要. 检验有两种，一种是回归系数的显著性检验，主要是检验某个变量 $x_i$ 的系数是否为零；另一种是检验回归方程的显著性检验，简单地说，就是检验该组数据是否可以用于线性方程作回归.

(1) 回归系数的显著性检验

$$H_{i0}: b_i = 0, \quad H_{i1}: b_i \neq 0, \quad i = 1, 2, \cdots, p.$$

当 $H_{i0}$ 成立时，可以证明统计量

$$T_i = \frac{b_i}{\hat{\sigma} \sqrt{c_{ii}}} \sim t(n - p - 1), \quad i = 1, 2, \cdots, p.$$

给定显著性水平 $\alpha$，检验的拒绝域为 $W = \{|T_i| \geqslant t_{\frac{\alpha}{2}}(n - p - 1)\}$.

(2) 回归方程的显著性检验

$$H_0: b_1 = b_2 = \cdots = b_p = 0, \quad H_1: b_1, b_2, \cdots, b_p \text{ 不全为零}.$$

可以证明,当 $H_0$ 成立时,统计量

$$F = \frac{\dfrac{SS_R}{p}}{\dfrac{SS_E}{n-p-1}} \sim F(p, n-p-1).$$

其中 $SS_R = \sum\limits_{i=1}^{n} (\hat{y}_i - \bar{y})^2$,$SS_E = \sum\limits_{i=1}^{n} (y_i - \hat{y}_i)^2$,$\bar{y} = \dfrac{1}{n}\sum\limits_{i=1}^{n} y_i$,$\hat{y}_i = \hat{b}_0 + \hat{b}_1 x_{i1} + \cdots + \hat{b}_p x_{ip}$.

一般 $SS_R$ 称为回归平方和,$SS_E$ 称为残差平方和.

给定显著性水平 $\alpha$,检验的拒绝域为 $W = \{F > F_{\frac{\alpha}{2}}(p, n-p-1)\}$.

与一元回归模型类似,在软件中,通常用 $p$ 值来判别是否拒绝原假设.

与一元线性回归类似,$R^2 = \dfrac{SS_R}{SS_T}$,用它来衡量 $y$ 与 $x_1, x_2, \cdots, x_p$ 之间相关的密切程度,其中 $SS_T = SS_R + SS_E = \sum\limits_{i=1}^{n} (y_i - \bar{y})^2$ 称为总体离差平方和.

**例 10.3.1** 根据经验,在人的身高相同的情况下,血压的收缩压 $y$(单位:mmHg)与体重 $x_1$(单位:kg),年龄 $x_2$(单位:岁)有关. 现收集了 13 个男子的数据,见表 10-12. 请建立 $y$ 与 $x_1, x_2$ 的线性回归方程.

表 10-12　　　　　　　　　　收缩压、体重和年龄的数据

| 序号 | 1 | 2 | 3 | 4 | 5 | 6 | 7 | 8 | 9 | 10 | 11 | 12 | 13 |
|---|---|---|---|---|---|---|---|---|---|---|---|---|---|
| $x_1$ | 76.0 | 91.5 | 85.5 | 82.5 | 79.0 | 80.5 | 74.5 | 79.5 | 85.0 | 76.5 | 82.0 | 95.0 | 92.5 |
| $x_2$ | 50 | 20 | 20 | 30 | 30 | 50 | 60 | 50 | 40 | 55 | 40 | 40 | 20 |
| $y$ | 120 | 141 | 124 | 126 | 117 | 125 | 123 | 125 | 132 | 123 | 132 | 155 | 147 |

**解** 应用 R 软件中的 lm( ) 求解,用函数 summary( ) 提取有关信息.

写相应的 R 程序如下:

```
blood<-data.frame(
X1=c(76.0, 91.5, 85.5, 82.5, 79.0, 80.5, 74.5,
    79.5, 85.0, 76.5, 82.0, 95.0, 92.5),
X2=c(50, 20, 20, 30, 30, 50, 60, 50, 40, 55,
    40, 40, 20),
Y=c(120, 141, 124, 126, 117, 125, 123, 125,
    132, 123, 132, 155, 147)
)
lm.sol<-lm(Y~X1+X2, data=blood)
summary(lm.sol)
```

运行结果为

```
Call:
lm(formula = Y ~ X1 + X2, data = blood)
```

```
Residuals:
     Min      1Q   Median      3Q     Max
 -3.8984 -1.7638   0.4532  0.7204  4.3187
Coefficients:
             Estimate  Std. Error  t value  Pr(>|t|)
(Intercept) -62.65381    17.28098   -3.626  0.004646 **
         X1   2.13456     0.17834   11.969  2.99e-07 ***
         X2   0.39440     0.08433    4.677  0.000871 ***
---
Signif. codes: 0 '***' 0.001 '**' 0.01 '*' 0.05 '.' 0.1 ' ' 1
Residual standard error: 2.902 on 10 degrees of freedom
Multiple R-squared: 0.9443,    Adjusted R-squared: 0.9332
F-statistic: 84.78 on 2 and 10 DF, p-value: 5.357e-07
```

从以上计算结果可以得到,回归系数和回归方程的检验都是显著的. 因此,回归方程为
$$\hat{y} = -62.65381 + 2.13456 x_1 + 0.39440 x_2.$$

### 10.3.4 预测

当多元线性回归方程经过检验通过以后,并且每一个系数都是显著时,可用此方程作预测. 给定 $\boldsymbol{x} = \boldsymbol{x}_0 = (x_{01}, x_{02}, \cdots, x_{0p})^T$,将其代入回归方程得到
$$y_0 = b_0 + b_1 x_{01} + \cdots + b_p x_{0p} + \varepsilon_0$$
的估计为
$$\hat{y}_0 = \hat{b}_0 + \hat{b}_1 x_{01} + \cdots + \hat{b}_p x_{0p}.$$

现在考虑在置信水平为 $1-\alpha$ 下,$y_0$ 的预测区间和 $E(y_0)$ 的置信区间.

可以证明,在置信水平为 $1-\alpha$ 下 $y_0$ 的预测区间为
$$\left(\hat{y}_0 - t_{\frac{\alpha}{2}}(n-p-1) \cdot \hat{\sigma} \sqrt{1 + \widetilde{\boldsymbol{x}_0}^T (\boldsymbol{X}^T \boldsymbol{X})^{-1} \widetilde{\boldsymbol{x}_0}}, \hat{y}_0 + t_{\frac{\alpha}{2}}(n-p-1) \cdot \hat{\sigma} \sqrt{1 + \widetilde{\boldsymbol{x}_0}^T (\boldsymbol{X}^T \boldsymbol{X})^{-1} \widetilde{\boldsymbol{x}_0}}\right).$$

其中 $\boldsymbol{X}$ 为设计矩阵, $\widetilde{\boldsymbol{x}_0} = (1, x_{01}, x_{02}, \cdots, x_{0p})^T$.

$E(y_0)$ 的置信区间为
$$\left(\hat{y}_0 - t_{\frac{\alpha}{2}}(n-p-1) \cdot \hat{\sigma} \sqrt{\widetilde{\boldsymbol{x}_0}^T (\boldsymbol{X}^T \boldsymbol{X})^{-1} \widetilde{\boldsymbol{x}_0}}, \hat{y}_0 + t_{\frac{\alpha}{2}}(n-p-1) \cdot \hat{\sigma} \sqrt{\widetilde{\boldsymbol{x}_0}^T (\boldsymbol{X}^T \boldsymbol{X})^{-1} \widetilde{\boldsymbol{x}_0}}\right).$$

**例 10.3.2** 在例 10.3.1 中,设 $\boldsymbol{x} = \boldsymbol{x}_0 = (80, 40)^T$,求 $y_0$ 的估计 $\hat{y}_0$,$y_0$ 的预测区间和 $E(y_0)$ 的置信区间(取置信水平为 0.95).

**解** 下面是相应的 R 程序和计算结果.

```
>new<- data.frame(X1=80, X2=40)
>predict(lm.sol, new, interval='prediction')
       fit      lwr      upr
1 123.9699 117.2889 130.6509
>predict(lm.sol, new, interval='confidence')
       fit      lwr      upr
1 123.9699 121.9183 126.0215
```

对线性模型问题,有时作图可以更清楚地看出相应的情况,帮助理解回归方程的意义以及回归方程的合理性.下面用一个例子说明如何用 R 软件来完成回归模型的作图工作.

**例 10.3.3** 在例 10.1.1 中,计算自变量 $x$ 在 $[0.10, 0.23]$ 内回归方程的预测估计值、预测区间和置信区间 ($\alpha = 0.05$),并将数据点、预测估计曲线、预测区间和置信区间曲线画在一个图上.

写出 R 程序如下:

```
x<-c(0.10,0.11,0.12,0.13,0.14,0.15,0.16,0.17,0.18,0.20,0.21,0.23)
y<-c(42.0,43.5,45.0,45.5,45.0,47.5,49.0,53.0,50.0,55.0,55.0,60.0)
lm.sol<-lm(y~1+x)
new<-data.frame(x=seq(0.10,0.24,by=0.01))
pp<-predict(lm.sol,new,interval='prediction')
pc<-predict(lm.sol,new,interval='confidence')
matplot(new$x,cbind(pp,pc[,-1]),type='l',
        xlab='x',ylab='y',lty=c(1,5,5,2,2),
        col=c('blue','red','red','brown','brown'),
        lwd=2)
points(x,y,cex=1.4,pch=21,col='red',bg='orange')
legend(0.1,63,
       c('Points','Fitted','Prediction','Confidence'),
       pch=c(19,NA,NA,NA),lty=c(NA,1,5,2),
       col=c('orange','blue','red','brown'))
```

运行结果如图 10-12 所示.

以上程序的说明:$x$,$y$ 是对应变量 $x$,$y$ 的输入值,用向量表示;lm.sol 保存用 lm 得到的对象;new 是需要预测的数据,其值为 $0.10 \sim 0.24$,其间隔为 $0.01$,用数据框的形式表示;pp 是预测值,由于 interval = 'prediction',所以它还包括预测的区间值,因此 pp 共有三列,第 1 列为预测值,第 2 列为预测区间的左端点,第 3 列为预测区间的右端点;pc 与 pp 的形式与意义相同,只不过它是置信区间,因为参数是 interval = 'confidence'. matplot 是矩阵绘图命令,其使用方法与 plot 类似;points 是低级绘图命令,它的目的是在图上加点;legend 是在图上加标记.

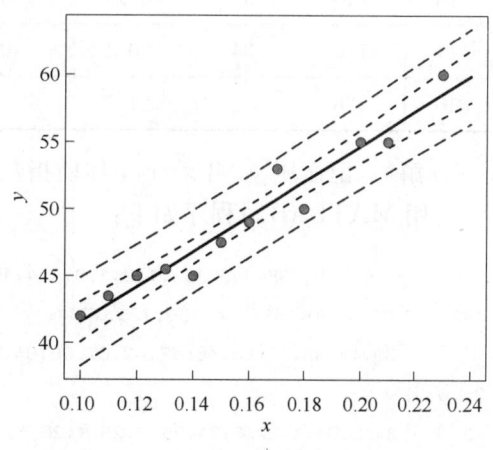

图 10-12 数据的回归直线与预测曲线

### 10.3.5 血压、年龄以及体质指数问题

世界卫生组织推荐的"体质指数"(Body Mass Index,BMI) 的定义为 $BMI = \dfrac{W(\text{kg})}{[H(\text{m})]^2}$,其中 $W$ 表示体重(单位:kg),$H$ 表示身高(单位:m).显然它比体重本身更能反映人的胖瘦.对 30 个人测量他们的血压和体质指数,见表 10-13.请建立血压与年龄以及体质指数之

间的模型,并作回归分析. 如果还有他(她)们的吸烟习惯的记录,见表10-13(其中0表示不吸烟,1表示吸烟),怎样在模型中考虑这个因素,吸烟会使血压升高吗? 请对50岁且体质指数为25的吸烟者的血压作预测.

表 10-13　　　　　　　血压,年龄,体质指数和吸烟习惯的数据

| 序号 | 血压 | 年龄 | 体质指数 | 吸烟习惯 | 序号 | 血压 | 年龄 | 体质指数 | 吸烟习惯 |
|---|---|---|---|---|---|---|---|---|---|
| 1 | 144 | 39 | 24.2 | 0 | 16 | 130 | 48 | 22.2 | 1 |
| 2 | 215 | 47 | 31.1 | 1 | 17 | 135 | 45 | 27.4 | 0 |
| 3 | 138 | 45 | 22.6 | 0 | 18 | 114 | 18 | 18.8 | 0 |
| 4 | 145 | 47 | 24.0 | 1 | 19 | 116 | 20 | 22.6 | 0 |
| 5 | 162 | 65 | 25.9 | 1 | 20 | 124 | 19 | 21.5 | 0 |
| 6 | 142 | 46 | 25.1 | 0 | 21 | 136 | 36 | 25.0 | 0 |
| 7 | 170 | 67 | 29.5 | 1 | 22 | 142 | 50 | 26.2 | 1 |
| 8 | 124 | 42 | 19.7 | 0 | 23 | 120 | 39 | 23.5 | 0 |
| 9 | 158 | 67 | 27.2 | 1 | 24 | 120 | 21 | 20.3 | 0 |
| 10 | 154 | 56 | 19.3 | 0 | 25 | 160 | 44 | 27.1 | 1 |
| 11 | 162 | 64 | 28.0 | 1 | 26 | 158 | 53 | 28.6 | 1 |
| 12 | 150 | 56 | 25.8 | 0 | 27 | 144 | 63 | 28.3 | 0 |
| 13 | 140 | 59 | 27.3 | 0 | 28 | 130 | 29 | 22.0 | 1 |
| 14 | 110 | 34 | 20.1 | 0 | 29 | 125 | 25 | 25.3 | 0 |
| 15 | 128 | 42 | 21.7 | 0 | 30 | 175 | 69 | 27.4 | 1 |

**解**　记血压 $y$,年龄 $x_1$,体质指数 $x_2$,吸烟习惯 $x_3$.

用 MATLAB 写程序如下:

```
y = [144,215,138,145,162,142,170,124,158,154,162,150,140,110,128,130,135,114,116,124,136,
142,120,120,160,158,144,130,125,175];
x1 = [39,47,45,47,65,46,67,42,67,56,64,56,59,34,42,48,45,18,20,19,36,50,39,21,44,53,63,29,
25,69];
x2 = [24.2,31.1,22.6,24,25.9,25.1,29.5,19.7,27.2,19.3,28,25.8,27.3,20.1,21.7,22.2,27.4,18.8,
22.6,21.5,25,26.2,23.5,20.3,27.1,28.6,28.3,22,25.3,27.4];
x3 = [0,1,0,1,1,0,1,0,1,0,1,0,0,0,0,1,0,0,0,0,0,1,0,0,1,1,0,1,0,1];
n = 30;
m = 3;
X = [ones(n,1),x1',x2',x3'];
[b,bint,r,rint,s] = regress(y',X);
b,bint,s,
```

运行结果为

b =
45.3636
 0.3604
 3.0906
11.8246

bint =
    3.5537   87.1736
   -0.0758    0.7965
    1.0530    5.1281
   -0.1482   23.7973

s =
0.6855   18.8906   0.0000   169.7917

计算结果见表 10-14.

表 10-14　　　　　　　　　回归参数的计算结果

| 回归参数 | 回归参数的点估计 | 回归参数的区间估计 |
| --- | --- | --- |
| $b_0$ | 45.363 6 | (3.553 7, 87.173 6) |
| $b_1$ | 0.360 4 | (−0.075 8, 0.796 5) |
| $b_2$ | 3.090 6 | (1.053 0, 5.128 1) |
| $b_3$ | 11.824 6 | (−0.148 2, 23.797 3) |

$R^2 = 0.685\,5$，$F = 18.890\,6$，$p = 0.000\,0 < 0.05$，$s^2 = 169.791\,7$.

从残差及其置信区间发现，第 2 个和第 10 个点为异常点，剔除它们后重新计算，运行结果为

b =
58.5101
 0.4303
 2.3449
10.3065

bint =
   29.9064   87.1138
    0.1273    0.7332
    0.8509    3.8389
    3.3878   17.2253

s =
0.8462   44.0087   0.0000   53.6604

计算结果见表 10-15.

表 10-15  回归参数的计算结果

| 回归参数 | 回归参数的点估计 | 回归参数的区间估计 |
| --- | --- | --- |
| $b_0$ | 58.5101 | (29.9064, 87.1138) |
| $b_1$ | 0.4303 | (0.1273, 0.7332) |
| $b_2$ | 2.3449 | (0.8509, 3.8389) |
| $b_3$ | 10.3065 | (3.3878, 17.2253) |

$R^2 = 0.8462$, $F = 44.0087$, $p = 0.0000 < 0.05$, $s^2 = 53.6604$.

预测模型为 $\hat{y} = 58.5101 + 0.4303 x_1 + 2.3449 x_2 + 10.3065 x_3$.

根据这个结果可知，年龄和体质指数相同的人，吸烟者比不吸烟者的血压平均高 10.3065。另外，$\hat{b}_1 = 0.4303$ 说明，在其他指标不变的情况下，年龄每增加 1 岁，血压平均升高 0.4303。

对 50 岁且体质指数为 25 的吸烟者的血压作预测：把 $x_1 = 50$, $x_2 = 25$, $x_3 = 1$ 代入上面的预测模型，得 $\hat{y} = 148.9525$，即 50 岁且体质指数为 25 的吸烟者的血压预测值为 148.9525。

## 习题 10.3

1. 社会学家认为犯罪与收入低、失业及人口规模有关，对 20 个城市的犯罪率 $y$（每 10 万人中犯罪的人数）与年收入低于 5000 美元家庭的百分比 $x_1$、失业率 $x_2$ 和人口总数 $x_3$（千人）进行调查，结果见下表：

$y$ 与 $x_1$, $x_2$ 和 $x_3$ 的数据

| 序号 | $y$ | $x_1$ | $x_2$ | $x_3$ | 序号 | $y$ | $x_1$ | $x_2$ | $x_3$ |
| --- | --- | --- | --- | --- | --- | --- | --- | --- | --- |
| 1 | 11.2 | 16.5 | 6.2 | 587 | 11 | 14.5 | 18.1 | 6.0 | 7895 |
| 2 | 13.4 | 20.5 | 6.4 | 643 | 12 | 26.9 | 23.1 | 7.4 | 762 |
| 3 | 40.7 | 26.3 | 9.3 | 635 | 13 | 15.7 | 19.1 | 5.8 | 2793 |
| 4 | 5.3 | 16.5 | 5.3 | 692 | 14 | 36.2 | 24.7 | 8.6 | 741 |
| 5 | 24.8 | 19.2 | 7.3 | 643 | 15 | 18.1 | 18.6 | 6.5 | 625 |
| 6 | 12.7 | 16.5 | 5.9 | 643 | 16 | 28.9 | 24.9 | 8.3 | 854 |
| 7 | 20.9 | 20.2 | 6.4 | 1964 | 17 | 14.9 | 17.7 | 6.7 | 716 |
| 8 | 35.7 | 21.3 | 7.6 | 1531 | 18 | 25.8 | 22.4 | 8.6 | 921 |
| 9 | 8.7 | 17.2 | 4.9 | 713 | 19 | 21.7 | 20.2 | 8.4 | 595 |
| 10 | 9.6 | 14.3 | 6.4 | 749 | 20 | 25.7 | 16.9 | 6.7 | 3353 |

(1) 若在 $x_1$, $x_2$ 和 $x_3$ 中至多只允许选择 2 个变量，最好的模型是什么？

(2) 对最终模型观察残差，有无异常点？若有，剔除后如何？

2. 汽车销售商认为汽车的销售与汽油价格、贷款利率有关，两种类型汽车（普通型和豪华型）18 个月

的调查数据见下表，其中 $y_1$ 是普通型汽车的销售量（千辆），$y_2$ 是豪华型汽车的销售量（千辆），$x_1$ 是汽油价格（元/gai），$x_2$ 是贷款利率.

$y_1$，$y_2$ 与 $x_1$，$x_2$ 的数据

| 序号 | $y_1$ | $y_2$ | $x_1$ | $x_2$ | 序号 | $y_1$ | $y_2$ | $x_1$ | $x_2$ |
|---|---|---|---|---|---|---|---|---|---|
| 1 | 22.1 | 7.2 | 1.89 | 6.1% | 10 | 18.9 | 7.0 | 1.74 | 6.9% |
| 2 | 15.4 | 5.4 | 1.94 | 6.2% | 11 | 19.3 | 6.8 | 1.70 | 5.2% |
| 3 | 11.7 | 7.6 | 1.95 | 6.3% | 12 | 30.1 | 10.1 | 1.70 | 4.9% |
| 4 | 10.3 | 2.5 | 1.82 | 8.2% | 13 | 28.2 | 9.4 | 1.68 | 4.3% |
| 5 | 11.4 | 2.4 | 1.85 | 9.8% | 14 | 25.6 | 7.9 | 1.60 | 3.7% |
| 6 | 7.5 | 1.7 | 1.78 | 10.3% | 15 | 37.5 | 14.1 | 1.61 | 3.6% |
| 7 | 13.0 | 4.3 | 1.76 | 10.5% | 16 | 36.1 | 14.5 | 1.64 | 3.1% |
| 8 | 12.8 | 3.7 | 1.76 | 8.7% | 17 | 39.8 | 14.9 | 1.67 | 1.8% |
| 9 | 14.6 | 3.9 | 1.75 | 7.4% | 18 | 44.3 | 15.6 | 1.68 | 2.3% |

对普通型和豪华型汽车分别建立 $y_1$ 与 $x_1$、$x_2$，$y_2$ 与 $x_1$、$x_2$ 的线性模型，并给出回归系数的估计、计算相关检验统计量的值.

3. 工薪阶层普遍关心年薪与哪些因素有关，由此可制定自己的奋斗目标. 某机构希望估计从业人员的年薪 $y$（万元）与他（她）们的成果（论文、专著等）的指标 $x_1$、从事工作的时间 $x_2$（单位：年）、能成功获得资助的指标 $x_3$ 之间的关系，为此调查了 24 名从业人员，得到的数据见下表：

某类从业人员的指标数据

| 序号 | 1 | 2 | 3 | 4 | 5 | 6 | 7 | 8 | 9 | 10 | 11 | 12 |
|---|---|---|---|---|---|---|---|---|---|---|---|---|
| $x_1$ | 3.5 | 5.3 | 5.1 | 5.8 | 4.2 | 6.0 | 6.8 | 5.5 | 3.1 | 7.2 | 4.5 | 4.9 |
| $x_2$ | 9 | 20 | 18 | 33 | 31 | 13 | 25 | 30 | 5 | 47 | 25 | 11 |
| $x_3$ | 6.1 | 6.4 | 7.4 | 6.7 | 7.5 | 5.9 | 6.0 | 4.0 | 5.8 | 8.3 | 5.0 | 6.4 |
| $y$ | 11.1 | 13.4 | 12.9 | 15.6 | 13.8 | 12.5 | 13.0 | 13.6 | 10.0 | 17.6 | 12.7 | 10.6 |
| 序号 | 13 | 14 | 15 | 16 | 17 | 18 | 19 | 20 | 21 | 22 | 23 | 24 |
| $x_1$ | 8.0 | 6.5 | 6.6 | 3.7 | 6.2 | 7.0 | 4.0 | 4.5 | 5.9 | 5.6 | 4.8 | 3.9 |
| $x_2$ | 23 | 35 | 39 | 21 | 7 | 40 | 35 | 23 | 33 | 27 | 34 | 15 |
| $x_3$ | 7.6 | 7.0 | 5.0 | 4.4 | 5.5 | 7.0 | 6.0 | 3.5 | 4.9 | 4.3 | 8.0 | 5.8 |
| $y$ | 14.4 | 14.7 | 14.2 | 11.2 | 11.4 | 16.0 | 12.7 | 12.0 | 13.5 | 12.3 | 15.1 | 11.7 |

(1) 分别作 $y$ 与各自变量（$x_1$，$x_2$ 和 $x_3$）的散点图；

(2) 求 $y$ 与 $x_1$，$x_2$，$x_3$ 的回归方程，并对回归系数和回归方程进行检验；

(3) 根据模型的残差分析能否改进模型？如果能，请改进模型.

# 10.4 逐步回归

在回归分析中,一方面,为获得较全面的信息,总希望模型中包含尽可能多的自变量;另一方面,考虑到获取如此多自变量的观测值的实际困难和费用等,则希望回归方程中包含尽可能少的自变量. 加之理论上已证明预报值的方差随着自变量个数的增加而增大,且包含较多自变量的模型拟合的计算量大,又不便于利用拟合的模型对实际问题作解释. 因此,在实际应用中,希望拟合这样一个模型,它既能较好地反映问题的本质,又包含尽可能少的自变量. 这两个方面的一个适当折衷就是回归方程的选择问题,其基本思想是在一定的准则下选取对因变量影响较为显著的自变量,建立一个既合理又简单实用的回归模型. 逐步回归法就是解决这类问题的一个方法.

在一些实际问题作多元线性回归时常有这样的情况,变量 $x_1, x_2, \cdots, x_p$ 之间常常是线性相关的,则在式(10.3.3)回归系数的估计中,矩阵 $\boldsymbol{X}^\mathrm{T}\boldsymbol{X}$ 的秩小于 $p$,$(\boldsymbol{X}^\mathrm{T}\boldsymbol{X})^{-1}$ 就无解. 当变量 $x_1, x_2, \cdots, x_p$ 中有任意两个存在较大的相关性时,矩阵 $\boldsymbol{X}^\mathrm{T}\boldsymbol{X}$ 处于病态,会给模型带来很大误差. 因此在作回归时,应选择变量 $x_1, x_2, \cdots, x_p$ 中的一部分作回归,剔除一些变量.

## 10.4.1 变量的选择

在实际问题中,影响因变量 $y$ 的因素有很多,我们只能挑选若干个变量建立回归方程,这就涉及变量的选择问题.

一般来说,如果在一个回归方程中忽略了对因变量 $y$ 有显著影响的自变量,那么所建立的回归方程必与实际有较大的偏离,但变量选得过多,使用就不方便.

在前面讨论一般多元线性回归方程的求法中,细心的读者也许会注意到,在那里不管自变量 $x_i$ 对因变量 $y$ 的影响是否显著,均可进入回归方程. 特别地,当回归方程中含有对因变量 $y$ 影响不大的变量时,可能因为 $SS_E$ 的自由度变小,而使误差的方差增大,就会导致估计的精度变低. 另外,在许多实际问题中,往往自变量 $x_1, x_2, \cdots, x_p$ 之间并不是完全独立的,而是有一定的相关性存在的. 如果回归模型中有某两个自变量 $x_i$ 和 $x_j$ 的相关系数比较大,就可使正规方程组的系数矩阵出现病态,也就是所谓的多重共线性的问题,将导致回归系数的估计值的精度不高. 因此,适当地选择变量以建立一个"最优"的回归方程是十分重要的.

那么什么是"最优"回归方程呢? 对这个问题有许多不同的准则,在不同准则下"最优"回归方程也可能不同. 这里的"最优"是指从可供选择的所有变量中选出对因变量 $y$ 有显著影响的自变量建立方程,并且方程中不含对 $y$ 无显著影响的自变量.

在上述意义下,可以有多种方法来获得"最优"回归方程,如前进法、后退法、逐步回归法等. 其中逐步回归法使用较为普遍.

## 10.4.2 逐步回归的计算

R软件中提供了较为方便的逐步回归计算函数 step( ),它是以 AIC(Akaike Information Criterion)信息统计量为准则,通过选择最小的 AIC 信息统计量来达到删除或增加变量的目的.

**例 10.4.1(Hald 水泥问题)** 某种水泥在凝固时放出的热量 $y$(K/g)与水泥中的四种化学成分 $x_1$(3CaO·Al$_2$O$_3$ 含量的百分比),$x_2$(3CaO·SiO$_2$ 含量的百分比),$x_3$(4CaO·Al$_2$O$_3$·Fe$_2$O$_3$ 含量的百分比),$x_4$(2CaO·SiO$_2$ 含量的百分比)有关. 现测得 13 组数据,见表 10-16. 希望从中选出主要变量,建立 $y$ 与它们的线性回归方程.

表 10-16　　　　　　　　　　　Hald 水泥问题的数据

| 序号 | 1 | 2 | 3 | 4 | 5 | 6 | 7 | 8 | 9 | 10 | 11 | 12 | 13 |
|---|---|---|---|---|---|---|---|---|---|---|---|---|---|
| $x_1$ | 7 | 1 | 11 | 11 | 7 | 11 | 3 | 1 | 2 | 21 | 1 | 11 | 10 |
| $x_2$ | 26 | 29 | 56 | 31 | 52 | 55 | 71 | 31 | 54 | 47 | 40 | 66 | 68 |
| $x_3$ | 6 | 15 | 8 | 8 | 6 | 9 | 17 | 22 | 18 | 4 | 23 | 9 | 8 |
| $x_4$ | 60 | 52 | 20 | 47 | 33 | 22 | 6 | 44 | 22 | 26 | 34 | 12 | 12 |
| $y$ | 78.5 | 74.3 | 104.3 | 87.6 | 95.9 | 109.2 | 102.7 | 72.5 | 93.1 | 115.9 | 83.8 | 113.3 | 109.4 |

**解** 以下用 R 软件和 MATLAB 分别编写程序.

(1) 用 R 软件编写程序

输入数据,作多元线性回归如下:

```
cement<-data.frame(
X1=c(7, 1, 11, 11, 7, 11, 3, 1, 2, 21, 1, 11, 10),
X2=c(26, 29, 56, 31, 52, 55, 71, 31, 54, 47, 40, 66, 68),
X3=c(6, 15, 8, 8, 6, 9, 17, 22, 18, 4, 23, 9, 8),
X4=c(60, 52, 20, 47, 33, 22, 6, 44, 22, 26, 34, 12, 12),
Y=c(78.5, 74.3, 104.3, 87.6, 95.9,109.2, 102.7, 72.5, 93.1, 115.9, 83.8, 113.3, 109.4)
)
lm.sol<-lm(Y~X1+X2+ X3+X4, data= cement)
summary(lm.sol)
```

运行结果为

```
Call:
lm(formula = Y ~ X1 + X2 + X3 + X4, data = cement)
Residuals:
    Min      1Q  Median      3Q     Max
-3.1750 -1.6709  0.2508  1.3783  3.9254
Coefficients:
            Estimate  Std. Error  t value  Pr(>|t|)
(Intercept)  62.4054    70.0710    0.891    0.3991
        X1    1.5511     0.7448    2.083    0.0708
        X2    0.5102     0.7238    0.705    0.5009
        X3    0.1019     0.7547    0.135    0.8959
        X4   -0.1441     0.7091   -0.203    0.8441
```

Signif. codes: 0 '\*\*\*' 0.001 '\*\*' 0.01 '\*' 0.05 '.' 0.1 ' ' 1

Residual standard error: 2.446 on 8 degrees of freedom
Multiple R-squared: 0.9824, Adjusted R-squared: 0.9736
F-statistic: 111.5 on 4 and 8 DF, p-value: 4.756e−07

  从上述计算中可以看出,如果选择全部变量作回归方程,则效果是不好的,因为方程的系数没有一项通过检验(取 $\alpha=0.05$).

  下面用函数 step( ) 作逐步回归.

```
lm.step <- step(lm.sol)
```

  运行结果为

```
Start: AIC=26.94
Y ~ X1 + X2 + X3 + X4

        Df  Sum of    Sq      RSS
- X3    1   0.1091    47.973  24.974
- X4    1   0.2470    48.111  25.011
- X2    1   2.9725    50.836  25.728
<none>                47.864  26.944
- X1    1   25.9509   73.815  30.576

Step: AIC=24.97
Y ~ X1 + X2 + X4

        Df  Sum of  Sq RSS    AIC
<none>                  47.97  24.974
- X4    1   9.93        57.90  25.420
- X2    1   26.79       74.76  28.742
- X1    1   820.91      868.88 60.629
```

  从程序运行的结果可以看到,当用全部变量作回归时,AIC 值为 26.94. 接下来显示的数据告诉我们,如果去掉 $x_3$,则相应的 AIC 值为 24.97;如果去掉 $x_4$,则相应的 AIC 值为 25.01;依此类推. 如果去掉 $x_3$ 可以使 AIC 的值达到最小,因此,R 软件自动去掉 $x_3$,进行下一轮计算.

  下面分析计算结果. 用函数 summary( ) 提取相关信息.

```
summary(lm.step)
```

  运行结果为

```
Call:
```

```
lm(formula = Y ~ X1 + X2 + X4, data = cement)
Residuals:
    Min      1Q   Median     3Q
-3.0919  -1.8016  0.2562  1.2818
Coefficients:
            Estimate  Std. Error  t value  Pr(>|t|)
(Intercept)  71.6483   14.1424    5.066   0.000675 ***
    X1        1.4519    0.1170   12.410   5.78e-07 ***
    X2        0.4161    0.1856    2.242   0.051687 .
    X4       -0.2365    0.1733   -1.365   0.205395
---
Signif. codes: 0 '***' 0.001 '**' 0.01 '*' 0.05 '.' 0.1 ' ' 1

Residual standard error: 2.309 on 9 degrees of freedom
Multiple R-squared: 0.9823, Adjusted R-squared: 0.9764
F-statistic: 166.8 on 3 and 9 DF, p-value: 3.323e-08
```

从显示结果看到,回归系数的检验的显著性水平有很大提高,但变量 $x_2$, $x_4$ 系数检验的显著性水平仍然不理想. 下面如何处理呢?

在 R 软件中,还有两个函数可以用来做逐步回归. 这两个函数是 add1( ) 和 drop1( ). 以下用 drop1( ) 进行计算.

```
drop1(lm.step)
```

运行结果为

```
Single term deletions
Model:
Y ~ X1 + X2 + X4
        Df  Sum of    Sq
<none>              47.97
    X1   1  820.91  868.88
    X2   1   26.79   74.76
    X4   1    9.93   57.90
```

从以上运行结果来看,如果如果去掉 $x_4$,则 AIC 值会从 24.97 增加到 25.42,是增加最少的. 另外,除 AIC 准则外,残差的平方和也是逐步回归的重要指标之一.

从直观来看,拟合越好的方程,残差的平方和也应越小. 去掉 $x_4$,残差的平方和上升 9.93,也是最少的. 因此,从这两项指标来看,因该再去掉 $x_4$.

```
lm.opt<-lm(Y~ X1 + X2, data=cement); summary(lm.opt)
```

运行结果为

```
Call:
lm(formula = Y ~ X1 + X2, data = cement)
Residuals:
    Min      1Q   Median     3Q
 -2.893  -1.574  -1.302   1.363
Coefficients:
              Estimate  Std. Error  t value  Pr(>|t|)
(Intercept)   52.57735   2.28617    23.00   5.46e-10 * * *
       X1     1.46831    0.12130    12.11   2.69e-07 * * *
       X2     0.66225    0.04585    14.44   5.03e-08 * * *
---
Signif. codes: 0 '* * *' 0.001 '* *' 0.01 '*' 0.05 '.' 0.1 ' ' 1

Residual standard error: 2.406 on 10 degrees of freedom
Multiple R-squared: 0.9787, Adjusted R-squared: 0.9744
F-statistic: 229.5 on 2 and 10 DF, p-value: 4.407e-09
```

这个结果应该还是满意的,因为所有的检验均是显著的. 最后得到"最优"的回归方程为

$$\hat{y} = 52.57735 + 1.46831 x_1 + 0.66225 x_2.$$

(2) 用 MATLAB 编写程序

MATLAB 给出了逐步回归的命令 stepwise,它提供人机交互画面,其用法如下:

stepwise($x$, $y$, inmodel, alpha),$x$ 是自变量数据,排成 $n \times m$ 矩阵($m$ 为自变量个数,$n$ 为每个变量的数据量),$y$ 是因变量数据,排成 $n$ 维向量,inmodel 是自变量初始集合指标(即矩阵 $x$ 中哪些列入初始集合),缺省时设定为全部自变量,alpha 为显著性水平,缺省时为 0.05.

stepwise 命令产生三个图形窗口:在 stepwise table 窗口列出一个统计表,包括回归系数及其置信区间的数值,模型的统计量:剩余残差(RMSE),决定系数(R-square),$F$ 值和 $p$ 值;stepwise plot 用虚线或实线显示回归系数及其置信区间,并有 Export 按钮向工作区(workspace)输出参数;stepwise history 显示并记录选择过的每个模型的 RMSE 值及其置信区间.

用 MATLAB 编写程序如下:

```
X1=[7, 1, 11, 11, 7, 11, 3, 1, 2, 21, 1, 11, 10]';
X2=[26, 29, 56, 31, 52, 55, 71, 31, 54, 47, 40, 66, 68]';
X3=[6, 15, 8, 8, 6, 9, 17, 22, 18, 4, 23, 9, 8]';
X4=[60, 52, 20, 47, 33, 22, 6, 44, 22, 26, 34, 12, 12]';
Y=[78.5, 74.3, 104.3, 87.6, 95.9,109.2, 102.7, 72.5, 93.1, 115.9, 83.8, 113.3, 109.4]';
X=[X1,X2,X3,X4];
stepwise(X,Y)
```

运行结果如图 10-13 所示.

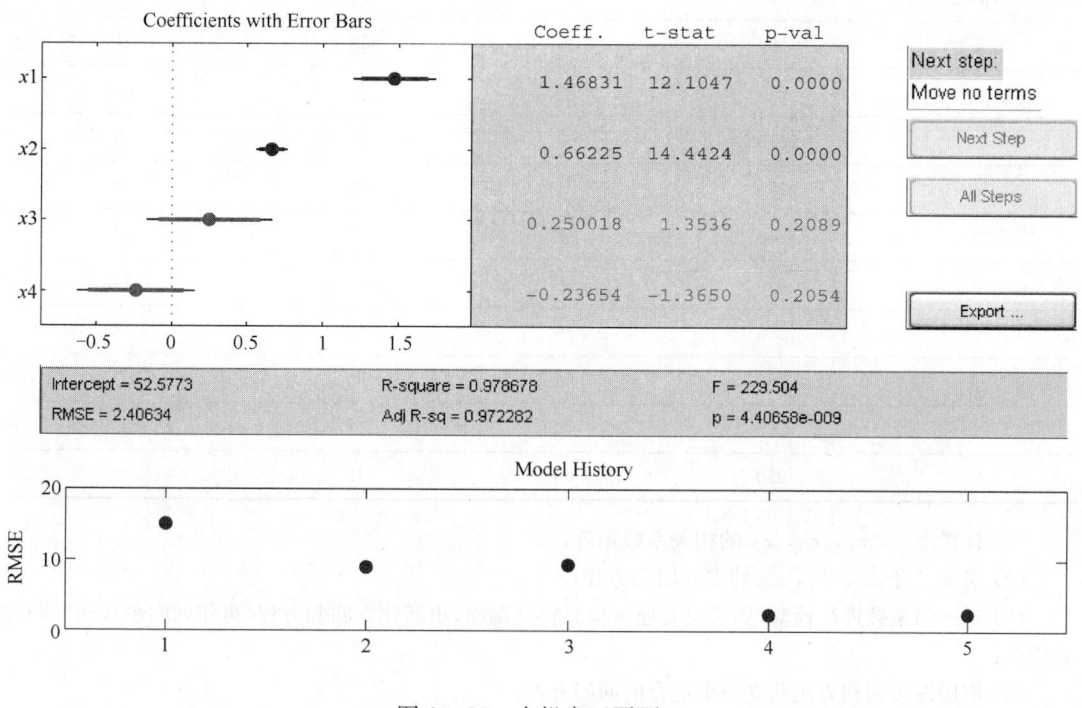

图 10-13　人机交互画面

在图 10-13 中 stepwise table 窗口,coeff 列显示 $x1$ 的系数最大,在左侧 Coeftients with Errow Bars 窗口点击对应 $x1$ 的红点(表示让 $x1$ 进入模型),出现新的对话框,其中看出(除 $x1$ 外)对应 $x2$ 的回归系数最大,点击对应 $x2$ 的红点,此时又出现一个新的对话框,其中对应 $x1,x2$ 的点与线都是蓝色的,且都与垂直的零线不交(说明对应的回归系数不为零),而对应 $x3,x4$ 的点与线都是红色的,且都与垂直的零线相交(说明对应的回归系数不排除为零),$x3,x4$ 不应进入回归方程.

此时左侧和下侧的窗口中显示:

$x1,x2,x3,x4$ 的回归系数为 Coefs：1.468 31　0.662 25　0.250 018　−0.236 54

回归方程的截距为 Intercept：52.577 3

决定系数 R-square：0.978 678

剩余残差为 RMSE：2.406 34

由此得到回归方程：$\hat{y}=52.577\ 3+1.468\ 31x_1+0.662\ 25x_2$.

说明:以上用 R 软件和 MATLAB 分别编写程序得到的结果是相同的.

## 习　题　10.4

1. 研究货运总量 $y$(单位:万 t)与工业总产值 $x_1$(单位:亿元)、农业总产值 $x_2$(单位:亿元)、居民非商品支出 $x_3$(单位:亿元)的关系.有关数据见下表:

### $y$ 与 $x_1$, $x_2$, $x_3$ 的数据

| 序号 | $y$ | $x_1$ | $x_2$ | $x_3$ |
| --- | --- | --- | --- | --- |
| 1 | 160 | 70 | 35 | 1 |
| 2 | 260 | 75 | 40 | 2.4 |
| 3 | 210 | 65 | 40 | 2 |
| 4 | 265 | 74 | 42 | 3 |
| 5 | 240 | 72 | 38 | 1.2 |
| 6 | 220 | 68 | 45 | 1.5 |
| 7 | 275 | 78 | 42 | 4 |
| 8 | 160 | 66 | 36 | 2 |
| 9 | 275 | 70 | 44 | 3.2 |
| 10 | 250 | 65 | 42 | 3 |

(1) 计算出 $y$, $x_1$, $x_2$, $x_3$ 的相关系数矩阵;

(2) 求 $y$ 关于 $x_1$, $x_2$, $x_3$ 的多元回归方程;

(3) 对回归系数进行检验,如果没有通过检验将其剔除,重新建立回归方程,再作回归系数和回归方程的检验;

(4) 应用逐步回归方法建立一个适合的回归方程.

2. 来自 R 软件自带的 stackloss 数据集,其数据显示见下表:

### stackloss 数据集

| $i$ | Air.Flow | Water.Temp | Acid.Conc. | Stack.loss |
| --- | --- | --- | --- | --- |
| 1 | 80 | 27 | 89 | 42 |
| 2 | 80 | 27 | 88 | 37 |
| 3 | 75 | 25 | 90 | 37 |
| 4 | 62 | 24 | 87 | 28 |
| 5 | 62 | 22 | 87 | 18 |
| 6 | 62 | 23 | 87 | 18 |
| 7 | 62 | 24 | 93 | 19 |
| 8 | 62 | 24 | 93 | 20 |
| 9 | 58 | 23 | 87 | 15 |
| 10 | 58 | 18 | 80 | 14 |
| 11 | 58 | 18 | 89 | 14 |
| 12 | 58 | 17 | 88 | 13 |
| 13 | 58 | 18 | 82 | 11 |
| 14 | 58 | 19 | 93 | 12 |
| 15 | 50 | 18 | 89 | 8 |

续表

| $i$ | Air. Flow | Water. Temp | Acid. Conc. | Stack. loss |
|---|---|---|---|---|
| 16 | 50 | 18 | 86 | 7 |
| 17 | 50 | 19 | 72 | 8 |
| 18 | 50 | 19 | 79 | 8 |
| 19 | 50 | 20 | 80 | 9 |
| 20 | 56 | 20 | 82 | 15 |
| 21 | 70 | 20 | 91 | 15 |

其中因变量为 $y$（Stack. loss，氨气损失百分比），自变量为 $x_1$（Air. Flow，空气流量），$x_2$（Water. Temp，水温），$x_3$（Acid. Conc.，硝酸浓度）. 请建立 $y$ 与 $x_1$，$x_2$，$x_3$ 的回归方程，并用逐步回归法建立最优回归方程.

# 附录 A  数学建模及大学生数学建模竞赛简介

作为本书的一个附录,这里简要地介绍一下数学建模及大学生数学建模竞赛,更详细的介绍,见:《数学建模案例》(韩明,张积林,李林,林杰,林江宏,2020).

## A.1 引　　言

我们看到一种矛盾现象,一方面很容易"论证"数学的重要性,因为从小学一年级到大学一、二年级(甚至是高年级、研究生阶段)每学期都要学习数学而且都是必修课,而任何其他学科都没有持续这么长的学习时间的,因而"数学最重要"不是很自然了吗？我们也可以举出很多例子(从日常生活到尖端技术)说明数学是必不可少的,但是另一方面,我们会常常发现听众不会反对你讲的例子,但是他们中许多人还是认为数学没有多大用处甚至干脆说数学没有用. 这不仅仅是由于数学的语言比较抽象不容易掌握,还有数学教育中的问题以及其他的原因等. 我们应该对数学教育进行反思,特别是计算机普及的今天,大学数学教育应该如何进行改革呢？

1989 年,著名的科学家钱学森教授在"中国数学会教育与科研座谈会"上提出:"电子计算机的出现对数学科学的发展产生了深刻的影响,大学理工科的数学课程是不是需要改革一番？"

1992 年,美国工业与应用数学学会的一篇论文就指出:"一切科学与工程技术人员的教育必须包括愈来愈多的数学和计算机科学的内容. 数学建模和相伴的计算正在成为工程设计中的关键工具."美国科学、工程和公共事业政策委员会在一份报告中指出:"今天,在科学技术中最为有用的领域就是数值分析与数学建模."

据《科学时报》2011 年 9 月 23 日报道,全国大学生数学建模竞赛组委会主任、中国科学院院士、复旦大学教授李大潜在"2011 高教社杯全国大学生数学建模竞赛"新闻发布会上指出:"开设数学建模和数学实验课程,举办数学建模竞赛,为数学与外部世界的联系打开了一个通道,提高了学生学习数学的积极性和主动性,是对数学教学体系和内容改革的一个成功的尝试."

20 世纪 80 年代初,数学建模开始进入我国大学课堂,成为一门新的数学课程. 1992 年全国大学生数学建模竞赛开始举办,每年一次. 二三十年来数学建模教学和数学建模竞赛活动相互促进,健康发展. 2011 年适逢全国大学生数学建模竞赛举办 20 周年,参赛规模已达到 1251 所院校的 19 490 队,为历年来参赛人数最多的一次. 竞赛虽然发展得如此迅速,但是参加者毕竟还是很少一部分学生,要使它具有强大的生命力,必须与日常的教学活动和教育改革相结合. 二十年来在竞赛的推动下,许多高校相继开设了数学建模课程,目前开设各种类型数学建模课程的学校已超过千所. 在我国乃至世界范围内,尚没有哪一门数学课程、哪一项学科竞赛能取得如此迅猛的发展. 中国高等教育学会会长周远清教授曾用"成功的高等教育教学改革实践"给予评价.

数学模型究竟是一门什么样的学问？它为什么在 20 世纪后半叶引起人们的普遍关

注？数学建模教学和数学建模竞赛为什么能得到教育主管部门的高度重视,受到广大学生、教师的热烈欢迎？数学建模在人才培养和教育教学改革中起到哪些促进作用？姜启源,谢金星在《一项成功的高等教育改革实践——数学建模教学与竞赛活动的探索与实践》(《中国高教研究》,2011年第12期)中回答了这些问题. 当然,这些问题也是我们所关心的.

## A.2 数学模型与数学建模

随着科学技术的迅速发展,数学模型(mathematical model)、数学建模(mathematical modelling)这两个词出现的频率越来越高,它们正在成为人们日常生活和语言交流中常见的术语. 那么什么是数学模型呢？什么又是数学建模呢？

叶其孝教授在《大学生数学建模竞赛辅导教材》中指出:要用数学去解决实际问题就一定要用数学的语言、方法去刻画该问题,而这种刻画的数学表述就是一个数学模型. 他还指出:所谓数学建模,可以说它是一种数学思考方法,是"对现实的现象通过智力活动构造出能抓住其重要性且有用的特征的数学表示". 从科学技术、工程、经济、管理等角度看数学建模,就是用数学的语言和方法,通过抽象、简化建立能近似刻画并解决实际问题的一种有力的数学工具.

简单地说,数学模型就是对实际问题的一种数学表述. 具体一点说,数学模型是关于部分现实世界为某种目的的一个抽象的简化的数学结构. 更确切地说,数学模型就是对于一个特定的对象为了一个特定目标,根据特有的内在规律,做出一些必要的简化假设,运用适当的数学工具,得到的一个数学结构. 数学结构可以是数学公式,算法、表格、图示等. 数学建模就是建立数学模型,建立数学模型的过程就是数学建模的过程.

数学建模是沟通现实世界和数学科学之间的桥梁,是数学走向应用的必经之路. 众所周知,具有悠久历史的数学是各门自然科学、工程技术乃至社会科学的基础,是科技进步、经济建设和社会发展的重要工具. 数学的应用十分广泛,数学的重要性得到人们的广泛公认. 但是,作为一门基础的自然科学和一种精确的科学语言,数学又是以极为抽象的形式出现的. 如果人为地割断数学与现实世界的密切联系,这种抽象的形式就会掩盖数学的丰富内涵,并对数学的实际应用形成巨大障碍. 数学建模可以说是解决这个问题的一把钥匙.

用数学方法解决一个实际问题,不论这个问题是来自工程建设、经济管理、生物、医学、地质、气象,还是社会、金融领域乃至人们的日常生活当中,都必须在实际问题与数学之间架设一座桥梁. 首先把这个实际问题转化为一个相应的数学问题,然后对这个数学问题进行分析和计算,最后将所求得的解答回归实际,检验能否有效地回答原先的实际问题. 如果最后得到的结果在定性或者定量方面与实际情况有很大的差距,那就要修正所建立的数学模型,直到取得比较满意的结果为止. 这个全过程,特别是其中的第一步,就称为数学建模,即为所考察的实际问题建立数学模型.

谈到数学模型的建立或者数学建模,似乎是一个新东西、新名词,其实它与数学有同样悠久的历史. 公元前3世纪,欧几里得在总结前人研究结果的基础上,建立的欧几里得几何,就是针对现实世界的空间形式提出的一个数学模型. 开普勒根据大量的天文观测数据总结出的行星运动的三大定律，后经牛顿利用万有引力定律、从力学原理出发给出了严格的证明，更是一个数学建模取得光辉成就的例子．到近代，出现在流体力学、电动力学、量子力学中的一些方程，也都是抓住了该学科本质的数学建模的成功范例，它们已经成为相关学科的核心内容和基本框架．

## A.3 数学建模竞赛

20 世纪 80 年代初，为适应科技发展及高等教育教学改革的需要，数学建模开始进入我国部分大学的课堂教学．1990 年，上海市率先举办了大学生数学建模竞赛，揭开了全国数学建模竞赛的序幕．数十年来，在教育部和各级教育行政部门的支持下，众多高校踊跃参与．参赛院校数和组队参赛数每年分别以 16% 和 24% 的速度增长，2011 年分别达到 1 251 所院校和 19 490 队．目前，全国大学生数学建模竞赛已成为我国高校规模最大的基础性学科竞赛．数学建模引入大学课堂是在先进的教育理念指导下的我国高等教育教学改革的一次成功的实践，它为高等学校培养什么人、怎样培养人，做出了重要的探索；为全面提高大学生的综合素质搭建了平台；创新了理论知识学习与实践相结合的人才培养新模式，为高等教育教学改革提供了一个成功的范例．

在数学建模进入我国大学课堂 30 年、中国大学生数学建模竞赛成功举办 20 届之际，《中国高教研究》杂志在 2011 年第 12 期特开辟专栏，回顾、总结数学建模竞赛的成功经验，探索高等教育教学改革、提升高等教育质量的有效途径．其中，姜启源，谢金星：《一项成功的高等教育改革实践——数学建模教学与竞赛活动的探索与实践》，全面介绍了数学建模进入我国大学课堂 30 年、中国大学生数学建模竞赛成功举办 20 年以来，所取得的显著成绩．并在论述数学建模在经济建设、科技进步、社会发展中的重要意义的基础上，着重分析了数学建模教学与竞赛活动在培养学生的创新精神、实践能力和综合素质，以及教育教学改革中所起的推动作用．

周远清，姜启源发表在 2006 年 1 月 11 日《光明日报》上的文章《数学建模竞赛实现了什么？》中指出，十几年来在我国开展的"全国大学生数学建模竞赛"的实践已经证实了"数学建模竞赛"至少实现了以下两点：①提高了学生的综合素质；②推动了高校教育改革．

我国高校自 1989 年首次参加美国大学生数学建模竞赛，积极性越来越高．近几年在全国大学生数学建模竞赛日益普及的基础上，我国学生参加美国大学生数学建模竞赛的队数竟然占到该项竞赛总队数的 80% 以上．

以下简要介绍"中国大学生数学建模竞赛"和"美国大学生数学建模竞赛"．

### A.3.1 中国大学生数学建模竞赛

中文名称：中国大学生数学建模竞赛（通称：全国大学生数学建模竞赛，全国大学生数学建模竞赛网站 http://www.mcm.edu.cn/）．

主办机构：教育部高等教育司、中国工业与应用数学学会（CSIAM）．

竞赛宗旨：创新意识，团队精神，重在参与，公平竞争.

指导原则：扩大受益面，保证公平性，推动教学改革，提高竞赛质量，扩大国际交流，促进科学研究.

全国大学生数学建模竞赛是全国高校规模最大的课外科技活动之一. 该竞赛每年9月（一般在中旬某个周末的星期五至下周星期一共三天）举行，竞赛面向全国大专院校的学生，不分专业（但竞赛分本科、专科两组，本科组竞赛所有大学生均可参加，专科组竞赛只有专科生（包括高职、高专）可以参加）.

全国大学生数学建模竞赛创办于1992年，每年一届，目前已成为全国高校规模最大的基础性学科竞赛，也是世界上规模最大的数学建模竞赛. 学生以三人组成一队的形式参赛，在所给定的题目中任选一题（1998年及以前，全国大学生数学建模竞赛一直是A，B两个题目，从1999年开始，针对专科学生增加了C，D两个题目），用三天72小时的时间，完成数学建模的全过程. 参赛者应根据题目要求，完成一篇包括模型的假设、模型建立和求解、计算方法的设计和计算机实现、结果的分析和检验、模型的改进等方面的论文（即答卷）.

既然是竞赛，就要给参赛队分出等级. 根据"全国大学生数学建模竞赛章程"，竞赛论文的评奖以"假设的合理性、建模的创造性、结果的正确性和文字表述的清晰程度"为主要标准. 各赛区（原则上一个省/市/自治区为一个赛区）组委会首先组织专家对答卷进行评阅，然后各赛区组委会按照规定的比例将本赛区的优秀答卷推荐到全国组委会，由全国组委会聘请专家评选出全国一、二等奖.

全国大学生数学建模竞赛是面向全国大学生的群众性科技活动，目的在于激励学生学习数学的积极性，提高学生建立数学建模和运用计算机技术解决实际问题的综合能力，鼓励广大学生踊跃参加课外科技活动，开拓知识面，培养创新精神及合作意识，推动大学数学教学体系、教学内容和方法的改革.

可以说，数学建模竞赛从内容到形式，都与学生毕业以后工作时的条件非常接近，是一次近似真刀真枪的锻炼，有利于培养学生的创新精神、实践能力和综合素质. 20年来已有数十万学生参加了全国大学生数学建模竞赛，而参加赛前培训、选拔赛、校内赛的当有数百万. 许多同学都表示，不管最后竞赛的成绩如何，只要认真参加了培训、自学、讨论、竞赛的全过程，都会有丰硕的收获，他们用"**一次参赛，终身受益**"来总结亲身体会. 参加过数学建模竞赛的学生主动学习和科研能力明显提高，不少人考取了研究生，在专业课学习、毕业设计、研究生阶段学习以及进入社会后的发展中表现出明显的优势. 不少本科毕业设计指导教师和研究生导师认为，经过数学建模竞赛锻炼的学生在完成科研任务、撰写科技论文等方面的能力明显好于其他学生，有些用人单位特别把参加数学建模竞赛作为招聘的优先条件.

全国大学生数学建模竞赛创办于1992年，每年一届，是首批列入"高校学科竞赛排行榜"的19项竞赛之一，已成为全国高校规模最大的基础性学科竞赛. 2021年，来自全国及美国、马来西亚等国家的1 566所院校/校区、49 529队（本科45 075队、专科4 454队）、14万多人报名参赛.

近 30 年参加全国大学生数学建模竞赛情况见表 A-1、图 A-1 和图 A-2.

**表 A-1　　近 30 年参加全国大学生数学建模竞赛情况**

| 年份 | 参赛院校数 | 参赛队数 | 年份 | 参赛院校数 | 参赛队数 |
|---|---|---|---|---|---|
| 1992 | 74 | 314 | 2007 | 969 | 11 742 |
| 1993 | 101 | 420 | 2008 | 1 022 | 12 834 |
| 1994 | 196 | 867 | 2009 | 1 135 | 15 042 |
| 1995 | 259 | 1 234 | 2010 | 1 197 | 17 317 |
| 1996 | 337 | 1 683 | 2011 | 1 251 | 19 490 |
| 1997 | 373 | 1 874 | 2012 | 1 284 | 21 219 |
| 1998 | 400 | 2 103 | 2013 | 1 326 | 23 339 |
| 1999 | 460 | 2 657 | 2014 | 1 338 | 25 347 |
| 2000 | 517 | 3 210 | 2015 | 1 326 | 28 665 |
| 2001 | 529 | 3 861 | 2016 | 1 367 | 31 199 |
| 2002 | 572 | 4 448 | 2017 | 1 418 | 36 375 |
| 2003 | 638 | 5 406 | 2018 | 1 449 | 42 128 |
| 2004 | 724 | 6 881 | 2019 | 1 490 | 42 992 |
| 2005 | 795 | 8 492 | 2020 | 1 470 | 45 680 |
| 2006 | 864 | 9 985 | 2021 | 1 566 | 49 529 |

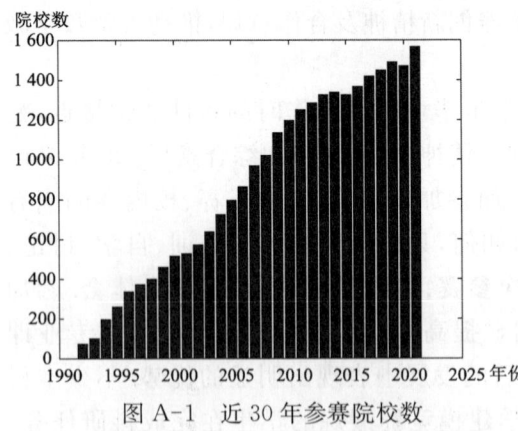

图 A-1　近 30 年参赛院校数

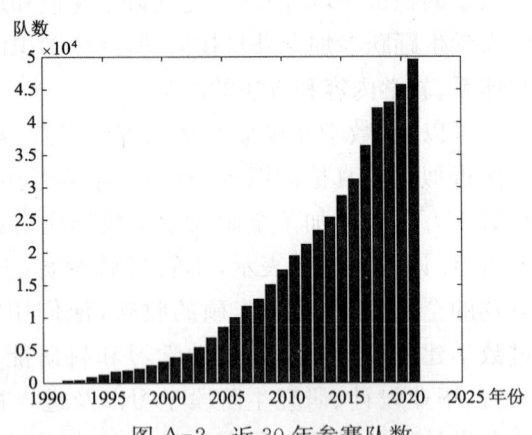

图 A-2　近 30 年参赛队数

关于"全国大学生数学建模竞赛"情况,可以参考:李大潜,《中国大学生数学建模竞赛》(2011),并可查阅"全国大学生数学建模竞赛网站"(http://www.mcm.edu.cn/)等.

## A.3.2　美国大学生数学建模竞赛

美国大学生数学建模竞赛(MCM/ICM),是一项国际级的竞赛项目,每年 2 月份举行. MCM 和 ICM 分别是 Mathematical Contest in Modeling 和 Interdisciplinary Contest in

Modeling 的缩写,即"数学建模竞赛"和"交叉学科建模竞赛".

MCM 始于 1985 年,ICM 始于 2000 年. 美国大学生数学建模竞赛(MCM/ICM)由美国数学及其应用联合会(the Consortium for Mathematics and Int Application,COMAP)主办,得到了美国国家安全局(National Security Agency,NSA)、美国工业与应用数学学会(Society for Industrial and Applied Mathematics,SIAM)、美国运筹和管理科学学会(Institute for Operations Research and Management Sciences,IORMS)、美国数学协会(Mathematical Association of America,MAA)等多个组织的赞助.

MCM/ICM 着重强调"**研究问题、解决方案的原创性、团队合作、交流以及结果的合理性**". 竞赛以三人(本科生)为一组,在四天时间内,就选定的问题(MCM 分 A,B 题;ICM 是 C 题)完成从建立模型、求解、验证到论文撰写的全部工作. 竞赛每年都吸引来自世界各国大量著名高校参赛.

评分标准(来源:谭永基教授 2011 年 12 月在厦门数学建模会议上的材料)如下:

摘要:包含问题概述和全文概述,模型、方法和基本结果及模型的优点的概述,对它们有机联系的叙述将得高分.

建模:叙述建模所需假设,模型对提供定量解答的重要性,好的论文讨论了关键假设及其对建模的重要影响,模型应是数学和文字均衡的表达而非仅仅几个未经解释的方程和参数.

科学性:问题牵涉许多科技领域,注意这些科技及其进步对建模的影响是重要的.

数据/验证/敏感性:建模后选择输入数据,验证解的精度和鲁棒性有助于模型和解法的可信度,用敏感性分析决定相对变化率,有时比具体结果还重要.

优缺点:优缺点分析可体现学生对其建立模型的理解深度,简单的理解透彻的模型远优于从文献中搬来的复杂方程.

表达/可视性/图表:单纯数学不易被外界理解,图、表等多种模式可清楚地描述所得结果,结果不能被很好理解的不可能进入最后一轮.

我国高校自 1989 年首次参加这一竞赛,历届均取得优异成绩. 经过数年参加美国赛表明,中国大学生在数学建模方面是有竞争力和创新联想能力的.

关于"美国大学生数学建模竞赛"的一些情况,见美国大学生数学建模竞赛网站 http://www.comap.com/等.

# 附录 B  概率论与数理统计实验简介

MATLAB 软件提供了一些专用的工具箱(toolbox),如统计工具箱(statistics toolbox),其中包含了大量的函数,可以直接用于求解概率论与数理统计领域的问题.当然,MATLAB 是可扩展语言,还可以通过编写一些程序解决很多问题.

以下将简要地介绍 MATLAB 中常用分布的有关函数,并给出几个应用例子(所有例题中的程序都已通过运行).关于"概率论与数理统计实验"的其他内容,感兴趣的读者可参考:《数学实验(MATLAB 版)》(韩明,王家宝,李林,2018)的第 5 章(概率论与数理统计实验).

## B.1  MATLAB 中常用分布的有关函数

统计工具箱中有 20 多种概率分布,几种常见分布及其命令字符见表 B-1.

表 B-1　　　　　　　　几种常见分布及其命令字符

| 常见分布 | 二项分布 | 泊松分布 | 均匀分布 | 指数分布 | 正态分布 | $\chi^2$ 分布 | $t$ 分布 | $F$ 分布 |
| --- | --- | --- | --- | --- | --- | --- | --- | --- |
| 命令字符 | bino | poiss | unif | exp | norm | chi2 | $t$ | $f$ |

统计工具箱中对每种分布都提供了五类函数,其命令字符见表 B-2.

表 B-2　　　　　　　　五类函数及其命令字符

| 函数 | 密度函数(分布律) | 分布函数 | 分位数 | 均值与方差 | 随机数生成 |
| --- | --- | --- | --- | --- | --- |
| 命令字符 | pdf | cdf | inv | stat | rnd |

MATLAB 自带了一些常见分布的密度函数(分布律),函数名称及调用格式见表 B-3.

表 B-3　　　　　　　　密度函数(分布律)及其调用格式

| 函数名称及调用格式 | 常见分布 | 函数名称及调用格式 | 常见分布 |
| --- | --- | --- | --- |
| binopdf(x, n, p) | 二项分布 | normpdf(x, mu, sigma) | 正态分布 |
| poisspdf(x, lambda) | 泊松分布 | chi2pdf(x, n) | $\chi^2$ 分布 |
| unifpdf(x, a, b) | 均匀分布 | tpdf(x, n) | $t$ 分布 |
| exppdf(x, theta) | 指数分布 | fpdf(x, n, m) | $F$ 分布 |

分位数的调用格式,只需在表 B-3 中把 pdf 换成 inv.几种常见分布的上侧 $\alpha$ 分位数的调用格式,见表 B-4.

表 B-4　　几种常见分布的上侧 α 分位数的调用格式

| 分布名称 | 上侧 α 分位数的调用格式 | 上侧 α 分位数 |
| --- | --- | --- |
| 正态分布 | norminv(1 − alpha) | $z_\alpha$ |
| $\chi^2$ 分布 | chi2inv(1 − alpha, n) | $\chi_\alpha^2(n)$ |
| $t$ 分布 | tinv(1 − alpha, n) | $t_\alpha(n)$ |
| $F$ 分布 | finv(1 − alpha, n, m) | $F_\alpha(n, m)$ |

## B.2　几个应用例子

**例 B.2.1**　在例 1.2.4 中的有关计算和作图.

**解**　(1) 输入命令

```
for n = 1:80
p(n) = prod(365 − n + 1:365)/365^n;
end
plot(p)
```

运行结果如图 1-7 所示(类似地,可以得到图 1-8).

(2) 输入命令

p(10), p(20), p(30), p(40), p(50), p(60), p(70), p(80), 1 − p(10), 1 − p(20), 1 − p(30), 1 − p(40), 1 − p(50), 1 − p(60), 1 − p(70), 1 − p(80)

运行结果见例 1.2.4 中的表.

**例 B.2.2**　在例 2.2.4 中的有关计算和作图.

**解**　(1) 当 $n = 200$, $p = 0.025$, $\lambda = np = 5$ 时, $B(k; n, p) = C_n^k p^k (1-p)^{n-k}$ 和 $P(k; \lambda) = \dfrac{\lambda^k e^{-\lambda}}{k!}$ 的计算结果如下 ($k = 0, 1, 2, \cdots, 20$):

输入命令

```
x = 0:1:20;          %给出数组 x, 初值为 0, 终值为 20, 步长为 1(可省略)
binopdf(x, 200, 0.025)   %计算出各点的概率
```

运行结果为

0.0063　0.0324　0.0827　0.1400　0.1768　0.1777　0.1481　0.1052　0.0651　0.0356　0.0174
0.0077　0.0031　0.0012　0.0004　0.0001　0.0000　0.0000　0.0000　0.0000　0.0000

输入命令

```
x = 0:1:20;          %给出数组 x, 初值为 0, 终值为 20, 步长为 1(可省略)
poisspdf(x, 5)       %计算出各点的概率
```

运行结果为

0.0067　0.0337　0.0842　0.1404　0.1755　0.1755　0.1462　0.1044　0.0653　0.0363　0.0181

0.0082   0.0034   0.0013   0.0005   0.0002   0.0000   0.0000   0.0000   0.0000   0.0000

(2) 作例 2.2.4 中二项分布 $B(200,0.025)$ 和泊松分布 $P(5)$ 的分布律折线图. 输入命令

```
x=0:1:20;                    %给出数组 x，初值为 0，终值为 20，步长为 1(可省略)
y1=binopdf(x,200,0.025);    %计算出各点的概率
y2=poisspdf(x,5);            %计算出各点的概率
plot(x,y1,'r-',x,y1,'bo',x,y2,'r*',x,y2,'b-') %用 plot 函数作图
```

运行结果如图 2-3 所示.

**例 B.2.3**  在例 2.2.8 中的有关计算和作图.

**解** (1) 输入命令

```
y1=hygepdf(0,100000,10,20)
y2= binopdf(0,20,0.0001)
y3= poisspdf(0,0.002)
```

运行结果见例 2.2.8 中的表(在上述程序中，再把 0 换成 1，2，3 即可).

(2) 输入命令

```
x=0:3;
y1=hygepdf(x,100000,10,20);
y2= binopdf(x,20,0.0001);
y3= poisspdf(x,0.002);
plot(x,y1,x,y1,'r+', x, y2, x,y2, 'bo',x,y3, x,y3, 'g*')
```

运行结果如图 2-4 所示.

**例 B.2.4**  在例 5.3.3 中，作频率与概率的偏离图.

**解** 输入命令

```
R=binornd(100*ones(1, 1000), 0.5, 1, 1000);
f1=R./100;
R=binornd(1000*ones(1, 1000), 0.5, 1, 1000);
f2=R./1000;
R=binornd(10000*ones(1, 1000), 0.5, 1, 1000);
f3=R./10000;
plot(1:1000, f1, 'g', 1:1000, f2, 'r', 1:1000, f3, 'b',[0, 1000],[0.5, 0.5],'k',[0, 1000],[0.515, 0.515],'k',[0, 1000],[0.485, 0.485],'k')
legend('100', '1000', '10000')
```

运行结果如图 5-5 所示.

**例 B.2.5**  在例 5.4.3 中，当 $n=1,2,5,10,15,20$ 和 $\lambda=1$ 时，作 $\sum_{i=1}^{n} X_i \sim P(n\lambda)$ 的分布律折线图.

**解** 输入命令

```
x=0:1:35;
y1=poisspdf(x, 1);
y2=poisspdf(x, 2);
y3=poisspdf(x, 5);
y4=poisspdf(x, 10);
y5=poisspdf(x, 15);
y6=poisspdf(x, 20);
plot(x,y1,x,y2,x,y3,x,y4,x,y5,x,y6)
```

运行结果如图 5-7 所示.

**例 B.2.6** 在例 6.1.4 中画出箱线图.

**解** 输入命令

```
X=[82,92,77,62,70,36,80,100,74,64,63,56,72,78,68,65,72,80,58,92,79,92,65,56,85,73,61,71,42,89;
57,67,64,54,77,65,71,58,59,69,67,84,63,95,81,46,49,60,64,66,74,55,58,63,65,68,76,72,48,72];
boxplot(X')
```

运行结果如图 6-5 所示.

**例 B.2.7** (1)对标准正态分布,当 $\alpha=0.025, 0.05, 0.10$ 时,求 $z_\alpha$;(2)对 $\chi^2$ 分布,求 $\chi^2_{0.10}(6)$;(3)对 $t$ 分布,求 $t_{0.05}(5)$;(4)对 $F$ 分布,求 $F_{0.05}(5, 10)$.

**解** (1) 输入命令

```
norminv(0.975)
```

运行结果为 1.960 0,即 $z_{0.025}=1.960\ 0$.

输入命令

```
norminv(0.95)
```

运行结果为 1.644 9,即 $z_{0.05}=1.644\ 9$.

输入命令

```
norminv(0.90)
```

运行结果为 1.281 6,即 $z_{0.10}=1.281\ 6$.

(2) 输入命令

```
chi2inv(0.90, 6)
```

运行结果为 10.644 6,即 $\chi^2_{0.10}(6)=10.644\ 6$.

(3) 输入命令

```
tinv(0.95, 5)
```

运行结果为 2.015 0,即 $t_{0.05}(5)=2.015\ 0$.

(4) 输入命令

```
finv(0.95, 5, 10)
```

运行结果为 3.325 8,即 $F_{0.05}(5,10)=3.325\ 8$.

**例 B.2.8** 画标准正态分布的密度函数和分布函数曲线.

**解** 输入命令

```
x=-5:0.2:5;
y1=normpdf(x, 0, 1);
y2=normcdf(x, 0, 1);
plot(x, y1,x, y1,'bo',x, y2,x, y2,'r*')
```

运行结果如图 B-1 所示.

**例 B.2.9** 画标准正态分布的直方图.

**解** 输入命令

```
x=normrnd(0, 1, 1000, 1);   % 生成标准正态分布的容量为 1 000 的随机数样本
hist(x,9)                   %画直方图
```

运行结果如图 B-2 所示.

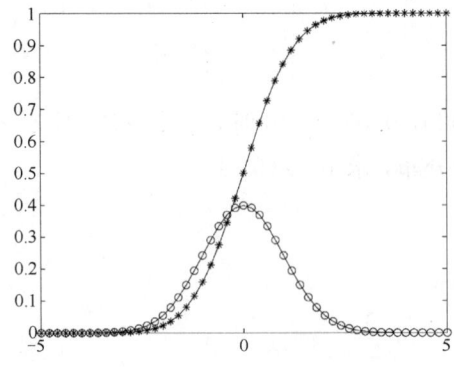
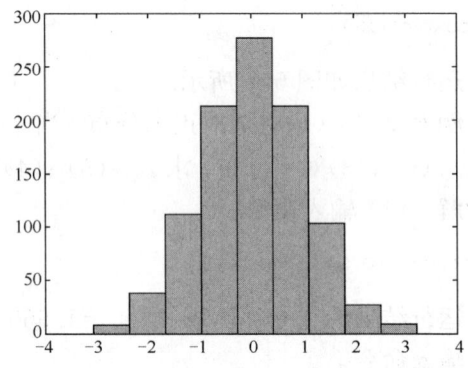

图 B-1　$N(0,1)$的密度函数和分布函数曲线　　　图 B-2　标准正态分布的直方图

说明:在图 B-1 中,○表示标准正态分布的密度函数,* 表示标准正态分布的分布函数.

**例 B.2.10** 中国改革开放 40 多年来的经济发展使人民的生活水平得到了很大的提高,不少家长都觉得孩子这一代的身高比上一代有了明显变化.表 B-5 是近期在一个经济比较发达的城市中学收集到的 17 岁的男生身高数据(单位:cm).若表 B-5 中的数据来自正态分布,请根据表 B-5 中的数据,计算学生身高的均值和标准差的点估计(极大似然估计)和置信水平为 0.95 的区间估计.

表 B-5　　　　　　　　　　　　　　学生的身高

| | | | | | | | | | |
|---|---|---|---|---|---|---|---|---|---|
| 170.1 | 179.0 | 171.5 | 173.1 | 174.1 | 177.2 | 170.3 | 176.2 | 163.7 | 175.4 |
| 163.3 | 179.0 | 176.5 | 178.4 | 165.1 | 179.4 | 176.3 | 179.0 | 173.9 | 173.7 |
| 173.2 | 172.3 | 169.3 | 172.8 | 176.4 | 163.7 | 177.0 | 165.9 | 166.6 | 167.4 |
| 174.0 | 174.3 | 184.5 | 171.9 | 181.4 | 164.6 | 176.4 | 172.4 | 180.3 | 160.5 |
| 166.2 | 173.5 | 171.7 | 167.9 | 168.7 | 175.6 | 179.6 | 171.6 | 168.1 | 172.2 |

**解** 输入命令

```
x1=[170.1,179.0,171.5,173.1,174.1,177.2,170.3,176.2,163.7,175.4];
x2=[163.3,179.0,176.5,178.4,165.1,179.4,176.3,179.0,173.9,173.7];
x3=[173.2,172.3,169.3,172.8,176.4,163.7,177.0,165.9,166.6,167.4];
x4=[174.0,174.3,184.5,171.9,181.4,164.6,176.4,172.4,180.3,160.5];
x5=[166.2,173.5,171.7,167.9,168.7,175.6,179.6,171.6,168.1,172.2];
x=[x1, x2, x3, x4, x5];
[mu sigma muci sigmaci]=normfit(x, 0.05)
```

运行结果为

mu=172.704 0, sigma=5.370 7, muci=(171.177 7, 174.230 3), sigmaci=(4.486 3, 6.692 6)

说明：把表 B-3 中 pdf 换成 fit 即为相应总体参数估计的函数．如对于正态总体，其命令格式为[mu sigma muci sigmaci]=normfit(x, alpha)

其中 x 是样本观察值，1－alpha 是置信水平(alpha 的默认值时设定为 0.05)，输出 mu 和 sigma 是总体均值 $\mu$ 和标准差 $\sigma$ 的点估计(极大似然估计)，muci 和 sigmaci 是总体均值 $\mu$ 和标准差 $\sigma$ 的区间估计．

**例 B.2.11** (1) 检验例 B.2.10 中男生身高的数据(见表 B-5)是否来自正态分布．(2) 已知 30 年前同一所学校同龄男生的平均身高为 168 cm，为了回答学生身高是否发生了变化，作假设检验：$H_0: \mu=168$，$H_1: \mu \neq 168$(显著性水平 $\alpha=0.05$).

**解** (1) 若已经输入了例 B.2.10 中男生身高的数据 $x$．

输入命令

```
h1=jbtest(x)
```

运行结果为

h1=0

注：h1=jbtest(x)是数据 $x$ 服从正态分布检验的输入命令，h1=0 表示通过了数据的正态性检验．

这也说明了在例 B.2.10 中"男生身高的数据来自正态分布"是合理的．

(2) 输入命令

```
[h, sig, ci]=ttest(x, 168, 0.05)
```

运行结果为

h=1, sig = 1.1777e−007, ci=(171.1777, 174.2303)

以上结果表明，拒绝了 $H_0$，表明学生的平均身高比 40 多年前发生了显著变化．

说明：在总体方差 $\sigma^2$ 未知时，用 $t$ 检验法，其命令格式为

```
[h, sig, ci]=ttest(x, mu, alpha)
```

其中，$h$ 为一个布尔值，$h=0$ 表示在显著性水平为 alpha 下可以接受 $H_0$，$h=1$ 表示在显著性水平为 alpha 下可以拒绝 $H_0$；sig 是 $t$ 统计量在 $H_0$ 成立时的概率；ci 是均值的置

信水平为 1-alpha 的置信区间；$x$ 为样本数据，mu 为 $H_0$ 中的 $\mu_0$，alpha 为显著性水平.

联系第 8 章中"检验的 $p$ 值"，sig 即为 $p$ 值. 所以当 $\alpha=0.05>1.1777\mathrm{e}-007=\mathrm{sig}$ 时拒绝 $H_0$（其中 $1.1777\mathrm{e}-007=1.1777\times10^{-7}$）.

根据第 8 章中"置信区间与假设检验的关系"，由于 $168\notin(171.1777,174.2303)$，所以在显著性水平 $\alpha=0.05$ 时拒绝 $H_0$.

**例 B.2.12** 在例 1.2.1 中曾给出了一些学者关于抛硬币试验的结果. 由例 1.2.1 中我们可知，抛一枚质地均匀硬币的试验，出现正面的概率是 0.5. 如果做 $n$ 次抛硬币试验，出现正面的次数是 $k$，则出现正面的频率是 $k/n$. 根据伯努利大数定律，出现正面的频率 $k/n$ 依概率收敛于 0.5（出现正面的概率）. 这是理论上的结果，那么如何通过模拟抛硬币试验来计算呢？现在我们用 MATLAB 模拟抛硬币试验，并观察随着试验次数的增加，出现正面的频率如何变化？

**解** 模拟抛硬币试验的 MATLAB 程序如下：

```
clear
n = 1000;
for i = 1:n
    x(i) = binornd(1,0.5);
end;
k = sum(x);
y = k/n
```

运行结果为 0.4910.

以上是对 $n=1000$ 进行的计算，同样地可以得到 $n$ 取其他值的结果.

对于 $n=50,100,1000,10000,100000$，$k/n$ 和 $|k/n-0.5|$ 的计算结果见表 B-6.

表 B-6　　　　　　　　　　模拟抛硬币试验结果

| $n$ | 50 | 100 | 1000 | 10000 | 100000 |
|---|---|---|---|---|---|
| $k/n$ | 0.4800 | 0.4850 | 0.4910 | 0.4989 | 0.4996 |
| $\|k/n-0.5\|$ | 0.0200 | 0.0150 | 0.0090 | 0.0011 | 0.0004 |

从上表可以看出，随着 $n$ 的增大，$k/n$ 越来越接近于 0.5，$|k/n-0.5|$ 越来越接近于零.

**例 B.2.13** 在例 7.1.7 中，用 MATLAB 软件产生容量为 30 且均值为 $\theta=10$ 的指数分布 $E(\theta)$ 的随机样本，求参数 $\theta$ 的极大似然估计值.

**解** 用 MATLAB 软件产生容量为 30 且均值为 $\theta=10$ 的指数分布 $E(\theta)$ 的随机样本，求参数 $\theta$ 的极大似然估计值，其 MATLAB 程序如下：

```
clear
m = 10000;
q = 0;
for i = 1:m
    x = exprnd(10,1,30);
    p(i) = expfit(x);
    q = q + 1;
```

```
end
mean(p)
```

运行结果为 10.017 6(这就是参数 $\theta$ 的极大似然估计值).

说明：由于样本的随机性，每次运行的结果会有差异.

**例 B.2.14** 在例 7.3.2 和例 7.3.3 中，分别给出了正态分布中均值和标准差的置信水平为 0.95 的区间估计. 以下用 MATLAB 软件计算上述正态分布中均值和标准差的点估计（极大似然估计）和区间估计（置信水平为 0.95）.

**解** 用 MATLAB 软件计算上述正态分布中均值和标准差的点估计（极大似然估计）和区间估计（置信水平为 0.95），其 MATLAB 程序如下：

```
clear
data=[506,508,499,503,504,510,497,512,514,505,493,496,506,502,509,496];
[mu, sigma, muci, sigmaci]=normfit(data, 0.05)
```

运行结果为

```
mu =
   503.7500
sigma =
   6.2022
muci =
   500.4451
   507.0549
sigmaci =
   4.5816
   9.5990
```

**例 B.2.15** 在例 1.5.8 中，计算 $P(A)=\sum_{k=6}^{10} C_{10}^{k}\left(\frac{1}{4}\right)^{k}\left(\frac{3}{4}\right)^{10-k}$.

**解** MATLAB 程序如下：

```
k=6:10; sum(binopdf(k,10,1/4))
```

运行结果为 0.019 7.

# 附录C 概率论与数理统计附表

## 附表1 正态分布表

$$\Phi(z) = \int_{-\infty}^{z} \frac{1}{\sqrt{2\pi}} e^{-\frac{u^2}{2}} du = P\{Z \leqslant z\}$$

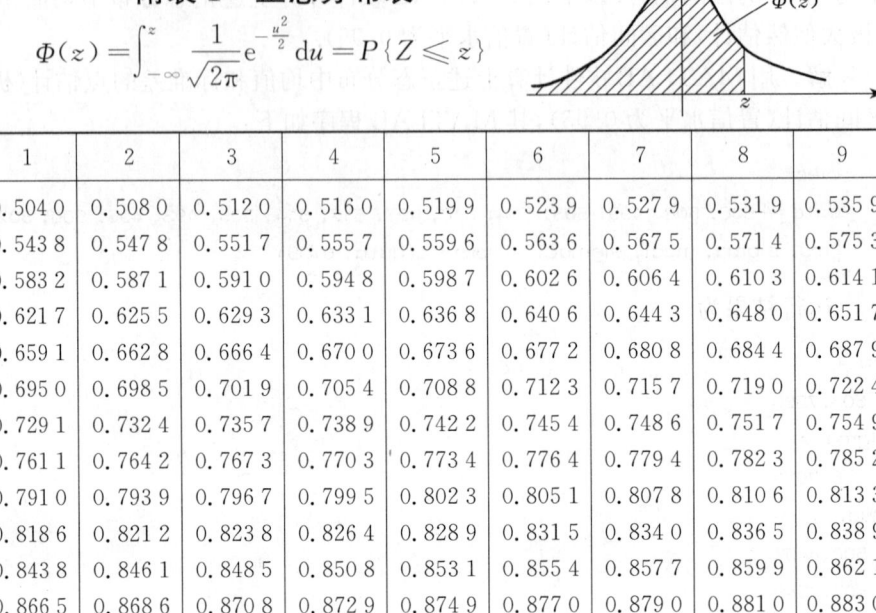

| z | 0 | 1 | 2 | 3 | 4 | 5 | 6 | 7 | 8 | 9 |
|---|---|---|---|---|---|---|---|---|---|---|
| 0.0 | 0.500 0 | 0.504 0 | 0.508 0 | 0.512 0 | 0.516 0 | 0.519 9 | 0.523 9 | 0.527 9 | 0.531 9 | 0.535 9 |
| 0.1 | 0.539 8 | 0.543 8 | 0.547 8 | 0.551 7 | 0.555 7 | 0.559 6 | 0.563 6 | 0.567 5 | 0.571 4 | 0.575 3 |
| 0.2 | 0.579 3 | 0.583 2 | 0.587 1 | 0.591 0 | 0.594 8 | 0.598 7 | 0.602 6 | 0.606 4 | 0.610 3 | 0.614 1 |
| 0.3 | 0.617 9 | 0.621 7 | 0.625 5 | 0.629 3 | 0.633 1 | 0.636 8 | 0.640 6 | 0.644 3 | 0.648 0 | 0.651 7 |
| 0.4 | 0.655 4 | 0.659 1 | 0.662 8 | 0.666 4 | 0.670 0 | 0.673 6 | 0.677 2 | 0.680 8 | 0.684 4 | 0.687 9 |
| 0.5 | 0.691 5 | 0.695 0 | 0.698 5 | 0.701 9 | 0.705 4 | 0.708 8 | 0.712 3 | 0.715 7 | 0.719 0 | 0.722 4 |
| 0.6 | 0.725 7 | 0.729 1 | 0.732 4 | 0.735 7 | 0.738 9 | 0.742 2 | 0.745 4 | 0.748 6 | 0.751 7 | 0.754 9 |
| 0.7 | 0.758 0 | 0.761 1 | 0.764 2 | 0.767 3 | 0.770 3 | 0.773 4 | 0.776 4 | 0.779 4 | 0.782 3 | 0.785 2 |
| 0.8 | 0.788 1 | 0.791 0 | 0.793 9 | 0.796 7 | 0.799 5 | 0.802 3 | 0.805 1 | 0.807 8 | 0.810 6 | 0.813 3 |
| 0.9 | 0.815 9 | 0.818 6 | 0.821 2 | 0.823 8 | 0.826 4 | 0.828 9 | 0.831 5 | 0.834 0 | 0.836 5 | 0.838 9 |
| 1.0 | 0.841 3 | 0.843 8 | 0.846 1 | 0.848 5 | 0.850 8 | 0.853 1 | 0.855 4 | 0.857 7 | 0.859 9 | 0.862 1 |
| 1.1 | 0.864 3 | 0.866 5 | 0.868 6 | 0.870 8 | 0.872 9 | 0.874 9 | 0.877 0 | 0.879 0 | 0.881 0 | 0.883 0 |
| 1.2 | 0.884 9 | 0.886 9 | 0.888 8 | 0.890 7 | 0.892 5 | 0.894 4 | 0.896 2 | 0.898 0 | 0.899 7 | 0.901 5 |
| 1.3 | 0.903 2 | 0.904 9 | 0.906 6 | 0.908 2 | 0.909 9 | 0.911 5 | 0.913 1 | 0.914 7 | 0.916 2 | 0.917 7 |
| 1.4 | 0.919 2 | 0.920 7 | 0.922 2 | 0.923 6 | 0.925 1 | 0.926 5 | 0.927 8 | 0.929 2 | 0.930 6 | 0.931 9 |
| 1.5 | 0.933 2 | 0.934 5 | 0.935 7 | 0.937 0 | 0.938 2 | 0.939 4 | 0.940 6 | 0.941 8 | 0.943 0 | 0.944 1 |
| 1.6 | 0.945 2 | 0.946 3 | 0.947 4 | 0.948 4 | 0.949 5 | 0.950 5 | 0.951 5 | 0.952 5 | 0.953 5 | 0.954 5 |
| 1.7 | 0.955 4 | 0.956 4 | 0.957 3 | 0.958 2 | 0.959 1 | 0.959 9 | 0.960 8 | 0.961 6 | 0.962 5 | 0.963 3 |
| 1.8 | 0.964 1 | 0.964 8 | 0.965 6 | 0.966 4 | 0.967 1 | 0.967 8 | 0.968 6 | 0.969 3 | 0.970 0 | 0.970 6 |
| 1.9 | 0.971 3 | 0.971 9 | 0.972 6 | 0.973 2 | 0.973 8 | 0.974 4 | 0.975 0 | 0.975 6 | 0.976 2 | 0.976 7 |
| 2.0 | 0.977 2 | 0.977 8 | 0.978 3 | 0.978 8 | 0.979 3 | 0.979 8 | 0.980 3 | 0.980 8 | 0.981 2 | 0.981 7 |
| 2.1 | 0.982 1 | 0.982 6 | 0.983 0 | 0.983 4 | 0.983 8 | 0.984 2 | 0.984 6 | 0.985 0 | 0.985 4 | 0.985 7 |
| 2.2 | 0.986 1 | 0.986 4 | 0.986 8 | 0.987 1 | 0.987 4 | 0.987 8 | 0.988 1 | 0.988 4 | 0.988 7 | 0.989 0 |
| 2.3 | 0.989 3 | 0.989 6 | 0.989 8 | 0.990 1 | 0.990 4 | 0.990 6 | 0.990 9 | 0.991 1 | 0.991 3 | 0.991 6 |
| 2.4 | 0.991 8 | 0.992 0 | 0.992 2 | 0.992 5 | 0.992 7 | 0.992 9 | 0.993 1 | 0.993 2 | 0.993 4 | 0.993 6 |
| 2.5 | 0.993 8 | 0.994 0 | 0.994 1 | 0.994 3 | 0.994 5 | 0.994 6 | 0.994 8 | 0.994 9 | 0.995 1 | 0.995 2 |
| 2.6 | 0.995 3 | 0.995 5 | 0.995 6 | 0.995 7 | 0.995 9 | 0.996 0 | 0.996 1 | 0.996 2 | 0.996 3 | 0.996 4 |
| 2.7 | 0.996 5 | 0.996 6 | 0.996 7 | 0.996 8 | 0.996 9 | 0.997 0 | 0.997 1 | 0.997 2 | 0.997 3 | 0.997 4 |
| 2.8 | 0.997 4 | 0.997 5 | 0.997 6 | 0.997 7 | 0.997 7 | 0.997 8 | 0.997 9 | 0.997 9 | 0.998 0 | 0.998 1 |
| 2.9 | 0.998 1 | 0.998 2 | 0.998 2 | 0.998 3 | 0.998 4 | 0.998 4 | 0.998 5 | 0.998 5 | 0.998 6 | 0.998 6 |
| 3.0 | 0.998 7 | 0.999 0 | 0.999 3 | 0.999 5 | 0.999 7 | 0.999 8 | 0.999 8 | 0.999 9 | 0.999 9 | 1.000 0 |

注：本表的最后一行从左到右依次是 $\Phi(3.0), \Phi(3.1), \cdots, \Phi(3.9)$ 的值。

## 附表 2 泊松分布表

$$P(X \leq k) = \sum_{i=0}^{k} \frac{\lambda^i}{i!} e^{-\lambda}$$

| λ | k | | | | | | | | | |
|---|---|---|---|---|---|---|---|---|---|---|
| | 0 | 1 | 2 | 3 | 4 | 5 | 6 | 7 | 8 | |
| 0.1 | 0.905 | 0.995 | 1.000 | | | | | | | |
| 0.2 | 0.819 | 0.982 | 0.999 | 1.000 | | | | | | |
| 0.3 | 0.741 | 0.963 | 0.996 | 1.000 | | | | | | |
| 0.4 | 0.670 | 0.938 | 0.992 | 0.999 | 1.000 | | | | | |
| 0.5 | 0.607 | 0.910 | 0.986 | 0.998 | 1.000 | | | | | |
| 0.6 | 0.549 | 0.878 | 0.977 | 0.997 | 1.000 | | | | | |
| 0.7 | 0.497 | 0.844 | 0.966 | 0.994 | 0.999 | 1.000 | | | | |
| 0.8 | 0.449 | 0.809 | 0.953 | 0.991 | 0.999 | 1.000 | | | | |
| 0.9 | 0.407 | 0.772 | 0.937 | 0.987 | 0.998 | 1.000 | | | | |
| 1.0 | 0.368 | 0.736 | 0.920 | 0.981 | 0.996 | 0.999 | 1.000 | | | |
| 1.1 | 0.333 | 0.699 | 0.900 | 0.974 | 0.995 | 0.999 | 1.000 | | | |
| 1.2 | 0.301 | 0.663 | 0.879 | 0.966 | 0.992 | 0.998 | 1.000 | | | |
| 1.3 | 0.273 | 0.627 | 0.857 | 0.957 | 0.989 | 0.998 | 1.000 | | | |
| 1.4 | 0.247 | 0.592 | 0.833 | 0.946 | 0.986 | 0.997 | 0.999 | 1.000 | | |
| 1.5 | 0.223 | 0.558 | 0.809 | 0.934 | 0.981 | 0.996 | 0.999 | 1.000 | | |
| 1.6 | 0.202 | 0.525 | 0.783 | 0.921 | 0.976 | 0.994 | 0.999 | 1.000 | | |
| 1.7 | 0.183 | 0.493 | 0.757 | 0.907 | 0.970 | 0.992 | 0.998 | 1.000 | | |
| 1.8 | 0.165 | 0.463 | 0.731 | 0.891 | 0.964 | 0.990 | 0.997 | 0.999 | 1.000 | |
| 1.9 | 0.150 | 0.434 | 0.704 | 0.875 | 0.956 | 0.987 | 0.997 | 0.999 | 1.000 | |
| 2.0 | 0.135 | 0.406 | 0.677 | 0.857 | 0.947 | 0.983 | 0.995 | 0.999 | 1.000 | |

| λ | k | | | | | | | | | | | | |
|---|---|---|---|---|---|---|---|---|---|---|---|---|---|
| | 0 | 1 | 2 | 3 | 4 | 5 | 6 | 7 | 8 | 9 | 10 | 11 | 12 |
| 2.1 | 0.122 | 0.380 | 0.650 | 0.839 | 0.938 | 0.980 | 0.994 | 0.999 | 1.000 | | | | |
| 2.2 | 0.111 | 0.355 | 0.623 | 0.819 | 0.928 | 0.975 | 0.993 | 0.998 | 1.000 | | | | |
| 2.3 | 0.100 | 0.331 | 0.596 | 0.799 | 0.916 | 0.970 | 0.991 | 0.997 | 0.999 | 1.000 | | | |
| 2.4 | 0.091 | 0.308 | 0.570 | 0.779 | 0.904 | 0.964 | 0.988 | 0.997 | 0.999 | 1.000 | | | |
| 2.5 | 0.082 | 0.287 | 0.544 | 0.758 | 0.891 | 0.958 | 0.986 | 0.996 | 0.999 | 1.000 | | | |
| 2.6 | 0.074 | 0.267 | 0.518 | 0.736 | 0.877 | 0.951 | 0.983 | 0.995 | 0.999 | 1.000 | | | |
| 2.7 | 0.067 | 0.249 | 0.494 | 0.714 | 0.863 | 0.943 | 0.979 | 0.993 | 0.998 | 0.999 | 1.000 | | |
| 2.8 | 0.061 | 0.231 | 0.469 | 0.692 | 0.848 | 0.935 | 0.976 | 0.992 | 0.998 | 0.999 | 1.000 | | |
| 2.9 | 0.055 | 0.215 | 0.446 | 0.670 | 0.832 | 0.926 | 0.971 | 0.990 | 0.997 | 0.999 | 1.000 | | |
| 3.0 | 0.050 | 0.199 | 0.423 | 0.647 | 0.815 | 0.916 | 0.966 | 0.988 | 0.996 | 0.999 | 1.000 | | |
| 3.1 | 0.045 | 0.185 | 0.401 | 0.625 | 0.798 | 0.906 | 0.961 | 0.986 | 0.995 | 0.999 | 1.000 | | |
| 3.2 | 0.041 | 0.171 | 0.380 | 0.603 | 0.781 | 0.895 | 0.955 | 0.983 | 0.994 | 0.998 | 1.000 | | |
| 3.3 | 0.037 | 0.159 | 0.359 | 0.580 | 0.763 | 0.883 | 0.949 | 0.980 | 0.993 | 0.998 | 0.999 | 1.000 | |
| 3.4 | 0.033 | 0.147 | 0.340 | 0.558 | 0.744 | 0.871 | 0.942 | 0.977 | 0.992 | 0.997 | 0.999 | 1.000 | |
| 3.5 | 0.030 | 0.136 | 0.321 | 0.537 | 0.725 | 0.858 | 0.935 | 0.973 | 0.990 | 0.997 | 0.999 | 1.000 | |
| 3.6 | 0.027 | 0.126 | 0.303 | 0.515 | 0.706 | 0.844 | 0.927 | 0.969 | 0.988 | 0.996 | 0.999 | 1.000 | |
| 3.7 | 0.025 | 0.116 | 0.285 | 0.494 | 0.687 | 0.830 | 0.918 | 0.965 | 0.986 | 0.995 | 0.998 | 1.000 | |
| 3.8 | 0.022 | 0.107 | 0.269 | 0.473 | 0.668 | 0.816 | 0.909 | 0.960 | 0.984 | 0.994 | 0.998 | 0.999 | 1.000 |
| 3.9 | 0.020 | 0.099 | 0.253 | 0.453 | 0.648 | 0.801 | 0.899 | 0.955 | 0.981 | 0.993 | 0.998 | 0.999 | 1.000 |
| 4.0 | 0.018 | 0.092 | 0.238 | 0.433 | 0.629 | 0.785 | 0.889 | 0.949 | 0.979 | 0.992 | 0.997 | 0.999 | 1.000 |

续表

| $\lambda$ | \multicolumn{15}{c}{$k$} | | | | | | | | | | | | | | |
|---|---|---|---|---|---|---|---|---|---|---|---|---|---|---|---|
| | 0 | 1 | 2 | 3 | 4 | 5 | 6 | 7 | 8 | 9 | 10 | 11 | 12 | 13 | 14 |
| 5 | 0.007 | 0.040 | 0.125 | 0.265 | 0.440 | 0.616 | 0.762 | 0.867 | 0.932 | 0.968 | 0.986 | 0.995 | 0.998 | 0.999 | 1.000 |
| 6 | 0.002 | 0.017 | 0.062 | 0.151 | 0.285 | 0.446 | 0.606 | 0.744 | 0.847 | 0.916 | 0.957 | 0.980 | 0.991 | 0.996 | 0.999 |
| 7 | 0.001 | 0.007 | 0.030 | 0.082 | 0.173 | 0.301 | 0.450 | 0.599 | 0.729 | 0.830 | 0.901 | 0.947 | 0.973 | 0.987 | 0.994 |
| 8 | 0.000 | 0.003 | 0.014 | 0.042 | 0.100 | 0.191 | 0.313 | 0.453 | 0.593 | 0.717 | 0.816 | 0.888 | 0.936 | 0.966 | 0.983 |
| 9 | 0.000 | 0.001 | 0.006 | 0.021 | 0.055 | 0.116 | 0.207 | 0.324 | 0.456 | 0.587 | 0.706 | 0.803 | 0.876 | 0.926 | 0.959 |
| 10 | 0.000 | 0.000 | 0.003 | 0.010 | 0.029 | 0.067 | 0.130 | 0.220 | 0.333 | 0.458 | 0.583 | 0.697 | 0.792 | 0.864 | 0.917 |
| 11 | 0.000 | 0.000 | 0.001 | 0.005 | 0.015 | 0.038 | 0.079 | 0.143 | 0.232 | 0.341 | 0.460 | 0.579 | 0.689 | 0.781 | 0.854 |
| 12 | 0.000 | 0.000 | 0.001 | 0.002 | 0.008 | 0.020 | 0.046 | 0.090 | 0.155 | 0.242 | 0.347 | 0.462 | 0.576 | 0.682 | 0.772 |
| 13 | 0.000 | 0.000 | 0.000 | 0.001 | 0.004 | 0.011 | 0.026 | 0.054 | 0.100 | 0.166 | 0.252 | 0.353 | 0.463 | 0.573 | 0.675 |
| 14 | 0.000 | 0.000 | 0.000 | 0.000 | 0.002 | 0.006 | 0.014 | 0.032 | 0.062 | 0.109 | 0.176 | 0.260 | 0.358 | 0.464 | 0.570 |
| 15 | 0.000 | 0.000 | 0.000 | 0.000 | 0.001 | 0.003 | 0.008 | 0.018 | 0.037 | 0.070 | 0.118 | 0.185 | 0.268 | 0.363 | 0.466 |

| $\lambda$ | \multicolumn{15}{c}{$k$} | | | | | | | | | | | | | | |
|---|---|---|---|---|---|---|---|---|---|---|---|---|---|---|---|
| | 15 | 16 | 17 | 18 | 19 | 20 | 21 | 22 | 23 | 24 | 25 | 26 | 27 | 28 | 29 |
| 6 | 1.000 | | | | | | | | | | | | | | |
| 7 | 0.998 | 0.999 | 1.000 | | | | | | | | | | | | |
| 8 | 0.992 | 0.996 | 0.998 | 0.999 | 1.000 | | | | | | | | | | |
| 9 | 0.978 | 0.989 | 0.995 | 0.998 | 0.999 | 1.000 | | | | | | | | | |
| 10 | 0.951 | 0.973 | 0.986 | 0.993 | 0.997 | 0.998 | 0.999 | 1.000 | | | | | | | |
| 11 | 0.907 | 0.944 | 0.968 | 0.982 | 0.991 | 0.995 | 0.998 | 0.999 | 1.000 | | | | | | |
| 12 | 0.844 | 0.899 | 0.937 | 0.963 | 0.979 | 0.988 | 0.994 | 0.997 | 0.999 | 0.999 | 1.000 | | | | |
| 13 | 0.764 | 0.835 | 0.890 | 0.930 | 0.957 | 0.975 | 0.986 | 0.992 | 0.996 | 0.998 | 0.999 | 1.000 | | | |
| 14 | 0.669 | 0.756 | 0.827 | 0.883 | 0.923 | 0.952 | 0.971 | 0.983 | 0.991 | 0.995 | 0.997 | 0.999 | 0.999 | 1.000 | |
| 15 | 0.568 | 0.664 | 0.749 | 0.819 | 0.875 | 0.917 | 0.947 | 0.967 | 0.981 | 0.989 | 0.994 | 0.997 | 0.998 | 0.999 | 1.000 |

## 附表3 $t$ 分布表

$P\{t(n) > t_\alpha(n)\} = \alpha$

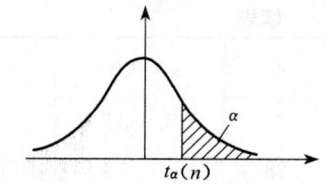

| $n$ | $\alpha=0.25$ | 0.10 | 0.05 | 0.025 | 0.01 | 0.005 |
| --- | --- | --- | --- | --- | --- | --- |
| 1 | 1.0000 | 3.0777 | 6.3138 | 12.7062 | 31.8207 | 63.6574 |
| 2 | 0.8165 | 1.8856 | 2.9200 | 4.3027 | 6.9646 | 9.9248 |
| 3 | 0.7649 | 1.6377 | 2.3534 | 3.1824 | 4.5407 | 5.8409 |
| 4 | 0.7407 | 1.5332 | 2.1318 | 2.7764 | 3.7469 | 4.6041 |
| 5 | 0.7267 | 1.4759 | 2.0150 | 2.5706 | 3.3649 | 4.0322 |
| 6 | 0.7176 | 1.4398 | 1.9432 | 2.4469 | 3.1427 | 3.7074 |
| 7 | 0.7111 | 1.4149 | 1.8946 | 2.3646 | 2.9980 | 3.4995 |
| 8 | 0.7064 | 1.3968 | 1.8595 | 2.3060 | 2.8965 | 3.3554 |
| 9 | 0.7027 | 1.3830 | 1.8331 | 2.2622 | 2.8214 | 3.2498 |
| 10 | 0.6998 | 1.3722 | 1.8125 | 2.2381 | 2.7638 | 3.1693 |
| 11 | 0.6974 | 1.3634 | 1.7959 | 2.2010 | 2.7181 | 3.1058 |
| 12 | 0.6955 | 1.3562 | 1.7823 | 2.1788 | 2.6810 | 3.0545 |
| 13 | 0.6938 | 1.3502 | 1.7709 | 2.1604 | 2.6503 | 3.0123 |
| 14 | 0.6924 | 1.3450 | 1.7613 | 2.1448 | 2.6245 | 2.9768 |
| 15 | 0.6912 | 1.3406 | 1.7531 | 2.1315 | 2.6025 | 2.9467 |
| 16 | 0.6901 | 1.3368 | 1.7459 | 2.1199 | 2.5835 | 2.9208 |
| 17 | 0.6892 | 1.3334 | 1.7396 | 2.1098 | 2.5669 | 2.8982 |
| 18 | 0.6884 | 1.3304 | 1.7341 | 2.1009 | 2.5524 | 2.8784 |
| 19 | 0.6876 | 1.3277 | 1.7291 | 2.0930 | 2.5395 | 2.8609 |
| 20 | 0.6870 | 1.3253 | 1.7247 | 2.0860 | 2.5280 | 2.8453 |
| 21 | 0.6864 | 1.3232 | 1.7207 | 2.0796 | 2.5177 | 2.8314 |
| 22 | 0.6858 | 1.3212 | 1.7171 | 2.0739 | 2.5083 | 2.8188 |
| 23 | 0.6853 | 1.3195 | 1.7139 | 2.0687 | 2.4999 | 2.8073 |
| 24 | 0.6848 | 1.3178 | 1.7109 | 2.0639 | 2.4922 | 2.7969 |
| 25 | 0.6844 | 1.3163 | 1.7081 | 2.0595 | 2.4851 | 2.7874 |
| 26 | 0.6840 | 1.3150 | 1.7058 | 2.0555 | 2.4786 | 2.7787 |

续表

| $n$ | $\alpha=0.25$ | 0.10 | 0.05 | 0.025 | 0.01 | 0.005 |
| --- | --- | --- | --- | --- | --- | --- |
| 27 | 0.6837 | 1.3137 | 1.7033 | 2.0518 | 2.4727 | 2.7707 |
| 28 | 0.6834 | 1.3125 | 1.7011 | 2.0484 | 2.4671 | 2.7633 |
| 29 | 0.6830 | 1.3114 | 1.6991 | 2.0452 | 2.4620 | 2.7564 |
| 30 | 0.6828 | 1.3104 | 1.6973 | 2.0423 | 2.4573 | 2.7500 |
| 31 | 0.6825 | 1.3095 | 1.6955 | 2.0395 | 2.4528 | 2.7440 |
| 32 | 0.6822 | 1.3086 | 1.6839 | 2.0369 | 2.4487 | 2.7385 |
| 33 | 0.6820 | 1.3077 | 1.6924 | 2.0345 | 2.4448 | 2.7333 |
| 34 | 0.6818 | 1.3070 | 1.6909 | 2.0322 | 2.4411 | 2.7284 |
| 35 | 0.6816 | 1.3062 | 1.6896 | 2.0301 | 2.4377 | 2.7238 |
| 36 | 0.6814 | 1.3055 | 1.6883 | 2.0281 | 2.4345 | 2.7195 |
| 37 | 0.6812 | 1.3049 | 1.6871 | 2.0262 | 2.4314 | 2.7154 |
| 38 | 0.6810 | 1.3042 | 1.6860 | 2.0244 | 2.4286 | 2.7116 |
| 39 | 0.6808 | 1.3036 | 1.6849 | 2.0227 | 2.4258 | 2.7079 |
| 40 | 0.6807 | 1.3031 | 1.6839 | 2.0211 | 2.4233 | 2.7045 |
| 41 | 0.6805 | 1.3025 | 1.6829 | 2.0195 | 2.4208 | 2.7012 |
| 42 | 0.6804 | 1.3020 | 1.6820 | 2.0181 | 2.4185 | 2.6981 |
| 43 | 0.6802 | 1.3016 | 1.6811 | 2.0167 | 2.4163 | 2.6951 |
| 44 | 0.6801 | 1.3011 | 1.6802 | 2.0154 | 2.4141 | 2.6923 |
| 45 | 0.6800 | 1.3006 | 1.6794 | 2.0141 | 2.4121 | 2.6806 |

## 附表4 $\chi^2$ 分布表

$P\{\chi^2 > \chi_\alpha^2(n)\} = \alpha$

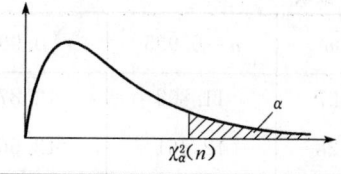

| n | $\alpha$=0.995 | 0.99 | 0.975 | 0.95 | 0.90 | 0.75 |
|---|---|---|---|---|---|---|
| 1 | — | — | 0.001 | 0.004 | 0.016 | 0.102 |
| 2 | 0.010 | 0.020 | 0.051 | 0.103 | 0.211 | 0.575 |
| 3 | 0.072 | 0.115 | 0.216 | 0.352 | 0.584 | 1.213 |
| 4 | 0.207 | 0.297 | 0.484 | 0.711 | 1.064 | 1.923 |
| 5 | 0.412 | 0.554 | 0.831 | 1.145 | 1.610 | 2.675 |
| 6 | 0.676 | 0.872 | 1.237 | 1.635 | 2.204 | 3.455 |
| 7 | 0.989 | 1.239 | 1.690 | 2.167 | 2.833 | 4.255 |
| 8 | 1.344 | 1.646 | 2.180 | 2.733 | 3.490 | 5.071 |
| 9 | 1.735 | 2.088 | 2.700 | 3.325 | 4.168 | 5.899 |
| 10 | 2.156 | 2.558 | 3.247 | 3.940 | 4.865 | 6.737 |
| 11 | 2.603 | 3.053 | 3.816 | 4.575 | 5.578 | 7.584 |
| 12 | 3.074 | 3.571 | 4.404 | 5.226 | 6.304 | 8.438 |
| 13 | 3.565 | 4.107 | 5.009 | 5.892 | 7.042 | 9.299 |
| 14 | 4.075 | 4.660 | 5.629 | 6.571 | 7.790 | 10.165 |
| 15 | 4.601 | 5.229 | 6.262 | 7.261 | 8.547 | 11.037 |
| 16 | 5.142 | 5.812 | 6.908 | 7.962 | 9.312 | 11.912 |
| 17 | 5.697 | 6.408 | 7.564 | 8.672 | 10.085 | 12.792 |
| 18 | 6.265 | 7.015 | 8.231 | 9.390 | 10.865 | 13.675 |
| 19 | 6.844 | 7.633 | 8.907 | 10.117 | 11.651 | 14.562 |
| 20 | 7.434 | 8.260 | 9.591 | 10.851 | 12.443 | 15.452 |
| 21 | 8.034 | 8.897 | 10.283 | 11.591 | 13.240 | 16.344 |
| 22 | 8.643 | 9.542 | 10.982 | 12.338 | 14.042 | 17.240 |
| 23 | 9.260 | 10.196 | 11.689 | 13.091 | 14.848 | 18.137 |
| 24 | 9.886 | 10.856 | 12.401 | 13.848 | 15.659 | 19.037 |
| 25 | 10.520 | 11.524 | 13.120 | 14.611 | 16.473 | 19.939 |
| 26 | 11.160 | 12.198 | 13.844 | 15.379 | 17.292 | 20.843 |

续表

| n | α=0.995 | 0.99 | 0.975 | 0.95 | 0.90 | 0.75 |
|---|---|---|---|---|---|---|
| 27 | 11.808 | 12.879 | 14.573 | 16.151 | 18.114 | 21.749 |
| 28 | 12.461 | 13.565 | 15.308 | 16.928 | 18.939 | 22.657 |
| 29 | 13.121 | 14.257 | 16.047 | 17.708 | 19.768 | 23.567 |
| 30 | 13.787 | 14.954 | 16.791 | 18.493 | 20.599 | 24.478 |
| 31 | 14.458 | 15.655 | 17.539 | 19.281 | 21.434 | 25.390 |
| 32 | 15.134 | 16.362 | 18.291 | 20.072 | 22.271 | 26.304 |
| 33 | 15.815 | 17.074 | 19.047 | 20.807 | 23.110 | 27.219 |
| 34 | 16.501 | 17.789 | 19.806 | 21.664 | 23.952 | 28.136 |
| 35 | 17.192 | 18.509 | 20.569 | 22.465 | 24.797 | 29.054 |
| 36 | 17.887 | 19.233 | 21.336 | 23.369 | 25.613 | 29.973 |
| 37 | 18.586 | 19.960 | 22.106 | 24.075 | 26.492 | 30.893 |
| 38 | 19.289 | 20.691 | 22.878 | 24.884 | 27.343 | 31.815 |
| 39 | 19.996 | 21.426 | 23.654 | 25.695 | 28.196 | 32.737 |
| 40 | 20.707 | 22.164 | 24.433 | 26.509 | 29.015 | 33.660 |
| 41 | 21.421 | 22.906 | 25.215 | 27.326 | 29.907 | 34.585 |
| 42 | 22.138 | 23.650 | 25.999 | 28.144 | 30.765 | 35.510 |
| 43 | 22.859 | 24.398 | 26.785 | 28.965 | 31.625 | 36.430 |
| 44 | 23.584 | 25.148 | 27.575 | 29.787 | 32.487 | 37.363 |
| 45 | 24.311 | 25.901 | 28.366 | 30.612 | 33.350 | 38.291 |
| n | α=0.25 | 0.10 | 0.05 | 0.025 | 0.01 | 0.005 |
| 1 | 1.323 | 2.706 | 3.841 | 5.024 | 6.635 | 7.879 |
| 2 | 2.773 | 4.605 | 5.991 | 7.378 | 9.210 | 10.597 |
| 3 | 4.108 | 6.251 | 7.815 | 9.348 | 11.345 | 12.838 |
| 4 | 5.385 | 7.779 | 9.488 | 11.143 | 13.277 | 14.860 |
| 5 | 6.626 | 9.236 | 11.071 | 12.833 | 15.086 | 16.750 |
| 6 | 7.841 | 10.645 | 12.592 | 14.449 | 16.812 | 18.548 |
| 7 | 9.037 | 12.017 | 14.067 | 16.013 | 18.475 | 20.278 |
| 8 | 10.219 | 13.362 | 15.507 | 17.535 | 20.090 | 21.955 |
| 9 | 11.389 | 14.684 | 16.919 | 19.023 | 21.666 | 23.589 |
| 10 | 12.549 | 15.987 | 18.307 | 20.483 | 23.209 | 25.188 |
| 11 | 13.701 | 17.275 | 19.675 | 21.920 | 24.725 | 26.757 |

续表

| $n$ | $\alpha=0.25$ | 0.10 | 0.05 | 0.025 | 0.01 | 0.005 |
|---|---|---|---|---|---|---|
| 12 | 14.845 | 18.549 | 21.026 | 23.337 | 26.217 | 28.299 |
| 13 | 15.984 | 19.812 | 22.362 | 24.736 | 27.688 | 29.819 |
| 14 | 17.117 | 21.064 | 23.685 | 26.119 | 29.141 | 31.319 |
| 15 | 18.245 | 22.307 | 24.996 | 27.488 | 30.578 | 32.801 |
| 16 | 19.369 | 23.542 | 26.296 | 28.845 | 32.000 | 34.267 |
| 17 | 20.489 | 24.769 | 27.587 | 30.191 | 33.409 | 35.718 |
| 18 | 21.605 | 25.989 | 28.869 | 31.526 | 34.805 | 37.156 |
| 19 | 22.718 | 27.204 | 30.144 | 32.852 | 36.191 | 38.582 |
| 20 | 23.828 | 28.412 | 31.410 | 34.170 | 37.566 | 39.997 |
| 21 | 24.935 | 29.615 | 32.671 | 35.479 | 38.932 | 41.401 |
| 22 | 26.039 | 30.813 | 33.924 | 36.781 | 40.289 | 42.796 |
| 23 | 27.141 | 32.007 | 35.172 | 38.076 | 41.638 | 44.181 |
| 24 | 28.241 | 33.196 | 36.415 | 39.364 | 42.980 | 45.559 |
| 25 | 29.339 | 34.382 | 37.652 | 40.646 | 44.314 | 46.928 |
| 26 | 30.435 | 35.563 | 38.885 | 41.923 | 45.642 | 48.290 |
| 27 | 31.528 | 36.741 | 40.113 | 43.194 | 46.963 | 49.645 |
| 28 | 32.620 | 37.916 | 41.337 | 44.461 | 48.278 | 50.993 |
| 29 | 33.711 | 39.087 | 42.557 | 45.722 | 49.588 | 52.336 |
| 30 | 34.800 | 40.256 | 43.773 | 46.979 | 50.892 | 53.672 |
| 31 | 35.887 | 41.422 | 44.985 | 48.232 | 52.191 | 55.003 |
| 32 | 36.973 | 42.585 | 46.194 | 49.480 | 53.486 | 56.328 |
| 33 | 38.058 | 43.745 | 47.400 | 50.725 | 54.776 | 57.648 |
| 34 | 39.141 | 44.903 | 48.602 | 51.966 | 56.061 | 58.964 |
| 35 | 40.223 | 46.059 | 49.802 | 53.203 | 57.342 | 60.275 |
| 36 | 41.304 | 47.212 | 50.998 | 54.437 | 58.619 | 61.581 |
| 37 | 42.383 | 48.363 | 52.192 | 55.668 | 59.892 | 62.883 |
| 38 | 43.462 | 59.513 | 53.384 | 56.896 | 61.162 | 64.181 |
| 39 | 44.539 | 50.660 | 54.572 | 58.120 | 62.428 | 65.476 |
| 40 | 45.616 | 51.805 | 55.758 | 59.342 | 63.691 | 66.766 |
| 41 | 46.692 | 52.949 | 56.942 | 60.561 | 64.950 | 68.053 |
| 42 | 47.766 | 54.090 | 58.124 | 61.777 | 66.206 | 69.336 |
| 43 | 48.840 | 55.230 | 59.304 | 62.990 | 67.459 | 70.606 |
| 44 | 49.913 | 56.369 | 60.481 | 64.201 | 69.710 | 71.893 |
| 45 | 50.895 | 57.505 | 61.656 | 65.410 | 69.957 | 73.166 |

## 附表 5 F 分布表

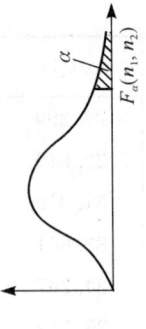

$$P\{F(n_1, n_2) > F_\alpha(n_1, n_2)\} = \alpha$$

$\alpha = 0.10$

| $n_2$ \ $n_1$ | 1 | 2 | 3 | 4 | 5 | 6 | 7 | 8 | 9 | 10 | 12 | 15 | 20 | 24 | 30 | 40 | 60 | 120 | $\infty$ |
|---|---|---|---|---|---|---|---|---|---|---|---|---|---|---|---|---|---|---|---|
| 1 | 39.86 | 49.50 | 53.59 | 55.83 | 57.24 | 58.20 | 58.91 | 59.44 | 59.86 | 60.19 | 60.71 | 61.22 | 61.74 | 62.00 | 62.26 | 62.53 | 62.79 | 63.06 | 63.33 |
| 2 | 8.53 | 9.00 | 9.16 | 9.24 | 9.29 | 9.33 | 9.35 | 9.37 | 9.38 | 9.39 | 9.41 | 9.42 | 9.44 | 9.45 | 9.46 | 9.47 | 9.47 | 9.48 | 9.49 |
| 3 | 5.54 | 5.46 | 5.39 | 5.34 | 5.31 | 5.28 | 5.27 | 5.25 | 5.24 | 5.23 | 5.22 | 5.20 | 5.18 | 5.18 | 5.17 | 5.16 | 5.15 | 5.14 | 5.13 |
| 4 | 4.54 | 4.32 | 4.19 | 4.11 | 4.05 | 4.01 | 3.98 | 3.95 | 3.94 | 3.92 | 3.90 | 3.87 | 3.84 | 3.83 | 3.82 | 3.80 | 3.79 | 3.78 | 3.76 |
| 5 | 4.06 | 3.78 | 3.62 | 3.52 | 3.45 | 3.40 | 3.37 | 3.34 | 3.32 | 3.30 | 3.27 | 3.24 | 3.21 | 3.19 | 3.17 | 3.16 | 3.14 | 3.12 | 3.10 |
| 6 | 3.78 | 3.46 | 3.29 | 3.18 | 3.11 | 3.05 | 3.01 | 2.98 | 2.96 | 2.94 | 2.90 | 2.87 | 2.84 | 2.82 | 2.80 | 2.78 | 2.76 | 2.74 | 2.72 |
| 7 | 3.59 | 3.26 | 3.07 | 2.96 | 2.88 | 2.83 | 2.78 | 2.75 | 2.72 | 2.70 | 2.67 | 2.63 | 2.59 | 2.58 | 2.56 | 2.54 | 2.51 | 2.49 | 2.47 |
| 8 | 3.46 | 3.11 | 2.92 | 2.81 | 2.73 | 2.67 | 2.62 | 2.59 | 2.56 | 2.54 | 2.50 | 2.46 | 2.42 | 2.40 | 2.38 | 2.36 | 2.34 | 2.32 | 2.29 |
| 9 | 3.36 | 3.01 | 2.81 | 2.69 | 2.61 | 2.55 | 2.51 | 2.47 | 2.44 | 2.42 | 2.38 | 2.34 | 2.30 | 2.28 | 2.25 | 2.23 | 2.21 | 2.18 | 2.16 |
| 10 | 3.29 | 2.92 | 2.73 | 2.61 | 2.52 | 2.46 | 2.41 | 2.38 | 2.35 | 2.32 | 2.28 | 2.24 | 2.20 | 2.18 | 2.16 | 2.13 | 2.11 | 2.08 | 2.06 |
| 11 | 3.23 | 2.86 | 2.66 | 2.54 | 2.45 | 2.39 | 2.34 | 2.30 | 2.27 | 2.25 | 2.21 | 2.17 | 2.12 | 2.10 | 2.08 | 2.05 | 2.03 | 2.00 | 1.97 |
| 12 | 3.18 | 2.81 | 2.61 | 2.48 | 2.39 | 2.33 | 2.28 | 2.24 | 2.21 | 2.19 | 2.15 | 2.10 | 2.06 | 2.04 | 2.01 | 1.99 | 1.96 | 1.93 | 1.90 |
| 13 | 3.14 | 2.76 | 2.56 | 2.43 | 2.35 | 2.28 | 2.23 | 2.20 | 2.16 | 2.14 | 2.10 | 2.05 | 2.01 | 1.98 | 1.96 | 1.93 | 1.90 | 1.88 | 1.85 |
| 14 | 3.10 | 2.73 | 2.52 | 2.39 | 2.31 | 2.24 | 2.19 | 2.15 | 2.12 | 2.10 | 2.05 | 2.01 | 1.96 | 1.94 | 1.91 | 1.89 | 1.86 | 1.83 | 1.80 |
| 15 | 3.07 | 2.70 | 2.49 | 2.36 | 2.27 | 2.21 | 2.16 | 2.12 | 2.09 | 2.06 | 2.02 | 1.97 | 1.92 | 1.90 | 1.87 | 1.85 | 1.82 | 1.79 | 1.76 |
| 16 | 3.05 | 2.67 | 2.46 | 2.33 | 2.24 | 2.18 | 2.13 | 2.09 | 2.06 | 2.03 | 1.99 | 1.94 | 1.89 | 1.87 | 1.84 | 1.81 | 1.78 | 1.75 | 1.72 |
| 17 | 3.03 | 2.64 | 2.44 | 2.31 | 2.22 | 2.15 | 2.10 | 2.06 | 2.03 | 2.00 | 1.96 | 1.91 | 1.86 | 1.84 | 1.81 | 1.78 | 1.75 | 1.72 | 1.69 |
| 18 | 3.01 | 2.62 | 2.42 | 2.29 | 2.20 | 2.13 | 2.08 | 2.04 | 2.00 | 1.98 | 1.93 | 1.89 | 1.84 | 1.81 | 1.78 | 1.75 | 1.72 | 1.69 | 1.66 |
| 19 | 2.99 | 2.61 | 2.40 | 2.27 | 2.18 | 2.11 | 2.06 | 2.02 | 1.98 | 1.96 | 1.91 | 1.86 | 1.81 | 1.79 | 1.76 | 1.73 | 1.70 | 1.67 | 1.63 |
| 20 | 2.97 | 2.59 | 2.38 | 2.25 | 2.16 | 2.09 | 2.04 | 2.00 | 1.96 | 1.94 | 1.89 | 1.84 | 1.79 | 1.77 | 1.74 | 1.71 | 1.68 | 1.64 | 1.61 |
| 21 | 2.96 | 2.57 | 2.36 | 2.23 | 2.14 | 2.08 | 2.02 | 1.98 | 1.95 | 1.92 | 1.87 | 1.83 | 1.78 | 1.75 | 1.72 | 1.69 | 1.66 | 1.62 | 1.59 |
| 22 | 2.95 | 2.56 | 2.35 | 2.22 | 2.13 | 2.06 | 2.01 | 1.97 | 1.93 | 1.90 | 1.86 | 1.81 | 1.76 | 1.73 | 1.70 | 1.67 | 1.64 | 1.60 | 1.57 |
| 23 | 2.94 | 2.55 | 2.34 | 2.21 | 2.11 | 2.05 | 1.99 | 1.95 | 1.92 | 1.89 | 1.84 | 1.80 | 1.74 | 1.72 | 1.68 | 1.66 | 1.62 | 1.59 | 1.55 |

续表

$\alpha = 0.10$

| $n_1$ \ $n_2$ | 1 | 2 | 3 | 4 | 5 | 6 | 7 | 8 | 9 | 10 | 12 | 15 | 20 | 24 | 30 | 40 | 60 | 120 | ∞ |
|---|---|---|---|---|---|---|---|---|---|---|---|---|---|---|---|---|---|---|---|
| 24 | 2.93 | 2.54 | 2.33 | 2.19 | 2.10 | 2.04 | 1.98 | 1.94 | 1.91 | 1.88 | 1.83 | 1.78 | 1.73 | 1.70 | 1.67 | 1.64 | 1.61 | 1.57 | 1.53 |
| 25 | 2.92 | 2.53 | 2.32 | 2.18 | 2.09 | 2.02 | 1.97 | 1.93 | 1.89 | 1.87 | 1.82 | 1.77 | 1.72 | 1.69 | 1.66 | 1.63 | 1.59 | 1.56 | 1.52 |
| 26 | 2.91 | 2.52 | 2.31 | 2.17 | 2.08 | 2.01 | 1.96 | 1.92 | 1.88 | 1.86 | 1.81 | 1.76 | 1.71 | 1.68 | 1.65 | 1.61 | 1.58 | 1.54 | 1.50 |
| 27 | 2.90 | 2.51 | 2.30 | 2.17 | 2.07 | 2.00 | 1.95 | 1.91 | 1.87 | 1.85 | 1.80 | 1.75 | 1.70 | 1.67 | 1.64 | 1.60 | 1.57 | 1.53 | 1.49 |
| 28 | 2.89 | 2.50 | 2.29 | 2.16 | 2.06 | 2.00 | 1.94 | 1.90 | 1.87 | 1.84 | 1.79 | 1.74 | 1.69 | 1.66 | 1.63 | 1.59 | 1.56 | 1.52 | 1.48 |
| 29 | 2.89 | 2.50 | 2.28 | 2.15 | 2.06 | 1.99 | 1.93 | 1.89 | 1.86 | 1.83 | 1.78 | 1.73 | 1.68 | 1.65 | 1.62 | 1.58 | 1.55 | 1.51 | 1.47 |
| 30 | 2.88 | 2.49 | 2.28 | 2.14 | 2.05 | 1.98 | 1.93 | 1.88 | 1.85 | 1.82 | 1.77 | 1.72 | 1.67 | 1.64 | 1.61 | 1.57 | 1.54 | 1.50 | 1.46 |
| 40 | 2.84 | 2.44 | 2.23 | 2.09 | 2.00 | 1.93 | 1.87 | 1.83 | 1.79 | 1.76 | 1.71 | 1.66 | 1.61 | 1.57 | 1.54 | 1.51 | 1.47 | 1.42 | 1.38 |
| 60 | 2.79 | 2.39 | 2.18 | 2.04 | 1.95 | 1.87 | 1.82 | 1.77 | 1.74 | 1.71 | 1.66 | 1.60 | 1.54 | 1.51 | 1.48 | 1.44 | 1.40 | 1.35 | 1.29 |
| 120 | 2.75 | 2.35 | 2.13 | 1.99 | 1.90 | 1.82 | 1.77 | 1.72 | 1.68 | 1.65 | 1.60 | 1.55 | 1.48 | 1.45 | 1.41 | 1.37 | 1.32 | 1.26 | 1.19 |
| ∞ | 2.71 | 2.30 | 2.08 | 1.94 | 1.85 | 1.77 | 1.72 | 1.67 | 1.63 | 1.60 | 1.55 | 1.49 | 1.42 | 1.38 | 1.34 | 1.30 | 1.24 | 1.17 | 1.00 |

$\alpha = 0.05$

| $n_1$ \ $n_2$ | 1 | 2 | 3 | 4 | 5 | 6 | 7 | 8 | 9 | 10 | 12 | 15 | 20 | 24 | 30 | 40 | 60 | 120 | ∞ |
|---|---|---|---|---|---|---|---|---|---|---|---|---|---|---|---|---|---|---|---|
| 1 | 161.4 | 199.5 | 215.7 | 224.6 | 230.2 | 234.0 | 236.8 | 238.9 | 240.5 | 241.9 | 243.9 | 245.9 | 248.0 | 249.1 | 250.1 | 251.1 | 252.2 | 253.3 | 254.3 |
| 2 | 18.51 | 19.00 | 19.16 | 19.25 | 19.30 | 19.33 | 19.35 | 19.37 | 19.38 | 19.40 | 19.41 | 19.43 | 19.45 | 19.45 | 19.46 | 19.47 | 19.48 | 19.49 | 19.50 |
| 3 | 10.13 | 9.55 | 9.28 | 9.12 | 9.01 | 8.94 | 8.89 | 8.85 | 8.81 | 8.79 | 8.74 | 8.70 | 8.66 | 8.64 | 8.62 | 8.59 | 8.57 | 8.55 | 8.53 |
| 4 | 7.71 | 6.94 | 6.59 | 6.39 | 6.26 | 6.16 | 6.09 | 6.04 | 6.00 | 5.96 | 5.91 | 5.86 | 5.80 | 5.77 | 5.75 | 5.72 | 5.69 | 5.66 | 5.63 |
| 5 | 6.61 | 5.79 | 5.41 | 5.19 | 5.05 | 4.95 | 4.88 | 4.82 | 4.77 | 4.74 | 4.68 | 4.62 | 4.56 | 4.53 | 4.50 | 4.46 | 4.43 | 4.40 | 4.36 |
| 6 | 5.99 | 5.14 | 4.76 | 4.53 | 4.39 | 4.28 | 4.21 | 4.15 | 4.10 | 4.06 | 4.00 | 3.94 | 3.87 | 3.84 | 3.81 | 3.77 | 3.74 | 3.70 | 3.67 |
| 7 | 5.59 | 4.74 | 4.35 | 4.12 | 3.97 | 3.87 | 3.79 | 3.73 | 3.68 | 3.64 | 3.57 | 3.51 | 3.44 | 3.41 | 3.38 | 3.34 | 3.30 | 3.27 | 3.23 |
| 8 | 5.32 | 4.46 | 4.07 | 3.84 | 3.69 | 3.58 | 3.50 | 3.44 | 3.39 | 3.35 | 3.28 | 3.22 | 3.15 | 3.12 | 3.08 | 3.04 | 3.01 | 2.97 | 2.93 |
| 9 | 5.12 | 4.26 | 3.86 | 3.63 | 3.48 | 3.37 | 3.29 | 3.23 | 3.18 | 3.14 | 3.07 | 3.01 | 2.94 | 2.90 | 2.86 | 2.83 | 2.79 | 2.75 | 2.71 |
| 10 | 4.96 | 4.10 | 3.71 | 3.48 | 3.33 | 3.22 | 3.14 | 3.07 | 3.02 | 2.98 | 2.91 | 2.85 | 2.77 | 2.74 | 2.70 | 2.66 | 2.62 | 2.58 | 2.54 |
| 11 | 4.84 | 3.98 | 3.59 | 3.36 | 3.20 | 3.09 | 3.01 | 2.95 | 2.90 | 2.85 | 2.79 | 2.72 | 2.65 | 2.61 | 2.57 | 2.53 | 2.49 | 2.45 | 2.40 |
| 12 | 4.75 | 3.89 | 3.49 | 3.26 | 3.11 | 3.00 | 2.91 | 2.85 | 2.80 | 2.75 | 2.69 | 2.62 | 2.54 | 2.51 | 2.47 | 2.43 | 2.38 | 2.34 | 2.30 |
| 13 | 4.67 | 3.81 | 3.41 | 3.18 | 3.03 | 2.92 | 2.83 | 2.77 | 2.71 | 2.67 | 2.60 | 2.53 | 2.46 | 2.42 | 2.38 | 2.34 | 2.30 | 2.25 | 2.21 |
| 14 | 4.60 | 3.74 | 3.34 | 3.11 | 2.96 | 2.85 | 2.76 | 2.70 | 2.65 | 2.60 | 2.53 | 2.46 | 2.39 | 2.35 | 2.31 | 2.27 | 2.22 | 2.18 | 2.13 |
| 15 | 4.54 | 3.68 | 3.29 | 3.06 | 2.90 | 2.79 | 2.71 | 2.64 | 2.59 | 2.54 | 2.48 | 2.40 | 2.33 | 2.29 | 2.25 | 2.20 | 2.16 | 2.11 | 2.07 |

续表

$\alpha = 0.05$

| $n_1$ \ $n_2$ | 1 | 2 | 3 | 4 | 5 | 6 | 7 | 8 | 9 | 10 | 12 | 15 | 20 | 24 | 30 | 40 | 60 | 120 | ∞ |
|---|---|---|---|---|---|---|---|---|---|---|---|---|---|---|---|---|---|---|---|
| 16 | 4.49 | 3.63 | 3.24 | 3.01 | 2.85 | 2.74 | 2.66 | 2.59 | 2.54 | 2.49 | 2.42 | 2.35 | 2.28 | 2.24 | 2.19 | 2.15 | 2.11 | 2.06 | 2.01 |
| 17 | 4.45 | 3.59 | 3.20 | 2.96 | 2.81 | 2.70 | 2.61 | 2.55 | 2.49 | 2.45 | 2.38 | 2.31 | 2.23 | 2.19 | 2.15 | 2.10 | 2.06 | 2.01 | 1.96 |
| 18 | 4.41 | 3.55 | 3.16 | 2.93 | 2.77 | 2.66 | 2.58 | 2.51 | 2.46 | 2.41 | 2.34 | 2.27 | 2.19 | 2.15 | 2.11 | 2.06 | 2.02 | 1.97 | 1.92 |
| 19 | 4.38 | 3.52 | 3.13 | 2.90 | 2.74 | 2.63 | 2.54 | 2.48 | 2.42 | 2.38 | 2.31 | 2.23 | 2.16 | 2.11 | 2.07 | 2.03 | 1.98 | 1.93 | 1.88 |
| 20 | 4.35 | 3.49 | 3.10 | 2.87 | 2.71 | 2.60 | 2.51 | 2.45 | 2.39 | 2.35 | 2.28 | 2.20 | 2.12 | 2.08 | 2.04 | 1.99 | 1.95 | 1.90 | 1.84 |
| 21 | 4.32 | 3.47 | 3.07 | 2.84 | 2.68 | 2.57 | 2.49 | 2.42 | 2.37 | 2.32 | 2.25 | 2.18 | 2.10 | 2.05 | 2.01 | 1.96 | 1.92 | 1.87 | 1.81 |
| 22 | 4.30 | 3.44 | 3.05 | 2.82 | 2.66 | 2.55 | 2.46 | 2.40 | 2.34 | 2.30 | 2.23 | 2.15 | 2.07 | 2.03 | 1.98 | 1.94 | 1.89 | 1.84 | 1.78 |
| 23 | 4.28 | 3.42 | 3.03 | 2.80 | 2.64 | 2.53 | 2.44 | 2.37 | 2.32 | 2.27 | 2.20 | 2.13 | 2.05 | 2.01 | 1.96 | 1.91 | 1.86 | 1.81 | 1.76 |
| 24 | 4.26 | 3.40 | 3.01 | 2.78 | 2.62 | 2.51 | 2.42 | 2.36 | 2.30 | 2.25 | 2.18 | 2.11 | 2.03 | 1.98 | 1.94 | 1.89 | 1.84 | 1.79 | 1.73 |
| 25 | 4.24 | 3.39 | 2.99 | 2.76 | 2.60 | 2.49 | 2.40 | 2.34 | 2.28 | 2.24 | 2.16 | 2.09 | 2.01 | 1.96 | 1.92 | 1.87 | 1.82 | 1.77 | 1.71 |
| 26 | 4.23 | 3.37 | 2.98 | 2.74 | 2.59 | 2.47 | 2.39 | 2.32 | 2.27 | 2.22 | 2.15 | 2.07 | 1.99 | 1.95 | 1.90 | 1.85 | 1.80 | 1.75 | 1.69 |
| 27 | 4.21 | 3.35 | 2.96 | 2.73 | 2.57 | 2.46 | 2.37 | 2.31 | 2.25 | 2.20 | 2.13 | 2.06 | 1.97 | 1.93 | 1.88 | 1.84 | 1.79 | 1.73 | 1.67 |
| 28 | 4.20 | 3.34 | 2.95 | 2.71 | 2.56 | 2.45 | 2.36 | 2.29 | 2.24 | 2.19 | 2.12 | 2.04 | 1.96 | 1.91 | 1.87 | 1.82 | 1.77 | 1.71 | 1.65 |
| 29 | 4.18 | 3.33 | 2.93 | 2.70 | 2.55 | 2.43 | 2.35 | 2.28 | 2.22 | 2.18 | 2.10 | 2.03 | 1.94 | 1.90 | 1.85 | 1.81 | 1.75 | 1.70 | 1.64 |
| 30 | 4.17 | 3.32 | 2.92 | 2.69 | 2.53 | 2.42 | 2.33 | 2.27 | 2.21 | 2.16 | 2.09 | 2.01 | 1.93 | 1.89 | 1.84 | 1.79 | 1.74 | 1.68 | 1.62 |
| 40 | 4.08 | 3.23 | 2.84 | 2.61 | 2.45 | 2.34 | 2.25 | 2.18 | 2.12 | 2.08 | 2.00 | 1.92 | 1.84 | 1.79 | 1.74 | 1.69 | 1.64 | 1.58 | 1.51 |
| 60 | 4.00 | 3.15 | 2.76 | 2.53 | 2.37 | 2.25 | 2.17 | 2.10 | 2.04 | 1.99 | 1.92 | 1.84 | 1.75 | 1.70 | 1.65 | 1.59 | 1.53 | 1.47 | 1.39 |
| 120 | 3.92 | 3.07 | 2.68 | 2.45 | 2.29 | 2.17 | 2.09 | 2.02 | 1.96 | 1.91 | 1.83 | 1.75 | 1.66 | 1.61 | 1.55 | 1.50 | 1.43 | 1.35 | 1.25 |
| ∞ | 3.84 | 3.00 | 2.60 | 2.37 | 2.21 | 2.10 | 2.01 | 1.94 | 1.88 | 1.83 | 1.75 | 1.67 | 1.57 | 1.52 | 1.46 | 1.39 | 1.32 | 1.22 | 1.00 |

$\alpha = 0.025$

| $n_1$ \ $n_2$ | 1 | 2 | 3 | 4 | 5 | 6 | 7 | 8 | 9 | 10 | 12 | 15 | 20 | 24 | 30 | 40 | 60 | 120 | ∞ |
|---|---|---|---|---|---|---|---|---|---|---|---|---|---|---|---|---|---|---|---|
| 1 | 647.8 | 799.5 | 864.2 | 899.6 | 921.8 | 937.1 | 948.2 | 956.7 | 963.3 | 968.6 | 976.7 | 984.9 | 993.1 | 997.2 | 1001 | 1006 | 1010 | 1014 | 1018 |
| 2 | 38.51 | 39.00 | 39.17 | 39.25 | 39.30 | 39.33 | 39.36 | 39.37 | 39.39 | 39.40 | 39.41 | 39.43 | 39.45 | 39.46 | 39.46 | 39.47 | 39.48 | 39.49 | 39.50 |
| 3 | 17.44 | 16.04 | 15.44 | 15.10 | 14.88 | 14.73 | 14.62 | 14.54 | 14.47 | 14.42 | 14.34 | 14.25 | 14.17 | 14.12 | 14.08 | 14.04 | 13.99 | 13.95 | 13.90 |
| 4 | 12.22 | 10.65 | 9.98 | 9.60 | 9.36 | 9.20 | 9.07 | 8.98 | 8.90 | 8.84 | 8.75 | 8.66 | 8.56 | 8.51 | 8.46 | 8.41 | 8.36 | 8.31 | 8.26 |
| 5 | 10.01 | 8.43 | 7.76 | 7.39 | 7.15 | 6.98 | 6.85 | 6.76 | 6.68 | 6.62 | 6.52 | 6.43 | 6.33 | 6.28 | 6.23 | 6.18 | 6.12 | 6.07 | 6.02 |
| 6 | 8.81 | 7.26 | 6.60 | 6.23 | 5.99 | 5.82 | 5.70 | 5.60 | 5.52 | 5.46 | 5.37 | 5.27 | 5.17 | 5.12 | 5.07 | 5.01 | 4.96 | 4.90 | 4.85 |
| 7 | 8.07 | 6.54 | 5.89 | 5.52 | 5.29 | 5.12 | 4.99 | 4.90 | 4.82 | 4.76 | 4.67 | 4.57 | 4.47 | 4.42 | 4.36 | 4.31 | 4.25 | 4.20 | 4.14 |
| 8 | 7.57 | 6.06 | 5.42 | 5.05 | 4.82 | 4.65 | 4.53 | 4.43 | 4.36 | 4.30 | 4.20 | 4.10 | 4.00 | 3.95 | 3.89 | 3.84 | 3.78 | 3.73 | 3.67 |
| 9 | 7.21 | 5.71 | 5.08 | 4.72 | 4.48 | 4.23 | 4.20 | 4.10 | 4.03 | 3.96 | 3.87 | 3.77 | 3.67 | 3.61 | 3.56 | 3.51 | 3.45 | 3.39 | 3.33 |

续表

$\alpha = 0.025$

| $n_1$ \ $n_2$ | 1 | 2 | 3 | 4 | 5 | 6 | 7 | 8 | 9 | 10 | 12 | 15 | 20 | 24 | 30 | 40 | 60 | 120 | ∞ |
|---|---|---|---|---|---|---|---|---|---|---|---|---|---|---|---|---|---|---|---|
| 10 | 6.94 | 5.46 | 4.83 | 4.47 | 4.24 | 4.07 | 3.95 | 3.85 | 3.78 | 3.72 | 3.62 | 3.52 | 3.42 | 3.37 | 3.31 | 3.26 | 3.20 | 3.14 | 3.08 |
| 11 | 6.72 | 5.26 | 4.63 | 4.28 | 4.04 | 3.88 | 3.76 | 3.66 | 3.59 | 3.53 | 3.43 | 3.33 | 3.23 | 3.17 | 3.12 | 3.06 | 3.00 | 2.94 | 2.88 |
| 12 | 6.55 | 5.10 | 4.47 | 4.12 | 3.89 | 3.73 | 3.61 | 3.51 | 3.44 | 3.37 | 3.28 | 3.18 | 3.07 | 3.02 | 2.96 | 2.91 | 2.85 | 2.79 | 2.72 |
| 13 | 6.41 | 4.97 | 4.35 | 4.00 | 3.77 | 3.60 | 3.48 | 3.39 | 3.31 | 3.25 | 3.15 | 3.05 | 2.95 | 2.89 | 2.84 | 2.78 | 2.72 | 2.66 | 2.60 |
| 14 | 6.30 | 4.86 | 4.24 | 3.89 | 3.66 | 3.50 | 3.38 | 3.29 | 3.21 | 3.15 | 3.05 | 2.95 | 2.84 | 2.79 | 2.73 | 2.67 | 2.61 | 2.55 | 2.49 |
| 15 | 6.20 | 4.77 | 4.15 | 3.80 | 3.58 | 3.41 | 3.29 | 3.20 | 3.12 | 3.06 | 2.96 | 2.86 | 2.76 | 2.70 | 2.64 | 2.59 | 2.52 | 2.46 | 2.40 |
| 16 | 6.12 | 4.69 | 4.08 | 3.73 | 3.50 | 3.34 | 3.22 | 3.12 | 3.05 | 2.99 | 2.89 | 2.79 | 2.68 | 2.63 | 2.57 | 2.51 | 2.45 | 2.38 | 2.32 |
| 17 | 6.04 | 4.62 | 4.01 | 3.66 | 3.44 | 3.28 | 3.16 | 3.06 | 2.98 | 2.92 | 2.82 | 2.72 | 2.62 | 2.56 | 2.50 | 2.44 | 2.38 | 2.32 | 2.25 |
| 18 | 5.98 | 4.56 | 3.95 | 3.61 | 3.38 | 3.22 | 3.10 | 3.01 | 2.93 | 2.87 | 2.77 | 2.67 | 2.56 | 2.50 | 2.44 | 2.38 | 2.32 | 2.26 | 2.19 |
| 19 | 5.92 | 4.51 | 3.90 | 3.56 | 3.33 | 3.17 | 3.05 | 2.96 | 2.88 | 2.82 | 2.72 | 2.62 | 2.51 | 2.45 | 2.39 | 2.33 | 2.27 | 2.20 | 2.13 |
| 20 | 5.87 | 4.46 | 3.86 | 3.51 | 3.29 | 3.13 | 3.01 | 2.91 | 2.84 | 2.77 | 2.68 | 2.57 | 2.46 | 2.41 | 2.35 | 2.29 | 2.22 | 2.16 | 2.09 |
| 21 | 5.83 | 4.42 | 3.82 | 3.48 | 3.25 | 3.09 | 2.97 | 2.87 | 2.80 | 2.73 | 2.64 | 2.53 | 2.42 | 2.37 | 2.31 | 2.25 | 2.18 | 2.11 | 2.04 |
| 22 | 5.79 | 4.38 | 3.78 | 3.44 | 3.22 | 3.05 | 2.93 | 2.84 | 2.76 | 2.70 | 2.60 | 2.50 | 2.39 | 2.33 | 2.27 | 2.21 | 2.14 | 2.08 | 2.00 |
| 23 | 5.75 | 4.35 | 3.75 | 3.41 | 3.18 | 3.02 | 2.90 | 2.81 | 2.73 | 2.67 | 2.57 | 2.47 | 2.36 | 2.30 | 2.24 | 2.18 | 2.11 | 2.04 | 1.97 |
| 24 | 5.72 | 4.32 | 3.72 | 3.38 | 3.15 | 2.99 | 2.87 | 2.78 | 2.70 | 2.64 | 2.54 | 2.44 | 2.33 | 2.27 | 2.21 | 2.15 | 2.08 | 2.01 | 1.94 |
| 25 | 5.69 | 4.29 | 3.69 | 3.35 | 3.13 | 2.97 | 2.85 | 2.75 | 2.68 | 2.61 | 2.51 | 2.41 | 2.30 | 2.24 | 2.18 | 2.12 | 2.05 | 1.98 | 1.91 |
| 26 | 5.66 | 4.27 | 3.67 | 3.33 | 3.10 | 2.94 | 2.82 | 2.73 | 2.65 | 2.59 | 2.49 | 2.39 | 2.28 | 2.22 | 2.16 | 2.09 | 2.03 | 1.95 | 1.88 |
| 27 | 5.63 | 4.24 | 3.65 | 3.31 | 3.08 | 2.92 | 2.80 | 2.71 | 2.63 | 2.57 | 2.47 | 2.36 | 2.25 | 2.19 | 2.13 | 2.07 | 2.00 | 1.93 | 1.85 |
| 28 | 5.61 | 4.22 | 3.63 | 3.29 | 3.06 | 2.90 | 2.78 | 2.69 | 2.61 | 2.55 | 2.45 | 2.34 | 2.23 | 2.17 | 2.11 | 2.05 | 1.98 | 1.91 | 1.83 |
| 29 | 5.59 | 4.20 | 3.61 | 3.27 | 3.04 | 2.88 | 2.76 | 2.67 | 2.59 | 2.53 | 2.43 | 2.32 | 2.21 | 2.15 | 2.09 | 2.03 | 1.96 | 1.89 | 1.81 |
| 30 | 5.57 | 4.18 | 3.59 | 3.25 | 3.03 | 2.87 | 2.75 | 2.65 | 2.57 | 2.51 | 2.41 | 2.31 | 2.20 | 2.14 | 2.07 | 2.01 | 1.94 | 1.87 | 1.79 |
| 40 | 5.42 | 4.05 | 3.46 | 3.13 | 2.90 | 2.74 | 2.62 | 2.53 | 2.45 | 2.39 | 2.29 | 2.18 | 2.07 | 2.01 | 1.94 | 1.88 | 1.80 | 1.72 | 1.64 |
| 60 | 5.29 | 3.93 | 3.34 | 3.01 | 2.79 | 2.63 | 2.51 | 2.41 | 2.33 | 2.27 | 2.17 | 2.06 | 1.94 | 1.88 | 1.82 | 1.74 | 1.67 | 1.58 | 1.48 |
| 120 | 5.15 | 3.80 | 3.23 | 2.89 | 2.67 | 2.52 | 2.39 | 2.30 | 2.22 | 2.16 | 2.05 | 1.94 | 1.82 | 1.76 | 1.69 | 1.61 | 1.53 | 1.43 | 1.31 |
| ∞ | 5.02 | 3.69 | 3.12 | 2.79 | 2.57 | 2.41 | 2.29 | 2.19 | 2.11 | 2.05 | 1.94 | 1.83 | 1.71 | 1.64 | 1.57 | 1.48 | 1.39 | 1.27 | 1.00 |

$\alpha = 0.01$

| $n_1$ \ $n_2$ | 1 | 2 | 3 | 4 | 5 | 6 | 7 | 8 | 9 | 10 | 12 | 15 | 20 | 24 | 30 | 40 | 60 | 120 | ∞ |
|---|---|---|---|---|---|---|---|---|---|---|---|---|---|---|---|---|---|---|---|
| 1 | 4 052 | 4 999.5 | 5 403 | 5 625 | 5 764 | 5 859 | 5 928 | 5 981 | 6 022 | 6 056 | 6 106 | 6 157 | 6 209 | 6 235 | 6 261 | 6 287 | 6 313 | 6 339 | 6 366 |
| 2 | 98.50 | 99.00 | 99.17 | 99.25 | 99.30 | 99.33 | 99.36 | 99.37 | 99.39 | 99.40 | 99.42 | 99.43 | 99.45 | 99.46 | 99.47 | 99.47 | 99.48 | 99.49 | 99.50 |
| 3 | 34.12 | 30.82 | 29.46 | 28.71 | 28.24 | 27.91 | 27.67 | 27.49 | 27.35 | 27.23 | 27.05 | 26.87 | 26.69 | 26.60 | 26.50 | 26.41 | 26.32 | 26.22 | 26.13 |

续表

$\alpha = 0.01$

| $n_1$ \ $n_2$ | 1 | 2 | 3 | 4 | 5 | 6 | 7 | 8 | 9 | 10 | 12 | 15 | 20 | 24 | 30 | 40 | 60 | 120 | ∞ |
|---|---|---|---|---|---|---|---|---|---|---|---|---|---|---|---|---|---|---|---|
| 4 | 21.20 | 18.00 | 16.69 | 15.98 | 15.52 | 15.21 | 14.98 | 14.80 | 14.66 | 14.55 | 14.37 | 14.20 | 14.02 | 13.93 | 13.84 | 13.75 | 13.65 | 13.56 | 13.46 |
| 5 | 16.26 | 13.27 | 12.06 | 11.39 | 10.97 | 10.67 | 10.46 | 10.29 | 10.16 | 10.05 | 9.89 | 9.72 | 9.55 | 9.47 | 9.38 | 9.29 | 9.20 | 9.11 | 9.02 |
| 6 | 13.75 | 10.92 | 9.78 | 9.15 | 8.75 | 8.47 | 8.26 | 8.10 | 7.98 | 7.87 | 7.72 | 7.56 | 7.40 | 7.31 | 7.23 | 7.14 | 7.06 | 6.97 | 6.88 |
| 7 | 12.25 | 9.55 | 8.45 | 7.85 | 7.46 | 7.19 | 6.99 | 6.84 | 6.72 | 6.62 | 6.47 | 6.31 | 6.16 | 6.07 | 5.99 | 5.91 | 5.82 | 5.74 | 5.65 |
| 8 | 11.26 | 8.65 | 7.59 | 7.01 | 6.63 | 6.37 | 6.18 | 6.03 | 5.91 | 5.81 | 5.67 | 5.52 | 5.36 | 5.28 | 5.20 | 5.12 | 5.03 | 4.95 | 4.86 |
| 9 | 10.56 | 8.02 | 6.99 | 6.42 | 6.06 | 5.80 | 5.61 | 5.47 | 5.35 | 5.26 | 5.11 | 4.96 | 4.81 | 4.73 | 4.65 | 4.57 | 4.48 | 4.40 | 4.31 |
| 10 | 10.04 | 7.56 | 6.55 | 5.99 | 5.64 | 5.39 | 5.20 | 5.06 | 4.94 | 4.85 | 4.71 | 4.56 | 4.41 | 4.33 | 4.25 | 4.17 | 4.08 | 4.00 | 3.91 |
| 11 | 9.65 | 7.21 | 6.22 | 5.67 | 5.32 | 5.07 | 4.89 | 4.74 | 4.63 | 4.54 | 4.40 | 4.25 | 4.10 | 4.02 | 3.94 | 3.86 | 3.78 | 3.69 | 3.60 |
| 12 | 9.33 | 6.93 | 5.95 | 5.41 | 5.06 | 4.82 | 4.64 | 4.50 | 4.39 | 4.30 | 4.16 | 4.01 | 3.86 | 3.78 | 3.70 | 3.62 | 3.54 | 3.45 | 3.36 |
| 13 | 9.07 | 6.70 | 5.74 | 5.21 | 4.86 | 4.62 | 4.44 | 4.30 | 4.19 | 4.10 | 3.96 | 3.82 | 3.66 | 3.59 | 3.51 | 3.43 | 3.34 | 3.25 | 3.17 |
| 14 | 8.86 | 6.51 | 5.56 | 5.04 | 4.69 | 4.46 | 4.28 | 4.14 | 4.03 | 3.94 | 3.80 | 3.66 | 3.51 | 3.43 | 3.35 | 3.27 | 3.18 | 3.09 | 3.00 |
| 15 | 8.68 | 6.36 | 5.42 | 4.89 | 4.56 | 4.32 | 4.14 | 4.00 | 3.89 | 3.80 | 3.67 | 3.52 | 3.37 | 3.29 | 3.21 | 3.13 | 3.05 | 2.96 | 2.87 |
| 16 | 8.53 | 6.23 | 5.29 | 4.77 | 4.44 | 4.20 | 4.03 | 3.89 | 3.78 | 3.69 | 3.55 | 3.41 | 3.26 | 3.18 | 3.10 | 3.02 | 2.93 | 2.84 | 2.75 |
| 17 | 8.40 | 6.11 | 5.18 | 4.67 | 4.34 | 4.10 | 3.93 | 3.79 | 3.68 | 3.59 | 3.46 | 3.31 | 3.16 | 3.08 | 3.00 | 2.92 | 2.83 | 2.75 | 2.65 |
| 18 | 8.29 | 6.01 | 5.09 | 4.58 | 4.25 | 4.01 | 3.84 | 3.71 | 3.60 | 3.51 | 3.37 | 3.23 | 3.08 | 3.00 | 2.92 | 2.84 | 2.75 | 2.66 | 2.57 |
| 19 | 8.18 | 5.93 | 5.01 | 4.50 | 4.17 | 3.94 | 3.77 | 3.63 | 3.52 | 3.43 | 3.30 | 3.15 | 3.00 | 2.92 | 2.84 | 2.76 | 2.67 | 2.58 | 2.49 |
| 20 | 8.10 | 5.85 | 4.94 | 4.43 | 4.10 | 3.87 | 3.70 | 3.56 | 3.46 | 3.37 | 3.23 | 3.09 | 2.94 | 2.86 | 2.78 | 2.69 | 2.61 | 2.52 | 2.42 |
| 21 | 8.02 | 5.78 | 4.87 | 4.37 | 4.04 | 3.81 | 3.64 | 3.51 | 3.40 | 3.31 | 3.17 | 3.03 | 2.88 | 2.80 | 2.72 | 2.64 | 2.55 | 2.46 | 2.36 |
| 22 | 7.95 | 5.72 | 4.82 | 4.31 | 3.99 | 3.76 | 3.59 | 3.45 | 3.35 | 3.26 | 3.12 | 2.98 | 2.83 | 2.75 | 2.67 | 2.58 | 2.50 | 2.40 | 2.31 |
| 23 | 7.88 | 5.66 | 4.76 | 4.26 | 3.94 | 3.71 | 3.54 | 3.41 | 3.30 | 3.21 | 3.07 | 2.93 | 2.78 | 2.70 | 2.62 | 2.54 | 2.45 | 2.35 | 2.26 |
| 24 | 7.82 | 5.61 | 4.72 | 4.22 | 3.90 | 3.67 | 3.50 | 3.36 | 3.26 | 3.17 | 3.03 | 2.89 | 2.74 | 2.66 | 2.58 | 2.49 | 2.40 | 2.31 | 2.21 |
| 25 | 7.77 | 5.57 | 4.68 | 4.18 | 3.85 | 3.63 | 3.46 | 3.32 | 3.22 | 3.13 | 2.99 | 2.85 | 2.70 | 2.62 | 2.54 | 2.45 | 2.36 | 2.27 | 2.17 |
| 26 | 7.72 | 5.53 | 4.64 | 4.14 | 3.82 | 3.59 | 3.42 | 3.29 | 3.18 | 3.09 | 2.96 | 2.81 | 2.66 | 2.58 | 2.50 | 2.42 | 2.33 | 2.23 | 2.13 |
| 27 | 7.68 | 5.49 | 4.60 | 4.11 | 3.78 | 3.56 | 3.39 | 3.26 | 3.15 | 3.06 | 2.93 | 2.78 | 2.63 | 2.55 | 2.47 | 2.38 | 2.29 | 2.20 | 2.10 |
| 28 | 7.64 | 5.45 | 4.57 | 4.07 | 3.75 | 3.53 | 3.36 | 3.23 | 3.12 | 3.03 | 2.90 | 2.75 | 2.60 | 2.52 | 2.44 | 2.35 | 2.26 | 2.17 | 2.06 |
| 29 | 7.60 | 5.42 | 4.54 | 4.04 | 3.73 | 3.50 | 3.33 | 3.20 | 3.09 | 3.00 | 2.87 | 2.73 | 2.57 | 2.49 | 2.41 | 2.33 | 2.23 | 2.14 | 2.03 |
| 30 | 7.56 | 5.39 | 4.51 | 4.02 | 3.70 | 3.47 | 3.30 | 3.17 | 3.07 | 2.98 | 2.84 | 2.70 | 2.55 | 2.47 | 2.39 | 2.30 | 2.21 | 2.11 | 2.01 |
| 40 | 7.31 | 5.18 | 4.31 | 3.83 | 3.51 | 3.29 | 3.12 | 2.99 | 2.89 | 2.80 | 2.66 | 2.52 | 2.37 | 2.29 | 2.20 | 2.11 | 2.02 | 1.92 | 1.80 |
| 60 | 7.08 | 4.98 | 4.13 | 3.65 | 3.34 | 3.12 | 2.95 | 2.82 | 2.72 | 2.63 | 2.50 | 2.35 | 2.20 | 2.12 | 2.03 | 1.94 | 1.84 | 1.73 | 1.60 |
| 120 | 6.85 | 4.79 | 3.95 | 3.48 | 3.17 | 2.96 | 2.79 | 2.66 | 2.56 | 2.47 | 2.34 | 2.19 | 2.03 | 1.95 | 1.86 | 1.76 | 1.66 | 1.53 | 1.38 |
| ∞ | 6.63 | 4.61 | 3.78 | 3.32 | 3.02 | 2.80 | 2.64 | 2.51 | 2.41 | 2.32 | 2.18 | 2.04 | 1.88 | 1.79 | 1.70 | 1.59 | 1.47 | 1.32 | 1.00 |

续表

$\alpha = 0.005$

| $n_1$ \ $n_2$ | 1 | 2 | 3 | 4 | 5 | 6 | 7 | 8 | 9 | 10 | 12 | 15 | 20 | 24 | 30 | 40 | 60 | 120 | $\infty$ |
|---|---|---|---|---|---|---|---|---|---|---|---|---|---|---|---|---|---|---|---|
| 1 | 16 211 | 20 000 | 21 615 | 22 500 | 23 056 | 23 437 | 23 715 | 23 925 | 24 091 | 24 224 | 24 426 | 24 630 | 24 836 | 24 940 | 25 044 | 25 148 | 25 253 | 25 359 | 25 465 |
| 2 | 198.5 | 199.0 | 199.2 | 199.2 | 199.3 | 199.3 | 199.4 | 199.4 | 199.4 | 199.4 | 199.4 | 199.4 | 199.4 | 199.5 | 199.5 | 199.5 | 199.5 | 199.5 | 199.5 |
| 3 | 55.55 | 49.80 | 47.47 | 46.19 | 45.39 | 44.84 | 44.43 | 44.13 | 43.88 | 43.69 | 43.39 | 43.08 | 42.78 | 42.62 | 42.47 | 42.31 | 42.15 | 41.99 | 41.83 |
| 4 | 31.33 | 26.28 | 24.26 | 23.15 | 22.46 | 21.97 | 21.62 | 21.35 | 21.14 | 20.97 | 20.70 | 20.44 | 20.17 | 20.03 | 19.89 | 19.75 | 19.61 | 19.47 | 19.32 |
| 5 | 22.78 | 18.31 | 16.53 | 15.56 | 14.94 | 14.51 | 14.20 | 13.96 | 13.77 | 13.62 | 13.38 | 13.15 | 12.90 | 12.78 | 12.66 | 12.53 | 12.40 | 12.27 | 12.14 |
| 6 | 18.63 | 14.54 | 12.92 | 12.03 | 11.46 | 11.07 | 10.79 | 10.57 | 10.39 | 10.25 | 10.03 | 9.81 | 9.59 | 9.47 | 9.36 | 9.24 | 9.12 | 9.00 | 8.88 |
| 7 | 16.24 | 12.40 | 10.88 | 10.05 | 9.52 | 9.16 | 8.89 | 8.68 | 8.51 | 8.38 | 8.18 | 7.97 | 7.75 | 7.64 | 7.53 | 7.42 | 7.31 | 7.19 | 7.08 |
| 8 | 14.69 | 11.04 | 9.60 | 8.81 | 8.30 | 7.95 | 7.69 | 7.50 | 7.34 | 7.21 | 7.01 | 6.81 | 6.61 | 6.50 | 6.40 | 6.29 | 6.18 | 6.06 | 5.95 |
| 9 | 13.61 | 10.11 | 8.72 | 7.96 | 7.47 | 7.13 | 6.88 | 6.69 | 6.54 | 6.42 | 6.23 | 6.03 | 5.83 | 5.73 | 5.62 | 5.52 | 5.41 | 5.30 | 5.19 |
| 10 | 12.83 | 9.43 | 8.08 | 7.34 | 6.87 | 6.54 | 6.30 | 6.12 | 5.97 | 5.85 | 5.66 | 5.47 | 5.27 | 5.17 | 5.07 | 4.97 | 4.86 | 4.75 | 4.64 |
| 11 | 12.23 | 8.91 | 7.60 | 6.88 | 6.42 | 6.10 | 5.86 | 5.68 | 5.54 | 5.42 | 5.24 | 5.05 | 4.86 | 4.76 | 4.65 | 4.55 | 4.45 | 4.34 | 4.23 |
| 12 | 11.75 | 8.51 | 7.23 | 6.52 | 6.07 | 5.76 | 5.52 | 5.35 | 5.20 | 5.09 | 4.91 | 4.72 | 4.53 | 4.43 | 4.33 | 4.23 | 4.12 | 4.01 | 3.90 |
| 13 | 11.37 | 8.19 | 6.93 | 6.23 | 5.79 | 5.48 | 5.25 | 5.08 | 4.94 | 4.82 | 4.64 | 4.46 | 4.27 | 4.17 | 4.07 | 3.97 | 3.87 | 3.76 | 3.65 |
| 14 | 11.06 | 7.92 | 6.68 | 6.00 | 5.56 | 5.26 | 5.03 | 4.86 | 4.72 | 4.60 | 4.43 | 4.25 | 4.06 | 3.96 | 3.86 | 3.76 | 3.66 | 3.55 | 3.44 |
| 15 | 10.80 | 7.70 | 6.48 | 5.80 | 5.37 | 5.07 | 4.85 | 4.67 | 4.54 | 4.42 | 4.25 | 4.07 | 3.88 | 3.79 | 3.69 | 3.58 | 3.48 | 3.37 | 3.26 |
| 16 | 10.58 | 7.51 | 6.30 | 5.64 | 5.21 | 4.91 | 4.69 | 4.52 | 4.38 | 4.27 | 4.10 | 3.92 | 3.73 | 3.64 | 3.54 | 3.44 | 3.33 | 3.22 | 3.11 |
| 17 | 10.38 | 7.35 | 6.16 | 5.50 | 5.07 | 4.78 | 4.56 | 4.39 | 4.25 | 4.14 | 3.97 | 3.79 | 3.61 | 3.51 | 3.41 | 3.31 | 3.21 | 3.10 | 2.98 |
| 18 | 10.22 | 7.21 | 6.03 | 5.37 | 4.96 | 4.66 | 4.44 | 4.28 | 4.14 | 4.03 | 3.86 | 3.68 | 3.50 | 3.40 | 3.30 | 3.20 | 3.10 | 2.99 | 2.87 |
| 19 | 10.07 | 7.09 | 5.92 | 5.27 | 4.85 | 4.56 | 4.34 | 4.18 | 4.04 | 3.93 | 3.76 | 3.59 | 3.40 | 3.31 | 3.21 | 3.11 | 3.00 | 2.89 | 2.78 |
| 20 | 9.94 | 6.99 | 5.82 | 5.17 | 4.76 | 4.47 | 4.26 | 4.09 | 3.96 | 3.85 | 3.68 | 3.50 | 3.32 | 3.22 | 3.12 | 3.02 | 2.92 | 2.81 | 2.69 |
| 21 | 9.83 | 6.89 | 5.73 | 5.09 | 4.68 | 4.39 | 4.18 | 4.01 | 3.88 | 3.77 | 3.60 | 3.43 | 3.24 | 3.15 | 3.05 | 2.95 | 2.84 | 2.73 | 2.61 |
| 22 | 9.73 | 6.81 | 5.65 | 5.02 | 4.61 | 4.32 | 4.11 | 3.94 | 3.81 | 3.70 | 3.54 | 3.36 | 3.18 | 3.08 | 2.98 | 2.88 | 2.77 | 2.66 | 2.55 |
| 23 | 9.63 | 6.73 | 5.58 | 4.95 | 4.54 | 4.26 | 4.05 | 3.86 | 3.75 | 3.64 | 3.47 | 3.30 | 3.12 | 3.02 | 2.92 | 2.82 | 2.71 | 2.60 | 2.48 |
| 24 | 9.55 | 6.66 | 5.52 | 4.89 | 4.49 | 4.20 | 3.99 | 3.83 | 3.69 | 3.59 | 3.42 | 3.25 | 3.06 | 2.97 | 2.87 | 2.77 | 2.66 | 2.55 | 2.43 |
| 25 | 9.48 | 6.60 | 5.46 | 4.84 | 4.43 | 4.15 | 3.94 | 3.78 | 3.64 | 3.54 | 3.37 | 3.20 | 3.01 | 2.92 | 2.82 | 2.72 | 2.61 | 2.50 | 2.38 |

续表

$\alpha = 0.005$

| $n_1$ / $n_2$ | 1 | 2 | 3 | 4 | 5 | 6 | 7 | 8 | 9 | 10 | 12 | 15 | 20 | 24 | 30 | 40 | 60 | 120 | $\infty$ |
|---|---|---|---|---|---|---|---|---|---|---|---|---|---|---|---|---|---|---|---|
| 26 | 9.41 | 6.54 | 5.41 | 4.79 | 4.38 | 4.10 | 3.89 | 3.73 | 3.60 | 3.49 | 3.33 | 3.15 | 2.97 | 2.87 | 2.77 | 2.67 | 2.56 | 2.45 | 2.33 |
| 27 | 9.34 | 6.49 | 5.36 | 4.74 | 4.34 | 4.06 | 3.85 | 3.69 | 3.56 | 3.45 | 3.28 | 3.11 | 2.93 | 2.83 | 2.73 | 2.63 | 2.52 | 2.41 | 2.29 |
| 28 | 9.28 | 6.44 | 5.32 | 4.70 | 4.30 | 4.02 | 3.81 | 3.65 | 3.52 | 3.41 | 3.25 | 3.07 | 2.89 | 2.79 | 2.69 | 2.59 | 2.48 | 2.37 | 2.25 |
| 29 | 9.23 | 6.40 | 5.28 | 4.66 | 4.26 | 3.98 | 3.77 | 3.61 | 3.48 | 3.38 | 3.21 | 3.04 | 2.86 | 2.76 | 2.66 | 2.56 | 2.45 | 2.33 | 2.21 |
| 30 | 9.18 | 6.35 | 5.24 | 4.62 | 4.23 | 3.95 | 3.74 | 3.58 | 3.45 | 3.34 | 3.18 | 3.01 | 2.82 | 2.73 | 2.63 | 2.52 | 2.42 | 2.30 | 2.18 |
| 40 | 8.83 | 6.07 | 4.98 | 4.37 | 3.99 | 3.71 | 3.51 | 3.35 | 3.22 | 3.12 | 2.95 | 2.78 | 2.60 | 2.50 | 2.40 | 2.30 | 2.18 | 2.06 | 1.93 |
| 60 | 8.49 | 5.79 | 4.73 | 4.14 | 3.76 | 3.49 | 3.29 | 3.13 | 3.01 | 2.90 | 2.74 | 2.57 | 2.39 | 2.29 | 2.19 | 2.08 | 1.96 | 1.83 | 1.69 |
| 120 | 8.18 | 5.54 | 4.50 | 3.92 | 3.55 | 3.28 | 3.09 | 2.93 | 2.81 | 2.71 | 2.54 | 2.37 | 2.19 | 2.09 | 1.98 | 1.87 | 1.75 | 1.61 | 1.43 |
| $\infty$ | 7.88 | 5.30 | 4.28 | 3.72 | 3.35 | 3.09 | 2.90 | 2.74 | 2.62 | 2.52 | 2.36 | 2.19 | 2.00 | 1.90 | 1.79 | 1.67 | 1.53 | 1.36 | 1.00 |

$\alpha = 0.001$

| $n_1$ / $n_2$ | 1 | 2 | 3 | 4 | 5 | 6 | 7 | 8 | 9 | 10 | 12 | 15 | 20 | 24 | 30 | 40 | 60 | 120 | $\infty$ |
|---|---|---|---|---|---|---|---|---|---|---|---|---|---|---|---|---|---|---|---|
| 1 | 4 053* | 5 000* | 5 404* | 5 625* | 5 764* | 5 859* | 5 929* | 5 981* | 6 023* | 6 056* | 6 107* | 6 158* | 6 209* | 6 235* | 6 261* | 6 287* | 6 313* | 6 340* | 6 366* |
| 2 | 998.5 | 999.0 | 999.2 | 999.2 | 999.3 | 999.3 | 999.4 | 999.4 | 999.4 | 999.4 | 999.4 | 999.4 | 999.4 | 999.5 | 999.5 | 999.5 | 999.5 | 999.5 | 999.5 |
| 3 | 167.0 | 148.5 | 141.1 | 137.1 | 134.6 | 132.8 | 131.6 | 130.6 | 129.9 | 129.2 | 128.3 | 127.4 | 126.4 | 125.9 | 125.4 | 125.0 | 124.5 | 124.0 | 123.5 |
| 4 | 74.14 | 61.25 | 56.18 | 53.44 | 51.71 | 50.53 | 49.66 | 49.00 | 48.47 | 48.05 | 47.41 | 46.76 | 46.10 | 45.77 | 45.43 | 45.09 | 44.75 | 44.40 | 44.05 |
| 5 | 47.18 | 37.12 | 33.20 | 31.09 | 29.75 | 28.84 | 28.16 | 27.64 | 27.24 | 26.92 | 26.42 | 25.91 | 25.39 | 25.14 | 24.87 | 24.60 | 24.33 | 24.06 | 23.79 |
| 6 | 35.51 | 27.00 | 23.70 | 21.92 | 20.81 | 20.03 | 19.46 | 19.03 | 18.69 | 18.41 | 17.99 | 17.56 | 17.12 | 16.89 | 16.67 | 16.44 | 16.21 | 15.99 | 15.75 |
| 7 | 29.25 | 21.69 | 18.77 | 17.19 | 16.21 | 15.52 | 15.02 | 14.63 | 14.33 | 14.08 | 13.71 | 13.32 | 12.93 | 12.73 | 12.53 | 12.33 | 12.12 | 11.91 | 11.70 |
| 8 | 25.42 | 18.49 | 15.83 | 14.39 | 13.49 | 12.86 | 12.40 | 12.04 | 11.77 | 11.54 | 11.19 | 10.84 | 10.48 | 10.30 | 10.11 | 9.92 | 9.73 | 9.53 | 9.33 |
| 9 | 22.86 | 16.39 | 13.90 | 12.56 | 11.71 | 11.13 | 10.70 | 10.37 | 10.11 | 9.89 | 9.57 | 9.24 | 8.90 | 8.72 | 8.55 | 8.37 | 8.19 | 8.00 | 7.81 |
| 10 | 21.04 | 14.91 | 12.55 | 11.28 | 10.48 | 9.92 | 9.52 | 9.20 | 8.96 | 8.75 | 8.45 | 8.13 | 7.80 | 7.64 | 7.47 | 7.30 | 7.12 | 6.94 | 6.76 |
| 11 | 19.69 | 13.81 | 11.56 | 10.35 | 9.58 | 9.05 | 8.66 | 8.35 | 8.12 | 7.92 | 7.63 | 7.32 | 7.01 | 6.85 | 6.68 | 6.52 | 6.35 | 6.17 | 6.00 |
| 12 | 18.64 | 12.97 | 10.80 | 9.63 | 8.89 | 8.38 | 8.00 | 7.71 | 7.48 | 7.29 | 7.00 | 6.71 | 6.40 | 6.25 | 6.09 | 5.93 | 5.76 | 5.59 | 5.42 |

续表

$\alpha = 0.001$

| $n_1$ \ $n_2$ | 1 | 2 | 3 | 4 | 5 | 6 | 7 | 8 | 9 | 10 | 12 | 15 | 20 | 24 | 30 | 40 | 60 | 120 | ∞ |
|---|---|---|---|---|---|---|---|---|---|---|---|---|---|---|---|---|---|---|---|
| 13 | 17.81 | 12.31 | 10.21 | 9.07 | 8.35 | 7.86 | 7.49 | 7.21 | 6.98 | 6.80 | 6.52 | 6.23 | 5.93 | 5.78 | 5.63 | 5.47 | 5.30 | 5.14 | 4.97 |
| 14 | 17.14 | 11.78 | 9.73 | 8.62 | 7.92 | 7.43 | 7.08 | 6.80 | 6.58 | 6.40 | 6.13 | 5.85 | 5.56 | 5.41 | 5.25 | 5.10 | 4.94 | 4.77 | 4.60 |
| 15 | 16.59 | 11.34 | 9.34 | 8.25 | 7.57 | 7.09 | 6.74 | 6.47 | 6.26 | 6.08 | 5.81 | 5.54 | 5.25 | 5.10 | 4.95 | 4.80 | 4.64 | 4.47 | 4.31 |
| 16 | 16.12 | 10.97 | 9.00 | 7.94 | 7.27 | 6.81 | 6.46 | 6.19 | 5.98 | 5.81 | 5.55 | 5.27 | 4.99 | 4.85 | 4.70 | 4.54 | 4.39 | 4.23 | 4.06 |
| 17 | 15.72 | 10.66 | 8.73 | 7.68 | 7.02 | 6.56 | 6.22 | 5.96 | 5.75 | 5.58 | 5.32 | 5.05 | 4.78 | 4.63 | 4.48 | 4.33 | 4.18 | 4.02 | 3.85 |
| 18 | 15.38 | 10.39 | 8.49 | 7.46 | 6.81 | 6.35 | 6.02 | 5.76 | 5.56 | 5.39 | 5.13 | 4.87 | 4.59 | 4.45 | 4.30 | 4.15 | 4.00 | 3.84 | 3.67 |
| 19 | 15.08 | 10.16 | 8.28 | 7.26 | 6.62 | 6.18 | 5.85 | 5.59 | 5.39 | 5.22 | 4.97 | 4.70 | 4.43 | 4.29 | 4.14 | 3.99 | 3.84 | 3.68 | 3.51 |
| 20 | 14.82 | 9.95 | 8.10 | 7.10 | 6.46 | 6.02 | 5.69 | 5.44 | 5.24 | 5.08 | 4.82 | 4.56 | 4.29 | 4.15 | 4.00 | 3.86 | 3.70 | 3.54 | 3.38 |
| 21 | 14.59 | 9.77 | 7.94 | 6.95 | 6.32 | 5.88 | 5.56 | 5.31 | 5.11 | 4.95 | 4.70 | 4.44 | 4.17 | 4.03 | 3.88 | 3.74 | 3.58 | 3.42 | 3.26 |
| 22 | 14.38 | 9.61 | 7.80 | 6.81 | 6.19 | 5.76 | 5.44 | 5.19 | 4.99 | 4.83 | 4.58 | 4.33 | 4.06 | 3.92 | 3.78 | 3.63 | 3.48 | 3.32 | 3.15 |
| 23 | 14.19 | 9.47 | 7.67 | 6.69 | 6.08 | 5.65 | 5.33 | 5.09 | 4.89 | 4.73 | 4.48 | 4.23 | 3.96 | 3.82 | 3.68 | 3.53 | 3.38 | 3.22 | 3.05 |
| 24 | 14.03 | 9.34 | 7.55 | 6.59 | 5.98 | 5.55 | 5.23 | 4.99 | 4.80 | 4.64 | 4.39 | 4.14 | 3.87 | 3.74 | 3.59 | 3.45 | 3.29 | 3.14 | 2.97 |
| 25 | 13.88 | 9.22 | 7.45 | 6.49 | 5.88 | 5.46 | 5.15 | 4.91 | 4.71 | 4.56 | 4.31 | 4.06 | 3.79 | 3.66 | 3.52 | 3.37 | 3.22 | 3.06 | 2.89 |
| 26 | 13.74 | 9.12 | 7.36 | 6.41 | 5.80 | 5.38 | 5.07 | 4.83 | 4.64 | 4.48 | 4.24 | 3.99 | 3.72 | 3.59 | 3.44 | 3.30 | 3.15 | 2.99 | 2.82 |
| 27 | 13.61 | 9.02 | 7.27 | 6.33 | 5.73 | 5.31 | 5.00 | 4.76 | 4.57 | 4.41 | 4.17 | 3.92 | 3.66 | 3.52 | 3.38 | 3.23 | 3.08 | 2.92 | 2.75 |
| 28 | 13.50 | 8.93 | 7.19 | 6.25 | 5.66 | 5.24 | 4.93 | 4.69 | 4.50 | 4.35 | 4.11 | 3.86 | 3.60 | 3.46 | 3.32 | 3.18 | 3.02 | 2.86 | 2.69 |
| 29 | 13.39 | 8.85 | 7.12 | 6.19 | 5.59 | 5.18 | 4.87 | 4.64 | 4.45 | 4.29 | 4.05 | 3.80 | 3.54 | 3.41 | 3.27 | 3.12 | 2.97 | 2.81 | 2.64 |
| 30 | 13.29 | 8.77 | 7.05 | 6.12 | 5.53 | 5.12 | 4.82 | 4.58 | 4.39 | 4.24 | 4.00 | 3.75 | 3.49 | 3.36 | 3.22 | 3.07 | 2.92 | 2.76 | 2.59 |
| 40 | 12.61 | 8.25 | 6.60 | 5.70 | 5.13 | 4.73 | 4.44 | 4.21 | 4.02 | 3.87 | 3.64 | 3.40 | 3.15 | 3.01 | 2.87 | 2.73 | 2.57 | 2.41 | 2.23 |
| 60 | 11.97 | 7.76 | 6.17 | 5.31 | 4.76 | 4.37 | 4.09 | 3.87 | 3.69 | 3.54 | 3.31 | 3.08 | 2.83 | 2.69 | 2.55 | 2.41 | 2.25 | 2.08 | 1.89 |
| 120 | 11.38 | 7.32 | 5.79 | 4.95 | 4.42 | 4.04 | 3.77 | 3.55 | 3.38 | 3.24 | 3.02 | 2.78 | 2.53 | 2.40 | 2.26 | 2.11 | 1.95 | 1.76 | 1.54 |
| ∞ | 10.83 | 6.91 | 5.42 | 4.62 | 4.10 | 3.74 | 3.47 | 3.27 | 3.10 | 2.96 | 2.74 | 2.51 | 2.27 | 2.13 | 1.99 | 1.84 | 1.66 | 1.45 | 1.00 |

注:"*"表示要将所列数乘100。

## 附表6 相关系数临界值 $r_\alpha$ 表

$$P\{|r|>r_\alpha\}=\alpha$$

| $n-2$ \ $\alpha$ | 0.10 | 0.05 | 0.02 | 0.01 | 0.001 | $n-2$ \ $\alpha$ |
|---|---|---|---|---|---|---|
| 1 | 0.987 69 | 0.996 92 | 0.999 507 | 0.999 877 | 0.999 998 8 | 1 |
| 2 | 0.900 00 | 0.950 00 | 0.980 00 | 0.999 000 | 0.999 00 | 2 |
| 3 | 0.805 4 | 0.878 3 | 0.934 33 | 0.958 73 | 0.991 16 | 3 |
| 4 | 0.729 3 | 0.811 4 | 0.882 2 | 0.917 20 | 0.974 06 | 4 |
| 5 | 0.669 4 | 0.754 5 | 0.832 9 | 0.874 5 | 0.950 75 | 5 |
| 6 | 0.621 5 | 0.706 7 | 0.788 7 | 0.834 3 | 0.924 93 | 6 |
| 7 | 0.582 2 | 0.666 4 | 0.749 8 | 0.797 7 | 0.898 2 | 7 |
| 8 | 0.549 4 | 0.631 9 | 0.715 5 | 0.764 6 | 0.872 1 | 8 |
| 9 | 0.521 4 | 0.602 1 | 0.685 1 | 0.734 8 | 0.847 1 | 9 |
| 10 | 0.497 3 | 0.576 0 | 0.658 1 | 0.707 9 | 0.823 3 | 10 |
| 11 | 0.476 2 | 0.552 9 | 0.633 9 | 0.683 5 | 0.801 0 | 11 |
| 12 | 0.457 5 | 0.532 4 | 0.612 0 | 0.661 4 | 0.780 0 | 12 |
| 13 | 0.440 9 | 0.513 9 | 0.592 3 | 0.641 1 | 0.760 3 | 13 |
| 14 | 0.425 9 | 0.497 3 | 0.574 2 | 0.622 6 | 0.742 0 | 14 |
| 15 | 0.412 4 | 0.482 1 | 0.557 7 | 0.605 5 | 0.724 6 | 15 |
| 16 | 0.400 0 | 0.468 3 | 0.542 5 | 0.589 7 | 0.708 4 | 16 |
| 17 | 0.388 7 | 0.455 5 | 0.528 5 | 0.575 1 | 0.693 2 | 17 |
| 18 | 0.378 3 | 0.443 8 | 0.515 5 | 0.561 4 | 0.678 7 | 18 |
| 19 | 0.368 7 | 0.432 9 | 0.503 4 | 0.548 7 | 0.665 2 | 19 |
| 20 | 0.359 8 | 0.422 7 | 0.492 1 | 0.536 8 | 0.652 4 | 20 |
| 25 | 0.323 3 | 0.380 9 | 0.445 1 | 0.486 9 | 0.597 4 | 25 |
| 30 | 0.296 0 | 0.349 4 | 0.409 3 | 0.448 7 | 0.554 1 | 30 |
| 35 | 0.274 6 | 0.324 6 | 0.381 0 | 0.418 2 | 0.518 9 | 35 |
| 40 | 0.257 3 | 0.304 4 | 0.357 8 | 0.403 2 | 0.489 6 | 40 |
| 45 | 0.242 8 | 0.287 5 | 0.338 4 | 0.372 1 | 0.464 8 | 45 |
| 50 | 0.230 6 | 0.273 2 | 0.321 8 | 0.354 1 | 0.443 3 | 50 |
| 60 | 0.210 8 | 0.250 0 | 0.294 8 | 0.324 8 | 0.407 8 | 60 |
| 70 | 0.195 4 | 0.231 9 | 0.273 7 | 0.301 7 | 0.379 9 | 70 |
| 80 | 0.182 9 | 0.217 2 | 0.256 5 | 0.283 0 | 0.356 8 | 80 |
| 90 | 0.172 6 | 0.205 0 | 0.242 2 | 0.267 3 | 0.337 5 | 90 |
| 100 | 0.163 8 | 0.194 6 | 0.233 1 | 0.254 0 | 0.321 1 | 100 |

# 习题参考答案

## 习题 1.1

**1.** $\{H, T\}$; $\{HH, HT, TH, TT\}$; $\{0, 1, 2\}$; $\{(x, y): x^2+y^2<1\}$; $\{(x, y): x, y=1, 2, 3, 4, 5, 6\}$.

**2.** $\{(1,2,3),(1,2,4),(1,2,5),(1,3,4),(1,3,5),(1,4,5),(2,3,4),(2,3,5),(2,4,5),(3,4,5)\}$; 10.

**3.** (1) $ABC$; (2) $\overline{A}\,\overline{B}\,\overline{C}$; (3) $ABC \cup \overline{A}BC \cup A\overline{B}C \cup AB\overline{C}$; (4) $\overline{A}BC \cup A\overline{B}C \cup AB\overline{C}$.

**4.** (1) 前两次射击中至少有一次未击中目标；(2) 三次射击中至少有一次击中目标；(3) 第一次射击未击中目标且第二次射击击中目标；(4) 第二次射击击中目标或第三次射击未击中目标.

**5.** (1) $\overline{A_1}\overline{A_2}\overline{A_3}\overline{A_4}$; (2) $A_1A_2A_3A_4$; (3) $A_1 \cup A_2 \cup A_3 \cup A_4$; (4) $A_1\overline{A_2}\overline{A_3}\overline{A_4} \cup \overline{A_1}A_2\overline{A_3}\overline{A_4} \cup \overline{A_1}\overline{A_2}A_3\overline{A_4} \cup \overline{A_1}\overline{A_2}\overline{A_3}A_4$.

**6.** (1) 抛掷两枚硬币，至少出现一个反面；(2) "射击三次，至少有一次没命中目标"；(3) "加工四个产品，皆为次品".

**7.** (1) 不正确；(2) 不正确.

**8.** $A \cup B = \{1, 2, 3, 4, 6, 8\}$, $AB = \{2, 4\}$, $\overline{B} = \{1, 3, 5, 7\}$, $A - B = \{1, 3\}$, $B - A = \{6, 8\}$, $BC = \varnothing$, $\overline{B \cup C} = \varnothing$, $(A \cup B)C = \{1, 3\}$.

**9.** (1)略；(2)略；(3)略.

## 习题 1.2

**1.** (1) $\frac{7}{15}$; (2) $\frac{8}{15}$; (3) $\frac{7}{15}$. **2.** $\frac{21}{40}$. **3.** 0.149 9. **4.** (1) $\frac{1}{27}$; (2) $\frac{1}{9}$; (3) $\frac{2}{9}$; (4) $\frac{8}{27}$; (5) $\frac{1}{27}$; (6) $\frac{2}{27}$. **5.** (1) $\frac{2}{5}$; (2) $\frac{7}{15}$; (3) $\frac{14}{15}$. **6.** $\frac{11}{130}$. **7.** $\frac{252}{243\,1}$. **8.** $\frac{5}{9}$. **9.** (1) $\frac{28}{45}$; (2) $\frac{1}{45}$; (3) $\frac{16}{45}$. **10.** $4.592\,7 \times 10^{-3}$. **11.** $\frac{3}{8}$; $\frac{9}{16}$; $\frac{1}{16}$. **12.** 0.879 3. **13.** 0.044. **14.** $\frac{3}{4}$.

## 习题 1.3

**1.** 0.1. **2.** (1) $\frac{5}{8}$; (2) $\frac{3}{8}$. **3.** 0.6. **4.** $\frac{7}{8}$. **5.** $\frac{3}{4}$. **6.** $1-p$.

**7.** 略. **8.** 略. **9.** 略. **10.** 略. **11.** 略. **12.** 略.

## 习题 1.4

**1.** 0.75. **2.** 0.624. **3.** $\frac{1}{3}$. **4.** 略. **5.** (1) $\frac{19}{20}$; (2) $\frac{893}{990}$; (3) $\frac{27\,683}{32\,340}$.

**6.** $\frac{1}{18}$. **7.** $\frac{2}{5}$. **8.** (1) 0.031; (2) 0.193 5. **9.** (1) $\frac{23}{45}$; (2) $\frac{15}{23}$. **10.** $\frac{3}{4}$. **11.** $\frac{20}{21}$.

**12.** (1) 0.146；(2) 0.214 3. **13.** 公平. **14.** 29. **15.** 略. **16.** 略.

## 习题 1.5

**1.** 0.5.  **2.** 0.965.  **3.** (1) 0.56；(2) 0.94；(3) 0.38.  **4.** 0.203 5, 0.998 8.  **5.** 0.6.
**6.** (1) $\frac{5}{9}$；(2) $\frac{16}{63}$；(3) $\frac{16}{35}$.  **7.** 0.377 4.  **8.** $\frac{1}{3}$.  **9.** 略.  **10.** 0.901.  **11.** 略.  **12.** 略.
**13.** 略.  **14.** 0.75.  **15.** 0.2.

## 习题 2.1

**1.**

| X | 0 | 1 | 2 | 3 |
|---|---|---|---|---|
| p | $\frac{1}{8}$ | $\frac{3}{8}$ | $\frac{3}{8}$ | $\frac{1}{8}$ |

**2.** $P(X=k)=(1/2)^k$, $k=1, 2, \cdots$.

**3.** (1) 3, 4, 5, 6, 7；(2) $-3, -2, -1, 1, 2, 3$；(3) 0, 1, 2；(4) 0, 1.

**4.** $c=2$.  **5.** $P(X=k)=\dfrac{C_5^k C_{95}^{20-k}}{C_{100}^{20}}$, $k=0, 1, 2, 3, 4, 5$.

**6.**

| X | 0 | 1 | 2 |
|---|---|---|---|
| p | 0.3 | 0.6 | 0.1 |

**7.**

| X | 1 | 2 | 3 | 4 | 5 |
|---|---|---|---|---|---|
| p | 0.9 | 0.09 | 0.009 | 0.000 9 | 0.000 1 |

**8.** $P(X=k)=\dfrac{C_{13}^k C_{39}^{5-k}}{C_{52}^5}$, $k=0, 1, 2, 3, 4, 5$.  **9.** $\dfrac{1}{1+b}$.

**10.**

| X | 0 | 1 | 2 | 3 |
|---|---|---|---|---|
| p | 0.75 | 0.204 5 | 0.040 9 | 0.004 6 |

## 习题 2.2

**1.** 0.000 454.  **2.** 0.983 4.

**3.** (1) $P(X=k)=C_{10}^k (0.05)^k (0.95)^{10-k}$, $k=0, 1, 2, \cdots, 10$；(2) $P(X=k)=\dfrac{C_5^k C_{95}^{10-k}}{C_{100}^{10}}$, $k=0, 1, \cdots, 5$；(3) 若有放回的抽取, 0.086 1；若无放回的抽取, 0.076 8.

**4.** $P(X=k)=C_{30}^k (0.8)^k (0.2)^{30-k}$, $k=0, 1, 2, \cdots, 30$.

**5.** (1) $X$ 的分布律为

| X | 0 | 1 | 2 | 3 | 4 | 5 | 6 | $\geqslant 7$ |
|---|---|---|---|---|---|---|---|---|
| p | 0.3487 | 0.3874 | 0.1937 | 0.0574 | 0.0112 | 0.0015 | 0.0001 | $\approx 0$ |

(2) 0.9298.

**6.** $\dfrac{27}{8}e^{-3}$.  **7.** $\dfrac{10}{243}$.  **8.** 0.944.  **9.** (1) 0.002；(2) 0.951.

**10.** (1) 0.018；(2) 0.013；(3) 0.014.  **11.** 0.0175, 0.0091；第二方案优于第一方案.
**12.** 略.

## 习题 2.3

**1.** $F(a)$, $F(a)-F(a-0)$, $1-F(a)$, $F(x_2)-F(x_1)$.

2. $F(x)=\begin{cases}0, & x<0,\\ 1-p, & 0\leqslant x<1,\\ 1 & x\geqslant 1.\end{cases}$  3. $F(x)=\begin{cases}0, & x<3,\\ \dfrac{1}{10}, & 3\leqslant x<4,\\ \dfrac{2}{5}, & 4\leqslant x<5,\\ 1, & x\geqslant 5.\end{cases}$

4. $a+b=1$.  5. 

| $X$ | $-1$ | $0$ | $2$ |
|---|---|---|---|
| $p$ | 0.3 | 0.1 | 0.6 |

6. 

| $X$ | 0 | 1 | 2 | 3 | 4 | 5 |
|---|---|---|---|---|---|---|
| $p$ | 0.583 | 0.340 | 0.070 | 0.007 | 0 | 0 |

, $F(x)=\begin{cases}0, & x<0,\\ 0.583, & 0\leqslant x<1,\\ 0.923, & 1\leqslant x<2,\\ 0.993, & 2\leqslant x<3,\\ 1 & x\geqslant 3.\end{cases}$

7. $a=\dfrac{1}{6}$, $b=\dfrac{5}{6}$.

8. $F(x)=\begin{cases}0, & x<0,\\ \dfrac{1}{8}, & 0\leqslant x<1,\\ \dfrac{1}{2}, & 1\leqslant x<2,\\ \dfrac{7}{8}, & 2\leqslant x<3,\\ 1, & x\geqslant 3.\end{cases}$  9. $F(x)=\begin{cases}0, & x<0,\\ \dfrac{1}{3}, & 0\leqslant x<1,\\ \dfrac{1}{2}, & 1\leqslant x<2,\\ 1, & x\geqslant 2.\end{cases}$

## 习题 2.4

1. $F(x)=\begin{cases}1-\dfrac{1}{2}e^{-x}, & x>0,\\ \dfrac{1}{2}e^{x}, & x\leqslant 0.\end{cases}$  2. (1) 0.343 8; (2) 0.375 0; (3) 0.5.

3. $F(x)=\begin{cases}0, & x<0,\\ \dfrac{x^2}{2}, & 0\leqslant x<1,\\ -1+2x-\dfrac{x^2}{2}, & 1\leqslant x<2,\\ 1 & x\geqslant 2.\end{cases}$  4. (1) $c=2$; (2) 0.4.

5. (1) $1-e^{-2}$; $e^{-3}$; (2) $f(x)=\begin{cases}e^{-x}, & x>0,\\ 0, & x\leqslant 0.\end{cases}$

6. (1) $1-e^{-1.2}$; (2) $e^{-1.6}$; (3) $e^{-1.2}-e^{-1.6}$; (4) 0.

7. $F(x)=\begin{cases}0, & x<0,\\ \dfrac{x}{a}, & 0\leqslant x<a,\\ 1, & x\geqslant a.\end{cases}$  $f(x)=\begin{cases}\dfrac{1}{a}, & 0<x<a,\\ 0, & 其他.\end{cases}$

8. (1) $c=\dfrac{1}{2}$; (2) 0.748.

9. (1) $1, -1$; (2) $1-\dfrac{1}{\sqrt{e}}$. (3) $f(x)=\begin{cases} xe^{-\frac{x^2}{2}}, & x>0, \\ 0, & x\leqslant 0. \end{cases}$

10. $a=\sqrt[3]{4}$.

11. (1) $21$; (2) $F(x)=\begin{cases} 0, & x<0, \\ 7x^3+\dfrac{1}{2}x^2, & 0\leqslant x<0.5, \\ 1, & x\geqslant 0.5. \end{cases}$ 12. 略. 13. 略. 14. 略.

15. 非离散型又非连续型的随机变量.

## 习题 2.5

1. (1) $f(x)=\begin{cases} 0.08, & 7.5<x<20, \\ 0, & \text{其他}. \end{cases}$ (2) $0.36$; (3) $0.4$; (4) $0.4$.

2. $\dfrac{4}{5}$. 3. $k=\theta\ln 2$. 4. $0.5167$. 5. $0.3384$; $0.5952$; $129.8$. 6. $\sigma=31.2$. 7. $0.2$.

8. $0.2403$. 9. $0.2639$. 10. $78.75$. 11. $2.14$. 12. 略.

## 习题 2.6

1. 
| $Y$ | $-5$ | $-3$ | $-1$ | $1$ | $5$ |
|---|---|---|---|---|---|
| $p_k$ | 1/5 | 1/6 | 1/5 | 1/15 | 11/30 |

| $Z$ | $0$ | $1$ | $4$ | $9$ |
|---|---|---|---|---|
| $p_k$ | 1/5 | 7/30 | 1/5 | 11/30 |

2. $f_Y(y)=\begin{cases} \dfrac{1}{2}e^{-\frac{y}{2}}, & y>0, \\ 0, & y\leqslant 0. \end{cases}$

3. $f_Y(y)=\begin{cases} \dfrac{1}{b-a}\cdot\left(\dfrac{2}{9\pi}\right)^{\frac{1}{3}}\cdot y^{-\frac{2}{3}}, & \dfrac{\pi a^3}{6}\leqslant y\leqslant\dfrac{\pi b^3}{6}, \\ 0, & \text{其他}. \end{cases}$

4. (1) $N(35, 6^2)$; (2) $N(0, 2^2)$. 5. $f_Y(y)=\begin{cases} \dfrac{1}{\sqrt{2\pi}}y^{-\frac{1}{2}}e^{-\frac{y}{2}}, & y>0, \\ 0, & y\leqslant 0. \end{cases}$

6. 
| $Y$ | $-1$ | $1$ |
|---|---|---|
| $p_k$ | 0.5 | 0.5 |

7. $f_Y(y)=\begin{cases} \dfrac{1}{15}, & 2<y<17, \\ 0, & \text{其他}. \end{cases}$

8. $f_Y(y)=\begin{cases} \dfrac{4\sqrt{2}}{\alpha^3\cdot\sqrt{\pi}m^{\frac{3}{2}}}y^{\frac{1}{2}}e^{-\frac{2y}{ma^2}}, & y>0, \\ 0, & y\leqslant 0. \end{cases}$

9. (1) $f_{aX+b}(x)=\dfrac{1}{a\sqrt{2\pi}}e^{-\frac{(x-b)^2}{2a^2}}, \quad x\in\mathbf{R}.$

(2) $f_{\frac{Y-m}{\sigma}}(y)=\dfrac{1}{\sqrt{2\pi}}e^{-\frac{y^2}{2}}, \quad y\in\mathbf{R}.$

10. (1) $f_Y(y) = \begin{cases} \dfrac{1}{\sqrt{2\pi}} e^{-\frac{1}{2}(\ln y)^2} \cdot \dfrac{1}{y}, & y > 0, \\ 0, & \text{其他.} \end{cases}$

(2) $f_Z(z) = \begin{cases} \dfrac{1}{2\sqrt{\pi(z-1)}} e^{-\frac{z-1}{4}}, & z > 1, \\ 0, & \text{其他.} \end{cases}$

11. 略.   12. 在 40.59 元和 45.35 元之间.

### 习题 3.1

1. 否.   2. $f(x,y) = \begin{cases} \dfrac{1}{\pi r^2}, & x^2 + y^2 \leqslant r^2, \\ 0, & \text{其他.} \end{cases}$   3. (1) $k=6$; (2) $\dfrac{1}{2}$; 0.664 2.

4. (1) $k=12$, (2) $F(x,y) = \begin{cases} (1-e^{-3x})(1-e^{-4y}), & x>0, y>0, \\ 0, & \text{其他.} \end{cases}$ (3) 0.949 9.

5. 0.21; 0.15; 0.40.

6.

| X\Y | 1 | 2 | 3 |
|---|---|---|---|
| 1 | 0 | $\dfrac{2}{12}$ | $\dfrac{1}{12}$ |
| 2 | $\dfrac{2}{12}$ | $\dfrac{2}{12}$ | $\dfrac{2}{12}$ |
| 3 | $\dfrac{1}{12}$ | $\dfrac{2}{12}$ | 0 |

7. (1) $k=\dfrac{1}{8}$; (2) $\dfrac{3}{8}$; (3) $\dfrac{27}{32}$.

8. (1) $k=\dfrac{1}{3}$; (2) $F(x,y) = \begin{cases} 0, & x<1 \text{ 或 } y<-1, \\ \dfrac{1}{4}, & 1\leqslant x<2 \text{ 且 } -1\leqslant y<0, \\ \dfrac{5}{12}, & x\geqslant 2 \text{ 且 } -1\leqslant y<0, \\ \dfrac{1}{2}, & 1\leqslant x<2 \text{ 且 } y\geqslant 0, \\ 1, & x\geqslant 2 \text{ 且 } y\geqslant 0. \end{cases}$   9. $\dfrac{1}{16}$.

10. $F(x,y) = \begin{cases} 1-(\dfrac{y^2}{2}+y+1)e^{-y}, & 0\leqslant y < x \\ 1-(x+1)e^{-x} - \dfrac{x^2}{2}e^{-y}, & 0\leqslant x < y \\ 0, & \text{其他.} \end{cases}$

11. $f(x,y) = \begin{cases} 6, & (x,y) \in D, \\ 0, & (x,y) \notin D, \end{cases}$ 其中 $D = \{(x,y) \mid 0 \leqslant x \leqslant 1, x^2 \leqslant y \leqslant x\}$.

### 习题 3.2

1.

| X | 0 | 1 |
|---|---|---|
| p | 0.54 | 0.46 |

| Y | 1 | 2 | 3 |
|---|---|---|---|
| p | 0.16 | 0.33 | 0.51 |

2.

| X | −1 | 0 | 2 |
|---|---|---|---|
| p | 5/12 | 1/6 | 5/12 |

| Y | 0 | $\frac{1}{3}$ | 1 |
|---|---|---|---|
| p | 7/12 | 1/12 | 1/3 |

3. $f_X(x)=\begin{cases}\dfrac{2}{\pi}\sqrt{1-x^2}, & -1\leqslant x\leqslant 1,\\ 0, & 其他.\end{cases}$  $f_Y(y)=\begin{cases}\dfrac{2}{\pi}\sqrt{1-y^2}, & -1\leqslant y\leqslant 1,\\ 0, & 其他.\end{cases}$

4. 略.

5. (1) $c=6$; (2) $f_X(x)=\begin{cases}6(x-x^2), & 0\leqslant x\leqslant 1,\\ 0, & 其他.\end{cases}$

$f_Y(y)=\begin{cases}6(\sqrt{y}-y), & 0\leqslant y\leqslant 1,\\ 0, & 其他.\end{cases}$  6. (1) $\dfrac{5}{6}$; (2) $\dfrac{7}{24}$.

7. (1) $a=1$; (2) $f_X(x)=\begin{cases}e^{-x}, & x>0,\\ 0, & 其他.\end{cases}$  $f_Y(y)=\begin{cases}ye^{-y}, & y>0,\\ 0, & 其他.\end{cases}$

(3) $1-2e^{-0.5}+e^{-1}$.

8.

| Y \ X | 0 | 1 | 2 | 3 | ... |
|---|---|---|---|---|---|
| 2 | $e^{-\lambda}$ | $\dfrac{\lambda e^{-\lambda}}{1!}$ | $\dfrac{\lambda^2 e^{-\lambda}}{2!}$ | 0 | |
| 3 | 0 | 0 | 0 | $\dfrac{\lambda^3 e^{-\lambda}}{3!}$ | |
| 4 | 0 | 0 | 0 | 0 | |
| ... | | | | | |

$P\{X=k\}=\dfrac{\lambda^k e^{-\lambda}}{k!}, k=0,1,2,\cdots; P\{Y=2\}=e^{-\lambda}\left(1+\lambda+\dfrac{\lambda^2}{2}\right), P\{Y=k\}=\dfrac{\lambda^k e^{-\lambda}}{k!}, k=3,4,5,\cdots$.

9. (1) $f_X(x)=\begin{cases}\dfrac{3}{2}(1-x^2), & 0\leqslant x\leqslant 1,\\ 0, & 其他.\end{cases}$  $f_Y(y)=\begin{cases}\dfrac{3}{2}\sqrt{y}, & 0\leqslant y\leqslant 1,\\ 0, & 其他.\end{cases}$

(2) 0.271 5.

## 习题 3.3

1. $f_X(x)=\begin{cases}\dfrac{1}{b-a}, & a<x<b,\\ 0, & 其他.\end{cases}$  $f_Y(y)=\begin{cases}\dfrac{1}{d-c}, & c<y<d,\\ 0, & 其他.\end{cases}$  相互独立.

2. $a=\dfrac{1}{18}, b=\dfrac{2}{9}, c=\dfrac{1}{6}$.  3. 不独立.

4. (1) $f_X(x)=\begin{cases}1+x, & -1<x<0,\\ 1-x, & 0\leqslant x<1,\\ 0, & 其他.\end{cases}$  $f_Y(y)=\begin{cases}2y, & 0<y<1,\\ 0, & 其他.\end{cases}$  (2) 不独立.

5. (1)

| Y \ X | 0 | 1 |
|---|---|---|
| 0 | $\frac{25}{36}$ | $\frac{5}{36}$ |
| 1 | $\frac{5}{36}$ | $\frac{1}{36}$ |

(2)

| Y \ X | 0 | 1 |
|---|---|---|
| 0 | $\frac{45}{66}$ | $\frac{10}{66}$ |
| 1 | $\frac{10}{66}$ | $\frac{1}{66}$ |

不独立.

6.

| X \ Y | $y_1$ | $y_2$ | $y_3$ | $p_i.$ |
|---|---|---|---|---|
| $x_1$ | $\frac{1}{24}$ | $\frac{1}{8}$ | $\frac{1}{12}$ | $\frac{1}{4}$ |
| $x_2$ | $\frac{1}{8}$ | $\frac{3}{8}$ | $\frac{1}{4}$ | $\frac{3}{4}$ |
| $p._j$ | $\frac{1}{6}$ | $\frac{1}{2}$ | $\frac{1}{3}$ | 1 |

7. $f_X(x) = \begin{cases} 2.4(2-x)x^2, & 0<x<1 \\ 0, & \text{其他}. \end{cases}$  $f_Y(y) = \begin{cases} 2.4y(3-4y+y^2), & 0<y<1, \\ 0, & \text{其他}. \end{cases}$ 不独立.

8. (1) $A = \frac{1}{\pi^2}, B = \frac{\pi}{2}, C = \frac{\pi}{2}$; (2) $f(x,y) = \frac{6}{\pi^2(4+x^2)(9+y^2)}, -\infty < x, y < +\infty$;

(3) $f_X(x) = \frac{2}{\pi(4+x^2)}, -\infty < x < +\infty$; $f_Y(y) = \frac{3}{\pi(9+y^2)}, -\infty < y < +\infty$; (4) 相互独立;

(5) $\frac{3}{16}$.

9. (1) 略;(2) $h(x)$ 与 $f_X(x)$ 相差一个常数因子,$g(y)$ 与 $f_Y(y)$ 相差一个常数因子,且这两常数因子的乘积为 1.  10. 相互独立.

## 习题 3.4

1. (1)

| $X|Y=0$ | 0 | 1 | 2 |
|---|---|---|---|
| $p$ | $\frac{6}{13}$ | $\frac{4}{13}$ | $\frac{3}{13}$ |

| $X|Y=1$ | 0 | 1 | 2 |
|---|---|---|---|
| $p$ | $\frac{6}{11}$ | $\frac{3}{11}$ | $\frac{2}{11}$ |

(2)

| $Y|X=0$ | 0 | 1 |
|---|---|---|
| $p$ | $\frac{1}{2}$ | $\frac{1}{2}$ |

| $Y|X=1$ | 0 | 1 |
|---|---|---|
| $p$ | $\frac{4}{7}$ | $\frac{3}{7}$ |

| $Y|X=2$ | 0 | 1 |
|---|---|---|
| $p$ | $\frac{3}{5}$ | $\frac{2}{5}$ |

2. $f(y|x) = \frac{1}{\sqrt{2\pi}\sqrt{1-r^2}} e^{-\frac{1}{2}\left(\frac{y-rx}{\sqrt{1-r^2}}\right)^2}$, $f(x|y) = \frac{1}{\sqrt{2\pi}\sqrt{1-r^2}} e^{-\frac{1}{2}\left(\frac{x-ry}{\sqrt{1-r^2}}\right)^2}$. 在条件 $X=x$ 下, $Y$ 的条件分布为正态分布 $N(rx, 1-r^2)$;在条件 $Y=y$ 下,$X$ 的条件分布为正态分布 $N(ry, 1-r^2)$.

3. $f(x|y=0.5) = \begin{cases} x+0.5, & 0<x<1, \\ 0, & \text{其他}. \end{cases}$

4. $f(x|y) = \begin{cases} \frac{2(1-x)}{(1-y)^2}, & 0<y<x<1, \\ 0, & \text{其他}. \end{cases}$

5. $f(y|x) = \begin{cases} \dfrac{1}{x}, & 0<y<x, \\ 0, & 其他. \end{cases}$  6. $\dfrac{47}{64}$.

7. $f_Y(y) = \begin{cases} -\ln(1-y), & 0<y<1, \\ 0, & 其他. \end{cases}$  8. $\dfrac{1}{3}$.

9. (1) $f_{Y_1}(y_1) = \begin{cases} \dfrac{6}{5}\left(y_1+\dfrac{1}{3}\right), & 0\leqslant y_1 \leqslant 1, \\ 0, & 其他. \end{cases}$  $f_{Y_2}(y_2) = \begin{cases} \dfrac{6}{5}\left(y_2^2+\dfrac{1}{2}\right), & 0\leqslant y_2 \leqslant 1, \\ 0, & 其他. \end{cases}$

(2) $f(y_1|y_2) = \begin{cases} \dfrac{y_1+y_2^2}{y_2^2+\dfrac{1}{2}}, & 0\leqslant y_1 \leqslant 1, 0\leqslant y_2 \leqslant 1, \\ 0, & 其他. \end{cases}$

(3) $\dfrac{1}{3}$; (4) $\dfrac{2}{7}$.

## 习题 3.5

1. 

| $Z$ | 0 | 1 |
|---|---|---|
| $p$ | $\dfrac{\mu}{\lambda+\mu}$ | $\dfrac{\lambda}{\lambda+\mu}$ |

2. 

| $X+Y$ | 0 | 1 | 2 | 3 | 4 |
|---|---|---|---|---|---|
| $p$ | 0.56 | 0.30 | 0.12 | 0.02 | 0 |

3. 

| $X_1+X_2$ | 0 | 1 | 2 |
|---|---|---|---|
| $p$ | $\dfrac{4}{16}$ | $\dfrac{8}{16}$ | $\dfrac{4}{16}$ |

4. 

| X \ Y | 0 | 1 | 2 |
|---|---|---|---|
| 0 | 0.16 | 0.08 | 0.01 |
| 1 | 0.32 | 0.16 | 0.02 |
| 2 | 0.16 | 0.08 | 0.01 |

| $M$ | 0 | 1 | 2 |
|---|---|---|---|
| $p_k$ | 0.16 | 0.56 | 0.28 |

| $N$ | 0 | 1 | 2 |
|---|---|---|---|
| $p_k$ | 0.73 | 0.26 | 0.01 |

5. (1) 

| M \ N | 1 | 2 | 3 | $p_i.$ |
|---|---|---|---|---|
| 1 | $\dfrac{1}{9}$ | 0 | 0 | $\dfrac{1}{9}$ |
| 2 | $\dfrac{2}{9}$ | $\dfrac{1}{9}$ | 0 | $\dfrac{1}{3}$ |
| 3 | $\dfrac{2}{9}$ | $\dfrac{2}{9}$ | $\dfrac{1}{9}$ | $\dfrac{5}{9}$ |
| $p._j$ | $\dfrac{5}{9}$ | $\dfrac{1}{3}$ | $\dfrac{1}{9}$ | 1 |

(2) 不独立；(3) $\dfrac{1}{3}$.

6. (1) 

| $Z_1=X+Y$ | −2 | 0 | 1 | 3 | 4 |
|---|---|---|---|---|---|
| $p$ | $\dfrac{5}{20}$ | $\dfrac{2}{20}$ | $\dfrac{9}{20}$ | $\dfrac{3}{20}$ | $\dfrac{1}{20}$ |

(2)

| $Z_2=X-Y$ | −3 | −2 | 0 | 1 | 3 |
|---|---|---|---|---|---|
| $p$ | $\frac{6}{20}$ | $\frac{2}{20}$ | $\frac{6}{20}$ | $\frac{3}{20}$ | $\frac{3}{20}$ |

(3)

| $\max\{X,Y\}$ | −1 | 1 | 2 |
|---|---|---|---|
| $p$ | $\frac{5}{20}$ | $\frac{2}{20}$ | $\frac{13}{20}$ |

7. $f_Z(z)=\begin{cases}1-e^{-z}, & 0\leqslant z\leqslant 1\\ e^{-z}(e-1), & z>1\\ 0, & \text{其他}.\end{cases}$

8. (1)

| $Z$ | 3 | 5 | 7 | 9 |
|---|---|---|---|---|
| $p_k$ | $\frac{1}{6}$ | $\frac{5}{12}$ | $\frac{1}{4}$ | $\frac{1}{6}$ |

(2)

| $M$ | 2 | 3 | 4 | 6 |
|---|---|---|---|---|
| $p_k$ | $\frac{1}{6}$ | $\frac{1}{3}$ | $\frac{1}{4}$ | $\frac{1}{4}$ |

(3)

| $N$ | 1 | 2 | 3 |
|---|---|---|---|
| $p_k$ | $\frac{1}{3}$ | $\frac{1}{3}$ | $\frac{1}{3}$ |

9. (1) 不独立；(2) $f_Z(z)=\begin{cases}\frac{z^2}{2}e^{-z}, & z>0,\\ 0, & \text{其他}.\end{cases}$  10. $\frac{5}{7}$.

11. (1)

| $\max\{X,Y\}$ | 0 | 1 |
|---|---|---|
| $p_k$ | 0.25 | 0.75 |

(2)

| $X+Y$ | 0 | 1 | 2 |
|---|---|---|---|
| $p_k$ | 0.25 | 0.5 | 0.25 |

(3)

| $XY$ | 0 | 1 |
|---|---|---|
| $p_k$ | 0.75 | 0.25 |

12. 略.

13. (1) $f_Z(z)=\begin{cases}ze^{-z}, & z>0,\\ 0, & z\leqslant 0.\end{cases}$  (2) $f_M(z)=\begin{cases}2e^{-z}(1-e^{-z}), & z>0,\\ 0, & z\leqslant 0.\end{cases}$

(3) $f_N(z)=\begin{cases}2e^{-2z}, & z>0,\\ 0, & z\leqslant 0.\end{cases}$  14. $f_Z(z)=\begin{cases}2(1-z), & 0\leqslant z<1,\\ 0, & \text{其他}.\end{cases}$

## 习题 4.1

1. −0.2；2.8；13.4. 2. 1；2；$\frac{1}{3}$. 3. 77.55. 4. $\frac{\pi}{24}(b+a)(b^2+a^2)$.

5. 版税制. 6. $\frac{rn}{N}$；不放回也是一样的. 7. 11.67. 8. $a=\frac{1}{4}, b=1, c=-\frac{1}{4}$.

9. 45.

10. (1) 31(s).

(2)

| $Y$ | 4 000 | 6 500 | 8 000 |
|---|---|---|---|
| $p$ | 0.1 | 0.3 | 0.6 |

, 7 150(元).

11. 21. 12. 4. 13. 450. 14. $\frac{a}{3}$. 15. $\frac{2y+1}{3}$. 16. (1) $\frac{5}{6}$；(2) $\frac{17}{6}$；(3) $\frac{26-9x}{9-3x}$.

**17.** $\sqrt{\dfrac{2}{\pi}}$. **18.** $b$.

## 习题 4.2

**1.** $\dfrac{2}{3}$, $\dfrac{1}{18}$. **2.** 33. **3.** $\dfrac{7}{2}n$; $\dfrac{35}{12}n$. **4.** 20; 389. **5.** 10. **6.** 0.4, 1.2; $\dfrac{11}{150}$.

**7.** $(pe^k+q)^n$, $(pe^{2k}+q)^n-(pe^k+q)^{2n}$.

**8.** (1)

| $(X,Y)$ | $(-1,-1)$ | $(-1,1)$ | $(1,-1)$ | $(1,1)$ |
|---|---|---|---|---|
| $p$ | $\dfrac{1}{4}$ | $0$ | $\dfrac{1}{2}$ | $\dfrac{1}{4}$ |

, (2) 2.

**9.** 1. **10.** 略. **11.** (1) $\dfrac{11}{36}$; (2) $\dfrac{11}{36}$; (3) $\dfrac{3x^2-18x+26}{9(3-x)^2}$.

**12.** (1) 516.91, 511.12; (2) 前者比后者的成绩好; (3) 与例 4.2.12 中 T 分数的结论相同.

**13.** $\dfrac{1-p}{p^2}$.

## 习题 4.3

**1.** 85; 37. **2.** 1; 3. **3.** (1) $\dfrac{1}{3}$; 3; (2) 0. **4.** 略. **5.** $\dfrac{2}{3}$; 0; 0. **6.** 略.

**7.** 略. **8.** $-1$. **9.** (1) $\dfrac{2}{3}$; $\dfrac{1}{3}$; $\dfrac{1}{4}$; (2) $\dfrac{1}{18}$; $\dfrac{1}{18}$; (3) $\dfrac{1}{36}$; (4) $\dfrac{1}{2}$; (5) $\begin{pmatrix} \dfrac{1}{18} & \dfrac{1}{36} \\ \dfrac{1}{36} & \dfrac{1}{18} \end{pmatrix}$

**10.** 略. **11.** 略. **12.** 略. **13.** (1) 0; (2) 0. **14.** 不相关.

**15.** (1) $\dfrac{4}{7}$, $\dfrac{3}{4}$; (2) $\dfrac{19}{392}$, $\dfrac{3}{80}$; (3) $\dfrac{1}{63}$; (4) 0.3723; (5) $\begin{pmatrix} \dfrac{19}{392} & \dfrac{1}{63} \\ \dfrac{1}{63} & \dfrac{3}{80} \end{pmatrix}$

## 习题 4.4

**1.** 0.5774. **2.** 1. **3.** $\dfrac{\sqrt{2}}{4}$. **4.** 6.154; 13.846. **5.** $x_{0.5}=e^{\mu}$. **6.** 略.

**7.** 120.3973, 198.8272.

## 习题 5.1

**1.** 略. **2.** 略. **3.** 略.

## 习题 5.2

**1.** $0.4+0.3e^{it}+0.2e^{i2t}+0.1e^{i3t}$. **2.** (1) $e^{\sum\limits_{j=1}^{n}\lambda_j(e^{it}-1)}$; (2) 参数为 $\sum\limits_{j=1}^{n}\lambda_j$ 的泊松分布. **3.** $\dfrac{\sin at}{at}$.

**4.** $\left(1-i\dfrac{t}{\lambda}\right)^{-1}$. **5.** $\lambda$; $\lambda(\lambda+1)$; $\lambda$. **6.** (1) $e^{-\frac{1}{2}(\sqrt{2}t)^2}$; (2) $N(0,2)$.

**7.** (1) $e^{i\mu t - \frac{\sigma^2 t^2}{2n}}$; (2) $N(\mu, \sigma^2/n)$. **8.** 略.

## 习题 5.3

**1.** $\geq 0.73$. **2.** 10. **3.** $\geq 0.975$. **4.** $\dfrac{1}{12}$. **5.** 略. **6.** 250 000. **7.** 略.

**8.** $\dfrac{7}{2}$. **9.** 略. **10.** 略. **11.** 略. **12.** $\dfrac{2}{3}$. **13.** 0.888 9. **14.** 略.

## 习题 5.4

**1.** 0.211 9. **2.** 98. **3.** (1) 0.323;(2) 满足 $1 - \Phi\left(\dfrac{500-n}{3\sqrt{n}}\right) > q_0$ 的最小正整数 $n$.
**4.** 0.006 2. **5.** 0.952 5. **6.** 0.682 6. **7.** 0.471 4. **8.** 0.078 7. **9.** (1) 0.000 3;(2) 0.5.
**10.** 1 537. **11.** (1) 0.896 8;(2) 0.749 8. **12.** 0.158 7. **13.** 0.952 5. **14.** 0.95. **15.** 0.997 4.

## 习题 6.1

**1.** (1) 总体是该产品的寿命,它服从均值为 $\theta$ 的指数分布 $E(\theta)$;(2) 样本观察值是 $x_1, x_2, \cdots, x_{10}$;(3) 0.606 5.

**2.** (1) 4;(2) 4;(3) $F_{10}(x) = \begin{cases} 0, & x < 1, \\ \dfrac{1}{10}, & 1 \leq x < 2, \\ \dfrac{2}{10}, & 2 \leq x < 3, \\ \dfrac{4}{10}, & 3 \leq x < 4, \\ \dfrac{7}{10}, & 4 \leq x < 5, \\ \dfrac{8}{10}, & 5 \leq x < 6, \\ \dfrac{9}{10}, & 6 \leq x < 8, \\ 1, & x \geq 8. \end{cases}$

**3.** 0.829 3. **4.** 10;2. **5.** $p$;$\dfrac{p(1-p)}{n}$;$p(1-p)$. **6.** $a = \pm 2, b = \mp 2$. **7.** (1) 略;(2) 近似服从正态分布. **8.** $N(\mu, \sigma^2)$;$N(\mu, 5\sigma^2)$;$N(n\mu, n\sigma^2)$.

**9.** (1) $P\{X_1 = x_1, X_2 = x_2, \cdots, X_n = x_n\} = p^{\sum\limits_{i=1}^{n} x_i}(1-p)^{n-\sum\limits_{i=1}^{n} x_i}, x_i = 0, 1.$

(2) $P\left\{\sum\limits_{i=1}^{n} X_i = k\right\} = C_n^k p^k (1-p)^{n-k}, k = 0, 1, 2, \cdots, n.$

**10.** (1) 439;(2) 200;(3) 要以高概率保持同样的精度,则必须增加样本容量.

**11.** $0, \dfrac{1}{3n}$. **12.** $N\left(p, \dfrac{p(1-p)}{20}\right)$.

## 习题 6.2

**1.** (1) 2.33,$-2.33$,0.687 0,$-0.687$ 0;(2) 4.604 1.

**2.** (1) 34.38 2, 2.24, 0.446 4；(2) 24.996.
**3.** 10, 2, 20. **4.** $\chi^2(2)$, 2. **5.** 0.99. **6.** 0.58. **7.** 0.674 2.
**8.** 16. **9.** $F(1,1)$. **10.** $t(n-1)$. **11.** $\mu$. **12.** $-0.423$. **13.** 略. **14.** 略.
**15.** 37.776. **16.** $t(15)$. **17.** $F(5, n-5)$.

## 习题 6.3

**1.** (1) 略；(2) 略. **2.** 略. **3.** 略. **4.** 略. **5.** (1) $\overline{X}$；(2) $\sum_{i=1}^{n}(X_i-\mu)^2$；(3) 略.

## 习题 7.1

**1.** $3\overline{X}$. **2.** 74.002, $6.857\ 1\times 10^{-6}$. **3.** $\overline{X}, S^2; \bar{x}, s^2$.

**4.** (1) $\left(\dfrac{\overline{X}}{1-\overline{X}}\right)^2$, $\left(\dfrac{\bar{x}}{1-\bar{x}}\right)^2$；(2) $\dfrac{n^2}{(\sum_{i=1}^{n}\ln x_i)^2}$, $\dfrac{n^2}{(\sum_{i=1}^{n}\ln X_i)^2}$.

**5.** (1) $\dfrac{\overline{X}}{m}, \dfrac{\bar{x}}{m}$；(2) $\dfrac{\bar{x}}{m}, \dfrac{\overline{X}}{m}$. **6.** 0.499.

**7.** (1) $1.64\sigma+\overline{X}$；(2) $1.64\sqrt{\dfrac{n-1}{n}}S+\overline{X}$. **8.** $\dfrac{1}{4}$；$\dfrac{7-\sqrt{13}}{12}$. **9.** $\dfrac{1-2\bar{x}}{\bar{x}-1}, \dfrac{1-2\overline{X}}{\overline{X}-1}$；

$-1-\dfrac{n}{\sum_{i=1}^{n}\ln x_i}$；$-1-\dfrac{n}{\sum_{i=1}^{n}\ln X_i}$. **10.** (1) $e^{-x}$；(2) 0.325 3.

**11.** 172.704 0；5.370 7. **12.** $1-\dfrac{\sum_{i=1}^{n}X_i}{\sum_{i=1}^{n}X_i^2}$. **13.** $\dfrac{n}{\sum_{i=1}^{n}X_i^a}$. **14.** $\dfrac{\overline{X}}{\overline{X}-1}, \dfrac{n}{\sum_{i=1}^{n}\ln X_i}$.

**15.** $\dfrac{1}{\overline{X}}, \dfrac{1}{\overline{X}}$. **16.** 略.

## 习题 7.2

**1.** 0.006 64. **2.** 略. **3.** $\dfrac{1}{n}$. **4.** (1) 略；(2) $\hat{\mu}_3$. **5.** $k_1=\dfrac{1}{3}, k_2=\dfrac{2}{3}$.

**6.** 略. **7.** (1) $T_1, T_3$；(2) $T_3$. **8.** 略. **9.** $\dfrac{1}{2(n-1)}$. **10.** 略. **11.** 略.

**12.** (1) $-\dfrac{1}{n}\sum_{i=1}^{n}\ln X_i$；(2) 是无偏估计量.

## 习题 7.3

**1.** (1) (5.608, 6.392)；(2) (5.558, 6.442). **2.** 97. **3.** (7.4, 21.1). **4.** (11.696, 12.744).
**5.** (−5.76, 0.56). **6.** (0.222, 3.601). **7.** (4.412, 5.588). **8.** (98.822, 124.956).
**9.** (15.334 7, 15.465 3). **10.** (4.551 6, 4.866 8). **11.** (0.014 8, 0.119 3).
**12.** (1) (432.306 4, 482.693 6)；(2) (438.905 8, 476.094 2)；(3) (24.223 9, 64.137 8).
**13.** (31.843, 32.397)；32.294 3；(0.162 3, 0.558 6).
**14.** (171.177 7, 174.230 3)；(4.486 3, 6.692 6).
**15.** (0.453 9, 0.915 2).

## 习题 7.4

1. $U(11.1, 11.7)$.  2. $P(\lambda=1.5|X=3)=0.3899$, $P(\lambda=1.8|X=3)=0.6101$.
3. (1) $Be(n+1, \sum_{i=1}^{n} x_i + 1)$; (2) 0.25.
4. (1) $\pi(\theta|x_1, x_2, \cdots, x_n) = \dfrac{2n-1}{\theta^{2n}[x_{(n)}^{-2n+1}-1]}$, $0<\theta<1$; (2) $\pi(\theta|x_1, x_2, \cdots, x_n) = \dfrac{2n-3}{\theta^{2n-2}[x_{(n)}^{-2n+3}-1]}$, $0<\theta<1$.
5. $\dfrac{n+a}{b-\sum_{i=1}^{n} \ln x_i}$.  6. $Ga(0.0004, 2)$.

## 习题 8.1

1. D.  2. D.  3. C.  4. (1) 0.5548; (2) 0.0021.  5. 0.0481; 0.8506.  6. $\dfrac{2}{3}$; $\dfrac{1}{9}$.
7. 0.98, 0.83.

## 习题 8.2

1. (1) 单边检验; (2) $H_0:\mu_0=30\,000$; $H_1:\mu_0>30\,000$; (3) $\{\bar{x}>30\,820\}$.
2. 正常.  3. 不合格.  4. 接受.  5. 是.  6. 不认为测定值的均方差小于等于2.  7. 没有显著变化.  8. 不正常.  9. 接受原假设 $H_0$.  10. 接受原假设 $H_0$.  11. 没有显著提高.  12. 没有显著改变.  13. 存在质量问题.  14. 没有显著差异.  15. 可以认为平均成绩为70分.  16. 否.  17. 可以认为不正常.

## 习题 8.3

1. 无显著差异.  2. 提高了钢的得率.  3. 可以认为.  4. 有显著的差异.
5. 合理.  6. 接受 $H_0$.  7. (1) 接受 $H_0$; (2) 拒绝 $H_0'$.

## 习题 8.4

1. 均匀.  2. 均匀.  3. 服从.  4. 服从.  5. 可以认为.  6. 不均匀.  7. 不服从.
8. 并不是保持不变的.

## 习题 9.1

1.

方差分析表

| 方差来源 | 自由度 | 平方和 | 均方 | F 比 |
| --- | --- | --- | --- | --- |
| 因素 A | 2 | 4.2 | 2.1 | 7.5 |
| 误差 | 9 | 2.5 | 0.28 | |
| 总和 | 11 | 6.7 | | |

因素 $A$ 是显著的.

2. 存在显著差异  3. 有显著性差异.  4. 有明显差别.

**5.** 3种教学方法有显著差异；第二种教学方法.

**6.** (1) 有显著差异；(2) 需要进行多重比较.

**7.** 各个水平间均有显著差异,第三种水平(花费多)对生产力提高最有帮助.

## 习题 9.2

**1.** 燃料和推进器的不同对火箭的射程有显著影响；燃料和推进器的交互作用显著.

**2.** 有显著影响.

**3.** 工人、机器对各自产量无显著影响,但交互作用却有显著影响.

**4.** 两个因素对化验结果有显著差异.

**5.** 都是显著的,而它们之间的交互作用则可以忽略.

## 习题 10.1

**1.** (1)略；(2) 0.959 7；(3) $\hat{y}=22.648\ 6+0.264\ 3x$；(4) 回归方程是显著的.

**2.** 散点图(略); $\hat{y}=24.628\ 7+0.058\ 86x$.

**3.** (1) $\hat{y}=28.12+132.66x$；(2) 回归方程是显著的.

**4.** (490.98,521.02).

**5.** (1) $y$ 随 $x$ 增长而减少；(2) $\hat{y}=7.94-0.91x$；(3) 回归方程显著；(4) 5.21.

**6.** (1) 散点图(略); (2) $\hat{y}=13.958\ 4+12.550\ 3x$； (3) 0.043 194 63； (4) 拒绝 $H_0$；
(5) (19.66, 20.81).

**7.** (1) 略；(2) $\hat{y}=67.493+0.870\ 8$； (3) 拒绝 $H_0$； (4) 132.803 0.

**8.** (1) $\hat{y}=55.84+0.312x$； (2) 显著； (3) (274.05, 336.83).

## 习题 10.2

**1.** 令 $u=\ln x$，则原曲线函数化为 $y=a+bu$.

**2.** $\hat{y}=17.521\ 9+\dfrac{3.743\ 3}{x}$.

**3.** $y=1.727\ 834e^{\frac{-0.145\ 864}{x}}$.

**4.** $\dfrac{1}{\hat{y}}=1.114\ 8-\dfrac{0.098\ 3}{x}$.

**5.** (1) $\hat{y}=390.137\ 8e^{-0.217\ 9t}$； (2) $\hat{y}=606.679\ 1t^{-1.174\ 6}$，(1) 中的方程较好.

## 习题 10.3

**1.** (1)模型是 $y=-34.072\ 5+1.223\ 9x_1+4.398\ 9x_2$； (2) 剔除两个异常点后 $y=-35.709\ 5+1.602\ 3x_1+3.392\ 6x_2$.

**2.** (1) $y_1=90.181\ 4-27.658\ 8x_1-3.228\ 3x_2$； (2) $y_2=24.547\ 1-4.628\ 5x_1-1.436\ 0x_2$.

**3.** (1) 略；(2) $\hat{y}=5.934\ 5+0.365\ 4x_1+0.108\ 4x_2+0.428\ 9x_3$； (3) $\hat{y}=6.291\ 4+0.295\ 4x_1+0.107\ 2x_2+0.445\ 0x_3$.

## 习题 10.4

**1.** 略.  **2.** 略.

# 参 考 文 献

[1] Adler F R. Modeling the Dynamics of Life: Calculus and Probability for Life Science[M]. Second Edition. Brooks Cole,2005(中译本,微积分与概率统计——生命动力学的建模[M]. 叶其孝等,译. 北京：高等教育出版社,2011).

[2] Devore J L. Probability and Statistics for Engineering and the Science[M], Sixth Edition, Brooks/Cole, 2004.

[3] DeGroot M H, Schervish M J. Probability and Statistics[M], Third Edition, Pearson Education, Addison Wesley, 2002.

[4] Freedman D A. Statistical Models: Theory and Practice[M]. 2nd ed. Cambridge University Press. 2009(中译本,统计模型——理论和实践[M]. 吴喜之,译. 北京:机械工业出版社,2010).

[5] Miller I, Miller M, John E. Freund's Mathematical Statistics with Applications[M], Seventh Edition, Pearson Education, Prentice Hall, 2004.

[6] Peck R, Olsen C, Devore J. Introduction to Statistics & Data Analysis[M]. 3rd ed. North Scituate, Mass. Duxbury, 2008.

[7] Walpolr R E, Myers R H, Myers S L, Ye K. Probability and Statistics for Engineers and the Science[M], Eighth Edition, Pearson Education, Inc.. 2007.

[8] Rao C R. 统计与真理——怎样运用偶然性(中文版)[M]. 北京:科学出版社,2004.

[9] Rosenberger L J. 美国概率统计教学的回顾与展望[C]. 大学数学课程报告论坛组委会. 大学数学课程报告论坛论文集 2007. 北京:高等教育出版社,2008:63-66.

[10] 陈家鼎,刘婉如,汪仁官. 概率论与数理统计[M]. 3版. 北京:高等教育出版社,2004.

[11] 陈家鼎,孙山泽,李东风,等. 数理统计学讲义[M]. 3版. 北京:高等教育出版社,2015.

[12] 陈希孺. 数理统计学简史[M]. 长沙:湖南教育出版社,2002.

[13] 陈希孺,倪国熙. 数理统计教程[M]. 合肥:中国科学技术大学出版社,2009.

[14] 邓集贤,杨维权,司徒荣,等. 概率论及数理统计(上、下)[M]. 4版. 北京:高等教育出版社,2009.

[15] 格涅坚科. 概率论教程[M]. 丁寿田,译. 北京:高等教育出版社,1956.

[16] 何书元. 概率论[M]. 北京:北京大学出版社,2006.

[17] 韩明. 从诺贝尔经济学奖看数学建模的价值[J]. 大学数学,2007,23(1):181-186.

[18] 韩明. 工科《概率统计》教学中的几个问题Ⅱ[J]. 高等数学研究,2009,12(1):86-88.

[19] 韩明. 将数学实验的思想和方法融入大学数学教学[J]. 大学数学,2011,27(4):137-141.

[20] 韩明,张积林,李林,等. 数学建模案例[M]. 2版. 上海:同济大学出版社,2020.

[21] 韩明.《概率论与数理统计》中借助数学实验理解几个极限定理[J]. 大学数学,2013,29(4):127-131.

[22] 韩明. 贝叶斯统计——基于R和BUGS的应用[M]. 上海:同济大学出版社,2017.

[23] 韩明. 概率论与数理统计[M]. 6版. 上海:同济大学出版社,2022.

[24] 韩明. 概率论与数理统计典型例题和习题解答[M]. 2版. 上海:同济大学出版社,2021.

[25] 韩明. 应用多元统计分析[M]. 2版. 上海:同济大学出版社,2017.

[26] 韩明,王家宝,李林. 数学实验(MATLAB版)[M]. 4版. 上海:同济大学出版社,2018.

[27] 韩明. 概率论与数理统计教程习题解答[M]. 上海:同济大学出版社,2018.

[28] 梁之舜,邓集贤,杨维权,等. 概率论及数理统计(上、下)[M]. 2版. 北京:高等教育出版社,1988.

[29] 茆诗松,王静龙. 数理统计[M]. 上海:华东师范出版社,1990.
[30] 茆诗松,程依明,濮晓龙. 概率论与数理统计教程习题与解答[M]. 2版. 北京:高等教育出版社,2012.
[31] 茆诗松,王静龙,濮晓龙. 高等数理统计[M]. 2版. 北京:高等教育出版社,2006.
[32] 茆诗松. 概率论与数理统计课程建设与发展[C]. 大学数学课程报告论坛组委会. 大学数学课程报告论坛论文集 2007. 北京:高等教育出版社,2008:34-41.
[33] 茆诗松,程依明,濮晓龙. 概率论与数理统计教程[M]. 2版. 北京:高等教育出版社,2011.
[34] 梅长林,王宁,周家良. 概率论和数理统计——学习与提高[M]. 西安:西安交通大学出版社,2001.
[35] 孙荣恒. 应用数理统计[M]. 北京:科学出版社,2010.
[36] 苏淳. 概率论[M]. 北京:科学出版社,2004.
[37] 王梓坤. 概率论基础及其应用[M]. 北京:科学出版社,1976.
[38] 王兆军,邹长亮. 数理统计教程[M]. 北京:高等教育出版社,2014.
[39] 王丽霞. 概率论与数理统计——理论、历史及应用[M]. 大连:大连理工大学出版社,2010.
[40] 魏宗舒. 概率论与数理统计教程[M]. 北京:高等教育出版社,1983.
[41] 吴喜之. 统计教学面临的挑战[C]. 大学数学课程报告论坛组委会. 大学数学课程报告论坛论文集 2008. 北京:高等教育出版社,2009:12-14.
[42] 吴喜之. 统计学:从数据到结论[M]. 4版. 北京:中国统计出版社,2013.
[43] 吴赣昌. 概率论与数理统计(理工类)[M]. 北京:中国人民大学出版社,2006.
[44] 吴翊,汪文浩,杨文强. 概率论与数理统计[M]. 北京:高等教育出版社,2016.
[45] 谢邦昌,张波,田金方. 应用概率统计教程[M]. 北京:高等教育出版社,2010.
[46] 谢衷洁. 应用概率统计研究实例选讲[M]. 北京:北京大学出版社,2011.
[47] 徐晓岭,王蓉华. 概率论与数理统计[M]. 上海:上海交通大学出版社,2013.
[48] 伊藤清. 概率论教程[M]. 刘璋温,译. 北京:高等教育出版社,1963.
[49] 杨振海,张忠占. 应用数理统计[M]. 2版. 北京:科学出版社,2003.
[50] 张润楚. 数理统计学[M]. 北京:科学出版社,2010.